全国煤炭行业职业技能竞赛指南

（2022）

全国煤炭行业职业技能竞赛组委会
煤炭工业职业技能鉴定指导中心　编

应急管理出版社

·北　京·

图书在版编目（CIP）数据

全国煤炭行业职业技能竞赛指南．2022／全国煤炭行业职业技能竞赛组委会，煤炭工业职业技能鉴定指导中心编．--北京：应急管理出版社，2022

ISBN 978-7-5020-7991-8

Ⅰ.①全…　Ⅱ.①全…　②煤…　Ⅲ.①煤炭工业—职业技能—竞赛—中国—2022—指南　Ⅳ.①TD82-62

中国版本图书馆 CIP 数据核字(2022)第037976号

全国煤炭行业职业技能竞赛指南（2022）

编　　者　全国煤炭行业职业技能竞赛组委会
煤炭工业职业技能鉴定指导中心
责任编辑　赵金园
责任校对　张艳蕾　邢蕾严
封面设计　于春颖

出版发行　应急管理出版社（北京市朝阳区芍药居35号　100029）
电　　话　010-84657898（总编室）　010-84657880（读者服务部）
网　　址　www.cciph.com.cn
印　　刷　北京玥实印刷有限公司
经　　销　全国新华书店

开　　本　787mm×1092mm 1/16　**印张**　35　**字数**　844千字
版　　次　2022年3月第1版　2022年3月第1次印刷
社内编号　20220294　**定价**　138.00元

目　　录

矿 山 救 护 工

赛项专家组成员（按姓氏笔画排序）

于　彬　王　辉　光辛亥　朱国庆　李士锦
李高文　姚宏章

赛 项 规 程

一、赛项名称

矿山救护工

二、竞赛目的

持续推进煤矿高技能人才培养工作，造就一支高素质的煤矿矿山救护工队伍，提高职工实际操作技能。

三、竞赛内容

充分考虑煤炭行业对矿山救护工的要求，结合《煤矿安全规程》《矿山救护规程》《矿山救护队质量标准化考核规范》相关内容，以个人技能为重点，考核对理论知识、实际操作的掌握程度。竞赛分为理论考核和综合实操考核。

（1）考试内容："一通三防"知识、煤炭开采知识、《煤矿安全规程》《矿山救护规程》、法律法规、主要救援装备、行业文件。

（2）综合实操考核内容：4 h 正压氧气呼吸器席位操作、呼吸器佩用、气体（甲烷及硫化氢、乙烯、一氧化碳）模拟实测、巷道风量计算、心肺复苏（CPR）、苏生器准备、综合体能等 7 个项目，以上操作项目连续进行，全程约 680 m。重点考核参赛人员的个体防护装备故障判断修复及校验熟练程度、气体检测及测风操作精准度、心肺复苏（CPR）按压和吹气正确率、综合体能素质。

具体竞赛内容、用时与权重见表 1。

表 1　竞赛内容、用间与权重表

序　号	竞赛内容	竞赛时间/min	所占权重/%
1	理论知识	60	20
2	综合实操	30	80

四、竞赛方式

本赛项的理论考试采取机考方式进行，实操考核由裁判员现场评分。本赛项为个人竞赛内容，由每位选手独立完成。每个单位限报 2 名选手。

五、竞赛流程

（一）赛项流程（表 2）

表2　赛项流程表

阶段	序号	流　　程
准备参赛阶段	1	参赛队领队（赛项联络员）负责本参赛队的参赛组织及与大赛组委会办公室的联络工作
	2	参赛选手凭借大赛组委会颁发的参赛证和有效身份证明参加比赛前相关活动
	3	参赛选手进行第一次抽签，产生参赛号
	4	参赛选手进行第二次抽签，确定参赛分组及赛位
比赛阶段	1	参赛选手根据分组及赛位，在规定时间及指定地点，向检录工作人员提供参赛证、身份证证件或公安机关提供的户籍证明，通过检录进入赛场
	2	参赛选手在赛场工作人员的引导下，于比赛前15 min进入比赛区域，确认体能佩戴的呼吸器，进行核重、摆放（2 min）；巷道内赛前准备：将佩用的氧气呼吸器放置指定点、观察席位操作台、熟悉模拟测气装置、巷道风量计算、心肺复苏模拟人试操作、核查苏生器（注：巷道内所有项目熟悉时间限5 min，由裁判员计时，临到时间提前30 s裁判提醒，到时间不退出赛道，裁判员在总成绩增加罚秒，每超1 s，罚10 s）
	3	发令员鸣枪后比赛开始计时，各参赛选手在规定的比赛区域内完成比赛任务
	4	综合实操比赛过程中，全部参赛选手实行封闭管理
结束阶段	1	到达终点时，参赛选手必须按下计时器停止键停止计时
	2	比赛结束后，分项裁判签字确认各分项打分情况，并提交各分项比赛评分表
	3	参赛选手在比赛期间未经组委会批准，不得接受任何与比赛内容相关的采访
	4	参赛选手在比赛过程中必须主动配合现场裁判工作，服从裁判安排，如果对比赛的裁决有异议，由领队以书面形式向仲裁工作组提出申诉

（二）竞赛时间安排

竞赛日程由大赛组委会统一规定，具体时间另行通知。

六、竞赛赛卷

（一）矿山救护工理论知识

在竞赛试题库中随机抽取100道赛题；理论考试成绩占总成绩的20%。

（二）矿山救护工实际操作

矿山救护工实操项目参赛选手需着由承办方按《矿山救援防护服装》（AQ/T 1105—2014）要求统一提供的战斗服，连续完成4 h正压氧气呼吸器席位操作、呼吸器佩用、气体（甲烷、硫化氢、乙烯及一氧化碳）模拟实测、巷道风量计算、心肺复苏（CPR）、苏生器准备和综合体能项目，全程约680 m。

1. 项目内容

实际操作内容及顺序：4 h正压氧气呼吸器席位操作→呼吸器佩用→气体（甲烷、硫化氢、乙烯及一氧化碳）模拟实测→巷道风量计算→心肺复苏（CPR）→苏生器准备→综合体能。

具体步骤：参赛选手在起点处做好准备，当裁判员发出“开始”（鸣枪）指令后，计时器起表计时，参赛选手首先找到并修复4 h正压氧气呼吸器故障、校验并填写好记录（氧气呼吸器故障范围见附表1），确保氧气呼吸器完好后，将呼吸器校验仪、工具恢复到指定位置内；到指定地点佩用氧气呼吸器（佩用的氧气呼吸器由参赛选手自带 HYZ4(E)正压氧气呼吸器），佩戴安全帽（由承办方统一提供），正确佩机后向模拟巷道进发，到达气体检测区，操作模拟考试装置进行甲烷、硫化氢、乙烯及一氧化碳气体模拟检测。气体检测结束后继续佩机前进到达测风站，首先将测风量顺序（测风前的准备工作、操作程序及注意事项）按操作要求，依次选择并张贴在牌板上；然后利用机械风表进行 1 次正确测风操作，并根据提供的实测风速值及巷道断面参数，计算出巷道风量，并填写牌板。测风结束后继续前进，到达巷道末端，对模拟人进行单人心肺复苏（摘掉呼吸器、安全帽并放置在指定位置），须完成 5 个周期心肺复苏（CPR），并操作苏生器完成相应准备工作，方可进行综合体能项目。综合体能全程约 656 m，需完成 7 项操作，顺序是：爬绳（高度 4 m）→ 过曲面桥（15 m）→ 佩戴 4 h 正压氧气呼吸器、戴安全帽 → 穿越工作面 S 形行人巷（20 m）→ 矮巷（20 m）→ 负重跑约 300 m → 拉检力器 60 次，以上操作项目连续计时，完成操作项目后参赛选手按下计时器停止计时，竞赛结束。

2. 操作要求

（1）参赛选手需完成竞赛规定的全部故障修复及校验并填写好记录，确保仪器完好后立即佩机。HYZ4(E)正压氧气呼吸器校验项目按表 3《HYZ4(E)正压氧气呼吸器性能校验步骤与内容》顺序进行，每检一项须口述给裁判员。(注：选手如果在 1000 s 内未完成席位操作项目，由裁判员提醒强制终止席位操作并进行后续项目，此项目未操作步骤根据扣分标准打分)

表 3　HYZ4(E)正压氧气呼吸器性能校验步骤与内容

序号	项目	校验测试设置	校验方法提示
1	低压系统气密性	正压泵气	测试前关闭报警哨开关，挡住排气阀，不让其排气。然后用 JMH－E 氧气呼吸器检验仪在低压系统内建立 800 Pa 以上的正压，在 1 min 内压力下降值应不大于 100 Pa（观察 1 min，填写下降数据及单位）
2	排气阀开启压力	正压泵气	在低压系统内建立正压，用 JMH－E 氧气呼吸器检验仪检测，排气阀开启压力为（400～700）Pa（不允许打开气瓶）
3	定量供氧量		气瓶气压在（2～20）MPa 状态下，打开氧气瓶，拔掉定量供氧管，连接 JMH－E 氧气呼吸器检验仪，测定供氧量应在（1.4～1.9）L/min 范围内（填写数据及单位）
4	手动供氧量		高压（20～5）MPa，定量供氧管连接 JMH－E 氧气呼吸器检验仪的补气流量测定嘴，按手动补气按钮，观察流量计流量≥80 L/min
5	自动补气阀开启压力	负压抽气	在低压系统内建立负压，用 JMH－E 氧气呼吸器检验仪检测，自动补气阀的开启压力为（50～245）Pa
6	余压报警		关闭氧气瓶瓶阀，打开报警哨开关，待压力降到（4～6）MPa 时再听取报警声（手握压力表并目视）
7	随时可用		面罩与呼吸器相连，并放在呼吸器的外壳上，胸带、腰带扣好，涂抹防雾剂（口述）

（2）参赛选手必须在指定地点佩用 4 h 正压氧气呼吸器后（佩戴面罩、打开氧气瓶、系好腰带、胸带扣，氧气呼吸器必须完好），戴好安全帽，才能向巷道深处进发。

（3）实测甲烷、硫化氢、乙烯及一氧化碳浓度。通过真实操作模拟光学瓦斯检定器及模拟气体采样器，观察显示器提供的相关参数。系统显示屏界面里虚拟呈现出标准气样，运用虚拟光学瓦斯检定器、虚拟气体检测管（不同型号）、虚拟气体采样器实测相应气体浓度。（由裁判长通过软件后台从气样库内随机选出设定的气样，包括甲烷、硫化氢、乙烯及一氧化碳浓度值）。

（4）测风速风量，首先将测风量顺序（测风前的准备工作、操作程序及注意事项）按操作要求，依次选择并张贴在牌板上；然后正确操作机械风表进行 1 次测风操作；再根据提供的实测风速值及巷道断面参数，计算出巷道风量，并填写牌板。

（5）心肺复苏操作要求：心肺复苏前摘下氧气呼吸器、安全帽，将其放到指定位置的线内再进行操作。

A. 参赛选手须对伤员进行 5 个周期的心肺复苏（CPR)(30 次胸外按压 +2 次人工呼吸为 1 个周期)。

B. 胸外按压频率≥100 次/min，按压深度为 5 ~6 cm，下压与放松时间比为 1 : 1。

C. 按压定位：用靠近伤员下肢手的食指、中指并拢，指尖沿其肋弓处向上滑动（定位手)，中指端置于肋弓与胸骨剑突交界下切迹处，食指在其上方与中指并排。另一只手掌根紧贴于定位手食指的上方固定不动；再将定位手放开，用其掌根重叠放于已固定手的手背上，两手扣在一起，固定手的手指抬起，脱离胸壁。

D. 姿势：双臂伸直，肘关节固定不动，双肩在伤员胸骨正上方，用腰部的力量垂直向下用力按压。

E. 开放气道：仰头举颏法（或仰头举颌法)，施救者一只手的小鱼际肌放置于伤员的前额，用力往下压，使其头后仰，另一只手的食指、中指放在下颌骨下方，将颏部向上抬起。

F. 2 次吹气时间应在 3 ~4 s 之间，单次吹气时间应超过 1 s；每次吹气量 800 ~1200 mL。

（6）自动苏生器准备操作：参赛选手正确连接 MZS30 型煤矿用自动苏生器的吸引装置、自动肺装置、自主呼吸阀装置，并为伤员佩用吸氧面罩。

A. 连接吸引装置：打开仪器盖子（姿势不限），打开氧气瓶，将吸引管的快速接头插在与吸痰瓶相连的硅胶软管上，以拿起吸引管不能脱离为准，开关一次靠近氧气瓶的引射开关旋钮，试验是否能正常通气，并理顺吸引管。

B. 连接自动肺装置：将配气阀（供气量Ⅱ）端头相连输氧管的快速接头插在自动肺供气接头上，一手堵住自动肺的面罩接口，另一手打开配气阀（供气量Ⅱ）的旋钮开关，试验自动肺是否正常动作，自动肺正常动作时，关闭配气阀（供气量Ⅱ）的旋钮开关，并将其中一个吸氧面罩与自动肺面罩接口连接，拉起自动肺顶杆，理顺输氧管。

C. 连接自主呼吸阀装置：将配气阀（供气量Ⅰ）端头相连输氧管的快速接头插在自主呼吸阀的供气接头上，将储气囊与气囊接口连接，将另一个吸氧面罩与面罩接口连接，以拿起自主呼吸阀装置气囊和面罩不能脱离为准，开关一次配气阀（供气量Ⅰ）旋钮开关，试验是否能正常通气，理顺自主呼吸阀装置的管路。

D. 给伤员佩戴吸氧面罩：伤员头部要偏向一侧，将吸氧面罩用头带固定在伤员面部。

（7）爬绳行程为4 m，上爬时，双手握绳，不准夹绳；下放时，姿势不限。

（8）过曲面桥：曲面桥跨度长15 m，桥面宽0. 2 m，桥面距地面0. 2 m，每段曲面长2. 15 m。上下桥及每个转折点有触发报警装置，必须通过每个报警器的触发装置，不准跳跃式穿过曲面桥；中途掉下，需重新回到曲面桥起点上桥。

（9）正确佩戴4 h正压氧气呼吸器、安全帽。

（10）穿越行人巷道：模拟一段受灾害事故波及导致支柱受到破坏的井下行人巷道（长20 m、宽1. 2 m、高2. 5 m，每隔1. 5 m设置一根支柱）参赛选手，需S形绕行支柱通过行人巷道。

（11）穿越矮巷：长20 m×内宽1. 15 m×内高1 m，矮巷设置2处起伏坡道，穿越矮巷时姿势不限。每位选手穿越矮巷后均可以抢道跑。

（12）拉检力器：检力器锤重20 kg，拉高1. 2 m，数量60次（上下碰响为1次），检力器发生故障，换备用检力器（连续计时、计数）。

（13）负重跑：佩带4 h正压氧气呼吸器负重跑需穿越S行人巷、矮巷、变道绕内道一圈、拉检力器结束。

（14）所有项目均不得协助、领跑。

七、竞赛规则

（一）报名资格及参赛选手要求

（1）选手需为按时报名参赛的煤炭企业生产一线的在岗职工，从事本职业（工种）8年以上时间，且年龄不超过45周岁。

（2）选手须取得行业统一组织的赛项集训班培训证书，并通过本单位组织的相应赛项选拔的前2名，且具备国家职业资格高级工及以上等级。

（3）已获得“中华技能大奖”“全国技术能手”的人员，不得以选手身份参赛。

（二）熟悉场地

（1）组委会安排开赛式结束后各参赛选手统一有序地熟悉场地。

（2）熟悉场地时不允许发表没有根据以及有损大赛整体形象的言论。

（3）熟悉场地时要严格遵守大赛各种制度，严禁拥挤、喧哗，以免发生意外事故。

（4）参赛选手在赛场工作人员的引导下，在比赛前15 min进入比赛区域，适应场地及准备竞赛器材，包括确认综合体能4 h正压氧气呼吸器的核重、摆放（2 min），熟悉模拟巷道内比赛项目（5 min）。

（三）参赛要求

（1）竞赛所需平台、设备、仪器和工具按照大赛组委会的要求统一由协办单位提供，选手自备工具材料：HYZ4(E)正压氧气呼吸器、运动鞋。

（2）所有人员在赛场内不得有影响其他选手完成工作任务的行为，参赛选手不允许串岗串位，要使用文明用语，不得以言语及人身攻击裁判和赛场工作人员。

（3）参赛选手在比赛开始前15 min到达指定地点报到，接受工作人员对选手身份、资格和有关证件的核验，参赛号、赛位号由抽签确定，不得擅自变更、调整。

（4）选手须在竞赛试题规定位置填写参赛号、赛位号。其他地方不得有任何暗示选手身份的记号或符号。选手不得将手机等通信工具带入赛场，选手之间不得以任何方式传递信息，如传递纸条，用手势表达信息等，否则取消成绩。

（5）选手须严格遵守安全操作规程，并接受裁判员的监督和警示，以确保参赛人身及设备安全。选手因个人误操作造成人身安全事故和设备故障时，裁判长有权终止该队比赛；如非选手个人因素出现设备故障而无法比赛，由裁判长视具体情况做出裁决（调换到备用赛位或调整至最后一场次参加比赛）；若裁判长确定设备故障可由技术支持人员排除故障后继续比赛，同时将给参赛队补足所耽误的比赛时间。

（6）选手进入赛场后，不得擅自离开赛场，因病或其他原因离开赛场或终止比赛，应向裁判示意，须经赛场裁判长同意，并在赛场记录表上签字确认后，方可离开赛场并在赛场工作人员指引下到达指定地点。

（7）裁判长发布比赛结束指令后所有未完成任务参赛队立即停止操作，按要求清理赛位，不得以任何理由拖延竞赛时间。

（8）服从组委会和赛场工作人员的管理，遵守赛场纪律，尊重裁判和赛场工作人员，尊重其他代表队参赛选手。

（四）安全文明操作规程

（1）选手在比赛过程中不得违反《煤矿安全规程》规定要求。

（2）注意安全操作，防止出现意外伤害。完成工作任务时要防止工具伤人等事故。

（3）组委会要求选手统一着装，服装上不得有姓名、队名以及其他任何识别标记。不穿组委会提供的上衣，将拒绝进入赛场。

（4）工具不能混放、堆放，废弃物按照环保要求处理，保持赛位清洁、整洁。

八、竞赛环境

实操竞赛环境如图 1 ~ 图 4 所示。

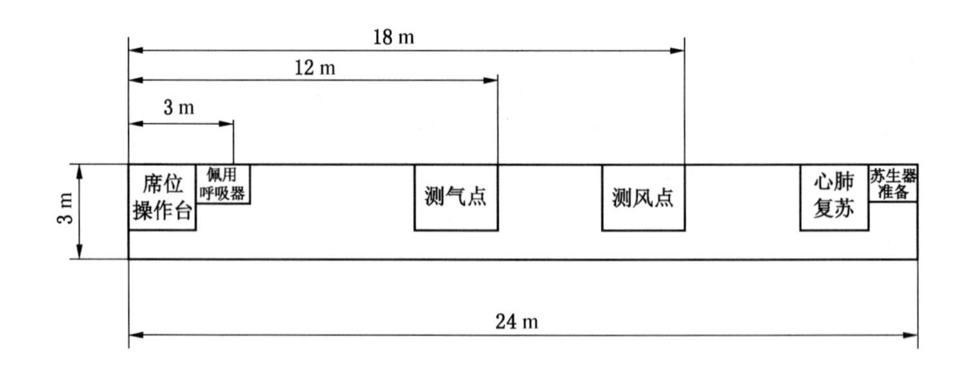

图 1　模拟巷道示意图

九、技术参考规范

（1）《矿山救护规程》。

（2）《矿山救护队标准化考核规范》(AQ/T 1009—2021)。

（3）2021 年“山西焦煤杯”矿山救护工竞赛方案。

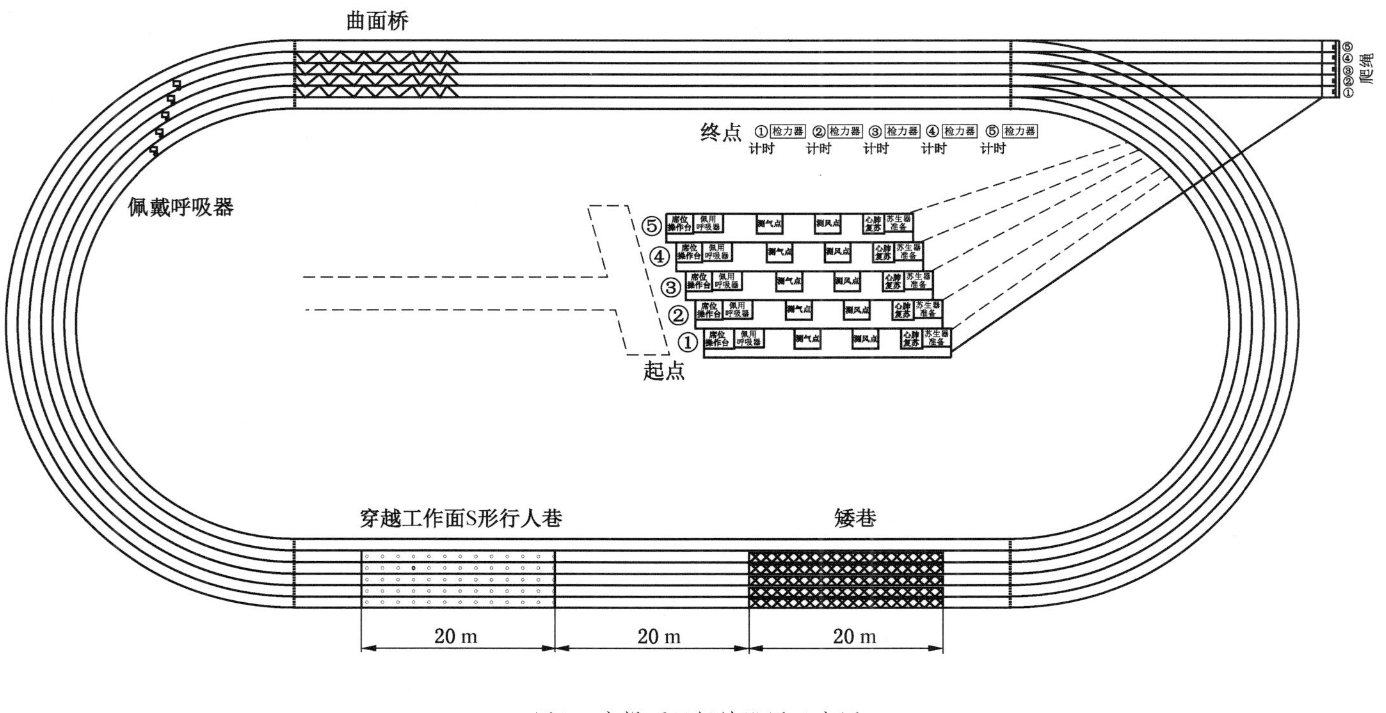

图2　实操项目场地设置示意图

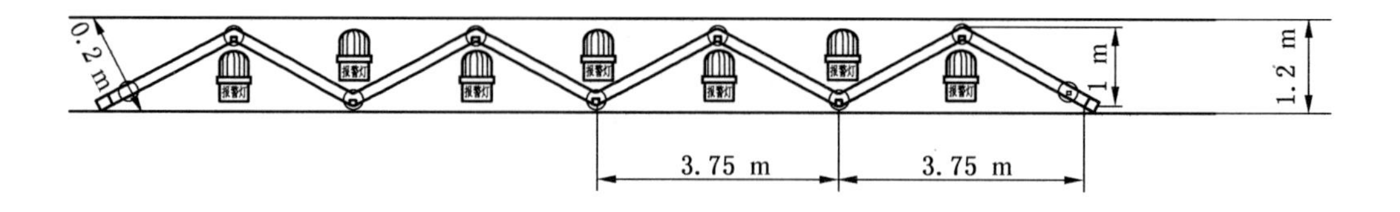

图3　曲面桥示意图

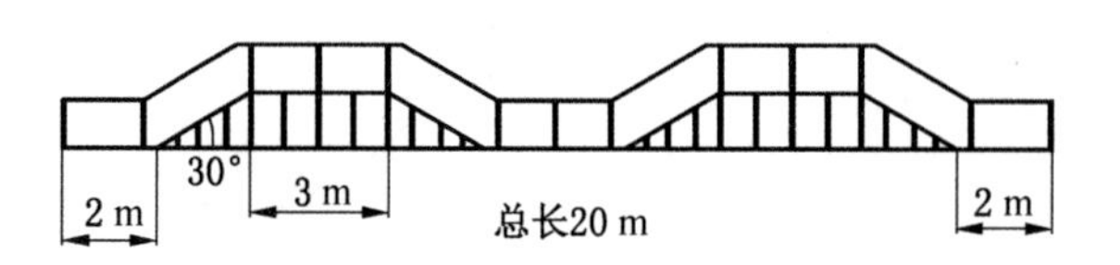

图4　矮巷示意图（高1 m，宽1.2 m）

十、技术平台

（一）竞赛设备材料（见表4）

表4　竞赛设备材料

序号	名　　称	型　　号	数量	单位
1	竞赛计时系统	JMJS－VI	1	套
2	多项竞技评分系统	JMJS－VIA	1	套
3	无线评分终端	JMJS－VIB	40	台
4	4 h正压氧气呼吸器	HYZ4(E)	42	台
5	氧气呼吸器校验仪	JMH－E	10	台
6	呼吸器工具	六棱M3、12－14叉口扳手	10	套
7	救护工模拟测气考试装置	JMJHK－D	6	套
8	模拟光学瓦斯检定器	CJG10(B)－D	12	台
9	光学瓦斯检定器	CJG10(B)	12	台
10	模拟气体采样器	CZY50－D	12	台
11	煤矿用自动苏生器	MZS30	12	台
12	模拟测风考试系统	JMkCF－D	6	台
13	检定管	1型、2型、3型	各10	盒
14	音视频记录仪	YHJ3.7	40	台
15	机械风表	低速	12	台
16	秒表	机械	12	台
17	模拟巷道	全长24 m，宽3 m、高2.8 m，封闭	6	套
18	席位操作台	2000 mm×1000 mm×750 mm（折叠）	6	个
19	曲面桥	跨度15 m，带报警	6	套
20	现场视频监控系统一套	JM－SP	1	套

表4（续）

序号	名　　称	型　　号	数量	单位
21	钢卷尺	5 m	10	把
22	医用模拟人	GD/CPR10300	10	台
23	爬绳架	6位，定制	1	套
24	爬绳防护海绵垫	定制（含垫、斜坡、柱子防撞套）	1	套
25	爬绳体能考核装置	ZTX－I	6	台
26	计数器	YSJ－D	6	套
27	检力器	双人位，行程1.2 m，锤重20 kg	6	套
28	帐篷	3 m×6 m，全封闭、带门、窗	24	个
29	矮巷	JMAC－D，20 m	6	套
30	综合体能模拟s形行人巷	JMXH－D，20 m	6	套
31	计算器	KJD1.5	6	台
32	气体牌板	80 cm×50 cm	12	个
33	泡沫垫	1000 mm×1000 mm，厚度24 mm	50	块
34	电缆	3芯2.5 m^2，100 m带轮防漏电线滚	6	套
35	插座	3芯2.5 m^2，铜芯3 m长，12孔	42	个
36	海绵垫	2 m×1 m×0.1 m，可折叠	60	个
37	伸缩隔离带栏杆	带长5 m	130	个
38	pvc警戒线专用胶带	48 mm×33 m/卷	50	卷
39	医用模拟人打印纸		50	卷
40	CPR隔离膜		200	张
41	氢氧化钙	1.1 kg/袋	200	袋
42	医用氧气	40 L	50	瓶
43	磁吸牌板	80 cm×50 cm	6	个
44	氧气充填泵	JM102A	4	台
45	电小二（户外电源）	AC 220 V/1000 W	10	台
46	遮雨棚	伸缩（长18 m，宽定制）曲面桥用	2	套
47	户外偏心大遮阳伞	2 m×2 m	15	把
48	对讲机	含耳机、麦	35	台
49	电子秤	台式	6	台
50	桌子	长1.2 m、宽60 cm、高75 cm	20	张
51	矿用安全帽	红	28	顶
52	电子秒表	HS－70 W	35	台
53	板夹	A4	50	各
54	白板笔	黑	100	只
55	中性笔		100	只
56	安全警戒线		1000	米
57	安全锥		60	个

（二）选手自备工具材料

HYZ4(E)正压氧气呼吸器、运动鞋。

十一、成绩评定

（一）评分标准制定原则

竞赛评分本着“公平、公正、公开、科学、规范”的原则，注重考查选手的职业综合能力和技术应用能力。

（二）评分标准

1. 业务理论

业务理论满分 100 分，所得分数乘以权重 20%，即为参赛选手业务理论考试最终得分。

2. 综合实操

综合实操实行自主计时，分别记录个人成绩。从发令员鸣枪开始计时，完成上述竞赛规定内容后，至按下终点计时器停止计时。期间出现操作错误对照具体评分细则处罚相应的时间。具体评分标准及成绩汇总见表 5 ~ 表 15。

（三）竞赛排名

参赛选手综合实操得分 = 60 + (1800 − 参赛选手实际用时) × 0.044 分（说明：假想第一名 900 s 完成得 100 分，1800 s 完成者得 60 分，然后(100 − 60)/900 s 为每秒 0.044 分）。

参赛选手负伤不能完成比赛，综合实操项目得分为 0 分。

参赛选手按项目顺序进行操作，放弃任意一个项目，按未进行该项目操作罚秒。

参赛选手最终成绩为 = 业务理论得分 × 20% + 综合实操得分 × 80%。

表 5　HYZ4(E)正压氧气呼吸器席位操作竞赛评分表

<table>
<tr><td colspan="2">参赛队伍</td><td></td><td>参赛顺序号</td><td colspan="2"></td></tr>
<tr><td colspan="2">姓　名</td><td></td><td>参赛日期</td><td colspan="2"></td></tr>
<tr><td colspan="4">HYZ4(E)正压氧气呼吸器性能校正步骤与内容</td><td colspan="2" rowspan="4">故障排除情况</td></tr>
<tr><td colspan="3">记　录</td><td>是否完成</td></tr>
<tr><td>1</td><td colspan="2"></td><td></td></tr>
<tr><td>2</td><td colspan="2"></td><td></td></tr>
<tr><td>3</td><td colspan="2"></td><td></td><td colspan="2"></td></tr>
<tr><td>4</td><td colspan="2"></td><td></td><td colspan="2"></td></tr>
<tr><td>5</td><td colspan="2"></td><td></td><td colspan="2"></td></tr>
<tr><td>6</td><td colspan="2"></td><td></td><td colspan="2"></td></tr>
<tr><td>7</td><td colspan="2"></td><td></td><td colspan="2"></td></tr>
<tr><td colspan="5">评　分　标　准</td><td>罚　秒</td></tr>
<tr><td colspan="5">检查低压气密性时，观察 1 min，不足 1 min，每少 1 s 罚 2 s。选手进行低压系统气密性校验时，选手与裁判员必须同时计时 1 min，同时观察压力显示器。选手在启动 1 min 计时的同时，要报告压力显示器上的起始压力值及单位</td><td>2″ × ____ =</td></tr>
</table>

表5（续）

评　分　标　准	罚　秒
检查顺序不正确，每违反一项，罚 50 s	50″×____ =
测试步骤检查时，没有“口述”给裁判员，漏一项，罚 50 s	50″×____ =
第一次低压气密校验不合格之后，每多校验一次，罚 100 s	100″×____ =
校验记录填写不完整、错误，每项罚 20 s。低压气密性测试须据实填写压力下降差值及单位。选手填写氧气呼吸器校验步骤时，须据实填写定量供氧量数值及单位	20″×____ =
操作完毕后工具遗漏呼吸器内未取出，每件罚 20 s	20″×____ =
呼吸器故障描述不完整、错误，每有 1 处罚 20 s。选手填写呼吸器故障描述时，故障名称必须与“附表 1”中的故障描述一致。故障范围中，一条故障描述包含两个及以上故障的，选手也可按赛题实际故障名称填写	20″×____ =
氧气呼吸器未达到随时可用状态，罚 200 s（若有故障未恢复不重复罚秒）	200″×____ =
呼吸器故障未恢复，每有一项，罚 200 s	200″×____ =
拆装仪器时，损坏仪器或部件每处，罚 200 s	200″×____ =
校验时造成 JMH－E 呼吸器校验仪损坏无法使用，罚 200 s	200″×____ =
席位操作项目时间超过 10 min，每超 1 s，罚 2 s	2″×____ =
操作完成后，校验仪、工具未放回指定位置，罚 60 s	60″×____ =
未进行该项目操作，罚 1000 s	1000″×____ =
合　　计	

裁判员签字：　　　　　　　　　　　　日期时间：

表6　HYZ4(E)正压氧气呼吸器佩用竞赛评分表

参赛队伍		参赛顺序号	
姓　　名		参赛日期	

序　号	评　分　标　准	罚　秒
1	腰带扣、胸带扣未扣完好，每处罚 5 s	5″×____ =
2	肩带、胸带、腰带有扭曲，每处罚 5 s	5″×____ =
3	中途呼吸软管、三通、面罩有脱落，每次罚 5 s	5″×____ =
4	安全帽未正确佩戴，罚 20 s	20″×____ =
5	安全帽中途脱落，每次罚 5 s	5″×____ =
6	呼吸器、安全帽摘下放置指定区域，有出线、压线，罚 30 s	30″×____ =
7	中途脱落未恢复，罚 100 s	100″×____ =
8	未进行该项目操作，罚 600 s	600″×____ =
合　　计		

裁判员签字：　　　　　　　　　　　　日期时间：

表7　气体（甲烷、乙烯、硫化氢及一氧化碳）模拟实测竞赛评分表

参赛队伍		参赛顺序号	
姓　　名		参赛日期	

序　号	评　分　标　准	罚　秒
1	未清洗气室、调零，罚 30 s	30″ × ____ =
2	抽气次数小于 5 次，罚 30 s	30″ × ____ =
3	读数未保留两位有效数字，罚 10 s	10″ × ____ =
4	甲烷读数不正确，罚 30 s	30″ × ____ =
5	模拟采样器操作时间不够，罚 20 s	20″ × ____ =
6	比长式检定管选型不正确，罚 20 s	20″ × ____ =
7	一氧化碳读数不正确，罚 20 s	20″ × ____ =
8	硫化氢读数不正确，罚 20 s	20″ × ____ =
9	乙烯读数不正确，罚 20 s	20″ × ____ =
10	采样器操作不正确，罚 60 s	60″ × ____ =
11	未在牌板上按要求填写读取数值，罚 20 s	20″ × ____ =
12	操作完成后，仪器未恢复、未摆放指定位置，罚 60 s	60″ × ____ =
13	未进行该项目操作，罚 600 s	600″ × ____ =
合　　计		

裁判员签字：　　　　　　　　　　　　日期时间：

表8　巷道风量计算竞赛评分表

参赛队伍		参赛顺序号	
姓　　名		参赛日期	

序　号	评　分　标　准		罚　秒
1	选择测风前的准备工作	漏项、顺序颠倒或选择错误，每处罚 10 s	10″ × ____ =
2	选择线路测风法程序		10″ × ____ =
3	选择测风注意事项		10″ × ____ =
4	测风时，风表距人体及巷道顶、帮、底部太近，间距小于 200 mm 的，每次罚 20 s		20″ × ____ =
5	未待风表叶轮转动 30 s 左右稳定后立即测风的，罚 60 s		60″ × ____ =
6	测风开始与秒表不同步，罚 20 s		20″ × ____ =
7	风表叶片与风流方向不能始终保持垂直，罚 20 s		20″ × ____ =
8	风表叶轮与风流方向不对应，罚 100 s		100″ × ____ =
9	在断面内风表不能保证均匀移动，罚 20 s		20″ × ____ =
10	测风时间不符合规定，罚 20 s		20″ × ____ =
11	没有利用风表校正曲线校正，罚 60 s		60″ × ____ =
12	风速计算错误，罚 60 s		60″ × ____ =
13	巷道断面积计算错误，罚 30 s		30″ × ____ =

表8（续）

序　号	评　分　标　准	罚　秒
14	风量计算错误，罚60 s	60″×____ =
15	未在牌板按要求填写数据，并至少保留两位小数，罚20 s	20″×____ =
16	风速单位 m/s，风量单位 m^3/min，填写不完整罚20 s	20″×____ =
17	检测操作完后，风表未恢复，附属器具未放回指定位置，罚60 s	60″×____ =
18	未进行该项目操作，罚600 s	600″×____ =
合　计		

裁判员签字：　　　　　　　　　　　　　　日期时间：

表9　心肺复苏（CPR）操作竞赛评分表

参赛队伍		参赛顺序号	
姓　　名		参赛日期	

序　号	评　分　标　准	罚　秒
1	实施胸外按压前手的定位未采用正确方式，罚5 s	5″×____ =
2	按压时未将两手平行重叠放置（掌根共轴应与胸骨长轴平行），罚5 s	5″×____ =
3	胸外心脏按压方法错误，罚5 s	5″×____ =
a	按压频率未达到100次/min，罚5 s	5″×____ =
b	按压深度未达到5～6 cm，罚5 s	5″×____ =
c	没有放松按压，罚5 s	5″×____ =
4	按压时手的位置不正确，罚5 s	5″×____ =
5	开放气道错误或操作不当，罚5 s	5″×____ =
6	CPR过程中吹气不当，罚5 s	5″×____ =
a	没有在4 s内给予2次吹气，罚5 s	5″×____ =
b	吹气不足，没有使肺足够膨胀，罚5 s	5″×____ =
c	再次吹气前，肺体积未能下降，罚5 s	5″×____ =
d	单次吹气时间未超过1 s，罚5 s	5″×____ =
7	在125 s内（从按压开始计时）未完成5个胸外按压＋人工呼吸周期（30次胸外按压和2次人工呼吸为1个周期）（按压频率≥100次/min），罚5 s	5″×____ =
a	每30次连续按压超过18 s，罚5 s	5″×____ =
b	一个按压周期按压次数超过或不足30次；按压和吹气每多或少一次，罚5 s	5″×____ =
c	胸外心脏按压间断（每次）超过7 s，罚5 s	5″×____ =
8	未进行该项目操作，罚600 s	600″×____ =
合　计		

裁判员签字：　　　　　　　　　　　　　　日期时间：

表10　MZS30型煤矿用自动苏生器准备竞赛评分表

参赛队伍		参赛顺序号	
姓　　名		参赛日期	

序　号	评　分　标　准	罚　秒
1	自动苏生器按照操作要求中的步骤准确操作，每缺少一个操作步骤，罚60 s	60″×____=
2	自动苏生器管路接头松动，每处罚20 s	20″×____=
3	自动苏生器自动肺口鼻杯安装角度大于45°，罚20 s	20″×____=
4	自动苏生器管路交叉、打结，罚20 s	20″×____=
5	未给伤员佩用氧吸入面罩，罚60 s	60″×____=
6	吸氧面罩佩戴未罩住伤员口鼻或压住伤员眼睛，罚20 s	20″×____=
7	自动苏生器各连接管路必须放置到位，超出规定区域，每处罚20 s	20″×____=
8	未进行该项目操作，罚600 s	600″×____=
合　　计		

裁判员签字：　　　　　　　　　　　　　　日期时间：

表11　综合体能（爬绳）竞赛评分表

参赛单位		参赛顺序号	
姓　　名		参赛日期	

序　号	评　分　标　准	罚　秒
1	爬绳过程中，上爬时出现用脚、腿、臂等夹绳动作，罚20 s	20″×____=
2	竞赛过程中未按指定线路行进、爬错绳，罚30 s	30″×____=
3	爬错绳耽误其他选手，罚100 s	100″×____=
4	此项目未能完成，罚60 s（目测爬过一半以上）	60″×____=
5	未进行该项目操作，罚200 s（目测爬过一半以下）	200″×____=
合　　计		

裁判员签字：　　　　　　　　　　　　　　日期时间：

表12　综合体能（曲面桥、佩戴呼吸器）竞赛评分表

参赛单位		参赛顺序号	
姓　　名		参赛日期	

序　号	评　分　标　准	罚　秒
1	曲面桥上中途掉下来，须回到曲面桥起点重新上桥，否则罚200 s	200″×____=
2	曲面桥每掉落一次，罚20 s	20″×____=
3	通过曲面桥，须依次通过触发报警装置，每漏过1个，罚20 s	20″×____=

表12（续）

序　号	评　分　标　准	罚　秒
4	呼吸器腰带、胸带未扣好，每发现1处，罚5 s；呼吸软管没有放在胸前，每发现1次罚5 s；安全帽脱落，提示后没及时复位，每发现1次罚5 s	5″×____=
5	竞赛过程中未按照自己的线路行进或超越自己的跑道，每次罚30 s	30″×____=
6	未进行该项目操作，罚600 s	600″×____=
合　　计		

裁判员签字：　　　　　　　　　　　　　　日期时间：

表13　综合体能（S形行人巷、矮巷、负重跑）竞赛评分表

参赛单位		参赛顺序号	
姓　　名		参赛日期	

序　号	评　分　标　准	罚　秒
1	完成穿越矮巷前，竞赛过程中未按照自己的线路行进或超越自己的跑道，每次罚30 s	30″×____=
2	过S形行人巷、矮巷姿势不限，在行进过程中安全帽脱落，未复位，每发现一次，罚10 s	10″×____=
3	负重跑未在规定赛道跑，每次罚30 s（超越可从外侧跑道超越，超越后回到规定赛道）	30″×____=
4	未进行该项目操作，罚200 s	200″×____=
合　　计		

裁判员签字：　　　　　　　　　　　　　　日期时间：

表14　综合体能（拉检力器）竞赛评分表

参赛单位		参赛顺序号	
姓　　名		参赛日期	

序　号	评　分　标　准	罚　秒
1	赛道与检力器不对应，罚60 s	60″×____=
2	拉检力器未达到60次，罚200 s	200″×____=
3	赛道与检力器不对应，经提醒未换回自己对应检力器，影响其他选手，罚200 s（需重新计数）	200″×____=
4	未进行该项目操作，罚300 s	300″×____=
合　　计		

裁判员签字：　　　　　　　　　　　　　　日期时间：

表15　综合实操竞赛成绩汇总表

参赛单位			参赛顺序号	
姓　　名			参赛日期	
项　目　名　称				罚　秒
1	4 h正压氧气呼吸器席位操作			
2	4 h正压氧气呼吸器佩用			
3	气体（甲烷、硫化氢、乙烯及一氧化碳）模拟实测			
4	巷道风量计算			
5	心肺复苏（CPR）			
6	苏生器准备			
7	综合体能			
8	赛前准备			
总罚秒				
完成时间（计时器显示时间）				
成绩				

裁判组长签字：　　　　　　　　　　　　　　日期：

十二、赛项安全

赛事安全是技能竞赛一切工作顺利开展的先决条件，是赛事筹备和运行工作必须考虑的核心问题。赛项组委会采取切实有效措施保证大赛期间参赛选手、指导教师、裁判员、工作人员及观众的人身安全。

（一）比赛环境

（1）组委会须在赛前组织专人对比赛现场、住宿场所和交通保障进行考察，并对安全工作提出明确要求。赛场的布置，赛场内的器材、设备，应符合国家有关安全规定。如有必要，也可进行赛场仿真模拟测试，以发现可能出现的问题。承办单位赛前须按照组委会要求排除安全隐患。

（2）赛场周围要设立警戒线，要求所有参赛人员必须凭组委会印发的有效证件进入场地，防止无关人员进入发生意外事件。比赛现场内应参照相关职业岗位的要求为选手提供必要的劳动保护。在具有危险性的操作环节，裁判员要严防选手出现错误操作。

（3）承办单位应提供保证应急预案实施的条件。对于比赛内容涉及大用电量、易发生火灾等情况的赛项，必须明确制度和预案，并配备急救人员与设施。

（4）严格控制与参赛无关的易燃易爆以及各类危险品进入比赛场地，不许随便携带其他物品进入赛场。

（5）配备先进的仪器，防止有人利用电磁波干扰比赛秩序。大赛现场需对赛场进行网络安全控制，以免场内外信息交互，充分体现大赛的严肃、公平和公正性。

（6）组委会须会同承办单位制定开放赛场的人员疏导方案。赛场环境中存在人员密集、车流人流交错的区域，除了设置齐全的指示标志外，须增加引导人员，并开辟备用通道。

（7）大赛期间，承办单位须在赛场管理的关键岗位，增加力量，建立安全管理日志。

（二）生活条件

（1）比赛期间，原则上由组委会统一安排参赛选手和指导教师食宿。承办单位须尊重少数民族的信仰及文化，根据国家相关的民族政策，安排好少数民族选手和教师的饮食起居。

（2）比赛期间安排的住宿地应具有宾馆/住宿经营许可资质。大赛期间的住宿、卫生、饮食安全等由组委会和承办单位共同负责。

（3）大赛期间有组织的参观和观摩活动的交通安全由组委会负责。组委会和承办单位须保证比赛期间选手、指导教师和裁判员、工作人员的交通安全。

（4）各赛项的安全管理，除了可以采取必要的安全隔离措施外，应严格遵守国家相关法律法规，保护个人隐私和人身自由。

（三）组队责任

（1）各单位组织代表队时，须为参赛选手购买大赛期间的人身意外伤害保险。

（2）各单位代表队组成后，须制定相关管理制度，并对所有选手、指导教师进行安全教育。

（3）各参赛队伍须加强对参与比赛人员的安全管理，实现与赛场安全管理的对接。

（四）应急处理

比赛期间发生意外事故，发现者应第一时间报告组委会，同时采取措施避免事态扩大。组委会应立即启动预案予以解决。赛项出现重大安全问题可以停赛，是否停赛由组委会决定。事后，承办单位应向组委会报告详细情况。

（五）处罚措施

（1）因参赛选手原因造成重大安全事故的，取消其获奖资格。

（2）参赛选手有发生重大安全事故隐患，经赛场工作人员提示、警告无效的，可取消其继续比赛的资格。

（3）赛事工作人员违规的，按照相应的制度追究责任。情节恶劣并造成重大安全事故的，由司法机关追究相应法律责任。

十三、竞赛须知

（一）参赛队须知

（1）统一使用单位的团队名称。

（2）竞赛采用个人比赛形式，不接受跨单位组队报名。

（3）参赛选手为单位在职员工，性别不限。

（4）参赛选手在报名获得确认后，原则上不再更换。允许选手缺席比赛。

（5）参赛选手在各竞赛专项工作区域的赛位场次和工位采用抽签的方式确定。

（6）参赛选手所有人员在竞赛期间未经组委会批准，不得接受任何与竞赛内容相关的采访，不得将竞赛的相关情况及资料私自公开。

（二）领队和指导老师须知

（1）领队和指导老师务必带好有效身份证件，在活动过程中佩戴领队和指导教师证参加竞赛及相关活动；竞赛过程中，领队和指导教师非经允许不得进入竞赛场地。

（2）妥善管理本队人员的日常生活及安全，遵守并执行大赛组委会的各项规定和安排。

（3）严格遵守赛场的规章制度，服从裁判，文明竞赛，持证进入赛场允许进入的区域。

（4）熟悉场地时，领队和指导老师仅限于口头讲解，不得操作任何仪器设备，不得现场书写任何资料。

（5）在比赛期间要严格遵守比赛规则，不得私自接触裁判人员。

（6）团结、友爱、互助协作，树立良好的赛风，确保大赛顺利进行。

（三）参赛选手须知

（1）选手必须遵守竞赛规则，文明竞赛，服从裁判，否则取消参赛资格。

（2）参赛选手按大赛组委会规定时间到达指定地点，凭参赛证和身份证（两证必须齐全）进入赛场，并随机进行抽签，确定比赛顺序。选手迟到15 min取消竞赛资格。

（3）裁判组在赛前30 min，对参赛选手的证件进行检查及进行大赛相关事项教育。

（4）比赛过程中，选手必须遵守操作规程，按照规定操作顺序进行比赛，正确使用仪器仪表。不得野蛮操作，不得损坏仪器、仪表、设备，一经发现立即责令其退出比赛。

（5）参赛选手不得携带通信工具和相关资料、物品进入大赛场地，不得中途退场。如出现较严重的违规、违纪、舞弊等现象，经裁判组裁定取消大赛成绩。

（6）现场实操过程中出现设备故障等问题，应提请裁判确认原因。若因非选手个人因素造成的设备故障，经请示裁判长同意后，可将该选手比赛时间酌情后延；若因选手个人因素造成设备故障或严重违章操作，裁判长有权决定终止比赛，直至取消比赛资格。

（7）参赛选手若提前结束比赛，应向裁判举手示意，比赛终止时间由裁判记录；比赛时间终止时，参赛选手不得再进行任何操作。

（8）参赛选手完成比赛项目后，提请裁判检查确认并登记相关内容，选手签字确认。

（9）比赛结束，参赛选手需清理现场，并将现场仪器设备恢复到初始状态，经裁判确认后方可离开赛场。

（四）工作人员须知

（1）工作人员必须遵守赛场规则，统一着装，服从组委会统一安排，否则取消工作人员资格。

（2）工作人员按大赛组委会规定时间到达指定地点，凭工作证、进入赛场。

（3）工作人员认真履行职责，不得私自离开工作岗位。做好引导、解释、接待、维持赛场秩序等服务工作。

十四、申诉与仲裁

本赛项在比赛过程中若出现有失公正或有关人员违规等现象，代表队领队可在比赛结束后2 h之内向仲裁组提出申诉。

书面申诉应对申诉事件的现象、发生时间、涉及人员、申诉依据等进行充分、实事求是的叙述，并由领队亲笔签名。非书面申诉不予受理。

赛项仲裁工作组在接到申诉后的2 h内组织复议，并及时反馈复议结果。申诉方对复议结果仍有异议，可由单位的领队向赛区仲裁委员会提出申诉。赛区仲裁委员会的仲裁结果为最终结果。

十五、竞赛观摩

本赛项对外公开，需要观摩的单位和个人可以向组委会申请，同意后进入指定的观摩区进行观摩，但不得影响选手比赛，在赛场中不得随意走动，应遵守赛场纪律，听从工作人员指挥和安排等。

十六、竞赛直播

本次大赛实行全程直播，同时安排专业摄制组进行拍摄和录制，及时进行报道，包括赛项的比赛过程、开闭幕式等。通过摄录像，记录竞赛全过程。同时制作优秀选手采访、优秀指导教师采访、裁判专家点评和企业人士采访视频资料。

附表1　HYZ4(E)正压氧气呼吸器席位操作故障范围

序　号	故障位置	故　障
1	面罩	1. 头带是否扭曲 2. 头带扣是否安装到位 3. 口鼻杯是否缺失
2	供氧系统	1. 气瓶固定带是否缺失 2. 减压器与气瓶连接螺母是否松动 3. 自补接头、定量接头是否连接到位 4. 手补阀内弹簧是否缺失 5. 固定手补阀的螺母是否松动 6. 手补阀按钮是否缺失 7. 自动补气阀固定卡是否存在、到位 8. 自动补气阀压杆安装是否到位
3	呼吸循环系统	1. 气囊正压弹簧是否缺失 2. 冷却罐蓝冰是否缺失 3. 排气阀连接软管快插密封圈是否缺失 4. 排气阀内弹簧、阀片是否缺失 5. 清净罐固定带是否扭曲 6. 清净罐装药口密封圈是否存在 7. 呼吸软管与清净罐和冷却罐连接是否到位 8. 呼吸软管与清净罐和冷却罐连接处密封圈是否缺失 9. 呼吸两阀阀座或阀片是否存在，阀片是否反装 10. 排气阀连接软管与清净罐连接是否到位 11. 三通O形圈是否存在 12. 三通护盖是否存在 13. 气囊连接杆是否到位 14. 排水阀安装是否到位 15. 气囊与清净罐、冷却罐、自动补气阀连接是否到位
4	壳体背带	1. 呼、吸软管加固环是否缺失 2. 高压管固定带是否到位 3. 腰带安装是否到位 4. 压力表报警哨是否缺失

赛　项　题　库

一、单选题

1. PB240 正压氧气呼吸器氧气瓶贮存氧气的容积是（　　）。

A. 2 L　　B. 2.5 L　　C. 2.7 L　　D. 3 L

2. （　　）使用矿灯人员拆开、敲打、撞击矿灯。

A. 严禁　　B. 允许　　C. 矿灯有故障时才允许

3. （　　）是由于在生产环境中长期吸入生产性粉尘而引起的以肺组织纤维化为主的疾病。

A. 尘肺病　　B. 肺炎　　C. 肺结核　　D. 肺心病

4. （　　）应急机构是整个应急救援系统的重心，主要负责协调事故应急救援期间各个机构的运作，统筹安排整个应急救援行动，为现场应急救援提供各种信息支持等。

A. 应急救援中心　　B. 应急救援专家组

C. 消防与抢险　　D. 信息发布中心

5. “一炮三检”是指装药前、爆破前和（　　）必须检查爆破地点附近的瓦斯浓度。

A. 装药前　　B. 爆破前　　C. 爆破后　　D. 装药后

6. 《安全生产法》第六十八条规定，（　　）级以上地方各级人民政府应当组织有关部门制定本行政区域内特大生产安全事故应急救援预案，建立应急救援体系。

A. 县　　B. 市　　C. 省　　D. 地区

7. 《矿山安全法》在安全生产法律法规体系中属于（　　）。

A. 法规　　B. 法律　　C. 部门规章

8. 《刑法》规定：重大责任事故罪中，强令他人违章冒险作业因而发生伤亡事故，情节特别恶劣的可以处（　　）有期徒刑。

A. 3 ~ 7 年　　B. 5 年以上　　C. 3 年以下

9. 2022 版《煤矿安全规程》第六编应急救援共包括（　　）章。

A. 4　　B. 5　　C. 6

10. AJH - 3 型呼吸器校验仪大流量计测量范围（　　）。

A. 80 L/min　　B. 90 L/min　　C. 100 L/min　　D. 120 L/min

11. AJH - 3 型呼吸器校验仪水柱计，用于检查仪器的（　　）。

A. 定量供氧流量　　B. 自动补给量　　C. 气密性　　D. 氧气压力

12. AZG - 40 型隔离式自救器初期 30 s 内放氧量不少于（　　）。

A. 0.3 L　　B. 0.5 L　　C. 1 L　　D. 2 L

13. Biopak240 正压呼吸器当氧气瓶压力降到 4 ~ 6 MPa 时，报警器发出声响，提醒佩用者最多还有（　　）时间。报警器只报警一次，大约报警1 min，所有作业人员听到报警声便要做好结束工作的准备，以便有足够的氧气撤离灾区。

A. 0.5 h　　B. 1 h　　C. 1.5 h　　D. 4 h

14. Biopak240 正压呼吸器的冷却罐的冷却介质为（　　），冷却吸入气体的温度，在环境温度为 23.9 ℃的条件下存放 4 h，效果良好。

A. 冰块　　B. 液态氮　　C. 甲醛　　D. 无毒“蓝冰”

15. Biopak240 正压呼吸器氧气以（1.78 ±0.13）L/min 的流量从定量供氧装置流入呼吸舱，该装置 1.78 L/min 供给的氧气为人休息时耗氧量的（　　）。

A. 1 ~2 倍　　B. 2 ~3 倍　　C. 3 ~4 倍　　D. 4 ~6 倍

16. HY4 型正压氧气呼吸器的字母“H”代表（　　）。

A. 氧气　　B. 呼吸器　　C. 时间　　D. 生产地址

17. HY4 型正压氧气呼吸器降温器内可装冰块，用来降低吸气温度，保证吸气温度低于（　　），减轻高温气体对人体呼吸器官的危害，有利于改善疲劳感和提高工作效率。

A. 20 ℃　　B. 25 ℃　　C. 30 ℃　　D. 35 ℃

18. HY4 型正压氧气呼吸器排气阀开启压力（　　）。

A. 70 ~90 Pa　　B. 100 ~300 Pa　　C. 300 ~500 Pa　　D. 400 ~700 Pa

19. HY4 型正压氧气呼吸器使用温度是（　　）。

A. −10 ~ +60 ℃　　B. 0 ~ +60 ℃　　C. −6 ~ +40 ℃　　D. 0 ~ +40 ℃

20. HYC120 正压呼吸器（重庆）当佩戴者劳动强度增大，定量供给的氧气不够使用时，自动补给阀开启，氧气大于（　　）的流量进入呼吸舱，满足呼吸用。

A. 60 L/min　　B. 70 L/min　　C .80 L/min　　D. 90 L/min

21. HYC120 正压呼吸器（重庆）当瓶内压力为 3 ~20 MPa 时，定量供氧阀能确保流量稳定在（　　）范围内。

A. 1.0 ~1.2 L/min　　B. 1.3 ~1.5 L/min

C. 1.5 ~1.9 L/min　　D. 1.6 ~2.0 L/min

22. HYC120 正压呼吸器（重庆）的“C”代表（　　）。

A. 呼吸器　　B. 氧气

C. 额定防护时间（分钟）　　D. 呼吸舱式

23. HYC120 正压呼吸器（重庆）压力表及限流器的作用是：压力表显示氧气压力，一旦表管漏气，可将流量限制在（　　）。

A. 0.3 ~0.5 L/min　　B. 0.6 ~1.0 L/min

C. 0.8 ~1.0 L/min　　D. 0.8 ~1.2 L/min

24. HYC120 正压呼吸器（重庆）氧气瓶采用铝合金内胆缠绕碳纤维复合材料制成，额定压力 20 MPa，容积（　　）。设有安全膜片，保证充气安全。

A. 0.5 L　　B. 1.6 L　　C. 2 L　　D. 2.7 L

25. PB240 正压氧气呼吸器减压器是将氧气瓶高压氧气降到约 0.4 ~0.5 MPa 范围内，使氧气通过定量供氧装置以（　　）的流量不断进入气囊，供佩戴人员呼吸。

A. （1.3 ±0.1）L/min　　B. （1.4 ±0.1）L/min

C. （1.5 ±0.1）L/min　　D. （1.6 ±0.1）L/min

26. 安装甲烷传感器时，必须垂直悬挂，距（　　）不得大于 300 mm。

A. 支架　　B. 两帮　　C. 顶板　　D. 底板

27. 按矿井设计能力的大小，120 万 t/a 矿井属于（　　）。

A. 大型矿井　　B. 中型矿井　　C. 小型矿井

28. 按照《煤矿安全规程》的相关规定，工期尘肺患者（　　）年复查 1 次。

A. 1　　B. 半　　C. 2

29. 爆炸材料库上面覆盖层厚度小于（　　）时，必须装设防雷电设备。

A. 5 m　　B. 10 m　　C. 15 m　　D. 20 m

30. 背斜构造的轴心上部通常比相同深度的两翼瓦斯含量（　　），特别是当背斜上部的岩层透气性差或含水充分时，往往积聚高压的瓦斯，形成“气顶”。

A. 相同　　B. 低　　C. 高

31. 下列不属于立井环型车场的是（　　）。

A. 卧式车场　　B. 斜式车场　　C. 梭式车场　　D. 立式车场

32. 布置在掏槽眼和周边眼之间，利用掏槽眼造成的自由面大量崩落岩石，继续刷大巷道断面，这种炮眼称为（　　）。

A. 帮眼　　B. 辅助眼　　C. 顶眼　　D. 三角眼

33. 布置在巷道断面的中下部，首先起爆，使一部分岩石破碎被抛出，形成新的自由面，这种炮眼称为（　　）。

A. 底眼　　B. 辅助眼　　C. 周边眼　　D. 掏槽眼

34. 采掘工作面的进风流中，二氧化碳浓度不得超过（　　）。

A. 0.5%　　B. 0.75%　　C. 1.0%　　D. 1.5%

35. 采掘工作面经工作面突出危险性预测后划分为突出危险工作面和无突出危险工作面。未进行工作面突出危险性预测的采掘工作面，应当视为（　　）。

A. 无突出危险工作面　　B. 突出危险工作面

C. 突出偶发工作面

36. 采掘工作面空气温度不得超过（　　），当空气温度超过时，必须缩短超温地点工作人员的工作时间，并给予高温保健待遇。

A. 34 ℃　　B. 30 ℃　　C. 26 ℃　　D. 40 ℃

37. 采煤方法由（　　）相配合而构成。

A. 采煤工艺和采煤设备　　B. 采煤系统和采煤工艺

C. 采煤设备和巷道布置

38. 采煤工艺与回采巷道布置及其在时间上、空间上的相互配合称为（　　）。

A. 采煤系统　　B. 采煤方法　　C. 回采工作

39. 采煤工作面回风巷风流中，瓦斯浓度报警值为（　　）。

A. 1.00%　　B. 0.50%　　C. 1.50%　　D. 2.00%

40. 采煤工作面循环作业组织的四项内容中，规定了各工序劳动量的是（　　）。

A. 循环方式　　B. 作业形式　　C. 工序安排　　D. 劳动组织

41. 采区后退式开采顺序是采区（　　）依次开采。

A. 由井筒向井田边界方向　　B. 由井田边界向井筒方向

C. 由上山向井筒方向　　D. 由上山向井田边界

42. 采区前进式开采顺序是指采区（　　）依次开采。

A. 由井筒向井田边界方向　　B. 由井田边界向井筒方向

C. 由上山向井筒方向　　D. 由上山向井田边界

43. 采区上（下）山和区段平巷或阶段大巷连接处的一组巷道和硐室称为（　　）。

A. 井底车场　　B. 采区车场　　C. 下部车场

44. 尘肺病中的硅肺病是由于长期吸入过量（　　）造成的。

A. 煤尘　　B. 煤岩尘　　C. 岩尘

45. 成煤阶段的第一阶段称为（　　）阶段。

A. 泥炭化　　B. 煤化作用　　C. 成岩作用　　D. 高温高压作用

46. 初始地应力主要包括（　　）。

A. 自重应力和残余应力　　B. 构造应力和残余应力

C. 自重应力和构造应力　　D. 自重应力、构造应力、残余应力

47. 初支柱支设时，将活柱升起，托住顶梁，利用升柱工具使支柱对顶板产生一个主动力，称为支柱的（　　）。

A. 初撑力　　B. 始动阻力　　C. 初工作阻力　　D. 最大工作阻力

48. 从业人员要确保自己不“三违”，发现别人有“三违”现象则（　　）。

A. 可以不问　　B. 不需指出　　C. 必须指出并令其纠正

49. 大队每年召集各中队进行（　　）次综合性演习。

A. 4　　B. 3　　C. 2　　D. 1

50. 大腿上的止血带的标准部位位于大腿（　　）。

A. 中下 1/2 交界处　　B. 中下 1/3 交界处

C. 中下 1/4 交界处　　D. 中下 1/5 交界处

51. 单纯人工呼吸时，人工呼吸频率分别为（　　）。

A. 8～10 次/min　　B. 8～12 次/min　　C. 10～12 次/min　　D. 10～15 次/min

52. 单体支柱工作面，在垂直于煤壁方向上支柱与支柱之间的距离，称为（　　）。

A. 柱距　　B. 排距　　C. 控顶距

53. 单体支柱工作面，在平行于煤壁方向上支柱与支柱之间的距离，称为（　　）。

A. 柱距　　B. 排距　　C. 控顶距

54. 当发现煤与瓦斯突出明显预兆时，瓦斯检查工有权停止作业，协助组长立即组织人员（　　），并报告调度室。

A. 继续进行观察　　B. 按避灾路线撤出

C. 撤离到进风巷

55. 当发现有人触电时，首先要（　　）电源或用绝缘材料将带电体与触电者分离开。

A. 闭合　　B. 切断　　C. 将电源接地

56. 当矿山发生（　　）事故时，待机小队应随同值班小队出动。

A. 水灾　　B. 顶板　　C. 伤人　　D. 火灾

57. 当巷道中出现异常气味，如煤油味、松香味和煤焦油味，表明风流上方有（　　）隐患。

A. 瓦斯突出　　B. 顶板冒落　　C. 煤炭自燃

58. 当有 2 个以上施救者，进行双人 CPR 时应（　　）交换一次。

A. 每 2 min 30 s　　B. 每做 2 个 CPR 周期后

C. 每做 5 个 CPR 周期后

59. 地面空气中，按体积比，氧气约有（　　），氮气约有 78%。

A. 24%　　B. 23%　　C. 22%　　D. 21%

60. 地下工程周围较大范围的自然地质体，存在着由于各种地质作用形成的节理、裂隙、断层等弱面，这种地质体称为（　　）。

A. 岩体　　B. 岩块　　C. 岩石

61. 电气设备着火时，应首先切断其（　　）。

A. 水源　　B. 火源　　C. 电源　　D. 风量

62. 独头巷道发生火灾时，应在维持局部通风机正常通风的情况下（　　）。

A. 安全撤离　　B. 积极灭火　　C. 迅速抢救　　D. 快速封闭

63. 断层属于哪一种类型的结构面（　　）。

A. 原生结构面　　B. 构造结构面　　C. 坚硬结构面　　D. 软弱结构面

64. 断层走向与所切割岩层走向基本一致的断层称为（　　）。

A. 倾向断层　　B. 走向断层　　C. 斜交断层

65. 对采空区的处理方法，目前应用最广的是（　　）。

A. 刀柱法　　B. 缓慢下沉法　　C. 充填法　　D. 垮落法

66. 对二氧化硫和二氧化氮中毒者进行急救时，应采用（　　）抢救。

A. 仰卧压胸法　　B. 俯卧压背法

C. 口对口的人工呼吸法　　D. 心前区叩击术

67. 对因瓦斯浓度超过规定被切断电源的电气设备，必须在瓦斯浓度降到（　　）以下时，方可通电开动。

A. 0.5%　　B. 1.0%　　C. 1.5%　　D. 2.0%

68. 发出的矿灯，应能最低连续正常使用（　　）。

A. 8 h　　B. 10 h　　C. 11 h　　D. 12 h

69. 发生（　　）事故后，必须立即成立现场救援指挥部并设立地面基地。

A. 火灾　　B. 重特大灾害　　C. 煤与瓦斯爆炸　　D. 水灾

70. 发生突出事故，不得（　　），防止风流紊乱和扩大灾情。

A. 开启通风机　　B. 随意启闭矿灯

C. 恢复通风　　D. 停风和反风

71. 凡长度超过（　　）而又不通风或通风不良的独头巷道，统称为盲巷。

A. 6 m　　B. 10 m　　C. 15 m

72. 防止尘肺病发生，预防是根本，（　　）是关键。

A. 个体防护　　B. 综合防尘　　C. 治疗救护

73. 封闭型断层，由于两盘相互挤压，其本身的透气性差，割断了煤层与地表的联系，从而使煤层瓦斯含量较高，瓦斯压力增加，则其瓦斯涌出量（　　）。

A. 增大　　B. 减少　　C. 不变

74. 高档普采工作面为减少工作面支柱承受的载荷、周期来压时可适当（　　）控顶距离。

A. 增加　　B. 缩小　　C. 不增不减

75. 隔离式自救器能防护的有毒有害气体（　　）。

A. 仅为一氧化碳　　B. 仅为二氧化碳

C. 仅为硫化氢　　D. 为所有有毒有害气体

76. 个体防尘要求作业人员佩戴（　　）和防尘安全帽。

A. 防尘眼镜　　B. 防尘口罩　　C. 防尘耳塞

77. 根据地形高差，按不同标高开掘的若干平硐称为（　　）。

A. 走向平硐　　B. 垂直平硐　　C. 斜交平硐　　D. 阶梯平硐

78. 根据断层走向与所切割岩层走向的关系分类主要有：走向断层、倾向断层、（　　）。

A. 正断层　　B. 逆断层　　C. 平推断层　　D. 斜交断层

79. 根据各煤层的间距和煤层的特点，将煤层分为若干个煤层组，每个层组开掘一条运输大巷为其服务，这条大巷称为（　　）。

A. 分层运输大巷　　B. 集中运输大巷

C. 分组集中运输大巷

80. 根据煤层倾角的大小，井田再划分时非近水平煤层井田一般划分为若干个（　　）。

A. 盘区　　B. 区段　　C. 阶段

81. 工作面内回采工艺包括：破煤、装煤、运煤、顶板支护和（　　）五项主要工序。

A. 排矸　　B. 运料　　C. 通风　　D. 采空区处理

82. 构造应力的作用方向为（　　）。

A. 铅垂方向　　B. 近水平方向

C. 断层的走向方向　　D. 倾斜方向

83. 关于本质安全理念的理解错误的是（　　）。

A. 包括环境、制度两方面内容

B. 想不安全都不行

C. 可靠的人，在可靠的环境，用可靠的设备，干可靠的事

84. 关于矿灯的使用，正确的是（　　）。

A. 井下有照明地点，可以两个人合用一盏矿灯

B. 充电房领到的矿灯，不必再进行检查

C. 矿灯的灯锁失效、玻璃罩有破裂，但亮度达到要求时就可以使用

D. 领到矿灯后，一定要进行认真检查，确认完好后，方可带入井下

85. 关于压缩氧隔离式自救器，以下说法正确的是（　　）。

A. 氧气由外界空气供给

B. 不能反复多次使用

C. 氧气由自救器本身供给

D. 只能用于外界空气中氧气浓度大于18%的环境中

86. 恢复突出区通风时，应以最短的路线将瓦斯引入回风巷。回风井口（　　）范围内不得有火源，并设专人监视。

A. 50 m　　B. 30 m　　C. 20 m　　D. 15 m

87. 回采巷道沿上覆岩层稳定的采空区边缘或仅留很窄的煤柱掘巷称为（　　）。

A. 沿空留巷　　B. 沿空掘巷　　C. 双巷掘进　　D. 无煤柱护巷

88. 火灾使人致命的最主要的原因是（　　）。

A. 被人践踏　　B. 窒息　　C. 烧伤

89. 基本顶失稳时，通过直接顶作用于支架或支柱上的力称为（　　）。

A. 初撑力　　B. 矿山压力　　C. 顶板压力　　D. 支承压力

90. 急倾斜煤层采煤工作面着火时，不准在火源上方灭火，防止（　　）。

A. 烟流逆转　　B. 瓦斯涌出

C. 火区塌落物伤人　　D. 水蒸气伤人

91. 将厚煤层划分成若干与煤层层面相平行的分层，称为（　　）。

A. 斜切分层　　B. 水平分层　　C. 倾斜分层　　D. 垂直分层

92. 将井下各类巷道和采掘工程，用标高投影的方法投影到一个水平面上，按比例绘出的图纸称为（　　）。

A. 采掘工程平面图　　B. 采掘工程立面图

C. 采掘工程层面图　　D. 水平切面图

93. 将矿块划分为矿房与矿柱，逐步回采，先采矿房，形成的采空区一般先不做处理，这种采矿法要求围岩和矿石稳固。这种采矿法叫（　　）。

A. 空场采矿法　　B. 留矿采矿法　　C. 崩落采矿法

94. 将伤员转运时，应让伤员的头部在（　　），救护人员要时刻注意伤员的面色、呼吸、脉搏，必要时要及时抢救。

A. 前面　　B. 后面　　C. 前面、后面无所谓

95. 接触煤尘（以煤为主）职业危害作业在岗人员的职业健康检查周期应为（　　）1次。

A. 2年　　B. 1年　　C. 半年

96. 结构上具有掩护梁，立柱通过掩护梁对顶板起支撑作用的液压支架称为（　　）。

A. 节式液压支架　　B. 垛式液压支架

C. 掩护式液压支架　　D. 支撑掩护式液压支架

97. 结构上无掩护梁，立柱通过顶梁对顶板起支撑作用的液压支架称为（　　）。

A. 支撑式液压支架　　B. 掩护式液压支架

C. 支撑掩护式液压支架　　D. 掩护支撑式液压支架

98. 井底车场是指连接（　　）和主要运输石门或主要运输大巷的一组巷道和硐室的总称。

A. 井筒　　B. 采区上山　　C. 采区石门

99. 井底煤仓采用斜煤仓应采用耐磨材料铺底，其倾角不宜小于（　　）。

A. 75°　　B. 60°　　C. 40°　　D. 30°

100. 井田内沿煤层走向的开采顺序，阶段内各采区的开采顺序有（　　）。
A. 前进式、后退式和往复式　　B. 上行式、下行式
C. 前进式、后退式
101. 井筒淋水超过（　　）时，应当进行壁后注浆处理。
A. 3 m^3/h　　B. 6 m^3/h　　C. 8 m^3/h　　D. 10 m^3/h
102. 井下充电室风流中以及局部积聚处的氢气浓度，不得超过（　　）。
A. 0.5%　　B. 1%　　C. 1.5%　　D. 2%
103. 井下风门有（　　）。
A. 普通风门、自动风门
B. 普通风门、风量门、自动风门、反向风门
C. 风量门、反向风门
D. 反向风门、风量门、自动风门
104. 井下轨道结构主要由道床、轨枕和（　　）组成。
A. 道岔　　B. 钢轨　　C. 矿车
105. 井下清洗风动工具时，必须在专用硐室进行，并必须使用（　　）和无毒性洗涤剂。
A. 可燃性　　B. 不燃性　　C. 绝缘性　　D. 挥发性
106. 井下使用的汽油、煤油和变压器油必须装入（　　）内。
A. 盖严的塑料桶　　B. 盖严的玻璃瓶
C. 盖严的铁桶　　D. 敞口的铁桶
107. 井巷中的风速常用风表测定。我国煤矿测风员通常使用（　　）测风，其方法是：测风员背向巷壁，手持风表在断面上按一定线路均匀移动。
A. 正身法　　B. 侧身法
108. 井型为 1.5 Mt/a 的矿井属于（　　）。
A. 小型矿井　　B. 中型矿井　　C. 大型矿井
109. 救护队进行预防性安全检查工作时应了解（　　）。
A. 安全生产奋斗目标　　B. 矿井煤炭销量
C. 矿井灾害预防与处理计划执行情况　　D. 矿井百万吨死亡率
110. 救护队佩用氧气呼吸器在井下从事的各项非事故性工作，均属（　　）工作。
A. 预防检查　　B. 安全技术　　C. 抢险救灾　　D. 井下熟巷
111. 救护人员背负氧气呼吸器，戴上面罩打开氧气瓶吸氧是指（　　）。
A. 佩戴氧气呼吸器　　B. 佩用氧气呼吸器
C. 配备氧气呼吸器　　D. 使用氧气呼吸器
112. 救护人员进入 55 ℃ 高温灾区的最长时间不得超过（　　）。
A. 10 min　　B. 15 min　　C. 20 min　　D. 25 min
113. 救护小队在新鲜风流地点待机或作业时，只有经小队长同意才能将呼吸器从肩上脱下，脱下的呼吸器应放在离小队待机或休息地点不超过（　　）。
A. 2 m　　B. 3 m　　C. 4 m　　D. 5 m
114. 掘进工作面采用的压入式局部通风机和启动装置，必须安装在进风巷道中，距

掘进巷道回风口不得小于（　　）。

A. 5 m　　B. 10 m　　C. 20 m　　D. 30 m

115. 掘进工作面的局部通风机实行的“三专供电”，是指专用线路、专用开关和（　　）。

A. 专用变压器　　B. 专用电源　　C. 专用电动机

116. 掘进工作面的局部通风机因故停止运转后，在恢复通风前，必须首先检查（　　）。

A. 瓦斯浓度　　B. 通风设备状态　　C. 电源状态　　D. 二氧化碳浓度

117. 掘进工作面的炮眼布置中（　　）的作用是控制巷道成型。

A. 掏槽眼　　B. 辅助眼　　C. 周边眼

118. 开采近水平煤层时，一般是在井田倾斜的适当位置沿煤层主要延展方向布置运输大巷，在运输大巷上下两侧划分成若干部分，每一部分称为一个（　　）。

A. 带区　　B. 条带　　C. 盘区　　D. 采区

119. 开放型断层两盘是分离运动的，断层为煤层瓦斯排放提供了通道。在这类断层附近，通常煤层的瓦斯含量减少，其涌出量则（　　）。

A. 增大　　B. 减少　　C. 不变

120. 开拓巷道的布置方式通称为开拓方式，以下不属于按开采水平大巷布置方式的为（　　）。

A. 分区大巷布置开拓　　B. 集中大巷开拓

C. 分组集中大巷开拓　　D. 分煤层大巷开拓

121. 空气、一氧化碳混合气体中的一氧化碳浓度达到（　　）时，具有爆炸性。

A. 12.5% ~75%　　B. 13% ~65%　　C. 20% ~50%　　D. 30% ~50%

122. 空气中的氧气浓度低于（　　）时，瓦斯与空气混合气体失去爆炸性。

A. 20%　　B. 16%　　C. 12%　　D. 14%

123. 空气中氧含量降低时，对人体健康影响很大。如果空气中的氧气降低到（　　）以下时，会使人失去理智，时间稍长即有生命危险。

A. 8%　　B. 17%　　C. 12%　　D. 15%

124. 矿工井下遇险佩戴自救器后，若吸入空气温度升高，感到干热，则应（　　）。

A. 取掉口具或鼻夹吸气　　B. 坚持佩戴，脱离险区

C. 改用湿毛巾

125. 矿井必须安装 2 套同等能力的主要通风机装置，其中 1 套作备用，备用通风机必须能在（　　）内开动。

A. 5 min　　B. 10 min　　C. 15 min　　D. 20 min

126. 矿井空气中一氧化碳的最高允许浓度为（　　）。

A. 0.0024%　　B. 0.00025%　　C. 0.0005%　　D. 0.00066%

127. 矿井气候是矿井空气的温度、（　　）的综合作用。

A. 氧气的浓度　　B. 甲烷的浓度　　C. 风量　　D. 湿度和风速

128. 矿井通风阻力包括摩擦阻力和（　　）。

A. 巷道风阻　　B. 风筒风阻　　C. 局部阻力

129. 矿井主要通风机停止运转时，因通风机停风受到影响的地点，必须（　　），工作人员先撤到进风巷道中。

A. 停止作业，停止机电设备运转　　B. 停止作业，维持机电设备运转

C. 立即停止作业，切断电源

130. 立井基岩施工时，用作井筒永久支护工作平台的设施称为（　　）。

A. 天轮平台　　B. 封口盘　　C. 固定盘　　D. 吊盘

131. 联系采区上山与运输大巷的一组巷道及硐室总称为（　　）。

A. 采区下部车场　　B. 采取中部车场

C. 采区上部车场　　D. 平车场

132. 两条风阻值相等的巷道，若按串联和并联两种不同的连接方式构成串联和并联网络，其总阻值相差（　　）倍。

A. 4　　B. 8　　C. 16　　D. 32

133. 硫化氢气体的气味为（　　）。

A. 臭鸡蛋味　　B. 酸味　　C. 香味

134. 没有直接通达地面的出口、在岩层中开掘和岩层走向垂直或斜交的水平巷道称为（　　）。

A. 小井　　B. 暗井　　C. 顺槽　　D. 石门

135. 煤层顶板按照其与煤层的距离自近至远可分为（　　）。

A. 伪顶、直接顶、基本顶　　B. 基本顶、直接顶、伪顶

C. 直接顶、伪顶、基本顶

136. 煤层倾角在（　　）以上的火区下部区段严禁进行采掘工作。

A. 15°　　B. 25°　　C. 35°　　D. 45°

137. 煤尘粒度在（　　）以下的尘粒都可能参与爆炸。

A. 1 mm　　B. 0.1 mm　　C. 0.01 mm

138. 煤矿井下常见的地质构造有断层、（　　）、节理。

A. 褶曲　　B. 陷落柱　　C. 裂隙

139. 煤矿井下供电的“三大保护”通常是指过流、漏电、（　　）。

A. 保护接地　　B. 过电压　　C. 失电压　　D. 过载

140. 煤矿井下临时停工的作业地点（　　）停风。

A. 可以　　B. 不得　　C. 可以根据瓦斯浓度大小确定是否

141. 煤矿企业、矿井应当编制本单位的防治水中长期规划（　　）和年度计划，并认真组织实施。

A. 2~5 年　　B. 3~6 年　　C. 5~7 年　　D. 5~10 年

142. 煤矿企业必须按（　　）爆炸物品管理的规定，建立爆炸材料销毁制度。

A. 国家　　B. 企业　　C. 民用　　D. 军用

143. 煤矿企业必须按国家规定对呼吸性粉尘进行监测，采掘工作面每（　　）测定1次。

A. 2 个月　　B. 3 个月　　C. 6 个月

144. 煤矿企业必须建立入井检身制度和（　　）人员清点制度。

A. 出入井　　B. 出井　　C. 入井　　D. 井内

145. 煤门是（　　）。

A. 和地面不直接相通、开掘在岩层中、与煤层走向正交或斜交的水平巷道

B. 和地面不直接相通、开掘在煤层中、与煤层走向正交或斜交的水平巷道

C. 和地面不直接相通、开掘在岩层中、与煤层走向正交或斜交的倾斜巷道

D. 和地面不直接相通、开掘在煤层中、与煤层走向平行的水平巷道

146. 煤巷是指巷道断面中煤层所占的面积，（　　）。

A. $S_{煤}<4/5$　　B. $S_{煤}=4/5$　　C. $S_{煤}>4/5$　　D. $S_{煤}\geq 4/5$

147. 煤与瓦斯（或二氧化碳）突出矿井是在采掘过程中，发生过（　　）次煤与瓦斯（或二氧化碳）突出的矿井。

A. 3　　B. 2　　C. 1

148. 煤与瓦斯突出灾害多发生在（　　）。

A. 采煤工作面　　B. 岩巷掘进工作面

C. 石门揭煤掘进工作面

149. 每次爆破作业前，（　　）必须做电爆网络全电阻检查。

A. 瓦斯工　　B. 班组长　　C. 队长　　D. 爆破工

150. 灭火时，灭火人员应站在（　　）。

A. 火源的上风侧　　B. 火源的下风侧

C. 对灭火有利的位置

151. 某采区的月产量为9000 t，月工作日为30天，测量得采区回风量为8 m³/s，瓦斯浓度为0.61%，则该采区的绝对瓦斯涌出量为（　　）。

A. 2.876 m³/min　　B. 2.891 m³/min　　C. 2.928 m³/min　　D. 2.958 m³/min

152. 某地下开采矿井煤层厚度为4.5 m，按煤层厚度分类该煤层属于（　　）。

A. 薄煤层　　B. 中厚煤层　　C. 厚煤层

153. 某地下开采矿井煤层倾角为30°，按煤层倾角分类该煤层属于（　　）。

A. 近水平煤层　　B. 缓倾斜煤层　　C. 倾斜煤层　　D. 急倾斜煤层

154. 某队员佩用BG4氧气呼吸器工作满4 h后需要更换氧气瓶，已知 $Ca(OH)_2$ 吸收剂完全失效，气囊内气体体积为5 L、O_2 浓度20%、CO_2 浓度1%，当时该队员氧气消耗量为0.3 L/min、呼出的二氧化碳为0.27 L/min，人的生存环境为 O_2 浓度≥10%、CO_2 浓度≤10%，该队员换瓶操作必须在（　　）内完成。

A. 80 s　　B. 90 s　　C. 100 s

155. 某救护队员在一段较规则的梯形水沟中放一只测水浮标，测得浮标5 s内移动了1.5 m的距离，水沟的阻力系数为0.8，则水沟的过水量（　　）。

A. 2.4 m³/min　　B. 2.8 m³/min　　C. 3.6 m³/min

156. 某救护小队进入坡度大于15°的灾区巷道迎头工作，巷道距基地距离600 m，呼吸器氧气瓶容量3 L，上行时呼吸器最大耗氧量为1.8 L/min，行进速度为20 m/min，则下行时消耗的氧气瓶压力为（　　）大气压。

A. 7　　B. 8　　C. 9

157. 某掘进工作面为10 m² 错误600 m，正常掘进时回风流瓦斯浓度为0.2%，因故

停工临时封闭 24 h 后，启封探查瓦斯浓度为 3%，若使用原风机排放瓦斯，回风流瓦斯控制在 0.5%，则排放瓦斯的时间为（　　）。

A. 6 h　　B. 8 h　　C. 16 h

158. 某矿井发生致伤事故，有伤员骨折，作为救护抢险人员到现场抢救时，应该（　　）。

A. 先进行骨折固定，再送医院救治　　B. 立即升井送医院救治

C. 先报告矿领导，按领导指示办理

159. 某矿井下因发火将一长度为 1250 m，断面积为 9 m^2 的巷道进行了封闭，现在用一台 DQ－500 型惰气发生装置向封闭的巷道注入惰气，惰气的产气量为 500 m^3/min。用（　　）将封闭的巷道注满。

A. 22.5 min　　B. 70.5 min　　C. 13.33 min　　D. 5.026 min

160. 某矿井下因发火将一长度为 2350 m、断面积为 12 m^2 的巷道进行了封闭，现在用一台 BGP－400 型高倍数泡沫灭火机向封闭的巷道注入高泡，高泡机的泡沫量为 400 m^3/min。用（　　）将封闭的巷道注满。

A. 22.5 min　　B. 70.5 min　　C. 13.33 min　　D. 5.026 min

161. 某矿井相对瓦斯涌出量为 9 m^3/t，日生产煤炭 7000 t，该矿井瓦斯等级为（　　）。

A. 低瓦斯矿井　　B. 高瓦斯矿井

162. 某矿井用一个开采水平将井田划分为上山阶段和下山阶段，阶段内再划分为采区，从地面以倾斜巷道进入地下，这种开拓方式为（　　）。

A. 立井多水平上下山开拓　　B. 立井单水平上下山开拓

C. 斜井多水平上下山开拓　　D. 斜井单水平上下山开拓

163. 某矿每天使用电雷管数量为 700 枚，该矿井井下爆炸材料库的最大贮存量为不得超过（　　）枚。

A. 6400　　B. 7000　　C. 8400

164. 某矿每天使用炸药量为 0.5 t，该矿井井下爆炸材料库的最大贮存量不得超过（　　）。

A. 1.5 t　　B. 2.5 t　　C. 3.5 t

165. 某矿山救护队至服务矿井的距离为 45 km，那么按照《煤矿安全规程》规定救护队距服务矿井道路驾车的平均时速要在（　　）以上。

A. 60 km/h　　B. 70 km/h　　C. 80 km/h　　D. 90 km/h

166. 某矿一掘进工作面掘至 400 m 时中部着火，必须封闭。巷道断面积为6 m^2，正常供风量为 100 m^3/min，回风流瓦斯浓度为 0.2%，必须在（　　）内封闭完。

A. 576 min　　B. 567 min　　C. 675 min

167. 某矿一掘进工作面掘至 500 m 时中部着火，必须封闭。巷道断面积为5 m^2，正常供风量为 125 m^3/min，回风流瓦斯浓度为 0.16%，必须在（　　）内封闭完。

A. 605 min　　B. 636 min　　C. 668 min

168. 炮采和普采工作面完成一个循环是以（　　）为标志。

A. 放顶　　B. 移架　　C. 推溜　　D. 挂梁

169. 炮孔布置的核心是选择（　　）的形式，它是决定爆破效果的关键。

A. 掏槽孔　　B. 辅助孔　　C. 周边孔

170. 配电室的门必须向（　　）开，以便发生事故时疏散。

A. 内外两面　　B. 内　　C. 外

171. 普采工作面使用的设备主要有：滚筒式采煤机或刨煤机、可弯曲刮板输送机、（　　）、乳化液泵站、移溜器等。

A. 垛式支架　　B. 支撑掩护式支架

C. 单体支柱配合铰接顶梁

172. 普采与炮采的根本区别是：（　　）。

A. 落煤和装煤方式不同　　B. 运煤方式不同

C. 支护方式不同　　D. 采空区处理方法不同

173. 普通建筑用砖的长 24 cm、宽 12 cm、高 5 cm，密闭墙的灰口为b1 cm，施工时砖的损失系数为 1.1，则每平方米 500 mm 厚密闭墙使用普通建筑用砖（　　）。

A. 259 块　　B. 289 块　　C. 363 块

174. 外因火灾的火源有：明火、（　　）、摩擦火、机电火花和瓦斯煤尘爆炸。

A. 岩石撞击　　B. 器械撞击　　C. 爆破火花

175. 倾向断层是指（　　）。

A. 断层的走向与岩层的走向平行的断层

B. 断层的走向与岩层的走向垂直的断层

C. 断层的走向与岩层的走向斜交的断层

176. 任何人发现井下火灾时，应视火灾性质、灾区通风和瓦斯情况，（　　）。

A. 立即用湿毛巾捂住口鼻逆风流方向逃生

B. 立即佩戴自救器，逃生

C. 立即采取一切可能的方法直接灭火，控制火势，并迅速报告矿调度室

D. 继续工作，静观其变

177. 如果必须在井下主要硐室、主要进风井巷和井口房内进行电焊、气焊和喷灯焊接等工作，作业完毕后，工作地点应再次用水喷洒，并应有专人在工作地点检查（　　），发现异状，立即处理。

A. 0.5 h　　B. 1 h　　C. 2 h　　D. 3 h

178. 入井人员严禁穿（　　）衣服。

A. 棉布　　B. 化纤　　C. 白色　　D. 花色

179. 若避难地点含有很少的 CH_4 及其他有害气体，当 O_2 浓度下降到 10% 以下或 CO_2 浓度增加到 10% 以上时人员不能生存，按避难地点原有 O_2 浓度 20%，CO_2 浓度 1%，平卧不动时每人耗氧量 0.237 L/min，呼出 CO_2 0.197 L/min 计算。估算当 5 人被困在 200 m^3 的密闭空间内能全部存活的最长时间为（　　）。

A. 281 h　　B. 304 h　　C. 406 h

180. 三条风阻值相等的巷道，若按串联和并联 2 种不同的连接方式构成串联和并联网络，其总阻值相差（　　）倍。

A. 16　　B. 24　　C. 27　　D. 32

181. 下列关于上下井乘罐的说法中，正确的是（　　）。

A. 上下井乘罐时可以尽量多地搭乘人员

B. 可以乘坐装设备、物料较少的罐笼

C. 不准乘坐无安全盖的罐笼和装有设备材料的罐笼

D. 矿长和检查人员可以与携带火药、雷管的爆破工同罐上下

182. 设直接顶碎胀系数为 1.5，若直接顶岩层全部垮落下来刚好能填满采空区，那么直接顶的厚度为（　　）。

A. 2.5 倍采高　　B. 2 倍采高　　C. 1.5 倍采高　　D. 3 倍采高

183.（　　）是指为消除或削弱相邻煤层的突出或冲击地压危险而先开采的煤层或矿层。

A. 急倾斜煤层　　B. 保护层　　C. 注水煤层　　D. 注浆煤层

184.（　　）通风使井下风流处于负压状态。

A. 压入式　　B. 抽出式

185. 生产矿井采掘工作面的空气温度超过 30 ℃、机电设备硐室的空气温度超过 34 ℃时，必须（　　）。

A. 停止作业　　B. 缩短工作人员的工作时间

C. 给予高温保健待遇　　D. 限时作业

186. 使用局部通风机通风的掘进工作面，不得停风；因检修、停电、故障等原因停风时，必须将人员全部撤至（　　），并切断电源。

A. 全风压进风流处　　B. 全风压回风流处

C. 附近避难硐室　　D. 移动式救生舱

187. 使用胸外心脏按压术应当（　　）。

A. 使伤员仰卧，头稍低于心脏　　B. 使伤员仰卧，头稍高于心脏

C. 使伤员侧卧　　D. 使伤员俯卧

188. 使用止血带止血，要标记止血带止血部位和时间，每（　　）放松一次。

A. 60 ~ 90 min　　B. 60 ~ 100 min　　C. 30 ~ 60 min　　D. 60 ~ 80 min

189. 熟练掌握个人防护装备和通信装备的使用，属于应急训练的（　　）。

A. 基础培训与训练　　B. 专业训练

C. 战术训练　　D. 其他训练

190. 属地为主强调（　　）思想和以现场应急、现场指挥为主的原则。

A. 安全第一　　B. 第一反应　　C. 以人为本　　D. 第二反应

191. 通常将由于岩体变形而对支护或衬砌给予的压力称为（　　）。

A. 变形压力　　B. 松动压力　　C. 垂直压力

192. 突出矿井的管理人员和井下工作人员必须接受（　　）知识的培训，经考试合格后方准上岗作业。

A. 生产　　B. 防火　　C. 防治水　　D. 防突

193. 突出矿井应当对突出煤层进行区域突出危险性预测。经区域预测后，突出煤层划分为突出危险区和（　　）。

A. 安全区　　B. 无突出危险区　　C. 突出偶发区

194. 瓦斯的引火温度一般认为是（　　）。

A. 650～750 ℃　　B. 750～850 ℃　　C. 600～700 ℃

195. 瓦斯监测装置要优先选用（　　）型电气设备。

A. 矿用一般型　　B. 矿用防爆型　　C. 本质安全型

196. 为全矿井、一个水平或两个以上采区服务的巷道，称为（　　）。

A. 开拓巷道　　B. 准备巷道　　C. 回采巷道

197. 位于开采水平上部，与煤层走向基本平行，和采区上山直接相连，为开采水平回风服务的水平巷道为（　　）。

A. 回风大巷　　B. 运输大巷　　C. 风井　　D. 回风石门

198. 我国使用的采煤方法种类较多，大体上归纳为壁式采煤法和柱式采煤法两大体系，我国主要采用（　　）。

A. 壁式采煤法　　B. 柱式采煤法

199. 物体刺入眼睛中，以下措施中，（　　）急救方法不正确。

A. 马上把刺入物拔出

B. 用纸杯等物盖在眼睛上，保护眼睛不受碰触

C. 送医院急救，途中尽量减少震动

200. 下列不属于矿井五大自然灾害的是（　　）。

A. 瓦斯事故　　B. 水灾事故　　C. 电气事故　　D. 顶板事故

201. 下列不属于“三专两闭锁口”中“三专”的是（　　）。

A. 专人管理　　B. 专业电路　　C. 专业开关　　D. 专业变压器

202. 下列不属于一氧化碳性质的是（　　）。

A. 燃烧爆炸性　　B. 毒性　　C. 助燃性　　D. 可燃性

203. 下列抽放设备中，可作为测量用具的是（　　）。

A. 放水器　　B. 瓦斯泵　　C. 孔板流量计　　D. 防回火网

204. 下列各项不是预防性灌浆作用的是（　　）。

A. 泥浆对煤起阻化作用　　B. 包裹采空区浮煤，隔绝空气

C. 冷却作用　　D. 填充作用

205. 下列哪种风筒可适用于多种局部通风方式（　　）。

A. 帆布风筒　　B. 人造革风筒　　C. 玻璃钢风筒

206. 下列哪种气体易溶于水（　　）。

A. 氮气　　B. 二氧化氮　　C. 瓦斯　　D. 硫化氢

207. 下列气体不属于瓦斯矿井主要气体的是（　　）。

A. 氮气　　B. 氧气　　C. 瓦斯　　D. 二氧化碳

208. 下列属于准备巷道的是（　　）。

A. 井底车场　　B. 采区车场　　C. 区段运输巷

209. 下列选项的变化不会对自然风压造成直接影响的是（　　）。

A. 温度　　B. 通风方式　　C. 开采深度　　D. 风量

210. 下列选项中，不属于《安全生产法》五项基本原则的是（　　）。

A. 人身安全第一的原则　　B. 预防为主的原则

C. 管理、装备、培训并重的原则

211. 下面各项不能减小风筒风阻的措施是（　　）。

A. 增大风筒直径　　B. 减少拐弯处的曲率半径

C. 减少接头个数　　D. 及时排出风筒内的积水

212. 下面属于从业人员安全生产权利的是（　　）。

A. 危险因素知情权　　B. 遵章守规

C. 发现隐患及时报告

213. 现场急救的五项技术是：心肺复苏、止血、包扎、固定和（　　）。

A. 呼救　　B. 搬运　　C. 手术

214. 巷道断面上各点风速表述正确的是（　　）。

A. 轴心部位小，周壁大　　B. 上部大，下部小

C. 一样大　　D. 轴心大，周壁小

215. 小队进入灾区从事救护工作，任何情况下氧气呼吸器都必须保留 5 MPa 的压力，某型呼吸器供氧流量恒定，18 MPa 氧气压力中等体力劳动强度可工作 4 h，佩用此呼吸器 20 MPa 压力在灾区以中等体力劳动强度可最长工作（　　）。

A. 100 min　　B. 150 min　　C. 200 min

216. 岩石的抗压强度随着围岩的增大（　　）。

A. 而增大　　B. 而减小　　C. 保持不变　　D. 会发生突变

217. 岩石抵抗其他较硬物体侵入的能力，称为（　　）。

A. 岩石硬度　　B. 岩石强度　　C. 岩石的可钻性

218. 岩巷是指巷道断面中岩层所占的面积，（　　）。

A. $S_{岩}<4/5$　　B. $S_{岩}=4/5$　　C. $S_{岩}>4/5$　　D. $S_{岩}\geqslant 4/5$

219. 沿煤层倾斜的开采顺序有（　　）。

A. 前进式、后退式和往复式　　B. 上行式、下行式

C. 前进式、后退式

220. 氧气充填室内储存的大氧气瓶压力在（　　）以上。

A. 15 MPa　　B. 10 MPa　　C. 20 MPa　　D. 5 MPa

221. 氧气瓶的容积 3 L，在 20 MPa 压力下贮氧量是（　　）。

A. 500 L　　B. 600 L　　C. 700 L　　D. 800 L

222. 液压支架采用及时支护时，综采面割煤、移架和推溜 3 个工序进行的顺序是（　　）。

A. 割煤→推溜→移架　　B. 割煤→移架→推溜

C. 移架→割煤→推溜　　D. 推溜→移架→割煤

223. 液压支架采用滞后支护方式时，综采面割煤、移架和推溜 3 个工序进行的顺序是（　　）。

A. 割煤→推溜→移架　　B. 割煤→移架→推溜

C. 移架→推溜→割煤　　D. 推溜→割煤→移架

224. 一般煤田范围都很大，需要把它划分为若干部分给矿井开采，划归为一个矿井开采的那部分煤田，称为（　　）。

A. 矿区　　B. 井田　　C. 采区

225. 一般情况下，（　　）造成煤层底板等高线的中断而重复，即遇到断层后，煤层底板等高线在上、下盘断煤交线处中断，但是在两断煤交线间上下盘等高线重复。

A. 逆断层　　B. 正断层　　C. 平推断层

226. 一般情况下，（　　）造成煤层底板等高线在上、下盘断煤交线处中断，两断煤交线间无等高线通过。

A. 逆断层　　B. 正断层　　C. 平推断层

227. 一般情况下，导致生产事故发生的各种因素中，（　　）占主要地位。

A. 人的因素　　B. 物的因素　　C. 环境的因素　　D. 不可知的因素

228. 一般情况下，煤尘的（　　）越高，越容易爆炸。

A. 灰分　　B. 挥发分　　C. 发热量

229. 依据受害者的伤病情况，轻度受伤者以用（　　）色的伤病卡做出标志。

A. 红　　B. 黄　　C. 蓝　　D. 黑

230. 已知矿井工业储量为8200万t，各种保护煤柱的损失量为工业储量的10%，设矿井年生产能力为120万t，$C=0.8$，$K=1.4$，试求该矿井的服务年限（　　）。

A. 30年　　B. 35年　　C. 40年　　D. 45年

231. 已知某矿相对瓦斯涌出量是8 m^3/t，绝对瓦斯涌出量是45 m^3/min，在采掘过程中未发生过煤与瓦斯突出事故，则该矿属于（　　）。

A. 低瓦斯矿井　　B. 高瓦斯矿井　　C. 煤与瓦斯突出矿井

232. 以工作面长度为纵坐标，以昼夜24 h为横坐标，反映工作面内各工序在时间上与空间上相互关系的图件称为（　　）。

A. 工作面布置图　　B. 循环作业图

C. 劳动组织表　　D. 技术经济指标表

233. 以下（　　）急救措施对解救休克病人有作用。

A. 掐“人中”穴（位）　　B. 人工呼吸

C. 心脏按压

234. 以下不属于矿井开采准备方式的是（　　）。

A. 采区式布置　　B. 盘区式布置　　C. 带区式布置　　D. 阶段式布置

235. 以下哪种图形是反映煤层空间形态和构造变动的重要地质图件，是煤矿设计、生产、储量计算的基础（　　）。

A. 煤层底板等高线图　　B. 地质地图形

C. 采掘工程平面图

236. 以压缩空气为动力，产生冲击、旋转带动钎子凿出炮眼的钻眼机械称为（　　）。

A. 风动凿岩机　　B. 电动凿岩机　　C. 液压凿岩机　　D. 内燃凿岩机

237. 因触电导致停止呼吸的人员，应立即采用（　　）进行抢救。

A. 人工呼吸法　　B. 全身按摩法　　C. 心脏复苏法

238. 因突出造成风流逆转时，应在（　　）设置风障，并及时清理（　　）的堵塞物，使风流尽快恢复正常。

A. 进风侧，回风侧　　B. 回风侧，进风侧
C. 进风侧，进风侧　　D. 回风侧，回风侧

239. 用人单位对已确诊为尘肺的职工，(　　)。
A. 必须调离粉尘作业岗位
B. 尊重病人意愿，决定是否继续从事粉尘作业
C. 由单位决定是否从事粉尘作业

240. 由上山及其他为采区服务的巷道所圈定的煤量，称为（　　）。
A. 开拓煤量　　B. 准备煤量　　C. 回采煤量　　D. 可采煤量

241. 由液压支柱、顶梁、底座、液压千斤顶和液压阀等组合而成的整体支架，称为（　　）。
A. 自移式液压支架　　B. 单体支架
C. 特种支架

242. 有些特大型矿井，将井田划分为若干具有独立的辅助提升和进、回风井筒的部分，每一个部分称为（　　）。
A. 采区　　B. 盘区　　C. 区段　　D. 区域

243. 在爆破地点附近 20 m 以内风流中瓦斯浓度达到（　　）时，严禁爆破。
A. 0.5%　　B. 0.75%　　C. 1.0%　　D. 1.5%

244. 在爆炸性煤尘与空气的混合物中，氧气浓度低于（　　）时，煤尘不会发生爆炸。
A. 10%　　B. 12%　　C. 15%　　D. 18%

245. 在标准大气压下，瓦斯与空气混合气体发生瓦斯爆炸的瓦斯浓度范围为（　　）。
A. 1% ~10%　　B. 5% ~16%　　C. 3% ~10%　　D. 10% ~18%

246. 在不允许风流通过，但需要行人、通车的巷道内，必须按规定设置（　　）。
A. 防爆门　　B. 风桥　　C. 风硐　　D. 风门

247. 在采区回风巷、采掘工作面回风巷风流中瓦斯浓度超过（　　）或二氧化碳浓度超过 1.5% 时，必须停止工作，撤出人员，采取措施，进行处理。
A. 0.5%　　B. 0.75%　　C. 1.0%　　D. 1.5%

248. 在地壳表层分布面积最广，其覆盖面积约占地表总面积的 75% 的一类岩石是（　　）。
A. 岩浆岩　　B. 沉积岩　　C. 变质岩

249. 在地质历史发展过程中，同一地质时期形成并大致连续发育的含煤岩系分布区称为（　　）。
A. 井田　　B. 矿区　　C. 煤田

250. 在断面积相同的情况下，周长最小的断面形状是（　　）。
A. 圆形　　B. 拱形　　C. 梯形　　D. 矩形

251. 在高温作业巷道内空气升温梯度达到（　　）时，小队应返回基地，并及时报告指挥员。
A. (0.1 ~0.5) ℃/min　　B. (0.5 ~1) ℃/min

C. （1～1.5）℃/min　　　　D. （1.5～2）℃/min

252. 在工程实践中，硐室围岩稳定性主要取决于（　　）。

A. 岩石强度　　B. 岩体强度　　C. 结构体强度　　D. 结构面度强

253. 在阶段范围内，沿煤层走向将阶段划分的若干适合于布置一个采煤工作面的倾斜长条部分，每一个倾斜长条部分称为一个（　　）。

A. 带区　　B. 条带　　C. 区段　　D. 采区

254. 在阶段范围内，沿走向把阶段划分为若干块段，每一块段称为一个（　　）。

A. 带区　　B. 条带　　C. 区段　　D. 采区

255. 在井田内从地面开凿一系列井巷进入煤层，包括矿井主要巷道的布置与施工，称为（　　）。

A. 矿井开拓　　B. 开拓巷道布置　　C. 井田开拓方式

256. 在井下建有风门的巷道中，风门不得少于（　　）道，且必须能自动关闭，严禁同时敞开。

A. 1　　B. 2　　C. 3　　D. 4

257. 在开采水平内只开掘一条运输大巷为本水平服务，这条运输大巷称为（　　）。

A. 分层运输大巷　　B. 集中运输大巷　　C. 分组集中运输大巷

258. 在开掘某个采场的运输巷或回风巷时，同时掘出相邻采场的回风巷（运输巷），称为（　　）。

A. 沿空留巷　　B. 沿空掘巷　　C. 双巷掘进　　D. 无煤柱护巷

259. 在确保自身安全的情况下，当仅有1名救护队员在现场发现一名伤员（或患者）无反应及没有呼吸时，应立即进行（　　）之后再拨叫120。

A. 5周期CPR　　B. 6周期CPR　　C. 7周期CPR　　D. 4周期CPR

260. 在瓦斯喷出区域，高瓦斯矿井，煤岩与瓦斯突出矿井中，掘进工作面的局部通风机应采用的三专是：（　　）、专门开关、专用线路三专供电。

A. 专用变压器　　B. 专用电源　　C. 专用电缆

261. 在巷道某点上测得静压 $P = 770.0$ mmHg，该点风速 $v = 5$ m/s，则该点的全压为（　　）。

A. 10568.6 Pa　　B. 10468.6 Pa　　C. 10368.6 Pa　　D. 10268.6 Pa

262. 在心肺复苏过程中，应尽量减少中断胸外按压，中断胸外按压的时间（　　）。

A. 不超过5 s　　B. 不超过6 s　　C. 不超过7 s　　D. 不超过8 s

263. 在选择巷道断面形状时，下列哪项因素不予考虑（　　）。

A. 支护方式　　B. 通风方式　　C. 地压大小　　D. 服务年限

264. 在岩体内开掘巷道后，巷道围岩必然出现应力重新分布，一般将巷道两侧改变后的切向应力增高部分称为（　　）。

A. 冲击矿压　　B. 矿山压力　　C. 支承压力

265. 在应急管理中，（　　）阶段的目标是尽可能地抢救受害人员、保护可能受威胁的人群，并尽可能控制并消除事故。

A. 预防　　B. 准备　　C. 响应　　D. 恢复

266. 在有煤与瓦斯突出矿井、区域的采掘工作面和瓦斯矿井掘进工作面，不应选用

（　　）自救器。

A. 化学氧隔离式　B. 压缩氧隔离式　C. 过滤式

267. 在灾区侦察和工作时，小队长应至少间隔（　　）检查一次队员的氧气压力、身体状况。

A. 10 min　B. 20 min　C. 30 min　D. 40 min

268. 在正常工作中，通风机应实现“三专两闭锁”。两闭锁是指（　　）。

A. 风机和刮板输送机闭锁、甲烷电闭锁

B. 风电闭锁、甲烷电闭锁

C. 风电闭锁、甲烷和电钻闭锁

269. 直接顶初次垮落时的极限跨距称为（　　）。

A. 初次放顶步距　B. 初次来压步距　C. 次来压步距

270. 直接顶是采煤工作面（　　）的对象。

A. 回采　B. 支护　C. 加固

271. 直接覆盖在煤层之上的薄层岩层，岩性多为炭质页岩或炭质泥岩，厚度一般为几厘米至几十厘米，它极易垮塌，常随采随落，称为（　　）。

A. 伪顶　B. 直接顶　C. 基本顶

272. 职业病防治工作坚持（　　）的方针，实行分类管理、综合治理。

A. 预防为主、防治结合　B. 标本兼治、防治结合

C. 安全第一、预防为主

273. 职业病诊断的费用由（　　）承担。

A. 本人　B. 职业病防治机构

C. 用人单位　D. 国家

274. 中队除参加大队组织的综合性演习外，每（　　）至少进行一次佩用呼吸器的单项演习训练，并每季度至少进行一次高温浓烟演习训练。

A. 2 个月　B. 3 个月　C. 1 个月　D. 4 个月

275. 中队每季度至少进行一次（　　）演习训练。

A. 万米耐力　B. 高温浓烟　C. 佩用呼吸器　D. 综合性

276. 中队以上指挥员（包括工程技术人员）岗位资格培训时间不少于 30 天；每（　　）至少复训一次，时间不少于 14 天。

A. 1 年　B. 3 年　C. 2 年　D. 4 年

277. 主井采用斜井开拓、副井采用立井开拓的开拓方式称为（　　）。

A. 平硐开拓　B. 斜井开拓　C. 立井开拓　D. 综合开拓

278. 主要提升运输系统担负（　　）的运输。

A. 矸石　B. 煤炭　C. 设备　D. 人员

279. 专用排放瓦斯巷回风流的瓦斯浓度不得超过（　　），当达到该值应发出报警信号。

A. 2.5%　B. 1.5%　C. 1%

280. 装药前，必须清除炮眼内的煤粉或岩粉，再用木质或（　　）炮棍将药轻轻推入，不得冲撞或捣实。

A. 铁质　　B. 塑料　　C. 竹质　　D. 铜质

281. 综采工作面割完一刀煤并及时前移支架后，从煤壁到支架顶梁末端的距离即为（　　）。

A. 最大控顶距　　B. 最小控顶距　　C. 放顶距　　D. 梁端距

282. 综采工作面使用的设备主要有：滚筒式采煤机或刨煤机、可弯曲刮板输送机（　　）、乳化液泵站、移动变电站、转载机、可伸缩带式输送机等。

A. 单体液压支柱　　B. 液压支架　　C. 铰接顶梁

283. 综采工作面完成一个循环是以（　　）为标志。

A. 回柱　　B. 放顶　　C. 移架　　D. 推溜

284. 综采与普采的根本区别是（　　）。

A. 落煤和装煤方式不同　　B. 运煤方式不同

C. 支护方式不同　　D. 采空区处理方式不同

285. 某低瓦斯矿井，采煤工作面断面积为 16 m^2，按照井巷中的允许风流速度，此工作面正常情况下，允许的最小风量为（　　）。

A. 250 m^3/min　　B. 240 m^3/min　　C. 328 m^3/min　　D. 313 m^3/min

286. 矿井需要风量按照采煤、掘进、硐室及其他地点实际需要风量的综合计算需要风量为 310 m^3/min，井下实际工作人数为 82 人，矿井所需风量为（　　）。

A. 250 m^3/min　　B. 240 m^3/min　　C. 328 m^3/min　　D. 313 m^3/min

287. 某矿井绝对瓦斯涌出量为 1 m^3/s，那么该矿井瓦斯等级为（　　）矿井。

A. 低瓦斯　　B. 高瓦斯

288. 某矿绝对瓦斯涌出量为 35 m^3/min，日生产煤炭 4000 t，此矿井瓦斯等级为（　　）矿井。

A. 低瓦斯　　B. 高瓦斯

289. 某掘进工作面绝对瓦斯涌出量为 1.5 m^3/min，按照规程规定此工作面供风量要在（　　）以上。

A. 147.5 m^3/min　　B. 148.5 m^3/min　　C. 149.5 m^3/min

290. CJG10Z 型便携式智能光干涉甲烷测定器的储存温度是（　　）。

A. －5～30 ℃　　B. －20～60 ℃　　C. －10～50 ℃

291. 某矿正常涌水量为 1200 m^3/h，主要水仓有效容量应为（　　）。

A. 6400 m^3　　B. 7000 m^3　　C. 8400 m^3

292. 某矿最大涌水量为 1100 m^3/h，那么其工作水泵和备用水泵的排水能力应在（　　）以上。

A. 1320 m^3/h　　B. 1400 m^3/h　　C. 1600 m^3/h

293. 某矿井主要通风机供给风量为 3500 m^3/min，当此矿井实施全矿井反风时，主要通风机供给风量应不小于（　　）。

A. 1320 m^3/min　　B. 1400 m^3/min　　C. 1600 m^3/min

294. 某矿井相对瓦斯涌出量为 5.76 m^3/t，日生产煤炭 2000 t，该矿井绝对瓦斯涌出量为（　　）。

A. 6 m^3/min　　B. 7 m^3/min　　C. 8 m^3/min

295. 某矿山救护队至服务矿井的道路平均车速为 80 km/h，那么按照《煤矿安全规程》规定救护队距服务矿井最远距离为（　　）。

A. 30 km　　B. 40 km　　C. 50 km

296. 某掘进工作面断面积为 6 m^2，绝对瓦斯涌出量为 0.2 m^3/min，在掘进至 80 m 时因故停风，停风前巷道内瓦斯浓度为 0.5%，若不采取任何措施，（　　）之后，该巷道必须在 24 h 内封闭完毕。

A. 60min　　B. 70min　　C. 80min　　D. 90min

297. 某矿井下掘进煤巷，为综合机械化双向对头掘进，平均每天进尺共计为 4 m，当日掘进工作完成后经测量还有 90 m 贯通，（　　）天后，应停止一个工作面掘进，做好调整通风系统的准备工作。

A. 7　　B. 8　　C. 9　　D. 10

298. 二氧化碳浓度达到（　　）时引起头痛。

A. 15%　　B. 5%　　C. 10%

299. 井下爆炸材料库的最大储存量，不得超过该矿井 3 天的炸药数量和（　　）天的电雷管需要量。

A. 3　　B. 5　　C. 7　　D. 10

300. 救护小队在新鲜空气地点待机或休息时，只有经（　　）同意才能将氧气呼吸器从肩上脱下。

A. 小队长　　B. 中队长　　C. 大队长

301. 处理瓦斯爆炸事故时，遇有害气体威胁回风区人员时，为了救人，可在撤出进风流中的人员后进行（　　）。

A. 全矿井反风　　B. 正常通风　　C. 局部反风

302. 爆破前，（　　）必须亲自布置专人在警戒线和可能进入爆破地点的所有通路上担任警戒工作。

A. 爆破员　　B. 班组长　　C. 队长　　D. 瓦斯工

303. 侦察结束后，小队长应立即向（　　）汇报侦察结果。

A. 井上调度室　　B. 抢险指挥部　　C. 布置侦察任务指挥员

304. 爆炸材料库和爆炸材料发放硐室（　　）范围内，严禁爆破。

A. 10 m　　B. 15 m　　C. 20 m　　D. 30 m

305. 采掘工作面的空气温度超过（　　）必须停止作业。

A. 25 ℃　　B. 30 ℃　　C. 35 ℃　　D. 40 ℃

306. 机电设备硐室的空气温度超过（　　）必须停止作业。

A. 25 ℃　　B. 32 ℃　　C. 34 ℃　　D. 40 ℃

307. 矿井必须有完整的独立通风系统。改变全矿井通风系统时，必须编制通风设计及安全措施，由（　　）技术负责人审批。

A. 企业　　B. 安监　　C. 通风　　D. 通风、安监

308. 掘进巷道贯通后，必须停止采区内的一切工作，立即调整（　　）风流稳定后，方可恢复工作。

A. 通风机　　B. 通风系统　　C. 通风机闸门　　D. 通风网络

309. 装有带式输送机的井筒兼作回风井时，井筒中的风速不得超过（　　），且必须装设甲烷断电仪。

A. 3 m/s　　B. 5 m/s　　C. 6 m/s　　D. 10 m/s

310. 采区开采结束后（　　）天内，必须在所有与已采区相连通的巷道中设置防火墙，全部封闭采区。

A. 30　　B. 40　　C. 45　　D. 60

311. 恢复通风前，必须由专职瓦斯检查员检查瓦斯，只有在局部通风机及其开关附近（　　）以内风流中的瓦斯浓度都不超过0.5%时，方可由指定人员开启局部通风机。

A. 5 m　　B. 10 m　　C. 15 m　　D. 20 m

312. 矿井总回风巷或一翼回风巷中瓦斯或二氧化碳浓度超过（　　）时必须立即查明原因，进行处理。

A. 0.5%　　B. 1%　　C. 0.75%　　D. 1.5%

313. 装有主要通风机的出风井口应安装防爆门，防爆门每（　　）个月检查维修一次。

A. 1　　B. 3　　C. 6　　D. 12

314. 停工区内瓦斯或二氧化碳浓度达到（　　）或其他有害气体浓度超过《煤矿安全规程》第一百三十五条的规定不能立即处理时，必须在24 h内封闭。

A. 1%　　B. 1.5%　　C. 2%　　D. 3%

315. 在距煤层垂直距离10 m以外开始打探煤钻孔，钻孔超前工作面的距离不得小于（　　）并有专职瓦斯检查工经常检查瓦斯。

A. 5 m　　B. 10 m　　C. 15 m　　D. 20 m

316. （　　）应对井上、井下消防管路系统，防火门，消防材料库和消防器材的设置情况进行1次检查，发现问题，及时解决。

A. 每季度　　B. 每月　　C. 每年　　D. 每天

317. 煤矿企业对井下火区必须绘制火区位置关系图，注明所有（　　）和曾经发火的地点。

A. 巷道　　B. 火区　　C. 采区　　D. 风门

318. 开采容易自燃和自燃的煤层，采用全部充填采煤法时，（　　）采用可燃物作充填材料，采空区和三角点必须充填。

A. 不得　　B. 严禁　　C. 必须　　D. 可以

319. 采煤工作面回采结束后，必须在（　　）天内进行永久性封闭。

A. 15　　B. 25　　C. 30　　D. 45

320. 井下工作人员必须（　　）灭火器材的使用方法，并（　　）本职工作区域内灭火器材的存放地点。

A. 了解，熟悉　　B. 了解，了解　　C. 掌握，熟悉　　D. 熟悉，熟悉

321. 消防材料库储存的材料、工具的品种和数量应符合有关规定，并定期检查和更换。材料、工具（　　）挪作他用。

A. 不得　　B. 严禁　　C. 禁止　　D. 可以

322. 有突出危险的采掘工作面爆破落煤前，所有不装药的眼、孔都应用不燃性材料

充填，充填深度应不小于爆破孔深度的（　　）倍。

A. 0.5　　B. 1　　C. 1.5　　D. 2

323. 矿山救护队至服务矿井的距离以行车时间不超过（　　）为限。

A. 15 min　　B. 20 min　　C. 30 min　　D. 35 min

324. 矿山救护队每月至少进行 1 次佩戴氧气呼吸器的训练，每次佩戴氧气呼吸器的时间不少于（　　）；每季至少进行 1 次高温浓烟演习训练。

A. 2 h　　B. 3 h　　C. 3.5 h　　D. 4 h

325. 矿山救护队员、兼职救护队员，每年必须接受（　　）周的再培训和知识更新教育。

A. 5　　B. 1　　C. 2　　D. 3

326. 新购进或经水压试验后的氧气瓶，必须进行（　　）次充、放氧气后，方可使用。

A. 1　　B. 2　　C. 3　　D. 4

327. 火区临时封闭后，人员应立即撤出危险区。进入检查或加固密闭墙时，要在（　　）的情况下进行。

A. 确保安全　　B. 24 h 内　　C. 20 h 内　　D. 通风

328. 发生煤（岩）与瓦斯突发事故，不得（　　），防止风流紊乱扩大灾情。如果通风系统及设施被破坏，应设置风障、临时风门及安装局部通风机恢复通风。

A. 停止风流　　B. 加大通风　　C. 缩短通风　　D. 停风和反风

329. 出血颜色暗红，出血时缓慢流出，属于（　　）出血。

A. 动脉　　B. 静脉　　C. 毛细血管　　D. 心内血管

330. 新招收的兼职救护队员必须经过（　　）的救护知识基础培训，经考试合格后，才能成为正式兼职救护队员。

A. 30 天　　B. 45 天　　C. 60 天　　D. 35 天

331. 氧气瓶必须符合国家压力容器规定标准，每（　　）必须进行除锈清洗、水压实验，达不到标准的不得使用。

A. 2 年　　B. 1 年　　C. 1.5 年　　D. 3 年

332. 氧气充填室内储存的大氧气瓶不得少于（　　），其压力在 10 MPa 以上，空氧气瓶和充满的氧气应分别存放。

A. 10 个　　B. 5 个　　C. 6 个　　D. 15 个

333. 处理火灾事故过程中，必须指定专人检查瓦斯和煤尘，观测灾区气体和风流变化，当瓦斯浓度达到（　　）以上，并继续增加有爆炸危险时，矿山救护队必须将全部人立即撤到安全地点，然后采取措施，排除爆炸危险。

A. 2%　　B. 1.5%　　C. 1.0%　　D. 2.5%

334. 救护队员进入 40 ℃ 的高温区作业最长时间为（　　）。

A. 15 min　　B. 25 min　　C. 30 min　　D. 40 min

335. 挂风障时，两根压条之间不得搭接，其接头处间隙必须小于（　　）。

A. 100 mm　　B. 50 mm　　C. 10 mm

336. 矿山救护队为了使装备经常处于良好的状态，应建立装备的（　　）制度。

A. 维护保养　　　　　　　　　　B. 检查和维护保养

C. 检查修理

337. BG4 正压氧气呼吸器如气囊压力增大到（　　）时，排气阀自动向外界排气。

A. 5 ~8 mbar　　　B. 4 ~7 mbar　　　C. 5 ~7 mbar

338. 小队在井下基地有新鲜空气的地点时，经小队长同意可以将氧气呼吸器从肩上脱下，但脱下的呼吸器应放在附近的安全地点，离小队工作或休息地点不应超过（　　），而且要有队员看守。

A. 10 m　　　B. 5 m　　　C. 15 m

339. 启封火区时，火区的出水温度低于（　　）或与火灾发生前该区的日常出水温度相同。

A. 30 ℃　　　B. 25 ℃　　　C. 20 ℃

340. AQG－1 型瓦斯检定器在 4% ~7% CH_4 测量段的允许误差为（　　）。

A. ±0. 3%　　　B. ±0. 2%　　　C. ±0. 4%

341. CO 检测管是以（　　）为载体，吸附化学试剂碘酸钾和发烟硫酸作为指示剂。

A. 氢氧化钠　　　B. 活性氧化铝　　　C. 活性硅胶

342. 恢复通风前，必须检查瓦斯。只有在局部通风机及其开关附近 10 m 以内风流中的瓦斯浓度都不超过（　　）时，方可人工开启局部通风机。

A. 1. 5%　　　B. 0. 5%　　　C. 1. 0%

343. 签订救护协议的救护队服务半径不得超过（　　）。

A. 80 km　　　B. 100 km　　　C. 50 km

344. 硫化氢浓度达到（　　）时，会迅速导致死亡。

A. 0. 1%　　　B. 0. 05%　　　C. 0. 025%

345. 压入式局部通风机和启动装置，必须安装在（　　）巷道。

A. 回风　　　B. 联络　　　C. 进风

346. 采煤工作面发生火灾，在进风侧灭火难以取得效果时，可采取区域反风，从回风侧灭火，但进风侧要设置（　　），并将人员撤出。

A. 密闭　　　B. 水幕　　　C. 风障

347. 保护矿山职工和救护人员的生命安全是制定（　　）的主要目的。

A. 《矿山救护规程》　　　　　　B. 《质量标准化达标体系》

C. 《煤矿安全规程》

348. 矿山救护中队由不少于（　　）救护小队组成，是独立作战的基层单位。

A. 4 个　　　B. 2 个　　　C. 3 个

349. BG4 正压氧气呼吸器在进行正压气密封性检查时，压按钮直到压力降为 7 mbar，1 min 内压降不应大于（　　）为合格。

A. 0. 5 mbar　　　B. 1 mbar　　　C. 0. 8 mbar

350. 一氧化碳浓度达到（　　）时，造成 1 h 内轻微中毒。

A. 0. 4%　　　B. 0. 016%　　　C. 0. 048%

351. AQG－1 型瓦斯鉴定器吸收管组的药品颗粒的大小以（　　）为宜。

A. 3 ~5 mm　　　B. 2 ~3 mm　　　C. 4 ~6 mm

352. 二氧化硫浓度达到（　　）时，强烈刺激眼膜。

A. 0.0025%　　B. 0.001%　　C. 0.005%

353. BG4 正压氧气呼吸器在中等劳动强度下的使用时间是（　　）。

A. 4 h　　B. 3 h　　C. 3.5 h

354. 下列各项不会减小风筒风阻的措施是（　　）。

A. 增大风筒直径　　B. 减少拐弯处的曲率半径

C. 减少接头个数

355. 矿山救护队进行预防检查工作时，应做到（　　）矿井各硐室分布情况和防火设施。

A. 知道　　B. 了解　　C. 掌握

356. 在检查 BG4 正压氧气呼吸器呼气阀时压力表指示（　　）时为合格。

A. －8 mbar　　B. －10 mbar　　C. －12 mbar

357. 二氧化硫浓度达到（　　）时，短时间内引起气管发炎、肺水肿使人死亡。

A. 0.15%　　B. 0.05%　　C. 0.025%

358. BG4 正压氧气呼吸器自动补给供氧量为（　　）。

A. ＞70 L/min　　B. ＞80 L/min　　C. ＞90 L/min

359. 氧气瓶应做到轻拿轻放，距暖气片和高温点的距离在（　　）以上。

A. 2 m　　B. 1.5 m　　C. 1 m

360. 挂风障时木板上不得少于（　　）根钉子。

A. 3　　B. 4　　C. 5

361. ZY45 型压缩氧自救器防护时间是（　　）。

A. 30 min　　B. 45 min　　C. 60 min

362. 建造板障密闭墙时，木板闭的托泥板两侧距离小板的间距不大于（　　）。

A. 30 mm　　B. 50 mm　　C. 100 mm

363. 矿山救护队译成英文是（　　）。

A. mine resoue team　　B. mine rescue team

C. mine rescur team

364. 蓄电池机车库着火时，为防止（　　）爆炸，应切断电源，停止充电，加强通风并及时把蓄电池运出硐室。

A. 瓦斯　　B. 氢气　　C. 氧气

365. 火区启封后（　　）天内，每班必须由救护队检查通风状况，测定水温、空气温度和空气成分，并取气样进行分析，只有确认火区完全熄灭时，方可结束启封工作。

A. 3　　B. 2　　C. 4

366. 如果瓦斯突出引起回风井口瓦斯燃烧，应采取（　　）的措施。

A. 增大风量　　B. 隔绝风量　　C. 减小风量

367. 采掘工作面的进风流中，氧气浓度不低于（　　）。

A. 20%　　B. 21%　　C. 19%

368. 当火灾发生在上行风通风的回采工作面时，可能导致（　　）。

A. 本工作面风流反向　　B. 没有风流反向的可能

C. 与其并联的其他工作面风流反向

369. 启封火区时，火区内空气中不含有乙烯、乙炔，一氧化碳在封闭期间内逐渐下降，并稳定在（　　）以下。

A. 0.0001　　B. 0.01%　　C. 0.001%

370. 救护队处理采掘工作面煤与瓦斯突出事故救人时应（　　）。

A. 1个小队待机，1个小队从回风侧进入事故地点救人

B. 1个小队待机，1个小队从进风侧进入事故地点救人

C. 2个小队分别从进、回风侧进入事故地点救人

371. 救护队启封火区时，必须在佩用氧气呼吸器后采取（　　）措施，逐段检查各种气体和温度，逐段恢复通风。

A. 防灭火　　B. 均压　　C. 锁风

372. 建造板障时木板闭的托泥板宽度为（　　）。

A. 30～60 mm　　B. 50～80 mm　　C. 20～50 mm

373.（　　）是引导、隔断和控制风流，保证风流按照需要，定向、定量地流动的设施。

A. 风门　　B. 风硐　　C. 通风设施

374. 电石或乙炔着火时，严禁用（　　）扑救。

A. 四氯化碳灭火器　　B. 二氧化碳灭火器

C. 干砂

375. U形开采的回风巷发生火灾，并且由富氧燃烧向富燃料燃烧转化，应该（　　）。

A. 减少供风量　　B. 加大供风量　　C. 维持不变

376. 若火灾发生在上山独头巷道中段时（　　）。

A. 是否直接灭火由队长决定　　B. 可以直接灭火

C. 不得直接灭火

377. 危险物品的生产、经营、储存单位以及矿山、建筑施工单位应当建立（　　）组织。

A. 应急救援　　B. 灾害预防　　C. 医疗急救

378. 化验室内温度应保持在（　　）之间，不允许明火取暖和阳光暴晒。

A. 20～25 ℃　　B. 15～23 ℃　　C. 18～25 ℃

379. 立井井筒与各水平车场的连接处，必须设有专用的（　　），严禁人员通过提升间。

A. 躲避硐　　B. 运物车　　C. 人行道

380. 脊椎、骨盆骨折伤员应用（　　）搬运。

A. 软担架　　B. 硬板担架　　C. 徒手

381. 高压脉冲水枪在使用时缓慢开启储气瓶阀门，此时储水筒的空气压力为（　　）。

A. 0.5 MPa　　B. 0.4 MPa　　C. 0.6 MPa

382. 抢救高温中暑的伤员，用净水或（　　）酒精擦伤员全身直至使皮肤发红，血管扩张以促进散热。

A. 60%　　B. 50%　　C. 40%

383. 判断火区熄灭的标准有五项，其中火区内氧气浓度低于（　　）。

A. 15%　　B. 10%　　C. 5%

384. 安全检查是指对生产过程及安全管理中可能存在的隐患、有害与危险因素、缺陷等进行（　　）。

A. 整改　　B. 查证　　C. 登记

385. 颈椎受伤用（　　）畅通呼吸道。

A. 抬颌法　　B. 拉颌法　　C. 抬颈法

386. 中队副职、正副小队长岗位资格培训时间不少于（　　）天。

A. 45　　B. 30　　C. 20

387. 现场最简单有效的临时止血方法是（　　）止血法。

A. 加垫屈肢　　B. 止血带　　C. 指压

388. 挂风障时，压板不少于（　　）。

A. 3 块　　B. 5 块　　C. 2 块

389. 矿井月产量超过当月产量计划（　　）的属超能力生产。

A. 20%　　B. 15%　　C. 10%

390. BG4 正压氧气呼吸器如果电池电能不够（　　）指示灯常亮。

A. 绿色　　B. 黄色　　C. 红色

391. 用万用表测量交流电压时，黑表笔应插入（　　）插孔。

A. “ - ”　　B. “ + ”　　C. “零”

392. ASZ - 30 型苏生器使用中自动肺过快并发出疾速的喋喋声的原因是（　　）。

A. 呼吸道不畅通　　B. 面罩漏气　　C. 面罩接触不严密

393. 挂风障时，按规定操作，不得缺少钉子且钉子必须钉在骨架上，钉子距压条端头距离不大于（　　）。

A. 100 mm　　B. 50 mm　　C. 80 mm

394. 在灾区中报告氧气压力伸出拳头手势表示氧气压力为（　　）。

A. 1 MPa　　B. 5 MPa　　C. 10 MPa

395. 煤矿安全监测工下井必须携带（　　）。

A. 测风表　　B. 光学瓦斯检测仪

C. 便携式甲烷检测报警仪

396. 火风压的方向永远（　　）。

A. 不变　　B. 向上　　C. 向下

397. 矿山救护队应根据服务矿山的灾害类型及有关资料制定（　　）方案，并进行训练演习。

A. 预防处理　　B. 预防性检查　　C. 灾害应急

398. 二氧化氮浓度达到（　　）时，产生咳嗽、胸部作痛。

A. 0.006%　　B. 0.0006%　　C. 0.0066%

399. 救护队排放瓦斯工作前，应撤出（　　）侧人员，切断回风流电源，并派专人看守。

A. 进风　　B. 工作面　　C. 回风

400. 硫化氢浓度达到（　　）时，遇火能爆炸。

A. 4.5% ~43.7%　　B. 4.3% ~45.7%　　C. 4.7% ~43.5%

401. 检查一氧化碳采取气样时，将活塞向后拉，采取气样，然后将三通开关扭成（　　）位置。

A. 90°　　B. 45°　　C. 60°

402. BG4 正压氧气呼吸器电子报警器的电池更换绝不能在有（　　）的区域进行。

A. 爆炸危险　　B. 污浊空气　　C. 新鲜空气

403. 挂风障时，障面不平整是指折叠宽度超过（　　）。

A. 10 mm　　B. 20 mm　　C. 15 mm

404. 救护队新队员岗位资格培训时间不少于（　　）天。

A. 30　　B. 90　　C. 14

405. 矿山救护队使用的氧气应符合（　　）的标准。

A. 国家氧气计量　　B. 国家容器压力　　C. 医用氧气

406. 处理上山巷道水灾时，指定专人检测 CH_4、CO、H_2S 等有毒、有害气体和（　　）。

A. 空气温度　　B. 防火墙内外压差

C. 氧气浓度

407.（　　）规定，生产经营单位必须为从业人员提供符合国家标准或者行业标准的劳动防护用品。

A.《救护规程》　　B.《安全生产法》　　C.《质量标准化检查》

408. 高瓦斯矿井的主要进风巷的高压电机应选用（　　）电气设备。

A. 矿用增安型　　B. 矿用一般型　　C. 矿用防爆型

409. 国家安全生产事故灾难应急预案规定，现场应急救援人员应根据需要携带相应的（　　），采取安全防护措施，严格执行应急救援人员进入和离开事故现场的相关规定。

A. 救援器具　　B. 专业防护装备　　C. 灭火装备　　D. 破拆装备

410. 国家安全生产事故灾难应急预案规定，各专业应急机构每年至少组织（　　）次安全生产事故灾难应急救援演习。

A. 2　　B. 1　　C. 3　　D. 4

411. 矿山救护队预防性安全检查，遵循（　　）的原则。

A. 预防与应急并重，常态与非常态相结合

B. 安全第一、预防为主、综合治理

C. 查大系统、治大隐患、防大事故

412. 矿山救护指战员合格证书的有效期为（　　）。

A. 2 年　　B. 3 年　　C. 4 年

413.《中华人民共和国矿山安全法》规定，矿山企业应当建立由（　　）组成的救护和医疗急救组织，配备必要的装备、器材和药物。

A. 专职　　B. 专职或者兼职人员

C. 兼职人员

414. 生产安全事故报告和调查处理条例规定，事故调查处理应当坚持（　　）的原则。

A. 实事求是、尊重科学　　B. 坦白从宽、抗拒从严

C. 教育与惩罚并举

415. 风量的单位表示为（　　）。

A. m^2/min　　B. m^3/min　　C. m/min

416. 在搞好预案演练的同时，加强（　　），提高企业各级管理人员和全体员工的应急意识和应急处置、避险、逃灾、自救、互救能力。

A. 现场医疗急救知识普及　　B. 安全知识宣传

C. 应急培训

417. 抢险救灾及灭火中，建造密闭墙时，封闭的地点应选择在围岩稳定、无断层、无破碎带、距回风口不得少于（　　）的位置。

A. 15 m　　B. 5 m　　C. 10 m

418. 突发事件应对工作实行（　　）的原则。

A. 加强战备、严格训练、主动预防、积极抢救

B. 主动预防、预防与应急相结合

C. 安全第一、预防为主、综合治理

419. 生产安全事故应急救援体系是保证生产安全事故应急救援工作顺利实施的（　　）。

A. 组织保障　　B. 制定标准　　C. 准则

420. 矿山救护队质量标准化考核要求正确进行氧气呼吸器战前检查的时间不超过（　　）。

A. 60 s　　B. 100 s　　C. 120 s

421. 矿山救护队质量标准化考核总分在（　　）以下必须限期整改。

A. 60 分　　B. 70 分　　C. 75 分

422. 《金属非金属矿山安全标准化规范导则》将可能导致伤害、疾病、财产损失、环境破坏或其组合的根源或状态定义为（　　）。

A. 事故隐患　　B. 事件源　　C. 重大危险源　　D. 危险源

423. 《金属非金属矿山安全标准化规范导则》将筑坝拦截谷口或围地构成的，用以贮存金属非金属矿山进行矿石选别后排出尾矿或其他工业废渣的场所定义为（　　）。

A. 尾沙库　　B. 废矿库　　C. 尾矿库

424. 《煤矿建设安全规范》(AQ 1083—2011) 要求，严格执行敲帮问顶制度。作业前（　　）必须对工作面安全情况进行全面检查，确认无危险后，方准人员进入工作面。

A. 带班矿长　　B. 安全员　　C. 班组长

425. 按照突发事件发生的紧急程度、发展势态和可能造成的（　　）分为一级、二级、三级和四级预警级别。

A. 伤亡程度　　B. 威胁程度　　C. 危害程度

426. 矿山救护大队质量标准化考核规范要求，能熟练地将 4 h 氧气呼吸器更换成 1 h

或 2 h 氧气呼吸器，应在（　　）内完成。

A. 40 s　　B. 30 s　　C. 60 s

427. 矿山救护大队质量标准化考核规范要求，一氧化碳检定器应会考核内容包括（　　）。

A. CO 三量检查、换算、读数　　B. H_2S 三量检查、换算、读数

C. NO_2 三量检查、换算、读数

428. 生产经营规模较小、不具备单独设立矿山救护队条件的矿山企业应设立兼职救护队，并与就近的取得（　　）以上资质的矿山救护队签订有偿服务救护协议。

A. 四级　　B. 三级　　C. 二级　　D. 一级

429. 用水灭火时，必须具备的条件是（　　）。

A. 火势不大　　B. 火灾发生在回风侧

C. 火灾发生在进风侧　　D. 瓦斯浓度不超过 2%

430. 矿山救护队在 45 ℃高温区进行救护工作时，时间不得超过（　　）。

A. 25 min　　B. 30 min　　C. 20 min　　D. 40 min

431. 火灾发生在采区或采煤工作面进风巷，为抢救人员，有条件时可进行（　　）；为控制火势减少风量时，应防止灾区缺氧和瓦斯积聚。

A. 矿井反风　　B. 区域反风　　C. 风流短路　　D. 锁风

432. 在灾区救护小队脱下的呼吸器应放在离小队待机或休息地点不超过（　　），确保一旦发生灾变能及时佩用。

A. 3 m　　B. 5 m　　C. 10 m　　D. 15 m

433. 用比长式一氧化碳检定管测定高浓度一氧化碳时，吸入气样 10 mL 后加入 40 mL 新鲜空气将其稀释，在检定管规定时间 100 s 内将 50 mL 气样均匀送入检定管，其读数为 0. 04%。则被测气体的实际浓度是（　　）。

A. 0. 2%　　B. 0. 12%　　C. 0. 00048%　　D. 1. 5853%

434. 用比长式一氧化碳检定管测定低浓度一氧化碳时，吸入气样 50 mL 后，检定管规定 100 s 内将 50 mL 气样送完，现在连续抽气和送气 5 次，检定管的读数为 0. 0024%。则被侧气体的实际浓度是（　　）。

A. 0. 2%　　B. 0. 12%　　C. 0. 00048%　　D. 1. 5853%

435. 利用瓦斯检定器测得 CH_4 的含量为 0. 54%、混合含量为 2. 2%，CO_2 的含量为（　　）。

A. 0. 2%　　B. 0. 12%　　C. 0. 00048%　　D. 1. 5853%

436. BG4 正压氧气呼吸器，氧气瓶容积为 2 L，有效容积在 20 MPa 时为 400 L，救护队员在中等劳动强度下，每分钟的耗氧量为 1. 7 L，工作 1 h 消耗氧气（　　）。

A. 1. 8 MPa　　B. 5. 1 MPa

437. AE102A 型氧气充填泵最大排气压力是（　　）。

A. 30 MPa　　B. 20 MPa　　C. 25 MPa　　D. 18 MPa

438. AE102A 型氧气充填泵接外界气源压力不得低于（　　）。

A. 10 MPa　　B. 15 MPa　　C. 5 MPa　　D. 3 MPa

439. AE102 型氧气充填泵额定工作压力是多少（　　）。

A. 18 MPa　　B. 20 MPa　　C. 22 MPa　　D. 25 MPa

440. AE102 型氧气充填泵气源瓶最低压力是（　　）。

A. 3.5 MPa　　B. 5 MPa　　C. 8 MPa　　D. 10 MPa

441. AE102 型氧气充填泵使用环境温度不大于（　　）。

A. 30 ℃　　B. 35 ℃　　C. 40 ℃　　D. 45 ℃

442. AE102 型氧气充填泵和气瓶存放的最佳温度为（　　）。

A. 15 ~25 ℃　　B. 20 ~30 ℃　　C. 25 ~35 ℃　　D. 30 ~40 ℃

443. 氧气呼吸器过多地使用手动补给阀将明显减少氧气呼吸器的（　　）。

A. 使用寿命　　B. 使用效率

C. 二氧化碳的吸收率　　D. 有效防护时间

444. BG4 型正压氧气呼吸器使用于环境温度为（　　）。

A. −10 ~ +60 ℃　　B. 0 ~ +60 ℃　　C. −6 ~ +40 ℃　　D. 0 ~ +40 ℃

445. BG4 型正压氧气呼吸器氧气瓶容积是（　　），是呼吸器的供氧源，其作用是贮存高压氧气（在 20 MPa 时，氧气贮存量 400 L），使用时打开气瓶阀则高压氧气经减压器减压后进入呼吸系统。

A. 2 L　　B. 2.5 L　　C. 2.7 L　　D. 3 L

446. BG4 型正压氧气呼吸器气囊容积是（　　）。

A. 3 L　　B. 4 L　　C. 5 L　　D. 5.5 L

447. ASZ −30 型和 SZ −30 型自动苏生器吸引管是抽痰时使用，从鼻腔插入深度为（　　）。

A. 10 ~20 cm　　B. 12 ~22 cm　　C. 16 ~28 cm　　D. 18 ~32 cm

448. ASZ −30 型自动苏生器氧气瓶容积是（　　）。

A. 0.5 L　　B. 1 L　　C. 2 L　　D. 2.7 L

449. ASZ −30 型自动苏生器减压器：把高压氧气降低为（　　），供苏生使用。

A. 0.3 MPa　　B. 0.5 MPa　　C. 0.7 MPa　　D. 0.9 MPa

450. ASZ −30 型自动苏生器自动肺充气正压力为（　　）水柱。

A. 200 ~250 mm　　B. 300 ~350 mm　　C. 400 ~450 mm　　D. 500 ~550 mm

451. ASZ −30 型自动苏生器自主呼吸供气量（氧含量 80%）不小于（　　）。

A. 6 L/min　　B. 9 L/min　　C. 15 L/min　　D. 19 L/min

452. ASZ −30 型自动苏生器吸痰引射压力不小于（　　）。

A. −350 mm 汞柱　　B. −400 mm 汞柱

C. −450 mm 汞柱　　D. −600 mm 汞柱

453. P −6 自动复苏器吸引器吸引压力（　　）。

A. −53 kPa ±6.5 kPa　　B. −63 kPa ±6.5 kPa

C. −73 kPa ±6.5 kPa　　D. −83 kPa ±6.5 kPa

454. P −6 自动复苏器溢流阀（安全阀）动作压力（　　）。

A. 4.5 kPa ±0.5 kPa　　B. 5.5 kPa ±0.5 kPa

C. 6.5 kPa ±0.5 kPa　　D. 7.5 kPa ±0.5 kPa

455. AJH −3 型呼吸器校验仪水柱计测量范围：（　　）。

A. －100～0～＋120 mm 水柱　　　　B. －100～0～＋100 mm 水柱

C. －80～0～＋120 mm 水柱　　　　D. －80～0～＋100 mm 水柱

456. 在灌浆区（　　）进行采掘前，必须查明灌浆区内的浆水积存情况。发现积存浆水，必须在采掘之前放出。在未放出前，严禁在灌浆区（　　）进行采掘工作。

A. 上部，上部　　B. 上部，中部　　C. 下部，下部　　D. 上部，下部

457. 光干涉甲烷检定器水分吸收管内装有（　　）吸收水分。

A. 氢氧化钙　　B. 钠石灰　　C. 氯化钙或硅胶　　D. 碳酸钙

458. CYH 25 便携式氧气检测报警仪检测作业环境中的氧气浓度，其检测范围是：（　　）。

A. 0～12%　　B. 0～21%　　C. 0～25%　　D. 0～100%

459. YRH 250 红外热像仪测温范围是（　　）。

A. －20～＋80 ℃　　B. 0～＋80 ℃　　C. 0～＋100 ℃　　D. 0～＋250 ℃

460. 下列火灾事故中，（　　）属于内因火灾。

A. 遗煤自燃　　B. 摩擦起火　　C. 爆破起火

461. 下列气体不属于大气主要成分的是（　　）。

A. 氮气　　B. 氧气　　C. 瓦斯　　D. 二氧化碳

462. 救护小队应由不少于（　　）人组成。

A. 6　　B. 8　　C. 9　　D. 10

463. 影响矿井空气温度的因素有（　　）、地面空气温度、氧化生热、水分蒸发、空气压缩与膨胀、地下水、通风强度、其他因素。

A. 煤岩体裂隙　　B. 人员的呼吸　　C. 开采深度　　D. 岩层温度

464. 通常认为最适宜的井下空气温度是（　　），较适宜的相对湿度为 50%～60%。

A. 17～22 ℃　　B. 15～20 ℃　　C. 20～22 ℃　　D. 22～25 ℃

465. 掘进巷道时的通风叫掘进通风。其主要特点是（　　），本身不能形成通风系统。

A. 使用机械通风　　B. 需要使用风筒　　C. 只有一个出口　　D. 风量不好调节

466. 我国煤矿掘进通风广泛使用压入式局部通风机的方式是由于压入式通风具有安全性好，（　　），排烟和瓦斯能力强；能适应各类风筒；风筒的漏风对排除炮烟和瓦斯起到有益的作用。

A. 有效射程大　　B. 有效射程小

467. 矿井通风阻力包括摩擦阻力和局部阻力。用以克服通风阻力的通风动力包括（　　）和自然风压。

A. 大气压力　　B. 机械风压　　C. 巷道标高不同形成的压力

468. 在井巷风流中，两端面之间的（　　）是促使空气流动的根本原因。

A. 风量差　　B. 标高差　　C. 断面尺寸差　　D. 总压力差

469. 矿用通风机按结构和工作原理不同可分为轴流式和离心式两种；按服务范围不同可分为主要通风机、辅助通风机和（　　）。

A. 对角式　　B. 局部通风机　　C. 混合式

470. 局部通风机的通风方式有压入式、（　　）和抽出式三种。

A. 局部通风机　　B. 对角式　　C. 混合式

471. 根据进出风井筒在井田相对位置不同，矿井通风方式可分为中央式、（　　）和混合式。

A. 局部通风机　　B. 对角式　　C. 混合式

472. 矿井通风压力就是进风井与回风井之间的总压力，它是由自然风压和（　　）造成的。

A. 标高差　　B. 机械风压　　C. 风量差

473. 矿井通风设施按其作用不同可分为引风设施和（　　）。

A. 导风设施　　B. 隔风设施

474. （　　）通风使井下风流处于负压状态。

A. 压入式　　B. 抽出式

475. QWM1 型脉冲气压水枪射程为（　　）。

A. 20 m　　B. 1 ~ 17 m　　C. 25 m　　D. 1 ~ 15 m

476. 矿井瓦斯涌出形式有普通涌出和（　　）。

A. 突然喷出　　B. 特殊涌出

477. 我国现场一般把矿井瓦斯划分为：采煤区瓦斯、掘进区瓦斯和（　　）三部分。

A. 落煤时瓦斯　　B. 运输过程中瓦斯

C. 采空区瓦斯

478. 根据矿井相对瓦斯涌出量、矿井绝对瓦斯涌出量和瓦斯涌出形式，我们可以把瓦斯矿井划分为低瓦斯矿井、（　　）和突出矿井。

A. 低瓦斯矿井　　B. 高瓦斯矿井　　C. 高管矿井

479. 当压力一定时，瓦斯的引火延迟性取决于（　　）和火源温度。

A. 氧气浓度　　B. 氮气浓度　　C. 瓦斯浓度　　D. 二氧化碳浓度

480. 瓦斯爆炸必须同时具备三个条件：达到一定浓度、（　　）和足够的氧气。

A. CO 达到一定浓度　　B. 明火

C. 高温火源且持续一定时间　　D. 煤尘具有爆炸性

481. 预防瓦斯爆炸的措施有：防止积聚的措施、防止引燃的措施和（　　）。

A. 加大风速的措施　　B. 加大风量的措施

C. 限制瓦斯爆炸范围扩大的措施

482. 在煤矿的任何地点都有发生瓦斯爆炸的可能性，但大部分发生在（　　）。

A. 井底车场　　B. 主井　　C. 采掘工作面　　D. 风井

483. 正向冲击波较之反向冲击波破坏程度为（　　）。

A. 大　　B. 小

484. 引燃瓦斯的火源可归纳为 4 类，下列不属其中的是（　　）。

A. 明火　　B. 机电火花　　C. 爆破火花　　D. 机械碰撞火花

485. 防止突出常用的局部防突措施有震动爆破、（　　）、超前钻孔、专用支架和松动爆破 5 种。

A. 强制放顶　　B. 开采保护层　　C. 水力冲孔　　D. 专用支架

486. 瓦斯在煤体中存在的状态有游离态和（　　）两种。

A. 吸收态　　B. 吸着态　　C. 吸附态

487. 突出的预兆可分为有声预兆和（　　）。

A. 煤爆　　B. 岩爆　　C. 无声预兆

488. 根据瓦斯来源不同，瓦斯抽采方法可分为本煤层抽放、临近层抽放和（　　）。

A. 钻孔抽放　　B. 采空区抽放

C. 巷道抽放　　D. 插（埋）管抽放

489. 下列位置最不易发生瓦斯积聚的地点是（　　）。

A. 采煤机附近　　B. 上隅角　　C. 运输巷超前支护内

490. "一炮三检"是指装药前、爆破前和（　　）必须检查爆破地点附近的瓦斯浓度。

A. 装药前　　B. 爆破前　　C. 爆破后　　D. 装药后

491. 呼吸性粉尘是指粒径在（　　）以下，能被吸入人体肺泡区的浮尘。

A. 0.2 μm　　B. 3 μm　　C. 4 μm　　D. 5 μm

492. 煤尘爆炸必须同时具备四个条件：（　　）、煤尘必须悬浮于空气中并达到一定浓度、高温火源且持续一定时间和足够的氧气。

A. 煤尘的颗粒直径在 3 μm 以下

B. 煤尘的颗粒直径在 5 μm 以下

C. 煤尘的颗粒直径在 5 μm 以下，煤尘的颗粒直径在 4 μm 以下

D. 煤尘具有可爆性

493. 预防煤尘爆炸和限制爆炸范围扩大的措施有降尘措施、（　　）和限制煤尘爆炸范围扩大的措施。

A. 降尘措施　　B. 煤层注浆　　C. 煤层抽采瓦斯　　D. 防止引燃措施

494. 煤层注水后，煤体的（　　）和脆度下降，可塑性增加，减少开采中煤尘的产生量；煤体水分增加，使煤尘飞扬能力降低，可以减少浮尘量。

A. 强度　　B. 节理　　C. 裂隙

495. 降尘的具体措施有煤层注水、喷雾洒水、水封爆破水炮泥、通风除尘、（　　）和清扫落尘。

A. 减小风速

B. 为了降低风速且保持一定的风量，扩大巷道断面

C. 采空区灌水

496. 发生矿井火灾的原因、地点是多样的，但都必须具备三个条件，即：热源、（　　）和空气，俗称火灾三要素。

A. 瓦斯　　B. 煤尘具有爆炸性

C. 可燃物

497. 自然发火期是煤炭自然发火危险程度在时间上的量度，自然发火期越（　　）的煤层自然发火危险程度就越大。

A. 长　　B. 短

498. 早期识别和预报煤炭自然发火的方法有：（　　）、分析井下空气成分的变化、测定可能发火区域及其围岩和附件空气的温度。

A. 凭借人体感官识别　　B. 测定空气中瓦斯浓度

C. 测定空气中二氧化碳浓度

499. 预防煤炭自然火灾主要有四个方面的措施，即（　　）、防止漏风措施、阻化剂防火措施和预防性灌浆措施。

A. 防止漏风措施　　B. 开拓开采技术措施

C. 加强通风措施

500. 均压法也叫调节风压法。均压法防止漏风的实质是降低或消除漏风通道两端的（　　）。

A. 风量差　　B. 风速差　　C. 风压差

501. 矿井火灾的灭火方法可分为直接灭火、隔绝灭火和（　　）3类。

A. 直接灭火　　B. 综合灭火　　C. 注水灭火　　D. 人工灭火

502. 煤炭自燃必须具备的条件是：煤本身具有（　　）；煤呈碎裂状态存在；连续适量地供给空气（氧气）；散热条件差，热量易于积聚。

A. 空气（氧气）　　B. 爆炸性　　C. 自燃倾向性　　D. 煤中赋存瓦斯

503. 内因火灾多发生在（　　）、巷道两侧受地压破坏的煤柱、巷道中堆积的浮煤或片帮冒顶处、与地面老窑的连通处。

A. 采空区　　B. 上隅角　　C. 回风巷道　　D. 进风巷道

504. 预防性灌浆方法可分为采前灌浆、边采边灌和（　　）3种方法。

A. 临近层注浆　　B. 采后灌浆

505. 矿井涌水的水源可分为地表水源和（　　）。

A. 大气降水　　B. 钻孔入水　　C. 地下水源　　D. 老空积水

506. 矿井水灾发生的基本条件是：存在水源与（　　）。

A. 涌水通道　　B. 有断层　　C. 煤层倾角较大

507. 井下防治水的措施可概括为（　　）、测、探、放、截、堵6个字。

A. 引　　B. 查　　C. 排　　D. 导

508. 造成矿井水灾的原因，概括起来主要有以下几个方面：地面防洪措施欠详，井筒位置设计不当，资料不清盲目施工，低劣施工不讲质量，（　　），技术差错造成事故，麻痹大意强行违章。

A. 大气降水较大　　B. 开采层附近有水源

C. 乱采乱掘破坏煤柱

509. 老空区透水的特点是出现（　　），水的酸度大，水味发涩，有臭鸡蛋味。

A. 瓦斯浓度异常　　B. 二氧化碳浓度异常

C. 气温异常　　D. 挂红

510. 自救器是一种小型的供矿工随身携带的防毒器具。是矿工在井下遇到火灾、瓦斯或煤尘爆炸、（　　）等灾害事故时进行自救的一种重要装备。

A. 水灾　　B. 煤岩与瓦斯突出

C. 煤层着火　　D. 火灾

511. 一个标准大气压约为（　　）。

A. 101325 Pa　　B. 101425 Pa　　C. 101525 Pa　　D. 101625 Pa

512. 一通三防中的三防是指防火、防尘和（　　）。

A. 防火　　B. 防瓦斯　　C. 防煤尘

513. 矿井瓦斯是混合物，其中含量最多的是（　　）。

A. 一氧化碳　　B. 氧气　　C. 氮气　　D. 甲烷

514. 均压通风防止漏风的原理是采取措施来降低或消除漏风通道两端的（　　），从而减少或消除漏风，达到预防自燃的目的。

A. 风速差　　B. 风量差

C. 巷道断面尺寸差　　D. 风压差

515. 地下水源包括含水层水、断层水和（　　）。

A. 老空区积水　　B. 煤层内裂隙含水

C. 岩层内裂隙含水

516. 下列气体中不属于矿井空气的主要成分的是（　　）。

A. 氧气　　B. 二氧化碳　　C. 氮气

517. 下列气体中不属于矿井空气的主要有害气体的是（　　）。

A. 瓦斯　　B. 二氧化碳　　C. 一氧化碳

518. 若下列气体集中在巷道的话，应在巷道底板附近检测的气体是（　　）。

A. 甲烷与二氧化碳　　B. 二氧化碳与二氧化硫

C. 二氧化硫与氢气　　D. 甲烷与氢气

519. 下列三项中不属于矿井空气参数的是（　　）。

A. 密度　　B. 黏性　　C. 质量

520. 新井投产前必须进行 1 次矿井通风阻力测定，以后每（　　）年至少进行 1 次。

A. 1　　B. 2　　C. 3　　D. 4

521. 巷道断面上各点风速是（　　）。

A. 轴心部位小，周壁大　　B. 上部大，下部小

C. 一样大　　D. 轴心大，周壁小

522. 掘进工作面局部通风通风机的最常用的工作方法是（　　）。

A. 压入式　　B. 混合式　　C. 抽出式

523. 井巷任一断面相对某一基准面具有（　　）三种压力。

A. 静压、动压和势压　　B. 静压、动压和位压

C. 势压、动压和位压

524. 皮托管中心孔感受的是测点的（　　）。

A. 绝对静压　　B. 绝对静压　　C. 相对全压　　D. 绝对全压

525. 通风压力与通风阻力的关系是（　　）。

A. 通风压力大于通风阻力　　B. 通风阻力大于通风压力

C. 作用力与反作用力　　D. 成反比例关系

526. 风压的国际单位是（　　）。

A. 牛顿　　B. 帕斯卡　　C. 公斤力　　D. 毫米水柱

527. 预防煤与瓦斯突出最经济、最有效的区域性防治措施是（　　）。

A. 煤层注水　　B. 开采保护层　　C. 瓦斯抽放

528. 为了提高爆破效果和保证安全爆破，炮眼装药后必须装填（　　）。

A. 岩石碎块　　B. 小木块　　C. 水炮泥

529. 爆破地点附近（　　）以内风流中的瓦斯浓度达到1%，严禁爆破。

A. 15 m　　B. 20 m　　C. 25 m

530. 在有煤尘爆炸危险的煤层中，掘进工作面爆破前后，附近（　　）的巷道内，必须洒水降尘。

A. 10 m　　B. 15 m　　C. 20 m　　D. 30 m

531. 抽出式通风的主要通风机因故障停止运转时，（　　）。

A. 井下风流压力降低，瓦斯涌出量增加

B. 井下风流压力升高，瓦斯涌出量减少

C. 井下风流压力不变，瓦斯涌出量不变

D. 井下风流压力升高，瓦斯涌出量增加

532. 下列三项中不是瓦斯性质的是（　　）。

A. 扩散性　　B. 比空气重　　C. 渗透性

533. 下列风速中属于最佳排尘风速的是（　　）。

A. 1 m/s　　B. 2 m/s　　C. 3 m/s　　D. 4 m/s

534. 采煤工作面所有安全出口与巷道连接处（　　）范围内，必须加强支护。

A. 15 m　　B. 10 m　　C. 20 m

535. 在采煤面工作的一线工人，最有可能得（　　）。

A. 硅肺病　　B. 煤肺病　　C. 硅煤肺病

536. 在煤自燃过程中，（　　）的温度不会明显的升高。

A. 潜伏期　　B. 自热期　　C. 自燃期

537. 通过分析（　　）气体能够判断煤炭是否自燃。

A. 二氧化碳　　B. 氧气　　C. 一氧化碳

538. 火区封闭后，常采用（　　）使火灾加速熄灭。

A. 直接灭火法　　B. 隔离灭火法　　C. 综合灭火法

539. 根据矿井水灾发生的原因统计，治理矿井水灾可以通过治理（　　）来降低水灾的发生。

A. 违章作业，管理不善　　B. 提高技术水平

C. 地表水　　D. 老空区水

540. 下列哪种气体较易溶于水（　　）。

A. 氮气　　B. 二氧化氮　　C. 瓦斯　　D. 氧气

541. 下列气体有刺激性气味的是（　　）。

A. 一氧化碳　　B. 氨气　　C. 瓦斯　　D. 二氧化碳

542. 下列气体属于助燃气体的是（　　）。

A. 氮气　　B. 二氧化碳　　C. 瓦斯　　D. 氧气

543. 下列选项不属于矿井任一断面上的三种压力的是（　　）。

A. 静压　　B. 动压　　C. 全压　　D. 位压

544. 下列选项不属于通风网络的基本连接形式的是（　　）。

A. 串联　　B. 并联　　C. 混联　　D. 角联

545. 下列不属于隔风设施的是（　　）。

A. 临时风门　　B. 临时密闭　　C. 防爆门　　D. 风硐

546. 下列各种局部通风方法中属于利用主要通风机风压通风的是（　　）。

A. 扩散通风　　B. 风障导风

C. 局部通风机通风　　D. 引射器通风

547. 瓦斯巷道掘进通常选用（　　）局部通风机的通风方式。

A. 抽出式　　B. 压入式　　C. 联合式

548. 风桥的作用是（　　）。

A. 把同一水平相交的两条进风巷的风流隔开

B. 把同一水平相交的两条回风巷的风流隔开

C. 把同一水平相交的一条进风巷和一条进风巷的风流相连

D. 把同一水平相交的一条进风巷和一条回风巷的风流隔开

549. 《煤矿安全规程》规定矿井空气体积中 NH_3 的最高允许浓度是（　　）。

A. 0.04%　　B. 0.004%　　C. 0.0004%

550. 下列气体属于混合物的是（　　）。

A. 硫化氢　　B. 二氧化氮　　C. 瓦斯　　D. 氨气

551. 瓦斯有吸附态转化为游离态的现象叫（　　）。

A. 解吸　　B. 吸附　　C. 二则都有

552. 下列哪种气体的加入会使瓦斯爆炸浓度的上限升高（　　）。

A. 二氧化硫　　B. 二氧化氮　　C. 一氧化碳　　D. 二氧化碳

553. 惰性气体的加入会导致瓦斯爆炸浓度范围（　　）。

A. 减小　　B. 扩大　　C. 不变

554. 爆破作业地点附近 20 m 内的瓦斯浓度达到（　　）时，严禁爆破。

A. 0.5%　　B. 1%　　C. 1.5%　　D. 2%

555. 下列因素增大不会增大突出危险性的是（　　）。

A. 地压　　B. 瓦斯压力　　C. 煤的强度

556. 下列不属于区域性防突措施的是（　　）。

A. 开采保护层　　B. 煤层注水　　C. 预抽瓦斯　　D. 超前钻孔

557. 综采工作面支架、刮板输送机、煤壁必须保持（　　）。

A. 曲线　　B. 垂直　　C. 直线

558. 含硫量增加会导致煤尘的爆炸危险性（　　）。

A. 减小　　B. 扩大　　C. 不变

559. 下列人员中不属于“三人连锁爆破”的是（　　）。

A. 班长　　B. 瓦斯检查员　　C. 爆破员　　D. 通风工

560. 下列不属于“三专两闭锁”中“三专”的是（　　）。

A. 专人管理　　B. 专业电路　　C. 专业开关　　D. 专业变压器

561. 串联通风的两个掘进工作面，进入串联工作面的风流中，瓦斯和二氧化碳浓度都不得超过（　　）。

A. 0.5%　　B. 1%　　C. 1.5%　　D. 2%

562. 进回风井之间和主要进回风巷之间的每个联络巷中，必须砌筑（　　）。

A. 两道风门　　B. 三道风门　　C. 临时挡风墙　　D. 永久挡风墙

563. 当空气中氧气浓度低于（　　）时，瓦斯遇火时一般不会爆炸。

A. 10%　　B. 12%　　C. 18%　　D. 20%

564. 具有使用设备少，投资小，见效快的优点的井下防灭火方法是（　　）。

A. 预防性灌浆　　B. 喷洒阻化剂　　C. 注惰　　D. 均压通风

565. 下列哪种气体浓度的变化可以作为早期预报内因火灾的指标（　　）。

A. 氧气含量的减少　　B. 一氧化碳含量的增加

C. 二氧化碳含量的减少　　D. 二氧化硫含量增加

566. 水力冲孔的作用是（　　）。

A. 巷道掘进　　B. 水力采煤　　C. 局部防突　　D. 煤层注水

567. 两条并联的巷道，风阻大的（　　）。

A. 风压大　　B. 风速小　　C. 风量大　　D. 风量小

568. 火灾发生在回风侧时，为控制风流防止灾害扩大应（　　）。

A. 正常通风　　B. 全矿反风　　C. 区域反风　　D. 风流短路

569. 在有瓦斯或煤尘爆炸危险的掘进工作面，必须全断面（　　）启爆。

A. 一次　　B. 多次　　C. 二次

570. 在确保自身安全的情况下，有 2 名以上救护队员在现场发现一名伤员（或患者）无反应及没有呼吸时，应（　　）。

A. 立即呼救并同时开始进行 CPR

B. 立即进行 5 周期 CPR 后再拨叫 120

C. 立即将伤员（或患者）送往医院

571.《煤矿安全规程》规定，井下照明、信号、电话和手持式电气设备的供电额定电压，不超过（　　）。

A. 220 V　　B. 36 V　　C. 127 V

572. 每做 5 个 CPR 循环后，应（　　）。

A. 检查呼吸　　B. 检查脉搏和呼吸

C. 检查脉搏

573. 处理瓦斯爆炸事故应选择（　　）进入灾区。

A. 回风侧　　B. 可进入地带　　C. 较短路线

574. 当伤员存在颈椎损伤是，开放气道应采用（　　）。

A. 托颌法　　B. 仰头举颏法　　C. 仰头抬颈法

575. 心肺复苏中单或双人复苏时胸外按压与通气的比率为（　　）。

A. 30∶2　　B. 15∶2　　C. 5∶1

576. 心肺复苏急救中推荐的每次吹气时间为（　　）。

A. 超过 1 s　　B. 超过 2 s　　C. 小于 1 s

577. 诊断心搏骤停迅速可靠的指标是（　　）。

A. 呼吸停止　　B. 颈动脉搏动消失

C. 瞳孔散大

578. 对呼吸停止但仍有心跳循环征象的患者，进行单纯人工呼吸的频率应该是（　　）。

A. 12～15 次/min　　B. 8～10 次/min　　C. 10～12 次/min

579. 下列哪项不是心肺复苏成功的指标（　　）。

A. 可触及大动脉搏动　　B. 恢复自主呼吸

C. 瞳孔散大

580. 抢救伤员最常用的体位是（　　）。

A. 俯卧位　　B. 侧卧位　　C. 仰卧位

581. 当对心跳呼吸骤停的伤员进行心肺复苏时首先应（　　）。

A. 心脏按压　　B. 口对口人工呼吸

C. 清除口腔内异物开放气道

582. 成人胸外心脏按压的正确位置是（　　）。

A. 心尖区　　B. 胸骨下段　　C. 胸骨上段

583. 下列有关胸外心脏按压的叙述错误的是（　　）。

A. 在胸骨下段按压　　B. 按压次数每分钟 80～100 次

C. 按压时双肘伸直

584. 电击伤伤员的现场救护，需首先立即（　　）。

A. 脱离电源　　B. 包扎伤口　　C. 进行心肺复苏

585. 下列哪项不是创伤包扎的目的（　　）。

A. 使伤口与外界环境隔离，以减少污染机会

B. 加压包扎可用以止血

C. 脱出的内脏纳回伤口再包扎，以免内脏暴露在外加重损伤

586. 搬运昏迷或有窒息危险的伤员时，应采用（　　）的方式。

A. 俯卧　　B. 仰卧　　C. 侧卧

587. 对骨折伤员的肢体，用夹板或木棍、树枝等固定时应（　　）。

A. 超过骨折段上、下关节　　B. 超过骨折段下关节

C. 超过骨折段上关节

588. 止血带止血上臂上止血带的标准部位（　　）。

A. 上臂的上 1/3 或下 1/3 处　　B. 上臂的中 1/3 处

C. 上臂的下 1/2 处

589. 腹部外伤，肠外溢时，现场处理原则为（　　）。

A. 将肠管送回腹腔，再用敷料盖住伤口

B. 直接用三角巾做全腹部包扎

C. 盖上碗或碗状物后再用三角巾包扎

590. 空气中氧的体积浓度降低到（　　），就会使人呼吸急促、脉搏加快、灯焰熄灭。

A. 5%　　B. 10%　　C. 15%　　D. 18%

591. 现场急救应优先转运（　　）。

A. 已死亡的病人

B. 伤情严重但救治及时可以存活的伤员

C. 经救护后伤情已基本稳定的伤员

592. 创伤急救时，对失血伤员应该（　　）。

A. 先止血后搬运　　B. 先送医院后处置

C. 先搬运后止血

593. 创伤急救时，对骨折伤员应该（　　）。

A. 先搬运后止血　　B. 先固定后搬运　　C. 先送医院后处置

594. 开放性气胸现场急救处理首先要（　　）。

A. 清创缝合术　　B. 胸腔闭式引流　　C. 用厚敷料封闭伤口

595. 生产安全事故报告和调查处理条例规定，事故报告应当及时、准确、完整，（　　）对事故不得迟报、漏报、谎报或者瞒报。

A. 企业　　B. 政府部门　　C. 任何单位和个人

596.《中华人民共和国矿山安全法实施条例》规定，新进矿山的井下作业职工，接受安全教育、培训的时间不得少于（　　）。

A. 48 h　　B. 72 h　　C. 120 h

597. 灭火中，只有在（　　），且能使人员迅速撤出危险区时，才能采用停止通风或减少风量的方法。

A. 火势不大　　B. 能直接灭火

C. 不使瓦斯快速积聚到爆炸浓度　　D. 温度不高

598. ZY30 隔绝式压缩氧自救器氧气瓶容积（　　），氧气瓶充气压力 20 MPa。

A. 0. 3 L　　B. 0. 5 L　　C. 1 L　　D. 2 L

599. 出血颜色鲜红，出血时常呈间歇状向外喷射，这是属于（　　）出血。

A. 静脉　　B. 动脉　　C. 毛细血管

600. 下列选项中骨折现场急救正确的是（　　）。

A. 骨折都应初步复位后再临时固定

B. 对骨端外露者应先复位后固定，以免继续感染

C. 一般应将骨折肢体在原位固定

601. 用二型比长式一氧化碳检定管测定高浓度一氧化碳时，吸入气样 50 mL 后，检定管规定 100 s 内将 50 mL 气样送完，现在用 40 s 时间送完 20 mL 气样，检定管的读数为 0. 048% 。则被测气体的实际浓度是（　　）。

A. 0. 2%　　B. 0. 12%　　C. 0. 00048%　　D. 1. 5853%

602. 下列不会造成瓦斯爆炸的火源是（　　）。

A. 明火　　B. 摩擦火花

C. 机电火花　　D. 矿用安全炸药爆破

603. 回采工作面容易引起瓦斯积聚地点是（　　）。

A. 上隅角与采煤机切割部　　B. 下隅角与采空区

C. 采空区

604. 矿井通风系统是指风流由进风井进入矿井，经过井下各用风场所，然后从（　　）排出，风流流经的整个路线及其配套的通风设施称为矿井通风系统。

A. 运输平巷　　B. 回风井　　C. 回风平巷　　D. 进风井

605. 地面空气中氧气的含量是（　　）。

A. 20.5%　　B. 21%　　C. 20.96%

606. 防爆门作用有三：一是（　　）；二是当风机停止运转时，打开防爆门，可使矿井保持自然通风；三是防止风流短路。

A. 人员进出　　B. 调节风量　　C. 保护风机　　D. 调节气温

607. 当巷道的（　　）发生变化或风流的方向发生变化时，会导致局部阻力的产生。

A. 断面　　B. 支护方式　　C. 速度　　D. 方向

608. 测定风流中点压力的常用仪器是（　　）和皮托管。皮托管的用途是承受和传递压力，其“+”管脚传递绝对全压，“-”管脚传递绝对静压。使用时皮托管的中心孔必须正对风流方向。

A. 压差计　　B. 按倾斜　　C. 正对　　D. 风速测定仪

609. 井口房和通风机房附近（　　）内，不得有烟火或用火炉取暖。

A. 10 m　　B. 15 m　　C. 20 m　　D. 25 m

610. 低瓦斯矿井的岩石掘进工作面必须使用安全等级不低于（　　）的煤矿许用炸药。

A. 一级　　B. 二级　　C. 三级　　D. 四级

611. 空气中瓦斯浓度的增大会导致煤尘爆炸浓度下限（　　）。

A. 下降　　B. 增大　　C. 不变

612. 当空气中混入可爆炸性煤尘或可燃气体时，瓦斯爆炸的下限将会（　　）。

A. 升高　　B. 下降　　C. 不变

613. 对（　　）损伤的伤员，不能用一人抬头、一人抱腿或人背的方法搬运。

A. 头部　　B. 面部　　C. 脊柱

614. 依据《安全生产法》的规定，（　　）应当组织有关部门制定本行政区域内特大生产安全事故急救援预案，建立应急救援体系。

A. 各级人民政府　　B. 县级以上地方各级人民政府

C. 省级以上人民政府

615. 用水或注浆的方法灭火时，应将（　　）人员撤出，同时在（　　）有防止溃水的措施。

A. 进风侧，回风侧　　B. 回风侧，进风侧

C. 进、回风侧，回风侧　　D. 进风侧，进、回风侧

616. 巷道烟雾弥漫能见度小于（　　）时，严禁救护队进入侦察或作业，需采取措施，提高能见度后方可进入。

A. 0.5 m　　B. 1 m　　C. 2 m　　D. 5 m

617. 井下发生火灾时，根据灾情可实施局部或全矿井反风或风流短路措施。反风前，应将（　　）的人员撤出，并注意瓦斯变化。

A. 进风侧　　B. 回风侧　　C. 原进风侧　　D. 原回风侧

618. 采用直接灭火时，须随时注意风量、风流方向及气体浓度的变化，并及时采取（　　）措施。

A. 减少风量　　B. 增加风量　　C. 控制风量　　D. 停止风量

619. 瓦斯突出引起火灾时，应采用（　　）。如果瓦斯突出引起回风井口瓦斯燃烧，应采取控制风量的措施。

A. 综合灭火或惰气灭火　　B. 隔绝灭火或惰气灭火

C. 直接灭火或惰气灭火　　D. 泡沫灭火或惰气灭火

620. 若改变井下基地位置，必须取得（　　）的同意，并通知在灾区工作的救护小队。

A. 企业负责人　　B. 总工程师　　C. 抢险指挥部　　D. 救护指挥员

621. 救护人员背负氧气呼吸器，戴上面罩或口具、鼻夹，打开氧气瓶吸氧是指（　　）。

A. 佩戴氧气呼吸器　　B. 佩用氧气呼吸器

C. 配备氧气呼吸器　　D. 使用氧气呼吸器

622. 库存二氧化碳吸收剂每季度化验一次，对于二氧化碳吸收剂的吸收率低于30%，二氧化碳含量大于（　　），水分不能保持在（　　）之间的不准使用。

A. 5%，15%～22%　　B. 3%，16%～20%

C. 4%，15%～21%　　D. 4%，15%～30%

623. 侦察时，在进入灾区前，应考虑到如果（　　）时所采取的措施。

A. 风流变化　　B. 退路被堵

C. 温度升高　　D. 呼吸器发生故障

624. 处理火灾事故，当瓦斯浓度超过2%并继续上升时，必须立即将全体人员撤到安全地点，采取（　　）措施。

A. 排除爆炸危险　　B. 尽快灭火　　C. 降低温度　　D. 减少烟雾

625. 火区风墙被爆炸破坏时，（　　）。

A. 立即侦察　　B. 严禁立即派救护队探险或恢复风墙

C. 尽快检测气体　　D. 及时恢复风墙

626. 巷道内温度超过（　　）时，禁止佩用氧气呼吸器从事救护工作，但在抢救遇险人员或作业地点靠近新鲜风流时例外，否则必须采取降温措施。

A. 26 ℃　　B. 30 ℃　　C. 40 ℃　　D. 50 ℃

627. 火灾发生在采掘工作面进风巷，为抢救人员有条件时可进行区域反风，应防止（　　）。

A. 烟雾弥漫　　B. 温度升高　　C. 气体超限　　D. 瓦斯积聚

628. 发生煤与瓦斯突出事故时，救护队的主要任务是（　　）。

A. 抢救人员和对充满有害气体的巷道进行通风

B. 进行侦察

C. 值班监护

D. 恢复通风

629. 小队长职责是负责小队的（　　）工作，带领小队完成上级交给的任务。

A. 组织　　B. 教育　　C. 培训　　D. 全面

630. 救护队应利用信息电子网络建立（　　）档案，加强对技术资料和各种重要记录的管理。

A. 劳保、装备　B. 人事、工资　C. 技术、人员　D. 学习、考核

631. 在高温作业巷道内空气升温梯度达到（　　）时，小队应返回基地，并及时报告井下基地指挥员。

A. 0.5～1 ℃/min　B. 0.5～1.5 ℃/min

C. 1～1.5 ℃/min　D. 1～2 ℃/min

632. 救护队进行预防性安全检查工作时应做到（　　）。

A. 了解矿井采掘工作面的分布情况　B. 了解安全生产奋斗目标

C. 了解矿井的掘进进尺　D. 了解矿井的年度计划

633. 回风井筒发生火灾时，（　　）。

A. 及时反风　B. 加大风量

C. 风流方向不应改变　D. 实行区域反风

634. 处理爆炸事故，如无火源、人员已经牺牲时，必须在（　　）后方可进入，确保救护人员的安全。

A. 恢复通风　B. 维护支架

C. 检查瓦斯　D. 恢复通风、维护支架

635. 救护队参加排放瓦斯工作，对排放瓦斯措施应（　　），符合规定后方可排放。

A. 认真学习　B. 逐项检查　C. 全面贯彻　D. 专项检查

636. 返回驻地后，救护队指战员应（　　）。

A. 拆洗呼吸器　B. 先洗澡再拆洗呼吸器

C. 先休息后检查呼吸器　D. 维护装备器材

637. 进入灾区侦察或作业的小队人员不得少于（　　）人。

A. 9　B. 8　C. 7　D. 6

638. 进入灾区侦察，必须携带（　　）等必要的装备。

A. 温度计　B. 瓦斯检定器　C. 探险棍　D. 救生索

639. 扑灭瓦斯燃烧引起的火灾时，不得使用（　　）的灭火手段，防止事故扩大。

A. 震动性　B. 直接　C. 隔绝　D. 综合

640. 火区封闭后，人员应立即撤出灾区。进入检查或加固密闭墙，应在（　　）之后进行。

A. 8 h　B. 12 h　C. 72 h　D. 24 h

641. 如需在突出煤层中掘进绕道救人时必须采取（　　）措施。

A. 防火　B. 防爆　C. 防尘　D. 防突

642. 矿山救援队到达协议矿井或者矿场的行车时间不超过（　　）。

A. 30 min　B. 60 min　C. 15 min

643. 矿山救援中队应当由不少于（　　）个救援小队组成。

A. 1　B. 2　C. 3

644. 救援指战员每年应进行（　　）次身体检查，对不合格的人员应及时调整。

A. 1　B. 2　C. 3

645. 矿山救援队发生人员伤亡，应当于（　　）内报省级矿山救援管理部门。

A. 2 h　　　　　　　　B. 1 h　　　　　　　　C. 立即

646. 事故救援结束后，矿山救援队编制救援报告，填写《救援登记卡》并于（　　）天内上报省级矿山救援管理部门。

A. 5　　　　　　　　B. 10　　　　　　　　C. 15

647. 救援中队副中队长和正副小队长的岗位培训时间不少于（　　）学时；复训时间不少于60学时，每2年1次。

A. 144　　　　　　　　B. 180　　　　　　　　C. 15

648. 救灾模拟演习训练以救援小队为单位，每月开展（　　）次。演习训练必须结合实战，每次训练指战员佩用呼吸器时间不少于3 h。

A. 1　　　　　　　　B. 5　　　　　　　　C. 2

649. 救援中队每季度组织1次高温浓烟训练，时间不少于（　　）。救援大队每年组织1次综合性演习训练。

A. 1 h　　　　　　　　B. 5 h　　　　　　　　C. 3 h

650. 氧气瓶应做到定期进行检查，存放时应做到轻拿轻放，距暖气片和高温点的距离在（　　）以上。

A. 1 m　　　　　　　　B. 2 m　　　　　　　　C. 3 m

651. 救援大队应当设立化验室，化验室温度应保持在（　　）之间，禁止明火取暖和阳光暴晒。

A. 15～23 ℃　　　　　　　　B. 15～20 ℃　　　　　　　　C. 10～23 ℃

652. 接到矿井火灾、瓦斯矿尘爆炸、突出事故报警后，应至少派（　　）个救援小队同时赶赴事故地点。

A. 1　　　　　　　　B. 2　　　　　　　　C. 3

653. 值班小队接警后必须在（　　）内出动。不需乘车出动时，不得超过2 min。

A. 1 min　　　　　　　　B. 2 min　　　　　　　　C. 3 min

654. 在救援结束后，应当在（　　）日内形成完整的事故救援报告。

A. 1　　　　　　　　B. 3　　　　　　　　C. 7

655. 进入灾区侦察或救援的小队不得少于（　　）人。

A. 3　　　　　　　　B. 6　　　　　　　　C. 9

656. 救援指战员在灾区工作1个呼吸器班后，应至少休息（　　）。

A. 4 h　　　　　　　　B. 8 h　　　　　　　　C. 12 h

657. 矿山救护队到达服务煤矿的时间应当不超过（　　）。

A. 10 min　　　　　　　　B. 20 min　　　　　　　　C. 30 min

658. 煤矿向救护队提供的各类图纸和资料应当真实，准确，且至少（　　）为救护队更新一次。

A. 每月　　　　　　　　B. 每季度　　　　　　　　C. 每年

659. 矿山救护队在接到事故报告电话、值班人员发出警报后，必须在（　　）内出动救援。

A. 1 min　　　　　　　　B. 2 min　　　　　　　　C. 3 min

660. 进入灾区的救护小队，指战员不得少于（　　）人，必须保持在彼此能看到或者听到信号的范围内行动，任何情况下严禁任何指战员单独行动。

A. 6　　B. 8　　C. 9

661. 进入灾区的救护小队，所有指战员进入前必须检查氧气呼吸器，氧气压力不得低于（　　）。

A. 17 MPa　　B. 18 MPa　　C. 20 MPa

662. 矿山救护队在 40 ℃ 的高温区进行救护工作时，救护指战员进入的最长时间不得超过（　　）。

A. 25 min　　B. 20 min　　C. 4 min

663. 检查或者加固密闭墙等工作，应当在火区封闭完成（　　）后实施。

A. 12 h　　B. 24 h　　C. 48 h

664. 国家级矿山救援基地设大队长 1 名、副大队长 2 名、总工程师 1 名、副总工程师（　　）名。

A. 1　　B. 4　　C. 3

665. 区域矿山救援基地由（　　）个以上救援中队组成。

A. 2　　B. 4　　C. 3

666. 矿山救护中队作为独立作战的基层单位，由（　　）个以上的救护小队组成。

A. 1　　B. 4　　C. 3

667. 矿山救护中队距离服务矿井不得超过（　　）或者行车时间不超过 10 min。

A. 10 km　　B. 20 km　　C. 30 km

668. 处理火灾事故过程中，应当保持通风系统稳定，必须指定专人检查有毒有害气体和矿尘，当瓦斯浓度超过（　　），并继续上升时，必须立即将全体人员撤到安全地点，采取措施排除爆炸危险。

A. 1%　　B. 2%　　C. 3%

669. 建造木板密闭使用的方木尺寸（　　）。

A. 50 mm × 60 mm × 2700 mm　　B. 40 mm × 60 mm × 2700 mm

C. 40 mm × 60 mm × 2800 mm

670. 建造木板密闭使用的大板尺寸（　　）。

A. 200 mm × 15 mm × 270 mm　　B. 200 mm × 20 mm × 270 mm

C. 200 mm × 15 mm × 280 mm

671. 建造木板密闭使用的小板尺寸（　　）。

A. 100 mm × 20 mm × 2000 mm　　B. 200 mm × 10 mm × 2000 mm

C. 100 mm × 10 mm × 2000 mm

672. 建造木板密闭的时间是（　　）。

A. 8 min　　B. 10 min　　C. 12 min

673. 建造木板密闭墙时托泥板宽度为（　　）。

A. 30 ~ 60 mm　　B. 20 ~ 60 mm　　C. 40 ~ 60 mm

674. 建造木板密闭墙时木板采用搭接方式，下板压上板，压接长度不少于（　　）。

A. 10 mm　　B. 20 mm　　C. 30 mm

675. 救护小队在进行一般技术操作训练时建造砖密闭墙厚度为（　　）。

A. 370 mm B. 240 mm C. 500 mm

676. 砖密闭墙面平整以砖墙最上和最下一层砖所构成的平面为基准面，墙面任何砖块凹凸，应不超过基准面的正负（　　）。

A. 20 mm B. 10 mm C. 5 mm

677. 挂风障时中间立柱处，竖压一根压条，每根压条不少于（　　）个钉子。

A. 2 B. 3 C. 4

678. 挂风障时底压条上相邻两钉的间距不得小于（　　）。

A. 0.5 m B. 0.6 m C. 1 m

679. 架木棚时两架棚距为（　　），两边棚距（以腰线位置量）相差不超过 50 mm。

A. 0.5 ~ 1 m B. 0.7 ~ 1 m C. 0.8 ~ 1 m

680. 架木棚时棚梁的两块背板压在梁头上，从梁头到背板外边缘距离不大于（　　）。

A. 200 mm B. 100 mm C. 300 mm

681. 架木棚时从柱顶到第一块背板上边缘的距离应大于（　　），小于（　　），从巷道底板到第二块背板下边缘的距离，应大于（　　），小于 600 mm。

A. 400 mm，600 mm，400 mm B. 200 mm，400 mm，400 mm

C. 200 mm，600 mm，400 mm

682. 一般技术操作训练时架木棚完成的时间要求为（　　）。

A. 45 min B. 40 min C. 30 min

683. 安装局部通风机和接风筒时风机必须放在机座上，机座的高度（　　）。

A. ⩾200 mm B. ⩾300 mm C. ⩽300 mm

684. 接线时地线要比火线长（　　）以上。

A. 20 mm B. 40 mm C. 50 mm

685. 安装局部通风机和接风筒要求风筒吊环错距大于（　　）。

A. 10 mm B. 20 mm C. 30 mm

686. 安装局部通风机和接风筒完成时间为（　　）。

A. 8 min B. 10 min C. 12 min

687. BGP200 型高倍数泡沫灭火机发泡量是（　　）。

A. 190 ~ 200 m^3/min B. 180 ~ 200 m^3/min

C. 200 ~ 220 m^3/min

688. BGP200 型高倍数泡沫灭火机电动机由两台功率为（　　）电机驱动。

A. 15 kW B. 5 kW C. 4 kW

689. 独头巷道发生火灾，进行救援时的首选通风方法是（　　）。

A. 维持局部通风机原状 B. 开启局部通风机

C. 停止局部通风机

690. 救人时，救护人员进入 50 ℃高温灾区的最长时间不得超（　　）。

A. 5 min B. 10 min C. 15 min

691. 爆炸产生火灾，应（　　），并应采取防止再次发生爆炸的措施。

A. 同时灭火和救人 B. 先灭火后救人

C. 先救人后灭火

692. 火势较大的明火火灾的处理关键是（　　）。

A. 正确调动风流　　B. 高强度灭火　　C. 封闭巷道

693. 发生在上行风流中的火灾，产生的火风压会使火源所在巷道风量（　　）。

A. 增加　　B. 减小　　C. 不变

694. 处理高瓦斯下山掘进煤巷迎头火灾时，在通风条件下，瓦斯浓度不超过（　　）时可直接灭火。

A. 2%　　B. 2.5%　　C. 3%

695. 锁风启封火区法，锁风防火墙的位置在主要进风巷侧原防火墙之外（　　）处建立带风门的防火墙。救护队员进入后，关闭风门，打开原火区防火墙。

A. 6 m　　B. 10 m　　C. 30 m

696. 下列火灾事故中，哪种火灾属于内因火灾（　　）。

A. 遗煤自燃　　B. 摩擦起火　　C. 爆破起火

697. 在启封火区工作完毕后的（　　）每班必须由矿山救护队检查通风、测定水温、空气温度和空气成分。

A. 24 h　　B. 48 h　　C. 72 h

698. 在启封火区工作完毕后的（　　）内，每班必须由矿山救护队检查通风、测定水温、空气温度和空气成分。只有确认火区完全熄灭、通风等情况良好后，方可进行生产工作。

A. 一周　　B. 半月　　C. 3 天

699. 在容易自燃和自燃的煤层中掘进巷道时，对于巷道中出现的冒顶区，必须及时进行（　　）。

A. 增加风量　　B. 防火处理　　C. 报废

700. 井下基地应当配备含（　　）食盐的温开水。

A. 0.5%　　B. 0.75%　　C. 1%

701. 采煤工作面必须及时支护，严禁（　　）。所有支架必须架设牢固，并有防倒措施。

A. 空顶作业　　B. 危险作业　　C. 直接作业

702. 处理冒顶事故时，应指定专人检查（　　）和观察顶板情况，发现异常，应立即撤出人员。

A. 二氧化碳　　B. 一氧化碳　　C. 瓦斯

703. 处理倾斜巷道冒顶事故时，应该由上向下进行，防止顶板冒落岩石砸着下面的抢救人员。特别是倾角在15°以上时，还应在处理地点上方（　　）处设置护身遮拦，以防巷道倾斜上方的煤矸滚落伤人。

A. 3～5 m　　B. 5～10 m　　C. 6～10 m

704. 当冒落的高度超过5 m，冒落范围内比较稳定时，为了节省坑木和加快处理速度，可采用（　　）恢复冒落巷道。

A. 搭凉棚法　　B. 撞楔法　　C. “井”字木垛和小棚结合法

705. 对抢救出来的遇险人员，要用（　　）保温，并迅速运送到安全地点进行防护。

A. 被子　　　　B. 毯子　　　　C. 褥子

706. 工作面冒顶范围较小，但仍在继续往下冒，矸石扒一点漏一些。在此情况下抢救人员时，可采用（　　）处理，控制住顶板。

A. 撞楔法　　　　B. 木垛法　　　　C. 掏小洞

707. 掘进工作面严禁空顶作业。临时和永久支护距掘进工作面的距离，必须根据地质、水文地质条件和施工工艺在作业规程中明确，并制定防止（　　）、片帮的安全措施。

A. 透水　　　　B. 火灾　　　　C. 冒顶

708. 冒落范围不大时，如遇险人员被大块矸石压住，可用千斤顶或（　　）等工具，把大块岩石支起，迅速救出遇险人员。

A. 锹镐斧锯　　　　B. 液压起重器　　　　C. 大锤

709. 清理堵塞物工程量大时，可利用或修复原有压风、水管对冒顶区进行送风，或打钻孔送风。安装局部通风机，向冒顶地点送风，但要注意防止局部通风机打（　　）。

A. 火风压　　　　B. 循环风　　　　C. 反风

710. 无论是爆破前还是爆破后，进入工作面时，严格执行（　　）制度，危石必须挑下，无法挑下时，应采取临时支护措施，以保证作业安全。

A. 敲帮问顶　　　　B. 不检查不爆破　　　　C. 停电爆破

711. 巷道顶板事故通常指掘进工作面冒顶事故、巷道交叉处冒顶事故和（　　）事故。

A. 压垮型冒顶　　　　B. 拖垮型冒顶　　　　C. 巷道维修冒顶

712. 巷道砌碹时，碹体与顶帮之间必须用（　　）充满填实。

A. 易燃物　　　　B. 不燃物　　　　C. 阻燃物

713. 液压支架必须接顶。顶板破碎时必须（　　）支护。在处理液压支架上方冒顶时，必须制定安全措施。

A. 超前　　　　B. 同时　　　　C. 最后

714. 因冒顶导致灾区内瓦斯涌出浓度超限时，要立即切断电源，待通风系统恢复正常或建立临时通风系统，瓦斯浓度低于（　　）时方可送电。

A. 1%　　　　B. 1.5%　　　　C. 0.5%

715. 遇险人员被冒顶隔堵后，如果条件具备，可采用钻孔救援措施。打钻时应精确定位，在钻孔到最后（　　）时提前采用冲洗机，以免冲洗机可能对遇险人员造成危害。

A. 1 ~ 5 m　　　　B. 5 ~ 10 m　　　　C. 5 ~ 15 m

716. 在冒顶事故的抢救中，必须注意救护人员的安全，要加强支护，防止（　　）。

A. 二次冒顶　　　　B. 多次冒顶　　　　C. 事故扩大

717. 激烈行动要求：佩戴氧气呼吸器，按火灾事故携带装备，8 min 行走（　　），每人再 150 s 内拉检力器 100 次（携带装备行走 1000 m 与拉检力器要连续进行，不得间隔）。

A. 800 m　　　　B. 1000 m　　　　C. 1500 m　　　　D. 2000 m

718. 高温浓烟演习训练，中队（　　）至少进行 1 次单项演习训练。

A. 每 10 天　　　　B. 每月　　　　C. 每季度

719. 急行跳远最佳的起跳角度是（　　）。

A. 18°～24°　　B. 15°～20°　　C. 20°～24°

720. 救护队员 2000 m 跑步，完成时间（　　）。

A. 8 min　　B. 10 min　　C. 11 min　　D. 15 min

721. 救护队在高温浓烟训练时要在（　　）浓烟中，30 min 内，每人拉检力器 100 次，并锯直径 16～18 cm 的木段两块。

A. 50 ℃　　B. 40 ℃　　C. 30 ℃

722. 跨越式跳高：助跑方向与横杆成一定角度，用远离横杆的腿踏跳，起跳点距离横杆垂直面（　　）。

A. 60～80 cm　　B. 30～40 cm　　C. 50～60 cm

723. 矿山救护队跳高的要求高度为（　　）。

A. 1.5 m　　B. 1.4 m　　C. 1.1 m　　D. 1.2 m

724. 矿山救护队员要求的跳远的距离为（　　）。

A. 4.5 m　　B. 3.5 m　　C. 2.5 m　　D. 2 m

725. 耐力锻炼时救护队员应负重（　　）。

A. 8 kg　　B. 10 kg　　C. 11 kg　　D. 15 kg

726. 哑铃训练时不能连续完成间断时间不得超过（　　）。

A. 20 s　　B. 15 s　　C. 10 s

727. 哑铃训练时上中下各（　　）次连续完成得满分。

A. 20　　B. 15　　C. 10

728. 矿用救灾多媒体通信系统中继器（无遮挡）无线信号覆盖直径≥（　　）。

A. 200 m　　B. 250 m　　C. 300 m　　D. 350 m

729. comtech570L 开机后如果系统处于 REM 状态，需要把此选项选择到（　　）才能做其他本地配置。

A. seriA. l　　B. Lo　　C. A. l　　D. Ethernet

730. 单兵背负发射机输出功率 1W 时，最大输出功率 2W 时，在空旷通视的条件下，传输距离可达（　　）。

A. 4 km　　B. 5 km　　C. 6 km

731. 单兵背负式发射机发回的图像和声音，经（　　）转发给车上接收机，再通过 AV 矩阵和调音台在显示器和音响中输出。

A. 发射机及天线　　B. 卫星信号　　C. 中继台

732. 卫星通信系统连通后，应查看通信链路的 db 值，一般接收 Eb/No 值至少应在（　　）以上。

A. 5.0 db　　B. 6.0 db　　C. 8.0 db

733. 搬运脊椎骨折病人严禁使用软担架的原因是（　　）。

A. 使骨折加重，脊髓神经受损　　B. 造成颈部损伤

C. 病人感到不舒服

734. 下列搬运伤员的要求哪一项不正确（　　）。

A. 搬运前必须做好伤员的全面检查及急救处理

B. 按受伤情况和环境条件选用最恰当搬运方法

C. 搬运动作要慢

735. 成人口对口人工呼吸每分钟应为（　　）。

A. 10～12 次　　B. 16～18 次　　C. 18～24 次

736. 成人心肺复苏操作时，吹气与按压比例（　　）。

A. 2：30　　B. 1：15　　C. 3：15

737. 对呼吸、心搏骤停的病人应立即（　　）。

A. 人工呼吸　　B. 胸外心脏按压　　C. 心肺复苏

738. 对开放性腹部伤伴有肠管脱出者包扎时，救护要点是（　　）。

A. 不允许把肠管送进腹腔　　B. 直接用三角巾包扎

C. 进行保护性包扎（先用碗、敷料保护肠管，再用三角巾包扎）

739. 此次竞赛测风规定使用的风表为（　　）。

A. 电子风表　　B. 低速机械风表

C. 中、高速机械风表　　D. 无规定

740. 2022 年全国煤炭行业职业技能竞赛矿山救护工综合实操项目为：4 h 正压氧气呼吸器席位操作、呼吸器佩用、气体（甲烷及硫化氢、乙烯、一氧化碳）模拟实测、巷道风量计算、心肺复苏（CPR）、苏生器准备、综合体能等 7 个项目，以上操作项目连续进行，全程约（　　）。

A. 590 m　　B. 630 m　　C. 680 m　　D. 690 m

741. 测风结束后继续前进，到达巷道末端，对模拟人进行单人心肺复苏（摘掉呼吸器、安全帽并放置在指定位置），须完成（　　）个周期心肺复苏（CPR），并操作苏生器完成相应准备工作；方可进行综合体能项目。

A. 5　　B. 3　　C. 6　　D. 4

742. 气体模拟实测环节，气体（甲烷及硫化氢、乙烯、一氧化碳）模拟实测，读数要求保留（　　）有效数。

A. 一位　　B. 两位　　C. 三位　　D. 四位

743. 气体（甲烷及硫化氢、乙烯、一氧化碳）模拟实测竞赛评分中，模拟采样器操作时间不够，罚（　　）。

A. 20 s　　B. 30 s　　C. 40 s　　D. 50 s

744. 高压（20～5）MPa，定量供氧管连接《JMH－E 氧气呼吸器检验仪》插入补气流量测定嘴，按手动补气按钮，观察流量计（　　）

A. ≤80 L/min　　B. ≥80 L/min　　C. ＞80 L/min

745. 呼吸器故障未恢复，每有一项，罚（　　）。

A. 40 s　　B. 50 s　　C. 100 s　　D. 200 s

746. 拆装仪器时，损坏仪器或部件每处，罚（　　）。

A. 60 s　　B. 120 s　　C. 100 s　　D. 200 s

747. 处理进风井井口、井筒、井底车场、主要进风巷和（　　）时，应当进行全矿井反风。反风前，必须将火源进风侧的人员撤出，并采取阻止火灾蔓延的措施。多台主要通风机联合通风的矿井反风时，要保证非事故区域的主要通风机先反风，事故区域的主要通风机后反风。

A. 采掘工作面　　B. 回风井　　C. 硐室火灾　　D. 机电硐室

748. 明确污染物处理、生产秩序恢复、人员安置方面的内容指的是（　　）。

A. 应急支援　　B. 后期处置　　C. 响应启动　　D. 响应准备

749.（　　）重点规范事故风险描述、应急工作职责、应急处置措施和注意事项，应体现自救互救、信息报告和先期处置的特点。

A. 现场处置方案　　B. 专项应急预案　　C. 综合应急预案　　D. 应急预案体系

750.（　　）是生产经营单位为应对某一种或者多种类型生产安全事故，或者针对重要生产设施、重大危险源、重大活动，防止生产安全事故而制定的专项工作方案。

A. 现场处置方案　　B. 综合应急预案　　C. 专项应急预案　　D. 应急预案体系

751. 近水平煤层指地下开采倾角8°以下的煤层，露天开采倾角（　　）以下的煤层。

A. 2°　　B. 3°　　C. 4°　　D. 5°

752. 水平指沿煤层走向某一标高布置运输大巷或（　　）的水平面。

A. 进风巷　　B. 总回风巷　　C. 斜巷

753. 采煤工作面和掘进工作面总称（　　）。

A. 采煤工作面　　B. 采掘工作面　　C. 掘进工作面

754.（　　）是喷射水泥砂浆和喷射混凝土作为井巷支护的总称。

A. 喷浆支护　　B. 喷体支护　　C. 喷网支护

755. 正向起爆是指起爆药包位于柱状装药的外端，靠近炮眼口，雷管（　　）朝向眼底的起爆方法。

A. 上部　　B. 中部　　C. 底部

756. 起爆药包位于柱状装药的里端，靠近或在炮眼底部，雷管底部朝向炮眼口的起爆方法称为（　　）。

A. 正常起爆　　B. 正向起爆　　C. 反向起爆

757. 肢体冻伤时应（　　）。

A. 将伤肢放入36～40℃的温水中加温至患肢颜色转红

B. 将伤肢放入38～40℃的温水中加温至患肢颜色转红

C. 将伤肢放入40～42℃的温水中加温至患肢颜色转红

758. 冻僵病人复温最好的方法是（　　）

A. 置于36～42℃温水浸泡　　B. 置于38～42℃温水浸泡

C. 置于40～42℃温水浸泡

759. 人工呼吸时应做到（　　）

A. 若无呼吸，则将其胳膊向后搬，使气道保持畅通

B. 若无呼吸，则将其头部向后搬，使气道保持畅通

C. 若无呼吸，则将其腿部向后搬，使气道保持畅通

D. 若无呼吸，则将其头部偏向一侧，使气道保持畅通

760. 口对口通气时，病人吸入气体氧浓度约为（　　）

A. 12%　　B. 16%　　C. 18%　　D. 20%

761. 大面积严重烧伤病人转运前首先应（　　）

A. 持续中心静脉压测定　　B. 彻底清创

C. 建立静脉输液途径　　D. 消毒敷料包扎创面以免再污染

762. 人体四大生命体征指的是（　　）

A. 体温、脉搏、呼吸、血压　　B. 体温、呼吸、心跳、瞳孔

C. 心跳、脉搏、呼吸、血压　　D. 呼吸、血压、心跳、瞳孔

763. 血液是维持生命的重要物质，当失血量达到全身血容量（　　）以上即可引起休克。

A. 10%　　B. 20%　　C. 25%　　D. 30%

764. 挤压伤不常发生于（　　）

A. 肺　　B. 心　　C. 膈肌　　D. 空虚的膀胱

765. 现场指挥部或者统一指挥生产安全事故应急救援的人民政府及其有关部门应当完整、准确地记录应急救援的重要事项，妥善保存相关（　　）。

A. 原始资料和证据　　B. 计划和方案

C. 事故处理材料　　D. 安全技术措施

766. 按照国家有关规定成立的生产安全事故调查组应当对应急救援工作进行评估，并在事故调查报告中作出（　　）。

A. 评估报告　　B. 计划方案　　C. 评估结论　　D. 处理计划

767. 国家加强生产安全事故应急能力建设，在重点（　　）建立应急救援基地和应急救援队伍。

A. 行业、区域　　B. 企业、单位　　C. 省级、市级　　D. 行业、领域

768. 负责事故调查处理的国务院有关部门和地方人民政府应当在批复事故调查报告后（　　）内，组织有关部门对事故整改和防范措施落实情况进行评估，并及时向社会公开评估结果。

A. 3个月　　B. 6个月　　C. 一年　　D. 二年

769. 县级以上地方各级人民政府应急管理部门应当（　　）统计分析本行政区域内发生生产安全事故的情况，并定期向社会公布。

A. 不定期　　B. 定期　　C. 按规定　　D. 每年

770. 新建矿井开工前必须复查井筒检查孔资料；调查核实钻孔位置及封孔质量、采空区情况，调查邻近矿井生产情况和地质资料等，将相关资料标绘在采掘工程平面图上；编制主要井巷揭煤、过地质构造及（　　）；编制主要井巷工程的预想地质图及其说明书。

A. 含水层技术范围　　B. 含水层技术措施

C. 含水层技术方案　　D. 含水层技术数据

771. 井筒施工期间应当验证井筒检查孔取得的各种地质资料。当发现影响施工的异常（　　）时，应当采取探测和预防措施。

A. 地质形态　　B. 地质情况　　C. 地质条件　　D. 地质因素

772. 煤矿建设、生产阶段，必须对揭露的煤层、断层、褶皱、岩浆岩体、陷落柱、含水岩层，矿井涌水量及主要出水点等进行观测及描述，（　　），实施地质预测、预报。

A. 正常分析　　　　B. 综合检查　　　　C. 综合分析　　　　D. 普通分析

773. 掘进和回采前，应当编制地质说明书，掌握地质构造、岩浆岩体、陷落柱、煤层及其（　　）、煤（岩）与瓦斯（二氧化碳）突出危险区、受水威胁区、技术边界、采空区、地质钻孔等情况。

A. 顶底板煤性　　　B. 底板岩性　　　　C. 顶板岩性　　　　D. 顶底板岩性

774. 编制应急预案应当成立编制工作小组，由本单位（　　）任组长，吸收与应急预案有关的职能部门和单位的人员，以及有现场处置经验的人员参加。

A. 矿长　　　　　　B. 总工程师　　　　C. 有关负责人　　　D. 技术员

775. 生产经营单位风险种类多、可能发生多种类型事故的，应当组织编制（　　）。

A. 综合应急预案　　　　　　　　　　　B. 专项应急预案

C. 现场处置方案　　　　　　　　　　　D. 应急救援预案

776. 对于某一种或者多种类型的事故风险，或者针对重要生产设施、重大危险源、重大活动，生产经营单位可以编制相应的（　　）。

A. 综合应急预案　　　　　　　　　　　B. 专项应急预案

C. 现场处置方案　　　　　　　　　　　D. 应急救援预案

777. 生产经营单位应当在编制应急预案的基础上，针对工作场所、岗位的特点，编制简明、实用、有效的（　　）。

A. 应急救援预案　　　　　　　　　　　B. 灾害预防处理计划

C. 应急处置卡　　　　　　　　　　　　D. 现场处置方案

778. 煤矿发生险情或者事故后，现场人员应当进行自救、互救，并报矿调度室；煤矿应当立即按照应急救援预案启动应急响应，组织涉险人员撤离险区，通知应急指挥人员、矿山救护队和医疗救护人员等到现场救援，并上报（　　）。

A. 事故原因　　　　B. 救援预案　　　　C. 救援人员　　　　D. 事故信息

779. 国家安全生产应急救援联络员会议由国家安全生产应急救援指挥中心负责召集，原则上每（　　）召开一次会议，必要时临时召开。

A. 半年　　　　　　B. 年　　　　　　　C. 季　　　　　　　D. 月

780. 容易发生人员伤亡事故，对操作者本人、他人及周围设施的安全有重大危害的作业是（　　）。

A. 危险作业　　　　B. 特种作业　　　　C. 登高作业

781. 煤矿发生生产安全事故后，事故现场有关人员必须立即（　　）。

A. 离开现场　　　　B. 组织抢救　　　　C. 报告本单位负责人

782. 矿山建设项目和用于生产、储存危险物品的建设项目，应当分别按照国家有关规定进行（　　）。

A. 安全警示和安全管理　　　　　　　　B. 安全管理和监督

C. 安全条件论证和安全评价

783. 在救援指挥部未成立之前，（　　）应根据事故现场具体情况和矿山灾害事故应急救援预案，开展先期救护工作。

A. 矿长　　　　　　　　　　　　　　　B. 先期到达的救护队

C. 所在矿井救护队

784. 三级烧伤：全身超过10%的身体表面或手、脚、脸受伤，属于（　　）

A. 首先治疗的组　　B. 其次治疗的组

C. 最后治疗的组

785. 正压氧气呼吸器氧气下降过快，超过（　　），表明呼吸器的低压系统漏气。

A. 1～2 MPa/h　　B. 2～3 MPa/h　　C. 3～5 MPa/h　　D. 4～6 MPa/h

786. 测定氢氧化钙药剂的吸收率时，如果反应物水分流失会造成计算的二氧化碳的吸收率（　　），造成分析误差。

A. 偏低　　B. 偏高　　C. 不变　　D. 不能确定

787. 为了保证高倍数泡沫的质量，要提高药液温度在（　　）以上，并快速进行搅拌。

A. 10 ℃　　B. 15 ℃　　C. 20 ℃　　D. 25 ℃

788. 非自主神经系统是顺着（　　）进入胸腔和腹腔的一组神经元。这些神经元来到脊椎和大脑，控制着主要的器官和主要的功能。

A. 皮肤　　B. 肢体　　C. 上肢　　D. 脊柱

789. 伤员眼睛和眼睑烧伤，应该使用消毒的（　　）垫遮住伤员的双眼。

A. 纱布　　B. 药棉　　C. 湿纱布　　D. 干纱布

790. 岩巷中遇到断层水，有时能在岩缝中见到淤泥，底部出现射流，水呈（　　）。

A. 红色　　B. 黄色　　C. 绿色　　D. 灰色

791. 采用CO_2发生器灭火时，硫酸的流入阀要逐渐打开，不可一次全部打开，当压力上升到（　　）时立即减少硫酸的流入量，防止压力超过0.5 MPa而造成容器的炸裂现象。

A. 0.3 MPa　　B. 0.35 MPa　　C. 0.4 MPa　　D. 0.45 MPa

792. 利用视觉能辨认的气体只有（　　）一种，显示为浅红褐色。其主要来源于炸药爆破的掘进工作面。

A. CO　　B. NO_2　　C. H_2S　　D. SO_2

793. 氧气充填泵，第一次换油是在充填泵工作约（　　）后，以后每隔工作1000 h更换1次。

A. 100 h　　B. 200 h　　C. 300 h　　D. 500 h

二、多选题

1. 在探放水钻进时，发现（　　）等突（透）水征兆时，应当立即停止钻进，但不得拔出钻杆，现场负责人应当立即向矿井调度室汇报，撤出所有受水威胁区域的人员。

A. 煤岩松散　　B. 片帮　　C. 来压　　D. 顶钻

E. 钻眼中水压、水量突然增大

2. 井田内有与（　　）等存在水力联系的导水断层、裂隙（带）、陷落柱等通道时，应当查明其确切位置，并采取留设防隔水煤（岩）柱等防治水措施。

A. 山川　　B. 河流　　C. 湖泊　　D. 充水溶洞

E. 强或极强含水层

3. 煤层顶板存在富水性中等及以上含水层或者其他水体威胁时，应当（　　）。

A. 实测垮落带发育高度
B. 实测导水裂缝带发育高度
C. 立即打钻放水
D. 进行专项设计
E. 确定防隔水（岩）柱尺寸

4. 当承压含水层与开采煤层之间隔水层能够承受的水头值小于实际水头值时，应当采用（　　）等措施，并进行效果检测，制定专项安全技术措施，报企业技术负责人审批。

A. 疏水降压
B. 注浆加固底板改造含水层
C. 疏水增压
D. 充填开采
E. 预留防水煤柱

5. 煤矿企业、矿井应当配备或建立满足工作需要的（　　），储备必要的水害抢险救灾设备和物资。

A. 防治水专业技术人员
B. 专业的专家队伍
C. 专用探放水设备
D. 专门的探放水作业队伍
E. 防治水各项制度

6. 钻探接近采空区时，如果甲烷或其他有害气体浓度超过有关规定，应当立即（　　），并报告矿井调度室，及时采取措施进行处理。

A. 停止钻进　B. 切断电源　C. 改造含水层　D. 充填开采
E. 撤出人员

7. 井下爆炸材料库应当包括（　　）。

A. 人员休息室　B. 库房　C. 配电室　D. 辅助硐室
E. 通向库房的巷道

8. 井下爆炸材料库必须（　　）。

A. 砌碹
B. 用金属不燃性材料支护
C. 采取防潮措施
D. 不得渗漏水
E. 用非金属不燃性材料支护

9. 在地面运输爆炸材料时严禁使用（　　）、摩托车、拖车运输爆炸材料。

A. 煤气车　B. 拖拉机　C. 自翻车　D. 三轮车
E. 自行车

10. 井下用机车运送爆炸物品时，应当遵守下列规定（　　）。

A. 炸药和雷管在同一列车内运输时，装有炸药与装有雷管的车辆之间，以及装有炸药或者电雷管的车辆与机车之间，必须用空车分别隔开，隔开长度不得小于 3 m

B. 电雷管必须装在专用的、带盖的、有木质隔板的车厢内，车厢内部应当铺有胶皮或者麻袋等软质垫层，并只准放置 1 层爆炸物品箱，炸药箱可以装在矿车内，但堆放高度不得超过矿车上缘

C. 爆炸物品必须由井下爆炸物品库负责人或者经过专门训练的人员专人护送。跟车工、护送人员和装卸人员应坐在尾车内，严禁其他人员乘车

D. 列车的行驶速度不得超过 3 m/s

E. 装有爆炸物品的列车不得同时运送其他物品

11. 井下所有爆破人员，包括（　　）人员，必须熟悉爆炸物品性能和本规程规定。

A. 爆破　　B. 瓦斯检查　　C. 送药　　D. 装药

E. 班组长

12. 装药前和爆破前有下列情况之一的（　　），严禁装药、爆破。

A. 采掘工作面控顶距离不符合作业规程的规定，或者支架损坏，或者伞檐超过规定

B. 爆破地点附近 20 m 以内风流中甲烷浓度达到或者超过 1.0%

C. 在爆破地点 20 m 以内，矿车、未清除的煤（矸）或其他物体堵塞巷道断面 1/3 以上

D. 炮眼内发现异状、温度骤高骤低、有显著瓦斯涌出、煤岩松散、透采空区等情况

E. 采掘工作面风量不足

13. 按采掘工作面、硐室及其他地点实际需要风量的总和进行计算，各地点的实际需要风量，必须使该地点的风流中的（　　）和其他有害气体浓度，风速、温度及每人供风量符合本规程的有关规定。

A. 氧气　　B. 二氧化碳　　C. 氢气　　D. 氮气

E. 甲烷

14. 控制风流的（　　）等设施必须可靠。

A. 风门　　B. 通风机　　C. 风墙　　D. 风窗

E. 风桥

15. 主要通风机房内必须安装（　　）等仪表，还必须有直通矿调度室的电话。

A. 水柱计　　B. 电流表　　C. 电压表　　D. 轴承温度计

E. 室内温度计

16. （　　）掘进工作面正常工作的局部通风机必须配备安装同等能力的备用局部通风机，并能自动切换。

A. 高瓦斯矿井　　B. 突出矿井的煤巷

C. 低瓦斯矿井　　D. 半煤岩巷

E. 有瓦斯涌出的岩巷

17. 矿井瓦斯等级，根据矿井相对瓦斯涌出量、矿井绝对瓦斯涌出量、工作面绝对瓦斯涌出量和瓦斯涌出形式划分为（　　）。

A. 低瓦斯矿井　　B. 高瓦斯矿井　　C. 瓦斯涌出矿井　　D. 突出矿井

E. 高浓度二氧化碳矿井

18. （　　）下井时必须携带便携式甲烷检测报警仪。

A. 矿长　　B. 矿技术负责人　　C. 爆破工　　D. 通风区队长

E. 流动电钳工

19. 采掘工作面的瓦斯浓度检查次数（　　）。

A. 低瓦斯矿井，每班至少 2 次

B. 高瓦斯矿井，每班至少 3 次

C. 煤岩与瓦斯突出危险的采掘工作面至少 3 次

D. 瓦斯喷出危险的采掘工作面 5 次

E. 突出煤层、有瓦斯涌出危险或者瓦斯涌出较大、变化异常的采掘工作面，必须有专人经常检查

20. 临时停工的地点，不得停风；否则必须（　　），并向矿调度室报告。

A. 建临时密闭墙　　B. 设置栅栏　　C. 设置警标　　D. 禁止人员进入

E. 切断电源

21. 液压支架和放顶煤采煤工作面的放煤口，必须安装（　　）时同步喷雾。

A. 喷雾装置　　B. 卸料　　C. 移架　　D. 放煤

E. 降柱

22. 主要通风机停止运转时，必须（　　），由值班矿领导组织全矿井工作人员全部撤出。

A. 立即停止工作　　B. 切断电源

C. 工作人员先撤到进风巷道　　D. 撤到回风巷道

E. 反风

23. 井下（　　）等地点，必须安设喷雾装置或者除尘器，作业时进行喷雾降尘或者用除尘器除尘。

A. 煤仓放煤口　　B. 溜煤眼放煤口　　C. 输送机转载点　　D. 输送机卸载点

E. 地面筛分厂

24. 采区设计、采掘作业规程和安全技术措施，必须对安全监控设备的（　　），信号电缆和电源电缆的敷设，控制区域等做出明确规定，并绘制布置图。

A. 质量　　B. 种类　　C. 数量　　D. 位置

E. 标准

25. 矿井安全监控系统必须具备下列（　　）保护功能。

A. 甲烷电闭锁

B. 甲烷风电闭锁

C. 在电网停电时，系统能保证正常工作时间不小于 2 h

D. 防雷电

E. 断电、馈电状态监测和报警

26. 便携式甲烷检测仪的（　　）必须由专职人员负责，不符合要求的严禁发放使用。

A. 质量　　B. 调校　　C. 数量　　D. 收发

E. 维护

27. 突出矿井必须及时编制矿井瓦斯地质图，图中应标明（　　）、瓦斯基本参数等，作为突出危险性区域预测和制定防治突出措施的依据。

A. 采掘进度　　B. 被保护范围　　C. 煤层赋存条件　　D. 地质构造

E. 突出点的位置及突出强度

28. 采取震动爆破措施时，应遵循（　　）规定。

A. 震动爆破工作面，必须具有独立、可靠、畅通的回风系统

B. 震动爆破必须由矿技术负责人统一指挥，并有矿山救护队在指定地点值班，爆破 30 min 后矿山救护队员方可进入工作面检查

C. 震动爆破必须采用铜脚线的毫秒雷管，雷管总延期时间不得超过130 ms，严禁跳段使用

D. 应采用挡栏设施降低震动爆破诱发突出的强度

E. 震动爆破应一次全断面揭穿或揭开煤层

29. 石门揭煤采用远距离爆破时，必须制定包括（　　）等的专门措施。

A. 瓦斯排放　　B. 避灾路线　　C. 停电撤人　　D. 爆破地点

E. 警戒范围

30. 采用均压技术防灭火时，必须有专人定期观测与分析采空区和火区的（　　）、防火墙内外空气压差等状况，并记录在专用的防火记录簿内。

A. 空气成分　　B. 空气温度　　C. 空气浓度　　D. 漏风量

E. 漏风方向

31. 任何人发现井下火灾时，应视（　　）情况，立即采取一切可能的方法直接灭火，控制火势，并迅速报告矿调度室。

A. 火灾性质　　B. 灾区通风　　C. 空气温度　　D. 瓦斯

E. 风量大小

32. 下面哪些指标属于高瓦斯矿井（　　）。

A. 矿井相对瓦斯涌出量等于 10 m^3/t

B. 矿井绝对瓦斯涌出量大于 40 m^3/min

C. 矿井相对瓦斯涌出量大于 10 m^3/t

D. 矿井绝对瓦斯涌出量等于 40 m^3/min

E. 矿井绝对瓦斯涌出量小于 40 m^3/min

33. 抢救人员和灭火过程中，必须指定专人检查（　　）的变化，并采取防止瓦斯、煤尘爆炸和人员中毒的安全措施。

A. 甲烷　　B. 氧气　　C. 一氧化碳　　D. 风向

E. 风量

34. 采用氮气防灭火时，必须遵守下列（　　）规定。

A. 氮气源稳定可靠

B. 注入的氮气浓度不小于 98%

C. 有能连续监测采空区气体成分变化的监测系统

D. 有固定或者移动的温度观测站（点）和监测手段

E. 建立完善的火灾监测系统

35. 爆破后，待工作面的炮烟被吹散，（　　）必须首先巡视爆破地点，检查通风、瓦斯、煤尘、顶板、支架、拒爆、残爆等情况。发现危险情况，必须立即处理。

A. 班组长　　B. 带班区长　　C. 爆破工　　D. 安监员

E. 瓦斯检查工

36. 侦察小队人员应有明确分工，分别检查通风、（　　）、顶板等情况，并做好记录，把侦察结果标记在图纸上。

A. 气体含量　　B. 人员分布　　C. 人员的数量　　D. 设备的数量

E. 温度

37. 用水灭火时必须做到（　　），逐步逼向火源的中心；必须有充足的风量和畅通的回风巷，防止水煤气爆炸。

A. 水源充足　　B. 离火源 15 m
C. 从火源外围喷射　　D. 从火源中心喷射
E. 挖出火源

38. 矿山救护队执行的（　　）等安全技术工作的措施时，矿山救护队必须参加。

A. 排放瓦斯　　B. 启封火区　　C. 震动爆破　　D. 反风演习
E. 制定安全计划

39. 矿山救护到达事故矿井后，指挥员应立即赶到抢救指挥部；指挥员接受任务，必须立即向救护小队下达任务，并说明（　　）、安全措施和注意事项。

A. 人员数量　　B. 事故情况　　C. 救灾重点　　D. 行动计划
E. 行动路线

40. 处理水灾事故时，矿山救护队到达事故矿井后，应迅速了解事故的基本情况，并根据被堵人员所在地点的空间、（　　）浓度以及救出被困人员所需的大致时间制定相应救灾方案。

A. CO　　B. CO_2　　C. SO_2　　D. O
E. CH_4

41. 矿井发生灾害事故后，必须首先组织矿山救护队进行侦察，探明灾区情况。抢救指挥部应根据（　　）、灾区人员分布、可能存在的危险因素，以及救援的人力和物力，制定抢救方案和安全保障措施。

A. 灾害性质　　B. 事故发生地点　　C. 波及范围　　D. 遇险人员的数量
E. 通风情况

42. 根据事故的范围、类别及参战救护队的数量设置地面基地，并应有（　　）。

A. 食物、饮料
B. 临时工作与休息场所
C. 气体化验员、医护人员、通信员、仪器修理员、汽车司机等
D. 救护队所需的救护装备、器材、通信设备等

43.《矿山救护规程》适用于中华人民共和国境内矿山企业，矿山救护队伍及管理部门，不适用于（　　）。

A. 天然气　　B. 铁矿　　C. 液态矿　　D. 石油

44. 电话值班员接听事故电话时，应在问清和记录事故地点、（　　）等立即发出警报，并向指挥员报告。

A. 时间　　B. 原因　　C. 类别　　D. 遇险遇难人员位置
E. 通知人姓名及单位

45. 事故救护时，应建立医疗站，任务是（　　）。

A. 及时向指挥部汇报伤员救助情况　　B. 派出医疗人员在井下基地值班
C. 做好卫生防疫工作　　D. 检查和治疗救护人员的伤病
E. 对从灾区撤出的遇险人员进行急救

46. 副立井井底车场硐室主要包括（　　）。

A. 马头门　　B. 中央变电所　　C. 中央水泵房　　D. 水仓
E. 等候室

47. 下列车场中属于采区上部车场的为（　　）。

A. 平车场　　B. 甩车场　　C. 转盘车场　　D. 立式车场

48. 下列巷道属于矿井开拓巷道的是（　　）。

A. 井筒　　B. 采区下山　　C. 主要运输石门　　D. 采区上山

E. 井底车场

49. 爆破落煤的生产过程中包括（　　）等工序。

A. 打眼　　B. 装药　　C. 填炮泥　　D. 连线

E. 起爆

50. 下面选项中，不属于辅助生产环节的是（　　）。

A. 机电安装　　B. 井下运输　　C. 通风、排水　　D. 设备供应

51. 采空区处理方法有（　　）。

A. 全部垮落法　　B. 快速下沉法　　C. 充填法　　D. 缓慢下沉法

E. 煤柱支撑法

52. 液压支架按支护方式分为（　　）。

A. 支撑式液压支架　　B. 掩护式液压支架

C. 掩护支撑式液压支架　　D. 支撑掩护式液压支架

53. 柱式体系采煤法可分为（　　）。

A. 房式　　B. 房柱式　　C. 巷柱式　　D. 条带式

54. 井田内划分阶段的多少主要取决于（　　）。

A. 井田斜长　　B. 井田垂高　　C. 井田面积　　D. 井田走向长度

E. 阶段尺寸大小

55. 掘进工作面的炮孔布置方法有（　　）。

A. 单排眼　　B. 双排眼　　C. 辅助眼　　D. 掏槽眼

E. 周边眼

56. 采区下部车场根据装车地点不同，可分为（　　）。

A. 大巷装车式　　B. 石门装车式　　C. 绕道装车式　　D. 斜巷装车式

57. 矿用电机车按其电源不同可分为（　　）两大类。

A. 直流电机车　　B. 架线式电机车　　C. 交流电机车　　D. 蓄电池电机车

58. 井底车场的调车方式主要有（　　）。

A. 顶推调车　　B. 循环调车　　C. 甩车调车　　D. 专用设备调车

59. 我国矿井中使用的巷道断面形状有矩形、梯形、多边形、拱形、马蹄形、椭圆形以及圆形等，而经常使用的有（　　）。

A. 多边形　　B. 拱形　　C. 椭圆形　　D. 梯形

60. 以下属于工作面回采顺序的是（　　）。

A. 后退式　　B. 下行式　　C. 往复式　　D. 上行式

E. 前进式

61. 倾斜长壁采煤法在地质条件适宜的煤层中，有如下的优点（　　）。

A. 布置简单，工程少，维护少，投产快

B. 运输简单，运费低

C. 运煤设备无专门的设计，大巷装车点多

D. 工作面易等长，可布置对拉工作面

E. 对地质条件适应性较强

62. 滚筒采煤机的割煤方式有（　　）。

A. 单向割煤　　B. 顺向割煤　　C. 多向割煤　　D. 双向割煤

63. 所谓的矿井“三量”指（　　）。

A. 开拓煤量　　B. 准备煤量　　C. 回采煤量　　D. 掘进煤量

64. 井底车场运输线路可分为（　　）。

A. 空车线　　B. 存车线　　C. 行车线　　D. 重车线

65. 矿井开拓方式按开采水平数目可分为（　　）。

A. 单水平开拓　　B. 二水平开拓　　C. 三水平开拓　　D. 多水平开拓

66. 煤矿井下使用的钻眼机具，按动力分为（　　）。

A. 风动式　　B. 电动式　　C. 液压式　　D. 冲击式

E. 旋转式

67. 煤矿井下使用的钻眼机具，按破岩机理分为（　　）。

A. 风动式　　B. 电动式　　C. 液压式　　D. 冲击式

E. 旋转式

68. 直接支撑围岩承受地压的支护方式统称为被动支护，被动支护方式主要有（　　）。

A. 棚式支护　　B. 砌碹支护

C. 整体式钢筋混凝土支护　　D. 锚、喷、网联合支护

69. 补强围岩、利用围岩承受地压的支护方式统称为主动支护，主动支护方式主要有（　　）。

A. 锚杆支护　　B. 喷浆或喷射混凝土支护

C. 锚喷支护　　D. 锚、喷、网联合支护

E. 砌碹支护

70. 立井井筒的纵断面结构自上而下由（　　）三部分组成。

A. 井壁　　B. 井口　　C. 井颈　　D. 井身

E. 井底

71. 锚杆支护的支护作用表现在（　　）。

A. 改善围岩应力状态作用　　B. 组合梁作用

C. 挤压加固拱作用　　D. 悬吊作用

72. 原岩应力重新分布的结果，是在围岩中形成三个应力分布区（　　）。

A. 应力升高区　　B. 应力降低区　　C. 原岩应力区　　D. 应力集中区

73. 以下选项中，属于采场支护参数的是（　　）。

A. 顶板下沉量　　B. 支护系统刚度

C. 支架或支柱的初撑力　　D. 支架或支柱的工作阻力

74. 巷道永久支护根据支护结构的特点可分为（　　）。

A. 刚性支架支护　　B. 锚杆支护

C. 锚网（索）支护　　D. 可缩性支架支护

75. 顶板常用支护方式包括（　　）。

A. 单体柱支护　　B. 木垛支护　　C. 液压支架支护　　D. 锚网支护

76. 开拓方式分类，以下说法正确的是（　　）。

A. 按井筒形式分为：斜井开拓、立井开拓、平硐开拓、综合开拓

B. 按开采水平数目：单水平开拓、多水平开拓

C. 按开采准备方式：上山式、下山式及水平式

D. 按开采水平布置方式：分煤层大巷、集中大巷、分组集中大巷

E. 按开采准备方式：上山式、上下山式及混合式

77. 煤矿井下井巷掘进工艺包括（　　）。

A. 破岩　　B. 装岩　　C. 运岩　　D. 支护

78. 壁式体系采煤法的特点有（　　）。

A. 采煤工作面长度较长

B. 随着采煤工作面推进，顶板暴露面积增大，矿山压力显现较为强烈

C. 采掘合一，掘进准备也是采煤过程

D. 在采煤工作面两端，一般无回采巷道

E. 爆破或采煤机破煤、装煤，刮板输送机运煤，垮落法或充填法处理采空区

79. 井田开拓方式按开采方式不同可划分为（　　）。

A. 单水平开拓　　B. 上山及上下山混合式

C. 上山式　　D. 上下山式

E. 多水平开拓

80. 根据地质作用能量来源，分为内力和外力作用两大类，以下属于内力地质作用的是（　　）。

A. 地壳作用　　B. 岩浆运动　　C. 成岩作用　　D. 变质作用

E. 沉积作用

81. 煤田划分为井田的原则是（　　）。

A. 井田范围、储量、煤层赋存及开采条件要与矿井生产能力相适应

B. 保证井田有合理的尺寸

C. 充分利用自然条件划分井田

D. 应有利于井筒的掘进与维护

E. 合理规划矿井开采范围，处理好相邻矿井之间的关系

82. 巷道掘进过程中，炸药消耗量的确定与（　　）有关。

A. 巷道断面　　B. 岩石性质　　C. 爆破孔直径　　D. 爆破孔深度

83. 按运输方式不同，露天煤矿开拓可以分为（　　）。

A. 公路运输开拓　　B. 铁路运输开拓

C. 平硐溜井开拓　　D. 带式运输开拓

E. 斜坡提升开拓

84. 立井开拓时，确定井筒位置的原则是（　　）。

A. 井筒尽量布置在井田储量的中央

B. 井筒位置应有利于井筒的掘进与维护

C. 井筒位置应便于布置工业广场

D. 井口位置处标高要高于历史最高洪水位

E. 保证井田有合理的尺寸

85. 下列矿井开拓方式中，（　　）是按井筒（硐）形式划分的。

A. 立井开拓　　B. 上山式开采方式

C. 分煤层大巷开拓　　D. 单水平开拓

E. 综合开拓

86. 下列巷道为一个水平或一个阶段服务的水平巷道，并按煤层走向布置的是（　　）。

A. 运输大巷　　B. 主要石门　　C. 平硐　　D. 采区石门

E. 回风大巷

87. AQ 1083—2011《煤矿建设安全规范》要求，煤矿施工项目部必须配备满足需要的（　　）、地测等工程技术人员和特种作业人员。

A. 财务　　B. 矿建　　C. 机电　　D. 通风

88. 存在职业危害的生产经营单位，应当建立、健全下列职业危害防治制度和操作规程（　　）。

A. 职业危害防治责任制度　　B. 职业危害申报制度

C. 职业健康宣传教育培训制度　　D. 职业危害防护设施维护检修制度

E. 职业危害告知制度

89. 存在职业危害的生产经营单位的作业场所应当符合（　　）。

A. 生产布局合理，有害作业与无害作业分开

B. 作业场所与生活场所分开，作业场所不得住人

C. 有与职业危害防治工作相适应的有效防护设施

D. 职业危害因素的强度或者浓度符合国家标准、行业标准

90. 《国务院关于预防煤矿生产安全事故的特别规定》规定：煤矿未依法取得（　　）和矿长未依法取得矿长资格证、矿长安全资格证的，煤矿不得从事生产。

A. 采矿许可证　　B. 安全生产许可证

C. 煤炭生产许可证　　D. 税务登记证

91. 下列属国家安全生产应急救援联络员制度组成单位的是（　　）。

A. 安全监管总局　　B. 公安部

C. 环境保护部　　D. 红十字会

E. 工业和信息化部

92. 国家安全生产事故灾难应急预案规定现场应急救援指挥部负责组织群众的安全防护工作，主要工作内容有（　　）。

A. 决定应急状态下群众疏散、转移和安置的方式、范围、路线、程序

B. 指定有关部门负责实施疏散、转移

C. 启动应急预案

D. 开展医疗防疫和疾病控制工作

E. 启用应急避难场所

93. 国家安全生产事故灾难应急预案规定，当（　　）后，经现场应急救援指挥部确认和批准，现场应急处置工作结束，应急救援队伍撤离现场。

A. 遇险人员全部得救　　B. 事故现场得以控制

C. 环境符合有关标准　　D. 导致次生、衍生事故隐患消除

94. 中华人民共和国突发事件应对法规定，突发事件的（　　）事后恢复与重建等应对活动，适用本法。

A. 体系建设　　B. 监测与预警

C. 应急处置与救援　　D. 预防与应急准备

95. 中华人民共和国突发事件应对法所称突发事件，是指突然发生，造成或者可能造成严重社会危害，需要采取应急处置措施予以应对的（　　）。

A. 自然灾害　　B. 事故灾难

C. 国家安全事件　　D. 公共卫生事件

E. 社会安全事件

96. 中华人民共和国突发事件应对法规定：国家建立（　　）的应急管理体制。

A. 部门领导，综合协调　　B. 分类管理、分级负责

C. 统一领导、综合协调　　D. 属地管理为主

E. 层级管理、逐级负责

97. 《矿山救护培训管理暂行规定》规定：承担矿山救护培训的安全培训机构，应有能满足培训相应矿山救护指战人员的（　　）。

A. 救援装备　　B. 实验装置

C. 教室与饮食、住宿场地　　D. 演习训练模拟巷道

E. 师资人员

98. 《关于加强矿山应急管理提高快速响应能力的通知》要求：矿山企业要实行预案牌板化管理，牌板内容应包括（　　）。

A. 应急指挥机构　　B. 通知程序

C. 联系方式　　D. 重特大事故处置程序

99. 对矿井企业员工要进行应急救援常识培训教育，内容包括（　　）。

A. 生产形势分析　　B. 应急处置、撤离、报告

C. 典型案例分析　　D. 事故征兆判断

100. 基层应急队伍制度建设的主要内容包括（　　）。

A. 应急值守、接警处置制度　　B. 预防性检查制度

C. 救援队员职业病鉴定制度　　D. 财务后勤管理制度

101. 值班室应装备以下设备和图板（　　）。

A. 事故电话记录

B. 矿井位置、交通显示图

C. 计时钟、普通电话机、专用录音电话机

D. 事故记录牌板、事故紧急出动报警装置

102. 矿山救护队开展预防性安全检查任务是（　　）。

A. 熟悉企业生产和救援环境　　　　B. 了解企业的主要隐患
C. 了解重大危险源　　　　D. 了解应急装备

103. 煤矿应急救援队伍在预防性安全检查结束后，应将双方认可的结果，报送（　　）。

A. 煤炭安全监管部门　　　　B. 煤矿安全监察部门
C. 安全生产监管部门　　　　D. 救护队总工程师

104. 对煤矿企业安全预防性检查的重点是（　　）。

A. 矿井通风系统是否合理　　　　B. 是否建立专职应急机构
C. 通风设备是否完好　　　　D. 通风设施是否完善

105. 对金属非金属地下矿山企业安全预防性检查的重点是（　　）。

A. 是否实现机械通风　　　　B. 通风系统是否合理
C. 提升运输设备是否安全可靠　　　　D. 是否建立专职应急机构

106. 对有尾矿库的企业安全预防性检查的重点是（　　）。

A. 观测或监控设施是否完善可靠
B. 库区周围是否存在山体滑坡、垮塌和泥石流隐患
C. 是否存在超量储存、超能力生产等情况
D. 从事尾矿库专职作业人员安全教育培训和持证上岗情况

107. 国务院关于进一步加强企业安全生产工作的通知国发〔2010〕23 号规定：煤矿、非煤矿山要制定和实施生产技术装备标准，安装（　　）、压风自救系统、供水施救系统和通信联络系统等技术装备。

A. 监测监控系统　　　　B. 井下人员定位系统
C. 紧急避险系统　　　　D. 防尘灭火系统

108. 国务院关于进一步加强企业安全生产工作的通知国发〔2010〕23 号规定：按（　　）分布，依托大型企业，在中央预算内基建投资支持下，先期抓紧建设 7 个国家矿山应急救援队，配备性能可靠、机动性强的装备和设备，保障必要的运行维护费用。

A. 行业类型　　B. 灾害类型　　C. 区域　　D. 灾害严重程度

109.《煤矿井下紧急避险系统建设管理暂行规定》规定，紧急避险设施主要包括（　　）。

A. 永久避难硐室　　　　B. 临时避难硐室
C. 固定式救生舱　　　　D. 可移动式救生舱

110.《煤矿井下紧急避险系统建设管理暂行规定》规定，紧急避险系统建设的内容包括（　　）。

A. 为入井人员提供自救器　　　　B. 建设井下紧急避险设施
C. 合理设置避灾路线　　　　D. 科学制定应急预案

111. 生产安全事故报告和调查处理条例将事故等级划分为（　　）。

A. 特大事故　　B. 重大事故　　C. 较大事故　　D. 一般事故
E. 特别重大事故

112. 生产安全事故报告和调查处理条例将事故等级划分的定量范畴有（　　）。

A. 死亡人数指标　　　　B. 伤害人数指标

C. 直接经济损失指标　　　　　　　　　D. 重伤人数指标

113. 生产安全事故报告和调查处理条例规定，报告事故应当包括下列内容（　　）。

A. 事故发生单位概况

B. 事故发生的时间、地点以及事故现场情况

C. 事故的简要经过

D. 已经采取的措施

114. 国务院安委会办公室关于《进一步加强安全生产应急救援体系建设的实施意见》安委办〔2010〕25 号指出国家矿山救援队伍的建设要满足（　　）需要。

A. 本企业、本地区事故救援　　　　　B. 跨地区、重特大事故救援

C. 有警必接、有人必救　　　　　　　D. 复杂、难度大的事故救援

115. 国务院安委会办公室关于《进一步加强安全生产应急救援体系建设的实施意见》安委办〔2010〕25 号指出，要不断推动各级各类安全生产应急救援队伍切实加强（　　），不断提高战斗力，做到关键时候拉得出、冲得上、打得赢。

A. 思想政治建设　　　　　　　　　　B. 技术业务建设

C. 工作作风建设　　　　　　　　　　D. 装备与设施建设

116. 矿山救护队质量标准化分为四个等级，等级标准分别是（　　）。

A. 特级：总分 95 分以上含 95 分　　B. 一级：总分 85 分以上含 85 分

C. 二级：总分 80 分以上含 80 分　　D. 三级：总分 70 分以上含 70 分

117. 矿山救护大队质量标准化考核内容包括（　　）。

A. 组织机构　　　　　　　　　　　　B. 技术装备与设施

C. 救护训练　　　　　　　　　　　　D. 综合管理

118. 矿山救护队质量标准化考核规范中一般技术操作考核包括（　　）。

A. 仪器应知应会　　　　　　　　　　B. 安装高倍数泡沫灭火机

C. 安装局部通风机和接风筒　　　　　D. 建造木板密闭

E. 挂风障

119.《尾矿库安全监督管理规定》要求直接从事尾矿库（　　）和排渗设施操作的作业人员必须取得特种作业操作证书，方可上岗作业。

A. 放矿　　　　B. 筑坝　　　　C. 巡坝　　　　D. 排洪

120. 尾矿库安全度主要根据尾矿库防洪能力和尾矿坝坝体稳定性确定分为（　　）。

A. 危库　　　　B. 险库　　　　C. 病库　　　　D. 正常库

121. 处理爆破炮烟中毒事故时，救护队的主要任务是（　　）。

A. 加强通风　　　　　　　　　　　　B. 救助遇险人员

C. 监测有毒、有害气体　　　　　　　D. 清理巷道堵塞

122. 下列单位（　　）和培训中心及其举办的各类活动，可以直接使用矿山救援标识。

A. 全国各级矿山救援管理部门和指挥机构

B. 全国矿山救援队伍

C. 国家矿山救援研究中心

D. 国家矿山重点院校

123.《金属非金属矿山安全标准化规范导则》要求，企业应识别可能发生的事故和紧急情况，确保应急救援的（　　）。

A. 时效性　　B. 针对性　　C. 有效性　　D. 科学性

124.《金属非金属矿山安全标准化规范导则》要求，安全生产目标的确定，应基于安全生产方针、现状评估的结果和其他内外部要求，适合企业（　　）的具体情况。

A. 安全生产的特点　　B. 不同层次

C. 不同职能　　D. 不同素质

125. 重大危险源辨识 GB 18218—2000 将重大危险源分为（　　）。

A. 生产场所重大危险源　　B. 贮存区重大危险源

C. 矿山、建筑重大危险源　　D. 化学品、烟花爆竹重大危险源

126.《重大危险源辨识》规定，符合下列条件之一的矿井属于重大危险源矿井（　　）。

A. 地下所有开采矿井　　B. 煤与瓦斯突出矿井

C. 有煤尘爆炸危险的矿井　　D. 水文地质条件复杂的矿井

127. 目前我国的国家矿山救援队有（　　）。

A. 黑龙江鹤岗队　　B. 四川芙蓉队

C. 贵州六枝队　　D. 安徽淮南队

128.《煤矿建设安全规范》（AQ 1083—2011）要求，隔爆兼本质安全型等防爆电源严禁设置在下列区域（　　）。

A. 断电范围内　　B. 掘进工作面内

C. 采用串联通风的被串掘进巷道内　　D. 主要运输大巷内

129.《中华人民共和国消防法》规定，禁止在具有（　　）的场所吸烟、使用明火。

A. 火灾危险　　B. 严重影响他人身体健康

C. 重要会议场所　　D. 爆炸危险

130.《安全生产许可证条例》规定，对（　　）和烟花爆竹、民用爆破器材生产企业实行安全生产许可制度。

A. 矿山企业　　B. 特种设备制造业

C. 建筑施工企业　　D. 危险化学品

131.《金属非金属地下矿山企业领导带班下井及监督检查暂行规定》规定，矿山企业领导带班下井时，应当履行下列职责（　　）。

A. 加强对井下重点部位、关键环节的安全检查及检查巡视，全面掌握井下的安全生产情况

B. 及时发现和组织消除事故隐患和险情，及时制止违章违纪行为，严禁违章指挥，严禁超能力组织生产

C. 遇到险情时，立即下达停产撤人命令，组织涉险区域人员及时、有序撤离到安全地点

D. 按照下井人数的有关规定，查处超定员生产。

132.《特种作业人员安全技术培训考核管理规定》下列人员属于特种作业培训对象（　　）。

A. 煤矿防突作业　　B. 煤矿探放水作业

C. 煤矿瓦斯抽采作业　　D. 煤矿采煤机操作作业

133. 《特种作业人员安全技术培训考核管理规定》，重大事故隐患报告内容应当包括（　　）。

A. 隐患的现状及其产生原因

B. 隐患的危害程度和整改难易程度分析

C. 隐患的治理方案

D. 隐患的治理责任人和具体时间

134. 处理爆炸事故，小队进入灾区必须遵守（　　）的规定。

A. 进入前，切断灾区电源，并派专人看守

B. 小队长指派 1 ~2 人先去侦察

C. 穿过支架破坏的巷道时，应架好临时支架

D. 保持灾区通风现状，检查灾区内各种有害气体的浓度、温度及通风设施的破坏情况

135. 救护队参加实施震动爆破措施时，应遵守的规定是（　　）。

A. 按照批准的措施，检查准备工作落实情况

B. 佩戴氧气呼吸器、携带灭火器和其他必要的装备在指定地点待机

C. 爆破 10 min 后，救护队佩用氧气呼吸器进入工作面检查，发现爆破引起火灾应立即灭火

D. 在瓦斯全部排放完毕后，救护队应与通风、安监等部门共同检查，通风正常后，方可离开工作地点。

136. 井下基地应设置在靠近灾区的安全地点，并应设有（　　）。

A. 通信设备　　B. 值班医生　　C. 监测仪器　　D. 食物和饮料

137. 侦察人员应有明确分工，分别检查（　　）等情况，并做好记录。

A. 通风　　B. 气体浓度　　C. 温度　　D. 顶板

138. 用水灭火时，必须具备下列条件（　　）。

A. 火源明确、水源、人力、物力充足　　B. 有畅通的回风道

C. 采用直接灭火不经济　　D. 瓦斯浓度不超过 2%

139. 建造火区风墙应做到（　　）。

A. 首先封闭进风巷中的风墙　　B. 拆掉压缩空气管路、电缆、水管及轨道

C. 保证风墙的建筑质量　　D. 设专人随时检测瓦斯变化

140. 在清理矸石山爆炸产生的高温抛落物时，应（　　），并设专人观察矸石山变化情况。

A. 戴手套、防护面罩、眼镜　　B. 戴口罩

C. 穿隔热服　　D. 使用工具清除

141. 救护通信方式包括（　　）。

A. 派遣通信员　　B. 显示信号与音响信号

C. 大声呼喊　　D. 移动手机、对讲机

142. 井下基地用于井下（　　）和急救医务人员值班等需要而设立的工作场所。

A. 救灾指挥　　B. 通信联络　　C. 存放救灾物资　　D. 待机小队停留

143. 矿山救护资金实行（　　）共同保障体制，矿山救护队社会化服务实行有偿服务。

A. 国家　　B. 地方　　C. 监察机构　　D. 矿山企业

144. 矿山救护队必须备有所服务矿山的（　　）等有关资料。

A. 矿井质量标准化　　B. 应急救援预案

C. 灾害预防处理计划　　D. 矿井主要系统图纸

145. 救护大队负责本区域内矿山重大灾变事故的处理与调度、指挥，对直属中队直接领导，并对区域内其他矿山救护队、兼职矿山救护队进行业务指导或领导，应具备本区域矿山救护（　　）中心的功能。

A. 演习训练　　B. 装备　　C. 培训　　D. 指挥

146. 启封火区后 3 天内，每班必须由救护队检查通风状况，测定（　　），并取气样进行分析，只有确认火区完全熄灭时，方可结束启封工作。

A. 水温　　B. 空气温度

C. 空气成分　　D. 有毒有害气体浓度

147. 高倍数泡沫灭火器由（　　）等组成的灭火装置。

A. 局部通风机　　B. 高倍数发泡液

C. 中小倍数发泡液　　D. 发泡泵、发泡网

148. 救护队处理事故时，下列措施正确的是（　　）。

A. 听到警报后，矿山救护队必须在 1 min 内出动

B. 救护队员应按事故类别整理携带装备，做好抢救准备

C. 必要时使用混合小队

D. 进入灾区的救护小队队员不得少于 6 人

149. 井下基地选择在（　　）的安全地点。

A. 靠近灾区　　B. 比较暖和

C. 通风良好　　D. 不易受灾害事故直接影响

150. 综合灭火是采用（　　）等两种以上配合使用的灭火方法。

A. 从架间打插管注水　　B. 用高压水枪灭火

C. 向封闭的火区灌注泥浆　　D. 注入惰性气体

151. 灭火应从进风侧进行。为控制火势可采取（　　）等措施，阻止火势蔓延。

A. 拆除木支架（不致引起冒顶时）　　B. 设置水幕

C. 拆掉一定区段巷道中的木背板　　D. 停止向火区供风

152. 矿山救护队是处理矿山灾害事故的（　　）并实行军事化管理的专业队伍。

A. 危险性　　B. 职业性　　C. 强制性　　D. 技术性

153. 为保证（　　），根据国家有关法律、法规制定《矿山救护规程》。

A. 安全、快速、有效地实施矿山企业生产与建设事故应急救援

B. 防止或减少矿井事故的发生

C. 保护救护人员的健康

D. 减少国家资源和财产损失

154. 矿山救护队的工作指导原则是（　　）。

A. 加强战备　　B. 严格训练　　C. 主动预防　　D. 积极抢救

155. 兼职矿山救护队员由符合矿山救护队员条件，能够佩用氧气呼吸器的矿山（　　）兼职组成。

A. 骨干工人　　B. 地面工人　　C. 管理人员　　D. 工程技术人员

156. 救护队员职责是（　　）。

A. 不断提高思想、技术、业务、身体素质

B. 积极参加学习和技术、体质训练

C. 保养好技术装备，使之达到干净、整洁

D. 遵守纪律、听从指挥，积极主动地完成领导分配的各项任务

157. 小队和个人救护装备应达到（　　）的标准。

A. 全　　B. 利　　C. 洁　　D. 稳

158. 小队和个人装备使用后，必须立即进行（　　），并检查其是否达到技术标准要求，保持完好状态。

A. 清洗　　B. 消毒

C. 入库　　D. 更换药品、补充备品备件

159.《矿山救护规程》对氧气和氧气瓶使用的具体要求有（　　）。

A. 氧气符合医用氧气的标准

B. 氧气瓶须按国家压力容器规定标准，每 5 年进行除锈清洗、水压试验

C. 达不到标准的氧气瓶不准使用

D. 每季度化验 1 次

160. 矿山救护队的内务管理对卫生的要求有（　　）。

A. 集体宿舍墙壁不得悬挂物品，床上卧具叠放整齐一条线，保持窗明壁净

B. 个人应做到常洗澡、常理发、常换衣服

C. 人员患病应早报告、早治疗

D. 职工宿舍、食堂无蚊蝇

161. 处理矿井火灾应了解的情况有（　　）。

A. 发生火灾后巷道中的能见度

B. 灾区瓦斯情况、通风系统状态、风流方向、煤尘爆炸性

C. 高温区的最高温度

D. 灾区供电状况，供水管路、消防器材供应的实际状况及数量

162. 处理瓦斯、煤尘爆炸事故时救护队的主要任务是（　　）。

A. 灾区侦察　　B. 抢救遇险人员并清理堵塞物

C. 清洗煤尘　　D. 恢复通风

163. 救护队处理水淹事故时必须注意的问题有（　　）。

A. 小队逆水流方向前往上部没有出口的巷道时，应与在基地监视水情的待机小队保持联系；当巷道有很快被淹危险时，立即报告指挥员

B. 排水过程中保持通风，加强对巷道内温度的检测

C. 排水后进行侦察、抢救人员时，注意观察巷道情况，防止冒顶和底板塌陷

D. 救护队员通过局部积水巷道时，应采用探险棍探测前进

164. 在处理冒项事故前，救护队应向冒顶区域的有关人员了解（　　）等情况。

A. 事故发生的原因　　B. 冒顶区域顶板特性

C. 事故前人员分布位置　　D. 检查温度及巷道破坏情况

165. 在建造有瓦斯爆炸危险的火区风墙时，应做到（　　）。

A. 采取控风手段，尽量保持风量不变

B. 注入惰性气体

C. 检测进风、回风侧瓦斯浓度、氧气浓度、温度等

D. 在完成密闭工作后，迅速撤离至安全地点

166. 在处理突出事故时，必须做到（　　）。

A. 进入灾区前，确保矿灯完好；进入灾区内，不准随意启闭电气开关和扭动矿灯开关或灯盖

B. 在突出区应设专人定时定点检查瓦斯浓度，并及时向指挥部报告

C. 设立安全岗哨，非救护队人员不得进入灾区；救护人员必须佩用氧气呼吸器，不得单独行动

D. 当发现有异常情况时，应立即将情况了解清楚

167. 处理冲击地压事故时，应当遵守下列规定（　　）。

A. 迅速恢复灾区的通风

B. 设专人观察顶板情况，加强巷道支护，保证安全作业空间

C. 立即进入抢救遇险人员

D. 分析再次发生冲击地压的可能性，确定合理的救援方案和路线

168. 清理大块矸石等压人冒落物时，可使用（　　）等工具进行处理。

A. 千斤顶　　B. 液压起重器具、液压剪

C. 铜锹、铜镐　　D. 起重气垫

169. 矿山救护队的指战员必须熟练掌握现场急救常识及处理技术，主要内容有：（　　）等。

A. 伤员的伤情检查和诊断　　B. 常用医疗急救器材的使用方法

C. 人工呼吸以及胸外心脏按压　　D. 止血、包扎、骨折固定、伤员搬运

170. 人工呼吸是借助人工的方法，在（　　）时，强迫空气进出肺部，帮助伤员恢复呼吸功能的一项急救技术。

A. 自然呼吸不充分　　B. 心跳停止

C. 自然呼吸停止　　D. 自然呼吸不规则

171. 处理上山巷道水灾时应注意的事项有（　　）。

A. 检查并加固巷道支护，防止二次透水、积水和淤泥的冲击

B. 透水点下方要有能存水及存沉积物的有效空间，否则人员要撤到安全地点

C. 保证人员在作业中的通信联系和退路安全畅通

D. 瓦斯浓度超过2%，并且仍在继续上升，人员应立即撤到安全地点

172. 救护队进入突出灾区侦察时应查清（　　），发现火源立即扑灭。

A. 遇险遇难人员数量及分布情况

B. 通风系统和通风设施破坏情况
C. 突出的位置，突出物堆积状态，巷道堵塞情况
D. 瓦斯浓度和波及范围

173. 救护队在医疗救护人员没有到达现场之前，应采取适当的急救措施有（　　）。
A. 检查现场是否安全　　B. 人体隔离防护
C. 分析受伤机理　　D. 给伤员做手术

174. 指挥员布置侦察任务时应该做到（　　）。
A. 讲明事故的各种情况　　B. 提出侦察时所需要的器材
C. 给侦察小队以足够的准备工作时间　　D. 检查队员对侦察任务的理解程度

175. 止血带止血法适用范围（　　）。
A. 受伤肢体有大而深的伤口，血液流动速度快
B. 多处受伤，出血量大
C. 受伤同时伴有开放性骨折
D. 受伤部位可见喷血

176. 救护队的日常训练内容有（　　）。
A. 军事化队列训练　　B. 体能训练和高温浓烟训练
C. 建风障等一般技术训练　　D. 心肺复苏等医疗急救训练

177. 在非煤矿山常用的灭火方法有（　　）。
A. 冷却法　　B. 覆盖法　　C. 抑制法　　D. 窒息法

178. 火灾发生时在什么条件下应进行增风或减风？（　　）
A. 当火区或回风侧瓦斯浓度升高时，可增加风量，以减少瓦斯浓度至1%以下
B. 当火风压增大，造成风流逆转时，也可增加火区风量
C. 若采用正常通风方法火灾急剧扩大，而隔绝风流又会使火区瓦斯浓度急剧上升时
D. 当无法进入灾区进行侦察时

179. 下列选项属于煤尘爆炸的特征的是：（　　）。
A. 煤尘爆炸时产生“煤焦”　　B. 煤尘爆炸有一个感应期
C. 煤尘爆炸时温度可达3000 ℃以上　　D. 产生大量的一氧化碳

180. 井下灭火方法分为哪几类？（　　）
A. 直接灭火法　　B. 隔绝灭火法　　C. 联合灭火方法　　D. 高泡灭火方法

181. 如何根据煤炭自燃的早期征兆判别煤炭自燃？（　　）
A. 触摸法　　B. 嗅觉法　　C. 观察法　　D. 体感法

182. 瓦斯喷出规律有哪些？（　　）
A. 一般喷出均发生在地质变化带
B. 煤层顶底板岩层中有溶洞、裂隙发育的石灰岩
C. 瓦斯喷出一般有明显的喷出口或裂隙
D. 瓦斯喷出量相当大

183. 下列选项不属于影响瓦斯涌出量的因素的是：（　　）。
A. 开采煤层和围岩的瓦斯含量　　B. 开采规模
C. 开采顺序和回采方法　　D. 采区布置方式

184. 成人进行心肺复苏，开放气道的方法有（　　）。

A. 托颌法　　B. 仰头举颏法

C. 仰头抬颈法　　D. 环状软骨压迫法

185. 双人 CPR 时，以下正确的是（　　）。

A. 每 5 个周期后按压与呼吸可交换　　B. 每 5 个周期后可以重新评估患者

C. 按压/吹气为 30：2　　D. 按压频率为≥100 min

186. 口对口人工呼吸时，吹气的正确方法是以（　　）。

A. 施救者口唇包裹患者口唇

B. 吹气时间>1 s

C. 吹气量至胸廓上抬

D. 单纯人工呼吸频率为 10～12 次/min

187. 现场急救人员停止心肺复苏的条件（　　）。

A. 威胁人员安全的现场危险迫在眼前　　B. 伤病者出现微弱喘息

C. 呼吸和循环已有效恢复　　D. 由医师接手并开始急救

188. 关于对烧伤人员的急救正确的是（　　）。

A. 迅速扑灭伤员身上的火，尽快脱离火源，缩短烧伤时间

B. 立即检查伤员伤情，检查呼吸、心跳

C. 防止休克，窒息，疮面污染

D. 用较干净的衣服把伤面包裹起来，防止感染

189. 绷带包扎法包括（　　）。

A. 环形包扎法　　B. 螺旋包扎法

C. 螺旋反折包扎法　　D. “8”字形包扎法

190. 关于搬运的原则，以下说法正确的是（　　）。

A. 必须在原地检查伤情

B. 呼吸心搏骤停者，应先行心肺复苏，复苏后再搬运

C. 一般伤员可用担架、木板等搬运

D. 搬运过程中严密观察伤员的面色、呼吸及脉搏等，必要时及时抢救

191. 使用止血带应注意（　　）。

A. 扎止血带时间越长越好

B. 必须做出显著标志，注明使用时间

C. 止血带下放衬垫，避免勒伤皮肤

D. 缚扎部位原则是尽量靠近伤口以减少缺血范围

192. 现场创伤急救技术包括：（　　）。

A. 骨折固定　　B. 伤员转运　　C. 止血　　D. 创伤包扎

193. AE102A 型氧气充填泵在操作时充填泵系统中压力升高过快的原因：（　　）。

A. 被充气瓶开关没打开　　B. 气瓶开关有问题

C. 气水分离器单向阀卡死　　D. 被充气瓶有漏气的地方

194. AE102A 型氧气充填泵在操作时充填泵机械油从机体内渗出的原因：（　　）。

A. 上下机体及轴承端盖螺母松动　　B. 挡盖垫圈有问题

C. 回转轴密封环损坏　　　　　　　　　　D. 波纹密封罩损坏或松动

195. AE103 型氧气充填泵在充气时达不到要求压力可能产生的原因是：(　　)。

A. 单向阀漏气严重

B. 管子泄漏或集合阀门和排气阀门未闭严

C. 电源压力达不到标准要求

D. 气源压力低于规定数值

196. Biopak240 正压呼吸器用于煤矿军事化矿山救护队及其他工矿企业中，受过专门训练的人员在（　　）气体的环境中使用。

A. 污染　　　　B. 缺氧　　　　C. 有毒　　　　D. 有害

197. 8 kg 干粉灭火器（　　）。

A. 有效射程：8 m

B. 严禁把装有二氧化碳的干粉灭火器带进温度超过 42 ℃的巷道，以免其爆炸

C. 用液态二氧化碳作动力，质量 150 ~ 240 g

D. 火源面积不得超过 20 m^2

198. Biopak240 正压呼吸器呼吸舱为呼吸气体贮存容器，也是 Biopak240 呼吸器的心脏，它由（　　）和清净罐等组成。

A. 定量供氧装置　　B. 膜片　　　　C. 自动补给阀　　　D. 排气阀

199. 高泡灭火机可扑灭（　　）的火灾。

A. 固体火（木材、煤炭、橡胶、各种植物等）

B. 油类火

C. 采空区内

D. 煤壁深部

200. 干粉灭火的作用是（　　）。

A. 磷酸铵盐粉末以雾状形态飞扬在空中，火焰遇到即可熄灭，所以能破坏火焰连锁反应，阻止燃烧的发展

B. 化学反应时能吸收大量热，降低和冷却燃烧物的温度

C. 分解出氢气使燃烧体附近空气中氧浓度降低

D. 反应最终产生的糊状物质五氧化二磷覆盖在燃烧体表面，可隔绝和切断燃烧的继续进行

201. HY4 型正压氧气呼吸器的特点是（　　）。

A. 仪器使用过程中，整个呼吸系统的压力始终略低于外界环境气体压力，能有效防止外界环境中有毒有害气体进入呼吸系统

B. 先进技术及新型材料应用，使整机重量较轻。按人机工程学原理设计的背壳以及新型舒适的快速着装方式，使得整机重量合理分布在背部，佩戴更为舒适、方便

C. 气体降温器及低阻高效的清净罐，使用时呼吸相当舒服

D. 与环境直接接触的材料均采用高效阻燃材料，仪器能在火灾环境下使用

202. BG4 型正压氧气呼吸器采用先进的“模拟窗”电子报警、测试及压力显示系统，该系统具有如下功能：(　　)。

A. 图示、数字显示及声光报警　　　　B. 高压及膛压气密性检测

C. 定量供氧量检测　　　　　　　　　　D. 气瓶余压报警、缺氧报警

203. BG4 型正压氧气呼吸器产品的主要特点是（　　）。

A. 仪器使用过程中，整个呼吸系统压力始终低于外界环境气体压力，能有效防止外界环境中的有毒有害气体侵入呼吸系统，保护佩戴人员的安全

B. 先进技术及新型材料的应用，使整机重量较轻。按人体工程学原理设计的背壳以及快速着装方式，使得整机重量合理分布在背部，佩戴更为舒适、方便

C. 气体降温器及低阻高效的 CO_2 清净罐，使得呼吸更为舒适。结构简单，不需任何工具便可进行各部件的拆装。与环境直接接触的材料均采用高效阻燃材料，仪器能在火灾环境下使用

D. 采用先进的“模拟窗”电子报警、测试及压力显示系统

204. “模拟窗”电子测试报警系统：这是 BG4 正压呼吸器所采用的先进技术之一，它由（　　）组成，可以连续测量氧气瓶中的压力，显示器直接显示压力值，检测仪器功能是否完好。

A. 传感器　　　　B. 主机　　　　C. 显示器　　　　D. 分配器

205. BG4 型正压氧气呼吸器日常维护保养应注意的内容是（　　）。

A. 全面熟悉 BG4 正压氧气呼吸器的功能及其控制开关，熟练掌握其检测和使用方法

B. 妥善维护和保养本呼吸器，氧气瓶及仪器各部件严禁沾染油脂

C. 每次使用后，要更换清净罐内的二氧化碳吸收剂，将氧气充填到规定压力（22 MPa）

D. 仪器部件尽量采用自然晾干，避免暴晒，如采用干燥设备时其温度不得超过 60 ℃

206. BG4 型正压氧气呼吸器使用前应做的准备工作是（　　）。

A. 给清净罐装二氧化碳吸收剂（不少于 2.0 kg）

B. 氧气瓶应充气至 20 MPa

C. 备好冰块，以便在高温环境中使用

D. 对呼吸器作性能检测

207. ASZ－30 型和 SZ－30 型自动苏生器配气阀将氧气分配给：（　　）。

A. 自动肺　　　　B. 呼吸阀　　　　C. 引射器　　　　D. 减压器

208. ASZ－30 型和 SZ－30 型自动苏生器使用前应做（　　）检查。

A. 气密性检查

B. 自动肺动作

C. 氧气压力在 18 MPa 以上

D. 呼吸阀及吸引装置工作正常，各部接头灵活、不漏气；工具及附件齐全完好

209. P－6 型自动复苏器氧气吸入步骤是（　　）。

A. 将湿化器上的瓶子拆下，加水到画线处并装到原位，再将流量计管子插到分配器卡头上

B. 将吸氧面罩管子插到加湿器接头上

C. 将吸氧面罩罩在口鼻处，并用松紧带固定好

D. 将真空流量计旋钮向左转，浮子上升并将浮子设定在 3 的位置，完成后，瓶中水开始起泡，氧吸入开始进行

210. P－6 型自动复苏器使用中注意事项（　　）。

A. 人工呼吸时面罩贴紧面部，防止漏气

B. 患者发生呕吐时应迅速吸出呕吐物

C. 恢复自主呼吸后请转换为吸氧状态

D. 时刻观察氧气状况，备足氧气

211. P－6 自动复苏器使用后的处理（　　）。

A. 关闭氧气瓶　　B. 放出调节器内的氧气

C. 对所有器具进行清洗消毒　　D. 氧气瓶补充氧气

212. AJH－3 型呼吸器校验仪仪器的构造由两大部分组成：上部为测量单元，下部为供气单元。其中测量单元包括（　　）。

A. 小流量计　　B. 大流量计　　C. 水柱计　　D. 手摇泵

213. 呼吸器战前检查项目有（　　）检查氧气压力是否达到标准要求；各附件是否齐全完好。

A. 检查呼吸两阀的工作情况

B. 检查呼吸器的气密性，呼吸软管及面罩有无破损

C. 检查减压器工作情况，有无定量供氧和自动补气

D. 手动补给是否正常，检查自动排气阀工作是否正常

214. Biopak240 正压氧气呼吸器校验仪的构造主要由（　　）等构成。

A. 流量计　　B. 排气阀锁　　C. 舌片　　D. 气球

215. ZY30 型隔绝式压缩氧自救器使用方法是（　　）。

A. 将自救器背在肩上或挂在皮带上

B. 使用时双手托起自救器，用拇指和食指同时按下白色锁扣，取掉上壳，整理好气囊和鼻夹

C. 将口具放在唇齿之间，牙齿咬紧牙垫，闭紧嘴唇

D. 打开氧气瓶开关，按动补气压板，使氧气充满气囊后，迅速用鼻夹将鼻子夹住，调整好呼吸迅速撤离灾区

216. 光干涉甲烷检定器用来测定矿井的（　　）的百分比浓度。

A. 氧气　　B. 沼气　　C. 氮气　　D. 二氧化碳气体

217. 光干涉甲烷检定器使用前的准备工作有：（　　）。

A. 药品性能检查　　B. 气密性检查

C. 观看干涉条纹是否清晰　　D. 清洗气室及调整零位

218. BMK－Ⅱ型便携式可爆性气体测定仪由（　　）液晶显示屏五部分组成。

A. 电池组　　B. 检测元件　　C. 键盘　　D. 单片机

219. YRH250 矿用本质安全型红外热成像仪是集红外光电子技术、（　　）为一体的高性能矿用安全检测仪器。

A. 红外物理学　　B. 图像处理技术

C. 微型计算机技术　　D. 煤矿防爆技术

220. KTT9 型灾区电话由（　　）和专用 DC500 mA 充电器等器材构成。

A. 通信电缆　　B. 电源通信盒　　C. 发电机组　　D. 专用耳麦

221. HLB 系列高压起重气垫主要由气垫、(　　) 等部件组成。

A. 空气瓶　　　　B. 调节器 (调压阀)

C. 控制器　　　　D. 连接管

222. CT4150 剪切扩展两用钳用途：在液压泵高压油作用下，集剪切、扩张、拉动等功能为一体，主要用于营救被困人员。由 (　　) 主要部件组成。

A. 液压泵　　B. 软管　　C. 操作手柄　　D. 电源开关

223. 矿山多用液压起重器为卧式结构，为适应各种用途制成分离式和组合式两类。分离式矿山多用液压起重器由 (　　) 和起重机构四部分组成。

A. 手压泵　　B. 高压橡胶软管　　C. 快换自封接头　　D. 空气瓶

224. 矿山多用液压起重器起重机构共有 (　　) 几种形式。

A. 钳式　　B. 鸭嘴式　　C. 臂式　　D. 立式

225. 采区下部车场按装车站位置不同分 (　　)。

A. 大巷装车式　　B. 石门装车式　　C. 绕道装车式　　D. 平巷装车式

226. BGP－200 型防爆电动高倍数泡沫灭火机主要由 (　　) 三部分组成，可分卸抬运，安装方便。

A. 操作箱　　　　B. 对旋式轴流风机

C. 泡沫发射器　　D. 潜水泵及供液系统

227. BGP－200 型防爆电动高倍数泡沫灭火机和 BGP－400 型高倍数泡沫灭火机泡沫稳定性差，脱水快，发出的泡沫很快破损，原因有 (　　)。

A. 配药时，忘加稳定剂，应补加稳定剂

B. 喷嘴叶轮不转，水成股流喷出，应调节叶轮，使其正常旋转

C. 泡沫剂质量差，适当提高药剂浓度

D. 温度低于 25 ℃药剂溶解差，提高泡沫剂温度

228. DQP－200 型煤矿用惰气泡沫发生装置主要用于煤矿井下扑灭大型火灾，抑制瓦斯爆炸，起到窒息火灾等多重作用，也适用于仓库、油库、机库、隧道、地下商场等封闭或半封闭的有限空间的消防火灾。根据不同的灾情变化，可组合成四种不同类型的灭火机型 (　　)，实现一机多能。

A. 惰气灭火机　　　　B. 惰泡灭火机

C. 高倍数泡沫灭火机　　D. 应急局部通风机

229. DQP－200 型煤矿用惰气泡沫发生装置由供风系统、(　　)、供油系统、烟道、产生泡沫系统及监控台等部分组成。

A. 供惰气系统　　B. 喷油系统

C. 燃烧系统　　D. 冷却系统

230. BG－Ⅱ型石膏喷注机主要由自抽卧式泵、(　　) 组成。

A. 上料及搅拌系统　　B. 传动系统

C. 机座及运输架　　D. 供水系统

231. KP－Ⅰ型快速密闭喷涂机用于煤矿井下发生火灾，需要快速封闭火区，建造临时密闭墙时使用。电动喷涂设备宜于在宽敞的场所大面积连续喷涂，主要由 (　　)、压气系统 (可采用高压气瓶或采用小型空气机供气) 等部分构成。

A. 喷枪　　　　　　　　　　　　　　B. 环形活塞泵

C. 电机（分防爆和非防爆型）　　　　D. 药箱

232. CFJD5 型和 CFJD25 型电子风表主要由（　　）电路板、镍氢电池组、铭牌、下盖、充电接触钉构成。

A. 翼轮　　B. 三脚架　　C. 外壳　　D. 面板

233. DFA－3 低速风表使用时注意事项有（　　）。

A. 防止剧烈撞击，震动

B. 不要随意松动螺丝与打开护盖等

C. 不要碰触或拨动翼片，防止因变形而改变性能致使测值不准

D. 使用后擦净，放入盒内，置于干燥处保存，每半年检验一次

234. KAR/CPR300 型心肺复苏模拟人主要用于医护、救护人员掌握心肺复苏技术的一种日常训练器材。具有模拟（　　）并有颈动脉自动搏动，心脏自动恢复跳动的声音，瞳孔由散大自动缩小恢复正常。可供救护人员初学训练、单人考核、双人考核以及成绩打印等。

A. 标准气道放开　　B. 胸外按压　　C. 人工呼吸　　D. 自主呼吸

235. AE103 型固体润滑充氧泵外部结构主要由（　　）箱体（包括真空泵）连接管等组成。

A. 压缩机　　B. 电机　　C. 电器控制系统　　D. 操纵面板

236. 光干涉甲烷检定器主要部件有（　　）折射棱镜组、反射棱镜组、物镜组、测微组、目镜组、吸收管组、气室组、按钮组主要部件组成。

A. 照明装置组　　B. 聚光镜组　　C. 平面镜组　　D. 控制面板组

237. P－6 型自动复苏器用途广泛用于（　　）等地的人工呼吸应急处理。利用压缩氧气，促使伤员恢复自主呼吸。

A. 医疗急救　　B. 火灾现场　　C. 特大灾害　　D. 战场

238. 一氧化碳检定器由（　　）唧筒等部件组成；快速测定器是由测管和吸气装置两部分组成。

A. 进气嘴　　　　　　　　　　　　B. 检知管插座

C. 锥形阀杆和三通阀　　　　　　　D. 拉杆、手柄

239. 一氧化碳检定器测定管的结构由外壳、(　　）组成。

A. 堵塞物　　B. 保护胶　　C. 隔离层　　D. 指示

240. 小队和个人装备使用后，必须立即进行（　　）补充备品备件，并检查是否达到技术标准要求，保持完好状态。

A. 清洗　　B. 消毒　　C. 去垢除锈　　D. 更换药品

241. 在事故救援时，必须保证通信畅通：(　　）。

A. 抢救指挥部与地面基地、井下基地　　B. 井下基地与灾区救护小队

C. 地面基地与救护队员　　　　　　　　D. 队员之间

242. 氧气充填泵在 20 MPa 压力检查时，应（　　）。

A. 不漏油　　B. 不漏气　　C. 不漏水　　D. 无杂音

243. 小队在窒息区内工作时，指战员应遵守哪些规定（　　）。

A. 小队长应使队员保持在彼此能看到或听到音响信号的范围以内

B. 如果窒息区工作地点距离新鲜风流处很近，并且在这一地点不能以全小队进行工作时，小队长可派不少于 1 名队员进入窒息区工作，并与他们利用显示信号或音响信号保持直接联系

C. 在窒息区工作时，任何情况下都严禁指战员单独行动，严禁通过口具讲话或摘掉口具讲话

D. 在窒息区工作时，小队长要经常观察队员的氧气压力，并根据氧气压力最低的 1 名队员来确定整个小队的返回时间

244. 处理爆炸事故时，矿山救护队的主要任务是（　　）。

A. 抢救遇险人员　　B. 充满爆炸烟气的巷道禁止通风

C. 抢救人员时清理堵塞物　　D. 扑灭因爆炸产生的火灾

245. 进风井口建筑物发生火灾时，防止火灾气体及火焰侵入井下的措施有（　　）。

A. 立即反风或关闭井口防火门

B. 如不能反风，应根据矿井实际情况决定是否停止主要通风机

C. 迅速灭火

D. 撤出人员

246. 主立井井底车场硐室主要包括（　　）。

A. 翻车机硐室　　B. 煤仓　　C. 箕斗装载硐室　　D. 清理斜巷

E. 绞车硐室

247. 下列巷道属于矿井准备巷道的是（　　）。

A. 运输大巷　　B. 运输上山　　C. 区段平巷　　D. 采区车场

248. 巷旁支护有哪些类型（　　）。

A. 加强支护　　B. 密集支柱

C. 矸石带　　D. 人工砌块巷旁支护带

249. 下列选项中，属于综采工作面端头支护方式的是（　　）。

A. 端头支架支护　　B. 木垛支护

C. 单体液压支架支护

250. 喷射混凝土支护主要有以下三方面作用：（　　）。

A. 挤压加固拱作用　　B. 防止围岩风化作用

C. 提高围岩强度作用　　D. 改善围岩应力状态作用

E. 组合梁作用

251. 下面选项中，属于顶板状态参数的是（　　）。

A. 顶底板移近量　　B. 顶板下沉量

C. 支护密度　　D. 支护系统刚度

252. 巷道断面形状的选择主要应考虑到下列因素：（　　）。

A. 巷道的围岩性质及地压力　　B. 支架的材料

C. 巷道的用途　　D. 巷道服务期限

253. 煤层顶板有含水层和水体存在时应当（　　）。

A. 观测垮落带　　B. 导水裂缝带

C. 弯曲带发育高度　　　　　　　　　　D. 进行专项设计

E. 确定安全合理的防隔水（岩）柱厚度

254. 每年必须对矿井进行瓦斯等级和二氧化碳涌出的鉴定工作，报省（自治区、直辖市）负责煤炭行业管理的部门审批，并报省级煤矿安全监察机构备案。上报时应包括（　　）的鉴定结果。

A. 开采煤层最短发火期　　　　　　　B. 自燃倾向性

C. 煤尘爆炸性　　　　　　　　　　　D. 瓦斯爆炸性

E. 开采煤层最长发火期

255. 瓦斯抽放泵房必须有（　　）等参数的仪表或自动检测系统。

A. 直通调度室的电话　　　　　　　　B. 检测管道

C. 瓦斯浓度　　　　　　　　　　　　D. 流量

E. 压力

256.《煤矿安全规程》规定，必须设专职人员负责便携式甲烷检测报警仪的（　　）。每班要清理隔爆罩上的煤尘，发放前必须检查便携式甲烷检测报警仪的零点和电压或电源欠压值，不符合要求的严禁发放使用。

A. 质量　　　　B. 数量　　　　C. 充电　　　　D. 收发

E. 维护

257.《煤矿安全规程》规定，在（　　）条件下必须对保护层保护效果进行检验。

A. 保护层的开采厚度等于或小于 0.5 m

B. 保护层的开采厚度等于或小于 1 m

C. 上保护层与突出煤层间距大于 50 m

D. 下保护层与突出煤层间距大于 80 m

E. 上保护层与突出煤层间距大于 80 m

258. 防治石门突出可采取的措施有（　　）。

A. 抽放瓦斯　　　　B. 水力冲孔　　　　C. 排放钻孔　　　　D. 高压注浆

E. 金属骨架

259. 封闭的火区同时具备下列（　　）条件时，方可认为火已熄灭。

A. 火区内的空气温度下降到 30 ℃以下，或与火灾发生前该区的日常空气温度相同

B. 火区内空气中的氧气浓度降到 2.0% 以下

C. 火区内空气中不含有乙烯、乙炔，一氧化碳浓度在封闭期间内逐渐下降，并稳定在 0.001% 以下

D. 火区的出水温度低于 25 ℃，或与火灾发生前该区的日常出水温度相同

E. 上述 4 项指标持续稳定的时间在 1 个月以上

260. 井下爆炸材料库（　　）使用带式输送机或液力偶合器的巷道以及采掘工作面附近的巷道中，应备有灭火器材，其数量、规格和存放地点，应在灾害预防和处理计划中确定。

A. 机电设备硐室　　B. 检修硐室　　　　C. 材料库　　　　D. 井底车场

E. 急救站

261. 氧气充填泵在 20 MPa 压力情况下不得（　　）。

A. 漏油　　B. 漏气　　C. 漏水　　D. 断电

E. 漏液

262. 制定需要矿山救护队执行的（　　）等安全技术工作的安全措施时，矿山救护队必须参加。

A. 排放瓦斯　　B. 井下烧焊　　C. 震动爆破　　D. 反风演习

E. 巷道贯通

263. 在重大事故抢险工作中，井下基地应有（　　）。

A. 救护队指挥员　　B. 待机小队　　C. 专业医生　　D. 通信器材

E. 必要的救护装备和器材

264. 瓦斯空气混合气体中混入（　　）会增加瓦斯的爆炸性，降低瓦斯爆炸的浓度下限。

A. 可爆性煤尘　　B. 一氧化碳气体　　C. 硫化氢气体　　D. 二氧化碳气体

265. 下列气体中是矿井空气常见的气体有（　　）。

A. 一氧化碳　　B. 硫化氢　　C. 氟化氢　　D. 二氧化硫

266. 煤矿特种作业是指容易发生事故，对（　　）的安全健康及设备、设施的安全可能造成重大危害的作业。

A. 操作者本人　　B. 作业场所工作人员

C. 邻近其他作业场所工作人员

267. 我国煤矿多为地下开采，作业地点经常受到（　　）和顶板灾害的威胁。

A. 水灾　　B. 火灾　　C. 瓦斯灾害　　D. 粉尘危害

268. 矿井瓦斯爆炸将导致（　　）。

A. 温度升高　　B. 产生高压气流　　C. 产生有毒有害气体

269. 煤与瓦斯突出的危害有（　　）。

A. 造成人员窒息、死亡　　B. 发生瓦斯爆炸、燃烧

C. 破坏通风系统甚至发生风流逆转　　D. 堵塞和破坏巷道、摧毁设备

270. 煤与瓦斯突出危险性随（　　）增加而增大。

A. 煤层埋藏深度　　B. 煤层厚度　　C. 煤层透气性　　D. 煤层倾角

271. 瓦斯的主要性质有（　　）。

A. 窒息性　　B. 扩散性　　C. 可燃性　　D. 爆炸性

272. 在煤矿井下，硫化氢气体危害的主要表现为（　　）。

A. 刺激性、有毒性　　B. 可燃性

C. 致使瓦斯传感器催化剂“中毒”　　D. 爆炸性

273. 煤矿特种作业人员应具备的素质是（　　）。

A. 安全意识牢固　　B. 法制观念强

C. 专业技术水平高　　D. 工作作风好

274. （　　）人员均容易引发事故。

A. 违章作业　　B. 上班前喝酒　　C. 安全意识不强　　D. 未经培训

275. 矿井通风的基本任务是（　　）。

A. 供作业人员呼吸　　B. 防止煤炭自然发火

C. 冲淡和排除有毒有害气体　　D. 创造良好的气候条件

E. 提高井下的大气压力

276. 顶板事故发生后，如暂时不能恢复冒顶区的正常通风等，则可以利用（　　）向被埋压或截堵的人员供给新鲜空气、饮料和食物。

A. 压风管　　B. 开掘巷道　　C. 打钻孔　　D. 水管

277. 造成局部通风机循环风的原因可能是（　　）。

A. 风筒破损严重，漏风量过大

B. 局部通风机安设的位置距离掘进巷道口太近

C. 全风压的供风量大于局部通风机的吸风量

D. 全风压的供风量小于局部通风机的吸风量

278. 在煤矿井下，瓦斯容易局部积聚的地方有（　　）。

A. 掘进下山迎头　　B. 掘进上山迎头　　C. 回风大巷　　D. 工作面上隅角

279. 确定矿井瓦斯等级的依据是（　　）。

A. 绝对瓦斯涌出量　　B. 瓦斯含量

C. 相对瓦斯涌出量　　D. 瓦斯涌出形式

280. 矿井瓦斯爆炸的条件是（　　）。

A. 混合气体中瓦斯浓度范围5% ~16%

B. 混合气体中氧气浓度大于12%

C. 高温点火源650 ~750 ℃

281. 防止瓦斯爆炸的措施是（　　）。

A. 抽放瓦斯　　B. 防止瓦斯积聚

C. 防止瓦斯引燃　　D. 防止煤尘达到爆炸浓度

282. 掘进工作面中最容易导致瓦斯积聚的因素有（　　）。

A. 局部通风机时开时停　　B. 风筒严重漏风

C. 局部通风机产生循环风　　D. 全风压供风量不足

283. 防止瓦斯积聚和超限的措施主要有（　　）。

A. 加强通风　　B. 抽放瓦斯

C. 及时处理局部积聚的瓦斯　　D. 加强瓦斯浓度和通风状况检查

284. 煤矿井下巷道用于隔断风流的设施主要有（　　）。

A. 防爆门　　B. 密闭墙　　C. 风门　　D. 风桥

285. 井下临时停工地点不得停风，否则应采取（　　）等措施。

A. 切断电源　　B. 设置警标，禁止人员进入

C. 设置栅栏　　D. 向矿调度室汇报

286. 矿井风门设置和使用的基本要求包括（　　）等。

A. 使用的进回风巷间的联络巷必须安设2道风门，其间距必须满足有关规定

B. 两道风门设置风门连锁装置，不能同时打开

C. 主要风门应设置风门开关传感器

D. 风门必须可靠，不准出现漏风现象

287. 预防巷道冒顶事故应采取的措施主要包括（　　）等。

A. 合理布置巷道

B. 合理选择巷道断面形状和断面尺寸以及支护方式

C. 有足够的支护强度，加强支护维修

D. 坚持“敲帮问顶”制度

288. 井下电气设备火灾可用（　　）灭火等。

A. 水　　B. 干粉灭火器　　C. 沙子　　D. 不导电的岩粉

289. 矿井内一氧化碳的来源有（　　）。

A. 炮烟　　B. 意外火灾　　C. 煤炭自燃　　D. 瓦斯煤尘爆炸

290. 井下使用的（　　），应是阻燃材料制成的。

A. 电缆外套　　B. 风筒　　C. 输送机胶带　　D. 支护材料

291. 井下发生瓦斯爆炸时，减轻伤害的自救方法有（　　）。

A. 背对空气颤动方向，俯卧倒地，面部贴在地面、水沟，避开冲击

B. 憋气暂停呼吸，用湿毛巾捂住口鼻，防止吸入火焰

C. 用衣物盖住身体，减少肉体暴露面积，减少烧伤

D. 迅速戴好自救器撤离，防止中毒

E. 若巷道破坏严重、无法撤离时，到安全地点，躲避待救

292. 采掘工作面或其他地点发现有突水征兆时，应当（　　）。

A. 立即停止作业　　B. 报告矿调度室

C. 发出警报　　D. 撤出所有受水威胁地点的人员

E. 在原因未查清、隐患未排除之前，不得进行任何采掘活动

293. 采掘工作面或其他地点的突水征兆主要有（　　）。

A. 煤层变湿、挂红、挂汗、空气变冷、出现雾气

B. 水叫、顶板来压、片帮、淋水加大

C. 底板鼓起或产生裂隙、出现渗水、钻孔喷水、底板涌水、煤壁溃水

D. 水色发浑、有臭味

294. 采掘工作面及其他作业地点风流中、电动机或开关安设地点附近 20 m 以内风流中的瓦斯浓度达到 1.5% 时，必须（　　）。

A. 停止工作　　B. 切断电源　　C. 撤出人员　　D. 进行处理

E. 坚守岗位继续作业

295. 在采用敲帮问顶、排除帮顶浮石的作业中，正确的做法是（　　）。

A. 敲帮问顶人员要观察周围环境，严禁站在岩块下方或岩块滑落方向，并选好退路

B. 必须有监护人员，监护人员应站在敲帮问顶人员的侧后面，并保证退路畅通

C. 作业从支护完好的地点开始，由外向里、先顶后帮依次进行

D. 严禁与敲帮问顶作业无关人员进入作业区域

296. 井下爆炸材料库、机电设备硐室、（　　）以及采掘工作面附近的巷道中，应备有灭火器材，其数量、规格和存放地点要在灾害预防和处理计划中确定。

A. 检修硐室　　B. 材料库

C. 井底车场　　D. 使用带式输送机或液力偶合器的巷道

E. 主要绞车道

297. 井下机电设备硐室应当设在进风风流中，硐室采用扩散通风时应符合的要求是（　　）。

A. 硐室深度不得超过 6 m
B. 硐室入口宽度不得小于 1.5 m
C. 硐室内无瓦斯涌出
D. 硐室布置在岩层内
E. 设有甲烷传感器

298. 掘进井巷和硐室时，必须采取（　　）等综合防尘措施。

A. 湿式钻眼、水炮泥
B. 冲洗井壁巷帮
C. 净化风流
D. 爆破喷雾降尘
E. 装岩（煤）洒水

299. 煤尘爆炸效应主要有（　　）。

A. 爆源周围空气产生高温
B. 爆源周围空气产生高压
C. 生成大量有毒、有害气体
D. 形成爆炸冲击波

300. 煤矿井下紧急避险设施主要包括（　　）。

A. 永久避难硐室
B. 临时避难硐室
C. 可移动式救生舱
D. 候车硐室

301. 煤矿作业场所职业危害的主要因素有（　　）。

A. 粉尘（煤尘、岩尘、水泥尘等）
B. 化学物质（氮氧化物、碳氧化物、硫化物等）
C. 物理因素（噪声、高温、潮湿等）
D. 生物因素（传染病、流行病等）

302. 入井前需要做的准备工作有（　　）。

A. 入井前严禁喝酒
B. 检查随身物品，严禁穿化纤衣服，严禁携带烟草和点火物品
C. 携带个人防护用品，如安全帽、自救器等
D. 领取矿灯并检查矿灯是否完好
E. 携带其他作业需要的物品

303. 斜井提升时，（　　）等属于违章行为。

A. 扒、蹬、跳运行中的矿车（人车）、带式输送机
B. 行车时行人
C. 超员乘坐人车
D. 不带电放车
E. 没有跟车人行车

304. 关于井下电器操作行为，属于违章作业的是（　　）。

A. 带电作业
B. 停电作业不挂牌
C. 机电设备解除保护装置运行
D. 非专职人员或非值班电气人员擅自操作电气设备
E. 井下带电移动电气设备

305. 下列操作行为属于违章作业的是（　　）。

A. 擅自移动、调整、甩掉、破坏瓦斯监控设施
B. 井下无风坚持作业

C. 井下带风门的巷道1组风门同时开启

D. 私藏、私埋、乱扔、乱放或转借（交）他人雷管、炸药

306. 下列从业行为属于违章作业的是（　　）。

A. 无证上岗

B. 入井不戴安全帽、矿灯、自救器

C. 脱岗、睡觉、酒后上岗

D. 不执行“敲帮问顶”制度和“支护原则”

E. 在空帮、空顶、浮石伞檐下作业或进入采空区（老塘）作业

307. 发生局部冒顶的预兆有（　　）。

A. 顶板裂隙张开，裂隙增多

B. 顶板裂隙内有活矸，并有掉碴现象

C. 煤层与顶板接触面上极薄的矸石片不断脱落

D. 敲帮问顶时声音不正常

308. 在煤矿井下，瓦斯的危害主要表现为（　　）。

A. 使人中毒　　B. 使人窒息　　C. 爆炸和燃烧　　D. 自然发火

E. 煤与瓦斯突出

309. 在突出煤层的石门揭煤和煤巷掘进工作面进风侧，必须设置至少2道牢固可靠的反向风门，下列关于反向风门位置说法正确的是（　　）。

A. 反向风门之间的距离不得小于4 m

B. 反向风门距工作面回风巷不得小于10 m

C. 反向风门与工作面最近距离一般不得小于70 m

D. 反向风门与工作面最近距离小于70 m时，应设置至少3道反向风门

E. 墙壁厚度不得小于0.5 m

310. 通常以井筒形式为依据，将矿井开拓方式划分为（　　）。

A. 斜井开拓　　B. 平硐开拓　　C. 立井开拓　　D. 综合开拓

311. 矿井空气中含有的主要有害气体包括（　　）等。

A. 一氧化碳　　B. 硫化氢　　C. 甲烷　　D. 二氧化氮

E. 二氧化硫

312. 煤矿企业要积极依靠科技进步，应采用有利于职业危害防治和保护从业人员健康的（　　）。

A. 新技术　　B. 新工艺　　C. 新材料　　D. 新产品

313. 矿井必须建立完善的防尘洒水系统。其防尘管路应（　　）。

A. 铺设到所有可能产尘的地点　　B. 保证各用水点水压满足降尘需要

C. 保证水质清洁

314. 井下发生险情，拨打急救电话时，应说清（　　）。

A. 受伤人数　　B. 患者伤情　　C. 地点　　D. 患者姓名

315. 判断骨折的依据主要有（　　）。

A. 疼痛　　B. 肿胀　　C. 畸形　　D. 功能障碍

316. 因伤出血用止血带时应注意（　　）。

A. 松紧合适，以远端不出血为止

B. 留有标记，写明时间

C. 使用止血带以不超过 2 h 为宜，应尽快送医院救治

D. 每隔 30 ~ 60 min 左右，放松 2 ~ 3 min

317. 事故外伤现场急救技术主要有（　　）。

A. 暂时性止血　　B. 创伤包扎　　C. 骨折临时固定　　D. 伤员搬运

318. 事故发生时，现场人员的行动原则是（　　）。

A. 积极抢救　　B. 及时汇报　　C. 安全撤离　　D. 妥善避难

319. 心跳呼吸停止后的症状有（　　）。

A. 瞳孔散大、固定　　B. 心音、脉搏消失

C. 脸色发绀　　D. 神志丧失

320. 在煤矿井下搬运伤员的方法有（　　）。

A. 担架搬运　　B. 单人徒手搬运　　C. 双人徒手搬运　　D. 车辆搬运

321. 在煤矿井下判断伤员是否有呼吸的方法有（　　）。

A. 耳听　　B. 眼视　　C. 晃动伤员　　D. 皮肤感觉

322. 用人工呼吸方法进行抢救，做口对口人工呼吸前，应（　　）。

A. 将伤员放在空气流通的安全地方

B. 将伤员平卧，解松伤员的衣扣、裤带、裸露前胸

C. 将伤员的头侧放，清除伤员口中异物

323. 压缩氧隔离式自救器在携带与使用中应注意（　　）。

A. 携带过程中严禁开启扳把　　B. 携带过程中要防止撞击、挤压

C. 使用过程中不可通过口具讲话　　D. 使用过程中不得摘掉鼻夹、口具

324. 隔离式自救器分为化学氧自救器和压缩氧自救器两种。它们可以防护（　　）等各种有害气体。

A. 硫化氢　　B. 二氧化硫　　C. 一氧化碳　　D. 二氧化氮

325. 影响触电危险性的因素主要有（　　）。

A. 触电电网是否有过流保护　　B. 触电时间长短

C. 触电电流流经人体的路径　　D. 人的精神状态和健康状态

E. 流经人体的电流大小

326. 预防触电伤亡事故的主要措施有（　　）。

A. 装设漏电保护装置　　B. 使人身不能触及或接近带电体

C. 严禁电网中性点直接接地　　D. 设置保护接地

E. 装设过流保护装置

327. 对长期被困井下人员急救升井时应采取（　　）等措施。

A. 用衣服片、毛巾等蒙住其眼睛　　B. 用棉花等堵住耳朵

C. 立即更换衣物　　D. 不能让其进食过量食物

328. 佩戴自救器撤离不安全区域过程中，如果吸气时感到干燥且不舒服时，不能（　　）。

A. 脱掉口具吸气　　B. 摘掉鼻夹吸气

C. 通过口具讲话

329. 火区封闭后，如果火区内（　　）没有下降趋势，应查找原因，采取补救措施。

A. 一氧化碳　　B. 二氧化碳　　C. 二氧化硫　　D. 温度

E. 氧气

330. 救护队从事救护侦察时，应查明事故（　　）。

A. 类别、范围　　B. 遇险、遇难人员的数量和位置

C. 通风、瓦斯、粉尘　　D. 有毒、有害气体及温度

331. 在（　　）情况下，采用隔绝方法或综合方法灭火。

A. 缺乏灭火器材或人员时

B. 火源点不明确、火区范围为大、难以接近火源时

C. 采用积极方法不经济时

D. 用直接灭火的方法无效或直接灭火对人员有危险时

332. 氧气充填泵房应安装（　　）严禁有（　　）并保持通风良好、卫生清洁。

A. 防爆灯具　　B. 日光灯

C. 烟火，易燃、易爆物品　　D. 水

333. 减阻法调风应采取的主要方法有（　　）。

A. 扩大巷道断面　　B. 降低摩擦阻力系数

C. 清除巷道中的局部阻力物　　D. 尽可能采用并联风路

E. 缩短风流线路的总长度等

334. 处理上山巷道水灾时应专人检查（　　）。

A. 甲烷　　B. 一氧化碳　　C. 二氧化硫　　D. 氧气

335. 在选择灭火方法时，指挥员应该考虑到（　　）。

A. 火灾的特点　　B. 发生的地点、范围

C. 灭火的人力、物力

336. 应急救援的基本任务是（　　）。

A. 及时营救遇难人员　　B. 及时控制危险源

C. 清除事故现场危害后果　　D. 查清事故原因，评估危害程度

337. 我国重特大事故多发的主要原因有（　　）。

A. 安全第一的思想没有牢固树立起来

B. 煤矿安全管理薄弱，安全生产措施不落实

C. “一通三防”工作滑坡，安全欠账多，矿井总体防灾能力下降

D. 小煤矿问题仍然比较突出

338. 根据《重大危险源辨识》标准，与重大危险源有关的物质种类有（　　）。

A. 爆炸性物质　　B. 易燃物质　　C. 活性化学物质　　D. 有毒物质

339. 煤矿职工应该对常见的职业病具有预防常识和配备使用相应的劳动防护用品，这些常见的职业病有（　　）。

A. 煤工尘肺　　B. 硅肺

C. 听力损伤　　D. 皮肤病和心理障碍

340. 三角巾适用于下列哪些部位包扎（　　）。

A. 头部　　B. 眼睛　　C. 下腹　　D. 胸部
E. 手足　　F. 膝（肘）关节

341.《国家突发公共事件总体应急预案》按照各类突发公共事件的（　　）等因素，将其分为四级。

A. 性质　　B. 严重程序　　C. 经济损失情况　　D. 可控性
E. 影响范围

342. 矿山救护队出动执行救援任务时，必须穿戴矿山救援防护服装，佩戴并按规定使用氧气呼吸器，携带（　　）。

A. 相关装备　　B. 仪器　　C. 用品

343. 矿山救护队必须实行（　　）管理和 24 h 值班。

A. 常态化　　B. 目标化　　C. 标准化　　D. 军事化

344. 发生事故的煤矿必须全力做好事故应急救援及相关工作，并报请当地政府和主管部门在（　　）现场秩序维护等方面提供保障。

A. 通信　　B. 交通运输　　C. 资金　　D. 医疗
E. 电力

345. 井工煤矿应当向矿山救护队提供（　　）、灾害预防和处理计划，以及应急救援预案。

A. 采掘工程平面图　　B. 矿井通风系统图
C. 矿井排水系统图　　D. 井上下对照图
E. 井下避灾路线图

346. 露天煤矿应当向矿山救护队提供（　　），以及应急救援预案。

A. 采剥、排土工程平面图　　B. 运输系统图
C. 防排水系统图　　D. 排水设备布置图
E. 井工采空区与露天矿平面对照图

347. 清理突出的煤（岩）时，必须制定（　　），以及防止再次发生突出事故的安全措施。

A. 防煤尘　　B. 瓦斯超限　　C. 出现火源　　D. 冒顶
E. 片帮

348. 煤矿企业应当有创伤急救系统为其服务。创伤急救系统应当配备（　　）和药品等。

A. 救护车辆　　B. 急救器材　　C. 急救装备

349. 紧急避险设施应与（　　）通信联络等系统相连接，形成井下整体性的安全避险系统。

A. 矿井安全监测监控　　B. 人员定位
C. 压风自救　　D. 供水施救

350. 生产经营单位的应急预案按照针对情况的不同，分为（　　）。

A. 综合应急预案　　B. 专项应急预案
C. 现场处置方案　　D. 其他预案

351. 生产经营单位申请应急预案备案，应当提交以下材料（　　）。

A. 应急预案备案申请表　　B. 应急预案评审或者论证意见

C. 应急预案文本及电子文档　　D. 编撰作者

352. 建设项目的职业危害防护设施应当与主体工程、同时（　　）。

A. 同时设计　　B. 同时施工　　C. 同时投入生产　　D. 同时使用

353. 独立救援中队应当配备必要的（　　）。

A. 管理人员　　B. 司机　　C. 仪器维修　　D. 氧气充填人员

354. 救护队的日常训练内容包括（　　）。

A. 救援技术操作训练　　B. 救援装备和仪器操作训练

C. 体能训练和高温浓烟训练　　D. 军事化队列训练

355. 在重特大事故或者复杂事故救援现场，应当安排（　　）值班，设置通往救援指挥部和灾区的电话，配备必要的救护装备和器材。

A. 矿山救护队指挥员　　B. 待机小队

C. 急救员　　D. 爆破工

356. 处理顶板事故时，指定专人（　　），发现异常，立即撤出人员。

A. 检查甲烷浓度　　B. 观察顶板

C. 周围支护情况　　D. 火风压

357. 《矿山救护规程》的适用范围包括（　　）。

A. 石油矿　　B. 天然气矿　　C. 煤矿　　D. 金属非金属矿

358. 凡有下列疾病之一者，严禁从事救护工作（　　）。

A. 有传染性疾病者　　B. 色盲

C. 高血压　　D. 尿内有异常成分者

359. 矿山救护队的任务和主要工作是（　　）。

A. 抢救井下遇险遇难人员　　B. 处理井下灾害事故

C. 参加井下安全技术工作　　D. 消除事故隐患

360. 矿井通风系统图必须标明（　　）。

A. 风流方向　　B. 风量

C. 通风设施的安装地点　　D. 安全出口

361. 处理灾变事故时，应当（　　）。

A. 撤出灾区所有人员，准确统计井下人数，严格控制入井人数

B. 提供救援需要的图纸和技术资料

C. 组织人力、调配装备和物资参加抢险救援，做好后勤保障工作

D. 立即进入救援

362. 用水灭火应当具备以下条件（　　）。

A. 火源明确　　B. 水源、人力和物力充足

C. 有畅通的回风道　　D. 瓦斯浓度不超过 1%

363. 进风井口建筑物发生火灾，应当采取防止火灾气体和火焰侵入井下的措施（　　）。

A. 立即反风或者关闭井口防火门　　B. 迅速灭火

C. 加大供风量　　D. 以上都可以

364. 独头巷道发生火灾，救援应当遵守以下规定（　　）。

A. 在维持局部通风机正常通风的情况下，积极灭火

B. 平巷独头巷道掘进头发生火灾，瓦斯浓度不超过 2% 时，应在通风的情况下采用直接灭火

C. 平巷独头巷道中段发生火灾，灭火时必须注意火源以里的瓦斯情况，设专人随时检测，防止积聚的瓦斯经过火点

D. 直接灭火

365. 处理瓦斯、矿尘爆炸事故，矿山救援队的主要任务是（　　）。

A. 灾区侦察　　B. 抢救遇险人员

C. 清理灾区堵塞物　　D. 恢复通风

366. 矿山救援队进入爆炸事故灾区必须遵守以下规定（　　）。

A. 切断灾区电源　　B. 行动要谨慎，防止碰撞产生火花

C. 检查灾区内有毒有害气体的浓度　　D. 立即进入救人

367. 炮烟中毒事故救援应当遵守以下规定（　　）。

A. 加强通风，监测有毒有害气体

B. 确认没有爆炸危险时，采用局部通风的方式，稀释炮烟浓度

C. 保持通信联系

D. 如果有队员身体出现反常或氧气呼吸器故障时，全小队立即撤出灾区

368. 影响煤层瓦斯含量的主要因素有（　　）。

A. 埋藏深度　　B. 煤层倾角　　C. 煤层露头　　D. 地质构造

369. 防止矿井瓦斯爆炸的技术措施有（　　）。

A. 防止瓦斯超限与积聚　　B. 防止瓦斯引燃

C. 防止瓦斯事故扩大　　D. 防止二氧化碳涌出

370. 抢救人员和灭火过程中，必须指定专人检查（　　）其他有害气体浓度和风向、风量的变化，并采取防止瓦斯、煤尘爆炸和人员中毒的安全措施。

A. 甲烷　　B. 一氧化碳　　C. 煤尘　　D. 氧气

371. 发生矿井水灾事故，根据（　　）提出抢救被困人员的有关建议。

A. 水害受灾面积　　B. 水量

C. 涌水速度　　D. 有毒有害气体浓度

372. 采取通风措施限制火风压时，通常是采取（　　）措施。

A. 控制风速　　B. 调节风量

C. 减少回风侧风阻　　D. 设水幕洒水

373. 对于（　　）的中毒伤员只能进行口对口的人工呼吸，不能进行压胸或压背的人工呼吸。

A. 二氧化硫　　B. 二氧化氮　　C. 一氧化碳　　D. 二氧化碳

374. 永久性密闭墙的管理应定期检查密闭墙外的（　　），密闭墙内外空气压差以及密闭墙墙体。发现封闭不严、有其他缺陷或者火区有异常变化时，必须采取措施及时处理。

A. 空气温度　　B. 瓦斯浓度　　C. 空气成分　　D. 通风情况

375. 安装高倍数泡沫灭火机时，在安装地点应备好（　　）及水源。

A. 防爆磁力启动器　　B. 防爆插座开关

C. 四通接线盒　　D. 三相闸刀

376. GP200 型高倍数泡沫灭火机由几部分组成（　　）。

A. 风机　　B. 泡沫发射器　　C. 供液系统　　D. 降温装置

377. 处理井下火灾应遵循的原则（　　）。

A. 控制烟雾的蔓延，防止火灾扩大　　B. 防止引起瓦斯或煤尘爆炸

C. 尽量采用综合灭火　　D. 保护救护人员安全

378. 建造火区风墙时必须做到（　　）。

A. 风墙的位置应选择在距巷道交叉口小于 10 m

B. 进风道和回风道中的风墙同时建造

C. 拆掉压缩空气管路、电缆、水管及轨道

D. 设专人随时检查观察瓦斯变化

379. 处理井下火灾，采用直接灭火应具备的条件（　　）。

A. 火源范围很大　　B. 水源、人力、物力充足

C. 有畅通的回风道　　D. 瓦斯浓度不超过 1%

380. 非煤矿山火灾救援按灭火原理，常用的灭火方法有（　　）。

A. 冷却法　　B. 覆盖法　　C. 抑制法　　D. 综合灭火法

381. 采用灌浆防灭火时，应遵守下列规定：（　　）。

A. 采区设计必须明确规定巷道布置方式、隔离煤柱尺寸、灌浆系统、疏水系统、预固防火墙的位置以及采掘顺序

B. 安排生产设计时，必须同时安排防火灌浆计划，落实灌浆地点、时间、进度、灌浆浓度和灌浆量

C. 采区开采线、终采线、上下煤柱线内的采空区，应加强防火灌浆

D. 应有灌浆前疏水和灌浆后防止溃浆、透水的措施

382. 矿井火灾时期风流控制包括（　　）。

A. 风量控制　　B. 风向控制　　C. 风阻　　D. 通风设施

383. 启封现场，救灾人员应根据（　　）来判断爆炸可能发生。

A. 氧气浓度升高　　B. CO 或 H_2 连续增加

C. 在冒顶处烟雾增加　　D. 压力波动

384. 采用均压技术进行防灭火时，必须有专人观测与分析采空区和火区的（　　）。

A. 漏风量　　B. 漏风方向

C. 空气温度　　D. 防火墙内外压差

385. 为保证在高温区工作的安全，采取的降温方法有（　　）。

A. 利用局部通风机、风管、通风装置、水幕和水冷却巷道

B. 临时封闭高温区

C. 穿防热服

D. 调整风流

386. 进风的下山巷道着火时，必须采取防止（　　）的措施。

A. 火风压造成风流紊乱　　B. 巷道溃决

C. 风流逆转　　D. 瓦斯积聚

387. 防火墙的封闭顺序，首先应封闭所有其他防火墙，留下进回风主要防火墙最后封闭。进回风主要防火墙封闭顺序不仅影响有效控制火势，而且关系救护队员的安全，先回后进的优点是（　　）。

A. 氧气浓度下降慢

B. 迅速减少火区流向回风侧的烟流量

C. 燃烧生成物二氧化碳等惰性气体可反转流回火区

D. 可能使火区大气惰性化，有助于灭火

388. 防火墙的封闭顺序，首先应封闭所有其他防火墙，留下进回风主要防火墙最后封闭。进回风主要防火墙封闭顺序不仅影响有效控制火势，而且关系救护队员的安全，先回后进的缺点是（　　）。

A. 回风侧构筑防火墙艰苦、危险

B. 火区巷道瓦斯涌出量仍较大，致使截断风流前，瓦斯浓度上升速度快，氧气浓度下降慢

C. 火区中易形成爆炸性气体，可能早于燃烧产生的惰性气体流入火源而引起爆炸

D. 使火区大气隋化

389. 防火墙的封闭顺序，首先应封闭所有其他防火墙，留下进回风主要防火墙最后封闭。进回风主要防火墙封闭顺序不仅影响有效控制火势，而且关系救护队员的安全，先进后回的优点是（　　）。

A. 迅速减少火区流向回风侧的烟流量

B. 火区内风流压力急剧降低

C. 火势减弱

D. 为建造回风侧防火墙创造安全条件

390. 采用阻化剂防灭火时，应遵守下列规定（　　）。

A. 选用的阻化剂材料不得污染井下空气和危害人体健康

B. 必须在设计中对阻化剂的种类和数量、阻化效果等主要参数做出明确规定

C. 应采取防止阻化剂腐蚀机械设备、支架等金属构件的措施

D. 井下所有巷道、工作面必须全部喷阻化剂

391. 井下不同地点的硐室发生火灾，采取的方法和措施正确的是（　　）。

A. 爆炸材料库着火时，应首先将雷管运出，然后将其他爆炸材料运出；因高温运不出时，应关闭防火门，退至安全地点

B. 绞车房着火时，应将火源下方的矿车固定，防止烧断钢丝绳造成跑车伤人

C. 蓄电池电机车库着火时，必须切断电源，采取措施，防止氢气爆炸

D. 水泵房电气设备发生火灾时，当即用水浇火点

392. 预防性灌浆的作用是（　　）。

A. 杜绝漏风、防止氧化　　B. 抑制煤炭自热氧化的发展

C. 利于自热煤体的散热　　D. 降低煤炭着火温度

393. 煤炭自燃大体上可以划分为三个主要阶段，它们分别是（　　）。

A. 准备期　　B. 预热期　　C. 自热期　　D. 燃烧期

394. 避免火风压造成风流逆转的主要措施有（　　）。

A. 积极灭火，控制火势　　B. 正确调度风流，避免事故扩大

C. 减小排烟风路阻力　　D. 现场建立可视监测系统

395. 煤炭、动物纤维和塑料燃烧，以及炸药爆炸的烟雾中，都含有（　　）。

A. 二氧化碳　　B. 甲烷　　C. 氰化氢　　D. 一氧化碳

396. 井下发生火灾时，风流紊乱的危害是（　　）。

A. 风流减少　　B. 风流逆转　　C. 烟流逆退　　D. 烟流滚退

397. 煤炭自燃是煤矿自然灾害之一，它造成（　　）。

A. 烧毁大量煤炭资源

B. 冻结大量资源

C. 产生有毒有害气体，造成人员伤亡

D. 产生火风压，井下风流紊乱

398. 火风压的特点有（　　）。

A. 高温火烟流经的井巷始末两端的标高差越大，火风压值越大

B. 火势越大，火风压就越大

C. 温度越高，火风压就越大

D. 火风压的方向，永远向下

399. 防火墙构筑期间，应注意以下方面（　　）。

A. 监测大气压的变化　　B. 控风措施

C. 防火墙构筑前的准备工作　　D. 防火墙的封闭顺序

400. 灭火应从进风侧进行，为控制火势可采取（　　）等措施阻止火势蔓延。

A. 设置水幕　　B. 拆除木支架

C. 对巷道实施爆破处理　　D. 拆除一定区段巷道中的木背板

401. 采空区火源位置的推断，我国采用的一些主要方法有（　　）。

A. 气体探测法　　B. 红外探测法

C. 煤炭自燃温度探测法　　D. 阻率探测法

402. 处理冒顶的一般原则是（　　）。

A. 先外后里　　B. 先支后拆

C. 由上至下　　D. 先近后远、先顶后帮

403. 处理冒顶事故，在瓦斯浓度不超限的情况下，还可使用氧气切割机快速切割金属，然后将遇险人员救出，绝不可用（　　）等方法扒人或破岩，切忌生拉硬拽。

A. 镐刨　　B. 锤砸　　C. 千斤顶　　D. 液压起重器

404. 处理冒顶事故时，应当遵守下列规定：（　　）。

A. 迅速恢复冒顶区的通风

B. 指定专人检查瓦斯浓度

C. 立即切断灾区电源

D. 加强巷道支护，防止发生二次冒顶

405. 大面积冒顶事故易发生于（　　）等。

A. 顶板坚硬且采空区顶板悬露面积过大、没垮落的采煤工作面

B. 地质构造带附近

C. 局部冒顶附近

406. 顶板事故灾难通常表现为采掘工作面（　　）。

A. 顶板大范围垮落　　B. 顶板大范围陷落和冒落

C. 采空区大范围垮落或陷落　　D. 局部坍塌

407. 对坍塌、溃堤的尾矿坝进行加固处理，用（　　）等方法堵塞决堤口。

A. 抛填块石　　B. 打木桩

C. 沙袋堵塞　　D. 加各种填充物

408. 发生顶板事故时应了解事故（　　）事故前人员分布位置，压风管路设置，检查氧气和瓦斯浓度等，并实地查看周围支护和顶板情况，在危及救援人员安全时，首先应加固附近支护，保证退路安全畅通。

A. 发生原因　　B. 顶板特性

C. 地压特征　　D. 地质特征

409. 井下的顶板事故，在某些方面都存在着一定的共性。根据这些共同的特性进行分类，大体上分为（　　）和（　　）。

A. 采煤工作面顶板事故　　B. 巷道顶板事故

C. 大面积切顶事故　　D. 局部冒顶事故

410. 救援钻孔分为地面钻孔和井下钻孔，有垂直孔和倾斜孔。根据用途不同，可分为（　　）。

A. 勘察钻孔　　B. 供养钻孔　　C. 撤退钻孔　　D. 前进钻孔

411. 局部冒顶事故的特点是（　　）。

A. 范围小，伤亡人数在 1 ~ 2 人

B. 大多发生在有人工作的部位

C. 缺乏规律性

D. 会破坏巷道内的设备、设施和巷道支护等

412. 掘进工作面发生冒顶，处理垮落巷道的方法有（　　）。

A. 木垛法　　B. 搭救护凉棚法

C. 撞楔法　　D. 找绕道法

413. 冒顶之前，一般是有预兆的，如果及时采取预防措施，可以防止或减少冒顶事故，这些预兆是（　　）。

A. 响声、漏顶　　B. 片帮、裂缝

C. 脱层　　D. 采空区信号，支柱有压断现象

414. 抢救被埋、被堵人员时，首先用（　　）等方法判断遇险人员位置。

A. 掘小巷　　B. 呼喊、敲击

C. 临时支护　　D. 生命探测仪器

415. 清理大块矸石压人时，使用工具要避免伤害遇险人员；在确定现场气体安全的情况下，可使用（　　）、起重气垫等工具进行处理。

A. 千斤顶　　B. 铜大锤

C. 液压起重器具　　D. 液压剪

416. 如遇险人员位置靠近放顶区时，可采用沿放顶区由外向里（　　），直到把人救出。

A. 掏小洞　　B. 架棚子　　C. 用前探棚　　D. 边支边掏

417. 试探顶板的方法有三种是（　　）。

A. 木楔法　　B. 敲帮问顶法　　C. 震动法　　D. 仪器探测法

418. 在处理冒顶事故前，救护队应向冒顶区域的有关人员了解（　　）等，并实地查看周围支架和顶板情况。

A. 事故发生原因　　B. 冒顶区域顶板特性

C. 事故前人员分布位置　　D. 检查瓦斯浓度

419. 引体向上训练要求正确的是（　　）。

A. 上拉速度稍快些　　B. 上拉速度稍慢些

C. 快速下降　　D. 缓慢下降

420. 负重蹲起训练的方法正确的是（　　）。

A. 双脚平行开立　　B. 双脚并拢　　C. 下至半蹲　　D. 尽量下蹲

421. 跳高训练的目的：主要发展（　　）腹肌的力量。

A. 大腿上部肌肉　　B. 下腹部肌肉　　C. 上腹部肌肉　　D. 胸部肌肉

422. 跳远的技术由（　　）四部分组成，各部分的技术在跳远完整技术中是互相关联的

A. 助跑　　B. 起跳　　C. 腾空　　D. 落地

E. 准备

423. BQS 系列矿井救灾排沙装备除了潜水泵、潜水电机、动力电缆、控制电缆、启动柜、扬水管以外，还有（　　）等设施。

A. 矿用小车　　B. 泵座

C. 吸水罩　　D. 控制和检测设备

424. 矿用潜水电泵工作时，被输送液体由吸水罩经过电动机表面进入泵吸水口，通过多级叶轮升压，经过水口还要经过（　　）设施排出。

A. 逆止阀　　B. 扬水管　　C. 反导翼　　D. 吸水罩

425. 离心式斜井排水救灾装备，除了自平衡矿用耐磨泵、潜水泵、防爆潜水电机、逆止阀、闸阀、防爆开关、矿用小车以外，还包括（　　）等设施。

A. 动力电缆　　B. 控制电缆　　C. 开关柜　　D. 排水管路

426. 离心式斜井应急排水系统通过泵轴在电动机的带动下旋转的叶轮，对液体做功，使其能量增加，从而使需要数量的液体由吸入池经泵的进水段、正叶轮、正导叶、中段、出水段的水平出水口，还经过（　　）设施将液体源源不断地送出。

A. 过渡管　　B. 次级进水段

C. 反导叶　　D. 出水段的垂直出水口

427. 扬程 1000 m 的潜水泵各种保护系统包括（　　）。

A. 水位保护　　B. 温度保护　　C. 过流保护　　D. 过压保护

428. 车载卫星天线系统由（　　）及伺服机构，寻星控制系统等设备组成。

A. 天线面　　B. 发射机及天线　　C. 接收机及天线　　D. 中继台及天线

429. 全自动车载卫星天线系统具有（　　）等优点。

A. 体积小　　B. 重量轻　　C. 可靠性高　　D. 操作简单

430. 无线图传系统是由（　　）组成。

A. 发射机及天线　　B. 发射机电池　　C. 接收机及天线　　D. 中继台及天线

431. 保持呼吸道畅通的方法有（　　）。

A. 头后仰　　B. 稳定侧卧法　　C. 托颌牵舌法　　D. 击背法

432. 病人心跳、呼吸突然停止时的表现有（　　）。

A. 全身肌肉松软　　B. 瞳孔散大

C. 意识突然消失　　D. 面色苍白或发绀

433. 不宜使用止血带止血的部位是（　　）。

A. 前臀　　B. 上臂　　C. 小腿　　D. 头部

434. 常用的搬运方法有（　　）。

A. 平托法　　B. 翻滚法

C. 颈椎骨折搬运法　　D. 骨盆骨折搬运法

435. 大腿骨折的固定用绷带或宽布带分别在（　　）。

A. 胸部　　B. 髋部

C. 骨折上端和下端　　D. 膝关节

436. 对触电者的急救，以下说法正确的是（　　）。

A. 立即切断电源，或使触电者脱离电源

B. 用干净衣物包裹创面

C. 使触电者俯卧

D. 迅速判断伤情，对心搏骤停或心音微弱者，立即心肺复苏

437. 关于绷带包扎法手法正确的是（　　）。

A. 包扎方向自上而下　　B. 包扎方向从右向左

C. 自远心端向近心端包扎　　D. 绷带固定的结放在肢体的外侧面

438. 口对口人工呼吸时，吹气的正确方法是以（　　）。

A. 病人口唇包裹术者口唇　　B. 闭合鼻孔

C. 吹气量至胸廓扩张时止　　D. 频率为 8 ~ 12 次/min

439. 施行胸外心脏按压术时，下列注意的事项中正确的是（　　）。

A. 要尽快使伤员置于安全地点

B. 胸外心脏按压位置要正确，用力要均匀

C. 可以密切配合进行口对口人工呼吸

D. 心脏按压操作疲劳时可中途休息

440. 下列（　　）项是心肺复苏有效的特征。

A. 可扪及颈动脉、股动脉搏动　　B. 出现应答反应

C. 瞳孔由小变大　　D. 呼吸改善

441. 用担架搬运伤员，向担架上抬放伤情重伤员时，3 人站在伤员一侧或两侧，每人抱抬（　　）部位，动作一致，平稳托放在担架上。

A. 一人抱伤员背部和颈部　　B. 一人托住头部

C. 一人托住腰和后背　　D. 一人抱臂部和大腿

442. 院前急救时根据出血性质采用不同的止血措施，下列说法不正确的是（　　）。

A. 加压包扎止血法一般用于弥漫创口的出血

B. 指压止血法是主要用于动脉出血的一种临时止血方法

C. 抬高肢体止血法是减缓血液流速的临床应急止血措施

D. 屈肢加垫止血法是主要用于无骨折和关节损伤的四肢出血的止血方法

443. 在外伤病人的评估中，以下（　　）设备往往是必需的。

A. 个人防护设备

B. 脊柱板，固定用的绷带以及头部固定装置

C. 吸氧和气道处理器

D. 创伤急救箱

444. 对于正压呼吸器与负压呼吸器相比，表述正确的是（　　）。

A. 保证在不同的劳动强度下均能提供充足的氧气供正常工作

B. 是在整个使用过程中保持较低的呼吸阻力（舒适）

C. 是在整个使用过程中绝对保持正压（安全）

D. 重量轻

445. 下列选项中属于井下“六大系统”的是（　　）。

A. 监测监控系统　　B. 人员定位系统

C. 井下通风系统　　D. 紧急避险系统

446. 呼吸器操作中，选手进行低压系统气密性校验时，（　　）必须同时负责计时 1 min，同时观察压力显示器。

A. 选手　　B. 裁判员　　C. 裁判长　　D. 无规定

447. 气体模拟实测部分，模拟实测气体包括（　　）。

A. 乙烯　　B. 甲烷　　C. 硫化氢　　D. 一氧化碳

448. 综合实操项目中，重点考核参赛人员的（　　）。

A. 个体防护装备故障判断修复及校验熟练程度

B. 气体检测及测风操作精准度

C. 心肺复苏（CPR）按压和吹气正确率

D. 综合体能素质

449. 席位操作正压氧气呼吸器的校验项目包括（　　）、自动补气阀开启压力、余压报警。

A. 低压系统气密性　　B. 排气阀开启压力

C. 定量供氧量　　D. 手动供氧量

450. 矿山救护工综合实操考核内容包括（　　）。

A. 4 h 正压氧气呼吸器席位操作　　B. 气体模拟实测

C. 巷道风量计算　　D. 心肺复苏（CPR）

E. 综合体能

451. 矿山救护工技能竞赛实操项目中对爬绳姿势描述正确的是（　　）。

A. 上爬时，双手握绳，不准夹绳　　B. 下放时，不准夹绳
C. 上爬时，双手握绳，姿势不限　　D. 下放时，姿势不限

452. 模拟气体测量应对光学瓦斯检定器进行（　　）。

A. 清洗气室　　B. 调零　　C. 装药　　D. 安装电池

453. 综合体能考核项目含以下的（　　）。

A. 矮巷　　B. 拉检力器
C. 爬绳　　D. 佩带 4 h 正压氧气呼吸器、戴安全帽

454. HYZ4(E)正压氧气呼吸器性能校验内容包含以下（　　）。

A. 定量供氧量　　B. 低压系统气密性
C. 自动补气阀开启压力　　D. 排气阀开启压力

455. 席位操作项目氧气呼吸器达到随时可用状态的标准是（　　）。

A. 面罩与呼吸器相连，并放在呼吸器的外壳上
B. 胸带扣好
C. 腰带扣好
D. 涂抹防雾剂（口述）

456. 实操中，气体检测结束后继续佩机前进到达测风站，首先将（　　）按操作要求，依次选择并张贴在牌板上。

A. 测风前的准备工作　　B. 操作程序
C. 注意事项　　D. 现场情况

457. 伤口的初步处理主要包括（　　）。

A. 清洗　　B. 止血　　C. 缝合　　D. 固定
E. 包扎

458. 事故救援时，气体分析包括（　　）。

A. 对灾区气体定时、定点取样，及时分析气样，并提供分析结果
B. 绘制有关测点气体和温度变化曲线图
C. 整理总结整个事故救援中的气体分析资料
D. 必要时可携带仪器到灾区直接进行化验分析

459. 掘进巷道全风压通风具有（　　）等优点。

A. 风压大　　B. 连续可靠　　C. 风量大　　D. 安全性好
E. 距离长

460. JZ－1 型救灾电话主要技术指标有（　　）。

A. 工作电阻　　B. 工作电流　　C. 环境噪声　　D. 分布电压
E. 报警频率

461. 矿山救护的组织机构为（　　）。

A. 国家矿山救援指挥中心
B. 省级矿山救援指挥中心
C. 国家级矿山救援基地
D. 区域救护大队、矿山救护中队、矿山救护小队

462. 在下列（　　）情况下需要增加灾区风量。

A. 火区内瓦斯浓度升高时

B. 回风侧瓦斯浓度升高时

C. 出现火风压，呈现面风流逆转时

D. 发生瓦斯爆炸后，灾区内遇险人员未撤退时

E. 正常通风使火势扩大，隔断风流使瓦斯浓度上升时

463. 矿井发生爆炸后恢复通风，救护队员应考虑以下哪些因素（　　）。

A. 爆炸气体的浓度　　B. 氧气的百分比

C. 是否有潜在的火源存在　　D. 矿井的出水温度是否有变化

E. 大气压力变化情况

464. CO_2 发生器灭火操作前的准备工作有（　　）。

A. 加强火区的堵漏工作，从而提高惰化效果

B. 按计算准备好足够的用料，并将用料和发生器运送到指定地点，且将发生器安装好

C. 铺设好由发生器至火区的供气管路

D. 把供气管路分别连接在两台发生器的排气孔上，实现两台发生器交替作业连续供气

E. 在注气地点要出好水嘴并保证正常发生器注水

465. 一般而言，矿井（　　）发生火灾时，一定要采取全矿性反风措施，以免全矿或一翼直接受到烟侵而造成重大恶性事故。

A. 进风井口　　B. 进风井筒　　C. 井底车场　　D. 井底硐室

E. 中央石门

466. 救护大队组织机构设（　　）。

A. 大队长 1 人

B. 副大队长 2 人

C. 总工程师 1 人（分别为正、副矿处级）

D. 副总工程师 1 人

E. 工程技术人员 2 人

467. 处理水灾事故时，应当迅速了解（　　）和矿井具有生存条件的地点及其进入的通道等情况。

A. 突水点　　B. 水源

C. 事故前人员分布　　D. 水泵房

E. 影响范围

468. 处理瓦斯（煤尘）爆炸事故时，应当遵守下列规定（　　）。

A. 立即切断灾区电源

B. 检查灾区内有害气体的浓度、温度及通风设施破坏情况，发现有再次爆炸危险时，必须立即撤离至安全地点

C. 指定专人检查甲烷浓度、观察顶板和周围支护情况，发现异常，立即撤出人员

D. 进入灾区行动要谨慎，防止碰撞产生火花，引起爆炸

E. 经侦察确认或者分析认定人员已经遇难，并且没有火源时，必须先恢复灾区通风，

再进行处理

469. 应急响应启动后，应注意跟踪事态发展，科学分析处置需求，及时调整响应级别，避免（　　）。

A. 响应不足　　B. 过度响应　　C. 超时响应　　D. 响应失效

470. 哪种生产经营单位可只编制现场处置方案。（　　）

A. 从业人员数量少　　B. 事故风险单一

C. 危险性小　　D. 个人生产单位

471. 矿用防爆特殊型电机车指（　　）等为隔爆型，蓄电池采用特殊防爆措施的蓄电池电机车。

A. 电动机　　B. 控制器　　C. 灯具　　D. 电缆插销

E. 闸轮

472. 提升装置是天轮、（　　）、提升容器和保险装置等的总称。

A. 绞车　　B. 摩擦轮　　C. 导向轮　　D. 钢丝绳

E. 罐道

473. 矿井最大涌水量指在矿井开采期间，正常情况下矿井涌水量的高峰值。主要与（　　）有关。

A. 人为条件　　B. 流入矿井的水量

C. 地下河　　D. 降雨量

474. 下山是指在运输大巷向下，沿煤岩层开凿，为 1 个采区服务的倾斜巷道。按用途和装备分为（　　）等。

A. 输送机下山　　B. 通风下山　　C. 轨道下山　　D. 人行下山

475. 现场处置方案注意事项包括（　　）等方面的内容。

A. 人员防护　　B. 装备使用　　C. 自救互救　　D. 现场安全

476. 现场处置方案重点规范事故（　　），应体现自救互救、信息报告和先期处置的特点。

A. 风险描述　　B. 应急工作职责

C. 应急处置措施　　D. 注意事项

477. 信息接报应明确（　　）上级单位报告事故信息的流程、内容、时限和责任人，以及向本单位以外的有关部门或单位通报事故信息的方法、程序和责任人。

A. 应急值守电话　　B. 事故信息接收

C. 内部通报程序　　D. 方式和责任人

E. 向上级主管部门

478. 信息处置与研判应明确响应启动的程序和方式。根据（　　）可控性，结合响应分级明确的条件，可由应急领导小组作出响应启动的决策并宣布，或者依据事故信息是否达到响应启动的条件自动启动。

A. 事故性质　　B. 严重程度　　C. 经济　　D. 影响范围

479. 响应准备应明确作出预警启动后应开展的响应准备工作，包括（　　）及通信。

A. 队伍　　B. 物资　　C. 人员　　D. 装备

E. 后勤

480. 应急处置应明确事故现场的（　　）工程抢险及环境保护方面的应急处置措施，并明确人员防护的要求。

A. 警戒疏散　　B. 人员搜救　　C. 医疗救治　　D. 现场监测

E. 技术支持

481. 应急队伍保障应明确相关的应急人力资源，包括（　　）及协议应急救援队伍。

A. 专家　　B. 专兼职应急救援队伍

C. 专职应急队伍

482. 物资装备保障应明确本单位的应急物资和装备的（　　）及使用条件、更新及补充时限、管理责任人及其联系方式，并建立台账。

A. 类型　　B. 数量　　C. 性能　　D. 存放位置

E. 运输

483. 现场应急处置措施是指针对可能发生的事故从（　　）等方面制定明确的应急处置措施。

A. 人员救护　　B. 工艺操作　　C. 事故控制　　D. 消防

E. 现场恢复

484. 处置措施是指针对可能发生的（　　），明确应急处置指导原则，制定相应的应急处置措施。

A. 事故风险　　B. 人员数量　　C. 危害程度　　D. 影响范围

485. 响应启动应明确响应启动后的程序性工作，包括应急（　　）及财力保障工作。

A. 会议召开　　B. 信息上报　　C. 资源协调　　D. 信息公开

E. 后勤

486. 粉尘是（　　）的总称。

A. 煤尘　　B. 扬尘　　C. 岩尘　　D. 其他有毒有害粉尘

487. 处理地下矿山水灾事故时，矿山救护队到达事故地下矿山后，要了解灾区情况、突水地点、（　　）、水源补给、地下矿山具有生存条件的地点及其进入的通道。

A. 突水性质　　B. 涌水量　　C. 水位　　D. 顶板状态

E. 事故前人员分布

488. 烧伤的急救原则是（　　）。

A. 消除致病原因　　B. 使创面不受污染

C. 防止进一步损伤　　D. 大量使用抗生素

E. 及时使用破伤风

489. 深昏迷包括（　　）。

A. 全身肌肉松弛　　B. 对外界任何刺激无反应

C. 各种反射消失　　D. 生命体征不稳定

E. 全身肌肉紧张

490. 人工呼吸包括（　　）方式。

A. 口对口人工呼吸　　B. 口对鼻人工呼吸

C. 侧卧对压法　　D. 仰卧压胸法

E. 俯卧压背法

491. 胸外心脏按压并发症有（　　）

A. 皮下气肿　　B. 张力性气胸　　C. 肺挫伤　　D. 肋骨骨折

E. 心脏破裂

492. 化学烧伤的处理包括（　　）。

A. 迅速撕脱化学制剂浸渍衣裤　　B. 立即用大量清洁水（如自来水）冲洗

C. 至少 30 min 以上　　D. 一般不用中和剂

493. 以下快速全身创伤检查正确的有哪些（　　）。

A. 只要检查头颈部损伤

B. 发现有血胸，应立即处理

C. 发现有张力性气胸，应立即处理

D. 一旦发现骨盆有不稳定性，立刻停止骨盆检查

494. 以下关于急性中毒现场抢救的说法正确的是（　　）。

A. 切断毒源和脱离中毒现场，迅速将中毒者移至通风好，空气新鲜处

B. 保暖，避免活动和紧张

C. 解开衣领，通畅呼吸道；用简易方法给氧

D. 对心跳、呼吸停止者，实施正确有效的心肺复苏术

E. 体表或遭刺激性、腐蚀性化学物污染时，应立即脱去衣服，用大量清水反复冲洗

495. 心脏复苏的方式有（　　）。

A. 心前区叩击术　　B. 背后叩击术

C. 胸外心脏按压术　　D. 背后心脏按压术

E. 左侧心脏按压术

496. 拨打呼救电话应告知的内容包括（　　）。

A. 报告人及伤员的姓名电话　　B. 所在准确地点

C. 伤员目前情况及严重程度　　D. 需要何种急救

E. 告知后立即挂断电话进行急救

497. 固定的作用有（　　）。

A. 保护创面　　B. 压迫止血　　C. 减轻疼痛　　D. 减少并发症

E. 方便转运

498. 包扎的作用有（　　）。

A. 保护创面　　B. 压迫止血　　C. 骨折固定　　D. 减轻疼痛

E. 减少并发症

499. 关于绷带包扎法手法正确的是（　　）。

A. 包扎方向自上而下　　B. 包扎方向从右向左

C. 自远心端向近心端包扎　　D. 绷带固定的结放在肢体的外侧面

E. 包扎四肢露出指或趾

500. 血液的主要功能包括（　　）。

A. 运输功能　　B. 调节功能　　C. 营养功能　　D. 置换功能

E. 防御和保护功能

501. 人体循环有下列哪些构成（　　）。

A. 血液循环　　B. 组织液循环　　C. 淋巴循环　　D. 气体交换

E. 脑脊液循环

502. 现场要仔细检查与判断伤口的位置、大小、深浅、污染程度与异物特点，为伤口处理提供依据（　　）。

A. 伤口深，出血多，可能有血管损伤

B. 胸部伤口较深时可能有气胸

C. 腹部伤口可能有肝脾或胃肠损伤

D. 肢体畸形可能有骨折

E. 异物扎入人体可能损伤大血管、神经或重要脏器

503. 关节扭伤时现场处理的方法哪些不正确（　　）。

A. 局部按摩　　B. 局部热敷

C. 冷敷 10 min，送医院治疗　　D. 送医判断损伤性

504. 矿山救护队必须配备救援车辆及（　　）等救援装备，建有演习训练等设施。

A. 通信　　B. 灭火　　C. 侦察　　D. 气体分析

E. 个体防护

505. 现场指挥部实行总指挥负责制，按照本级人民政府的授权组织制定并实施生产安全事故现场应急救援方案，（　　）有关单位和个人参加现场应急救援。

A. 统一领导　　B. 协调　　C. 负责　　D. 指挥

506.《矿山救护规程》是以（　　）等国家有关安全生产的法律、法规、规程和标准为依据制定的。

A.《中华人民共和国安全生产法》　　B.《中华人民共和国矿山安全法》

C.《煤矿安全规程》　　D.《金属非金属矿山安全规程》

三、判断题

1. 矿井瓦斯是混合物。(　)

2. 瓦斯喷出是一种普通涌出。(　)

3. 瓦斯喷出是一种从煤体或岩体裂隙、孔洞或炮眼中大量异常涌出的现象。(　)

4. 在瓦斯爆炸中，反向冲击波的压力较正向冲击波要小，所以其破坏性也小。(　)

5. 瓦斯爆炸造成的伤亡中，一氧化碳中毒致死占很大比重。(　)

6. 一般情况下，由于自燃会导致水分蒸发，形成露珠，所以当发现凝有水珠时，可以断定附近煤体已经自燃。(　)

7. 在煤矿井下，由于煤层的自然氧化作用产生热量。(　)

8. 局部通风机是指向井下局部地点供风的通风机。(　)

9. 巷道长，则风阻一定大。(　)

10. 两测点的风速相同，则全压也会相等。(　)

11. 断层水一般补给比较充足，多属于“活水”。(　)

12. 过滤式自救器只能使用一次，不能重复使用。(　)

13. 佩戴自救器撤离险区，在没有达到安全地点之前，绝对不能取下鼻夹和口具。(　)

14. 最新国际心肺复苏指南要求胸外心脏按压的深度为 4 ~ 5 cm，频率为 80 ~ 100 次/min。(　)

15. Biopak240 正压呼吸器呼吸舱通过压缩弹簧给膜片加载，保持舱内压力比外界环境气压稍高的正压。(　)

16. Biopak240 正压呼吸器的排气阀在轻体力劳动时，人体代谢氧用量只消耗 0.2 ~ 0.5 L/min 的情况下，为防止产生加压，单向排气阀把过多的呼吸气体排掉。(　)

17. PB240 正压氧气呼吸器行程导杆的作用是控制支撑板及弹簧，使其按照正确的方向往复运动。(　)

18. PB240 正压氧气呼吸器压力表开关的作用是当压力表或高压管破裂时，可关闭此开关防止漏气。(　)

19. PB240 正压氧气呼吸器设有单向导气阀门，高压气体只能从此进入而不能向外漏气。(　)

20. BG4 正压氧气呼吸器在灾区，如显示器电池电量不足，应立即更换备用电池后，继续工作。(　)

21. HYC120 正压呼吸器（重庆）压力表设有导管漏气自动节流装置。(　)

22. HYC120 正压呼吸器（重庆）在温度 -10 ~40 ℃的环境下使用。(　)

23. ASZ -30 型和 SZ -30 型自动苏生器以 9V 电池电源为动力，使自动肺动作，自动肺处在进气位置时，以一定的压力把氧气压入伤员的肺部，氧气压力达到一定值后，自动肺便转为抽气位置，又以一定负压把伤员肺部内的废气抽出。(　)

24. ASZ -30 型和 SZ -30 型自动苏生器引射器利用气体流速产生正压进行抽痰。(　)

25. AJH -3 型呼吸器校验仪小流量计：主要用于检查呼吸器自动补给供氧流量。(　)

26. RT -1 型正压氧气呼吸器校验仪喷水口的作用是当低压检验误操作时向外喷水，防止水进入仪器箱内造成电器故障。(　)

27. AZG -40 型隔离式自救器使用时，壳体变热，吸气温度升高，这证明自救器工作不正常。(　)

28. AZG -40 型隔离式自救器救护队员在灾区佩戴它，可以进行长时间的救护工作。(　)

29. BMK -Ⅱ型便携式可爆性气体测定仪主要用于煤矿井下，由矿山救护队员携带进入灾区，检查周围气体组分是否存在爆炸危险。(　)

30. JCB -C05A 甲烷指示警报器在氧气浓度低于 15% 的贫氧地区或含有硅蒸汽的场所不要使用本警报器，因为会产生较大的负误差。(　)

31. IMPULSE X4 便携式复合气体检测仪主要用于检测空气中的可燃气体（甲烷）、氧气、一氧化碳以及硫化氢气体潜在的危害程度。(　)

32. 非常仓库是井下贮存各类材料和设备的硐室。(　)

33. 在事故救援时，企业负责人对救护队的行动具体负责、全面指挥。(　)

34. 巷道断面必须满足运输、行人、通风和管线架设的需要。(　)

35. 井上下接触爆炸材料人员必须穿棉布或抗静电衣服。(　)

36. 进风井口以下的空气温度（干球温度）必须在 4 ℃以上。(　)

37. 矿井安全监控系统的监测日报表不需报矿长审阅，但必须报技术负责人审阅。(　)

38. 瓦斯抽放泵站必须设置甲烷传感器，抽放泵输入管路中必须设置甲烷传感器。(　)

39. 在无突出危险工作面进行采掘作业时，可不采取防治突出措施，但必须采取安全防护措施。(　)

40. 生产经营单位不得因从业人员对本单位安全生产工作提出批评、检举、控告或者拒绝违章指挥、强令冒险作业而降低其工资福利等待遇或者解除与其订立的劳动合同。(　)

41. 《煤矿安全规程》是我国指导煤矿安全生产和管理的最权威的一部技术规章，是国家关于安全生产方面的方针政策及法律、法规的具体化。(　)

42. 《宪法》是国家的根本法，具有最高法律地位和法律效力。(　)

43. 只有全国人民代表大会及其常务委员会才有权制订和修订法律，由国家主席签署主席令予以公布。(　)

44. 制定《矿山安全法》的目的是为了保障矿山生产安全，防止矿山事故，保护矿山职工人身安全，促进采矿业的发展。(　)

45. 按粉尘存在状态可以分成浮尘和落尘，浮尘的危害最大。(　)

46. 当混合气体中瓦斯浓度大于 16% 时，仍然会燃烧和爆炸。(　)

47. 采取一定的安全措施后，可用刮板输送机运送爆破器材。(　)

48. 接近水淹或可能积水的井巷、老空或相邻煤矿时，必须先进行探水。(　)

49. 煤矿井下发生水灾时，被堵在巷道的人员应妥善选择避灾地点静卧，等待救援。(　)

50. 巷道贯通后，必须停止采区内的一切工作，立即调整通风系统，风流稳定后，方可恢复工作。(　)

51. 有煤（岩）与瓦斯（二氧化碳）突出危险的采煤工作面不得采用下行通风。(　)

52. 开采有瓦斯喷出或煤与瓦斯突出危险的煤层时，严禁任何 2 个工作面之间串联通风。(　)

53. 在开采突出煤层时，2 个采掘工作面之间可以串联通风。(　)

54. 电压在 36 V 以上和由于绝缘损坏可能带有危险电压的电气设备的金属外壳、构架、铠装电缆的钢带（或钢丝）、铅皮或屏蔽护套等必须有保护接地。(　)

55. 本质安全型电气设备，在正常工作状态下产生的火花或热效应不能点燃爆炸性混合物；在故障状态下产生的火花或热效应会点燃爆炸性混合物。(　)

56. 从防爆安全性评价来看，本质安全型防爆电气设备是各种防爆电气设备中防爆安全性能最好的一种。(　)

57. 采区变电所必须有独立的通风系统。(　)

58. 冲淡并排除井下各种有毒有害气体和粉尘是井下通风的目的之一。(　)

59. 井下发生火灾时，灭火人员一般在回风流侧进行灭火。(　)

60. 发生煤与瓦斯突出事故后，不得停风和反风，防止风流紊乱，扩大灾情。(　)

61. 进入盲巷中不会发生危险。(　)

62. 井下电话线路可以利用大地做回路。(　)

63. 煤矿井下巷道内发生自燃火灾时，回风流中一氧化碳浓度升高。(　)

64. 井下防爆型的通信、信号和控制装置，应优先采用本质安全型。(　)

65. 井下电气设备检修必须严格执行相关规程规定和工作程序，并悬挂标志牌。(　)

66. 井下用风地点的回风再次进入其他用风地点的通风方式称为串联通风。(　)

67. 井下主要水泵房、井下中央变电所、矿井地面变电所和地面通风机房的电话，应能与矿调度室直接联系。(　)

68. 掘进工作面断面小、落煤量小，瓦斯涌出量也相对较小，发生瓦斯事故的可能性也较小。(　)

69. 矿井通风可以采用局部通风机或风机群作为主要通风机使用。(　)

70. 掘进巷道可以使用3台以上（含3台）的局部通风机同时向1个掘进工作面供风。(　)

71. 矿井瓦斯是煤岩涌出的各种气体的总称，其主要成分是甲烷，有时也专指甲烷一种气体。(　)

72. 矿井主要通风机反风，当风流方向改变后，主要通风机的供给风量不应小于正常风量的40%。(　)

73. 矿用隔爆兼本质安全型电气设备的防爆标志是Exibd I。(　)

74. 漏电是由于带电导体的绝缘性能下降或损坏、导体间电气间隙和爬电距离变小、带电导体接壳或接地造成的。(　)

75. 燃烧是炸药在热源或火源作用下引起的化学反应过程。所以贮存炸药要特别注意改善通风条件，防止炸药在贮存条件下燃烧。(　)

76. 人的不安全行为和物的不安全状态是造成生产安全事故发生的基本因素。(　)

77. 若盲巷是无瓦斯涌出岩巷，不封闭也不会导致事故。(　)

78. 生产经营单位为从业人员提供劳动保护用品时，可根据情况采用货币或者其他用途物品替代。(　)

79. 造成带式输送机输送带跑偏的主要原因之一是输送带受力不均匀。(　)

80. 停工区内瓦斯浓度达到3%不能立即处理时，必须在24 h内封闭。(　)

81. 瓦斯的存在将使煤尘空气混合气体的爆炸下限降低。(　)

82. 瓦斯空气混合气体中瓦斯浓度越高，爆炸威力越大。(　)

83. 工作面瓦斯涌出量的变化与采煤工艺无关。(　)

84. 严禁井下配电变压器中性点直接接地。(　)

85. 一台局部通风机可以向2个作业的掘进工作面供风。(　)

86. 引燃瓦斯爆炸的温度是固定不变的。(　)

87. 利用局部通风机排放巷道中积聚的瓦斯，应采取“限量排放”措施，严禁“一风吹”。(　)

88. 用于煤矿井下的电气设备一定是防爆型电气设备。(　)

89. 空气瓦斯混合气体中有其他可燃气体混入，会使瓦斯的爆炸浓度下限有变

化。(　)

90. 采煤工作面上隅角、顶板冒落空洞等处容易积聚瓦斯。(　)

91. 带式输送机要先发出开机信号，再点动试机，没有异常情况时，方可正式开机。(　)

92. 当作业现场即将发生冒顶时，应迅速离开危险区，撤退到安全地点。(　)

93. 电气设备着火时，应首先切断电源。在切断电源前，只准使用不导电的灭火器材进行灭火。(　)

94. 防爆性能遭受破坏的电气设备，必须立即处理或更换，严禁继续使用。(　)

95. 井下发生火灾，作业人员撤退时，位于火源进风侧的人员应逆着新鲜风流撤退。(　)

96. 井巷交叉点，必须设置路标，标明所在地点，指明通往安全出口的方向。井下作业人员必须熟悉通往安全出口的路线。(　)

97. 矿井发生透水事故时，现场作业人员在水流急、来不及躲避的情况下，应抓住棚子或其他固定物件，以防被水流冲倒，待水头过后，按规定的躲避水灾路线撤离。(　)

98. 矿井通风是防止瓦斯积聚的基本措施，只有做到有效地控制供风的风流方向、风量和风速，漏风少、风流稳定性高，才能保证随时冲淡和排除瓦斯。(　)

99. 劳动防护用品是用来保护从业人员作业安全和健康的预防性辅助装备。(　)

100. 煤矿从业人员要熟知安全行走路线，熟知安全站立点位置，熟知各种安全禁止、警告、指令、指示标志。严格按照规定在运输巷道和工作面、作业区行走、站立。(　)

101. 煤矿从业人员必须按照有关规定配备个人安全防护用品，并掌握操作技能和方法。(　)

102. 煤矿从业人员要认识煤矿各种灾害的危险性，掌握煤矿瓦斯、煤尘、水、火等灾害知识，学会各种灾害的防灾、避灾、救灾技能和方法，熟悉从业场所的避灾路线。(　)

103. 煤矿发生事故要积极进行抢救，抢救工作中要制定安全措施，确保人身安全。(　)

104. 煤矿企业、矿井的各职能部门负责人对本职范围内的防突工作负责；区（队）、班组长对管辖范围内防突工作负直接责任；防突人员对所在岗位的防突工作负责。(　)

105. 每一次操作，都要事先进行安全确认，不安全，不操作。但在紧急情况下可以不经安全确认。(　)

106. 井下发生火灾，灭火人员灭火时，要站在上风侧，保持正常通风，及时排除火烟和水蒸气。(　)

107. 入井人员乘罐时，要服从井口把钩人员指挥，自觉遵守入井检身制度和出入井人员清点制度。(　)

108. 使用局部通风机供风的地点必须实行风电闭锁，保证当正常工作的局部通风机停止运转或停风后能切断停风区内全部非本质安全型电气设备的电源。(　)

109. 所有地下煤矿应为入井人员配备额定防护时间不低于 30 min 的自救器，入井人员应随身携带。(　)

110. 所有煤与瓦斯突出矿井都应建设井下紧急避险设施，其他矿井不应建设井下紧

急避险设施。(　)

111. 停送电的操作必须严格执行“谁停电、谁送电”的停送电原则。严禁约时停送电或借他人停电时机检修同一电源线路上的电气设备。(　)

112. 硅肺病是由于长期吸入过量岩尘造成的。(　)

113. 用水灭火时，水源应从火源的外围逐渐逼近火区中心。(　)

114. 有关人员可以乘坐刮板输送机，但不能在其上方行走。(　)

115. 运送人员的列车未停稳时不准上下人员，严禁在列车行进途中扒车、蹬车、跳车和翻越车厢。(　)

116. 在井下安设降尘设施，能减少生产过程中的煤尘悬浮飞扬，是防止煤尘爆炸的有效措施。(　)

117. 在井下拆卸矿灯会产生电火花，可引起瓦斯和煤尘爆炸事故。(　)

118. 在井下和井口房，可采用可燃性材料搭设临时操作间、休息间，但必须制定安全措施。(　)

119. 在平巷或斜巷中，没有乘坐专门运送人员的人车或由矿车组成的单独乘人列车时，可以乘坐其他车辆。(　)

120. 生产矿井主要通风机必须装有反风设施，必要时进行反风。(　)

121. 恢复已封闭的停工区，必须事先排除其中积聚的瓦斯。(　)

122. 制定专项措施后，可在停风或瓦斯超限的区域作业。(　)

123. 当掘进工作面出现透水预兆时，必须停止作业，报告调度室，立即发出警报并撤出人员。(　)

124. 当煤矿井下发生大面积的垮落、冒顶事故，现场人员被堵在独头巷道或工作面时，被堵人员应赶快往外扒通出口。(　)

125. 硅肺是一种职业危害所致的疾病，患病后即使调离硅尘作业环境，病情仍会继续发展。(　)

126. 硅肺是一种致残性职业病，主要是作业人员吸入大量的含有游离二氧化硅的岩尘所致。(　)

127. 确诊为尘肺病的职工，只要本人愿意，可以继续从事接触粉尘的工作。(　)

128. 尘肺病可预防而不可治愈，尘肺病患者随着年龄的增加，病情会逐步加重。(　)

129. 劳动者有权查阅、复印其本人职业健康监护档案。(　)

130. 发现有人触电，应赶紧用手拉其脱离电源。(　)

131. 当井下作业人员的矿灯熄灭时，可以到附近进风巷道中打开检修。(　)

132. WD－1 型矿用红外测温仪能穿过透明表面进行测量，如玻璃和塑料另一侧物体的温度。(　)

133. 对一般外伤人员，应先进行止血、固定、包扎等初步救护后，再进行转运。(　)

134. 井下急救互救中必须遵循“先复苏、后搬运，先止血、后搬运，先固定、后搬运”的原则。(　)

135. 对于烧伤人员的急救要点可概括为：灭、查、防、包、送 5 个字。(　)

136. 煤矿井下发生重伤事故时，在场人员应立即将伤员送到地面。(　)

137. 发生煤与瓦斯突出事故时，所有灾区人员要以最快速度佩戴隔离式自救器，然后沿新鲜风流方向向井口撤退。(　)

138. 井下发生险情，避险人员进入避难硐室前，应在外面留有矿灯、衣服、工具等明显标志。(　)

139. 井下发生透水事故，破坏了巷道中的照明和路标时，现场人员应沿着有风流通过的巷道上山方向撤退。(　)

140. 隔离式自救器不受外界气体氧浓度的限制，可以在含有各种有毒气体及缺氧的环境中使用。(　)

141. 对事故中被埋压的人员，挖出后应首先清理呼吸道。(　)

142. 在救援中，对怀疑有胸、腰、椎部骨折的伤员，搬运时可以采用一人抬头，一人抬腿的方法。(　)

143. 在救援中，对四肢骨折的伤员，固定时一定要将指（趾）末端露出。(　)

144. 对于脊柱损伤人员，可用担架、风筒、绳网等运送。(　)

145. 对于脊柱损伤人员，严禁让其坐起、站立和行走。(　)

146. 发生外伤出血用止血带止血时，止血带的压力要尽可能大，以实现可靠阻断血流。(　)

147. 在抢险救援中，为争取抢救时间，对获救的遇险人员，要迅速搬运，快速行进。(　)

148. 自救器用于防止使用人员气体中毒或缺氧窒息。(　)

149. 矿用车载式甲烷断电仪闭锁后，断电仪必须使用专用工具方能进行人工解锁操作。(　)

150. 矿用本质安全输出直流电源应具有的主要功能包括：输入、输出电源指示功能；限流、限压和短路保护功能。(　)

151. 矿井安全监控系统甲烷传感器应垂直悬挂，距巷道侧壁（墙壁）不得小于200 mm。(　)

152. 掘进机必须设置机载式甲烷断电仪或便携式甲烷检测报警仪。(　)

153. 采煤工作面采用串联通风时，被串工作面的进风巷必须设置甲烷传感器。(　)

154. 所有矿井必须装备矿井安全监控系统。(　)

155. 煤矿必须建立矿井安全避险系统，对井下人员进行安全避险和应急救援培训，每年至少组织1次应急演练。(　)

156. 使用中的防爆电气设备的防爆性能检查每周进行一次。(　)

157. 煤的自燃倾向性可分为极易自燃、容易自燃、自燃、不易自燃4类。(　)

158. 硫化氢气体至少每半个月监测1次。(　)

159. 掘进的岩巷，最低允许风速是0.25 m/s。(　)

160. 永久性密闭墙，可以不必监测墙体内的气体成分及空气温度。(　)

161. 水文地质条件复杂、极复杂的煤矿，应当设立专门的防治水机构。(　)

162. 综合机械化采煤工作面照明灯间距不得大于20 m。(　)

163. 甲烷传感器在采煤工作面回风隅角的断电浓度≥1.5%。(　)

164. 煤矿主要负责人是应急管理和事故救援工作的第一责任人。( )

165. 采区避灾路线上应当设置压风管路，主管路直径不小于 80 mm。( )

166. 井下作业人员必须熟练掌握自救器和紧急避险设施的使用方法。( )

167. 瓦斯喷出区域和突出煤层采用局部通风机通风时，必须采用抽出式。( )

168. 正常工作的局部通风机必须采用三专供电。( )

169. 在有自然发火危险的矿井，必须定期检查一氧化碳浓度、气体温度等变化情况。( )

170. 对因瓦斯浓度超过规定被切断电源的电气设备，必须在恢复通风后，方可通电开动。( )

171. 井下风流中 SO_2 的最高容许浓度为 0.00025%。( )

172. 煤矿企业每季度必须至少组织 1 次矿井救灾演习。( )

173. 煤矿必须设立矿山救护队，没建立专职矿山救护队的矿井不得生产。( )

174. 如不能确认井筒和井底车场无有害气体，救护队员必须在地面将氧气呼吸器佩戴好。( )

175. 井下砌风门墙时，可以使用消防材料库储存的材料。( )

176. 掘进机只能设置机载式甲烷断电仪。( )

177. 采煤机只能设置便携式甲烷检测报警仪。( )

178. 设有梯子间的井筒或修理中的井筒，风速不得超过 10 m/s。( )

179. 矿井相对瓦斯涌出量小于 10 m^3/t 且矿井绝对瓦斯涌出量小于 40 m^3/min 为低瓦斯矿井。( )

180. 对于骨折伤员，可以给其口服止痛片等，以减轻伤者的痛苦。( )

181. 身上着火被熄灭后，应马上把粘在皮肤上的衣物脱下来。( )

182. 处理爆破炮烟中毒事故时，救护队的主要任务是救助遇险人员，加强通风，监测有毒有害气体。( )

183. 进行人工呼吸前，应先清除患者口腔内的痰、血块和其他杂物等，以保证呼吸道通畅。( )

184. 火灾发生在倾斜上行风流巷道时，应保持正常风向，可适当减少风量。( )

185. 对烧伤伤员的抢救措施，轻度烧伤的伤员，可立即用冷水直接反复泼浇创面，彻底消除皮肤上的余热，以减轻伤势和疼痛。( )

186. 计算病人呼吸一般以 1 min 为计算单位，并且一吸一呼应算作两次。( )

187. 创伤伤口内有玻璃碎片等大块异物时，到医院救治前，切勿擅自取出，以免使创伤加重，出血增加。( )

188. 进风的下山巷道着火时，应采取防止火风压造成风流紊乱和风流逆转的措施。( )

189. 在心脏停止跳动的 1 min 内，可以叩击患者心前区，以恢复其心跳。( )

190. 救护小队进入炮烟事故区域，如有 1 人出现体力不支或呼吸氧气压力不足时，应叫这名队员立即撤出事故区域。( )

191. 对触电伤员的抢救措施，立即切断电源，或以绝缘物将电移开，使保管员迅速脱离电源，防止抢救者触电。( )

192. 对溺水伤员的抢救措施，立即将溺水者救至安全、通风、保暖的地方，首先清除口鼻内的异物，确保呼吸道畅通。(　)

193. 心跳停止、呼吸停止、瞳孔散大固定被称为死亡的三大特征。(　)

194. 使人窒息的主要原因是空气中氧气不足。(　)

195. 测定巷道风流中瓦斯浓度时，应在巷道风流断面的上部进行，连续测定 3 次，取其平均值。(　)

196. 使用局部通风机的掘进工作面，除交接班外，其他时间一律不准停风。(　)

197. 火风压是指井下发生火灾时，高温烟流流经井巷所产生的附加风压。(　)

198.《煤矿安全规程》“作业规程”和“操作规程”是煤矿的“三大规程”，具有同样重要和并列平等的关系。(　)

199. 佩戴隔离式自救器时应注意，戴好自救器后，首先要在原地呼出几口气，使呼出的二氧化碳和水汽与生氧剂反应生氧。(　)

200. 排放瓦斯后，经检查证实，独头巷道内风流中瓦斯浓度不超过 1%，氧气浓度不低于 20% 和二氧化碳浓度不超过 1.5%，且稳定 30 min 后瓦斯浓度没有变化，才可以恢复局部通风的正常通风。(　)

201. 每组风门不得少于两道。(　)

202. 矿井每年应制定综合防尘措施、预防和隔绝煤尘爆炸措施及管理制度，并组织实施。(　)

203. 循环风是指局部通风机的回风部分或全部进入同一台局部通风机的进风流中。(　)

204. 采区开采结束后 45 天内，必须在所有与采区相连通的巷道中设置防火墙，全部封闭采区。(　)

205. 矿井至少每月进行 1 次全面测风。(　)

206. 井下巷道堆积有厚度超过 2 mm、连续长度超过 5 m 的煤尘即为沉积煤尘。(　)

207. 矿井内风桥上风速最高不得超过 8 m/s。(　)

208. 机电设备硐室的空气温度超过 32 ℃时，必须停止作业。(　)

209. 矿井每年必须进行一次主要通风机性能鉴定。(　)

210. 井下机电硐室的风流中氢气浓度不得超过 0.5%。(　)

211. 设在回风流中机电设备硐室瓦斯浓度不得超过 1%。(　)

212. 专用排瓦斯巷内风速不得低于 1 m/s。(　)

213. 矿井绝对瓦斯涌出量大于或等于 30 m^3/min 时，必须建立瓦斯抽放系统。(　)

214. 利用抽放的瓦斯时，抽出的瓦斯浓度不得低于 25%。(　)

215. 安全监控系统甲烷超限断电功能必须每十天进行一次测试。(　)

216. 厚度小于 0.3 m 的突出煤层，可直接用震动爆破或远距离爆破揭穿。(　)

217. 开采易自燃厚煤层时，采煤工作面首先考虑后退式开采，必要时也可采用前进式开采。(　)

218. 低瓦斯矿井的岩石掘进工作面必须使用安全等级不低于二级的煤矿许用炸药。(　)

219. 矿山救护队训练时，每次佩戴氧气呼吸器的时间不得小于 3 h。(　)

220. 矿井粉尘中游离二氧化硅含量小于10%时，总粉尘浓度不得超过6%。(   )

221. 生产矿井现有的2套不同能力的主要通风机，在满足生产要求时可继续使用。(   )

222. 通风安全监测系统由监测传感器、井下分站、地面中心站组成。(   )

223. 1个采煤工作面的瓦斯涌出量大于5 m^3/min或1个掘进工作面的瓦斯涌出量大于3 m^3/min时，必须建立瓦斯抽放系统。(   )

224. 保护层是指为消除和削弱相邻煤层的突出以及冲击地压危险而先开采的煤层或矿层。(   )

225. 生产矿井每5年至少进行一次矿井通风阻力测定，其主要通风机每3年至少进行一次性能测定。(   )

226. 采煤工作面回风巷风流中的瓦斯和二氧化碳浓度，应在距工作面煤壁线15 m以外的回风巷风流中测定，并取其平均值为测定结果。(   )

227. 职业病是指企业、事业单位和社会组织的劳动者在职业活动中，因接触粉尘、放射性物质和其他有毒有害物质等因素而引起的疾病。(   )

228. 《煤矿安全规程》规定，主要进回风巷最高允许风速为8 m/s。(   )

229. 本质安全型防爆电源可以和其他本质安全型防爆电源并联使用。(   )

230. 煤矿井下电网电压的波动范围是90%～110%。(   )

231. 只要是防爆电气设备就可以用于煤矿井下爆炸性环境。(   )

232. 防爆电器入井前，只需要检查“产品合格证”“防爆合格证”“煤矿矿用产品安全标志”及安全性能。(   )

233. 监控设备的远距离控制线路的电压不得超过36 V。(   )

234. 瓦斯和煤尘同时存在时，瓦斯浓度越高，煤尘爆炸下限越低。(   )

235. 停工区内瓦斯和二氧化碳浓度达到3%而不能立即处理时，必须在24 h内封闭完毕。(   )

236. 瓦斯是指煤矿生产过程中从煤岩层中涌出的有害气体的总称。(   )

237. 生产矿井采掘工作面空气温度不得超过30 ℃。(   )

238. 间距小于20 m的平行巷道的联络巷贯通，不需制定贯通安全技术措施。(   )

239. 井下停风地点栅栏外风流中的瓦斯浓度每天至少检查1次。(   )

240. 倾角大于12°的采煤工作面不得采用下行通风。(   )

241. 采掘工作面的进风流中，二氧化碳浓度不超过1.0%。(   )

242. 为简化系统，采煤工作面回风巷可不设风流净化水幕，但必须经矿技术负责人批准。(   )

243. 每年度应对井上下消防管路系统进行1次检查，发现问题，及时解决。(   )

244. 只有开采煤层的自燃倾向性为易自燃或不易自燃的矿井，方可采用专用排瓦斯巷。(   )

245. 井上下敷设的瓦斯管路，不得与带电物体接触并应有防止砸坏管路的措施。(   )

246. 煤矿井下粉尘分散度，每年测定1次。(   )

247. 定点呼吸性粉尘监测每月测定1次。(   )

248. 矿井通风管网特性曲线越陡，通风越容易。(　)

249. 井巷阻止空气流通的反作用力，就是矿井通风阻力。(　)

250. 按照质量守恒定律，在单位时间内流过管道或井巷任一截面的风量都是相等的。(　)

251. 改变风机的转速可以调节风机的性能。(　)

252. 在井下某一断面进行测风时，测风次数应不少于 3 次，每次测量误差不应超过 10% 。(　)

253. 采用抽出式通风时，局部通风机及其启动装置应安装在离掘进巷道口 10 m 以外的进风侧。(　)

254. CO 超量时，会使人出现呼吸障碍，甚至中毒死亡。(　)

255. 炮掘工作面采用压入式通风时，风筒传感器应安装在风筒出风口处。(　)

256. 干粉灭火器灭火时导电，不可以扑灭电气设备火灾。(　)

257. 主要通风机运行前应检查启动设备动作是否灵敏可靠，接触位置是否正确。(　)

258. 压入式通风的矿井在停风时有抑制瓦斯涌出的作用。(　)

259. 矿井瓦斯就是甲烷气体。(　)

260. 对于压入式通风，全压、静压、动压之间的关系是 $h=(h_s+h_v)$ 。(　)

261. 局部通风机或风机群可作为主要通风机使用。(　)

262. 人在 CO 浓度达到 0.4% 的环境中，短时间内即失去知觉，经过 20～30 min 即死亡。(　)

263. 《煤矿安全规程》规定矿井进风流中氧气浓度不得低于 20.9% 。(　)

264. 矿井自然通风是利用矿井井外和井内空气温度不同、两井口标高不同所形成的自然风压使空气流动，形成自然风流。(　)

265. 爆破地点附近 20 m 以内风流中瓦斯浓度达到 1.0% 时，严禁爆破。(　)

266. 衡量矿井通风难易程度的指标是矿井总阻力。(　)

267. 某矿矿井等积孔为 3.6 m^2，该矿为通风中等矿井。(　)

268. 测定巷道风流中二氧化碳浓度时，应在巷道风流断面上部检查瓦斯浓度，下部测混合浓度，然后用混合浓度减去瓦斯浓度，再乘校正系数，就是二氧化碳浓度。(　)

269. 相对压力是以大气压力作比较标准；绝对压力是以绝对真空作比较标准。(　)

270. 低瓦斯矿井井下和硐室内可以存放汽油、煤油和变压器油。(　)

271. 掘进工作面采用串联通风时，必须在被串掘进工作面的局部通风机前设甲烷传感器。(　)

272. 进风流就是新鲜风流。(　)

273. 综采工作面的风量越大，回风隅角的瓦斯浓度就越小。(　)

274. 离心式风机蜗壳的作用是将部分动能转化成静压能。(　)

275. 轴流式风机导叶的作用是将气流的动能转换成全压。(　)

276. 在低瓦斯矿井，相邻掘进工作面串联通风的次数可以达到 2 次。(　)

277. 单巷掘进巷道，回风流中的瓦斯浓度由里向外是逐渐增大的。(　)

278. 开采有煤尘爆炸危险煤层的矿井，必须有预防和隔绝煤尘爆炸的措施。(　)

279. 矿山救护队到达服务煤矿的时间应当不超过 30 min。(　)

280. 井下任何地点的局部通风机必须由通风专业人员负责管理，其他人员未经批准，不得私自停开局部通风机。(　)

281. 井下爆破严禁一次装药分次起爆。(　)

282. 为综放工作面准备的下层掘进工作面，在未构成全风压通风系统以前，所有的供电电缆，必须悬挂在距棚梁 0.5 m 以下，防止电缆击穿引燃巷道顶部瓦斯。(　)

283. “一炮三检”是指打眼前、装药前、爆破前都要检查瓦斯。(　)

284. 井口房附近 10 m 范围内严禁明火。(　)

285. 煤尘爆炸指数小于 10% 的煤层基本都有爆炸性。(　)

286. 机采工作面的最优排尘风速是 0.25 ~4 m^3/s。(　)

287. 《煤矿安全规程》规定矿井总回风的瓦斯浓度不得超过 1% 。(　)

288. 体积大于 0.5 m^3 的空间内，瓦斯浓度达到 1.5% 时，为瓦斯积聚。(　)

289. 瓦斯检查“三对口”的内容是瓦斯检查手册、瓦斯牌板和瓦检员交接班记录。(　)

290. 过滤式自救器用于瓦斯超限时佩戴。(　)

291. 对触电者的急救应立即切断电源，或使触电者脱离电源。(　)

292. 测定煤尘的采样位置应在距底板约 0.5 m 的位置。(　)

293. 安全监控设备必须定期进行调试、校正，每月至少 2 次。(　)

294. 局部通风方式有全风压通风、引射器通风、局部通风机通风 3 种。(　)

295. 甲烷传感器、便携式甲烷检测报警仪等采用载体催化元件的甲烷检测设备，每 3 天必须使用校准气样和空气样调校一次。(　)

296. 在井下中央变电所、采区变电所及水泵房内的下风侧设置温度传感器，报警温度≥34 ℃。(　)

297. 高瓦斯矿井的掘进工作面局部通风机的风筒末端应设置风筒传感器。(　)

298. 当综采工作面停采回撤时，即可回收各类传感器。(　)

299. 便携式甲烷测定仪应每半月调校一次。(　)

300. 局部通风机因无计划停电停风不属于重大安全隐患。(　)

301. 煤矿的通风、防瓦斯、防水、防火、防煤尘、防冒顶等安全设备、设施和条件应当符合企业标准，并有防范生产安全事故发生的措施和完善的应急处理预案。(　)

302. 进入没有瓦斯的盲巷中不会发生危险。(　)

303. 主井、回风井同时出煤是煤矿重大安全生产隐患。(　)

304. 超能力、超强度组织生产是指一个采区内同一煤层布置 3 个（含 3 个）以上回采工作面或 5 个（含 5 个）以上掘进工作面同时作业。(　)

305. 在试验、采用新技术、新工艺、新设备和新材料时，应制定相应的安全措施，报上一级技术领导批准。(　)

306. 各种安全装置、环保设施、监测仪表和警戒标志，未经主管部门允许，不准随意拆除、改动。(　)

307. 新技术、新工艺、新设备、新材料的应用，由专业技术负责人组织技术论证，按规定程序报批，总结应用效果，并存档。(　)

308. 主要通风机无管理制度、经常停开的矿井必须停止生产。(　)

309. 采掘工程平面图是矿图中最基本、最主要的综合性图纸。(　)

310. 机电硐室内必须设置足够数量的扑灭电气火灾的灭火器材。(　)

311. 检修、搬迁电气设备前，检验无电后，必须检查瓦斯，在其巷道风流中瓦斯浓度在 1% 以下时，方可进行导体对地放电。(　)

312. 采掘工作面的进风和回风不得经过采空区或冒顶区。(　)

313. 局部通风机安装位置必须位于巷道口进风侧距巷道口不小于 10 m 的安全地点，风机吸入风量必须小于巷道内全风压供风量，以防出现循环风。(　)

314. 防爆门在正常情况下，应是半开的，以便在事故发生时发挥作用。(　)

315. 巷道贯通时，为加快进度，2 个掘进工作面可以同时向前掘进。(　)

316. 对于装有风电闭锁装置的掘进工作面，电气设备的总开关与局部通风机开关是闭锁起来的。(　)

317. 应急预案是针对重大危险源制定的。专项预案应该包括各种自然灾害及大面积传染病的预案。(　)

318. 事故应急救援系统中的后勤保障组织主要负责应急救援所需的各种设备、设施、物资以及生活、医药等的后勤保障。(　)

319. 重大危险源分为生产场所重大危险源和贮存区重大危险源 2 种。(　)

320. 应急救援预案是指政府和企业为减少事故后果而预先制定的抢险救灾方案，是进行事故救援活动的行动指南。(　)

321. 《中华人民共和国安全生产法》是我国第一部安全生产综合性法律。(　)

322. 《煤矿安全规程》规定采掘工作面的气温不得超过 30 ℃。(　)

323. 绘制各种矿图时，必须将它们实际的水平尺寸大幅度缩小后再描绘在图纸上。(　)

324. W 形通风系统是一种比较理想的通风系统，它对降温、防尘、减少漏风、防止采空区自燃等都有较好的效果。(　)

325. 一般认为煤的挥发分 $V_T>20\%$ 则属于爆炸性煤尘。(　)

326. 干粉灭火器就是综合利用药剂的物理化学性质和机械的双重作用，达到灭火的目的。(　)

327. 在苏生中调整呼吸频率时小孩的频率应调到 20 L/min。(　)

328. 挂风障钉托泥板时，与顶板或小板的间距不得超过规定。板壁四周缝隙宽度不得超过 5 mm，长度不许超过 100 mm。(　)

329. 用担架抬运伤员时，一定要使伤员脚朝后，头在前。(　)

330. 氧气呼吸器安全阀性能无法在呼吸器减压器上调正和检验。(　)

331. 现场创伤急救技术包括人工呼吸、心肺复苏、创伤包扎、骨折临时固定。(　)

332. 紧急情况下，指挥员应清点人数、了解队员体质情况，在补充氧气，更换药品后，可派小队重新进入灾区。(　)

333. 爆炸造成冒顶堵塞巷道，使救护队前进受阻时，首先到达该处的救护小队应继续前进，不能选择其他路线进入灾区。(　)

334. 恢复突出区的通风时，应以最短的路线将瓦斯引入回风巷。回风井口 100 m 范

围内不应有火源，并设专人监视。(　)

335. 矿井在正常情况下，一般采用限量排放瓦斯的办法，即排出的瓦斯与全风压风流混合处的沼气、二氧化碳浓度必须控制在2%以下。(　)

336. 直接灭火就是用水、沙子或岩粉，化学灭火物质、惰性气体等，在火源附近或离火源一定距离，直接扑灭矿井明火火灾。(　)

337. 利用惰气扑灭矿井火灾，一般是在不能接近火源，以及用其他直接灭火方法具有危险或不能获及应有效果时采用。(　)

338. 抢救被冒顶封堵的人员时，首先应采用呼喊、敲击的方法或用地音接收机、无线电信号寻人仪等装置准确判断被堵人员位置。(　)

339. 抢救遇险、遇难人员是处理爆炸事故的中心工作，其他工作必须为此项工作服务，在遇险人员没有全部撤出之前，抢救工作不得停止。(　)

340. 确认灾区内没有幸存人员时，救护队不应冒险进入灾区抢运。(　)

341. 救护队进入灾区工作，不应轻易改变通风系统，以防将非呼吸性气体导向未侦察区域。(　)

342. 矿井发生瓦斯喷出或瓦斯突出事故后，不应立即通知救护队进入灾区抢救遇险人员，要待恢复通风系统后再进入井下。(　)

343. 在瓦斯涌出量很大的巷道或工作面处理火灾时，应在正常通风或减少风量的情况下进行灭火。(　)

344. 煤尘的可燃挥发分含量越高，爆炸性就越强。(　)

345. 煤矿企业每年雨季前必须对防治水工作进行全面检查。(　)

346. 当矿井受到河流、山洪威胁时，修筑堤坝和泄洪渠，有效防止洪水渗入。(　)

347. 矿井以断层分界的，不应当在断层两侧留有防隔水煤（岩）柱。(　)

348. 防水闸门必须安设观测水压的装置，不应有放水管和防水闸阀。(　)

349. 井筒穿过含水层段的井壁结构应当采用有效的防水混凝土或设置隔爆水层。(　)

350. 井巷揭穿含水层、地质构造带前，必须编制探放水和注浆堵水设计。(　)

351. 矿井主要水仓应当有主仓和副仓，当一个水仓清理时，另一个水仓能够正常使用。(　)

352. 水仓、沉淀池和水沟中的淤泥，应及时清理，每年雨季前必须清理2次。(　)

353. 爆炸物品库上面覆盖层厚度小于5 m时，必须装设防雷电设备。(　)

354. 存放爆炸物品的木架每个只准放2层爆炸物品箱。(　)

355. 矿井必须建立测风制度每10天进行1次全面测风。(　)

356. 矿井必须有完整的独立通风系统。改变全矿井通风系统时，必须编制通风设计及安全措施，由通风、安监部门技术负责人审批。(　)

357. 掘进巷道贯通前，综合机械化掘进巷在相距50 m前、其他巷道在相距30 m前，必须停止一个工作面作业，做好调整通风系统的准备工作。(　)

358. 新安装的主要通风机投入使用前，必须进行1次通风性能测定和试运转工作，以后每3年至少进行1次性能测定。(　)

359. 装有主要通风机的出风井口应安装防爆门，防爆门每6个月检查维修1

次。(　)

360. 严禁在煤（岩）与瓦斯（二氧化碳）突出矿井中安设辅助通风机。(　)

361. 井下充电室风流中以及局部积聚处的氢气浓度，不得超过1%。(　)

362. 因甲烷浓度超过规定被切断电源的电气设备，必须在甲烷浓度降到0.5%以下方可通电开动。(　)

363. 采掘工作面风流中二氧化碳浓度达到1.5%时，必须停止工作，撤出人员，查明原因，制定措施进行处理。(　)

364. 矿井应每月至少检查1次煤尘隔爆设施的安装地点、数量、水量或岩粉量及安装质量是否符合要求。(　)

365. 安全监控设备必须定期进行调试、校正，每季度至少1次。(　)

366. 低瓦斯矿井的采煤工作面，无须在工作面设置甲烷传感器。(　)

367. 高瓦斯、煤（岩）与瓦斯突出矿井的煤巷、半煤岩巷和有瓦斯涌出的岩巷掘进工作面进风流中甲烷报警浓度大于或等于1.0%。(　)

368. 在煤（岩）与瓦斯突出矿井和瓦斯喷出区域中，进风的主要运输巷道内使用的是矿用本质安全型蓄电池电机车。(　)

369. 煤矿发生生产安全事故，经事故调查认定为突出事故的，发生事故的煤层即为突出煤层，该矿井即为突出矿井。(　)

370. 当发现有突出预兆时，瓦斯检查工有权停止工作面作业，并协助班组长立即组织人员按避灾路线撤出、报告矿调度室。(　)

371. 突出煤层中的突出危险区、突出威胁区的采掘工作面不得使用风镐作业。(　)

372. 对现有生产矿井用可燃性材料建筑的井架和井口房，必须制定防火措施。(　)

373. 矿山救护队员是矿山井下一线作业人员。(　)

374. 矿山救护队至服务矿山的距离以行车时间不超过40 min为限。(　)

375. 矿山救护队应由不少于4个救护小队组成。(　)

376. 矿山救护队员、辅助救护队员，每年必须接受1周的再培训和知识更新教育。(　)

377. 高倍数泡沫灭火机、惰性气体发生装置等煤矿救护大型设备，应每年检查、演习1次。(　)

378. 矿山救护队员在灾区工作1个呼吸器班后，应至少休息12 h，才能重新佩戴氧气呼吸器工作。(　)

379. 处理煤（岩）与二氧化碳突出事故时，矿山救护队进入灾区时要戴好防护眼镜。(　)

380. 密闭的火区中发生爆炸，密闭墙被破坏时，尽快派救护队恢复密闭墙或探险，应在较远的安全地点重新建造密闭。(　)

381. 从考虑井下运输角度出发，如井田内储量分布均匀，井筒沿走向方向上的合理位置，应布置在井田左侧。(　)

382. 按照采煤工作面工序的不同，采煤工作面可分为机采工作面、普采工作面和综采工作面。(　)

383. 倾斜长壁采煤法有巷道布置简单，掘进工作量少，准备时间短；生产系统简单，

运输环节少等优点。(   )

384. 矿井轨道运输中线路连接的道岔有单开道岔、对称道岔和双开道岔 3 种类型。(   )

385. 煤系是指在一定的地质时期内，形成的一套含有煤层并具有成因联系的沉积岩系。(   )

386. 报废的巷道必须封闭，报废的暗井和倾斜巷道下口的密闭墙不需要留泄水孔。(   )

387. 采用综合机械化采煤时，倾角大于 45°时，必须有防止煤（矸）窜出刮板输送机伤人的措施。(   )

388. 每个生产矿井必须至少有 2 个能行人的通达地面的安全出口，各个出口间的距离不得小于 50 m。(   )

389. 开采有煤与瓦斯突出危险煤层时，2 个工作面之间严禁串联通风。(   )

390. 冲击地压煤层开采，停产 3 天以上的采煤工作面，恢复生产的前一班内，应鉴定冲击地压危险程度，并采取相应的安全措施。(   )

391. 以地面上某一点为中心，用通过这一点的子午线和纬线把大地划成 4 个象限。任一条直线与子午线所组成的夹角即为该线的象限角。(   )

392. 直接顶是指直接覆盖在煤层之上的薄层岩层。岩性多为炭质页岩或炭质泥岩，厚度一般为几厘米至几十厘米。它极易垮塌，常随采随落。(   )

393. 仅为采煤工作面生产服务的巷道，如区段运输平巷、区段回风平巷、开切眼称为准备巷道。(   )

394. 倾斜长壁采煤法与走向长壁采煤法相比，主要是采煤工作面布置及回采方向不同，并且取消了工作面运输、回风巷道。(   )

395. 人为地调节、改变或利用矿山压力作用的各种措施，称为矿山压力控制。(   )

396. 直接推入法进刀是指采煤机在工作面端部或中部沿着输送机弯曲段逐渐切入煤壁的进刀方式。(   )

397. “三下一上”采煤是指在建筑物下、铁路下、村庄下和承压水体上进行采煤。(   )

398. 沿空掘巷是指保留已采工作面的运输巷或回风巷作为相邻工作面的回风巷或运输巷。(   )

399. 炮眼封泥应用水炮泥，水炮泥外剩余的炮眼部分，应用煤粉封实。(   )

400. 单体支柱初撑力是指支柱钢架设时对顶板的被动撑力。(   )

401. 断层等地质构造带附近易发生突出，特别是构造应力集中的部位突出的危险性大。(   )

402. 随着开采深度的增加，煤与瓦斯突出危险性减小。(   )

403. 为开采煤炭资源，在地表建立起来的各种揭露煤层和坑道的矿山工程总体通称为露天煤矿开采。(   )

404. 台阶通常划分为具有一定宽度的若干条带，这些条带称为采掘带。(   )

405. 露天煤矿开采时，通常把采场内的煤层划分为若干具有一定高度的水平分层，自上而下逐层开采，并保持一定的超前关系。开采的分层在空间上呈阶梯状，称为台

阶。( )

406. 铺设金属网人工顶板有铺底网和铺顶网两种铺设方法。( )

407. 阶段之间的开采顺序一般是沿煤层的倾斜方向，自上而下按阶段依次进行回采，这种开采顺序称为下行式开采。( )

408. 矿井三量中，准备煤量是井田范围内已掘进的开拓巷道所圈定的尚未采出的那部分可采储量。( )

409. 矿井三量中，回采煤量是采区范围内已掘进的回采巷道及开切眼所圈定的尚未采出的可采储量。( )

410. 采区下部车场是连接井筒和主要运输巷道的一组巷道和硐室的总称。( )

411. 根据煤层和围岩情况及开采要求，回风大巷可设在煤层组稳定的底板岩层中，也可设在煤层组下部煤质坚硬、围岩稳定的薄煤层或中厚煤层中。( )

412. 根据主、副井筒的形式，矿井开拓方式可分为 3 种：斜井开拓、立井开拓、综合开拓。( )

413. 矿井巷道按服务范围可分为煤层巷道、岩石巷道和半煤岩巷道三大类。( )

414. 在正常情况下，炸药不会自行爆炸，只有在一定的外能作用下，才能引起爆炸。( )

415. 采煤工作面支护的作用是减缓顶板下沉，维护控顶距内顶板完整，保证工作空间安全。( )

416. 悬臂式支架是液压支架与金属铰接顶梁配套组成的一种支架方式，分为正悬臂和倒悬臂两种架设方式。( )

417. 采空区处理的目的是减轻回采工作面的顶板压力，使顶板压力大部分转移到煤壁和采空区中，保证回采工作面支护安全。( )

418. 电雷管通入足够的电流，可延期 25 ~ 2000 ms 爆炸的电雷管，称为瞬发电雷管。( )

419. 电雷管通入足够的电流后，在 1 ~ 10 s 内才能爆炸的雷管，称为秒延期电雷管。( )

420. 为了便于井筒施工又易于维护，还可承受较大的地压，立井井筒的横断面形状多采用椭圆形。( )

421. 我国在开采缓倾斜薄煤层时，大多采用走向长壁一次采全厚的采煤方法，也叫作单一走向长壁采煤法。( )

422. 倾斜长壁工作面沿煤层倾斜方向自下而上开采，称为仰斜开采。( )

423. 倾斜长壁工作面沿煤层倾斜方向自上而下开采，称为俯斜开采。( )

424. 缓慢下沉法处理采空区的实质是有步骤地使采空区的直接顶冒落下来，并利用垮落的岩石支撑上部未垮落的岩层压力。( )

425. 全部充填法是从回采工作面外部运来大量的砂石，把采空区填满，利用充填物支撑顶板。( )

426. 我国长壁工作面的采煤工艺主要有 3 种类型，即爆破采煤工艺、普通机械化采煤工艺和综合机械化采煤工艺，普采是今后的发展方向。( )

427. 锚杆支护就是在巷道掘进后向围岩中钻眼，然后将锚杆安设在锚杆眼内，对巷

道围岩进行人工加固，提高围岩强度。(　)

428. 为一个采区或几个回采工作面服务的巷道叫作回采巷道。(　)

429. 采煤工作面顶板控制包括采煤工作面支护和采空区处理 2 项内容。(　)

430. 综合机械化采煤是指采煤工作面的落煤、装煤、运煤、支护和采空区处理等主要工序全部实现了机械化。(　)

431. 为保持采场内有足够的工作空间，需要用支架来维护采场，这种工序称为工作面顶板支护。(　)

432. 《煤矿井下紧急避险系统建设管理暂行规定》规定所有煤矿都应建设井下紧急避险设施。(　)

433. 警车、消防车、救护车、工程救险车非执行紧急任务时，不得使用警报器、标志灯具。(　)

434. 坚持“管理、装备、培训”三并重，是我国煤矿安全生产的基本原则。(　)

435. 《煤矿井下紧急避险系统建设管理暂行规定》规定所有井工煤矿应为入井人员配备额定防护时间不低于 45 min 的自救器，入井人员应随身携带。(　)

436. 所谓“预防为主”，就是要在事故发生后进行事故调查，查找原因、制定防范措施。(　)

437. 实行煤矿安全监察制度，是贯彻执行安全生产方针、坚持依法治理安全的一项基本制度。(　)

438. 从业人员发现事故隐患或者其他不安全因素，应当立即向现场安全生产管理人员或者本单位负责人报告；接到报告的人员可以根据生产情况进行处理。(　)

439. 国家对矿山企业实行安全生产许可制度。矿山企业未取得安全生产许可证的，不得从事生产活动。(　)

440. 国家煤矿安全监察机构负责中央管理的煤矿企业安全生产许可证的颁发和管理。(　)

441. 灾区侦察时，应首先把侦察小队派往设备损失最严重的地点。(　)

442. 矿山救护队应将应急预案、应急演练作为能力建设的重要内容。(　)

443. 矿山救护培训工作坚持统一管理、分级培训、教考分离的原则。(　)

444. 承担矿山救护培训的安全培训机构应当配备专职师资并经培训合格，方可进行矿山救护培训工作。(　)

445. 《矿山救护培训管理暂行规定》规定安全监管总局矿山救援指挥中心负责对矿山救护大队指挥员、大队战训科的管理人员、正副中队长、中队技术负责人和矿山救护师资人员的培训考核、发证工作。(　)

446. 《矿山救护培训管理暂行规定》规定省级矿山救援机构依照法律、法规和本规定，负责对矿山救护人员的矿山救护培训和持证上岗情况进行监督检查。(　)

447. 《关于加强矿山应急管理提高快速响应能力的通知》要求矿山企业要实行预案牌板化管理，牌板设置在调度室。(　)

448. 矿井井下应设置清晰的指示路标和逃生路线，定期组织矿工进行逃生、避灾、自救训练。(　)

449. 应急救援中，要充分发挥专业救援队伍与社会化应急力量的作用，提高抢险救

灾工作效率。(　)

450.《中华人民共和国突发事件应对法》规定，有关单位应当每年检测、维护其报警装置和应急救援设备、设施，使其处于良好状态，确保正常使用。(　)

451.《煤矿安全规程》规定救护队员年龄不应超过45岁，其中40岁以下队员应当保持在2/3以上。(　)

452. 矿山救护队预防性安全检查，对存在重大事故隐患、严重威胁生产安全的单位，报告受检单位矿长采取措施进行处理。(　)

453. 应急救援队伍应根据所在区域主要风险隐患和重大危险源，开展有针对性的应急演练。(　)

454. 新闻媒体应当有偿开展突发事件预防与应急、自救与互救知识的公益宣传。(　)

455. 煤矿对作业场所和工作岗位存在的危险因素、防范措施以及事故应急措施实施保密制度。(　)

456. 煤矿使用的涉及生命安全、危险性较大的特种设备，必须取得安全使用证或者安全标志，方可投入使用。检测、检验机构对检测、检验结果负责。(　)

457. 在作业过程中，正确佩戴和使用劳动防护用品是从业人员的权利。(　)

458. 井下紧急避险设施是指在井下发生灾害事故时，为无法及时撤离的遇险人员提供生命保障的密闭空间。(　)

459. 根据《煤矿重大安全隐患认定办法（试行）》规定矿井月产量超过当月产量计划10%的，属于煤矿重大安全生产隐患。(　)

460. 根据《煤矿重大安全隐患认定办法（试行）》规定不按规定检查瓦斯，存在漏检、假检的，不属于煤矿重大安全生产隐患。(　)

461. 根据《煤矿重大安全隐患认定办法（试行）》规定井下瓦斯超限后不采取措施继续作业的，属于煤矿重大安全生产隐患。(　)

462. 重大隐患由煤矿主要负责人指定隐患整改责任人，责成立即整改或限期整改。(　)

463. 采取风流短路措施时，必须将原进风侧的人员全部撤离。(　)

464. 用水快速淹没火区时，密闭附近应设专人观察。(　)

465. 遇有高温、坍冒、爆炸、水淹等危险的灾区，在需要救人的情况下，指挥员有权决定救护队进入救人。(　)

466. 在侦察或救护行进中因冒顶受阻，必须采取安全措施扒开通道，继续行进。(　)

467. 处理爆炸产生火灾，应同时进行灭火和救人，并应采取防止再次发生爆炸的措施。(　)

468. 在灾区内遇险人员不能一次全部抬运时，应给遇险者佩戴半面罩氧气呼吸器或隔绝式自救器。(　)

469. 进风的上山巷道着火时，应采取防止火风压造成风流紊乱和风流逆转的措施。(　)

470. 在倾角大于或等于15°的巷道中行进时，将2/3允许消耗的氧气量用于上行途

中，1/3 用于下行途中。(　)

471. 竖井井筒发生火灾时，应派遣救护队进入井筒灭火，灭火时应由上往下进行。(　)

472. 井筒、井底车场或石门发生爆炸时，在侦察确定没有火源、无爆炸危险的情况下应全部去救人。(　)

473. 救护队撤出灾区时，应将携带的救护装备带出灾区。(　)

474. 救护小队在新鲜风流地点待机或休息时，只有经救灾指挥部同意才能将呼吸器从肩上脱下。(　)

475. 火灾发生在下山独头煤巷的中段时，不得直接灭火，应远距离封闭。(　)

476. 处理爆炸事故时，在灾区内开启电气设备前必须先检查瓦斯，并派专人看守。(　)

477. 采掘工作面发生水灾时，救护队应首先进入下部水平救人，再进入上部水平救人。(　)

478. 在灾区内使用音响信号，发出连续不断的声音是指立即离开危险区。(　)

479. 救护人员进入高温灾区救人时的最长时间不得超过 5 min。(　)

480. 侦察时，在灾区内发现遇险人员应立即救助，并将他们护送到新鲜风流巷道或井下基地，然后继续完成侦察任务。(　)

481. 扑灭瓦斯燃烧引起的火灾时，应使用震动性的灭火手段，防止扩大事故。(　)

482. 在侦察过程中，如有队员出现身体不适或氧气呼吸器发生故障难以排除时，全小队应立即停止工作，并报告救援指挥部。(　)

483. 指挥员应根据火区的实际情况选择灭火方法。在条件具备时，应采用直接灭火的方法。(　)

484. 在突出灾区应设立安全岗哨，非救护队人员进入灾区必须佩戴氧气呼吸器，不得单独行动。(　)

485. 年生产规模 60 万 t（含）以上的高瓦斯矿井和距离救护队服务半径超过 100 km 的矿井必须设置独立的矿山救护队。(　)

486. 灾区中报告氧气压力时，伸出一指表示 1 MPa，伸出 5 指表示 5 MPa，伸出 10 指表示 10 MPa。报告时手势要放在灯头前表示。(　)

487. 指挥员布置侦察任务时应检查队员对侦察任务的理解程度。(　)

488. 侦察小队进入灾区时，应规定行进速度，并用灾区电话与基地保持联络。(　)

489. 在高温条件下佩戴氧气呼吸器工作后，应喝冷水快速降温。(　)

490. 救护队指战员每年应进行 1 次身体检查，对身体不合格人员，必须立即调整。超龄人员每半年应进行 1 次身体检查，符合条件方可留用。(　)

491. 救护队的性质是参加排放瓦斯、震动性爆破、启封火区、反风演习和其他需要佩戴氧气呼吸器作业的安全技术性工作。(　)

492. 短时间用过的二氧化碳吸收剂，仍可重复使用。(　)

493. 使用的氧气瓶，须按国家压力容器规定标准，每 2 年进行除锈清洗，水压达不到标准的氧气瓶不准使用。(　)

494. 省级矿山应急救援培训机构，承担本辖区内矿山救护中队长及正副小队长的培

训、复训工作。(　)

495. 中队副职、正副小队长岗位资格培训时间不少于45天(180学时),每2年至少复训1次,时间不少于14天(60学时)。(　)

496. 氧气呼吸器内的二氧化碳吸收剂3个月及以上没有使用的,须更换新的二氧化碳吸收剂,否则氧气呼吸器只能应急使用。(　)

497. 发生煤与瓦斯突出事故时,救护队的主要任务是抢救人员和对充满有害气体的巷道恢复送电。(　)

498. 救护小队长应经常观察队员氧气呼吸器的氧气压力,并根据氧气压力最高的1名队员确定整个小队的返回时间。(　)

499. 多条巷道需要进行封闭时,应先封闭主巷,后封闭支巷。(　)

500. 扑灭井下火灾时,抢救指挥部应根据火源位置、火灾波及范围、工作人员分布及瓦斯涌出情况,迅速而慎重地决定通风方式。(　)

501. 当矿山发生水灾、顶板等事故时,待机小队应随同值班小队出动。(　)

502. 救护队出动后,在途中得知矿山事故已经得到处理,出动救护队应立即返回驻地。(　)

503. 回风井筒发生火灾时,风流方向不应改变。为了防止火势增大,应适当增加风量。(　)

504. 氧气呼吸器自动补给阀或定量供氧装置出现故障时,可使用手动补气阀向呼吸舱补给氧气。(　)

505. 氧气呼吸器如果发生减压阀故障,则立即关闭氧气瓶阀门,迅速撤离工作区,然后每吸气5次,都要瞬间打开和关闭一次氧气瓶。(　)

506. 清净罐严防碰撞,每次使用后应及时更换二氧化碳吸收剂,并装入呼吸器内;呼吸器连续半年没有使用的,也必须更换二氧化碳吸收剂。(　)

507. 氧气呼吸器各部件在清洗后,应在阴凉通风处自然晾干,避免烈日暴晒,以免加快橡胶老化。(　)

508. 氧气呼吸器每次检查完毕后,应将三通插头的密封盖堵好,防止二氧化碳吸收剂失效或进入其他异物。(　)

509. BG4正压氧气呼吸器减压器使用中如发现减压器有故障,只能整体更换,不得随意拆装。(　)

510. 氧气呼吸器工作中不要频繁使用手动补给供氧,以免造成氧气消耗过快,缩短使用时间。(　)

511. ASZ－30型和SZ－30型自动苏生器校验囊是试验自动肺动作时使用。(　)

512. ASZ－30型和SZ－30型自动苏生器口咽导气管的作用是防止舌头后坠使呼吸道梗阻。(　)

513. ASZ－30型和SZ－30型自动苏生器呼吸阀的作用是强制伤员呼吸,自动地将新鲜氧气输入伤员肺部,又将肺内气体抽出。(　)

514. ASZ－30型和SZ－30型自动苏生器自动肺在伤员恢复自主呼吸后轻微输氧时使用。(　)

515. P－6自动复苏器加湿方式:水中放出气泡,让气体带有湿气。(　)

516. P－6 自动复苏器压力调节器使用方法：当氧气瓶内充满高压氧气时，通过调节器使其压力降到安全水平。可用于吸引器、人工呼吸和吸氧的流量计。(　)

517. P－6 自动复苏器如果将调节环记号设定在“ADULT”（成人）位置时，它的节奏变慢；将调节环记号设定在“INFAT”（儿童）位置，其节奏将加快。(　)

518. M40 是一款便携式的多种气体检测仪，它能同时连续检测 4 种气体：O_2、CH_4、CO、H_2S。每种气体的浓度读数都显示在液晶显示屏（LCD）上。(　)

519. BGP－400 型高泡机的泡沫倍数为 700～900 倍。(　)

520. ZY30 型隔绝式压缩氧自救器的用途是适用于煤矿或环境空气中发生有毒有害气体及缺氧情况下，为佩戴者提供清洁氧气，供迅速撤离事故现场。(　)

521. 利用矿井主要通风机风压通风是局部通风的一种方法。(　)

522. 矿井总回风巷或一翼回风巷中瓦斯或二氧化碳浓度超过 0.5%，必须立即查明原因，进行处理。(　)

523. 煤层注水既是防尘措施，也可以作为防突措施。(　)

524. 当进风井井底车场和毗连硐室发生火灾时，应进行反风或风流短路。(　)

525. M40 多种气体检测仪在氧气不足或过足的环境中可能造成读数偏低或偏高于实际浓度。(　)

526. WD－1 型矿用红外测温仪具有使用时蒸汽、灰尘、烟雾等不会影响测量的准确性的特点。(　)

527. AE103 型固体润滑充氧泵当被充气瓶内达到要求的压力时，压力继电控制器自动停机，独立的安全泄压阀保证压力不会过高。(　)

528. 不要在充气时对氧气瓶进行完全排空，应该让气瓶内的气压保持在 0.5 MPa 以上。(　)

529. 矿井空气的主要成分有：氮气、氧气和瓦斯。(　)

530. 防爆门的作用不仅起到保护风机的作用，还能起到防止风流短路的作用。(　)

531. 等积孔是表示矿井通风难易程度的方法，但矿井并不存在实形的等积孔。(　)

532. 混合式通风方式即指中央式和对角式的混合布置。(　)

533. 风流总是从压力大的地点流向压力小的地点。(　)

534. 动压永为正值，分为相对动压和绝对动压。(　)

535. 阻力 h 与风阻 R 的一次方成正比，与风量 Q 的一次方成正比。(　)

536. 并联网路的总风压等于任一分支的风压，总风量等于并联分支风量之和。(　)

537. 串联网路的总风压等于任一分支的风压，总风量等于串联分支风量之和。(　)

538. 防爆门是指装有通风机的井筒为防止瓦斯爆炸时毁坏通风机的安全设施。(　)

539. 为切断风流又不准行人和通车或封闭已采区和盲巷等设置的构筑物叫作挡风墙。(　)

540. 并联风路的总风压等于任一条风路的分风压。(　)

541. 甲烷是一种具有燃烧爆炸性、易溶于水的气体。(　)

542. 瓦斯爆炸实质上是一种剧烈的氧化反应。(　)

543. 达到爆炸限度的瓦斯只要遇到高温火源就会爆炸。(　)

544. 当地面大气压力下降时，会引起矿井瓦斯涌出量下降。(　)

545. 机械通风矿井不存在自然风压。(　)

546. 矿井开采深度越大，瓦斯含量就越高，涌出量就越大。(　)

547. 对于抽出式矿井，其他条件不变，通风动力增大，瓦斯涌出量增大。(　)

548. 瓦斯浓度超过时只会燃烧，不会爆炸。(　)

549. 井下一切高温火源都能引起瓦斯爆炸或燃烧。(　)

550. 煤尘只要达到一定浓度，遇高温火源就会发生爆炸。(　)

551. 矿尘分散度越高，危害性越大。(　)

552. 能够进入人体的矿尘都是呼吸性粉尘。(　)

553. 煤尘爆炸产生的冲击波的速度大于火焰的传播速度。(　)

554. 煤尘的粒度越小，爆炸性就越强。(　)

555. 煤层注水后会降低煤的强度。(　)

556. 采掘过程中煤尘的产生量要大于运输和转载过程中煤尘的产生量。(　)

557. 煤尘连续爆炸后，爆炸压力变化不大。(　)

558. 隔绝灭火法实质上是使火源缺氧而窒息的灭火方法。(　)

559. 矿井火灾也叫矿内火灾，分为外因火灾和内因火灾。(　)

560. 井下一旦发生火灾，遇险人员应立即沿回风巷撤退。(　)

561. 目前普遍认为煤炭自燃的原因是煤氧复合作用的结果。(　)

562. 一般情况下，无烟煤的自燃倾向性要大于褐煤。(　)

563. 煤的自燃倾向性与自燃危险程度是一致的。(　)

564. 煤层的自然发火期的长短基本保持不变。(　)

565. 研究发现，当采空区单位面积的漏风量大于 1.2 m^3/min 时，就不会发生自燃火灾，所以，可以通过加大漏风来防治煤的自燃。(　)

566. 游泥是断层水的透水预兆。(　)

567. 透水预兆中顶板“挂汗”多为平形水珠，有“承压欲滴”之势。(　)

568. 若要准确判断“挂汗”是否为透水预兆，可以剥离一层煤壁面，仔细观察新面是否潮湿，若潮湿则是透水预兆。(　)

569. 用直接灭火的方法无效或直接灭火法对人员有危险时，应采用隔绝方法和综合方法灭火。(　)

570. “挂红”是老空区的透水预兆。(　)

571. 在有瓦斯、煤尘爆炸危险的煤层中，在掘进工作面爆破前后附近 20 m 的巷道内，都必须洒水降尘。(　)

572. 抽出式通风机使井下风流处于负压状态。(　)

573. 压入式局部通风机可以安装在距回风口 15 m 处的进风巷道里。(　)

574. 三专两闭锁中的三专是指：专人管理、专用开关和专用变压器。(　)

575. 应保持密闭前 5 m 内巷道支护完好，无片帮、冒顶。(　)

576. 井下发生自燃火灾时，其回风流中一氧化碳浓度升高。(　)

577. 煤矿井下的氢气不是有害气体。(　)

578. 煤矿井下一氧化碳气体的安全浓度为 0.0024。(　)

579. 风阻是表征通风阻力大小的物理量。(　)

580. 发生瓦斯爆炸的原因是出现高浓度的瓦斯。(　)

581. 水作为万能灭火剂可以扑灭任何火灾。(　)

582. 为了排泄井下涌水，一般平巷都有一定的流水坡度。(　)

583. 如果井下煤壁“挂汗”，说明将要接近突水区。(　)

584. 局部通风机的风筒出口距工作面不得超过 10 m。(　)

585. 长抽短压式混合掘进通风的压入风量应小于抽出风量。(　)

586. 当井下发生爆炸事故时，现场人员应及时佩戴自救器，尽快撤离现场。(　)

587. 角联风路的风向容易发生逆转是由于该风路的风阻太大。(　)

588. 开采煤层的瓦斯含量小，开采时瓦斯涌出量一定小。(　)

589. 通风机串联通风可以增大通风的压力。(　)

590. 工作面产量增加时，瓦斯涌出量必定会随之增大。(　)

591. 抽放瓦斯可以减少突出的危险性。(　)

592. 保护层开采后，被解放层的应力和瓦斯压力都相应减小。(　)

593. 矿井等积孔小，说明矿井的通风阻力小。(　)

594. 一个煤层的自然发火期是相同的。(　)

595. 全压包括静压、动压和位压。(　)

596. 二氧化氮对人体的危害很小。(　)

597. 心肺复苏是对心跳、呼吸骤停所采用的最初紧急措施。(　)

598. 当病人牙关紧闭不能张口或口腔有严重损伤者可改用口对鼻人工呼吸。(　)

599. 心肺复苏的胸外心脏按压和人工呼吸比例为 30：2。(　)

600. 2015 年 10 月 15 日，美国心脏协会在官方网站及杂志上公布了《2015 心肺复苏指南和心血管急救指南更新》，要求对成人胸外心脏按压的按压深度为 5 ~ 6 cm，按压频率为 100 ~ 120 次/min。(　)

601. “8”字形包扎法多用于关节处的包扎及锁骨骨折的包扎。(　)

602. 单人心肺复苏时按压/通气比为 30：2，而双人时按压/通气比则为15：2。(　)

603. 腹部外伤有内脏脱出时，要及时还纳。(　)

604. 异物插入眼球时应立即将异物从眼球拔出。(　)

605. 对于呼吸心搏骤停者，应先行 CPR，复苏后再搬运。(　)

606. 骨折固定的范围应包括骨折远近端的两个关节。(　)

607. 头后部出血可用两只手的拇指压迫耳后与枕骨粗隆之间的枕动脉搏动处。(　)

608. 手部出血可用两手拇指同时压迫腕的尺动脉和桡动脉。(　)

609. 下肢出血可用拇指压住大腿根部跳动的股动脉。(　)

610. 骨折伤员固定伤处力求稳妥牢固，要固定骨折的两端和上下两个关节。(　)

611. 遇有触电致伤者急救时首先要用绝缘体切断电源，也可用手直接拉开触电者。(　)

612. 伤员四肢骨折有骨外露时，要及时还纳并固定。(　)

613. 在没有绷带急救伤员的情况下，可用毛巾、手帕、床单、长筒尼龙袜子等代替绷带包扎。(　)

614. 现场急救技术包括人工呼吸、胸外心脏按压、止血、包扎、骨折临时固定、伤

员搬运。(　)

615. 怀疑胸部受伤伤员应立即背送医院抢救。(　)

616. 单侧下肢骨折时，如无固定物，可将双下肢绑在一起进行固定。(　)

617. 昏迷伤员应将头后仰并偏向一侧，以防呕吐物吸入气管或舌后坠堵塞致伤员窒息。(　)

618. 伤员受伤后，应首先检查生命体征，处理危及生命的严重伤后，方能转运。(　)

619. 井下长期被困人员解救后，禁止用矿灯照射其眼睛，抢救搬运过程中，应蒙住伤员眼睛，以防伤员失明。(　)

620. 井下长期被困人员脱险后，宜进流食，少吃多餐，不可暴饮暴食。(　)

621. 救出冒顶压埋伤员后，应尽快清除伤员口鼻中的污物，使其呼吸通畅。(　)

622. 救护队排放瓦斯工作前，应撤出回风侧的人员，切断回风流电源，并派专人看守。(　)

623. 中队除参加大队组织的综合性演习外，每月至少进行 1 次佩戴呼吸器的单项演习训练。(　)

624. 光学瓦斯检测器不能直接检测出二氧化碳，须先检查甲烷和混合气体，然后通过计算才能得出二氧化碳浓度含量。(　)

625. 矿尘有对人体健康、煤尘爆炸、影响视线的危害。(　)

626. 当 DKL 生命探测器扫过遇险、遇难人员电场时，会产生瞬间极化现象，也就是产生正负极，进而产生力矩，推动侦测杆移动，确定人员位置。(　)

627. 从业人员在作业过程中，应当严格遵守本单位的安全生产规章制度和操作规程，服从管理，正确佩戴和使用劳动保护用品。(　)

628. 灾区侦察时应首先把侦察小队派往遇难人员最多的地点。(　)

629. 二氧化硫的最高容许浓度为 0.0005%。(　)

630. 在高瓦斯矿井的采区回风巷的照明灯具应选用矿用防爆型、矿用防水型电气设备。(　)

631. 对浓度高的一氧化碳可稀薄后进行检查，得出结果除以稀薄的倍数，就是真实含量。(　)

632. 急倾斜煤层采煤工作面着火时，在火源上方灭火时，防止水蒸气伤人；在火源下方灭火时，防止火区塌落物伤人。(　)

633. 突发事件的分级标准由国务院或者国务院确定的部门制定。(　)

634. 处理爆炸事故时，检查灾区内各种有害气体的浓度、温度及通风设施破坏情况，发现有再次爆炸危险时，必须采取密闭加护。(　)

635. 扑救爆炸物品火灾时，切忌用沙土盖压，以免增强爆炸力。(　)

636. 矿井反风 10 min 后，经测定风量达到正常风量的 30%，瓦斯浓度不超过规定时，应及时报告指挥部。(　)

637. 处理煤（岩）与二氧化碳突出事故时，还必须加大灾区风量，迅速抢救遇险人员。(　)

638. 依照《安全生产法》的规定，生产经营单位的特种作业人员未经培训并取得特

种作业操作资格证书的，不得上岗作业。（　）

639. 危险是指系统中存在导致发生期望后果的可能性超过了人们的承受程度。（　）

640. “瓦斯超限作业”，是指有下列情形之一：①瓦斯检查员配备数量不足的；②不按规定检查瓦斯，存在漏检、假检的；③井下瓦斯超限后不采取措施继续作业的。（　）

641. 小队和个人救护装备应达到“全、亮、准、尖、利、稳”的标准。（　）

642. 突发事件应对工作实行应急为主、预防与应急相结合的原则。（　）

643. 硫化氢浓度达到4.5% ~43.7%时，遇火能爆炸。（　）

644. 包扎时伤口表面异物应清除，深部异物不宜取出。（　）

645. 瓦斯的爆炸上下限会随着温度、氧气浓度、压力的变化而改变。（　）

646. 独头巷道发生火灾时，无论情况怎样必须送风排除瓦斯，防止爆炸。（　）

647. 爆炸事故发生在采掘工作面时，派两个小队沿回风侧进入救人，在此期间必须维持通风系统原状。（　）

648. 检查一氧化碳采取气样时，将活塞向后拉，采取气样，然后将三通开关扭成90°位置。（　）

649. 瓦斯爆炸的最高浓度16%，称为爆炸上限；瓦斯爆炸的最低浓度5%，称为爆炸下限。（　）

650. 启封火区后7天内，每班必须由救护队检查通风状况，测定水温、空气温度和空气成分。（　）

651. 救护队要以最快的速度把伤员移交给到达现场的医疗救护人员。（　）

652. 煤与瓦斯突出的无声预兆：压力增大，顶板来压，片帮、掉渣、煤壁向外鼓，煤岩自行剥落，煤层发生变化，层理紊乱、变硬，暗淡无光，煤层粉碎，煤质干燥。（　）

653. 灾区侦察时必须做到井下应设值班小队，并用灾区电话与侦察小队保持联系；只有在抢救人员的情况下，才可不设值班小队。（　）

654. 救护指战员应该按规定参加战备值班工作，坚守岗位，随时做好出动准备。（　）

655. 在建造有瓦斯爆炸危险的火区风墙时，应采取控风手段，尽量减少风量。（　）

656. 硫化氢浓度达到0.001%时，强烈刺激眼膜；达到0.05%时，短时间内引起气管发炎、肺水肿使人死亡。（　）

657. 处理水淹事故时，小队逆水流方向前往上部没有出口的巷道时，应与井上调度室保持联系；当巷道有被淹危险时，立即返回基地。（　）

658. 自然发火严重的煤层，在采用多分层同时开采时，应一并采取相应的均压措施。（　）

659. 采掘工作面及其他作业地点风流中瓦斯浓度达到1%时，必须停止用电钻打眼；爆破地点附近20 m以内风流中瓦斯浓度达到1%时，严禁爆破。（　）

660. 侦察行进中，在巷道交叉口应设明显的标记，防止返回时走错路线；对井下巷道情况不清楚时，小队应按原路返回。（　）

661. 救护中队每天应有2个小队分别值班、待机。（　）

662. 用ASZ－30型自动苏生器苏生前，为不让气体充入胃里，可用手指轻轻地压住

伤员喉头中部的环状软骨，借以闭塞食道防止导致苏生失败。(　)

663. 扑灭井底车场的火灾时，为防止混凝土支架和砌碹巷道上面的木垛燃烧，可在碹上打眼或破碹，安设水幕。(　)

664. 在倾角小于15°的巷道中行进时，将1/2允许消耗的氧气量用于前进途中，1/2用于返回途中。(　)

665. 矿井需要的风量每人每分钟供给风量不得少于6 m^3。(　)

666. 火区风墙被爆炸破坏时，严禁立即派救护队探险或恢复风墙。(　)

667. 用水灭火时应有足够的风量，使水蒸气直接排入进风道。(　)

668. 在窒息或有毒有害气体威胁的灾区侦察和工作时，随时检测有毒有害气体和氧气含量，观察风流变化，佩戴或不佩戴氧气呼吸器的地点由现场指挥员确定。(　)

669. 通过支护不好的地点时，队员应保持一定距离按顺序通过，不得推拉支架。(　)

670. 采空区必须及时封闭，必须随采煤工作面的推进逐个封闭通至采空区的连通巷道。采区开采结束后50天内，必须在所有与已采区相连通的巷道中设置防火墙，全部封闭采区。(　)

671. 进风的下山巷道着火时，在不可能从下山下端接近火源时，应尽可能利用平行下山和联络巷接近火源灭火。(　)

672. 以4 h氧气呼吸器的有效使用时间进行计算，一个呼吸器班为3～4 h以上。(　)

673. 发生突出事故，不得停风和反风，防止风流紊乱和扩大灾情。(　)

674. 采区进回风巷的最高允许风速为8 m/s。(　)

675. 发现队员身体不适或氧气呼吸器发生故障难以排除时，该队员必须立即撤出。(　)

676. 矿井通风系统包括通风方式、通风方法、通风连网和通风设施。(　)

677. 局部通风机的工作方式分为中央式、压入式、混合式。(　)

678. 灾区中报告氧气压力，报告时手势要放在胸前表示。(　)

679. 生产经营单位从业人员，发现危及人身安全紧急情况时，有权停止作业或在采取可能的应急措施后撤离作业现场。(　)

680. 用高、中倍数泡沫灭火属于积极灭火方法。(　)

681. 火区封闭后，人员应立即撤出危险区。进入检查或加固密闭墙，应在12 h之后进行。(　)

682. 建造火区风墙应做到：进风巷道和回风巷道中的风墙应同时建造。(　)

683. 发生冒顶事故后，当瓦斯和其他有害气体威胁抢救人员的安全时，保持当前通风状态，救护队立即抢救人员。(　)

684. 俯卧压背人工呼吸法不能用于溺水呼吸停止的急救。(　)

685. 矿井每季度应至少检查1次反风设施，每半年应进行1次反风演习；矿井通风系统有较大变化时，进行1次反风演习。(　)

686. 如果不能确认井筒和井底车场有无有毒有害气体，应在地面将氧气呼吸器佩戴好。在任何情况下，禁止不佩戴氧气呼吸器的救护队下井。(　)

687. 危及井下人员安全的地面灭火工作由消防队负责。(　)

688. 氧气瓶在充填室充气后的压力高，等装到呼吸器上以后进行检查时发现压力变低的原因是：温度降低导致了氧气瓶内的压力降低。(　)

689. 我国煤矿安全生产方针是安全第一、预防为主、综合治理。(　)

690. 本质安全型防爆电气设备适用于全部电气设备。(　)

691. 风阻值是衡量矿井通风难易的一个重要指标。(　)

692. 在处理突出事故时，在突出区应设专人定时定点检查瓦斯浓度，并及时向指挥部报告。(　)

693. 检查了解矿井应急预案或灾害预防和处理计划执行情况，属于救护队进行的预防性检查工作。(　)

694. 在生产过程中，事故是指造成人员死亡、伤害、职业病、财产损失或其他损失的意外事件。(　)

695. 救护队参加实施震动爆破措施时，爆破 30 min 后，救护队携带氧气呼吸器进入工作面检查，发现爆破引起火灾应立即灭火。(　)

696. 处理瓦斯爆炸事故时，侦察小队如遇堵塞物，应立即进行清理。(　)

697. 在处理瓦斯燃烧事故时，可随意改变通风现状。(　)

698. 处理煤尘爆炸事故时，通过支护不好地点时，队员要保持距离按顺序通过。(　)

699. 人工呼吸法适用于外伤性窒息、中毒性窒息或电休克等所引起的呼吸停止。(　)

700. 在高温区工作的指挥员必须做到与基地保持不断联系，报告温度变化、工作及队员身体等状况。(　)

701. 井下巷道内气温超过 40 ℃时，即为高温。(　)

702. 处理事故时，井下基地以里至灾区范围内脱下呼吸器的地点由小队长决定。(　)

703. 救护指挥员是指矿山救护队担任副中队长以上领导职务的人员、技术人员的统称。(　)

704. 在进入灾区时，小队长在队列之后，副小队长在队列之前，返回时与此相反。(　)

705. 侦察行进中，应在巷道中设立路标，防止返回时走错路线。(　)

706. 佩戴氧气呼吸器是指救护人员背负氧气呼吸器，但未打开氧气瓶，未戴面罩或口具、鼻夹吸氧。(　)

707. AHG－2 型 2 h 呼吸器主要用于矿山救护队指战员作备用呼吸器和抢救人员时使用。(　)

708. 过滤式自救器在使用过程中，过滤罐慢慢变热，吸气温度升高，表明自救器正常工作。(　)

709. 从业人员应当接受安全生产教育和培训，掌握本职工作所需的安全生产知识，提高安全生产技能，增强事故预防和应急处理能力。(　)

710. 《国务院关于进一步加强企业安全生产工作的通知》（国发〔2010〕23 号）文

件要求：要尽快建成完善的国家安全生产应急救援体系，在非高危行业强制推行一批安全适用的技术装备和防护设施，最大限度地减少事故造成的损失。（ ）

711.《国务院关于进一步加强企业安全生产工作的通知》（国发〔2010〕23号）文件要求：要建立更加完善的技术标准体系，促进企业安全生产技术装备全面达到国家和行业标准，实现我国安全生产技术水平的提高。（ ）

712.《国务院关于进一步加强企业安全生产工作的通知》（国发〔2010〕23号）文件要求：按行业类型和区域分布，依托大型企业，在中央预算内基建投资支持下，先期抓紧建设14个区域救援队，配备性能可靠、机动性强的装备和设备，保障必要的运行维护费用。（ ）

713.《国务院〈通知〉精神　进一步加强安全生产应急救援体系建设的实施意见》（安委办〔2010〕25号）文件要求：加快国家矿山应急救援队建设步伐。抓紧建设7个国家矿山应急救援队，力争到2010年底前全部建成。（ ）

714.《国务院〈通知〉精神　进一步加强安全生产应急救援体系建设的实施意见》（安委办〔2010〕25号）文件要求：要加强区域矿山应急救援队建设。在争取国家支持的同时，各依托企业要参照国家矿山应急救援队的建设原则、标准和要求，在现有基础上，进一步加强建设。（ ）

715.《国务院〈通知〉精神　进一步加强安全生产应急救援体系建设的实施意见》（安委办〔2010〕25号）文件要求：要加强企业危险化学品应急救援队建设。所有大中小型危险化学品企业都要依法按照相关标准建立专业应急救援队。（ ）

716.《国务院安委会关于进一步加强生产安全事故应急处置工作的通知》（安委〔2013〕8号）文件要求：要牢固树立“以人为本、安全第一、生命至上”和“不抛弃、不放弃”的理念。（ ）

717.《国务院安委会关于进一步加强生产安全事故应急处置工作的通知》（安委〔2013〕8号）文件要求：坚持“属地为主、条块结合、精心组织、科学施救”的原则，在确保救援人员安全的前提下实施救援。（ ）

718.《国务院安委会关于进一步加强生产安全事故应急处置工作的通知》（安委〔2013〕8号）文件要求：发生事故或险情后，企业要立即启动相关应急预案，不惜一切代价组织抢救遇险人员，控制危险源，封锁危险场所，防止事态扩大。（ ）

719.《国务院安委会关于进一步加强生产安全事故应急处置工作的通知》（安委〔2013〕8号）文件要求：要明确并落实生产现场带班人员、班组长和调度人员直接处置权和指挥权，在遇到险情或事故征兆时立即下达停产撤人命令，组织现场人员及时、有序地撤离到安全地点，减少人员伤亡。（ ）

720.《国务院安委会关于进一步加强生产安全事故应急处置工作的通知》（安委〔2013〕8号）文件要求：事故发生后有关各方要引导各类新闻媒体客观、公正、及时地报道事故信息，不得编造、发布虚假信息。（ ）

721.《国务院安委会关于进一步加强生产安全事故应急处置工作的通知》（安委〔2013〕8号）文件要求：发生事故或险情后要依法依规及时、如实地向当地安全生产监管监察部门和负有安全生产监督管理职责的有关部门报告事故情况，不得瞒报、谎报、迟报、漏报，不得故意破坏事故现场、毁灭证据。（ ）

722.《国务院办公厅关于进一步加强煤矿安全生产工作的意见》(国办发〔2013〕99号)文件要求：要加快落后小煤矿关闭退出，重点关闭10万t/a及以下不具备安全生产条件的煤矿。(　)

723.《国务院办公厅关于进一步加强煤矿安全生产工作的意见》(国办发〔2013〕99号)文件要求：要加快关闭9万t/a及以下煤与瓦斯突出等灾害严重的煤矿。(　)

724.《国务院办公厅关于进一步加强煤矿安全生产工作的意见》(国办发〔2013〕99号)文件要求：要坚决关闭发生较大及以上责任事故的9万t/a及以下的煤矿。(　)

725.《国务院办公厅关于进一步加强煤矿安全生产工作的意见》(国办发〔2013〕99号)文件要求：一律停止核准新建生产能力低于30万t/a的煤矿，一律停止核准新建生产能力低于60万t/a的煤与瓦斯突出矿井。(　)

726.《国务院办公厅关于进一步加强煤矿安全生产工作的意见》(国办发〔2013〕99号)文件要求：煤矿使用的设备和材料必须取得煤矿矿用产品安全标志。(　)

727.《国务院办公厅关于进一步加强煤矿安全生产工作的意见》(国办发〔2013〕99号)文件要求：矿长、总工程师和分管安全、生产、机电的副矿长必须具有安全资格证，且严禁在其他煤矿兼职。(　)

728.《国务院办公厅关于进一步加强煤矿安全生产工作的意见》(国办发〔2013〕99号)文件要求：煤矿必须确保安全监控、人员定位、通信联络系统正常运转。(　)

729.《国务院办公厅关于进一步加强煤矿安全生产工作的意见》(国办发〔2013〕99号)文件要求：开展行业性工资集体协商，研究确定煤矿工人小时最低工资标准，提高下井补贴标准，提高煤矿工人收入。(　)

730.《国务院关于坚持科学发展安全发展促进安全生产形势持续稳定好转的意见》(国发〔2011〕40号)文件要求：企业主要负责人、安全管理人员、特种作业人员一律经严格考核、持证上岗。(　)

731.《国务院关于坚持科学发展安全发展促进安全生产形势持续稳定好转的意见》(国发〔2011〕40号)文件要求：抓紧7个国家级、14个区域性矿山应急救援基地建设，加快推进重点行业领域的专业应急救援队伍建设。(　)

732.《煤矿安全规程》规定：煤矿建设项目的安全设施和职业病危害防护设施，必须与主体工程同时设计、同时施工、同时投入使用。(　)

733.《煤矿安全规程》规定：从业人员必须遵守煤矿安全生产规章制度、作业规程和操作规程，严禁违章指挥、违章作业。(　)

734.《煤矿安全规程》规定：矿长必须具备丰富的安全生产经验，具有领导安全生产和处理煤矿事故的能力。(　)

735.《煤矿安全规程》规定：特殊情况下煤矿可以使用已淘汰的危及生产安全和可能产生职业病危害的技术、工艺、材料和设备。(　)

736.《煤矿安全规程》规定：入井(场)人员必须携带安全帽等个体防护用品，穿带有反光标识的工作服。(　)

737.《煤矿安全规程》规定：副总工程师负责矿井地测技术管理工作。(　)

738.《煤矿安全规程》规定：避灾路线指示应设置在不易受到碰撞的显著位置，在矿灯照明下清晰可见，并应标注所在位置。(　)

739. 《煤矿安全规程》规定：兼职救护队应由不少于1个救护小队组成，救护小队人员应不少于9人。（　）

740. 班组长应当具备兼职救护队员的知识和能力，能够在发生事故后第一时间组织作业人员自救互救和安全避险。（　）

741. 矿山救援队是处理矿山灾害事故的专业队伍，实行标准化、军事化管理。（　）

742. 矿山救援队指战员是企业一线作业人员。（　）

743. 年生产规模达到120万t以上的煤矿企业、60万t以上的煤与瓦斯突出或者高瓦斯煤矿企业和大型非煤矿山企业可酌情建立矿山救援队。（　）

744. 大队指挥员年龄不应超过55岁，中队指挥员年龄不应超过50岁。（　）

745. 矿山救援队工作指导原则是“加强战备、严格训练、主动预防、积极抢救”。（　）

746. 矿山救援队以小队为单位实行24 h值班。（　）

747. 矿山救援队应当按照有关规定标准着装，并按规定佩戴矿山救援标识。（　）

748. 矿山救援队及兼职救援队指战员，必须经过救援理论及技术、技能培训后，未经考核取得合格证后，也可从事矿山救援工作。（　）

749. 救援装备、器材、防护用品和检测仪器必须符合国家标准或行业标准，满足矿山救援工作的特殊需要。（　）

750. 矿山救援队应当定期检查在用和库存救援装备的状况和数量，做到账、物、卡“三相符”，并及时进行报废、更新和备品备件补充。（　）

751. 救援装备应保持战备和完好状态，不得露天存放。救援车辆必须专车专用。（　）

752. 矿山救援队指挥员必须作为指挥部成员，参与制定救援方案，根据救援指挥部命令组织实施救援。（　）

753. 在高温、坍冒、爆炸、水淹等危险灾区，无须救人时，矿山救援队严禁进入。必须采取保障安全的技术措施后，方可进入。（　）

754. 救援过程中，救援队应根据需要定时、定点取样分析化验灾区气体，化验结果作为救援指挥部决策的必要依据。（　）

755. 在灾区救援时，必须保留5 MPa以上压力的氧气。在倾角小于15°的巷道中行进，前进途中允许消耗1/2的氧气量，另1/2的氧气量用于返回途中。（　）

756. 所有煤矿必须有矿山救护队为其服务。（　）

757. 任何单位和个人不得调动矿山救护队、救援装备和救护车辆从事与应急救援无关的工作，不得挪用紧急避险设施内的设备和物品。（　）

758. 巷道交叉口必须设置避灾路线标识。巷道内设置标识的间隔距离：采区巷道不大于300 m，矿井主要巷道不大于200 m。（　）

759. 矿山救护队是处理矿山灾害事故的专业应急救援队伍。（　）

760. 矿山救护队必须实行标准化、军事化管理和12 h值班。（　）

761. 矿山救护队大、中队指挥员应当由熟悉矿山救援业务，具有相应煤矿专业知识，从事煤矿生产、安全、技术管理工作5年以上和矿山救援工作3年以上，并经过培训合格的人员担任。（　）

762. 新招收的矿山救护队员必须通过 3 个月的基础培训和 6 个月的编队实习，并经综合考评合格后，才能成为正式队员。(　)

763. 矿山救护队出动执行救援任务时，必须穿戴矿山救援防护服装，佩戴并按规定使用氧气呼吸器，携带相关装备、仪器和用品。(　)

764. 应急救援预案的主要内容发生变化，或者在事故救援和应急演练中发现存在重大问题时，及时修订完善。(　)

765. 矿山救护队技术装备、救援车辆和设施必须由专人管理，定期检查、维护和保养，保持战备和完好状态。(　)

766. 矿山救护队技术装备不得露天存放，救援车辆可兼作他用。(　)

767. 煤矿发生灾害事故后，必须立即成立救援指挥部，矿山救护队指挥员任总指挥。(　)

768. 建造木板密闭墙时，在框架顶梁和紧靠底板的横木上钉上 4 根立柱，立柱排列必须均匀，间距在 300 ~ 460 mm 之间（中对中测量，量上不量下)。(　)

769. 建造木板密闭墙时小板不准横纹钉，不得钉劈（通缝为劈)，压接长度不少于 10 mm。(　)

770. 建造木板密闭墙时板壁四周严密，缝隙不准超过宽 510 mm，长200 mm。(　)

771. 建造砖密闭墙时要求：大缝，砖缝大于 15 mm 为大缝（水平缝连续长度达到 100 mm 为一处，竖缝达到 50 mm 为一处)。(　)

772. 建造砖密闭墙时要求接顶处不足一砖厚时，可用碎石砖瓦等非燃性材料填实，间隙大于 30 mm 宽，30 mm 高时为大缝；若该大缝的水平长度大于 120 mm 时为接顶不实，按结构不牢处理。(　)

773. 建造砖密闭墙时要求：紧靠两帮的砖缝不能大于 20 mm（高度达到 50 mm)，否则，按大缝计。(　)

774. 挂风障用 3 根方木架设带底梁的梯形框架，再用一根方木，紧靠巷道底板，钉在框架两腿上。(　)

775. 挂风障时风障四周用压条压严，钉在骨架上。(　)

776. 挂风障时压条两端与钉子间距不得大于 80 mm。(　)

777. 钉子必须全部钉入骨架内，跑钉允许补钉，弯钉如已钉透，可不补。(　)

778. 挂风障时中柱上下垂度超过 10 cm。(　)

779. 挂风障时障面不平整，折叠宽度大于 15 mm，每处扣 0.3 分。(　)

780. 火区风墙被爆炸破坏时，应立即派救护队探险或恢复风墙。(　)

781. 架木棚时一架棚低或同一架棚的一端高一端低，相差均不得超过50 mm。(　)

782. 架木棚时棚腿窝深度不得少于 300 mm，工作完成之后，必须埋好与地面平，棚子前倾后仰不得超过 100 mm。(　)

783. 架木棚时棚腿大头向上，亲口间隙不得超过 4 mm，后倾间隙不得超过 15 mm，梁腿亲口不合适时可用斧子砍，砸合适为止。(　)

784. 架木棚时同一架棚两叉角相差不得超过 30 mm，梁亲口深度不少于 50 mm，腿亲口深度不少于 40 mm。(　)

785. 架木棚时一块背板打一块楔子，楔子使用位置正确，不松动，不准同点打双

楔。(　)

786. 安装局部通风机和接风筒接线时，线头绕向和压线柱紧固螺丝紧固方向一致，动力线进接线盒内带外皮绝缘皮部分不得小于 5 mm、大于 15 mm。(　)

787. 安装局部通风机和接风筒接线时三相刀闸外接线绝缘部分切齐，不得有毛刺，露铜不得大于 5 mm。(　)

788. 风筒采用双反边接头，反边折叠宽度大于 100 mm、吊环错距大于20 mm。(　)

789. 安装高倍数泡沫灭火机时防爆四通接线盒的输入电缆要接在三相闸刀电源上。(　)

790. 安装高倍数泡沫灭火机时风机、潜水泵与四通接线盒之间均采用事先接好的防爆插销、插座开关连接和控制，接线、安装应符合防爆要求。(　)

791. 安装高倍数泡沫灭火机时三相刀闸外接线绝缘部分切齐，不得有毛刺，露铜不得大于 3 mm，地线要比火线长 10 mm 以上。(　)

792. 处理冒顶方案中全断面处理为：当冒顶范围一般不超过 15 m、垮落矸石块度不大、人工可以搬动时，可采取全断面处理方案。(　)

793. 在矿山压力的作用下，造成顶板下沉、破碎、片帮、煤体变形等现象，称为矿山压力显现。(　)

794. 巷道发生冒顶时，可以选择最短的距离和最佳的施工条件掘进一条补巷，直达冒顶区隔堵人员的位置，掘透后由补巷将遇险人员救出。(　)

795. 防止冒顶的主要措施只有 2 条：一是及时处理工作面的“伞檐”；二是经常观测顶板动态，掌握冒顶预兆。(　)

796. 对困在井下较长时间的得救人员，不要用强灯光照射他们的眼睛，不要过多地给他们饮食，应及时送到井上医院进行救护。(　)

797. 在处理冒落矸石时，可以随意使用工具，不用担心伤害到遇险人员。(　)

798. 处理冒顶事故时，必须有专人观察顶板的变化，检查瓦斯和其他有害气体的情况。(　)

799. 抢救出的遇险人员应迅速抬到安全地点进行初步处置，而后立即升井，迅速运送医院。搬运伤员时，要轻抬轻放，保持平衡，避免震动，还应注意受伤人员的伤情变化。(　)

800. 巷道破坏严重，有冒顶危险、威胁救援安全或埋压堵塞人员时，要首先检查和维护冒落点及其附近的设施，以保障营救人员在救援时的安全，并有畅通、安全的退路。(　)

801. 自救器分为化学氧自救器和隔离式自救器 2 种。(　)

802. 综合体能项目中，拉检力器：检力器锤重 20 kg，拉高 1.2 m，数量 50 次（上下碰响为 1 次），检力器发生故障，换备用检力器（连续计时、计数）。(　)

803. 矿山救护工技能竞赛测风速风量时，应先将测风前的准备工作、操作程序及注意事项按操作要求，依次选择并张贴在牌板上。(　)

804. 综合体能项目选手全程不可以抢道跑。(　)

805. 矿山救护工技能竞赛综合体能竞赛中完成穿越矮巷前，参赛选手可以超越自己跑道跑，检力器可以随意拉。(　)

806. BIOPAK240 正压呼吸器进行呼吸系统（低压）气密测试时将漏气测试装置接到吸气短连接管上、呼气软管上。(　)

807. 地面基地应当设置在靠近井口的安全地点，配备气体分析化验设备等相关装备。(　)

808. 响应准备是明确作出预警启动后应开展的响应准备工作，包括队伍、物资、装备、后勤及通信。(　)

809. 处理水灾事故时，应当遵守尽快恢复灾区排水，加强灾区气体检测，防止发生瓦斯爆炸和有害气体中毒、窒息事故。(　)

810. 处理水灾事故时，应当撤出灾区所有人员，准确统计井下人数，严格控制入井人数。(　)

811. 正常成人的呼吸、心跳频率分别是呼吸 16 ~ 20 次/min，心跳 60 ~ 100 次/min。(　)

812. 石灰碳烧伤处，先用酒精清理，然后再用流水清洗。(　)

813. 被蛇咬伤时，一定要制动、放低，近心端绑扎，以免毒液吸收入血。(　)

814. 三类伤救护区插绿色旗显示。(　)

815. 口对口通气时，病人吸入气体氧浓度约为 16% 。(　)

816. 气管插管时可暂停心肺复苏。(　)

817. 新招收的矿山救护队员必须通过 6 个月的基础培训，并经综合考评合格后，才能成为正式队员。(　)

818. 矿山救护队技术装备不得露天存放，救援车辆必须专人使用。(　)

819. 煤矿企业应当根据矿井灾害特点，结合所在区域实际情况，储备必要的应急救援装备及物资，由专人审批。(　)

820. 煤矿企业应当根据矿井灾害特点，结合所在区域实际情况，储备必要的应急救援装备及物资，由主要负责人审批。(　)

821. 煤矿企业应当根据矿井灾害特点，重点加强潜水电泵及配套管线、救援钻机及其配套设备、快速掘进与支护设备、应急通信装备等的储备。(　)

822. 应急处置卡应当规定重点岗位、人员的应急处置程序和措施，以及相关联络人员和联系方式，便于从业人员携带。(　)

823. 生产经营单位应当制定本单位的应急预案演练计划，根据本单位的事故风险特点，每半年至少组织一次综合应急预案演练或者专项应急预案演练，每年至少组织一次现场处置方案演练。(　)

参考答案

一、单选题

1. A	2. A	3. A	4. A	5. C	6. A	7. B	8. B	9. C	10. C
11. C	12. D	13. B	14. D	15. D	16. B	17. D	18. D	19. C	20. C
21. C	22. D	23. C	24. B	25. B	26. C	27. A	28. A	29. B	30. C
31. C	32. B	33. D	34. A	35. B	36. C	37. B	38. B	39. A	40. A
41. B	42. A	43. B	44. C	45. A	46. C	47. A	48. C	49. D	50. B
51. C	52. B	53. A	54. B	55. B	56. D	57. C	58. C	59. D	60. A
61. C	62. B	63. B	64. B	65. D	66. C	67. B	68. C	69. B	70. D
71. A	72. B	73. A	74. B	75. D	76. B	77. D	78. D	79. C	80. C
81. D	82. B	83. A	84. D	85. C	86. A	87. B	88. B	89. C	90. D
91. C	92. A	93. A	94. B	95. A	96. C	97. A	98. A	99. B	100. C
101. B	102. A	103. A	104. B	105. B	106. C	107. B	108. C	109. C	110. B
111. B	112. A	113. D	114. B	115. A	116. A	117. C	118. C	119. B	120. A
121. A	122. C	123. C	124. B	125. B	126. A	127. D	128. C	129. C	130. D
131. A	132. B	133. A	134. D	135. A	136. C	137. A	138. A	139. A	140. B
141. D	142. C	143. B	144. A	145. B	146. D	147. C	148. C	149. D	150. A
151. C	152. C	153. C	154. C	155. C	156. C	157. C	158. A	159. A	160. B
161. B	162. D	163. B	164. A	165. D	166. A	167. A	168. A	169. A	170. C
171. C	172. A	173. B	174. C	175. B	176. C	177. B	178. B	179. A	180. C
181. C	182. B	183. B	184. B	185. A	186. A	187. A	188. A	189. A	190. A
191. A	192. D	193. B	194. A	195. C	196. A	197. A	198. A	199. A	200. C
201. A	202. C	203. C	204. A	205. C	206. D	207. C	208. B	209. D	210. C
211. B	212. A	213. B	214. D	215. C	216. A	217. A	218. C	219. B	220. B
221. B	222. B	223. A	224. B	225. A	226. B	227. A	228. B	229. A	230. B
231. B	232. B	233. A	234. D	235. A	236. A	237. A	238. A	239. A	240. B
241. A	242. D	243. C	244. D	245. B	246. D	247. C	248. B	249. C	250. A
251. B	252. B	253. B	254. D	255. A	256. B	257. B	258. C	259. A	260. A
261. D	262. C	263. B	264. C	265. C	266. C	267. B	268. B	269. A	270. B
271. A	272. A	273. C	274. C	275. B	276. C	277. D	278. B	279. A	280. C
281. B	282. B	283. C	284. C	285. B	286. C	287. B	288. B	289. B	290. B
291. C	292. A	293. B	294. C	295. B	296. A	297. D	298. C	299. D	300. A
301. C	302. B	303. C	304. D	305. B	306. C	307. A	308. B	309. C	310. C

311. B 312. C 313. C 314. D 315. A 316. A 317. B 318. A 319. D 320. D
321. A 322. C 323. C 324. B 325. C 326. B 327. A 328. D 329. B 330. B
331. D 332. B 333. A 334. B 335. B 336. B 337. B 338. B 339. B 340. B
341. C 342. B 343. B 344. A 345. C 346. B 347. A 348. C 349. B 350. C
351. A 352. B 353. A 354. B 355. B 356. B 357. B 358. B 359. A 360. A
361. B 362. B 363. B 364. B 365. A 366. B 367. A 368. C 369. C 370. C
371. C 372. A 373. C 374. A 375. B 376. C 377. A 378. B 379. C 380. B
381. C 382. B 383. C 384. B 385. B 386. A 387. C 398. B 389. C 390. C
391. A 392. A 393. A 394. C 395. C 396. B 397. A 398. A 399. C 400. B
401. B 402. A 403. C 404. B 405. C 406. C 407. B 408. C 409. B 410. B
411. A 412. A 413. B 414. A 415. B 416. C 417. C 418. B 419. A 420. C
421. C 422. D 423. C 424. C 425. C 426. B 427. A 428. B 429. D 430. C
431. B 432. B 433. A 434. C 435. D 436. B 437. A 438. C 439. B 440. A
441. B 442. A 443. D 444. C 445. A 446. D 447. D 448. B 449. A 450. A
451. C 452. C 453. A 454. A 455. A 456. C 457. C 458. C 459. D 460. A
461. C 462. C 463. D 464. B 465. C 466. A 467. B 468. D 469. B 470. C
471. B 472. B 473. B 474. B 475. B 476. B 477. C 478. B 479. C 480. C
481. C 482. C 483. B 484. D 485. C 486. C 487. C 488. B 489. C 490. C
491. D 492. D 493. D 494. A 495. C 496. C 497. B 498. A 499. B 500. C
501. B 502. C 503. A 504. B 505. C 506. A 507. B 508. C 509. D 510. B
511. A 512. B 513. D 514. D 515. A 516. B 517. B 518. B 519. C 520. C
521. D 522. A 523. B 524. D 525. C 526. B 527. B 528. C 529. B 530. C
531. B 532. B 533. B 534. C 535. B 536. A 537. C 538. C 539. A 540. B
541. B 542. D 543. C 544. C 545. D 546. B 547. B 548. D 549. B 550. C
551. A 552. C 553. A 554. B 555. C 556. D 557. C 558. B 559. D 560. A
561. A 562. D 563. B 564. D 565. B 566. C 567. D 568. A 569. A 570. A
571. C 572. B 573. C 574. A 575. A 576. A 577. B 578. C 579. C 580. C
581. A 582. B 583. B 584. A 585. C 586. C 587. A 588. A 589. C 590. C
591. B 592. A 593. B 594. C 595. C 596. A 597. C 598. A 599. B 600. C
601. B 602. D 603. A 604. B 605. C 606. C 607. A 608. A 609. C 610. A
611. A 612. B 613. C 614. B 615. B 616. B 617. C 618. C 619. A 620. C
621. B 622. C 623. B 624. A 625. B 626. C 627. D 628. A 629. D 630. C
631. A 632. A 633. C 634. D 635. B 636. D 637. D 638. D 639. A 640. D
641. D 642. A 643. C 644. A 645. A 646. C 647. B 648. A 649. C 650. B
651. A 652. B 653. A 654. C 655. B 656. B 657. C 658. B 659. A 660. A
661. B 662. A 663. B 664. A 665. A 666. C 667. A 668. B 669. B 670. A
671. C 672. B 673. A 674. B 675. A 676. A 677. B 678. C 679. C 680. A
681. A 682. C 683. B 684. C 685. B 686. A 687. A 688. C 689. A 690. C
691. A 692. A 793. A 794. A 795. A 796. A 797. C 798. C 799. B 700. B

701. A 702. C 703. C 704. C 705. B 706. A 707. C 708. B 709. B 710. A
711. C 712. B 713. A 714. A 715. C 716. A 717. B 718. C 719. A 720. B
721. A 722. A 723. C 724. B 725. D 726. C 727. A 728. C 729. B 730. B
731. C 732. B 733. A 734. C 735. B 736. A 737. C 738. A 739. B 740. C
741. A 742. B 743. A 744. B 745. D 746. D 747. C 748. B 749. A 750. C
751. D 752. B 753. B 754. B 755. C 756. C 757. B 758. B 759. B 760. B
761. C 762. A 763. B 764. D 765. A 766. C 767. D 768. C 769. B 770. C
771. D 772. C 773. D 774. C 775. A 776. B 777. C 778. D 779. A 780. B
781. C 782. C 783. B 784. A 785. C 786. A 787. C 788. D 789. C 790. B
791. C 792. B 793. B

二、多选题

1. ABCDE 2. BCDE 3. ABDE 4. ABD 5. ACDE
6. ABE 7. BDE 8. ACDE 9. ABCDE 10. ABCE
11. ACD 12. ABCDE 13. BE 14. ACDE 15. ABCD
16. ABDE 17. ABD 18. ABCDE 19. ABE 20. BCDE
21. ACDE 22. ABC 23. ABCDE 24. BCD 25. ABCDE
26. BDE 27. ABCDE 28. ABCDE 29. BCDE 30. BDE
31. ABD 32. BC 33. ACDE 34. ACD 35. ACE
36. AE 37. AC 38. ABCD 39. BCDE 40. DE
41. ABC 42. ABCD 43. ACD 44. ACE 45. ABCDE
46. ABCDE 47. ABC 48. ACE 49. ABCDE 50. ABD
51. ACDE 52. ABD 53. ABC 54. AE 55. CDE
56. ABC 57. AC 58. ACD 59. BD 60. ACE
61. ABDE 62. AD 63. ABC 64. BC 65. AD
66. ABC 67. DE 68. ABC 69. ABCD 70. CDE
71. BCD 72. ABC 73. BCD 74. ACD 75. ACD
76. ABDE 77. ABCD 78. ABE 79. BCD 80. ABD
81. ABCDE 82. ABCD 83. ABCDE 84. ABCD 85. AE
86. AE 87. BCD 88. ABCDE 89. ABCD 90. ABC
91. ABCE 92. ABDE 93. ABCD 94. BCD 95. ABDE
96. BCD 97. ABDE 98. ABCD 99. BCD 100. ABD
101. ABCD 102. ABC 103. AB 104. ACD 105. ABC
106. ABCD 107. ABC 108. AC 109. ABD 110. ABCD
111. BCDE 112. ACD 113. ABCD 114. ABD 115. ABC
116. BC 117. ABD 118. BCDE 119. ABCD 120. ABCD
121. ABC 122. ABC 123. BCD 124. ABC 125. AB
126. BCD 127. ABD 128. ABC 129. AD 130. ACD
131. ABC 132. ABCD 133. ABC 134. ACD 135. ABD

136. ABCD	137. ABCD	138. ABD	139. BCD	140. ACD
141. ABD	142. ABCD	143. ABD	144. BCD	145. ACD
146. ABC	147. ABD	148. ABD	149. ACD	150. CD
151. ABC	152. BD	153. AD	154. ABCD	155. ACD
156. ABD	157. ABD	158. ABD	159. AC	160. BC
161. BD	162. ABD	163. CD	164. ABC	165. ABCD
166. ABC	167. ABD	168. ABD	169. ABCD	170. ACD
171. ABC	172. ABCD	173. ABC	174. ABCD	175. ABCD
176. ABCD	177. ABCD	178. ABC	179. ABD	180. ABC
181. BCD	182. ABC	183. ABC	184. ABC	185. ABCD
186. ABCD	187. ACD	188. ABCD	189. ABCD	190. ABCD
191. BCD	192. ABCD	193. ABC	194. ABCD	195. ABD
196. ABCD	197. BC	198. ABCD	199. AB	200. ABD
201. BCD	202. ABCD	203. BCD	204. ABC	205. ABD
206. ABCD	207. ABC	208. ABCD	209. ABCD	210. ABCD
211. ABCD	212. ABC	213. ABCD	214. ABCD	215. ABCD
216. BD	217. ABCD	218. ABCD	219. ABCD	220. ABD
221. ABCD	222. ABC	223. ABC	224. ABCD	225. ABC
226. BCD	227. ABC	228. ABCD	229. BCD	230. ABCD
231. ABCD	232. ABCD	233. ABCD	234. ABC	235. ABCD
236. ABC	237. ABCD	238. ABCD	239. ABCD	240. ABCD
241. ABD	242. ABCD	243. AC	244. ACD	245. ABC
246. ABCDE	247. BD	248. BCD	249. AC	250. BCD
251. AB	252. ABCD	253. ABCDE	254. ABC	255. ABCDE
256. CDE	257. ACD	258. ABCE	259. ACDE	260. ABCD
261. ABC	262. ACD	263. ABDE	264. ABC	265. ABD
266. ABC	267. ABCD	268. ABC	269. ABCD	270. ABD
271. ABCD	272. ABCD	273. ABCD	274. ABCD	275. ACD
276. ABCD	277. BD	278. BD	279. ACD	280. ABC
281. ABC	282. ABCD	283. ABCD	284. ABC	285. ABCD
286. ABCD	287. ABCD	288. BCD	289. BCD	290. ABC
291. ABCDE	292. ABCDE	293. ABCD	294. ABCD	295. ABCD
296. ABCD	297. ABC	298. ABCDE	299. ABCD	300. ABC
301. ABC	302. ABCDE	303. ABCDE	304. ABCDE	305. ABCD
306. ABCDE	307. ABCD	308. BCE	309. ABCD	310. ABCD
311. ABCDE	312. ABCD	313. ABC	314. ABC	315. ABCD
316. ABCD	317. ABCD	318. ABCD	319. ABCD	320. ABC
321. ABD	322. ABC	323. ABCD	324. ABCD	325. BCDE
326. ABCD	327. ABD	328. ABC	329. ADE	330. ABCD

331. ABCD　332. AC　333. ABCDE　334. ABCD　335. ABC
336. ABCD　337. ABCD　338. ABCD　339. AB　340. ABCDEF
341. ABDE　342. ABC　343. CD　344. ABDE　345. ABDE
346. ABCDE　347. ABCDE　348. ABC　349. ABCD　350. ABC
351. ABC　352. ABCD　353. ABCD　354. ABCD　355. ABC
356. ABC　357. CD　358. ABCD　359. ABCD　360. ABC
361. ABC　362. ABC　363. AB　364. ABC　365. ABCD
366. ABC　367. ABCD　368. ABCD　369. ABC　370. ABC
371. ABC　372. ABCD　373. AB　374. AB　375. ABCD
376. ABC　377. ABD　378. BCD　379. BCD　380. ABC
381. ABCD　382. AB　383. BCD　384. ABCD　385. ABCD
386. AC　387. CD　388. ABC　389. ACD　390. ABC
391. ABC　392. ABC　393. ACD　394. ABC　395. ACD
396. ABCD　397. ABCD　398. ABC　399. ABCD　400. ABD
401. ABCD　402. ABCD　403. AB　404. ABD　405. ABC
406. ABC　407. ABC　408. ABC　409. AB　410. ABC
411. ABCD　412. ABCD　413. ABCD　414. BD　415. ACD
416. ABCD　417. ABC　418. ABCD　419. AD　420. AC
421. AB　422. ABCD　423. ABCD　424. AB　425. ABCD
426. ABCD　427. ABCD　428. ACD　429. ABCD　430. ABCD
431. ABCD　432. ABCD　433. ACD　434. ABCD　435. ABCD
436. ABD　437. CD　438. BC　439. ABC　440. AD
441. ACD　442. ABCD　443. ABCD　444. ABC　445. ABD
446. AB　447. ABCD　448. ABCD　449. ABCD　450. ABCDE
451. AD　452. AB　453. ABCD　454. ABCD　455. ABCD
456. ABC　457. ABE　458. ABC　459. BD　460. BCE
461. ABCD　462. ABCD　463. ABC　464. ABCDE　465. ABCDE
466. ABCD　467. ABCE　468. ABDE　469. AB　470. BC
471. ABCD　472. ABCDE　473. AD　474. ABCD　475. ABCD
476. ABCD　477. ABCDE　478. ABD　479. ABDE　480. ABCDE
481. AB　482. ABCDE　483. ABCDE　484. ACD　485. ABCDE
486. ACD　487. ABCE　488. ABC　489. ABCD　490. ABCDE
491. BCDE　492. ABCD　493. CD　494. ABCDE　495. AC
496. ABCD　497. CDE　498. ABCD　499. CDE　500. ABE
501. ABCE　502. ABCDE　503. AB　504. ABCDE　505. BD
506. ABCD

三、判断题

1. √　2. ×　3. √　4. ×　5. √　6. ×　7. √　8. √　9. ×　10. ×

11. √ 12. √ 13. √ 14. × 15. √ 16. √ 17. √ 18. √ 19. √ 20. ×
21. √ 22. √ 23. × 24. × 25. × 26. √ 27. × 28. × 29. √ 30. √
31. √ 32. × 33. × 34. √ 35. √ 36. × 37. × 38. √ 39. √ 40. √
41. √ 42. √ 43. √ 44. √ 45. √ 46. × 47. × 48. √ 49. √ 50. √
51. √ 52. √ 53. × 54. √ 55. × 56. √ 57. √ 58. √ 59. × 60. √
61. × 62. × 63. √ 64. √ 65. √ 66. √ 67. √ 68. × 69. × 70. ×
71. √ 72. √ 73. × 74. √ 75. √ 76. √ 77. × 78. × 79. √ 80. √
81. √ 82. × 83. × 84. √ 85. × 86. × 87. √ 88. × 89. √ 90. √
91. √ 92. √ 93. √ 94. √ 95. √ 96. √ 97. √ 98. √ 99. √ 100. √
101. √ 102. √ 103. √ 104. √ 105. × 106. √ 107. √ 108. √ 109. √ 110. ×
111. √ 112. √ 113. √ 114. × 115. √ 116. √ 117. √ 118. × 119. × 120. √
121. √ 122. × 123. √ 124. × 125. √ 126. √ 127. × 128. √ 129. √ 130. ×
131. × 132. × 133. √ 134. √ 135. √ 136. × 137. √ 138. √ 139. √ 140. √
141. √ 142. × 143. √ 144. × 145. √ 146. × 147. × 148. √ 149. √ 150. √
151. √ 152. √ 153. √ 154. √ 155. √ 156. × 157. × 158. × 159. × 160. ×
161. √ 162. × 163. √ 164. √ 165. × 166. √ 167. × 168. √ 169. √ 170. ×
171. × 172. × 173. × 174. √ 175. × 176. × 177. × 178. × 179. × 180. √
181. × 182. √ 183. √ 184. √ 185. √ 186. × 187. √ 188. √ 189. √ 190. ×
191. √ 192. √ 193. √ 194. √ 195. √ 196. × 197. × 198. × 199. √ 200. √
201. √ 202. √ 203. √ 204. √ 205. × 206. √ 207. × 208. × 209. × 210. √
211. × 212. × 213. × 214. × 215. × 216. √ 217. × 218. × 219. √ 220. ×
221. √ 222. × 223. × 224. × 225. × 226. √ 227. × 228. √ 229. × 230. ×
231. × 232. √ 233. √ 234. √ 235. √ 236. √ 237. × 238. × 239. √ 240. ×
241. × 242. × 243. × 244. × 245. √ 246. × 247. √ 248. × 249. √ 250. √
251. √ 252. × 253. × 254. √ 255. × 256. × 257. √ 258. × 259. × 260. √
261. × 262. √ 263. × 264. √ 265. √ 266. × 267. × 268. × 269. √ 270. ×
271. √ 272. × 273. × 274. √ 275. × 276. × 277. √ 278. √ 279. √ 280. √
281. √ 282. √ 283. × 284. × 285. × 286. × 287. × 288. × 289. × 290. ×
291. √ 292. √ 293. × 294. √ 295. × 296. √ 297. √ 298. × 299. × 300. ×
301. × 302. × 303. √ 304. × 305. × 306. √ 307. √ 308. √ 309. √ 310. √
311. √ 312. √ 313. √ 314. × 315. × 316. √ 317. √ 318. √ 319. √ 320. √
321. √ 322. × 323. √ 324. √ 325. × 326. √ 327. × 328. × 329. × 330. √
331. × 332. √ 333. × 334. × 335. × 336. √ 337. √ 338. √ 339. √ 340. √
341. √ 342. × 343. × 344. √ 345. √ 346. √ 347. × 348. × 349. √ 350. √
351. √ 352. × 353. × 354. × 355. √ 356. × 357. × 358. × 359. √ 360. √
361. × 362. × 363. √ 364. × 365. × 366. × 367. × 368. × 369. √ 370. √
371. × 372. √ 373. × 374. × 375. × 376. × 377. × 378. × 379. √ 380. ×
381. × 382. × 383. √ 384. × 385. √ 386. × 387. × 388. × 389. √ 390. √
391. √ 392. × 393. × 394. × 395. √ 396. × 397. × 398. × 399. × 400. ×

401. √ 402. × 403. √ 404. × 405. √ 406. √ 407. √ 408. × 409. √ 410. ×
411. √ 412. × 413. × 414. √ 415. √ 416. × 417. √ 418. × 419. √ 420. ×
421. √ 422. √ 423. √ 424. × 425. √ 426. × 427. √ 428. × 429. √ 430. √
431. √ 432. × 433. √ 434. √ 435. × 436. × 437. √ 438. × 439. √ 440. √
441. × 442. √ 443. √ 444. √ 445. × 446. √ 447. √ 448. √ 449. √ 450. ×
451. √ 452. × 453. √ 454. × 455. × 456. √ 457. × 458. √ 459. √ 460. ×
461. √ 462. × 463. × 464. × 465. × 466. × 467. √ 468. × 469. × 470. √
471. × 472. × 473. √ 474. × 475. √ 476. × 477. √ 478. × 479. × 480. √
481. × 482. × 483. √ 484. × 485. √ 486. × 487. √ 488. × 489. × 490. √
491. × 492. × 493. × 494. × 495. √ 496. × 497. × 498. × 499. × 500. √
501. × 502. × 503. × 504. √ 505. √ 506. × 507. √ 508. √ 509. √ 510. √
511. √ 512. √ 513. × 514. × 515. √ 516. √ 517. × 518. √ 519. √ 520. √
521. √ 522. × 523. √ 524. √ 525. √ 526. × 527. √ 528. √ 529. × 530. √
531. √ 532. √ 533. × 534. × 535. × 536. √ 537. × 538. √ 539. √ 540. √
541. × 542. √ 543. × 544. × 545. × 546. × 547. × 548. √ 549. × 550. ×
551. √ 552. × 553. √ 554. × 555. √ 556. √ 557. × 558. √ 559. √ 560. ×
561. √ 562. × 563. × 564. × 565. × 566. √ 567. × 568. √ 569. √ 570. √
571. √ 572. √ 573. √ 574. × 575. √ 576. √ 577. × 578. × 579. × 580. ×
581. × 582. √ 583. × 584. × 585. √ 586. √ 587. × 588. × 589. √ 590. ×
591. √ 592. √ 593. × 594. × 595. × 596. × 597. √ 598. √ 599. √ 600. √
601. √ 602. × 603. × 604. × 605. √ 606. √ 607. √ 608. √ 609. √ 610. ×
611. × 612. × 613. √ 614. √ 615. × 616. √ 617. √ 618. √ 619. √ 620. √
621. √ 622. √ 623. √ 624. √ 625. √ 626. × 627. √ 628. × 629. √ 630. ×
631. × 632. × 633. √ 634. × 635. √ 636. × 637. √ 638. √ 639. × 640. √
641. √ 642. × 643. × 644. √ 645. √ 646. × 647. × 648. × 649. √ 650. ×
651. √ 652. × 653. × 654. √ 655. × 656. × 657. × 658. √ 659. √ 660. √
661. √ 662. √ 663. √ 664. √ 665. × 666. √ 667. × 668. √ 669. √ 670. ×
671. √ 672. × 673. √ 674. × 675. × 676. × 677. × 678. × 679. √ 680. √
681. × 682. √ 683. × 684. × 685. × 686. √ 687. × 688. √ 689. √ 690. ×
691. √ 692. √ 693. √ 694. √ 695. × 696. × 697. × 698. √ 699. √ 700. √
701. × 702. × 703. × 704. × 705. × 706. √ 707. √ 708. √ 709. √ 710. ×
711. √ 712. × 713. × 714. √ 715. × 716. √ 717. √ 718. × 719. √ 720. √
721. √ 722. × 723. √ 724. √ 725. × 726. × 727. √ 728. √ 729. √ 730. √
731. √ 732. √ 733. √ 734. × 735. × 736. × 737. × 738. √ 739. √ 740. ×
741. √ 742. √ 743. × 744. √ 745. √ 746. √ 747. √ 748. × 749. √ 750. √
751. √ 752. √ 753. √ 754. √ 755. √ 756. √ 757. √ 758. × 759. √ 760. ×
761. √ 762. × 763. √ 764. × 765. √ 766. × 767. × 768. × 769. × 770. ×
771. × 772. √ 773. × 774. × 775. √ 776. × 777. × 778. × 779. √ 780. ×
781. √ 782. × 783. × 784. √ 785. × 786. √ 787. × 788. √ 789. × 790. √

791. × 792. √ 793. √ 794. √ 795. × 796. √ 797. × 798. √ 799. √ 800. √
801. √ 802. × 803. √ 804. × 805. × 806. × 807. × 808. √ 809. × 810. ×
811. √ 812. √ 813. √ 814. √ 815. √ 816. √ 817. × 818. × 819. × 820. √
821. √ 822. √ 823. ×

安全防范系统安装维修员
（安全仪器监测工方向）

赛项专家组成员（按姓氏笔画排序）

丁国明　刘　超　周　斌　秦江涛　郭绪斌
姬展鸿　樊会明

赛 项 规 程

一、赛项名称

安全仪器监测工方向

二、竞赛目的

持续推进煤矿高技能人才培养工作，造就一支高素质的煤矿安全仪器监测工队伍，提高职工实际操作技能。

三、竞赛内容

结合标准《煤矿安全监控系统及检测仪器使用管理规范》(AQ 1029—2019）及《煤矿安全监控系统通用技术要求》(AQ 6201—2019)，考核安全仪器监测工对基础知识、实操、联动、故障排查等方面的掌握程度。竞赛时间为 130 min，理论考试时间 60 min，实操时间 70 min。具体见表 1。

表 1　竞赛内容、时间与权重表

序号	竞 赛 内 容	竞赛时间/min	所占权重/%
1	安全监控技术理论知识	60	20
2	安全监控系统故障处理	70	80
3	监控曲线及监控日报的分析判断		
4	安全监控系统实操		

四、竞赛方式

本赛项为个人项目，竞赛内容由个人完成。

安全监控技术理论知识考试采取上机考试，安全监控系统模拟故障处理通过计算机自动评分，监控曲线及监控日报的分析判断和安全监控系统实操由裁判员现场评分。

五、竞赛赛卷

（一）安全监控系统技术理论知识

从竞赛题库中随机抽取 100 道赛题；理论考试成绩占总成绩比重的 20% 。

（二）安全监控系统故障模拟仿真题（10 分）

模拟仿真系统软件从 62 道故障库中随机抽一组故障，每一组有 20 个故障，选手排除每个故障，每个故障0.5分，共计10分，提交排除结果后由模拟仿真软件自动评分，安全监控系统故障排除连接如图1所示，安全监测监控技术故障处理库见表2。

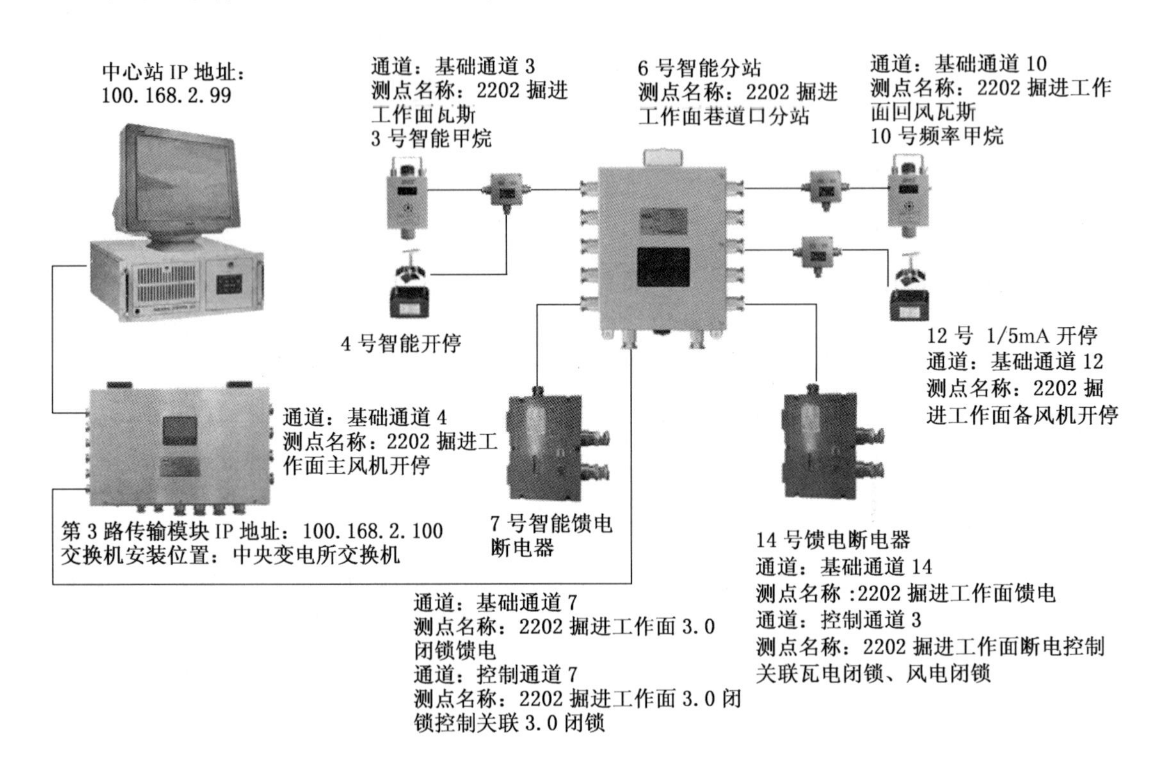

图1　安全监控系统故障排除连接图

表2　安全监测监控技术故障处理库

序号	故障现象描述	故障点	故障设置描述	故障解决措施	难度
1	掘进工作面瓦斯和主风机开停传感器同时断线，要求让传感器工作正常	接线盒	接线盒线传感器AB通信线接反	反接过来	C
2	掘进工作面瓦斯和主风机开停传感器同时断线，要求让传感器工作正常	接线盒	接线盒电源负线没接	接上地线	C
3	掘进工作面瓦斯和主风机开停传感器同时断线，要求让传感器工作正常	分站	分站内AB线端子接到第2组485口上	接到第1组485上	B
4	掘进工作面瓦斯和主风机开停传感器同时断线，要求让传感器工作正常	中心站	中心站将3号和4号定义反了	将中心站3号重新定义为甲烷，4号定义为开停	A
5	掘进工作面瓦斯和主风机开停传感器同时断线，要求让传感器工作正常	中心站	中心站将3号定义为一氧化碳，4号定义为语音风门	将中心站3号重新定义为甲烷，4号定义为开停	C

表2（续）

序号	故障现象描述	故障点	故障设置描述	故障解决措施	难度
6	备风机开停传感器断线，要求让传感器工作正常	分站	分站拨码拨到485信号采集	拨码拨到采模拟信号	C
7	备风机开停传感器断线，要求让传感器工作正常	分站	分站端1/5 mA信号接线接到11号口端子	改接到12号口端子	B
8	备风机开停传感器断线，要求让传感器工作正常	分站	电源负线未接	连接地线	C
9	备风机开停传感器断线，要求让传感器工作正常	接线盒	电源负线未接	连接地线	C
10	备风机开停传感器断线，要求让传感器工作正常	接线盒	信号线接到第3个端子	改接到第4个端子	B
11	备风机开停传感器断线，要求让传感器工作正常	传感器	传感器内部接线为智能型	改为模拟型接线	B
12	备风机开停传感器断线，要求让传感器工作正常	中心站	中心站开停传感器设备类型，1态定义为断线	中心站修改设备类型，0态定义为停	A
13	馈电断电器关联3.0闭锁控制异常，要求馈电断电器工作正常	断电器	断电器地址设置为8号	改为7号，重新连接电源线	A
14	馈电断电器关联3.0闭锁控制异常，要求馈电断电器工作正常	断电器	断电器控制拨码设置为触点断电、直接控制	拨码改为CPU断电、CPU控制	C
15	馈电断电器关联3.0闭锁控制异常，要求馈电断电器工作正常	断电器	断电器负线未接	连接地线	C
16	馈电断电器关联3.0闭锁控制异常，要求馈电断电器工作正常	断电器	断电器通信线AB接反	反接过来	C
17	馈电断电器关联3.0闭锁控制异常，要求馈电断电器工作正常	分站	分站内断电器负线未接	连接地线	C
18	馈电断电器关联3.0闭锁控制异常，要求馈电断电器工作正常	分站	485线接到第1组485上	改接到第2组485上	B
19	馈电断电器关联3.0闭锁控制异常，要求馈电断电器工作正常	中心站	中心站3.0闭锁未设置	勾选风电闭锁、故障闭锁并配置闭锁	B
20	馈电断电器关联瓦电闭锁控制异常，要求馈电断电器工作正常	断电器	断电器内LED控制选择拨码开关拨到CPU控制	拨码拨到闭锁控制	C

表2（续）

序号	故障现象描述	故障点	故障设置描述	故障解决措施	难度
21	馈电断电器关联瓦电闭锁控制异常，要求馈电断电器工作正常	断电器	断电器接线接成485方式	按照触点控制接线	A
22	馈电断电器关联瓦电闭锁控制异常，要求馈电断电器工作正常	分站	断电器负线未接	连接地线	C
23	馈电断电器关联瓦电闭锁控制异常，要求馈电断电器工作正常	分站	分站内馈电断电器的馈电信号线接到13号口	改到14号口	B
24	馈电断电器关联瓦电闭锁控制异常，要求馈电断电器工作正常	分站	分站内接线接成485方式	按照触点控制接线	C
25	馈电断电器关联瓦电闭锁控制异常，要求馈电断电器工作正常	分站	分站内负线未接	连接地线	C
26	馈电断电器关联瓦电闭锁控制异常，要求馈电断电器工作正常	分站	分站继电器跳针未跳	跳针跳到常开	A
27	馈电断电器关联瓦电闭锁控制异常，要求馈电断电器工作正常	分站	触点控制地线未短接	短接地线	C
28	馈电断电器关联瓦电闭锁控制异常，要求馈电断电器工作正常	中心站	中心站3号甲烷传感器瓦电闭锁未设置	勾选并设置闭锁	B
29	馈电断电器关联瓦电闭锁控制异常，要求馈电断电器工作正常	中心站	中心站10号甲烷传感器瓦电闭锁未设置	勾选并设置闭锁	B
30	馈电断电器关联瓦电闭锁控制异常，要求馈电断电器工作正常	中心站	中心站3号甲烷传感器类型上限断电值设置为2.0	重新定义传感器类型，设置上限控制值为1.5	A
31	分站通信中断，要求恢复分站通信	中心站	中心站第3路网络模块服务器IP为192.168.2.100	服务器IP改为100.168.2.99	B
32	分站通信中断，要求恢复分站通信	中心站	中心站第3路网络模块服务器IP为100.178.2.99	服务器IP改为100.168.2.99	B
33	分站通信中断，要求恢复分站通信	中心站	中心站第3路网络模块服务器IP为100.168.1.100	服务器IP改为100.168.2.99	B
34	分站通信中断，要求恢复分站通信	中心站	中心站第3路网络模块连接服务器端口7000	服务器端口改为7300	B

表2（续）

序号	故障现象描述	故障点	故障设置描述	故障解决措施	难度
35	分站通信中断，要求恢复分站通信	中心站	中心站第3路网络模块IP为192.168.2.100	模块IP改为100.168.2.100	B
36	分站通信中断，要求恢复分站通信	中心站	中心站第3路网络模块IP为100.178.2.100	模块IP改为100.168.2.100	B
37	分站通信中断，要求恢复分站通信	中心站	中心站第3路网络模块IP为100.168.1.100	模块IP改为100.168.2.100	B
38	分站通信中断，要求恢复分站通信	中心站	分站类型定义为KJ306－F（16）	重新定义，改为KJ306－F（16）H	C
39	分站通信中断，要求恢复分站通信	交换机	交换机中主通信接到第2路端子	接到第3路模块端子	C
40	分站通信中断，要求恢复分站通信	交换机	交换机中主通信AB线接反	反接过来	C
41	分站通信中断，要求恢复分站通信	交换机	第3网络模块网线未连接好	重新连接网线	B
42	分站通信中断，要求恢复分站通信	交换机	第3网络模块下485模块故障	更换485模块	B
43	分站通信中断，要求恢复分站通信	交换机	第3路网络模块故障	更换网络模块	B
44	掘进工作面瓦斯传感器显示－LLL	传感器	敏感元件线性异常，负漂多	重新清零	C
45	掘进工作面瓦斯传感器显示－LLL	传感器	敏感元件黄线接线不良	重新连接黄线并调零	B
46	掘进工作面瓦斯传感器显示－LLL	传感器	敏感元件红线（VS1）脱落，应拧紧	重新接线并调零	C
47	掘进工作面瓦斯传感器上电后显示正常，通气时显示值负方向变化	传感器	敏感元件红黑线接反	重新接对应红黑线并调零	B
48	分站液晶屏不亮	分站	分站液晶显示板故障	更换分站液晶显示板	B
49	分站液晶屏不亮	分站	分站液晶显示板与主板排线脱落	重新将排线插紧	C
50	分站液晶屏不亮	电源箱	电源12 V电源模块故障	更换12 V电源模块	A
51	电源箱交流供电正常后，分站在中心站仍然显示“直流正常”	电源箱	电源箱充电板故障	更换电源箱充电板	B

表2（续）

序号	故障现象描述	故障点	故障设置描述	故障解决措施	难度
52	分站通信中断，要求恢复分站通信	分站	分站显示地址为7号	重新设置分站地址号为6号	C
53	分站通信中断，要求恢复分站通信	分站	分站主通信485模块故障	更换485模块	B
54	当交流电源停电时，备用电源不能正常投入工作	电源箱	备用电池与电源主板接线故障	更换连接线	A
55	掘进工作面瓦斯传感器显示－LLL	传感器	传感器敏感元件故障	更换敏感元件并重新标校	B
56	掘进工作面瓦斯传感器报警时有光无声	传感器	传感器蜂鸣器故障	更换蜂鸣器	B
57	掘进工作面瓦斯传感器报警时有光无声	传感器	传感器蜂鸣器接线脱落	重新接线	C
58	掘进工作面瓦斯传感器报警时无声无光	传感器	传感器蜂鸣器、LED接线同时脱落	重新接线	C
59	掘进工作面瓦斯传感器接收不到遥控信号	传感器	传感器红外接收元件故障	更换传感器红外接收元件	B
60	掘进工作面瓦斯传感器数码管不亮	传感器	传感器数码管故障	更换传感器数码管	B
61	掘进工作面瓦斯传感器数码管不亮（传感器整机不工作）	传感器	传感器主板（电源电路）故障	更换传感器主板	B
62	掘进工作面瓦斯传感器显示“8.88”或其他不明字符	传感器	传感器数码管故障	更换传感器数码管	B

故障出题规则：

（1）随机抽取题目，同一组题目现象可以一致，但故障点不重复。

（2）故障的数量和难度配比根据后台设置。

（三）监控曲线及监控日报的分析判断（10分）

随机抽取一组题目，根据给定的矿井及工作面信息，结合题目要求分析监控曲线及监控日报，指出所存在的问题。

要求分析的传感器类型为甲烷、一氧化碳、氧气、温度、风速、风向、粉尘、设备开停、馈电状态、烟雾等传感器，数量不超过5种，开赛前，大赛组委会给出作业指导书，以《煤矿安全规程》(2022年版)、《煤矿安全监控系统及检测仪器使用管理规范》(AQ 1029—2019）为准。

（四）安全监控系统实操（80分）

实操主要考核选手在日常工作中对安全监控系统（软件）及设备安装（硬件）的实际操作能力，以及选手对《煤矿安全规程》及《煤矿安全监控系统及检测仪器使用管理规范》的理解和操作标准是否规范化。包含系统设置定义、设备连接、控制测试、标校、报警联动等一系列规定动作操作。现场给定作业指导书，根据题目描述进行理解分析判断，完成实操考试。实操内容及要求如下。

1. 安全文明生产（5 分）

要求：按规定穿工作服、戴安全帽、穿胶靴，佩戴并打开矿灯（卡在安全帽上）、便携式瓦斯检测仪（开机）、自救器、毛巾。

2. 系统中心站各项运行参数配置和测点定义（10 分）

要求：按要求正确配置甲烷传感器、设备开停、馈电断电器定义、煤与瓦斯突出报警控制、风电闭锁、甲烷电闭锁、异地断电、视频定义、联动报警等。

3. 传感器、分站的正确连接和设置（20 分）

要求：按要求将传感器接入分站，分站和交换机之间采用光纤连接、服务器与交换机之间采用 RJ45 网线连接，分站采用网口通信。正确制作网线、完成光纤熔接，并正确设置分站，确保传感器能够正常工作。

4. 馈电断电器与分站及断电测试装置的正确连接和设置，测试相应的瓦斯电闭锁、风电闭锁、故障闭锁、异地断电，闭锁控制符合《煤矿安全监控系统及检测仪器使用管理规范》要求（10 分）

要求：按要求将馈电断电器及断电测试装置接入分站和被控回路，按要求进行闭锁控制测试，同时进行手指口述，系统闭锁控制符合《煤矿安全监控系统通用技术要求》（AQ 6201—2019）要求，同时控制效果合理。

手指口述内容：报告裁判，现在开始闭锁测试。

风电闭锁测试：当局部风机停止运转或风筒风量小于规定值时，切断供风区域的全部非本质安全型电气设备的电源并闭锁；当局部风机或风筒恢复正常时，自动解锁。

甲烷电闭锁测试：当工作面甲烷浓度达到或超过规定断电值（根据作业指导书要求确定，口述时说出具体值）时，切断所监控区域全部非本质安全型电气设备的电源并闭锁；当工作面甲烷浓度低于规定断电值（根据作业指导书要求确定，口述时说出具体值）时，自动解锁。

故障闭锁测试：当工作面甲烷传感器故障（断线）时，切断所监控区域全部非本质安全型电气设备的电源并闭锁；当工作面甲烷传感器工作正常时，自动解锁。

异地断电测试：当工作面甲烷浓度达到或超过规定断电值（根据作业指导书要求确定，口述时说出具体值）时，切断关联区域电源并闭锁；当工作面甲烷浓度低于规定断电值（根据作业指导书要求确定，口述时说出具体值）时，自动解锁。

5. 甲烷传感器标校及手指口述（10 分）

要求：按《煤矿安全监控系统通用技术要求》（AQ 6201—2019）规定或者产品说明书的程序，使用标准空气样、校准甲烷气样、流量计校准甲烷传感器的零点、精度，并（根据作业指导书要求）正确设置报警点（调校前甲烷传感器的零点、精度、报警点均处于不正常状态），要求手指口述。

手指口述内容：报告裁判，现在开始标校甲烷传感器。

首先，调校零点：将空气瓶导气管与传感器气室紧密连接，缓慢打开空气瓶开关，使气瓶压力表显示值在 0 ~ 3 MPa 之内。调节流量计，将流量调节至作业指导书规定值（说出具体值范围），调校零点，范围控制在 0～0.03% CH_4 之内。

其次，调校精度：打开气瓶开关，使气瓶压力表显示值在 0～3 MPa 之间。将甲烷气样瓶导气管与传感器气室紧密连接，缓慢调整流量调节阀，先用小流量向传感器缓慢通入 1%～2% CH_4 校准气体，把流量调节到作业指导书规定值（说出具体值范围）使其测量值稳定显示，持续时间大于 90 s；使显示值与校准气体浓度值一致；若超差应更换传感器，预热后重新测试。

最后，校验报警值和断电值：在显示值缓慢上升的过程中，观察报警值和断电值是否符合要求，是否发出声光报警和断电情况；当显示值小于断电值时，测试复电功能。

测试结束，关闭气瓶阀门，填写调校记录，测试人员签字。

6. 多系统融合联动设置及报警演示（5 分）

要求：将监控系统测点超限断电与人员定位系统、应急广播系统、视频监控系统进行关联，能够正常报警联动。

7. 煤与瓦斯突出报警与闭锁测试（5 分）

要求：模拟设置传感器达到瓦斯突出报警和闭锁条件，测试煤与瓦斯突出报警与闭锁，测试结果复合《煤矿安全监控系统通用技术要求》（AQ 6201—2019）要求，同时控制效果合理，并手指口述。

手指口述内容：报告裁判，现在进行煤与瓦斯突出报警与闭锁控制演示。

当掘进工作面甲烷传感器故障或浓度迅速升高或达到报警值（1%），回风流甲烷传感器故障或浓度迅速升高或达到报警值（1%），分风口风向传感器发生风流逆转时，发出煤与瓦斯突出报警，并闭锁相关区域全部非本质安全型电气设备电源。

8. 焊接工艺（5 分）

要求：按要求焊接四芯航空插头（母头），制作单头四芯航插线缆。

9. 操作规范（10 分）

要求：设备连接的接线工艺、防爆标准等操作规范。

六、竞赛规则

（一）报名资格及参赛选手要求

（1）选手需为按时报名参赛的煤炭企业生产一线的在岗职工，从事本职业（工种）8 年以上时间，且年龄不超过 45 周岁。

（2）选手须取得行业统一组织的赛项集训班培训证书，并通过本单位组织的相应赛项选拔的前 2 名，且具备国家职业资格高级工及以上等级。

（3）已获得“中华技能大奖”“全国技术能手”的人员，不得以选手身份参赛。

（二）熟悉场地

（1）组委会安排开赛式结束后各参赛选手统一有序地熟悉场地。

（2）熟悉场地时不允许发表没有根据以及有损大赛整体形象的言论。

（3）熟悉场地时要严格遵守大赛各种制度，严禁拥挤，喧哗，以免发生意外事故。

（三）参赛要求

（1）竞赛所需平台、设备、仪器和工具按照大赛组委会的要求统一由协办单位提供。

（2）所有人员在赛场内不得有影响其他选手完成工作任务的行为，参赛选手不允许串岗串位，要使用文明用语，不得以言语及人身攻击裁判和赛场工作人员。

（3）参赛选手在比赛开始前15 min到达指定地点报到，接受工作人员对选手身份、资格和有关证件的核验，参赛号、赛位号由抽签确定，不得擅自变更、调整。

（4）选手须在竞赛试题规定位置填写参赛号、赛位号。其他地方不得有任何暗示选手身份的记号或符号。选手不得将手机等通信工具带入赛场，选手之间不得以任何方式传递信息，如传递纸条，用手势表达信息等，否则取消成绩。

（5）选手须严格遵守安全操作规程，并接受裁判员的监督和警示，以确保参赛人身及设备安全。选手因个人误操作造成人身安全事故和设备故障时，裁判长有权终止该队比赛；如非选手个人因素出现设备故障而无法比赛，由裁判长视具体情况做出裁决（调换到备用赛位或调整至最后一场次参加比赛）；若裁判长确定设备故障可由技术支持人员排除故障后继续比赛，同时将给参赛队补足所耽误的比赛时间。

（6）选手进入赛场后，不得擅自离开赛场，因病或其他原因离开赛场或终止比赛，应向裁判示意，须经赛场裁判长同意，并在赛场记录表上签字确认后，方可离开赛场并在赛场工作人员指引下到达指定地点。

（7）裁判长发布比赛结束指令后所有未完成任务参赛队立即停止操作，按要求清理赛位，不得以任何理由拖延竞赛时间。

（8）服从组委会和赛场工作人员的管理，遵守赛场纪律，尊重裁判和赛场工作人员，尊重其他代表队参赛选手。

（四）安全文明操作规程

（1）选手在比赛过程中不得违反《煤矿安全规程》规定要求。

（2）注意安全操作，防止出现意外伤害。完成工作任务时要防止工具伤人等事故。

（3）组委会要求选手统一着装，服装上不得有姓名、队名以及其他任何识别标记。不穿组委会提供的上衣，将拒绝进入赛场。

（4）刀具、工具不能混放、堆放，废弃物按照环保要求处理，保持赛位清洁、整洁。

七、技术参考规范

（1）《煤矿安全规程》(2022年版)。

（2）《煤矿安全监控系统及检测仪器使用管理规范》AQ 1029—2019。

（3）《煤矿安全监控系统通用技术要求》AQ 6201—2019。

八、技术平台

比赛设备采用重庆梅安森科技股份有限公司生产的MAS－SCZZ220煤炭行业技能比武用模拟实操装置。比赛使用设备及配件清单见表3。

表3　比赛使用设备清单表

序号	项目名称	型号	规格	单位	数量
1	工控机	IPC－610	处理器I7以上,内存8G	套	1
2	安全监控管理系统软件	KJ73X	技能比武专用	套	1

表3（续）

序号	项目名称	型号	规格	单位	数量
3	矿用本安型交换机	KJJ177	技能比武专用	台	1
4	矿用本安型分站	KJ306－F(16)H	技能比武专用	台	2
5	煤矿人员精确定位管理系统软件	KJ1150	技能比武专用	套	1
6	矿用本安型无线基站	KJ1150－F2	技能比武专用	台	1
7	矿用隔爆兼本安型直流稳压电源	KDW660/24B(B)	技能比武专用	台	3
8	矿用隔爆兼本安型直流稳压电源	KDW660/24B(C)	技能比武专用	台	2
9	矿用浇封兼本安型断电器	KDG24(C)	技能比武专用	台	1
10	断电测试装置		技能比武专用	台	1
11	低浓度甲烷传感器	GJC4	技能比武专用	台	1
12	激光甲烷传感器	GJG100J(B)	技能比武专用	台	2
13	风速风向传感器．	GFY15X(A)	技能比武专用	台	2
14	矿用设备开停传感器	GKT5	技能比武专用	台	1
15	矿用本安型音箱	KXY18(C)	技能比武专用	台	1
16	SIP服务器	iNBS－T60	技能比武专用	台	1
17	广播对讲系统软件	iNBS	技能比武专用	套	1
18	标识卡	KJ787－K2	技能比武专用	张	1
19	矿用隔爆兼本安型摄像仪	KBA127G	技能比武专用	台	1
20	传感器调校仪	双罐	2.01% CH_4 气样	台	1
21	单头四芯航插线			根	2
22	三通接线盒	JHH－3	梅安森	个	1
23	两通接线盒	JHH－2	梅安森	个	2
24	超五类水晶头	SJT530山泽	30个装按EIA/TIA568B制作	个	4
25	超五类网线	绿联		m	5
26	煤矿用聚乙烯绝缘聚氯乙烯护套通信电缆	MHYV 1×4(7/0.52mm)（扬州苏能）	4芯	m	20
27	煤矿用阻燃通信光缆	MGXTSV－6B(浙江汉维)	4芯	m	20
28	单模光纤跳线	G0－SCSC03(山泽)	3 m，单模单芯	根	1
29	四芯航空插头	HCM16－4A	含线缆、热缩管	套	1
30	光纤熔接机	吉隆KL530南京吉隆	4.3英寸彩色，5200mAH锂电池，含KL－21F切割刀1个、FT－2光纤剥皮钳、皮线开剥器1个、酒精、脱脂棉、热缩管等	套	1
31	网线钳	SZ－568L		套	1
32	网线测试仪	NF－858C		套	1

表3（续）

序号	项 目 名 称	型 号	规 格	单位	数量
33	一字螺丝刀	（世达）	适配 M2/M3/M4 螺钉	个	1
34	十字螺丝刀	（世达）	适配 M2/M3/M4 螺钉	个	1
35	美工刀	大号带金属护套（得力）		个	1
36	老虎钳	8 英寸（世达）		个	1
37	斜口钳	6 英寸（世达）		个	2
38	剥线钳	7 英寸（世达）		个	2
39	活动扳手	12 英寸（世达）		个	1
40	内六角扳手	（世达）	适配 M4/M6 螺钉	个	1
41	套筒	（世达）	适配 M6 螺母	个	1
42	电烙铁	（世达）恒温可调（65 W）	焊锡丝、助焊剂等	套	1

说明：为了提高选手竞赛水平，更加体现竞赛公平性，本次大赛禁止自带工具；大赛提供统一工具组合，现场可提供螺丝刀、剥线钳、内六方套管、扳手、电工刀等组合工具，调校装置（含充气嘴、通气管、流量计、1% ~2%瓦斯校准气样、空气样），电烙铁，光纤焊接及网线制作工具。开赛前由主办方或协办方对外公布。

九、成绩评定

（一）评分标准制订原则

竞赛评分本着“公平、公正、公开、科学、规范”的原则，注重考核选手的职业综合能力、组织能力和技术应用能力。

（二）评分标准

安全仪器监测工职业技能大赛具体评分标准见表4、表5。

表4 实操比赛评分标准

序号	一级指标	比例	二 级 指 标	分值	评分方式
1	安全监控系统理论知识	20%	随机抽取 100 道赛题，每题 1 分	100	机考评分
2	安全监控系统故障处理	10%	软件自动筛选 20 处故障，1 处未排除扣 0.5 分	10	机考评分
3	监控曲线及监控日报的分析判断	10%	随机抽取一组题目，根据给定的矿井及工作面信息，结合题目要求分析监控曲线及监控日报，指出存在的问题（10 分）	10	结果评分
4	安全监测监控系统实操、系统融合与联动	60%	安全文明生产（5 分）；系统中心站各项运行参数配置和定义（10 分）；传感器、分站的正确连接和设置（20 分）；馈电断电器与分站及断电测试装置正确连接和设置，测试相应的甲烷电闭锁、风电闭锁、故障闭锁、异地断电符合 AQ 6201 要求（10 分）；甲烷传感器的校准（10 分）；多系统融合联动设置与报警演示（5 分）；煤与瓦斯突出报警与闭锁测试（5 分）；焊接工艺（5 分）；操作规范（10 分）	80	结果评分 过程评分

表4（续）

<table>
<tr><th>序号</th><th>一级指标</th><th>比例</th><th>二　级　指　标</th><th>分值</th><th>评分方式</th></tr>
<tr><td>注意事项</td><td colspan="5">1. 选手在进行比赛时达到规定时间后，不管完成与否，必须立即停止所有操作。
2. 比赛过程中，选手必须遵守操作规程，正确使用设备、工具及仪器仪表。
3. 现场操作过程出现作弊、失爆、不合盖等一经发现立即责令其终止比赛。
4. 自身伤害（如刀伤、触电、砸/压/烫伤等）扣除当前操作环节分值。
5. 实操竞赛时，选手必须完成所有项目且不扣分的情况下，每提前 30 s 加 0.5 分，最多加 5 分（不足 30 s 不计分），计入实际操作成绩。
6. 打分时严格按照标准评分表评分。</td></tr>
</table>

表5　安全仪器监测工职业技能竞赛实际操作竞赛评分标准表

<table>
<tr><td>工位号</td><td></td><td>选手参赛号</td><td></td><td>实操时间</td><td colspan="2">时　分　秒</td></tr>
<tr><td>项目</td><td>标准分</td><td>竞赛内容及要求</td><td colspan="2">评分标准</td><td>扣分</td><td>扣分原因</td></tr>
<tr><td>系统故障排除</td><td>10 分</td><td>通过《煤矿安全监控故障诊断排查仿真系统》排除预先设置的 20 处故障</td><td colspan="2">任意一个故障未排除扣 0.5 分，扣完小项分为止</td><td></td><td></td></tr>
<tr><td>监控曲线及监控日报的分析判断</td><td>10 分</td><td>随机抽取一组题目，根据给定的矿井及工作面信息，结合题目要求分析监控曲线及监控日报，指出所存在的问题</td><td colspan="2">根据标准进行报表和曲线分析，并对存在的问题进行说明；每漏一处扣 2 分；扣完小项分为止</td><td></td><td></td></tr>
<tr><td>安全文明生产</td><td>5 分</td><td>按规定穿工作服、戴安全帽、穿胶靴，佩戴并打开矿灯（卡在安全帽上）、自救器、便携式瓦斯检测仪（开机）、毛巾</td><td colspan="2">未按规定穿工作服、戴安全帽、穿胶靴，佩戴并打开矿灯（卡在安全帽上）、自救器、便携式瓦斯检测仪（开机）、毛巾，一处不合格扣 1 分，扣完为止</td><td></td><td></td></tr>
<tr><td rowspan="5">项目一：中心站各项运行参数的配置和测点定义</td><td rowspan="5">10 分</td><td rowspan="5">按要求正确配置甲烷传感器、设备开停、馈电断电器定义、煤与瓦斯突出报警控制、风电闭锁、甲烷电闭锁、异地断电、视频定义、联动报警等</td><td>甲烷传感器定义（2 分）</td><td>安装位置、设备类型、地址号、报警值、断电值、复电值、控制关联、异地断电设置一处错误扣 0.5 分，扣完小项分为止</td><td></td><td></td></tr>
<tr><td>开停传感器定义（2 分）</td><td>安装位置、设备类型、地址号、控制关联设置及其他，一处错误扣 0.5 分，扣完小项分为止</td><td></td><td></td></tr>
<tr><td>馈电断电器定义（2 分）</td><td>安装位置、设备类型、地址号设置及其他，一处错误扣 0.5 分，扣完小项分为止</td><td></td><td></td></tr>
<tr><td>煤与瓦斯突出报警与控制定义（2 分）</td><td>煤与瓦斯突出报警参数、断电配置，一处错误扣 1 分，扣完小项分为止</td><td></td><td></td></tr>
<tr><td>视频监控定义（2 分）</td><td>摄像机安装位置、IP 地址、通道号，一处错误扣 0.5 分，扣完为止</td><td></td><td></td></tr>
</table>

表5（续）

<table>
<tr><td>工位号</td><td></td><td>选 手 参 赛 号</td><td></td><td>实 操 时 间</td><td colspan="2">时 分 秒</td></tr>
<tr><td>项目</td><td>标准分</td><td>竞赛内容及要求</td><td colspan="2">评分标准</td><td>扣分</td><td>扣分原因</td></tr>
<tr><td rowspan="4">项目二：传感器、分站的正确连接和设置</td><td rowspan="4">20分</td><td rowspan="4">按要求将传感器接入分站，分站和交换机采用光纤连接、服务器与交换机之间采用RJ45网线连接、分站采用网口通信。正确制作网线，完成光线焊接，并正确设置分站，确保传感器能够正常工作</td><td>分站设置（2分）</td><td>1. 通信方式错误扣1分
2. 安装位置错误扣1分
3. 地址号错误扣1分，扣完小项分为止</td><td></td><td></td></tr>
<tr><td>网线制作，交换机与服务器连接（2分）</td><td>1. 网线不通（使用备用线）扣2分
2. 网线外层未压入扣1分
3. 线序不规范（不符合T568B标准）扣1分
4. 其他不规范扣0.5分，扣完小项分为止</td><td></td><td></td></tr>
<tr><td>光纤制作，交换机与分站连接（8分）</td><td>1. 光纤不通（使用备用尾纤）扣8分
2. 未按要求盘纤扣（3分）
3. 损耗率大于0.03 db扣2分
4. 盘纤盒进出线未固定扣2分
5. 光缆钢丝未固定扣2分
6. 其他不规范一处扣1分，扣完小项分为止</td><td></td><td></td></tr>
<tr><td>传感器（甲烷、开停）与分站连接（8分）</td><td>1. 传感器地址号错误1处扣1分
2. 传感器通过三通接线盒接入分站指定端口错误1处扣2分
3. 接线盒喇叭口缺少挡圈、损坏、密封圈失效1处扣1分
4. 芯线断丝大于2根1处扣1分
5. 芯线绝缘层破损1处扣2分
6. 接线盒有杂物扣1分
7. 其他不规范1处扣1分，扣完小项分为止</td><td></td><td></td></tr>
<tr><td rowspan="2">项目三：馈电断电器与分站及断电测试装置的正确连接和设置</td><td rowspan="2">10分</td><td rowspan="2">馈电断电器接入分站，测试甲烷电闭锁、风电闭锁、故障闭锁、异地断电，要求手指口述</td><td>馈电断电器与分站连接（2分）</td><td>1. 馈电断电器地址号错误扣1分
2. 芯线断丝大于1根1处扣1分
3. 芯线绝缘层破损1处扣1分。扣完小项分为止</td><td></td><td></td></tr>
<tr><td>甲烷闭锁测试（2分）</td><td>1. 测试不合格扣2分
2. 手指口述错误一处扣0.5分
3. 未口述扣1分</td><td></td><td></td></tr>
</table>

表5（续）

<table>
<tr><td>工位号</td><td></td><td>选手参赛号</td><td></td><td>实 操 时 间</td><td colspan="2">时　分　秒</td></tr>
<tr><td>项目</td><td>标准分</td><td>竞赛内容及要求</td><td colspan="2">评分标准</td><td>扣分</td><td>扣分原因</td></tr>
<tr><td rowspan="3">项目三：
馈电断电器与分站及断电测试装置的正确连接和设置</td><td rowspan="3">10分</td><td rowspan="3">馈电断电器接入分站，测试甲烷电闭锁、风电闭锁、故障闭锁、异地断电，要求手指口述</td><td>风电闭锁测试
（2分）</td><td>1. 测试不合格扣2分
2. 手指口述错误一处扣0.5分
3. 未口述扣1分</td><td></td><td></td></tr>
<tr><td>故障闭锁测试
（2分）</td><td>1. 测试不合格扣2分
2. 手指口述错误一处扣0.5分
3. 未口述扣1分</td><td></td><td></td></tr>
<tr><td>异地断电测试
（2分）</td><td>1. 测试不合格扣2分
2. 手指口述错误一处扣0.5分
3. 未口述扣1分</td><td></td><td></td></tr>
<tr><td rowspan="5">项目四：
甲烷传感器的校准、设置</td><td rowspan="5">10分</td><td rowspan="5">使用遥控器设置传感器，用标准气样浓度1%～2%的校准气样标校，同时要求手指口述</td><td colspan="2">未正确清零扣2分，手指口述错误或未口述扣1分</td><td></td><td></td></tr>
<tr><td colspan="2">稳定时间不足90 s扣2分，手指口述错误或未口述扣1分</td><td></td><td></td></tr>
<tr><td colspan="2">标校值不达标或流量计使用不规范扣2分，手指口述错误或未口述扣1分</td><td></td><td></td></tr>
<tr><td colspan="2">未正确设置报警点扣2分，手指口述错误或未口述扣1分</td><td></td><td></td></tr>
<tr><td colspan="2">阀门不关或传感器显示不小于0.2%退出菜单，扣2分，手指口述错误或未口述扣1分</td><td></td><td></td></tr>
<tr><td rowspan="3">项目五：
多系统融合联动设置与报警演示</td><td rowspan="3">5分</td><td rowspan="3">按要求将监控系统测点报警与人员定位系统进行关联，能够正常报警联动</td><td>监控测点与人员定位系统联动
（2分）</td><td>1. 联动主控点、联动条件设置错误扣0.5分
2. 不能演示实现联动扣1分</td><td></td><td></td></tr>
<tr><td>监控测点与应急广播系统联动
（2分）</td><td>1. 联动主控点、联动条件设置错误扣0.5分
2. 不能演示实现联动扣1分</td><td></td><td></td></tr>
<tr><td>监控测点与视频监控系统联动
（1分）</td><td>1. 联动主控点、联动条件设置错误扣0.5分
2. 不能演示实现联动扣1分</td><td></td><td></td></tr>
<tr><td>项目六：
煤与瓦斯突出报警与闭锁测试</td><td>5分</td><td>按要求模拟设置传感器达到瓦斯突出报警和闭锁条件，测试煤与瓦斯突出报警与闭锁，同时控制效果合理</td><td colspan="2">1. 手指口述错误或未口述扣1分
2. 未能模拟煤与瓦斯突出报警与闭锁扣4分
扣完小项分为止</td><td></td><td></td></tr>
</table>

表5（续）

<table>
<tr><td>工位号</td><td></td><td colspan="2">选 手 参 赛 号</td><td colspan="2"></td><td colspan="2">实 操 时 间</td><td colspan="2">时　分　秒</td></tr>
<tr><td>项目</td><td>标准分</td><td colspan="2">竞赛内容及要求</td><td colspan="4">评分标准</td><td>扣分</td><td>扣分原因</td></tr>
<tr><td>项目七：
焊接工艺</td><td>5分</td><td colspan="2">按要求焊接四芯航空插头（母头），制作单头四芯航插线缆</td><td colspan="4">1. 焊接不通扣5分
2. 空焊、虚焊、冷焊、锡尖，1处扣1分
3. 未使用热缩管，1处扣1分
4. 其他不规范扣0.5分，扣完为止</td><td></td><td></td></tr>
<tr><td>项目八：
操作规范</td><td>10分</td><td colspan="2">交换机、分站、传感器、断电馈电器，接线盒及工作台按照规范操作</td><td colspan="4">1. 分站、交换机、馈电断电器、接线盒腔内无杂物，操作完毕后合盖
2. 喇叭嘴拧紧，单手三指顺时针拧动不超过半圈
3. 所有线缆就近连接，伸入器壁5～15 mm范围，接线柱压紧，不能压芯线绝缘层，线芯外露不大于3 mm，芯线无毛刺
4. 焊接工艺符合标准，光纤纤芯无交叉、外露，钢丝固定，无毛刺
5. 选手正确使用工具，确保设备完好，所有操作需在台面进行，不得在地板上操作
6. 清理操作台面杂物、设备工具摆放整齐
7. 所有设备禁止带电接线
以上发现1处扣2分，扣完该项分为止
断电器、断电测试装置等设备的非本安端带电接线、插拔、未合盖、拨码操作视为失爆</td><td></td><td></td></tr>
<tr><td>结余时间</td><td>min</td><td>s</td><td rowspan="2">节时加分</td><td rowspan="2" colspan="4"></td><td rowspan="2">实操
得分</td><td rowspan="2"></td></tr>
<tr><td></td><td></td><td></td></tr>
<tr><td>裁判员
签字</td><td colspan="2"></td><td>技术人员
签字</td><td colspan="2"></td><td>裁判组长
签字</td><td colspan="3"></td></tr>
</table>

裁判长签字：　　　　　　　　　　　　　　　　时间：

（三）评分方法

本赛项评分包括机评分、结果评分和主观结果性评分3种。主观性评分和机评小组5个小组，评分裁判总数为45人（不包含主裁判长1人，副裁判长2人、加密裁判2人及现场裁判5人）。

（1）机评分。由裁判长直接从平台服务器中调取。对于竞赛任务安全监测监控技术的故障处理，选手排除随机抽取每个故障，提交排除结果后由模拟仿真软件自动评分；裁判员对每台仪器故障排除进行详细的记录。

（2）结果性评分。对监控曲线及监控日报的分析判断竞赛内容进行结果性评分，由3名评分裁判员依照给定的参考评分标准进行评分，评分结果由3名裁判员共同签字确认，作为本赛项的最后得分。

（3）主观结果性评分。对竞赛任务中参赛队伍（选手）进行硬件操作和软件定义，由3名评分裁判和现场技术人员依照给定的参考评分标准，对测试和标校操作的过程、连接的结果、软件定义的结果进行打分，由每组裁判组长一人记分，其余裁判和技术人员进行监督，评分结果作为参赛选手本项得分。

（4）成绩的计算：
$$D = G_1 + G_2 + G_3 + G_4$$

式中　D——参赛选手的总成绩；

G_1——安全监控系统技术的故障处理成绩；

G_2——监控曲线及监控日报的分析判断成绩；

G_3——安全监控系统实操与联动成绩；

G_4——安全监控系统技术理论知识成绩。

（5）裁判组实行“裁判长负责制”，设裁判长1名，全面负责赛项的裁判与管理工作。

（6）本次大赛设副裁判长2名，全面协助裁判长负责赛项的裁判与管理工作。

（7）裁判员根据比赛工作需要分为检录裁判、加密裁判、现场裁判和评分裁判，检录裁判、加密裁判不得参与评分工作。

① 检录裁判负责对参赛队伍（选手）进行点名登记、身份核对等工作。

② 加密裁判负责组织参赛队伍（选手）抽签并对参赛队伍（选手）的信息进行加密、解密。

③ 现场裁判按规定做好赛场记录，维护赛场纪律。

④ 评分裁判负责对参赛队伍（选手）的技能展示和操作规范按赛项评分标准进行评定。

（8）参赛队伍（选手）根据赛项任务书的要求进行操作，需要记录的内容要记录在比赛试题中，需要裁判确认的内容必须经过裁判员的签字确认，否则不得分。

（9）违规扣分情况。选手有下列情形，需从参赛成绩中扣分：

① 在完成竞赛任务的过程中，因操作不当导致事故，扣10~20分，情况严重者取消比赛资格。

② 因违规操作损坏赛场提供的设备，污染赛场环境等不符合职业规范的行为，视情节扣5~10分。

③ 扰乱赛场秩序，干扰裁判员工作，视情节扣5~10分，情况严重者取消比赛资格。

（10）赛项裁判组本着“公平、公正、公开、科学、规范、透明、无异议”的原则，根据裁判的现场记录、参赛队伍（选手）赛项任务书及评分标准，通过多方面进行综合评价，最终按总评分得分高低，确定参赛队伍（选手）奖项归属。

（11）按比赛成绩从高分到低分排列参赛队伍（选手）的名次。竞赛成绩相同时，完成实操所用时间少的名次在前；竞赛成绩及用时均相同时，实操成绩较高者名次在前。

（12）评分方式结合世界技能大赛的方式，以小组为单位，裁判相互监督，对检测、评分结果进行一查、二审、三复核。确保评分环节准确、公正。成绩经工作人员统计，组委会、裁判组、仲裁组分别核准后，闭赛式上公布。

（13）成绩复核。为保障成绩评判的准确性，监督组将对赛项总成绩排名前30%的所有参赛选手的成绩进行复核；对其余成绩进行抽检复核，抽检覆盖率不得低于15%。如发现成绩错误以书面方式及时告知裁判长，由裁判长更正成绩并签字确认。复核、抽检错误率超过5%的，裁判组将对所有成绩进行复核。

（14）成绩公布。

录入。由承办单位信息员将裁判长提交的赛项总成绩的最终结果录入赛务管理系统。

审核。承办单位信息员对成绩数据审核后，将赛务系统中录入的成绩导出打印，经赛项裁判长、仲裁组、监督组和赛项组委会审核无误后签字。

报送。由承办单位信息员将确认的电子版赛项成绩信息上传赛务管理系统。同时将裁判长、仲裁组及监督组签字的纸质打印成绩单报送赛项组委会办公室。

公布。审核无误的最终成绩单，经裁判长、监督组签字后进行公示。公示时间为2 h。成绩公示无异议后，由仲裁组长和监督组长在成绩单上签字，并在闭赛式上公布竞赛成绩。

十、赛项安全

赛事安全是技能竞赛一切工作顺利开展的先决条件，是赛事筹备和运行工作必须考虑的核心问题。赛项组委会采取切实有效措施保证大赛期间参赛选手、指导教师、裁判员、工作人员及观众的人身安全。

（一）比赛环境

（1）组委会须在赛前组织专人对比赛现场、住宿场所和交通保障进行考察，并对安全工作提出明确要求。赛场的布置，赛场内的器材、设备，应符合国家有关安全规定。如有必要，也可进行赛场仿真模拟测试，以发现可能出现的问题。承办单位赛前须按照组委会要求排除安全隐患。

（2）赛场周围要设立警戒线，要求所有参赛人员必须凭组委会印发的有效证件进入场地，防止无关人员进入发生意外事件。比赛现场内应参照相关职业岗位的要求为选手提供必要的劳动保护。在具有危险性的操作环节，裁判员要严防选手出现错误操作。

（3）承办单位应提供保证应急预案实施的条件。对于比赛内容涉及大用电量、易发生火灾等情况的赛项，必须明确制度和预案，并配备急救人员与设施。

（4）严格控制与参赛无关的易燃易爆以及各类危险品进入比赛场地，不许随便携带其他物品进入赛场。

（5）配备先进的仪器，防止有人利用电磁波干扰比赛秩序。大赛现场需对赛场进行网络安全控制，以免场内外信息交互，充分体现大赛的严肃、公平和公正性。

（6）组委会须会同承办单位制定开放赛场的人员疏导方案。赛场环境中存在人员密集、车流人流交错的区域，除了设置齐全的指示标志外，须增加引导人员，并开辟备用通道。

（7）大赛期间，承办单位须在赛场管理的关键岗位，增加力量，建立安全管理日志。

（二）生活条件

（1）比赛期间，原则上由组委会统一安排参赛选手和指导教师食宿。承办单位须尊重少数民族的信仰及文化，根据国家相关的民族政策，安排好少数民族选手和教师的饮食起居。

（2）比赛期间安排的住宿地应具有宾馆/住宿经营许可资质。大赛期间的住宿、卫生、饮食安全等由组委会和承办单位共同负责。

（3）大赛期间有组织的参观和观摩活动的交通安全由组委会负责。组委会和承办单位须保证比赛期间选手、指导教师和裁判员、工作人员的交通安全。

（4）各赛项的安全管理，除了可以采取必要的安全隔离措施外，应严格遵守国家相关法律法规，保护个人隐私和人身自由。

（三）组队责任

（1）各单位组织代表队时，须为参赛选手购买大赛期间的人身意外伤害保险。

（2）各单位代表队组成后，须制定相关管理制度，并对所有选手、指导教师进行安全教育。

（3）各参赛队伍须加强对参与比赛人员的安全管理，实现与赛场安全管理的对接。

（四）应急处理

比赛期间发生意外事故，发现者应第一时间报告组委会，同时采取措施避免事态扩大。组委会应立即启动预案予以解决。赛项出现重大安全问题可以停赛，是否停赛由组委会决定。事后，承办单位应向组委会报告详细情况。

（五）处罚措施

（1）因参赛选手原因造成重大安全事故的，取消其获奖资格。

（2）参赛选手有发生重大安全事故隐患，经赛场工作人员提示、警告无效的，可取消其继续比赛的资格。

（3）赛事工作人员违规的，按照相应的制度追究责任。情节恶劣并造成重大安全事故的，由司法机关追究相应法律责任。

十一、竞赛须知

（一）参赛队须知

（1）统一使用单位的团队名称。

（2）竞赛采用个人比赛形式，不接受跨单位组队报名。

（3）参赛选手为单位在职员工，性别不限。

（4）参赛选手在报名获得确认后，原则上不再更换。允许选手缺席比赛。

（5）参赛选手在各竞赛专项工作区域的赛位场次和工位采用抽签的方式确定。

（6）参赛选手所有人员在竞赛期间未经组委会批准，不得接受任何与竞赛内容相关的采访，不得将竞赛的相关情况及资料私自公开。

（二）领队和指导老师须知

（1）领队和指导老师务必带好有效身份证件，在活动过程中佩戴领队和指导教师证参加竞赛及相关活动；竞赛过程中，领队和指导教师非经允许不得进入竞赛场地。

（2）妥善管理本队人员的日常生活及安全，遵守并执行大赛组委会的各项规定和安排。

（3）严格遵守赛场的规章制度，服从裁判，文明竞赛，持证进入赛场允许进入的区域。

（4）熟悉场地时，领队和指导老师仅限于口头讲解，不得操作任何仪器设备，不得现场书写任何资料。

（5）在比赛期间要严格遵守比赛规则，不得私自接触裁判人员。

（6）团结、友爱、互助协作，树立良好的赛风，确保大赛顺利进行。

（三）参赛选手须知

（1）选手必须遵守竞赛规则，文明竞赛，服从裁判，否则取消参赛资格。

（2）参赛选手按大赛组委会规定时间到达指定地点，凭参赛证和身份证（二证必须齐全）进入赛场，并随机进行抽签，确定比赛顺序。选手迟到15 min取消竞赛资格。

（3）裁判组在赛前 30 min，对参赛选手的证件进行检查及进行大赛相关事项教育。

（4）比赛过程中，选手必须遵守操作规程，按照规定操作顺序进行比赛，正确使用仪器仪表。不得野蛮操作，不得损坏仪器、仪表、设备，一经发现立即责令其退出比赛。

（5）参赛选手不得携带通信工具和相关资料、物品进入大赛场地，不得中途退场。如出现较严重的违规、违纪、舞弊等现象，经裁判组裁定取消大赛成绩。

（6）现场实操过程中出现设备故障等问题，应提请裁判确认原因。若因非选手个人因素造成的设备故障，经请示裁判长同意后，可将该选手比赛时间酌情后延；若因选手个人因素造成设备故障或严重违章操作，裁判长有权决定终止比赛，直至取消比赛资格。

（7）参赛选手若提前结束比赛，应向裁判举手示意，比赛终止时间由裁判记录；比赛时间终止时，参赛选手不得再进行任何操作。

（8）参赛选手完成比赛项目后，提请裁判检查确认并登记相关内容，选手签字确认。

（9）比赛结束，参赛选手需清理现场，并将现场仪器设备恢复到初始状态，经裁判确认后方可离开赛场。

（四）工作人员须知

（1）工作人员必须遵守赛场规则，统一着装，服从组委会统一安排，否则取消工作人员资格。

（2）工作人员按大赛组委会规定时间到达指定地点，凭工作证、进入赛场。

（3）工作人员认真履行职责，不得私自离开工作岗位。做好引导、解释、接待、维持赛场秩序等服务工作。

十二、申诉与仲裁

本赛项在比赛过程中若出现有失公正或有关人员违规等现象，代表队领队可在比赛结束后 2 h 之内向仲裁组提出申诉。

书面申诉应对申诉事件的现象、发生时间、涉及人员、申诉依据等进行充分、实事求是的叙述，并由领队亲笔签名。非书面申诉不予受理。

赛项仲裁工作组在接到申诉后的 2 h 内组织复议，并及时反馈复议结果。申诉方对复议结果仍有异议，可由单位的领队向赛区仲裁委员会提出申诉。赛区仲裁委员会的仲裁结果为最终结果。

十三、竞赛观摩

本赛项对外公开，需要观摩的单位和个人可以向组委会申请，同意后进入指定的观摩区进行观摩，但不得影响选手比赛，在赛场中不得随意走动，应遵守赛场纪律，听从工作人员指挥和安排等。

十四、竞赛直播

本次大赛实行全程直播，同时，安排专业摄制组进行拍摄和录制，及时进行报道，包括赛项的比赛过程、开闭幕式等。通过摄录像，记录竞赛全过程。同时制作优秀选手采访、优秀指导教师采访、裁判专家点评和企业人士采访视频资料。

附件 1　作业指导书模板

安全仪器监测工赛项竞赛题

一、系统故障排除仿真（10 分）

选手通过场次号 + 台号登录模拟仿真系统软件（第一场第 3 台就输入 0103），排除模拟仿真系统软件抽取的 20 个故障，每个故障 0.5 分，共计 10 分，提交排除结果后由模拟仿真软件自动评分。提交后，请勿关闭故障排除仿真软件。

二、监控曲线及监控日报的分析判断（10 分）

随机抽取一组题目，根据给定的矿井及工作面信息，结合题目要求分析监控曲线及监控日报，指出所存在的问题。

要求分析的传感器类型为甲烷、一氧化碳、氧气、温度、风速、风向、粉尘、设备开停、馈电状态、烟雾等传感器，数量不超过 5 种，具体类型见题目内容。开赛前，大赛组委会给出作业指导书，以《煤矿安全规程》(2022 年版)、《煤矿安全监控系统及检测仪器使用管理规范》(AQ 1029—2019) 为准。

结合材料信息，根据标准进行报表和曲线分析，并对存在的错误进行说明；每漏一处扣 2 分；扣完为止。

三、设备实操要求（80 分）

某矿，拟在采用串联通风的 2202 工作面安装一套监控设备，设备有：KJJ177 型矿用本安型交换机、KJ306 - F(16)H 型矿用本安型分站、GJC4 型矿用低浓度甲烷传感器、GKT5 型矿用设备开停传感器、KDG24(C)型矿用馈电断电器、模拟被控装置、地面中心站 KJ73X。

交换机及分站安装于 2201 工作面机电硐室，甲烷传感器安装于 2202 工作面进风巷、设备开停传感器安装于 2201 工作面主风机，馈电断电器用于控制、反馈 2202 工作面全部非本质安全型电源。

本套监控设备的服务器 IP 地址为 192.168.1.100，安全监控分站网络模块 IP 地址为 192.168.1.80。

中心站软件用户名为 admin，密码为 123456。

分站到交换机之间采用光纤传输信号，光纤使用蓝色芯线；交换机到服务器之间采用网线连接。要求制作的光纤和网线符合标准要求，正确设置分站通信方式，确保分站、交换机能正常通信。

安全监控分站地址号为 12 号，甲烷传感器地址号为 6 号，主风机开停传感器地址号为 7 号，断电器地址号为 8 号。传感器的报警断电复电值设置严格按照《煤矿安全监控系统及检测仪器使用管理规范》设定，传感器断电范围及断电逻辑按规范设定。要求分站、传感器测点定义严格按照国家下发标注执行（“工作面地点名称 + 区队名称 + 补充 + 传感器编号”组成）。确保传感器及分站能够正常工作。

设备安装完成后，按照《煤矿安全规程》《煤矿安全监控系统及检测仪器使用管理规范》要求进行甲烷传感器的调校、报警值设置，甲烷电闭锁、风电闭锁、故障闭锁、异地断电测试，并手指口述。测试时，控制状态及馈电状态能够正常反转。调校时，气体流量为 250 mL/min。

设备安装完成后，设置安全监控系统与人员定位系统、广播系统、视频监控系统的上限断电应急联动，并测试各应急联动。

同时，该矿还在该工作面安装有一套分站用于煤与瓦斯突出预警监控，配置煤与瓦斯突出预警参数；模拟传感器达到煤与瓦斯突出预警报警值，演示煤与瓦斯突出报警及控制，并手指口述。

另外，监控维修室还存有一批焊接不良的四芯航空插头线，使用电络铁制作一条连接可靠的四芯航空插头线。

操作规范要求：设备连接的接线工艺、防爆标准等操作规范，实操完成后工具收拾整齐，清理台面杂物。

赛 项 题 库

一、单选题

1. 《劳动法》规定，国家对女职工和（　　）实行特殊劳动保护。

A. 童工　　B. 未成年工　　C. 青少年

2. 《劳动合同法》规定，劳动合同期限3个月以上不满1年的，试用期不得超过（　　）。

A. 1个月　　B. 3个月　　C. 6个月

3. 坚持“管理、（　　）、培训并重”是我国煤矿安全生产工作的基本原则。

A. 装备　　B. 技术　　C. 检查

4. 煤矿安全生产是指在煤矿生产活动过程中（　　）不受到危害，物（财产）不受到损失。

A. 人的生命　　B. 人的生命与健康　　C. 人的健康

5. 不属于矿井“一通三防”管理制度的是（　　）。

A. 瓦斯检查制度　　B. 机电管理制度　　C. 防尘管理制度

6. 对于发现的事故预兆和险情，不采取事故防止措施，又不及时报告，应追究（　　）的责任。

A. 当事人　　B. 领导　　C. 队长

7. 煤矿职工因行使安全生产权利而影响工作时，有关单位不得扣发其工资和给予处分，由此造成的停工、停产损失，应由（　　）负责。

A. 该职工　　B. 企业法人　　C. 责任者　　D. 班长

8. 新派入矿山的井下作业人员，接受安全教育培训的时间不得少于（　　）学时。

A. 72　　B. 36　　C. 24

9. 从业人员（　　）违章指挥、强令冒险作业。

A. 不得拒绝　　B. 有条件服从　　C. 有权拒绝

10. 矿山企业必须建立健全安全生产责任制，（　　）对本企业的安全生产工作负责。

A. 矿长　　B. 各职能机构负责人

C. 各工种、岗位工人　　D. 特种作业人员

11. 离开特种作业岗位（　　）以上的特种作业人员，应当重新进行实际操作考试。经确认合格后方可上岗作业。

A. 1年　　B. 10个月　　C. 6个月　　D. 2年

12. 煤矿企业必须建立健全各级领导安全生产责任制，（　　）安全生产责任制，岗位人员安全生产责任制。

A. 党团机构　　B. 职能机构　　C. 监管机构

13. 煤矿企业应对从业人员进行上岗前、在岗期间的职业危害防治知识培训，上岗前培训时间不少于（　　）学时，在岗期间培训时间每年不少于2学时。

A. 2　　B. 4　　C. 6　　D. 8

14. 煤矿应当建立健全领导（　　）下井制度，并严格考核。

A. 不定期　　B. 带班　　C. 定期

15. 煤矿作业场所从业人员每天连续接触噪声时间达到或者超过8 h的，噪声声级限值为（　　）。

A. 55 dB（A）　　B. 65 dB（A）

C. 85 dB（A）　　D. 115 dB（A）

16. 煤与瓦斯突出矿井应建设采区避难硐室。突出煤层的掘进巷道长度及采煤工作面推进长度超过500 m时，应在距离工作面（　　）范围内，建设临时避难硐室或设置可移动式救生舱。

A. 50 m　　B. 100 m　　C. 300 m　　D. 500 m

17. 任何单位和个人有权举报煤矿重大安全生产隐患和行为，经调查属实的，应给予最先举报人1000元至（　　）的奖励。

A. 1万元　　B. 2万元　　C. 3万元

18. 生产经营单位（　　）与从业人员订立协议，免除或者减轻其对从业人员因生产安全事故伤亡依法应承担的责任。

A. 可以　　B. 不得以任何形式　　C. 可以按约定条件

19. 生产经营单位应当向从业人员如实告知作业场所和工作岗位存在的（　　）、防范措施以及事故应急措施。

A. 危险因素　　B. 人员状况　　C. 设备状况　　D. 环境状况

20. 特种作业人员必须经专门的安全技术培训并考核合格，取得（　　）后，方可上岗作业。

A.《特种作业资格证》　　B.《特种作业合格证》

C.《特种作业上岗证》　　D.《特种作业操作证》

21. 未经（　　）合格的从业人员，不得上岗作业。

A. 基础知识教育　　B. 安全生产教育和培训

C. 技术培训　　D. 法律法规教育

22. 我国煤矿安全生产的方针是“安全第一，（　　），综合治理”。

A. 质量为本　　B. 预防为主

C. 安全为了生产　　D. 生产为了安全

23. 用人单位应当保证劳动者每周至少休息（　　）日。

A. 0.5　　B. 1　　C. 1.5　　D. 2

24. 在煤矿生产中，当生产与安全发生矛盾时必须坚持（　　）。

A. 安全第一　　B. 生产第一　　C. 完成任务第一

25. 职工因工死亡，一次性工亡补助金标准为上一年度全国城镇居民人均可支配收入的（　　）倍。

A. 5　　B. 10　　C. 15　　D. 20

26.《刑法》规定，企业管理人员强令他人违章冒险作业，因而发生重大伤亡事故或者造成严重后果的行为，构成了（　　）。

A. 玩忽职守罪　　B. 重大责任事故罪

C. 危害公共安全罪　　D. 渎职罪

27. 职工因工死亡，近亲属可以按照规定领取（　　）个月的统筹地区上年度职工月平均工资的丧葬补助金。

A. 4　　B. 5　　C. 6　　D. 9

28. 造成劳动者工资收入损失的，按劳动者本人应得工资收入支付给劳动者，并加付应得工资收入（　　）% 的赔偿费用。

A. 15　　B. 20　　C. 25　　D. 30

29. 劳动者连续工作（　　）年以上的，享受带薪年休假。

A. 1　　B. 2　　C. 3　　D. 4

30. 事故发生单位主要负责人受到刑事处罚或者撤职处分的，自刑罚执行完毕或者受处分之日起，（　　）年内不得担任任何生产经营单位的主要负责人。

A. 2　　B. 3　　C. 4　　D. 5

31. 单位负责人接到报告后，应当于（　　）小时内向事故发生地县级以上人民政府安全生产监督管理部门和负有安全生产监督管理职责的有关部门报告。

A. 1　　B. 2　　C. 3　　D. 4

32. 建设项目职业病防护设施所需费用应当纳入建设项目工程（　　）。

A. 估算　　B. 概算　　C. 预算　　D. 结算

33. 生产经营单位发生重大生产安全事故时，单位的（　　）应当立即组织抢救。

A. 主要负责人　　B. 技术负责人

C. 安全负责人　　D. 工会负责人

34. 职业健康检查费用由（　　）承担。

A. 劳动者　　B. 用人单位　　C. 企业主管单位　　D. 地方政府

35. 承担职业病诊断的医疗卫生机构在进行职业病诊断时，应当组织（　　）名以上取得职业病诊断资格的执业医师集体诊断。

A. 1　　B. 2　　C. 3　　D. 4

36. 提请关闭矿井的，有关地方人民政府由其主要负责人及时组织有关人员认真研究，尽快做出决定，最迟不能超过（　　）天的规定期限。

A. 3　　B. 7　　C. 10　　D. 15

37. 提出仲裁要求的一方应当自劳动争议发生之日起（　　）日内向劳动争议仲裁委员会提出书面申请。

A. 30　　B. 45　　C. 60　　D. 90

38. 自然灾害、事故灾难和公共卫生事件的预警级别，按照突发事件发生的紧急程度、发展势态和可能造成的危害程度分为（　　）级。

A. 1　　B. 2　　C. 3　　D. 4

39. 侮辱、体罚、殴打、非法搜查和拘禁劳动者的，由公安机关对责任人员处以（　　）日以下拘留、罚款或者警告；构成犯罪的，对责任人员依法追究刑事责任。

A. 10　　B. 15　　C. 20　　D. 30

40. 井下从业人员要确保自己不“三违”，发现别人有“三违”现象则（　　）。

A. 可以不问　　B. 不需指出　　C. 必须指出并令其纠正

41. 背斜构造的轴心上部通常比相同深度的两翼瓦斯含量（　　），特别是当背斜上部的岩层透气性差或含水充分时，往往积聚高压的瓦斯，形成“气顶”。

A. 相同　　B. 低　　C. 高

42. 封闭型断层，由于两盘相互挤压，其本身的透气性差，割断了煤层与地表的联系，从而使煤层瓦斯含量较高，瓦斯压力增加，则其瓦斯涌出量（　　）。

A. 增大　　B. 减少　　C. 不变

43. 开放型断层两盘是分离运动的，断层为煤层瓦斯排放提供了通道。在这类断层附近，通常煤层的瓦斯含量减少，其涌出量则（　　）。

A. 增大　　B. 减少　　C. 不变

44. 凡长度超过（　　）而又不通风或通风不良的独头巷道，统称为盲巷。

A. 6 m　　B. 10 m　　C. 15 m

45. 在井下建有风门的巷道中，风门不得少于（　　）道，且必须能自动关闭，严禁同时敞开。

A. 1　　B. 2　　C. 3　　D. 4

46. 硫化氢气体的气味为（　　）。

A. 臭鸡蛋味　　B. 酸味　　C. 香味

47. 掘进工作面的局部通风机实行的“三专供电”，是指专用线路、专用开关和（　　）。

A. 专用变压器　　B. 专用电源　　C. 专用电动机

48. 矿井必须安装2套同等能力的主要通风机装置，其中1套作为备用，备用通风机必须能在（　　）内开动。

A. 5 min　　B. 10 min　　C. 15 min　　D. 20 min

49. 采煤工作面回风巷风流中，瓦斯浓度报警值为（　　）。

A. 1.00%　　B. 0.50%　　C. 1.50%　　D. 2.00%

50. 当道出现异常气味。如煤油味、松香味和煤焦气味，表明风流上方有（　　）隐患。

A. 瓦斯突出　　B. 顶板冒落　　C. 煤炭自燃

51. 发出的矿灯，应能最低连续正常使用（　　）。

A. 8 h　　B. 10 h　　C. 11 h　　D. 12 h

52. 空气、一氧化碳混合气体中的一氧化碳浓度达到（　　）时，具有爆炸性。

A. 12.5% ~75%　　B. 13% ~65%　　C. 20% ~50%　　D. 30% ~50%

53. 矿井主要通风机停止运转时，因通风机停风受到影响的地点，必须（　　），工作人员先撤到进风巷道中。

A. 停止作业，停止机电设备运转　　B. 停止作业，维持机电设备运转

C. 立即停止作业，切断电源

54.（　　）使用矿灯人员拆开、敲打、撞击矿灯。

A. 严禁　　B. 允许　　C. 矿灯有故障时才允许

55. 煤矿井下供电的“三大保护”通常是指过流、漏电、(　　)。

A. 保护接地　　B. 过电压　　C. 失电压　　D. 过载

56. 煤矿井下临时停工的作业地点(　　)停风。

A. 可以　　B. 不得

C. 可以根据瓦斯浓度大小确定是否

57. 煤与瓦斯突出灾害多发生在(　　)。

A. 采煤工作面　　B. 岩巷掘进工作面

C. 石门揭煤掘进工作面

58. 灭火时，灭火人员应站在(　　)。

A. 火源的上风侧　　B. 火源的下风侧　　C. 对灭火有利的位置

59. 专用排放瓦斯巷回风流的瓦斯浓度不得超过(　　)，当达到该值应发出报警信号。

A. 2.5%　　B. 1.5%　　C. 1%

60. 掘进工作面的局部通风机因故停止运转后，在恢复通风前，必须首先检查(　　)。

A. 瓦斯浓度　　B. 通风设备状态　　C. 电源状态　　D. 二氧化碳浓度

61. 掘进工作面采用的压入式局部通风机和启动装置，必须安装在进风巷道中，距掘进巷道回风口不得小于(　　)。

A. 5 m　　B. 10 m　　C. 20 m　　D. 30 m

62. 一般情况下，煤尘的(　　)越高，越容易爆炸。

A. 灰分　　B. 挥发分　　C. 发热量

63. 在爆破地点附近 20 m 以内风流中瓦斯浓度达到(　　)时，严禁爆破。

A. 0.5%　　B. 0.75%　　C. 1.0%　　D. 1.5%

64. 采掘工作面的进风流中，二氧化碳浓度不得超过(　　)。

A. 0.5%　　B. 0.75%　　C. 1.0%　　D. 1.5%

65. 在采区回风巷、采掘工作面回风巷风流中瓦斯浓度超过(　　)或二氧化碳浓度超过 1.5% 时，必须停止工作，撤出人员，采取措施，进行处理。

A. 0.5%　　B. 0.75%　　C. 1.0%　　D. 1.5%

66. 对因瓦斯浓度超过规定被切断电源的电气设备，必须在瓦斯浓度降到(　　)以下时，方可通电开动。

A. 0.5%　　B. 1.0%　　C. 1.5%　　D. 2.0%

67. 关于矿灯的使用，正确的是(　　)。

A. 井下有照明地点，可以两个人合用一盏矿灯

B. 充电房领到的矿灯，不必再进行检查

C. 矿灯的灯锁失效、玻璃罩有破裂，但亮度达到要求时就可以使用

D. 领到矿灯后，一定要进行认真检查，确认完好后，方可带入井下

68. 井口房和通风机房附近(　　)内，不得有烟火或用火炉取暖。

A. 10 m　　B. 20 m　　C. 30 m　　D. 50 m

69. 任何人发现井下火灾时，应视火灾性质、灾区通风和瓦斯情况，（　　）。

A. 立即用湿毛巾捂住口鼻逆风流方向逃生

B. 立即佩戴自救器，逃生

C. 立即采取一切可能的方法直接灭火，控制火势，并迅速报告矿调度室

D. 继续工作，静观其变

70. 井下使用的汽油、煤油和变压器油必须装入（　　）内。

A. 盖严的塑料桶　　B. 盖严的玻璃瓶

C. 盖严的铁桶　　D. 敞口的铁桶

71. 空气中的氧气浓度低于（　　）时，瓦斯与空气混合气体失去爆炸性。

A. 20%　　B. 16%　　C. 12%　　D. 14%

72. 矿井空气中一氧化碳的最高允许浓度为（　　）。

A. 0.0024%　　B. 0.00025%　　C. 0.0005%　　D. 0.00066%

73. 矿井需要的风量，按井下同时工作的最多人数计算，每人每分钟供给风量不得少于（　　）。

A. 1 m^3　　B. 2 m^3　　C. 3 m^3　　D. 4 m^3

74. 煤层顶板按照其与煤层的距离自近至远可分为（　　）。

A. 伪顶、直接顶、基本顶

B. 基本顶、直接顶、伪顶

C. 直接顶、伪顶、基本顶

75. 煤矿企业必须建立入井检身制度和（　　）人员清点制度。

A. 出入井　　B. 出井　　C. 入井　　D. 井内

76. 每个生产矿井必须至少有（　　）个能行人的通达地面的安全出口，各个出口间的距离不得小于 30 m。

A. 1　　B. 2　　C. 3　　D. 4

77. 人力推车时，同向推车的间距，在轨道坡度小于等于 5% 时，不得小于 10 m；坡度大于 5% 时，不得小于（　　）。

A. 30 m　　B. 5 m　　C. 20 m　　D. 50 m

78. 如果必须在井下主要硐室、主要进风井巷和井口房内进行电焊、气焊和喷灯焊接等工作，作业完毕后，工作地点应再次用水喷洒，并应有专人在工作地点检查（　　），发现异状，立即处理。

A. 0.5 h　　B. 1 h　　C. 2 h　　D. 3 h

79. 入井人员严禁穿（　　）衣服。

A. 棉布　　B. 化纤　　C. 白色　　D. 花色

80. 上下井乘罐的说法中，正确的是（　　）。

A. 上下井乘罐时可以尽量多地搭乘人员

B. 可以乘坐装设备、物料较少的罐笼

C. 不准乘坐无安全盖的罐笼和装有设备材料的罐笼

D. 矿长和检查人员可以与携带火药、雷管的爆破工同罐上下

81. 生产矿井采掘工作面的空气温度超过 30 ℃、机电设备硐室的空气温度超过 34 ℃

时，必须（　　）。

A. 停止作业　　B. 缩短工作人员的工作时间

C. 给予高温保健待遇　　D. 限时作业

82. 使用局部通风机通风的掘进工作面，不得停风；因检修、停电、故障等原因停风时，必须将人员全部撤至（　　），并切断电源。

A. 全风压进风流处　　B. 全风压回风流处

C. 附近避难硐室　　D. 移动式救生舱

83. 突出矿井的管理人员和井下工作人员必须接受（　　）知识的培训，经考试合格后方准上岗作业。

A. 生产　　B. 防火　　C. 防治水　　D. 防突

84. 瓦斯的引火温度一般认为是（　　）。

A. 650～750 ℃　　B. 750～850 ℃　　C. 600～700 ℃

85. 一般情况下，导致生产事故发生的各种因素中（　　）占主要地位。

A. 人的因素　　B. 物的因素

C. 环境的因素　　D. 不可知的因素

86. 在爆炸性煤尘与空气的混合物中，氧气浓度低于（　　）时，煤尘不会发生爆炸。

A. 10%　　B. 12%　　C. 15%　　D. 18%

87. 在正常工作中，通风机应实现“三专、两闭锁”，两闭锁是指（　　）。

A. 风机和刮板输送机闭锁、甲烷电闭锁

B. 风电闭锁、甲烷电闭锁

C. 风电闭锁、甲烷和电钻闭锁

88. 采掘工作面的掘进风流中，氧气浓度不得低于（　　）。

A. 12%　　B. 16%　　C. 18%　　D. 20%

89. 采掘工作面及其他巷道内，体积大于 0.5 m^3 的空间内积聚的瓦斯浓度达到（　　）时，附近 20 m 内必须停止工作，撤出人员，切断电源，进行处理。

A. 0.5%　　B. 1.0%　　C. 1.5%　　D. 2.0%

90. 采掘工作面及其他作业地点风流中、电动机或其开关安设地点附近 20 m 以内风流中，瓦斯浓度达到（　　）时，必须停止工作，切断电源，撤出人员，进行处理。

A. 0.5%　　B. 0.75%　　C. 1.0%　　D. 1.5%

91. 采掘工作面及其他作业地点风流中，瓦斯浓度达到（　　）时，必须停止用电钻打眼。

A. 0.5%　　B. 0.75%　　C. 1.0%　　D. 1.5%

92. 在标准大气压下，瓦斯与空气混合气体发生瓦斯爆炸的瓦斯浓度范围为（　　）。

A. 1%～10%　　B. 5%～16%

C. 3%～10%　　D. 10%～18%

93. 在不允许风流通过，但需要行人、通车的巷道内，必须按规定设置（　　）。

A. 防爆门　　B. 风桥　　C. 风硐　　D. 风门

94. 采掘工作面空气温度不得超过（　　），当空气温度超过时，必须缩短超温地点工作人员的工作时间，并给予高温保健待遇。

A. 34 ℃　　B. 30 ℃　　C. 26 ℃　　D. 40 ℃

95. 安装甲烷传感器时，必须垂直悬挂，距（　　）不得大于 300 mm。

A. 支架　　B. 两帮　　C. 顶板　　D. 底板

96. 空气中氧含量降低时，对人体健康影响很大。如果空气中的氧气降低到（　　）以下时，会使人失去理智，时间稍长即有生命危险。

A. 8%　　B. 17%　　C. 12%　　D. 15%

97. 当发现有人触电时，首先要（　　）电源或用绝缘材料将带电体与触电者分离开。

A. 闭合　　B. 切断　　C. 将电源接地

98. 采掘工作面经工作面突出危险性预测后划分为突出危险工作面和无突出危险工作面。未进行工作面突出危险性预测的采掘工作面，应当视为（　　）。

A. 无突出危险工作面　　B. 突出危险工作面

C. 突出偶发工作面

99. 突出矿井应当对突出煤层进行区域突出危险性预测。经区域预测后，突出煤层划分为突出危险区和（　　）。

A. 安全区　　B. 无突出危险区　　C. 突出偶发区

100. 当发现煤与瓦斯突出明显预兆时，瓦斯检查工有权停止作业，协助组长立即组织人员（　　），并报告调度室。

A. 继续进行观察　　B. 按避灾路线撤出　　C. 撤离到进风巷

101. 防止尘肺病发生，预防是根本，（　　）是关键。

A. 个体防护　　B. 综合防尘　　C. 治疗救护

102. 《煤矿安全规程》规定，作业场所的噪声，不应超过 85 dB(A)，大于85 dB(A)时，需配备个体防护用品；大于或等于（　　）时，还应采取降低作业场所噪声的措施。

A. 88 dB(A)　　B. 90 dB(A)　　C. 94 dB(A)

103. 个体防尘要求作业人员佩戴（　　）和防尘安全帽。

A. 防尘眼镜　　B. 防尘口罩　　C. 防尘耳塞

104. 尘肺病中的硅肺病是由于长期吸入过量（　　）造成的。

A. 煤尘　　B. 煤岩尘　　C. 岩尘

105. 煤矿企业必须按国家规定对呼吸性粉尘进行监测，采掘工作面每（　　）月测定 1 次。

A. 2 个　　B. 3 个　　C. 6 个

106. 职业病防治工作坚持（　　）的方针，实行分类管理、综合治理。

A. 预防为主、防治结合　　B. 标本兼治、防治结合

C. 安全第一、预防为主

107. 按照《煤矿安全规程》的相关规定，Ⅰ期尘肺患者（　　）年复查 1 次。

A. 1　　B. 半　　C. 2

108. 用人单位对已确诊为尘肺的职工，（　　）。

A. 必须调离粉尘作业岗位

B. 尊重病人意愿，决定是否继续从事粉尘作业

C. 由单位决定是否从事粉尘作业

109. （　　）是由于在生产环境中长期吸入生产性粉尘而引起的以肺组织纤维化为主的疾病。

A. 尘肺病　　B. 肺炎　　C. 肺结核　　D. 肺心病

110. 职业病诊断的费用由（　　）承担。

A. 本人　　B. 职业病防治机构

C. 用人单位　　D. 国家

111. 接触煤尘（以煤为主）职业危害作业在岗人员的职业健康检查周期应为（　　）1 次。

A. 2 年　　B. 1 年　　C. 半年

112. 某矿井发生致伤事故，有伤员骨折，作为救护抢险人员到现场抢救时，应该（　　）。

A. 先进行骨折固定完再送医救治　　B. 立即送井上医院救治

C. 先报告矿领导，按领导指示办理

113. 现场急救的五项技术是，心肺复苏、止血、包扎、固定和（　　）。

A. 呼救　　B. 搬运　　C. 手术

114. 因触电导致停止呼吸的人员，应立即采用（　　）进行抢救。

A. 人工呼吸法　　B. 全身按摩法　　C. 心肺复苏法

115. 利用仰卧压胸人工呼吸法抢救伤员时，要求每分钟压胸的次数是（　　）次。

A. 8 ~ 12　　B. 16 ~ 20　　C. 30 ~ 36

116. 创伤包扎范围应超出伤口边缘（　　），不要在伤口上面打结。

A. 1 ~ 3 cm　　B. 4 ~ 5 cm　　C. 5 ~ 10 cm　　D. 6 ~ 10 cm

117. 对二氧化硫和二氧化氮中毒者进行急救时，应采用（　　）抢救。

A. 仰卧压胸法　　B. 俯卧压背法

C. 口对口的人工呼吸法　　D. 心前区击术

118. 隔离式自救器能防护的有毒有害气体（　　）。

A. 仅为一氧化碳　　B. 仅为二氧化碳

C. 仅为硫化氢　　D. 为所有有毒有害气体

119. 化学氧自救器（　　）。

A. 可重复使用多次　　B. 只能使用 1 次

C. 能重复使用 3 次

120. 在有煤与瓦斯突出矿井、区域的采煤工作面和瓦斯矿井掘进工作面，不应选用（　　）自救器。

A. 化学氧隔离式　　B. 压缩氧隔离式　　C. 过滤式

121. 使用胸外心脏按压术应当（　　）。

A. 使伤员仰卧，头稍低于心脏

B. 使伤员仰卧，头稍高于心脏

C. 使伤员侧卧

D. 使伤员俯卧

122. 关于压缩氧隔离式自救器，以下说法正确的是（　　）。

A. 氧气由外界空气供给

B. 不能反复多次使用

C. 氧气由自救器本身供给

D. 只能用于外界空气中氧气浓度大于 18% 的环境中

123. 采用止血带止血时，持续时间一般不超过（　　）。

A. 0.5 h　　B. 1 h　　C. 1.5 h　　D. 2 h

124. 矿工井下遇险佩戴自救器后，若吸入空气温度升高，感到干热，则应（　　）。

A. 取掉口具或鼻夹吸气　　B. 坚持佩戴，脱离险区

C. 改用湿毛巾

125. 生产矿井要求（　　）进行一次反风演习。

A. 半年　　B. 一年　　C. 二年　　D. 三年

126. 每个生产矿井必须至少有（　　）个能行人的通达地面的安全出口

A. 1　　B. 2　　C. 3　　D. 4

127. 电动机或其开关安设地点附近 20 m 以内风流中瓦斯浓度达到（　　）时，必须停止工作，切断电源，撤出人员，进行处理。

A. 0.5%　　B. 1.0%　　C. 1.5%　　D. 2%

128. 煤尘爆炸的下限浓度是（　　）。

A. 45 mg/m^3　　B. 45 g/m^3　　C. 2000 mg/m^3　　D. 2000 g/m^3

129. 矿井火灾的遇难人员中有 90% 以上是因（　　）中毒而死亡。

A. CO　　B. CO_2　　C. CH_2　　D. SO_2

130. 按《煤矿安全规程》规定，矿井安全监控设备必须定期进行调试、校正，每月至少（　　）次。甲烷传感器、便携式甲烷检测报警仪等采用载体催化元件的甲烷检测设备，每（　　）天必须使用校准气样和空气样调校 1 次。每（　　）天必须对甲烷超限断电功能进行测试。

A. 1，7，7　　B. 2，7，10　　C. 1，10，7　　D. 1，7，10

131. 必须每天检查矿井安全监控设备及电缆是否正常。使用便携式甲烷检测报警仪或便携式光学甲烷检测仪与甲烷传感器进行对照，并将记录和检查结果报监测值班员；当两者读数误差大于允许误差时，先以读数较大者为依据，采取安全措施并必须在（　　）内对 2 种设备调校完毕。

A. 24 h　　B. 48 h　　C. 2 h　　D. 8 h

132. 矿井安全监控系统配制甲烷校准气样的相对误差必须小于（　　）。制备所用的原料气应选用浓度不低于（　　）的高纯度甲烷气体。

A. 10%，99.9%　　B. 10%，90%

C. 5%，99.9%　　D. 5%，90%

133. 采煤工作面甲烷传感器报警浓度、断电浓度、复电浓度分别是（　　）。

A. ≥1.0% CH_4，≥1.5% CH_4，<1.0% CH_4

B. ≥1.5% CH_4，≥1.5% CH_4，<1.0% CH_4

C. ≥0.5% CH_4，≥1.0% CH_4，<0.5% CH_4

D. ≥1.5% CH_4，≥2.0% CH_4，<1.5% CH_4

134. 采煤工作面回风巷甲烷传感器报警浓度、断电浓度、复电浓度分别是（　　）。

A. ≥1.0% CH_4，≥1.5% CH_4，<1.0% CH_4

B. ≥1.0% CH_4，≥1.0% CH_4，<1.0% CH_4

C. ≥1.0% CH_4，≥1.5% CH_4，<1.5% CH_4

D. ≥1.5% CH_4，≥2.0% CH_4，<1.5% CH_4

135. 专用排瓦斯巷甲烷传感器报警浓度、断电浓度、复电浓度分别是（　　）。

A. ≥1.0% CH_4，≥1.5% CH_4，<1.0% CH_4

B. ≥1.5% CH_4，≥1.5% CH_4，<1.5% CH_4

C. ≥2.5% CH_4，≥2.5% CH_4，<2.5% CH_4

D. ≥1.5% CH_4，≥2.0% CH_4，<1.5% CH_4

136. 煤与瓦斯突出矿井采煤工作面进风巷，甲烷传感器报警浓度、断电浓度、复电浓度分别是（　　）。

A. ≥2.0% CH_4，≥2.5% CH_4，<2.0% CH_4

B. ≥1.5% CH_4，≥1.5% CH_4，<1.5% CH_4

C. ≥1.0% CH_4，≥1.5% CH_4，<1.0% CH_4

D. ≥0.5% CH_4，≥0.5% CH_4，<0.5% CH_4

137. 采用串联通风的被串采煤工作面进风巷，甲烷传感器报警浓度、断电浓度、复电浓度分别是（　　）。

A. ≥0.5% CH_4，≥0.5% CH_4，<0.5% CH_4

B. ≥1.5% CH_4，≥1.5% CH_4，<1.5% CH_4

C. ≥1.0% CH_4，≥1.5% CH_4，<1.0% CH_4

D. ≥1.5% CH_4，≥2.0% CH_4，<1.5% CH_4

138. 采煤机的甲烷传感器报警浓度、断电浓度、复电浓度分别是（　　）。

A. ≥1.0% CH_4，≥1.5% CH_4，<1.0% CH_4

B. ≥1.5% CH_4，≥1.5% CH_4，<1.5% CH_4

C. ≥0.5% CH_4，≥1.0% CH_4，<0.5% CH_4

D. ≥1.5% CH_4，≥2.0% CH_4，<1.5% CH_4

139. 煤巷、半煤岩巷和有瓦斯涌出的岩巷掘进工作面，甲烷传感器报警浓度、断电浓度、复电浓度分别是（　　）。

A. ≥1.0% CH_4，≥1.5% CH_4，<1.0% CH_4

B. ≥1.5% CH_4，≥1.5% CH_4，<1.5% CH_4

C. ≥0.5% CH_4，≥1.0% CH_4，<0.5% CH_4

D. ≥1.5% CH_4，≥2.0% CH_4，<1.5% CH_4

140. 煤巷、半煤岩巷和有瓦斯涌出的岩巷掘进工作面回风流中，甲烷传感器报警浓度、断电浓度、复电浓度分别是（　　）。

A. ≥1.0% CH_4，≥1.5% CH_4，<1.0% CH_4

B. ≥1.0% CH_4，≥1.0% CH_4，<1.0% CH_4

C. ≥1.5% CH_4，≥1.5% CH_4，<1.0% CH_4

D. ≥1.5% CH_4，≥2.0% CH_4，<1.5% CH_4

141. 掘进机甲烷传感器报警浓度、断电浓度、复电浓度分别是（　　）。

A. ≥1.0% CH_4，≥1.5% CH_4，<1.0% CH_4

B. ≥1.5% CH_4，≥1.5% CH_4，<1.5% CH_4

C. ≥1.5% CH_4，≥1.5% CH_4，<1.0% CH_4

D. ≥1.5% CH_4，≥2.0% CH_4，<1.5% CH_4

142. 回风流中机电设备硐室的进风侧，甲烷传感器报警浓度、断电浓度、复电浓度分别是（　　）。

A. ≥0.5% CH_4，≥0.5% CH_4，<0.5% CH_4

B. ≥1.0% CH_4，≥1.5% CH_4，<1.0% CH_4

C. ≥1.5% CH_4，≥1.5% CH_4，<1.5% CH_4

D. ≥1.5% CH_4，≥2.0% CH_4，<1.5% CH_4

143. 兼做回风井的装有带式输送机的井筒，甲烷传感器报警浓度、断电浓度、复电浓度分别是（　　）。

A. ≥0.5% CH_4，≥0.5% CH_4，<0.5% CH_4

B. ≥0.5% CH_4，≥0.7% CH_4，<0.7% CH_4

C. ≥1.5% CH_4，≥1.5% CH_4，<1.5% CH_4

D. ≥1.5% CH_4，≥2.0% CH_4，<1.5% CH_4

144. 采煤工作面上隅角甲烷传感器报警浓度、断电浓度、复电浓度分别是（　　）。

A. ≥1.0% CH_4，≥1.5% CH_4，<1.0% CH_4

B. ≥1.5% CH_4，≥1.5% CH_4，<1.5% CH_4

C. ≥0.5% CH_4，≥1.0% CH_4，<0.5% CH_4

D. ≥1.5% CH_4，≥2.0% CH_4，<1.5% CH_4

145. 采煤工作面上隅角设置的便携式甲烷检测报警仪报警浓度是（　　）。

A. ≥0.5% CH_4　　B. ≥1.0% CH_4　　C. ≥1.5% CH_4　　D. ≥2.0% CH_4

146. 在专用排瓦斯巷的采煤工作面混合回风流处，甲烷传感器报警浓度、断电浓度、复电浓度分别是（　　）。

A. ≥1.0% CH_4，≥1.0% CH_4，<1.0% CH_4

B. ≥1.5% CH_4，≥1.5% CH_4，<1.5% CH_4

C. ≥0.5% CH_4，≥1.0% CH_4，<0.5% CH_4

D. ≥1.5% CH_4，≥2.0% CH_4，<1.5% CH_4

147. 矿用防爆特殊型蓄电池电机车，甲烷传感器报警浓度、断电浓度、复电浓度分别是（　　）。

A. ≥0.5% CH_4，≥0.5% CH_4，<0.5% CH_4

B. ≥1.0% CH_4，≥1.5% CH_4，<1.0% CH_4

C. ≥1.5% CH_4，≥1.5% CH_4，<1.5% CH_4

D. ≥1.5% CH_4，≥2.0% CH_4，<1.5% CH_4

148. 高瓦斯、煤与瓦斯突出矿井采煤工作面回风巷中部，甲烷传感器报警浓度、断电浓度、复电浓度分别是（　　）。

A. ≥0.5% CH_4，≥0.5% CH_4，<0.5% CH_4

B. ≥1.5% CH_4，≥1.5% CH_4，<1.5% CH_4

C. ≥1.0% CH_4，≥1.0% CH_4，<1.0% CH_4

D. ≥1.5% CH_4，≥2.0% CH_4，<1.5% CH_4

149. 采煤机设置的便携式甲烷检测报警仪报警浓度是（　　）。

A. ≥0.5% CH_4　　B. ≥1.0% CH_4　　C. ≥1.5% CH_4　　D. ≥2.0% CH_4

150. 高瓦斯和煤与瓦斯突出矿井掘进巷道中部，甲烷传感器报警浓度、断电浓度、复电浓度分别是（　　）。

A. ≥0.5% CH_4，≥0.5% CH_4，<0.5% CH_4

B. ≥1.5% CH_4，≥1.5% CH_4，<1.5% CH_4

C. ≥1.0% CH_4，≥1.0% CH_4，<1.0% CH_4

D. ≥1.5% CH_4，≥2.0% CH_4，<1.5% CH_4

151. 采区回风巷甲烷传感器报警浓度、断电浓度、复电浓度分别是（　　）。

A. ≥0.5% CH_4，≥0.5% CH_4，<0.5% CH_4

B. ≥1.5% CH_4，≥1.5% CH_4，<1.5% CH_4

C. ≥1.0% CH_4，≥1.0% CH_4，<1.0% CH_4

D. ≥1.5% CH_4，≥2.0% CH_4，<1.5% CH_4

152. 掘进机设置的便携式甲烷检测报警仪报警浓度是（　　）。

A. ≥0.5% CH_4　　B. ≥1.0% CH_4　　C. ≥1.5% CH_4　　D. ≥2.0% CH_4

153. 采区回风巷、一翼回风巷及总回风巷道内临时施工的电气设备上风侧，甲烷传感器报警浓度、断电浓度、复电浓度分别是（　　）。

A. ≥0.5% CH_4，≥0.5% CH_4，<0.5% CH_4

B. ≥1.5% CH_4，≥1.5% CH_4，<1.5% CH_4

C. ≥1.0% CH_4，≥1.0% CH_4，<1.0% CH_4

D. ≥1.5% CH_4，≥2.0% CH_4，<1.5% CH_4

154. 开采容易自燃、自燃煤层的矿井，采区回风巷、一翼回风巷、总回风巷应设置一氧化碳传感器，报警浓度为（　　）。

A. 0.024% CO　　B. 0.00024% CO　　C. 0.0024% CO　　D. 0.24% CO

155. 带式输送机滚筒下风侧（　　）处应设置烟雾传感器。

A. 2 m　　B. 5 m　　C. 8 m　　D. 10~15 m

156. 开采容易自燃、自燃煤层及地温高的矿井，采煤工作面应设置温度传感器，温度传感器的报警值为（　　）。

A. 10 ℃　　B. 20 ℃　　C. 30 ℃　　D. 40 ℃

157. 采煤工作面采用串联通风时，被串工作面的进风必须设置（　　）传感器。

A. 甲烷　　B. 温度　　C. 一氧化碳　　D. 风速

158. 机电硐室内应设置温度传感器，报警值为（　　）。

A. 26 ℃　　B. 30 ℃　　C. 32 ℃　　D. 34 ℃

159. 专用排瓦斯巷内设置的甲烷传感器应悬挂在距专用排放瓦斯巷回风口（　　）处。

A. 5 m　　B. 10～15 m　　C. 20 m　　D. 30 m

160. 主要通风机、局部通风机必须设置设备（　　）传感器。

A. 断电仪　　B. 开停　　C. 风筒　　D. 温度

161. 只有在局部通风机及其开关附近 10 m 范围内风流中的瓦斯浓度都不超过（　　）时，方可人工开动局部通风机。

A. 0.5% CH_4　　B. 0.75% CH_4　　C. 1.0% CH_4　　D. 2.0% CH_4

162. 使用架线电机车的主要运输巷道内装煤点处，甲烷传感器报警浓度、断电浓度、复电浓度分别是（　　）。

A. ≥0.5% CH_4，≥0.5% CH_4，<0.5% CH_4

B. ≥1.5% CH_4，≥1.5% CH_4，<1.5% CH_4

C. ≥1.0% CH_4，≥1.0% CH_4，<1.0% CH_4

D. ≥1.5% CH_4，≥2.0% CH_4，<1.5% CH_4

163. 高瓦斯矿井进风的主要运输巷道内使用架线电机车时，瓦斯涌出巷道的（　　）中必须设置甲烷传感器。

A. 上风流　　B. 下风流　　C. 中间　　D. 上部

164. 高瓦斯矿井进风的主要运输巷道内使用架线电机车时，瓦斯涌出巷道的下风流处，甲烷传感器报警浓度、断电浓度、复电浓度分别是（　　）。

A. ≥0.5% CH_4，≥0.5% CH_4，<0.5% CH_4

B. ≥1.5% CH_4，≥1.5% CH_4，<1.5% CH_4

C. ≥1.0% CH_4，≥1.0% CH_4，<1.0% CH_4

D. ≥1.5% CH_4，≥2.0% CH_4，<1.5% CH_4

165. 矿用防爆特殊型蓄电池电机车内设置的便携式甲烷检测报警仪报警浓度是（　　）。

A. ≥0.5% CH_4　　B. ≥1.0% CH_4

C. ≥15% CH_4　　D. ≥2.0% CH_4

166. 矿用防爆特殊型柴油机车内设置的便携式甲烷检测报警仪报警浓度是（　　）。

A. ≥0.5% CH_4　　B. ≥1.0% CH_4

C. ≥1.5% CH_4　　D. ≥2.0% CH_4

167. 井下煤仓上方、地面选煤厂煤仓上方，甲烷传感器报警浓度、断电浓度、复电浓度分别是（　　）。

A. ≥0.5% CH_4，≥0.5% CH_4，<0.5% CH_4

B. ≥1.5% CH_4，≥1.5% CH_4，<1.5% CH_4

C. ≥1.0% CH_4，≥1.0% CH_4，<1.0% CH_4

D. ≥1.5% CH_4，≥2.0% CH_4，<1.5% CH_4

168. 封闭的地面选煤厂内甲烷传感器报警浓度、断电浓度、复电浓度分别是(　　)。

A. ≥0.5% CH_4，≥0.5% CH_4，<0.5% CH_4

B. ≥1.5% CH_4，≥1.5% CH_4，<1.5% CH_4

C. ≥1.0% CH_4，≥1.0% CH_4，<1.0% CH_4

D. ≥1.5% CH_4，≥2.0% CH_4，<1.5% CH_4

169. 封闭的带式输送机地面走廊内，带式输送机滚筒上方，甲烷传感器报警浓度、断电浓度、复电浓度分别是（　　）。

A. ≥0.5% CH_4，≥0.5% CH_4，<0.5% CH_4

B. ≥1.5% CH_4，≥1.5% CH_4，<1.5% CH_4

C. ≥1.0% CH_4，≥1.0% CH_4，<1.0% CH_4

D. ≥1.5% CH_4，≥2.0% CH_4，<1.5% CH_4

170. 地面瓦斯抽放泵站室内甲烷传感器报警浓度是（　　）。

A. ≥0.5% CH_4　　B. ≥1.0% CH_4

C. ≥1.5% CH_4　　D. ≥2.0% CH_4

171. 矿井安全监控系统甲烷传感器应垂直悬挂，距顶板（顶梁、屋顶）不得大于（　　），距巷道侧壁（墙壁）不得小于（　　）。

A. 300 mm，300 mm　　B. 200 mm，200 mm

C. 300 mm，200 mm　　D. 200 mm，300 mm

172. 高瓦斯和瓦斯突出矿井采煤工作面的回风巷长度大于（　　）时，必须在回风巷中部增设甲烷传感器。

A. 200 m　　B. 500 m　　C. 1000 m　　D. 2000 m

173. 矿井安全监控系统井下分站应设置在便于人员观察、调试、检验及支护良好、无滴水、无杂物的（　　）或硐室中。

A. 掘进工作面　　B. 回风巷道　　C. 进风巷道　　D. 采煤面

174. 矿井安全监控系统井下分站安设时应垫支架或吊挂在巷道中，使其距巷道底板不小于（　　）。

A. 100 mm　　B. 300 mm　　C. 500 mm　　D. 50 mm

175. 矿井安全监控设备使用和大修后，必须按产品使用说明书的要求测试、调校合格，并在地面试运行（　　）方能下井。

A. 8 h　　B. 12 h　　C. 24 ~ 48 h　　D. 72 h

176. 载体催化原理的甲烷传感器调校时，应先在新鲜空气中或使用空气样调校零点，使仪器显示值为零，再通入浓度为（　　）的甲烷校准气体，调整仪器的显示值与校准气体浓度一致。

A. 0.5% CH_4　　B. 0.5% CH_4

C. 1% CH_4　　D. 1% ~2% CH_4

177. 载体催化甲烷传感元件中毒是指元件工作时遇到了（　　）气体。

A. 硫化氢或二氧化硫　　B. 高浓度瓦斯

C. 一氧化碳　　D. 二氧化碳

178. 传感器的测量范围上限与下限的代数差称为（　　）。

A. 量程　　B. 测值　　C. 响应值　　D. 精度

179. 传感器输入 - 输出特性随某一外界因素的影响而出现缓慢变化的现象称为（　　）。

A. 位移　　B. 漂移　　C. 温漂

180. 便携式载体催化甲烷检测报警仪的测量范围是（　　）。

A. 0.10% ~4.00% CH_4　　B. 0.20% ~4.00% CH_4

C. 0~4.00% CH_4　　D. 0~5.00% CH_4

181. 便携式载体催化甲烷检测报警仪的显示分辨率应不低于（　　）。

A. 0.01% CH_4　　B. 0.20% CH_4　　C. 0.30% CH_4　　D. 0.05% CH_4

182. 便携式载体催化甲烷检测报警仪在0~4.00% CH_4 范围内，当甲烷浓度保持稳定时，便携式甲烷载体催化甲烷检测报警仪显示值的变化量应不超过（　　）。

A. 0.01% CH_4　　B. 0.02% CH_4　　C. 0.05% CH_4　　D. 0.03% CH_4

183. 便携式载体催化甲烷检测报警仪应能在0.50% ~2.50% CH_4 范围内，任意设置报警点，报警显示值与设定值的差值应不超过（　　）。

A. ±0.05% CH_4　　B. 1% CH_4　　C. 0.1% CH_4　　D. 0.05% CH_4

184. 便携式载体催化甲烷检测报警仪报警声级强度在距其（　　）远处应不小于75dB；光信号在暗处的能见度应不小于（　　）远。

A. 1 m，10 m　　B. 10 m，20 m　　C. 1 m，5 m　　D. 1 m，20 m

185. 甲烷报警矿灯连续工作时间应不小于（　　）。

A. 5 h　　B. 8 h　　C. 11 h　　D. 12 h

186. 甲烷报警矿灯出厂定的报警点为1.0% CH_4，其报警点误差（　　）。

A. ±0.1% CH_4　　B. ±CH_4　　C. 0.1% CH_4　　D. 0.2% CH_4

187. 安全监控系统用开关量传感器，如果是机械接点式信号输出时，其断开时的电阻应大于（　　）；如果是电子式信号输出时，其高电平应不低于3 V，其低电平应不高于（　　）。

A. 100 kΩ，0.5 V　　B. 500 kΩ，0.5 V

C. 100 kΩ，3V　　D. 500 kΩ，5V

188. 具有声光报警功能的煤矿井下环境监测用传感器，在距其（　　）远处的声响信号的声压级应不小于80 dB，光信号应能在黑暗环境中（　　）处清晰可见。

A. 2 m，20 m　　B. 1 m，20 m　　C. 5 m，20 m　　D. 1 m，10 m

189. 煤矿用高低浓度甲烷传感器应以百分体积浓度表示测量值，采用数字显示，低浓度段分辨率应不低于（　　），高浓度段分辨率应不低于（　　），并应能表示显示值的正或负。

A. 0.1% CH_4，0.1% CH_4　　B. 0.1% CH_4，0.4% CH_4

C. 0.01% CH_4，0.1% CH_4　　D. 0.01% CH_4，0.01% CH_4

190. 煤矿用高低浓度甲烷传感器中，载体催化元件与热导元件工作转换点设置范围为（　　）。

A. 2.00% ~3.00% CH_4　　B. 3.00% ~5.00% CH_4

C. 1.00% ~2.00% CH_4　　D. 2.00% ~4.00% CH_4

191. 煤矿用高低浓度甲烷传感器在0~4.00% CH_4 范围内，甲烷浓度恒定时，显示值或输出信号值（换算为甲烷浓度值）变化量不超过（　　）。在4.00% ~100% CH_4 范围内，甲烷浓度恒定时，传感器显示值或输出信号值（换算为甲烷浓度值）变化量不超过（　　）。

A. 0.04% CH_4，0.4% CH_4　　B. 0.1% CH_4，0.4% CH_4

C. 0.02% CH_4，0.4% CH_4　　D. 0.1% CH_4，0.5% CH_4

192. 矿用低浓度载体准化式甲烷传感器在 0～1.00% CH_4 范围内，基本误差为（　　）。

A. ±0.20% CH_4　　B. ±0.10% CH_4

C. ±0.01% CH_4　　D. ±0.05% CH_4

193. 矿用低浓度载体催化式甲烷传感器在 1.00%～3.00% CH_4 范围内，基本误差为（　　）。

A. ±0.20% CH_4　　B. ±0.10% CH_4

C. 真值的 ±10% CH_4　　D. 真值的 ±20% CH_4

194. 矿用低浓度载体催化式甲烷传感器在 3.00%～4.00% CH_4 范围内，基本误差为（　　）。

A. ±0.05% CH_4　　B. ±0.2% CH_4　　C. ±0.1% CH_4　　D. ±0.3% CH_4

195. 瓦斯抽放用热导式高浓度甲烷传感器应以百分体积浓度表示测量值，采用数字显示，其分辨率应不低于（　　），并应能表示显示值的正或负。

A. 0.1% CH_4　　B. 0.2% CH_4　　C. 0.3% CH_4　　D. 0.01% CH_4

196. 瓦斯抽放用热导式高浓度甲烷传感器在 4.00%～100% CH_4 范围内，甲烷浓度恒定时，传感器显示值或输出信号值（换算为甲烷浓度值）变化量不超过（　　）。

A. 0.2% CH_4　　B. 0.4% CH_4　　C. 0.3% CH_4　　D. 0.01% CH_4

197. 量程为 $0 \sim 100 \times 10^{-6}$CO 的煤矿用电化学式一氧化碳传感器，一氧化碳浓度恒定时，传感器显示值或输出信号值（换算为一氧化碳浓度值）变化量不超过（　　）。

A. 2×10^{-6}CO　　B. 1×10^{-6}CO　　C. 3×10^{-6}CO　　D. 4×10^{-6}CO

198. 量程为 $0 \sim 500 \times 10^{-6}$CO 的煤矿用电化学式一氧化碳传感器，一氧化碳浓度恒定时，传感器显示值或输出信号值（换算为一氧化碳浓度值）变化量不超过（　　）。

A. 5×10^{-6}CO　　B. 4×10^{-6}CO　　C. 2×10^{-6}CO　　D. 1×0^{-6}CO

199. 煤矿用电化学式一氧化碳传感器应以 10^{-6} 单位表示测量值，采用数字显示，分辨率应不低于（　　）。

A. 0.5×10^{-6}CO　　B. 2×10^{-6}CO　　C. 1×10^{-6}CO　　D. 4×10^{-6}CO

200. 矿井安全监控系统温度传感器应垂直悬挂，距顶板（顶梁）不得大于（　　），距巷壁不得小于（　　），并应安装维护方便，不影响行人和行车。

A. 300 mm，200 mm　　B. 500 mm，300 mm

C. 300 mm，300 mm　　D. 600 mm，200 mm

201. 煤矿用温度传感器采用数字显示，分辨率应不低于（　　），并能表示显示值的正或负。

A. 1 ℃　　B. 0.2 ℃　　C. 0.5 ℃　　D. 0.1 ℃

202. 煤矿用温度传感器显示误差≤±2.5% 全量程，输出误差≤（　　）全量程。

A. ±2.5% ℃　　B. ±1.5% ℃　　C. 1.5% ℃　　D. 3% ℃

203. 煤矿用温度传感器在电压为（　　）DC 的条件下应能正常工作。

A. 9～10 V　　B. 9～24 V　　C. 9～0 V　　D. 5～10 V

204. 煤矿用温度传感器的最大工作电流应≤（　　）DC。

A. 10 mA　　B. 50 mA　　C. 200 mA　　D. 100 mA

205. 串联通风必须在进入被串联工作面的风流中装设（　　），且瓦斯和二氧化碳浓度都不得超过0.5%。

A. 便携仪　　B. 甲烷断电仪　　C. 风速传感器

206. 采用涡街原理的矿用风速传感器测量范围为0.4～15 m/s时，基本误差应不超过（　　）。

A. ±0.3 m/s　　B. 0.1 m/s　　C. 0.2 m/s　　D. ±0.2 m/s

207. 采用涡街原理的矿用风速传感器测量范围为0.5～25 m/s时，本误差应不超过（　　）。

A. ±0.2 m/s　　B. （4±0.4）m/s　　C. 0.2 m/s

208. 煤矿用粉尘浓度传感器采用数字显示，其单位为（　　）。

A. ppm　　B. %　　C. mg/m^3　　D. g/m^3

209. 在清洁空气环境中，煤矿用粉尘浓度传感器的显示值或输出信号值（换算成粉尘浓度值）应不超过（　　）。

A. $1.0\ mg/m^3$　　B. $2.0\ mg/m^3$　　C. $3.0\ mg/m^3$　　D. $5.0\ mg/m^3$

210. 煤矿用粉尘浓度传感器基本误差为（　　）。

A. ±15%　　B. ±10%　　C. 10%　　D. 20%

211. 煤矿必须按照（　　）规定的型号，选择监控系统的传感器、断电器等关联设备，严禁对不同系统间的设备进行置换。

A. 产品合格证书　　B. 计量仪器合格证书

C. 产品生产许可证书　　D. 矿用产品安全标志证书

212. 矿井安全监控系统对下列参数的测量中，（　　）属于模拟量。

A. 风门　　B. 风速　　C. 局部通风机　　D. 馈电

213. 矿井安全监控系统对下列参数的测量中，（　　）属于开关量。

A. 温度　　B. 局部通风机　　C. 电压　　D. 电流

214. 安全监控设备发生故障时，必须及时处理，在故障期间必须有（　　）。

A. 领导同意　　B. 安全监控部门同意

C. 安全措施　　D. 瓦检员

215. 对采掘工作面，因瓦斯浓度超过规定被切断电源的电气设备必须在瓦斯浓度降到（　　）以下时，方可通电开动。

A. 0.005% CH_4　　B. 1% CH_4　　C. 0.015% CH_4　　D. 2% CH_4

216. 矿井安全监控系统最大巡检周期应不大于（　　），并应满足监控要求。

A. 2 s　　B. 10 s　　C. 15 s　　D. 30 s

217. 监控中心应每（　　）个月对数据进行备份。

A. 1　　B. 2　　C. 3　　D. 4

218. 矿井安全监控系统调出整幅实时数据画面的响应时间应不少于（　　）。

A. 3 s　　B. 5 s　　C. 10 s　　D. 15 s

219. 矿井安全监控系统重要测点的实时监测值存盘记录应保存（　　）天以上。

A. 7　　B. 10　　C. 15　　D. 20

220. 监控系统井下电源波动适应范围是（　　）。

A. 75% ~110% V　B. 80% ~120% V　C. 90% ~110% V

221. 监测仪器在井下连续运行（　　）个月，必须升井检修。

A. 5 ~6　B. 6 ~12　C. 7 ~10　D. 8 ~12

222. 矿井安全监控系统必须（　　）连续运行。

A. 12 h　B. 24 h　C. 48 h　D. 6 h

223. 模拟量输入传输处理误差应不大于（　　）。

A. 0.5%　B. 1.0%　C. 1.5%　D. 0.7%

224. 模拟量输出传输处理误差应不大于（　　）。

A. 0.5%　B. 1.0%　C. 1.5%　D. 2.0%

225. 系统累计量输入传输处理误差应不大于（　　）。

A. 0.5%　B. 1.0%　C. 1.5%　D. 2.0%

226. 异地控制时间应不大于（　　）倍的系统最大巡检周期。

A. 1　B. 2　C. 3　D. 4

227. 甲烷超限断电及甲烷风电闭锁的控制执行时间应不大于（　　）。

A. 1 s　B. 2 s　C. 3 s　D. 4 s

228. 矿井安全监控系统平均无故障工作时间应不小于（　　）。

A. 100 h　B. 500 h　C. 800 h　D. 1000 h

229. 当地面中心站出故障时，系统必须保证（　　）实现甲烷断电仪和甲烷风电闭锁装置的全部功能。

A. 不能　B. 不必　C. 可能　D. 仍能

230. 矿井安全监控系统工作主机发生故障时，备份主机应在（　　）内投入工作。

A. 1 min　B. 5 min　C. 2 h　D. 30 min

231. 利用瓦斯时，应在储气罐输出管道路中安设高浓度瓦斯、流量、差压、温度传感器，当输出管路中的瓦斯浓度低于（　　）时，发出声、光报警信号。

A. 25% CH_4　B. 30% CH_4　C. 35% CH_4　D. 40% CH_4

232. 采掘工作面气体类传感器的防护等级不低于（　　）。

A. IP65　B. IP54　C. IP43

233. 分站至主站、分站至分站之间的最大传输距离应不小于（　　）。

A. 1 km　B. 10 km　C. 30 km　D. 40 km

234. 传感器及执行机构至分站之间最大传输距离应不小于（　　）。

A. 1 km　B. 2 km　C. 3 km　D. 4 km

235. 低浓度甲烷传感器经大于（　　）的甲烷冲击后，应及时进行调校或更换。

A. 4%　B. 15%　C. 20%　D. 10%

236. 接入矿井安全监控系统的各类传感器应符合 AQ 6201—2000 的规定，稳定性应不小于（　　）天。

A. 7　B. 10　C. 15　D. 20

237. 由于（　　），一氧化碳传感器应布置在巷道的上方。

A. 一氧化碳的密度大于空气　B. 一氧化碳的密度小于甲烷

C. 一氧化碳的密度小于空气　　D. 一氧化碳的密度大于甲烷

238. 风速传感器应设置在巷道前后（　　）以内无分支风流、无拐弯、无障碍、断面无变化，能准确计算测风断面的地点。

A. 5 m　　B. 10 m　　C. 15 m　　D. 20 m

239. 电网停电后，监测备用电源不能保证设备连续工作（　　）时应及时更换。

A. 1 h　　B. 0.5 h　　C. 1.5 h　　D. 2.0 h

240. 分站至传输接口之间最大传输距离不小于（　　）。

A. 2 km　　B. 5 km　　C. 10 km　　D. 20 km

241. 系统调出整幅画面（　　）的响应时间不大于2 s。

A. 20%　　B. 50%　　C. 75%　　D. 85%

242. 安全监测工必须携带（　　）或便携式光学甲烷检测仪。

A. 便携式甲烷检测报警仪　　B. 一氧化碳便携仪

C. 光学检测仪　　D. 一氧化碳检定器

243. 当电网停电后监控系统必须保证正常工作时间不小于（　　）。

A. 1 h　　B. 2 h　　C. 3 h　　D. 4 h

244. 矿井安全监控信号，直流模拟量优先选用的是（　　）。

A. 1 ~ 5 mA　　B. 4 ~ 20 mA

C. 10 ~ 20 mA　　D. 20 ~ 30 mA

245. 矿井安全监控信号，频率模拟量优先选用的是（　　）。

A. 5 ~ 15 Hz　　B. 200 ~ 1000 Hz

C. 2000 ~ 3000 Hz　　D. 3000 ~ 4000 Hz

246. 以下哪种气体是黑白元件的致命杀手（　　）。

A. 一氧化碳　　B. 硫化氢　　C. 二氧化硫　　D. 二氧化氮

247. 煤矿监控系统的备用电源最小工作时间不得小于（　　）。

A. 1.0 h　　B. 2.0 h　　C. 3.0 h　　D. 4.0 h

248. 采掘工作面的进风风流中的氧气浓度不得低于（　　）。

A. 18%　　B. 19%　　C. 20%　　D. 21%

249. 安全监测监控必须具备故障（　　）功能。

A. 断电　　B. 闭锁　　C. 控制　　D. 解锁

250. 采煤工作面和机电硐室设置的温度传感器的报警值分别为（　　）。

A. 30°和26°　　B. 26°和30°　　C. 26°和34°　　D. 30°和34°

251. 回风流中的机电硐室，必须在入风口处3 ~ 5 m的范围内设置甲烷传感器，其报警和断电浓度≥（　　）CH_4。

A. 1%　　B. 0.75%　　C. 0.5%

252. 安全监测系统当主机与系统电缆发生故障时，系统必须（　　）装置的全部功能。

A. 甲烷断电仪和甲烷风电闭锁　　B. 甲烷风电闭锁

C. 甲烷断电仪　　D. 瓦斯检测仪

253. 安全监测设备必须进行调试、校正，每（　　）至少一次。

A. 天　　B. 周　　C. 半月　　D. 月

254. 矿井监控系统调出整幅实时数据画面的响应时间应小于（　　）。

A. 20 s　　B. 10 s　　C. 5 s　　D. 2 s

255. 矿用防爆兼本质安全型防爆电气设备防爆标志是（　　）。

A. Exd　　B. Exdi　　C. ExdibI　　D. ExdibI

256. 安全监控分站应具有甲烷浓度、风速、风压、一氧化碳浓度、温度等（　　）采集及显示功能。

A. 模拟量　　B. 开关量　　C. 累计量

257. 采掘回风巷道风流中的二氧化碳浓度超过（　　）时，必须停止工作，撤出人员，采取措施，进行处理。

A. 0.5%　　B. 1.0%　　C. 1.5%　　D. 1.25%

258. 一翼回风巷及总回风巷的甲烷报警浓度是（　　）。

A. ≥0.5%　　B. ≥1.0%　　C. ≥0.75%　　D. ≥0.7%

259.（　　）是一种用来表征流体流动情况的无量纲数。

A. 雷诺数　　B. 旋涡数　　C. 数量级

260. 甲烷传感器是用于检测矿井空气中甲烷气体的（　　）百分比浓度。

A. 质量　　B. 体积　　C. 密度　　D. 黏度

261. 煤矿安全监控分站、传感器等装置在井下连续运行（　　）须升井检修。

A. 3～6 个月　　B. 6～12 个月　　C. 12～24 个月

262. 瓦斯爆炸的浓度为（　　）。

A. 5%～16%　　B. 5%～20%　　C. 3%～19%

263. 煤矿安全监控系统的主机及系统联网主机必须双机或多机备份 24 h 不间断运行，当工作主机发生故障时备份主机在（　　）内投入工作。

A. 3 min　　B. 5 min　　C. 10 min

264. 煤矿安全监控系统中心站设备应有可靠（　　）和防雷装置。

A. 保护装置　　B. 不间断电源装置　　C. 接地装置

265. 现有的矿井监控系统均为（　　）工作方式。

A. 名主　　B. 无主　　C. 主从

266. 煤矿安全监测监控技术应用的目的是为了（　　）。

A. 监测井下瓦斯浓度变化　　B. 监测井下风速

C. 监测设备开停状态　　D. 预防煤矿生产安全事故的发生

267. 集中式控制系统的瓶颈是（　　）。

A. 传感器　　B. 中心节点　　C. 发送器　　D. 计算机

268. 当主电缆出现故障，影响范围比较大的监控系统是（　　）。

A. 分布式系统　　B. 集中控制系统　　C. 星形系统　　D. 环形系统

269. 将被测物理量转换为电信号的设备是（　　）。

A. 执行机构　　B. 监测分站　　C. 传感器　　D. 主机

270. 用来监测甲烷浓度、一氧化碳浓度、二氧化碳浓度、氧气浓度、硫化氢浓度等内容的监测系统是（　　）。

A. 火灾监测系统　B. 供电，监测系统　C. 环境监测系统　D. 提升监测系统

271. 《煤矿安全规程》规定，煤矿安全监测监控系统的中心站的主机至少为（　　）。

A. 1 台　B. 2 台　C. 3 台　D. 4 台

272. 《煤矿安全规程》规定，安全监控设备必须定期进行调试、校正，应当是(　　)。

A. 每年至少 1 次　B. 每半年至少 1 次

C. 每半年至少 2 次　D. 每月至少 1 次

273. 低瓦斯和高瓦斯矿井的采煤工作面甲烷传感器的断电浓度是（　　）。

A. ≥1.0%　B. <1.0%　C. <1.5%　D. >1.5%

274. 必须在局部通风机进风侧安装甲烷传感器的情况是（　　）。

A. 独立通风的煤巷掘进工作面　B. 串联通风的掘进工作面

C. 独立通风的岩石掘进工作面　D. 独立通风的双巷掘进工作面

275. 温度传感器距离顶板的距离不得大于（　　）。

A. 300 mm　B. 200 mm　C. 150 mm　D. 250 m

276. 采用载体催化原理的甲烷传感器、便携式甲烷检测报警仪、甲烷检测报警矿灯等，每隔（　　）必须使用校准气体和空气样按产品使用说明书的要求调校一次。

A. 7 d　B. 5 d　C. 15 d　D. 10 d

277. 煤矿安全监控系统的分站传感器等装置在井下连续运行（　　）必须升井检修。

A. 6 ~ 12 个月　B. 3 个月　C. 1 个月　D. 2 个月

278. 下面说法较为贴切的是（　　）。

A. 矿用传感器是用于监测煤矿井下被监测物理量或设备的仪表

B. 传感器就是将监测到的非电量物理量转换为电信号的设备

C. 传感器能把所监测到的物理量转化为标准电信号输出给分站

D. 如果转换元件输出的是电信号则传感器的测量电路将承担电桥及放大的任务

279. 甲烷传感器的断电值一般是（　　）。

A. 等于报警值　B. 等于复电值　C. 小于复电值　D. 大于复电值

280. 甲烷传感器的安装除去必须遵循 AQ 1029—2007 的规定外，应考虑安装在（　　）。

A. 为了使传感器稳固，应当用金属底座支设在靠近巷道一帮的底板上

B. 为了保证传感器不受水淋，应考虑安装在无淋水的地点

C. 由于甲烷比空气轻，甲烷传感器应安装在距离顶板 300 mm 的位置

D. 应安装在距离顶板不大于 300 mm、距离帮不小于 200 mm 的顶板完好、无淋水的位置

281. 甲烷传感器的精度必须定期调校，是因为（　　）。

A. 当甲烷传感器工作一段时间后，催化元件会因化学反应而出现变化，影响测量的精度

B. 甲烷传感器的取样方式是扩散式，由于工作环境有扬尘、浮尘，影响传感器的透气性

C. 甲烷传感器里有各种功能的电路，使用一段时间后，电路的电气特性发生了变化

D. 甲烷传感器在使用过程中会受到采掘和机械的振动，所以必须定期调整其精度

282. 监测风门开关的传感器是（　　）。

A. GTH500（B）传感器　　B. GML（A）传感器

C. KCU9901 传感器　　D. KG8005A 传感器

283. KG8005A 型烟雾传感器的电压值≤2.0 V 时，所对应的灵敏度是（　　）。

A. 低灵敏度　　B. 中灵敏度　　C. 高灵敏度　　D. 最高灵敏度

284. KGU9901 型液位传感器无输出信号的原因是（　　）。

A. 传感头过期失效　　B. 传感器右侧指示灯灭

C. 传感头被淤泥堵塞　　D. 传感器电源线断路

285. GT－L(A)型设备开停传感器的中灵敏度对应的设备是（　　）。

A. 适用于监测负载电流≥20 A 的设备

B. 适用于监测负载电流 5～10 A 的设备

C. 适用于监测负载电流 10～20 A 的设备

D. 适用于监测负载电流≤5 A 的设备

286. GT－L（A）型设备开停传感器绿灯不亮的原因是（　　）。

A. 传输距离远　　B. 传感器灵敏度高或电路故障

C. 传感器灵敏度低或电路故障　　D. 电源故障或连线错误

287. 地面中心站的设备不包括下面哪个设备（　　）。

A. 传输接口　　B. 风电闭锁装置　　C. 主机　　D. UPS 电源

288. 地面中心站中完成地面非本安设备与井下本安设备的隔离以及地面中心站与井下监控分站之间的数据双向通信的设备是（　　）。

A. 监控主机　　B. 网络交换机　　C. 主站　　D. 远程网络终端

289. 下列地面中心站中环境条件哪个不符合要求（　　）。

A. 环境温度 0～30 ℃　　B. 相对湿度 40%～70%

C. 不得结露　　D. 大气压力 80～105 kPa

290. 下面对中心站装备管理要求中哪个不是必需的（　　）。

A. 中心站设备有可靠的接地装置和防雷装置

B. 联网主机应装备防火墙等网络安全设备

C. 在矿调度室内应设置煤矿安全监控系统主机或显示终端

D. 中心站应使用可视电话

291. 井下设备交流电源专用于井底车场，主运输巷的额定电压允许偏差为（　　）。

A. +10%～－25%　　B. +5%～－10%

C. +10%～20%　　D. +5%～－26%

292. 系统必须由现场设备完成甲烷浓度超限声光报警和断电/复电控制功能，那么下列哪种说法有误（　　）。

A. 甲烷浓度达到或超过报警浓度时，声光报警

B. 甲烷浓度达到或超过断电浓度时，切断被控设备电源并闭锁

C. 与闭锁控制有关的设备未投入正常运行或故障时，切断该设备所监控区域的全部非本质安全型电气设备的电源并闭锁

D. 当与闭锁控制有关的设备工作正常并稳定运行后必须手动解锁

293. 当安全监控系统发生故障时，丢失监控信息的时间长度应不大于（　　）。

A. 10 min　　B. 5 min　　C. 3 min　　D. 15 min

294. 下列哪个不是监控系统传输的模拟信号（　　）。

A. 瓦斯浓度　　B. 机器工作状态　　C. 温度　　D. 气压

295. 监控系统模拟信号数字化过程编码一般由（　　）表示。

A. 二进制　　B. 八进制　　C. 十进制　　D. 十六进制

296. 遥控、遥测属于哪种传输通信方式（　　）。

A. 单向通信　　B. 单工　　C. 双工　　D. 都不是

297. 现在矿井数字信息传输系统一般都采用的传输方式是（　　）。

A. 混合通信方式　　B. 并行通信方式　　C. 串行通信方式　　D. 星形通信方式

298. 在数字传输的矿井监控系统中，普遍采用哪种通信方式以降低传输设备的成本和减少体积（　　）。

A. 单同步通信方式　　B. 双同步通信方式

C. 异步通信方式　　D. 其他

299. 下列不属于数字调制信号的是（　　）。

A. 数字调幅　　B. 数字调频　　C. 数字基带　　D. 数字调相

300. 数字传输系统与模拟传输系统相比，哪种说法有误（　　）。

A. 抗干扰能力强无噪声积累　　B. 便于加密处理

C. 便于存储、处理和交换　　D. 数字传输占用信道频带较窄

301. 不属于煤矿常用的多路复用技术有（　　）。

A. 标记复用　　B. 频分复用　　C. 时分复用带　　D. 码分复用

302. KJ101N 是（　　）研发制造的。

A. 重庆煤炭科学研究分院　　B. 常州天地自动化

C. 重庆梅安森科技发展有限责任公司　　D. 镇江中煤电子有限公司

303. KJ90NA 是（　　）研发制造的。

A. 重庆煤炭科学研究分院瓦斯分院　　B. 常州天地自动化

C. 重庆梅安森科技发展有限责任公司　　D. 镇江中煤电子有限公司

304. KJ95 是（　　）研发制造的。

A. 重庆煤炭科学研究分院　　B. 常州天地自动化

C. 重庆梅安森科技发展有限责任公司　　D. 镇江中煤电子有限公司

305. KFD－2 型井下分站可以挂接 15 个传感器，下列描述正确的是（　　）。

A. 16 个传感器必须为 8 模 8 开

B. 16 个传感器必须为 10 模 6 开

C. 16 个传感器必为 6 模 10 开

D. 16 个传感器可以任意接装模拟量及开关量传感器，但总数为 16

306. KFD－3 井下分站使用中控的时候，功能号为（　　）时代表显示并修改分站号。

A. 0　　B. 1　　C. 2　　D. 3

307. 安装在采煤机、掘进机和电机车上的机（车）载断电仪与便携式甲烷检测报警

仪进行对照，当两者读数误差大于允许误差时，必须在（　　）h 内将两种仪器调准。

A. 6　　B. 8　　C. 24　　D. 48

308. 因生产安全事故受到损害的从业人员，除依法享有工伤社会保险外，依照有关民事法律尚有获得赔偿的权利的，（　　）向本单位提出赔偿要求。

A. 不能　　B. 无权　　C. 有权

309. 根据《煤炭法》的规定，对违法开采的行为，构成犯罪的，由司法机关依法追究有关人员的（　　）。

A. 民事责任　　B. 行政责任　　C. 刑事责任　　D. 法律责任

310. 《安全生产许可证条例》规定的取得安全生产许可证应当具备的条件，是保证企业安全生产所应当达到的（　　）条件。

A. 最高　　B. 最严格的　　C. 最基本的

311. 从业人员有依法获得劳动安全生产保障权利，同时应履行劳动安全生产方面的（　　）。

A. 义务　　B. 权力　　C. 权利

312. 煤矿拒绝、阻碍煤矿安全监察机构及其人员现场检查的，给予警告，可以并处 5 万元以上 10 万元以下的罚款，情节严重的，责令（　　）。

A. 矿长停职　　B. 矿长写出检查　　C. 停产整顿

313. 煤矿发生生产安全事故和事故调查处理期间，主要负责人不得（　　）。

A. 擅离职守　　B. 组织救援　　C. 立即处理

314. 煤矿企业应当对职工进行安全生产教育、培训；未经安全生产（　　）、培训的，不得上岗作业。

A. 演示　　B. 教育　　C. 学习

315. 煤矿建设工程竣工后或者（　　），应当经煤矿安全监察机构对其安全设施和条件进行验收，未经验收或者验收不合格的，不得投入生产。

A. 投产后　　B. 投产前　　C. 投产中

316. 生产、经营、储存、使用危险物品的仓库不得与员工宿舍在（　　）。

A. 同一城市　　B. 同一矿区　　C. 同一座建筑物内

317. 《国务院关于预防煤矿生产安全事故的特别规定》规定：煤矿有本规定第八条所列举的 15 种重大安全生产隐患和行为之一，仍然进行生产的，由县级以上地方人民政府负责煤矿安全生产监督管理的部门或者煤矿安全监察机构责令停产整顿，提出整顿的内容、时间等具体要求，处 50 万元以上 200 万元以下的罚款；对煤矿企业负责人处（　　）的罚款。

A. 3 万元以上 5 万元以下　　B. 3 万元以上 15 万元以下

C. 3 万元以上 10 万元以下

318. 矿山企业必须具有保障安全生产的设施，建立、健全安全管理制度，采取有效措施改善职工劳动条件，加强矿山安全管理工作，保证（　　）。

A. 安全生产　　B. 社会和谐　　C. 经济效益

319. 生产经营单位及有关人员受他人胁迫有安全生产违法行为的，应当依法（　　）行政处罚。

A. 免除　　　　　　B. 从轻或者减轻　　C. 加重

320. 新工人入矿前，必须经过（　　），不适于从事矿山作业的，不得录用。

A. 文化测试　　　　B. 政治审查　　　　C. 健康检查

321. （　　）是指有关法律法规做出硬性规定必须进行的安全教育培训形式。

A. 非强制性安全培训　　　　　　　　　B. 强制性安全培训

C. 学历教育

322. 煤矿领导带班下井时，其（　　）应当在井口明显位置公示。

A. 领导姓名　　　　B. 带班地点　　　　C. 行走路线

323. 煤矿发生生产安全事故后，事故现场有关人员必须立即（　　）。

A. 离开现场　　　　B. 组织抢救　　　　C. 报告本单位负责人

324. 煤矿企业负责人和生产经营管理人员应当（　　）下井，并建立下井登记档案。

A. 不定期　　　　　B. 轮流带班　　　　C. 定期

325. （　　）必须为劳动者提供符合国家规定的劳动安全卫生条件和必要的劳动防护用品。

A. 监管部门　　　　B. 劳动部门　　　　C. 用人单位

326. 煤矿的（　　）应当组织制定并实施本单位的生产安全事故应急救援预案。

A. 主要负责人　　　B. 安全管理人员　　C. 从业人员

327. 煤矿企业在安全生产许可证有效期满时，（　　）延期手续，继续进行生产，是一种违法行为，应当承担相应的法律责任。

A. 已办理　　　　　B. 未办理　　　　　C. 刚办理

328. 煤矿企业的主要负责人对本单位的安全生产工作（　　）责任。

A. 负全面　　　　　B. 负部分　　　　　C. 负直接

329. 《煤矿安全监察条例》规定：擅自开采保安煤柱，或者采用危及相邻煤矿生产安全的决水、爆破、贯通巷道等危险方法进行采矿作业，煤矿安全监察人员应责令（　　）。

A. 关闭　　　　　　B. 限期改正　　　　C. 立即停止作业

330. 从业人员发现直接危及人身安全的紧急情况时，（　　）停止作业或者在采取可能的应急措施后撤离作业场所。

A. 无权　　　　　　B. 有权　　　　　　C. 不得

331. 煤矿安全监察机构发现煤矿有（　　），应当责令限期改正。

A. 停产整顿验收不合格的

B. 分配职工上岗作业前，未进行安全教育、培训的

C. 未建立健全安全生产隐患排查、治理制度，未定期排查和报告重大隐患，逾期未改正的

332. （　　）是制定《安全生产法》的根本出发点和落脚点。

A. 依法制裁安全生产违法犯罪

B. 建立和完善我国安全生产法律体系

C. 加强安全生产监督管理

D. 重视和保护人的生命权

333. 根据《生产安全事故报告和调查处理条例》规定，重大事故是指造成（　　）死亡事故。

A. 10 人以上 30 人以下　　B. 3 人以上 10 人以下

C. 30 人以上 50 人以下

334. 煤矿企业应当采取措施，加强劳动保护，保障职工的安全和健康，对井下作业的职工采取（　　）措施。

A. 特殊保护　　B. 保护　　C. 严格管理

335. 煤矿的安全生产管理人员应当根据本单位的生产经营特点，对安全生产状况进行经常性检查，检查及处理情况应当（　　）。

A. 经领导认可　　B. 请示汇报　　C. 记录在案

336. 煤矿企业用于安全培训的资金不得低于教育培训经费总额的（　　）%。

A. 30　　B. 40　　C. 50

337.《煤矿安全监察条例》的执法主体是（　　）。

A. 煤矿安全监察机构　　B. 煤炭行业管理部门

C. 司法机关　　D. 职工代表委员会

338. 对生产经营单位及其有关人员的同一个安全生产违法行为，不得给予（　　）罚款的行政处罚。

A. 1 次　　B. 2 次以上　　C. 2 次以下

339. 根据现行有关规定，我国目前使用的安全色中的（　　），表示安全状态、提示或通行。

A. 红色　　B. 黄色　　C. 绿色

340.《安全生产法》规定：国家对严重危及生产安全的工艺、设备实行（　　）制度。

A. 淘汰　　B. 检查　　C. 年检

341. 矿井必须依照有关规定每（　　）进行瓦斯等级鉴定。

A. 季　　B. 月　　C. 年

342.《安全生产法》规定的行政处罚，由（　　）的部门决定。

A. 当地人民政府　　B. 负责安全生产监督管理

C. 当地法院

343.《劳动法》规定，用人单位应保证劳动者每周至少休息（　　）。

A. 0.5 日　　B. 1 日　　C. 1.5 日　　D. 2 日

344. 取得安全生产许可证的企业必须接受依法进行的监督检查，并提供相应的便利条件，积极予以配合，这是企业的一项（　　）。

A. 法定权利　　B. 法定义务　　C. 法定权力

345. 生产经营单位必须执行依法制定的保障安全生产的（　　）。

A. 行业标准　　B. 国家标准或者行业标准

C. 地方标准

346.《煤矿安全监察条例》规定：煤矿发生事故后，不按照规定及时、如实报告事故的，给予警告，可以并处 3 万元以上 15 万元以下的罚款，情节严重的，责令（　　）。

A. 关闭　　　　B. 限期改正　　　　C. 停产整顿

347. 县级以上地方人民政府负责煤矿安全生产监督管理的部门、煤矿安全监察机构发现煤矿有（　　），责令停产整顿，并将情况在5日内报送有关地方人民政府。

A. 以往关闭之后又擅自恢复生产的

B. 高瓦斯矿井没有按规定建立瓦斯抽放系统，监测监控设施不完善、运转不正常的

C. 未设置安全生产机构或者配备安全生产人员的

348. 根据有关法律规定，因生产安全事故受到损害的从业人员，除依法享有工伤社会保险外，依照有关民事法律尚有获得赔偿的权利的，有权向（　　）提出赔偿要求。

A. 主管部门　　　　B. 保险公司　　　　C. 本单位

349. 我国煤矿安全生产的方针是（　　）。

A. 安全第一，质量为本　　　　B. 安全第一，预防为主，综合治理

C. 安全为了生产，生产必须安全　　　　D. 质量是基础，安全是前提

350. 《安全生产法》规定的从业人员在安全生产方面的义务包括：从业人员在作业过程中，应当严格遵守本单位的安全生产规章制度和操作规程，服从管理，正确佩戴和使用（　　）。

A. 劳动防护用品　　B. 安全卫生用品　　C. 专用器材设备

351. 《安全生产许可证条例》规定：安全生产许可证的有效期为（　　）年。

A. 1　　　　B. 2　　　　C. 3

352. 煤矿企业必须为职工提供保障安全生产所需的（　　）用品。

A. 毛巾　　　　B. 劳动保护　　　　C. 手套

353. 《煤矿安全监察条例》规定：煤矿建设工程安全设施设计未经煤矿安全监察机构审查同意，擅自施工的，由煤矿安全监察机构（　　）。

A. 罚款　　　　B. 责令停止施工　　C. 批评指正

354. 根据我国现行有关法律法规的规定，煤矿企业必须依法参加（　　）。

A. 医疗保险　　B. 工伤社会保险　　C. 财产保险

355. 煤矿新招入矿的井下作业人员实习满（　　）个月后，方可独立上岗作业。

A. 1　　　　B. 3　　　　C. 4

356. 矿山建设工程安全设施竣工后，不符合矿山安全规程和（　　）的，不得验收，不得投入生产。

A. 行业技术规范　　B. 国家标准　　　　C. 地方标准

357. 生产经营单位及其有关人员配合安全生产监督管理部门或者煤矿安全监察机构查处安全生产违法行为有立功表现的，应当依法（　　）行政处罚。

A. 加重　　　　B. 从轻或者减轻　　C. 免除

358. 矿山安全生产责任制的建立是通过确立各级管理机构和人员的(　　)来实现的。

A. 安全生产职责　　B. 安全生产权利　　C. 安全生产义务

359. 员工集体宿舍不得与车间、商店、仓库在同一座建筑物内，并应当与其保持一定距离的主要目的，是为了保障单位员工的（　　）。

A. 生命财产安全　　B. 隐私权　　　　C. 财产安全

360. 煤矿领导带班下井的相关记录和煤矿井下人员定位系统存储信息保存期不少于

（　　）。

A. 3 个月　　　　B. 2 年　　　　C. 1 年

361. 依照有关法律、行政法规的规定，对生产安全事故的责任者，构成犯罪的，由司法机关依法追究其（　　）。

A. 民事责任　　　　B. 行政责任　　　　C. 刑事责任

362. 矿山企业主管人员违章指挥、强令工人冒险作业，因而发生重大伤亡事故的；对矿山事故隐患，不及时采取措施，因而发生重大伤亡事故的，依照刑法规定追究（　　）。

A. 刑事责任　　　　B. 行政责任　　　　C. 民事责任

363. 从事特种作业的劳动者必须经过专门培训并取得（　　）。

A. 学历　　　　B. 特种作业操作证

C. 安全工作资格

364.《安全生产法》规定：煤矿企业的主要负责人应当保证本单位安全生产方面的投入用于本单位的（　　）工作。

A. 管理　　　　B. 日常　　　　C. 安全生产

365. 安全资格培训应坚持（　　）的原则。

A. 教考分离　　　　B. 教学分离　　　　C. 学用分离

366. 煤矿企业主要负责人、安全生产管理人员应当接受安全培训，并经考核合格取得（　　）后，方可任职。

A. 安全生产知识和管理能力考核合格证　B. 特种作业操作资格证

C. 培训合格证

367. 煤矿企业未取得（　　）的，不得从事生产活动。

A. ISO9001 认证　　B. ISO14000 认证　　C. 安全生产许可证

368. 煤矿企业应当依法为职工参加工伤保险缴纳（　　）保险费。鼓励企业为井下作业职工办理意外伤害保险，支付保险费。

A. 养老　　　　B. 工伤　　　　C. 失业

369. 每个矿井至少有（　　）个以上能行人的安全出口，出口之间的直线水平距离必须符合矿山安全规程和行业技术规范。

A. 一　　　　B. 二　　　　C. 三

370. 生产经营单位应当安排用于配备劳动防护用品、进行安全生产培训的（　　）。

A. 经费　　　　B. 规划　　　　C. 计划

371. 煤矿井下爆破，须按矿井（　　）选用相应的煤矿许用炸药和雷管。

A. 瓦斯等级　　　　B. 生产能力　　　　C. 煤炭品种

372. 生产安全事故的责任人未依法承担赔偿责任，经人民法院依法采取执行措施后，仍不能对受害人给予足额赔偿的，应当继续履行赔偿义务；受害人发现责任人有其他财产的，可以（　　）请求人民法院执行。

A. 随时　　　　B. 在 3 个月内　　　　C. 在 6 个月内

373. 除法律另有规定外，违法行为自发生之日起（　　）年内未被发现的，不得再给予行政处罚。

A. 1　　B. 2　　C. 3

374. 我国目前已经建立的社会保险包括养老保险、失业保险、医疗保险以及工伤保险等。其中（　　）是与生产经营单位的安全生产工作关系最密切的社会保险。

A. 医疗保险　　B. 养老保险　　C. 工伤保险

375. 生产经营单位（　　）国家明令淘汰、禁止使用的危及生产安全的工艺、设备。

A. 不得使用　　B. 经主管部门同意的可以使用

C. 经主管领导同意的可以使用

376.《煤矿安全监察条例》规定：煤矿发生事故后，阻碍、干涉事故调查工作，拒绝接受调查取证、提供有关资料和情况的，给予警告，可以并处 3 万元以上 15 万元以下的罚款，情节严重的，责令（　　）。

A. 关闭　　B. 限期改正　　C. 停产整顿

377. 职业危害申报以煤矿为单位，每年申报一次，煤矿企业应于每年（　　）前完成上一年度申报工作。

A. 2020-03-31　　B. 2020-01-31　　C. 2020-02-28

378. 煤矿对负有安全生产监督管理职责的部门的监督检查人员依法履行监督检查职责，应当予以（　　）。

A. 配合　　B. 拒绝　　C. 抵制

379. 煤矿特种作业人员必须经过（　　），取得特种作业操作资格证书后方可上岗作业。

A. 职业教育　　B. 专门安全作业培训

C. 学历教育

380. 企业依法参加工伤保险，为从业人员缴纳保险费，是其（　　）。

A. 法定权利　　B. 法定义务　　C. 法定职权

381. 对未取得安全生产许可证擅自进行生产的企业所设定的"责令停止生产""没收违法所得"和"处以罚款"这三种形式的行政处罚之间是（　　）关系。

A. 并处　　B. 替代　　C. 互换

382. 根据《安全生产法》的规定，对生产安全事故实行（　　）制度。

A. 协商　　B. 责任追究　　C. 经济处罚

383.《煤矿安全监察条例》规定：煤矿建设工程安全设施和条件未经验收或者验收不合格，擅自投入生产的，由煤矿安全监察机构责令（　　）。

A. 关闭　　B. 停止生产　　C. 停止使用

384. 保障从业人员安全生产权利的义务主体，是从业人员所在的（　　）。

A. 地区　　B. 生产经营单位　　C. 政府

385. 煤矿特种作业操作资格证的有效期为（　　）年，每 3 年复审一次。

A. 5　　B. 6　　C. 3

386. 安全生产责任制重在（　　）上下真功夫。

A. 健全完善　　B. 分工明确　　C. 责任追究　　D. 贯彻落实

387. 煤矿企业必须保持持续具备法定的安全生产条件，不得（　　）安全生产条件。

A. 改变　　B. 降低　　C. 改善

388. 未经煤矿企业同意，任何单位或者个人不得在煤矿企业依法取得土地使用权的有效期间内在该土地上种植、养殖、取土或者修建（　　）物、构筑物。

A. 建筑　　B. 工厂　　C. 商店

389. 煤矿隐瞒存在的事故隐患以及其他安全问题的，给予警告，可以并处 5 万元以上 10 万元以下的罚款，情节严重的，责令（　　）。

A. 停产整顿　　B. 矿长停职检查　　C. 关闭矿井

390. 按照有关法律要求，告知从业人员作业场所和工作岗位的危险因素、防范措施以及事故应急措施，是保障从业人员（　　）的重要内容。

A. 教育权　　B. 知情权　　C. 建议权

391. 对安全生产教育和培训工作负主要责任的是煤矿企业的（　　）。

A. 主要负责人（包括董事长、总经理、矿长）

B. 人事劳资部门负责人

C. 教育培训部门负责人

392. 在煤矿生产中，当生产与安全发生矛盾时必须是（　　）。

A. 安全第一　　B. 生产第一　　C. 先生产后安全

393. 矿山企业职工（　　）对危害安全的行为提出批评、检举和控告。

A. 无权　　B. 有权　　C. 不得

394. 从业人员对用人单位管理人员违章指挥、强令冒险作业，（　　）。

A. 不得拒绝执行　　B. 先服从后报告　　C. 有权拒绝执行

395. 生产经营单位及其有关人员安全生产违法行为轻微并及时纠正，没有造成危害后果的，（　　）行政处罚。

A. 免除　　B. 从轻或者减轻　　C. 不予

396. 生产经营单位的主要负责人和（　　）应当具备必要的安全生产知识和管理能力。

A. 安全生产管理人员　　B. 特种作业人员

C. 从业人员

397. 用人单位应当按时缴纳工伤保险费，职工个人（　　）工伤保险费。

A. 缴纳　　B. 不缴纳　　C. 缴纳部分

398.《煤矿领导带班下井及安全监督检查规定》规定：煤矿未建立煤矿领导井下交接班制度或未建立煤矿领导带班下井档案管理制度的，给予警告，并处（　　）万元罚款。

A. 3　　B. 2　　C. 1

399. 煤矿主要负责人受到刑事处罚或者撤职处分的，自刑罚执行完毕或者受处分之日起，在（　　）年内不得担任任何生产经营单位的主要负责人。

A. 一　　B. 三　　C. 五

400. 对发现事故预兆和险情，不采取防止事故的措施，又不及时报告，应追究（　　）的责任。

A. 当事人或事故肇事者　　B. 领导

C. 段长

401. 煤炭生产应当依法在批准的开采范围内进行，不得超越批准的开采（　　）越界、越层开采。

A. 范围　　B. 煤种　　C. 煤层

402. 煤矿建设工程安全设施设计必须经（　　）审查同意，未经审查同意不得施工。

A. 煤炭主管部门　　B. 煤矿安全监察机构

C. 规划设计部门

403. 煤矿发生重大生产安全事故时，单位的主要负责人应当立即（　　）。

A. 组织抢救　　B. 发布消息　　C. 离开现场

404. 煤矿从业人员调整工作岗位或者离开本岗位（　　）重新上岗前，应当重新接受安全培训；经培训合格后，方可上岗作业。

A. 半年以上（含半年）　　B. 1 年以上（含 1 年）

C. 2 年以上（含 2 年）

405. 煤矿安全监察工作应当以（　　）为主。

A. 预防　　B. 事故处理

C. 处罚　　D. 事故教训警示他人

406. 煤矿发生生产安全事故造成人员伤亡、他人财产损失的，应当依法承担赔偿责任；拒不承担或者其负责人逃匿的，由人民法院依法（　　）执行。

A. 暂缓　　B. 不予　　C. 强制

407. 规定安全生产许可证制度的法律法规是（　　）。

A. 煤炭法　　B. 矿山安全法

C. 煤矿安全监察条例　　D. 安全生产许可证条例

408. 生产经营单位及其有关人员主动消除或者减轻安全生产违法行为危害后果的，应当依法（　　）行政处罚。

A. 加重　　B. 从轻或者减轻　　C. 免除

409. 煤矿对重大危险源应当登记建档，进行定期检测、评估、监控，并制定（　　），告知从业人员和相关人员在紧急情况下应当采取的应急措施。

A. 预防办法　　B. 管理制度　　C. 应急预案

410. 《国务院关于预防煤矿生产安全事故的特别规定》规定：（　　）对预防煤矿生产安全事故负主要责任。

A. 煤矿企业负责人（包括一些煤矿企业的实际控制人）

B. 煤矿安全监察机构　　C. 煤炭行业主管部门

411. （　　）对事故隐患或者安全生产违法行为，均有权向负有安全生产监督管理职责的部门报告或者举报。

A. 单位领导和群众　　B. 安全管理人员和技术人员

C. 任何单位或者个人

412. 享受工伤保险待遇，是从业人员的一项（　　）。

A. 法定权利　　B. 法定义务　　C. 法定职权

413. 如果煤矿企业已经按照条例的规定向原安全生产许可证颁发管理机关申请办理延期手续，但由于颁发管理机关的原因，在原安全生产许可证有效期满时还没有做出是否延长其安全生产许可证的有效期的决定，此时（　　）对企业予以处罚。

A. 不能　　B. 能　　C. 可以

414. 国家实行生产安全事故（　　），依法追究生产安全事故责任人员的法律责任。

A. 责任追究制度　　B. 法律追究制度　　C. 隐患排查制度

415.《煤矿安全监察条例》规定：煤矿发生事故后，伪造、故意破坏现场的，给予警告，可以并处 3 万元以上 15 万元以下的罚款，情节严重的，责令（　　）。

A. 停产整顿　　B. 关闭　　C. 限期改正

416.《煤矿领导带班下井及安全监督检查规定》规定：煤矿是落实领导带班下井制度的责任主体，每班必须有（　　）带班下井。

A. 安监人员　　B. 区队负责人　　C. 矿领导

417.《刑法》第 134 条对重大责任事故罪追究刑事责任最高可判（　　）年有期徒刑。

A. 5　　B. 7　　C. 15　　D. 10

418. 煤矿作业场所的瓦斯、粉尘或者其他有毒有害气体的浓度超过国家安全标准或者行业安全标准，煤矿安全监察人员应责令（　　）。

A. 限期改正　　B. 立即停止作业　　C. 关闭

419. 煤矿不得因从业人员对本单位安全生产工作提出批评、检举、控告或者拒绝违章指挥、强令冒险作业而降低其工资、福利等待遇或者解除与其订立的（　　）。

A. 劳动合同　　B. 协定　　C. 责任书

420. 根据《生产安全事故报告和调查处理条例》规定，特别重大事故是指造成（　　）人以上死亡事故。

A. 50　　B. 40　　C. 30

421. 各级人民政府及其有关部门和煤矿企业必须采取措施加强劳动保护，保障煤矿职工的（　　）。

A. 安全和健康　　B. 生命安全　　C. 健康

422. 煤矿提供虚假情况的，给予警告，可以并处 5 万元以上 10 万元以下的罚款，情节严重的，责令（　　）。

A. 停职检查　　B. 劳动改造　　C. 停产整顿

423. 煤矿必须为从业人员提供符合（　　）的劳动防护用品。

A. 国际质量标准　　B. 国家标准或者行业标准

C. 企业质量标准

424. 在安全培训中，（　　）是安全生产教育和培训的责任主体。

A. 煤矿安全监察机构　　B. 煤炭行业管理部门

C. 煤矿企业

425. 煤矿主要负责人在本单位发生重大生产安全事故时，不立即组织抢救或者在事故调查处理期间（　　）的，给予降职、撤职的处分，对逃匿的处十五日以下拘留；构成犯罪的，依照刑法有关规定追究刑事责任。

A. 请假外出　　B. 擅离职守或者逃匿

C. 态度消极

426. 企业职工由于不服管理违反规章制度，或者强令工人违章冒险作业，因而发生重大伤亡事故，造成严重后果的行为是（　　）。

A. 玩忽职守罪　　B. 过失犯罪　　C. 重大责任事故罪　D. 渎职罪

427. 根据法律规定，构成重大劳动安全事故犯罪，应承担（　　）。

A. 刑事责任　　B. 行政责任　　C. 民事责任

428. 根据现行有关规定，我国目前使用的安全色中的（　　），表示禁止、停止，也代表防火。

A. 红色　　B. 黄色　　C. 绿色

429. 矿山建设项目和用于生产、储存危险物品的建设项目，应当分别按照国家有关规定进行（　　）。

A. 安全警示和安全管理　　B. 安全管理和监督

C. 安全条件论证和安全评价

430. 火势较大的明火火灾的处理关键是（　　）。

A. 正确调动风流　　B. 高强度灭火　　C. 封闭巷道

431. 处理煤尘爆炸的首要问题是（　　）。

A. 防止二次爆炸　　B. 防止火灾事故　　C. 防止引起瓦斯爆炸

432. 发生煤与瓦斯突出事故后，指挥人员应派人到进、回风井口及其（　　）范围内检查瓦斯，设置警戒，熄灭警戒内的一切火源，严禁机动车辆进入警戒区。

A. 40 m　　B. 50 m　　C. 60 m

433. 重大灾害事故的共性之一是具有（　　）。

A. 可预见性　　B. 临时性　　C. 继发性

434. 处理掘进巷道火灾时，（　　）的控制是关键。

A. 局部通风机　　B. 主要通风机　　C. 火势

435. 发生煤与瓦斯突出事故后，撤出灾区和（　　）的人员是抢险救灾的首要任务。

A. 进风流　　B. 回风流　　C. 受威胁区

436. 在有两个回风井的矿井中，两个回风井是一大一小两种主要通风机，则该矿井反风时大小风机的启动顺序是（　　）。

A. 先大后小　　B. 先小后大　　C. 同时启动

437. 掘进工作面迎头由于爆破发生火灾后，应（　　）。

A. 立即关闭局部通风机

B. 立即切断附近设备电源进行洒水灭火

C. 撤出所有人员

438. 发生煤与瓦斯突出事故后，应该（　　）。

A. 停风　　B. 反风　　C. 保持或立即恢复正常通风

439. 全矿井停电恢复供电后，应首先启动（　　）。

A. 主要水泵　　B. 副井提升　　C. 主要通风机

440. 发生在上行风流中的火灾，产生的火风压会使火源所在巷道风量（　　）。

A. 增加　　B. 减小　　C. 不变

441. 独头掘进水平巷道发生火灾时，最难处理的是（　　）。

A. 迎头火灾　　B. 中部火灾　　C. 入口火灾

442. 煤矿安全监控设备必须定期进行调试、校正，每月至少（　　）次。便携式甲烷检测报警仪，每7天必须使用校准气样和空气样调校1次。

A. 1　　B. 2　　C. 3

443. 重大事故应急救援体系应实行分级响应机制，其中三级响应级别是指（　　）。

A. 需要多个政府部门协作解决的

B. 需要国家的力量解决的

C. 必须利用一个城市所有部门的力量解决的

444. 立井井筒与各水平车场的连接处，必须设有专用的（　　），严禁人员通过提升间。

A. 人行道　　B. 躲避硐　　C. 运物车

445. 侦察时应首先把侦察小队派往（　　）的地点。

A. 破坏最严重　　B. 遇险人员最多　　C. 遇难人员最多

446. 矿井火灾标志气体中最常用的是（　　）。

A. 乙炔　　B. 乙烯　　C. 一氧化碳

447. 独头巷道发生火灾，进行救援时的首选通风方法是（　　）。

A. 维持局部通风机原状　　B. 开启局部通风机

C. 停止局部通风机

448. 爆炸产生火灾，应（　　），并应采取防止再次发生爆炸的措施。

A. 同时灭火和救人　B. 先灭火后救人　　C. 先救人后灭火

449. 从预防自燃火灾的角度出发，对通风系统的要求是通风压差小、（　　）。

A. 风速大　　B. 风量大　　C. 漏风少

450. 若火灾发生在上山独头巷道中段时，（　　）。

A. 不得直接灭火　　B. 可以直接灭火

C. 是否直接灭火由队长决定

451. 电石或乙炔着火时，严禁用（　　）扑救。

A. 二氧化碳灭火器　　B. 四氯化碳灭火器

C. 干沙

452. 火区封闭后，现场人员应立即撤出危险区。进入检查或加固密闭墙，应在（　　）之后进行。

A. 24 min　　B. 48 h　　C. 24 h

453. 在煤矿井下生产过程中，如发生人员骨折，其他人员应采用（　　）的急救原则。

A. 等待救护人员到来　　B. 立即送往医院

C. 先固定后搬运

454. 对煤矿井下发生重伤事故时，在场人员对受伤者应立即（　　）。

A. 就地抢救　　B. 送出地面　　C. 打急救电话

455. 对前臂开放性损伤，大量出血时，上止血带的部位应在（　　）处。

A. 前臂中上1/3　　B. 上臂中上1/3　　C. 上臂下1/3

456. 对小腿动脉出血，止血带的部位应在（　　）处。

A. 大腿中下 1/3　　B. 大腿中 1/3　　C. 大腿上 1/3

457. 有一物体扎入人员的身体中，此时救助者应如何处理？（　　）

A. 拔出扎入的物体　　B. 拔出扎入的物体实施加压包扎

C. 固定扎入的物体后送往医院

458. 对脊椎骨折的病人，搬运时应采用（　　）搬运。

A. 硬板担架　　B. 单人肩负法

C. 两个人一人抬头，一人抱脚的方法

459. 有人触电导致呼吸停止、心脏停搏，此时在场人员应（　　）。

A. 迅速将伤员送往医院　　B. 迅速做心肺复苏

C. 立即打急救电话，等待急救人员赶到

460. 进行心脏复苏时，病人的正确体位应为（　　）。

A. 仰卧位　　B. 俯卧位　　C. 侧卧位

461.（　　）是救活触电者的首要因素。

A. 请医生急救　　B. 送往医院　　C. 使触电者尽快脱离电源

462. 对（　　）损伤的伤员，不能用一人抬头、一人抱腿或人背的方法搬运。

A. 面部　　B. 脊柱　　C. 头部

463. 将伤员转运时，应让伤员的头部在（　　），便于救护人员时刻注意伤员的面色、呼吸、脉搏，必要时要及时抢救。

A. 前面　　B. 后面　　C. 前面、后面无所谓

464. 下列哪项不是现场急救原则？（　　）

A. 先排险后施救　　B. 先救命后治伤　　C. 先疏导后救伤

465. 对需经常移动的传感器、声光报警器、断电控制器及电缆，由（　　）负责按规定移动，严禁擅自停用。

A. 安全监测工　　B. 通风区队长　　C. 采掘班组长

466. 必须设专职人员负责便携式甲烷检测报警仪的充电、收发及维护。（　　）要清理隔爆罩上的煤尘。

A. 每天　　B. 每 2 天　　C. 每班

467. 监控系统入井线缆的入井口处和中心站电源输入端应具有（　　）措施。

A. 防尘　　B. 防火　　C. 防雷

468. 采用激光原理的甲烷传感器，每（　　）个月至少调校 1 次。

A. 3　　B. 6　　C. 12

469. 安全监控系统图纸、技术资料的保存时间应不少于（　　）年。

A. 1　　B. 2　　C. 5

470. KJ73X 系统软件使用大数据分析功能定义分级报警，正确的操作顺序是（　　）

A. 模板管理、应用模型管理、报警推送管理

B. 模板管理、报警推送管理、应用模型管理

C. 应用模型管理、报警推送管理、模板管理

D. 应用模型管理、模板管理、报警推送管理

471. 以下描述正确的是（　　）。

A. 使用分站电源箱功能时，不需要在定义分站时勾选智能电源箱。

B. 当挂接的传感器和定义的传感器类型不一样时，软件不能提示类型不匹配。

C. 当使用智能传感器时，传感器进入红外遥控，软件上不能看到红外遥控状态。

D. 使用大数据分析功能，可实现区域断电。

472. KJJ177 矿用本安型交换机需通过上位机配置哪些主要参数？（　　）

A. 服务器 IP、通讯端口　　B. 网络模块 IP、通讯端口

C. 服务器 IP、网络模块 IP　　D. 服务器 IP、网络模块 IP、通信端口

473. KJ306－F(16)H 矿用本安型分站主通信支持几种方式？（　　）

A. 1　　B. 2　　C. 3　　D. 4

474. KDW660/24B(B)矿用隔爆兼本安型直流稳压电源有几路 24 V 输出？（　　）

A. 4　　B. 8　　C. 2　　D. 6

475. 影响传感器传输距离的因素有哪些？（　　）

A. 负载大小、传感器的体积大小、电源箱的输入电压大小

B. 传感器的供电电压、安全栅的输出电流、传输线的阻抗

C. 负载大小、电源输出电压高低、传输线的阻抗

D. 只要线缆好，传感器电流大也能传远

476. 根据《煤矿安全监控系统及检测仪器使用管理规范》(AQ 1029—2019)，GJC4 低浓度甲烷传感器调校时的稳定时间不小于（　　）。

A. 40 s　　B. 90 s　　C. 120 s　　D. 80 s

477. GJC4 矿用低浓度甲烷传感器的地址查看操作是（　　）。

A. 同时按“▲”键和“▼”键，上下键调值，功能键保存退出

B. 同时按“S1”键和“S2”键，上下键调值，功能键保存退出

C. 同时按“功能”键“S1”键和“S2”键，上下键调值，功能键保存退出

D. 同时按“▼”键、“S1”键和“S2”键，上下键调值，功能键保存退出

478. KJ73X 系统软件不支持的功能是（　　）。

A. 传感器未标校提醒　　B. 智能电源箱

C. 分站中断控制　　D. 交换机自动定义

479. 煤矿安全规程规定的风速传感器测量下限值是（　　）。

A. 0 m/s　　B. 0.1 m/s　　C. 0.3 m/s　　D. 0.15 m/s

480. 新型激光甲烷传感器的调校周期可达（　　）。

A. 7 天　　B. 15 天　　C. 30 天　　D. 180 天

481. 工业以太环网的主要作用是（　　）。

A. 加大数据传输带宽　　B. 网络冗余，增强网络故障处理机制

C. 使组网更简洁美观　　D. 增强相邻环网设备的联系

482. 多系统融合联动是安全监控系统升级改造技术方案要求的强制性内容，目前普遍采用的融合方式是（　　）。

A. 地面融合　　B. 混合组网　　C. 井下融合　　D. 数据共享

483. 矿用电源的主要技术指标中（　　）是本质安全防爆电源的必备安全参数。

A. 额定输入电压　　B. 额定输出电压

C. 最大输出电压、最大输出电流　　D. 高电平

484. 在矿井监控系统中按输出信号分，被测物理量可分为（　　）两大类。

A. 电压量和开关量　　B. 频率量和模拟量

C. 开关量和模拟量　　D. 数字量和模拟量

485. 催化剂中毒分为暂时性中毒和永久性中毒。硫化物和氯化物中毒是（　　）中毒。

A. 暂时性　　B. 永久性　　C. 长期性　　D. 必然

486. 默认情况下，菜单栏位于（　　）的下面。菜单栏中包含多个下拉菜单，每个下拉菜单中又包含多个菜单命令选项，菜单中可能还包含有子菜单。

A. 标题栏　　B. 工具栏　　C. 工作区　　D. 右下角

487. 选定要重命名的文件或文件夹→单击鼠标右键一下→选择重命名→输入想要改的名字→按（　　）键即可。

A. Enter　　B. Ctrl　　C. Shift　　D. alt

488. 电气设备的防护等级是指（　　）。

A. 绝缘等级　　B. 漏电保护、过流保护、接地保护

C. 外壳防外物和防水能力　　D. 电压等级

489. 响应时间是指甲烷浓度发生阶跃变化时，电桥输出信号值达到稳定值（　　）时所需要的时间。一般要求连续式响应时间为 20 s，间断式响应时间为 6 s。

A. 85%　　B. 90%　　C. 95%　　D. 100%

490. 煤矿中最常见的窒息性气体是（　　）。

A. CH_4 和 CO_2　　B. H_2S 和 SO_2　　C. H_2 和 NH_3　　D. CO 和 CO_2

491. 木料厂、矸山石、炉灰厂距离进风井不得小于（　　）。

A. 30 m　　B. 50 m　　C. 80 m　　D. 100 m

492. 为防止高压串入本质安全型防爆直流，引起瓦斯爆炸，矿用电源的输入与输出之间必须（　　）隔离。

A. 电气　　B. 低压　　C. 联锁　　D. 漏电

493. 本质安全性防爆电气设备是通过（　　）达到防爆目的的。

A. 外壳

B. 不产生火花能量、限制元器件和导线发热

C. 限制功率及火花放电能量

D. 涂三防漆

494. 传感器灵敏度降到初始值（　　）时，则认为元件报废。

A. 20%　　B. 40%　　C. 50%　　D. 60%

495. 煤矿安全监控设备之间的输入输出信号必须为（　　）型信号。

A. 本质安全　　B. 防爆　　C. 低电压　　D. 低电平

496. 矿井空气中氧气的浓度要达到（　　）以上。

A. 20%　　B. 30%　　C. 10%　　D. 12%

497. 为了防止电气设备误操作造成事故，防爆电气设备应设置（　　）装置。

A. 螺栓　　B. 低压　　C. 联锁　　D. 漏电

498. 本质安全型防爆适用于（　　）。

A. 井下电气设备

B. 全部电气设备

C. 大功率电气设备

D. 通信、监控、信号和控制等小功率电气设备

499. 本质安全型防爆电源（　　）。

A. 必须与其防爆联检合格证的本质安全型负载配套使用

B. 矿用与其他本质安全型防爆电源并联使用

C. 矿用与其他本质安全型防爆电源并联使用

D. 可以配接各种负载

500. 安全监测系统支持故障闭锁功能，需要（　　）。

A. 设置断线控制口　　B. 设置恢复控制口

C. 设置控制量

501. 监测监控系统图形编辑软件支持背景图片有哪些格式（　　）。

A. doc　　B. bmp　　C. exe

502. 平均值报表中故障时间指的是（　　）。

A. 最后一次故障时间　　B. 第一次故障时间

C. 累计故障时间

503. 低瓦斯矿井采煤工作面风流中的甲烷传感器的报警浓度（　　）CH_4，断电浓度≥1.5% CH_4。

A. ≥0.75%　　B. ≥1.0%　　C. ≥1.5%

504. 煤与瓦斯突出矿井的采煤工作面进风巷中甲烷传感器的报警和断电浓度均（　　）CH_4。

A. ≥0.5%　　B. ≥1.0%　　C. ≥1.5%

505. 掘进工作面风流中甲烷传感器距迎头必须小于（　　）。

A. 5 m　　B. 10 m　　C. 15 m

506. 采掘工作面应实行（　　）通风。

A. 串联　　B. 独立　　C. 扩散

507. 低瓦斯矿井的相对瓦斯涌出量小于或等于（　　）且矿井绝对瓦斯涌出量小于或等于（　　）。

A. 10 m^3/t，40 m^3/min　　B. 4010 m^3/t，10 m^3/min

C. 1010 m^3/t，10 m^3/min

508. 目前，催化燃烧式的甲烷传感器主要采用（　　）催化元件。

A. 铂丝　　B. 铜丝　　C. 载体

509. 高浓度甲烷监测主要用（　　）式传感器。

A. 催化燃烧　　B. 热导　　C. 氧化

510. 万用表属于（　　）系仪表。

A. 信号　　B. 磁电　　C. 频率

511. 以下符号表示频率单位的是（　　）。

A. cm　　B. dB　　C. Hz

512. 按（　　）可将传感器分为模拟式传感器和数字式传感器两类。

A. 输出信号性质　　B. 工作原理　　C. 能量传递方式

513. 低浓度甲烷监测主要用（　　）式传感器。

A. 催化燃烧　　B. 热导　　C. 氧化

514. 进风井口空气温度必须在（　　）以上。

A. 0 ℃　　B. 6 ℃　　C. 5 ℃　　D. 2 ℃

515. 由于（　　），二氧化碳传感器应布置在巷道的下方。

A. 二氧化碳的密度大于空气　　B. 二氧化碳的密度小于甲烷

C. 二氧化碳的密度小于空气　　D. 二氧化碳的密度大于甲烷

516. 安全监控系统应实现（　　）运行。

A. 单机　　B. 备机冷备　　C. 备机热备　　D. 多机

517. 甲烷电闭锁和风电闭锁功能每（　　）天至少测试 1 次。可能造成局部通风机停电的，每半年测试 1 次。

A. 7　　B. 10　　C. 15　　D. 30

518. 停风区中甲烷浓度超过（　　）时，必须制定安全排放瓦斯措施，报矿总工程师批准。

A. 0.5%　　B. 1.0%　　C. 2.0%　　D. 3.0%

519. 在煤矿井下对电气设备进行验电、放电、接地工作时，要求瓦斯浓度必须在（　　）以下。

A. 1.5%　　B. 0.5%　　C. 1.0%　　D. 0.8%

520. 对于有漏电闭锁功能的漏电继电器，其闭锁电阻的整定值为动作电阻整定值的（　　）倍。

A. 1　　B. 2　　C. 3　　D. 4

521. 在煤矿井下（　　）中不应敷设电缆。

A. 总回风巷　　B. 工作面机巷　　C. 总进风巷　　D. 专用进风巷

522. 采掘工作面及其他作业地点风流中、电动机或者其开关安设地点附近 20 m 以内风流中的甲烷浓度达到（　　）时，必须停止工作，切断电源，撤出人员，进行处理。

A. 0.5%　　B. 0.75%　　C. 1.0%　　D. 1.5%

523. 煤在氧化升温过程中，会释放出 CO、CO_2、烷烃、烯烃以及炔烃等指性气体。（　　）在 110 ℃左右能被测出，是煤自然发火进程加速氧化阶段的标志气体。

A. CO　　B. CO_2　　C. 烷烃　　D. 乙烯

524. （　　）将检测元件输出的电信号转换成便于显示、记录、控制和处理的标准电信号。

A. 检测元件　　B. 转换元件　　C. 测量电路　　D. 辅助电源

525. （　　）中除检测电桥外，还包括放大器、量程转换电路和电参数转换电路等。

A. 检测元件　　B. 转换元件　　C. 测量电路　　D. 辅助电源

526. 增安型电气设备电气设备的标志为（　　）。

A. d　　B. i　　C. e　　D. m

527. 正压型电气设备电气设备的标志为（　　）。

A. h　　B. q　　C. p　　D. o

528. 当元件敏感元件降到初始值（　　）时，视为使用寿命终结。

A. 0.4　　B. 0.6　　C. 0.3　　D. 0.5

529. 现使用风速传感器多为（　　），该传感器具有反应速度快、长期稳定性好、适用高湿高粉尘的井下环境、抗电磁干扰能力强的优点，是涡街风速传感器的理想替代产品，具有广阔的应用前景。

A. 皮托管式风速传感器　　B. 超声波涡旋式风速传感器

C. 螺旋桨风速传感器　　D. 热膜式风速传感器

530. （　　）常用于设备开停、馈电开关状态、风门开闭等开关量测量，也可用于电流、电压、功率等多种模拟量的测量。

A. 接近电感　　B. 光电原理　　C. 霍尔原理　　D. 电磁感应

531. 停风的独头巷道口的栅栏内侧 1 m 处瓦斯浓度超过 3%，不能立即处理时，应在（　　）内处理完毕。

A. 12 h　　B. 24 h　　C. 36 h　　D. 48 h

532. 采掘工作面瓦斯超限报警、断电、馈电异常、局部通风机停风等数据应进行加密存储，宜采用（　　）加密算法对数据进行加密。

A. RBA　　B. RDA　　C. RCA　　D. RSA

533. 便携式载体催化甲烷检测报警仪的工作位置发生变化时，其显示值的附加误差应不超过（　　）CH_4。

A. ±0.01%　　B. ±0.02%　　C. ±0.03%　　D. ±0.05%

534. 只有在局部通风机及其开关附近（　　）以内风流中的瓦斯浓度都不超过 0.5%，方可人工开启局部通风机。

A. 5 m　　B. 10 m　　C. 20 m　　D. 30 m

二、多选题

1. 瓦斯空气混合气体中混入（　　）会增加瓦斯的爆炸性，降低瓦斯爆炸的浓度下限。

A. 可爆性煤尘　　B. 一氧化碳气体

C. 硫化氢气体　　D. 二氧化碳气体

2. 下列气体有毒的是（　　）。

A. 一氧化碳　　B. 硫化氢　　C. 二氧化碳　　D. 二氧化硫

3. 煤矿特种作业是指容易发生事故，对（　　）的安全健康及设备、设施的安全可能造成重大危害的作业。

A. 操作者本人　　B. 作业场所工作人员

C. 邻近其他作业场所工作人员

4. 我国煤矿多为地下开采，作业地点经常受到（　　）和顶板灾害的威胁。

A. 水灾　　B. 火灾　　C. 瓦斯灾害　　D. 粉尘危害

5. 矿井瓦斯爆炸将导致（　　）。

A. 温度升高　　B. 产生高压气流　　C. 产生有毒有害气体

6. 煤与瓦斯突出的危害有（　　）。

A. 造成人员窒息、死亡　　B. 发生瓦斯爆炸、燃烧

C. 破坏通风系统甚至发生风流逆转　　D. 堵塞和破坏巷道、摧毁设备

7. 煤与瓦斯突出危险性随（　　）增加而增大。

A. 煤层埋藏深度　　B. 煤层厚度　　C. 煤层透气性　　D. 煤层倾角

8. 瓦斯的主要性质有（　　）。

A. 窒息性　　B. 扩散性　　C. 可燃性　　D. 爆炸性

9. 在煤矿井下，硫化氢气体危害的主要表现为（　　）。

A. 刺激性、有毒性　　B. 可燃性

C. 致使瓦斯传感器催化剂“中毒”　　D. 爆炸性

10. 煤矿特种作业人员应具备的素质是（　　）。

A. 安全意识牢固　　B. 法制观念强

C. 专业技术水平高　　D. 工作作风好

11. （　　）人员均容易引发事故。

A. 违章作业　　B. 上班前喝酒　　C. 安全意识不强　　D. 未经培训

12. 矿井通风的基本任务是（　　）。

A. 供作业人员呼吸　　B. 防止煤炭自然发火

C. 冲淡和排除有毒有害气体　　D. 创造良好的气候条件

E. 提高井下的大气压力

13. 顶板事故发生后，如暂时不能恢复冒顶区的正常通风等，则可以利用（　　）向被埋压或截堵的人员供给新鲜空气、饮料和食物。

A. 压风管　　B. 开掘巷道　　C. 打钻孔　　D. 水管

14. 造成局部通风机循环风的原因可能是（　　）。

A. 风筒破损严重，漏风量过大

B. 局部通风机安设的位置距离掘进巷道口太近

C. 全风压的供风量大于局部通风机的吸风量

D. 全风压的供风量小于局部通风机的吸风量

15. 在煤矿井下，瓦斯容易局部积聚的地方有（　　）。

A. 掘进下山迎头　　B. 掘进上山迎头　　C. 回风大巷　　D. 工作面上隅角

16. 确定矿井瓦斯等级的依据是（　　）。

A. 绝对瓦斯涌出量　　B. 瓦斯含量

C. 相对瓦斯涌出量　　D. 瓦斯涌出形式

17. 矿井瓦斯爆炸的条件是（　　）。

A. 混合气体中瓦斯浓度范围 5% ~16%

B. 混合气体中氧气浓度大于 12%

C. 高温点火源 650 ~750 ℃

18. 防止瓦斯爆炸的措施是（　　）。

A. 抽放瓦斯　　B. 防止瓦斯积聚
C. 防止瓦斯引燃　　D. 防止煤尘达到爆炸浓度

19. 掘进工作面中最容易导致瓦斯积聚的因素有（　　）。
A. 局部通风机时开时停　　B. 风筒严重漏风
C. 局部通风机产生循环风　　D. 全风压供风量不足

20. 防止瓦斯积聚和超限的措施主要有（　　）。
A. 加强通风　　B. 抽放瓦斯
C. 及时处理局部积聚的瓦斯　　D. 加强瓦斯浓度和通风状况检查

21. 煤矿井下巷道用于隔断风流的设施主要有（　　）。
A. 防爆门　　B. 密闭墙　　C. 风门　　D. 风桥

22. 井下临时停工地点不得停风，否则应采取（　　）等措施。
A. 切断电源　　B. 设置警标，禁止人员进入
C. 设置栅栏　　D. 向矿调度室汇报

23. 矿井风门设置和使用的基本要求包括（　　）等。
A. 使用的进回风巷间的联络巷必须安设 2 道风门，其间距必须满足有关规定
B. 两道风门设置风门连锁装置，不能同时打开
C. 主要风门应设置风门开关传感器
D. 风门必须可靠，不准出现漏风现象

24. 预防巷道冒顶事故应采取的措施主要包括（　　）等。
A. 合理布置巷道
B. 合理选择巷道断面形状和断面尺寸以及支护方式
C. 有足够的支护强度，加强支护维修
D. 坚持“敲帮问顶”制度

25. 井下电气设备火灾可用（　　）灭火等。
A. 水　　B. 干粉灭火器　　C. 沙子　　D. 不导电的岩粉

26. 矿井内一氧化碳的来源有（　　）。
A. 炮烟　　B. 意外火灾　　C. 煤炭自燃　　D. 瓦斯煤尘爆炸

27. 井下使用的（　　），应是阻燃材料制成的。
A. 电缆外套　　B. 风筒　　C. 输送机输送带　　D. 支护材料

28. 井下发生瓦斯爆炸时，减轻伤害的自救方法有（　　）。
A. 背对空气颤动方向，俯卧倒地，面部贴在地面、水沟，避开冲击
B. 憋气暂停呼吸，用湿毛巾捂住口鼻，防止吸入火焰
C. 用衣物盖住身体，减少肉体暴露面积，减少烧伤
D. 迅速戴好自救器撤离，防止中毒
E. 若巷道破坏严重、无法撤离时，到安全地点，躲避待救

29. 采掘工作面或其他地点发现有突水征兆时，应当（　　）。
A. 立即停止作业　　B. 报告矿调度室
C. 发出警报　　D. 撤出所有受水威胁地点的人员
E. 在原因未查清、隐患未排除之前，不得进行任何采掘活动

30. 采掘工作面或其他地点的突水征兆主要有（　　）。

A. 煤层变湿、挂红、挂汗、空气变冷、出现雾气

B. 水叫、顶板来压、片帮、淋水加大

C. 底板鼓起或产生裂隙、出现渗水、钻孔喷水、底板涌水、煤壁溃水

D. 水色发浑、有臭味

31. 采掘工作面及其他作业地点风流中、电动机或开关安设地点附近 20 m 以内风流中的瓦斯浓度达到 1.5% 时，必须（　　）。

A. 停止工作　　B. 切断电源　　C. 撤出人员　　D. 进行处理

E. 坚守岗位继续作业

32. 在采用敲帮问顶、排除帮顶浮石的作业中，正确的做法是（　　）。

A.“敲帮问顶”人员要观察周围环境，严禁站在岩块下方或岩块滑落方向，并选好退路

B. 必须有监护人员，监护人员应站在“敲帮问顶”人员的侧后面，并保证退路畅通

C. 作业从支护完好的地点开始，由外向里、先顶后帮依次进行

D. 严禁与“敲帮问顶”作业无关人员进入作业区域

33. 井下爆炸材料库、机电设备用室、（　　）以及采掘工作面附近的巷道中，应备有灭火器材，其数量、规格和存放地点要在灾害预防和处理计划中确定。

A. 检修硐室　　B. 材料库　　C. 井底车场

D. 使用带式输送机或液力耦合器的巷道　E. 主要绞车道

34. 井下机电设备硐室应当设在进风流中,硐室采用扩散通风时应符合的要求是(　　)。

A. 硐室深度不得超过 6 m　　B. 硐室人口宽度不得小于 1.5 m

C. 硐室内无瓦斯涌出　　D. 硐室布置在岩层内

E. 设有甲烷传感器

35. 掘进井巷和硐室时，必须采取（　　）等综合防尘措施。

A. 湿式钻眼、水炮泥　　B. 冲洗井壁巷帮

C. 净化风流　　D. 爆破喷雾降尘

E. 装岩（煤）洒水

36. 煤尘爆炸效应主要有（　　）。

A. 爆源周围空气产生高温　　B. 爆源周围空气产生高压

C. 生成大量有毒、有害气体　　D. 形成爆炸冲击波

37. 煤矿井下紧急避险设施主要包括（　　）。

A. 永久避难硐室　　B. 临时避难硐室

C. 可移动式救生舱　　D. 候车硐室

38. 煤矿作业场所职业危害的主要因素有（　　）。

A. 粉尘（煤尘、岩生、水泥尘等）

B. 化学物质（氮氧化物、碳氧化物、硫化物等）

C. 物理因素（噪声、高温、潮湿等）

D. 生物因素（传染病、流行病等）

39. 入井前需要做的准备工作有（　　）。

A. 入井前严禁喝酒
B. 检查随身物品，严禁穿化纤衣服，严禁携带烟草和点火物品
C. 携带个人防护用品，如安全帽、自救器等
D. 领取矿灯并检查矿灯是否完好
E. 携带其他作业需要的物品

40. 斜井提升时，(　　) 等属于违章行为。
A. 扒、蹬、跳运行中的矿车（人车)、输送带
B. 行车时行人
C. 超员乘坐人车
D. 不带电放车
E. 没有跟车人行车

41. 关于井下电器操作行为，属于违章作业的是（　　）。
A. 带电作业
B. 停电作业不挂牌
C. 机电设备解除保护装置运行
D. 非专职人员或非值班电气人员擅自操作电气设备
E. 井下带电移动电气设备

42. 下列操作行为属于违章作业的是（　　）。
A. 擅自移动、调整、甩掉、破坏瓦斯监控设施
B. 井下无风坚持作业
C. 井下带风门的巷道 1 组风门同时开启
D. 私藏、私埋、乱扔、乱放或转借（交）他人雷管、炸药

43. 下列从业行为属于违章作业的是（　　）。
A. 无证上岗
B. 入井不戴安全帽、矿灯、自救器
C. 脱岗、睡觉、酒后上岗
D. 不执行敲帮问顶制度和支护原则
E. 在空帮、空顶、浮石伞檐下作业或进入采空区（老塘）作业

44. 人力推车时必须遵守的规定有（　　）。
A. 1 次只准推 1 辆车，严禁在矿车两侧推车
B. 同向推车必须保持大于规定间距
C. 巷道坡度大于 7‰时，严禁人力推车
D. 推车时必须时刻注意前方，推车人必须及时发出警号
E. 严禁放飞车

45. 发生局部冒顶的预兆有（　　）。
A. 顶板裂隙张开，裂隙增多
B. 顶板裂隙内有活矸，并有掉碴现象
C. 煤层与顶板接触面上极薄的矸石片不断脱落
D. 敲帮问顶时声音不正常

46. 发生煤炭自然发火的预兆有（　　）。
A. 煤层及附近空气温度和水温增高
B. 自然发火初期巷道中湿度增大，出现雾气和水珠，煤壁出汗
C. 空气中氧气浓度下降
D. 出现一氧化碳、二氧化碳等气体，人体产生不适感

E. 自然发火初期空气中出现煤油、汽油、松节油等气味

47. 发生煤与瓦斯突出的预兆有（　　）。

A. 煤体深部发出响声

B. 煤层层理紊乱，煤变软；颜色变暗淡、无光泽；煤层干燥，煤尘增大

C. 煤层受挤压褶曲，煤变粉碎，厚度变大，倾角变陡

D. 压力增大，支架变形；煤壁外鼓、片帮、掉碴；顶板冒顶、断裂，底板鼓起；钻孔作业出现夹钻、顶钻

E. 瓦斯涌出异常，涌出量忽大忽小；空气气味异常、闷人；煤温或气温降低或升高

48. 在煤矿井下，瓦斯的危害主要表现为（　　）。

A. 使人中毒　　B. 使人窒息　　C. 爆炸和燃烧　　D. 自然发火

E. 煤与瓦斯突出

49. 在突出煤层的石门揭煤和煤巷掘进工作面进风侧，必须设置至少 2 道牢固可靠的反向风门，下列关于反向风门位置说法正确的是（　　）。

A. 反向风门之间的距离不得小于 4 m

B. 反向风门距工作面回风巷不得小于 10 m

C. 反向风门与工作面最近距离一般不得小于 70 m

D. 反向风门与工作面最近距离小于 70 m 时，应设置至少 3 道反向风门

E. 墙壁厚度不得小于 0. 5 m

50. 通常以井筒形式为依据，将矿井开拓方式划分为（　　）。

A. 斜井开拓　　B. 平硐开拓　　C. 立井开拓　　D. 综合开拓

51. 矿井空气中含有的主要有害气体包括（　　）等。

A. 一氧化碳　　B. 硫化氢　　C. 甲烷　　D. 二氧化氮

E. 二氧化硫

52. 煤矿企业要积极依靠科技进步，应采用有利于职业危害防治和保护从业人员健康的（　　）。

A. 新技术　　B. 新工艺　　C. 新材料　　D. 新产品

53. 矿井必须建立完善的防尘洒水系统，其防尘管路应（　　）。

A. 铺设到所有可能产尘的地点　　B. 保证各用水点水压满足降尘需要

C. 保证水质清洁

54. 井下发生险情，拨打急救电话时，应说清（　　）。

A. 受伤人数　　B. 患者伤情　　C. 地点　　D. 患者姓名

55. 判断骨折的依据主要有（　　）。

A. 疼痛　　B. 肿胀　　C. 畸形　　D. 功能障碍

56. 因伤出血用止血带时应注意（　　）。

A. 松紧合适，以远端不出血为止

B. 留有标记，写明时间

C. 使用止血带以不超过 2 h 为宜，应尽快送医院救治

D. 每隔 30 ~ 60 min，放松 2 ~ 3 min

57. 事故外伤现场急救技术主要有（　　）。

A. 暂时性止血　　B. 创伤包扎　　C. 骨折临时固定　　D. 伤员搬运

58. 事故发生时，现场人员的行动原则是（　　）。

A. 积极抢救　　B. 及时汇报　　C. 安全撤离　　D. 妥善避难

59. 心跳呼吸停止后的症状有（　　）。

A. 瞳孔散大、固定　　B. 心音、脉搏消失

C. 脸色发绀　　D. 神志丧失

60. 在煤矿井下搬运伤员的方法有（　　）。

A. 担架搬运　　B. 单人徒手搬运　　C. 双人徒手搬运　　D. 车辆搬运

61. 在煤矿井下判断伤员是否有呼吸的方法有（　　）。

A. 耳听　　B. 眼视　　C. 晃动伤员　　D. 皮肤感觉

62. 用人工呼吸方法进行抢救，做口对口人工呼吸前，应（　　）。

A. 将伤员放在空气流通的安全地方

B. 将伤员平卧，解松伤员的衣扣、裤带、裸露前胸

C. 将伤员的头侧过，清除伤员口中异物

63. 化学氧隔离式自救器在使用中应注意（　　）。

A. 当发现气囊缩小、变瘪，应停止使用

B. 佩戴初始缓慢行走，氧气充足后可加快保持匀速行走，保持呼吸均匀

C. 禁止取下鼻夹、口具或通过口具讲话

D. 平时应置于阳光充足处保养

64. 压缩氧隔离式自救器在携带与使用中应注意（　　）。

A. 携带过程中严禁开启扳把　　B. 携带过程中要防止撞击、挤压

C. 使用过程中不可通过口具讲话　　D. 使用过程中不得摘掉鼻夹、口具

65. 隔离式自救器分为化学氧自救器和压缩氧自救器两种，它们可以防护（　　）各种有害气体。

A. 硫化氢　　B. 二氧化硫　　C. 一氧化碳　　D. 二氧化氮

66. 使触电人员摆脱电源的正确方法是（　　）。

A. 用导电材料挑开电线　　B. 迅速断开电源开关

C. 用绝缘物使人与电线脱离　　D. 用手拉开触电伤员

67. 影响触电危险性因素主要有（　　）。

A. 触电电网是否有过流保护　　B. 触电时间长短

C. 触电电流流经人体的路径　　D. 人的精神状态和健康状态

E. 流经人体的电流大小

68. 预防触电伤亡事故的主要措施有（　　）。

A. 装设漏电保护装置　　B. 使人身不能触及或接近带电体

C. 严禁电网中性点直接接地　　D. 设置保护接地

E. 装设过流保护装置

69. 对长期被困井下人员急救升井时应采取（　　）等措施。

A. 用衣服片、毛巾等蒙住其眼睛　　B. 用棉花等堵住耳朵

C. 不能让其进食过量食物等　　D. 立即更换衣物

70. 佩戴自救器撤离不安全区域过程中，如果吸气时感到干燥且不舒服时，不能（　　）。

A. 脱掉口具吸气　　B. 摘掉鼻夹吸气　　C. 通过口具讲话

71.《矿安全规程》规定，凡井下盲巷或通风不良的地区，封闭或（　　），严禁人员入内。

A. 设置栅栏　　B. 悬挂“禁止入内”警标

C. 派人站岗

72. 从业人员发现事故隐患或者其他不安全因素，应当立即向（　　）报告；接到报告的人员应当及时予以处理。

A. 煤矿安全监察机构　　B. 地方政府

C. 现场安全生产管理人员　　D. 本单位负责人

73. 生产经营单位的从业人员在作业过程中，应当（　　）。

A. 严格遵守本单位的安全生产规章制度

B. 严格遵守本单位的安全生产操作规程

C. 服从管理

D. 正确佩戴和使用劳动防护用品

74. 生产经营单位应当对从业人员进行安全生产教育和培训，保证从业人员（　　）。未经安全生产教育和培训合格的从业人员，不得上岗作业。

A. 具备必要的安全生产知识

B. 具备必要的企业管理知识

C. 熟悉有关的安全生产规章制度和安全操作规程

D. 掌握本岗位的安全操作技能

75. 在处理冒顶事故中，必须（　　）清理出抢救人员的通道。必要时可以向遇险人员处开掘专用小巷道。

A. 由外向里　　B. 由里向外　　C. 加强支护

76. 瓦斯超限作业，是指有下列情形之一的（　　）。

A. 瓦斯检查员配备数量不足的

B. 不按规定检查瓦斯，存在漏检、假检的

C. 井下瓦斯超限后不采取措施继续作业的

D. 没有预抽瓦斯的

77.《煤矿安全规程》是煤矿安全法律法规体系中一部重要的安全技术规章，以下特点中正确的是（　　）。

A. 强制性　　B. 科学性　　C. 规范性　　D. 灵活性

78. 紧急避险设施应具备（　　）等基本功能，在无任何外界支持的情况下，额定防护时间不低于 96 h。

A. 安全防护　　B. 氧气供给保障　　C. 有害气体去除　　D. 环境监测

E. 通信、照明　　F. 人员生存保障

79. 符合从业条件并经考试合格的特种作业人员，应当向其所在地的考核发证机关申请办理特种作业操作证，并提交（　　）等材料。

A. 身份证复印件　B. 学历证书复印件　C. 体检证明　D. 考试合格证明

E. 户籍证明

80. 矿山企业职工必须遵守有关矿山安全的（　　）。

A. 法律　B. 法规　C. 企业规章制度　D. 标准

81. 煤矿井下安全避险“六大系统”是指（　　）。

A. 监测监控系统　B. 井下人员定位系统

C. 紧急避险系统　D. 压风自救系统

E. 供水施救系统　F. 通信联络系统

G. 运输系统

82. 生产经营单位的从业人员在安全生产方面的权利有（　　）。

A. 了解其作业场所和工作岗位存在的危险因素、防范措施及事故应急措施

B. 对本单位的安全生产工作提出建议

C. 对本单位安全生产工作中存在的问题提出批评、检举、控告

D. 拒绝违章指挥和强令冒险作业

E. 发现直接危及人身安全的紧急情况时，停止作业或者在采取可能的应急措施后撤离作业场所

83. 生产经营单位要加强对生产现场的监督检查，严格惩处（　　）的“三违”行为。

A. 违章指挥　B. 违反交通规则　C. 违反劳动纪律　D. 违章作业

84.《安全生产法》规定，生产经营单位与从业人员订立的劳动合同，应当载明有关保障从业人员（　　）的事项。

A. 工伤社会保险　B. 劳动安全

C. 住房公积金　D. 防止职业危害

85.《劳动法》规定，不得安排未成年人从事（　　）的劳动。

A. 矿山井下　B. 有毒有害

C. 国家规定的第四级体力劳动强度　D. 其他禁忌从事

86. 煤矿企业应当免费为每位职工发放煤矿职工安全手册，煤矿职工安全手册应当载明（　　）。

A. 职工的权利、义务

B. 煤矿重大安全生产隐患的情形

C. 煤矿事故应急保护措施、方法

D. 安全生产隐患和违法行为的举报电话、受理部门

87. 法律规范是由（　　）三个要素构成的。

A. 假定　B. 处理　C. 责任　D. 后果

88. 工伤保险基金的特点是（　　）。

A. 强制性　B. 共济性　C. 协调性　D. 专用性

89. 事故发生单位对较大事故发生负有责任的，处（　　）万元以上（　　）万元以下的罚款。

A. 10　B. 20　C. 30　D. 50

90. 生产安全事故的处理时限为（　　）天，最长不超过（　　）天。

A. 30　　B. 60　　C. 90　　D. 180

E. 360

91. 特别重大事故是指造成（　　）人以上死亡，或者（　　）人以上重伤，或者（　　）元以上直接经济损失的事故。

A. 10　　B. 30　　C. 50　　D. 100

E. 50000　　F. 1 亿

92. 煤矿有重大安全生产隐患之一，仍然进行生产的，对煤矿企业负责人处（　　）万元以上（　　）万元以下的罚款。

A. 3　　B. 5　　C. 10　　D. 15

93. 我国安全生产方针为（　　）。

A. 安全第一　　B. 预防为主　　C. 综合治理　　D. 生产第一

94. 生产经营单位新建、改建、扩建工程项目的安全设施，必须与主体工程（　　）。

A. 同时设计　　B. 同时施工

C. 同时投入生产和使用　　D. 同时经营

95. 追究安全生产违法行为法律责任的形式有（　　）。

A. 行政责任　　B. 民事责任　　C. 经济责任　　D. 刑事责任

96. 劳动争议处理程序（　　）。

A. 协商　　B. 调解　　C. 仲裁　　D. 诉讼

97. 环境保护设施“四同时”是指（　　）。

A. 同时设计　　B. 同时施工

C. 同时投入生产和使用　　D. 同时验收

98. 工伤保险基金的特点是（　　）。

A. 强制性　　B. 共济性　　C. 专用性　　D. 普遍性

99. 煤矿安全监察工作方式有（　　）。

A. 视时监察　　B. 重点监察　　C. 一般监察　　D. 特殊监察

100. 根据生产安全事故造成的人员伤亡或者直接经济损失，事故一般分为以下等级（　　）。

A. 特别重大事故　　B. 重大事故　　C. 较大事故　　D. 一般事故

101. 监控分站必须具有的功能有（　　）。

A. 必须具有馈电状态监测功能

B. 必须具有甲烷超限声光报警、甲烷超限断电闭锁、掘进工作面停风断电闭锁功能

C. 除必须具有甲烷断电仪的全部功能外，还必须具有风电闭锁功能

D. 必须具有甲烷超限声光报警、甲烷超限断电闭锁、甲烷浓度低于复电门限解锁、掘进工作面停风断电闭锁功能

E. 必须具有维持正常工作不小于 2 h 的备用电源

102. 矿井安全监控系统必须具有断电状态和（　　）。

A. 馈电状态监测　　B. 报警　　C. 显示　　D. 存储

E. 打印报表

103. 矿井安全监控系统必须具有（　　）。

A. 甲烷断电仪全部功能　　B. 甲烷风电闭锁全部功能

C. 馈电状态监测功能　　D. 断电与馈电状态不符声光报警功能

E. 带式输送机监控功能

104. 安全监控系统主要由（　　）等部分构成。

A. 监测传感器　　B. 井下分站　　C. 断电器　　D. 信息传输系统

105. 模拟量传感器一般是由（　　）组成。

A. 敏感元件　　B. 转换元件　　C. 测量元件　　D. 电桥

E. 辅助电源

106. 模拟量传感器的主要技术指标有（　　）。

A. 量程　　B. 响应时间　　C. 误码率　　D. 稳定性

E. 基本误差

107. 矿用分站的主要功能应包括（　　）。

A. 模拟量采集及显示　　B. 开关量采集及显示

C. 初始化参数设置和掉电保护　　D. 与传输接口双向通信及工作状态指示

108. 矿用分站的技术指标应包括（　　）。

A. 累计量输入处理误差应不大于 0.5%

B. 模拟量输入与输出处理误差应不大于 0.5%

C. 传感器及执行器至分站之间的传输距离应不小于 2 km

D. 电网停电后，备用电源连续工作时间应不小于 48 h

109. 矿用信息传输接口的技术指标应包括（　　）。

A. 至分站之间最大传输距离不小于 10 km

B. 接口所能接入分站的数量宜在 8、16、32、64、128 中选取

C. 将模拟量信号转换为数字量信号进行传输

D. 独立设备的接口至主机间最大传输距离不小于 5 m

110. 矿用信号转换器的技术指标应包括（　　）。

A. 模拟量频率型信号的频率范围 200 ~ 1000 Hz

B. 模拟量信号转换处理误差应不大于 0.5%

C. 模拟量电流型信号范围 100 ~ 500 mA

D. 信号转换时间应不大于 2 s

111. 掘进工作面甲烷传感器的（　　）。

A. 报警浓度≥1.0% CH_4　　B. 断电浓度≥1.5% CH_4

C. 断电浓度≥1.0% CH_4　　D. 复电浓度<1.0% CH_4

E. 断电范围是掘进巷道内全部非本质安全型电气设备

112. 掘进工作面回风流甲烷传感器的（　　）。

A. 断电浓度≥15% CH_4　　B. 报警浓度≥1.0% CH_4

C. 断电浓度≥10% CH_4　　D. 复电浓度<1.0% CH_4

E. 断电范围是掘进巷道内全部电气设备

113. 甲烷断电仪必须（　　）。

A. 具有甲烷超限声光报警和甲烷超限断电闭锁功能

B. 具有维持正常工作不小于 2 h 的备用电源

C. 具有局部通风机停电、断电闭锁功能

D. 具有掘进工作面停风、断电闭锁功能

E. 由专用变压器、专用开关、专用电缆供电

114. 矿井监控系统软件应具有（　　）功能。

A. 断电显示　　B. 断电记录查询显示

C. 实时显示　　D. 统计值记录查询显示

115. 监控系统的列表显示功能中模拟量及相关显示内容包括（　　）等。

A. 地点、名称、单位　　B. 报警门限、断电门限、复电门限

C. 监测值、最大值、最小值、平均值　　D. 工作时间

116. 监控系统列表显示功能开关量显示内容包括（　　）等。

A. 地点、名称　　B. 开/停时刻、状态

C. 馈电状态　　D. 开停次数

117. 监控系统列表显示功能中累计量显示内容包括（　　）等。

A. 地点　　B. 名称　　C. 开停次数　　D. 累计量值

118. 监控系统开关量状态图及柱状图显示功能所显示的内容包括（　　）等。

A. 地点、名称　　B. 最后一次开/停时刻和状态

C. 工作时间　　D. 开机率

119. 监控系统设备布置图显示功能能显示（　　）等设备的名称、相对位置和运行状态。

A. 传感器　　B. 分站

C. 电源箱　　D. 传输接口和电缆

120. 监控主机界面下主菜单显示的内容包括（　　）等内容。

A. 参数设置　　B. 页面编制　　C. 控制　　D. 列表显示

121. 下列哪些属于矿用车载式甲烷断电仪应具有的基本功能（　　）。

A. 故障状态显示　　B. 报警

C. 断电闭锁和解锁　　D. 馈电检测

122. 矿用车载式甲烷断电仪闭锁后，在下列哪些情况下应能自动解锁（　　）。

A. 电源断电时

B. 被测甲烷浓度降到预置解锁点时

C. 排除故障恢复正常运行并达到稳定时

D. 送电 1 min 后正常运行时

123. 矿井安全监控系统要求下列哪些设备必须设置开停传感器（　　）。

A. 主要通风机　　B. 局部通风机

C. 架线电机车　　D. 瓦斯断电仪

124. 开采容易自燃、自燃煤层的矿井，应在下列（　　）设置一氧化碳传感器。

A. 进风巷　　B. 采区回风巷　　C. 一翼回风巷　　D. 总回风巷

125. 开采容易自燃、自燃煤层的采煤工作面必须至少设置 1 个一氧化碳传感器，地

点可在（　　）中任选。

A. 上隅角　　B. 进风巷

C. 采煤工作面中部　　D. 工作面回风巷

126. 矿井安全监控系统应在（　　）上方设置甲烷传感器。

A. 提升机　　B. 井下煤仓

C. 地面选煤厂煤仓　　D. 带式输送机

127. 隔爆兼本质安全型防爆电源严禁设置在下列区域（　　）。

A. 断电范围内　　B. 采煤工作面和回风巷内

C. 采区变电所　　D. 掘进工作面内

128. 采用涡街原理的矿用风速传感器测量范围为（　　）。

A. 0.1 ~ 10 m/s　　B. 0.2 ~ 8 m/s

C. 0.4 ~ 15 m/s　　D. 0.5 ~ 25 m/s

129. 下列哪些属于矿井安全监控设备的调校内容（　　）。

A. 零点　　B. 显示值　　C. 零漂　　D. 报警点

E. 断电点

130. 矿井安全监控系统在用低浓度载体催化式甲烷传感器的调校程序主要包括（　　）。

A. 空气样用橡胶软管连接传感器气室。调节流量控制阀，把流量调节到传感器说明书规定值

B. 调校零点，范围控制在 0 ~ 0.03% CH_4 之内

C. 校准气瓶流量计出口用橡胶软管连接传感器气室

D. 打开气瓶阀门，先用小流量向传感器缓慢通入 1% ~ 2% CH_4 校准气体，在显示值缓慢上升的过程中，观察报警值和断电值。然后，调节流量控制阀，把流量调节到传感器说明书规定的流量，使其测量值稳定显示，持续时间大于 90 s。使显示值与校准气浓度值一致。若超差应更换传感器，预热后重新测试

E. 在通气的过程中，观察报警值、断电值是否符合要求，注意声、光报警和实际断电情况。当显示值小于 1.0% CH_4 时，测试复电功能。测试结束后关闭气瓶阀门

131. 下列人员入井必须携带便携式甲烷报警仪或数字式甲烷报警矿灯（　　）。

A. 矿长　　B. 矿技术负责人　　C. 采掘区队长　　D. 水泵司机

132. 矿井应建立的安全监控账卡和记录包括（　　）。

A. 设备管理台账　　B. 中心站运行记录

C. 传感器校正记录　　D. 进班会议记录

133. 对矿井监控系统软件性能方面有哪些要求（　　）。

A. 实时性　　B. 死机率　　C. 中文功能　　D. 自检功能

134. 按通信距离划分，计算机网络可分为（　　）。

A. 局域网　　B. 城域网　　C. 宽带网　　D. 广域网

135. 矿井监控系统应具有人机对话功能，是为便于（　　）。

A. 系统生成　　B. 参数修改　　C. 功能调用　　D. 控制命令调用

136. 安全监控设备的调校包括（　　）、复电点等。

A. 零点　B. 显示值　C. 报警点　D. 断电点

137. 煤矿安全监控系统网络结构是指（　　）之间的相互连接关系。

A. 分站与分站　B. 中心站与网络终端

C. 分站与传感器　D. 分站与中心站

138. 采区设计及采掘作业规程必须对安全监控设备的（　　）做出明确规定。

A. 种类　B. 数量　C. 位置　D. 控制区域

139. 监控分站内部功能有（　　）。

A. 数据储存　B. 数据显示　C. 系统供电　D. 系统自动复位

140. 安全监测系统必须由现场设备完成甲烷浓度（　　）控制功能。

A. 断电　B. 复电　C. 超限声光报警　D. 测定

141. 安全监控系统主要由主机，传输接口（　　）电源箱、电缆、接线盒、避雷器和其他必要设备组成。

A. 分站　B. 软件　C. 执行器　D. 传感器

142. 一氧化碳传感器的类型有（　　）。

A. 电化学式　B. 红外线吸收式

C. 热导式　D. 催化氧化式

143. 安全监控系统是一个分布式计算机网络，一般由（　　）三大部分组成。

A. 地面设备　B. 井下设备　C. 连接它们的传输网络

144. 按照《煤矿瓦斯抽采达标暂行规定》的要求，煤矿瓦斯抽采应当坚持（　　）的原则。

A. 应抽尽抽　B. 多措并举　C. 抽掘采平衡

145. 根据矿用防爆开关与断电仪或监测仪距离的远近，断电控制分为（　　）。

A. 就地断电　B. 远程断电　C. 有限断电　D. 无限断电

146. 矿用低压防爆开关有（　　）。

A. 隔爆型馈电开关　B. 隔爆型磁力起动器

C. 隔爆型兼本质安全型磁力起动器

147. 煤矿安全监测监控技术的发展趋势是（　　）。

A. 数字化监控技术　B. 矿井工业以太网技术

C. 综合监测监控技术　D. 专项深度监测监控技术

148. 长壁工作面必须安装甲烷传感器的位置是（　　）。

A. 采煤工作面的上隅角　B. 进风巷

C. 回风巷　D. 工作面下端

149. KG9701 型智能低浓度甲烷传感器可实现如下功能（　　）。

A. 自动报警　B. 就地显示甲烷浓度

C. 超限断电　D. 自动复电

150. 煤矿安全监控系统应当具有哪些调节功能（　　）。

A. 自动　B. 手动　C. 就地　D. 异地

151. 中心站手动遥控断电/复电功能是防止瓦斯超限违章作业的措施，下列哪种说法正确（　　）。

A. 当瓦斯超限时，中心站值班人员可通过系统切断有关区域的电源

B. 待瓦斯浓度降低，通风系统工作正常后，中心站值班人员可通过系统遥控有关区域复电

C. 中心站手动遥控断电/复电功能由中心站发送命令，传输系统传至相应分站

D. 断电/复电响应时间可以大于系统巡检周期

152. 监控系统软件的显示功能包括（　　）。

A. 系统具有列表显示功能

B. 系统在同一时间坐标上，不能同时显示模拟量曲线和开关状态图等

C. 系统具有模拟量实时曲线和历史曲线显示功能

D. 系统具有开关量状态图及柱状图显示功能

153. 模拟量数据表格显示包括的内容有（　　）。

A. 机电设备运行时间　　B. 传感器设置地点

C. 传感器所测物理量　　D. 报警/解除报警状态及时刻

154. 开关量状态表格显示包括的内容有（　　）。

A. 所监测设备地点　　B. 所监测设备名称

C. 状态变动时刻　　D. 报警/解除报警时刻

155. 通风系统模拟图显示包括的内容有（　　）。

A. 能够说明通风系统网络及设备配置的模拟图

B. 根据实时监测到的开关量状态，实时显示通风网络风流、设备工况

C. 能够说明瓦斯抽放系统管路和设备配置的模拟图等

D. 在相应位置实时数字显示甲烷浓度风速（或风量）、风压、一氧化碳温度等

156. 网络中心值班人员发现煤矿安全监控系统通信中断或出现无记录情况，应做到（　　）。

A. 必须查明原因　　B. 根据具体情况下达处理意见

C. 处理情况记录备案　　D. 上报值班领导

157. 每次使用前，用户首先必须进行的检查有（　　）。

A. 严格按照说明中规定的要求仔细检查分站内外的各插头是否有松动

B. 引入的交流电压等级与分站电源箱接线端子上所标电压等级是否相符

C. 连接是否正确，各种接线是否准确无误

D. 检查电路板上的所有 IC 芯片和继电器是否松动、接触不良

158. 分站外接电源输入时，应注意（　　）。

A. 分站的交流接线端端子上都有明显的电源等级标志

B. 分站的交流接线端分为不同电源等级三种

C. 可以选择相近的接线端子连接

D. 选择与外接交流电源电压等级相同的接线端子，可靠与外接交流电源相接

159. 井下分站的作用有（　　）。

A. 可挂接多种传感器，能对井下多种环境参数进行连续监测

B. 具有多通道、多制式的信号采集功能和通信功能

C. 将监测到的各种环境参数、设备状态传送到地面中心站

D. 处理各类信号和命令，发出报警和断电控制信号

160. 井下分站应具备如下哪些功能（　　）。

A. 开机自检和本机初始化功能　　B. 通信测试功能

C. 死机后自动停机且通知中心站　　D. 分站本身具备超限报警功能

161. 分站的使用范围有（　　）。

A. 煤矿井下所有存在瓦斯或煤尘爆炸危险的场所

B. 地面中心站中需要报警显示的场所

C. 煤矿井下所有需要使用传感器监测、监控各种有毒有害气体的地方及场所

D. 煤矿井下所有需要使用传感器监测、监控设备运行状态的地方及场所

162. 有关分站信号端口的说法正确的是（　　）。

A. 分站的模拟量端口与开关量端口不能互换

B. 分站具有模拟量端口与开关量端口

C. 分站可以有多个模拟量端口与开关量端口，还有断电控制口和通信口等

D. 分站只有模拟量端口与开关量端口

163. 分站本身的断电控制功能有（　　）。

A. 无线控制　　B. 手动控制　　C. 自动控制　　D. 异地控制

164. 模拟信号的数字化需要三个步骤（　　）。

A. 调制　　B. 采样　　C. 量化　　D. 编码

165. 在矿井信息传输系统中，一般采用的纠错方法是（　　）。

A. 多次发送，取其平均值　　B. 择多判决

C. 前向纠错　　D. 混合纠错

166. 设计传输技术应考虑传输介质的特征有（　　）。

A. 带宽　　B. 误码率

C. 信号的传输距离　　D. 安全

167. 多路复用技术过程是（　　）。

A. 将模拟信号转换成二进制编码　　B. 在发送端将多路信号进行组合

C. 在一条专用的物理信道上实现传输　　D. 在接收端再将复合信号分离出来

168. 光纤作为传输介质的主要优点是（　　）。

A. 传输频带宽　　B. 需要经过额外的光/电转换过程

C. 抗电磁干扰能力强　　D. 传输距离长

169. 串行传输较并行传输的优点有（　　）。

A. 单次传输数据多　　B. 其频率可以很高

C. 电路简单　　D. 占用传输信道少，系统投资较低

170. 下面属于 KJ01N－F1 型矿用监控分站与传感器的配接正确的有（　　）。

A. 四模四开　　B. 三模四开　　C. 三模五开　　D. 二模二十开

171. 下面属于 KJ10N－F1 矿用监控分站作为甲烷风电闭锁装置的设备有（　　）。

A. KJ101－45 型甲烷传感器　　B. KCT8 型开停传感器

C. KJ10N－GD 型继电器箱　　D. KJF19 型矿用检测仪

172. 下面属于 KJF9 控制工作设备的有（　　）。

A. 两模十六开　　B. 两模两开　　C. 四模　　D. 三模八开

173. K101N－J 型矿用信息传输口实行双通信口，在双机热备份情况下连接线正确的是（　　）。

A. 外置接口的 RS232 串行口 1 与监控主机（备机）相连

B. 外置接口的 RS232 串行口 2 与监控备机（主机）相连

C. 外置接口的 RS232 串行口 2 与监控主机（备机）相连

D. 外置接口的 RS232 串行口 1 与监控备机（主机）相连

174. 在 KJ101N 型煤矿安全监控系统标准配置中应有（　　）等。

A. 打印机　　B. 远程终端　　C. UPS 电源　　D. 线路避雷器

175. KJ101N－F1 型矿用监测分站设有 8 个信号入口，其中（　　）个定义为模拟量传感器信号输入端口；（　　）个开关量传感器信号输入端口，并且每个模拟量端口可以进行扩充为（　　）个开关量传感器。

A. 6　　B. 4　　C. 2　　D. 8

176. 用户体系统易遭雷击，会形成不同程度的损坏，严格讲并非是雷电直接进入了监测系统中，绝大部分都是雷电中的（　　）造成。

A. 直击雷　　B. 感应雷　　C. 静电感　　D. 电感应

177. AQ 6201—2006 标准规定了安全监控系统的性能要求，关于闭锁功能要求描述正确的有（　　）。

A. 停风闭锁

B. 监控分站掉电后，应能停留在断电闭锁有效状态

C. 监控分站断电控制失效后，分站应能发出声光报警

178. 矿井监测监控系统的正常应用要做到（　　）。

A. 正确的系统设计　　B. 监控设备的规范安装

C. 监控系统的日常维护使用　　D. 监控系统完善的售后服务

179. 隔爆兼本质安全型防爆电源严禁设置在下列区域（　　）。

A. 低瓦斯和高瓦斯矿井的采煤工作面和回风巷内

B. 煤与瓦斯突出矿井的采煤工作面进风巷和回风巷

C. 掘进工作面内　　D. 中央变电所

180. 安全测控仪器符合（　　）情况者，可以报废。

A. 设备老化、技术落后或超过规定使用年限的

B. 严重失爆不能修复的

C. 使用单位无法判断如何修复的

D. 国家或有关部门规定应淘汰的

181. 煤矿应建立监测监控的（　　）账卡及报表。

A. 检修记录　　B. 中心站运行日志

C. 报警断电记录月报　　D. 安全测控仪器使用情况月报等

182. 关于监测监控系统必要的相关图件有（　　）。

A. 井上下对照图　　B. 通风系统图

C. 安全测控布置图　　D. 断电控制图

183. 关于监控系统数据备份及资料保存说法正确的是（　　）。

A. 煤矿安全监控系统和网络中心应每3个月对数据进行备份

B. 图纸技术资料的保存时间应不少于2年

C. 煤矿安全监控系统和网络中心应每2年对数据进行备份

D. 图纸、技术资料的保存时间应不少于3个月

184. 安全生产许可证颁发管理机关在监督检查中，发现企业不再具备本条例规定的安全生产条件的，必须及时予以处理。处理的方式有（　　）。

A. 暂扣企业的安全生产许可证

B. 没收企业的安全生产许可证

C. 吊销企业的安全生产许可证

D. 注销企业的安全丰产许可证

185. 劳动者享有了解工作场所产生或者可能产生的（　　）和应当采取的职业病防护措施，要求用人单位提供符合防治职业病要求的职业病防护设施和个人使用的职业病防护用品，改善工作条件。

A. 职业病危害因素　　B. 先天性遗传疾病危害后果

C. 先天性遗传疾病危害因素　　D. 职业病危害后果

186. 煤炭生产应当依法在批准的开采范围内进行，不得超越批准的开采范围（　　）开采。

A. 越界　　B. 越层　　C. 越煤种　　D. 越能力

187. 生产经营单位负责人接到事故报告后，应当（　　），并按照国家有关规定立即如实报告当地负有安全生产监督管理职责的部门，不得隐瞒不报、谎报或者拖延不报，不得故意破坏事故现场、毁灭有关证据。

A. 迅速采取有效措施　　B. 组织抢救

C. 防止事故扩大　　D. 减少人员伤亡和财产损失

188. 《安全生产法》规定：国家对在（　　）等方面取得显著成绩的单位和个人，给予奖励。

A. 改善安全生产条件　　B. 防止生产安全事故

C. 参加抢险救护　　D. 改善职工待遇

189. 以下属于《国务院关于预防煤矿生产安全事故的特别规定》所列举的重大安全生产隐患和行为的有（　　）。

A. 超能力、超强度或者超定员组织生产的

B. 瓦斯超限作业的

C. 煤与瓦斯突出矿井，未依照规定实施防突出措施的

D. 高瓦斯矿井未建立瓦斯抽放系统和监控系统，或者瓦斯监控系统不能正常运行的

190. 根据《安全生产法》的规定，煤矿企业与从业人员订立的劳动合同，应当载明有关（　　）等事项。

A. 政治待遇　　B. 保障从业人员劳动安全

C. 生活福利　　D. 防止职业危害

191. 根据《矿山安全法》之规定，作为矿长，必须经过考核，（　　）。

A. 具备安全专业知识　　B. 具备市场经济知识

C. 具有领导安全生产的能力　　D. 具有处理矿山事故的能力

192. 重大危险源，是指长期地或者临时地（　　）危险物品，且危险物品的数量等于或者超过临界量的单元（包括场所和设施）。

A. 生产　　B. 搬运　　C. 使用　　D. 储存

193. “三同时”是指建设项目的安全设施，必须与主体工程同时（　　）。

A. 设计　　B. 施工

C. 纳入概算　　D. 投入生产和使用

194. 生产经营单位的从业人员有权（　　）。

A. 了解其作业场所和工作岗位存在的危险因素、防范措施及事故应急措施

B. 对本单位的安全生产工作提出建议

C. 对本单位安全生产工作中存在的问题提出批评、检举、控告

D. 拒绝违章指挥和强令冒险作业

195. 被责令停产整顿的煤矿擅自从事生产的，县级以上地方人民政府负责煤矿安全生产监督管理的部门、煤矿安全监察机构应当提请有关地方人民政府（　　）；构成犯罪的，依法追究刑事责任。

A. 予以关闭　　B. 没收违法所得

C. 没收开采出的煤炭以及采掘设备　　D. 并处违法所得 1 倍以上 5 倍以下的罚款

196. 属于规章范畴的有（　　）。

A.《煤矿安全规程》

B.《煤矿安全监察条例》

C.《安全生产违法行为行政处罚办法》

D.《安全生产许可证条例》

197. 煤矿安全监察机构发现煤矿使用不符合国家安全标准或者行业安全标准的（　　）责令限期改正或者立即停止使用。

A. 设备　　B. 器材　　C. 仪器　　D. 仪表

198. 安全生产许可证有效期满未办理延期手续继续进行生产的，进行以下处罚：（　　）。

A. 责令停止生产　　B. 限期补办延期手续

C. 没收违法所得　　D. 罚款 50 万元

199. 煤矿安全监察员发现煤矿使用的（　　）不符合国家安全标准或者行业安全标准的，有权责令其停止使用。

A. 设施　　B. 设备

C. 器材　　D. 劳动防护用品

200. 开办煤矿企业，应当具备有计划开采的（　　）等条件。

A. 矿区范围　　B. 开采范围

C. 资源综合利用方案　　D. 土地复垦方案

201. 事故调查处理应当按照实事求是、尊重科学的原则，及时、准确地（　　），并对事故责任者提出处理意见。

A. 查清事故原因　　B. 查明事故性质和责任

C. 总结事故教训　　D. 提出整改措施

202. 煤矿安全治理，要坚持（　　）。

A. 依法办矿　　B. 依法管矿

C. 依法纳税　　D. 依法治理安全

203. 根据《安全生产法》的规定，生产经营单位的主要负责人对本单位安全生产工作所负的职责包括（　　）。

A. 建立、健全本单位安全生产责任制

B. 组织制定本单位安全生产规章制度和操作规程

C. 绿化矿区、美化环境

D. 保证本单位安全生产投入的有效实施

204. 《国务院关于预防煤矿生产安全事故的特别规定》规定：关闭煤矿应当达到的要求包括（　　）。

A. 停止一切物资供应

B. 停止车辆通行

C. 封闭、填实矿井井筒，平整井口场地，恢复地貌

D. 妥善遣散从业人员

205. 煤矿发生事故，有下列（　　）情形之一的，依法追究法律责任。

A. 不按照规定及时、如实报告煤矿事故的

B. 伪造、故意破坏煤矿事故现场的

C. 阻碍、干涉煤矿事故调查工作的

D. 拒绝接受调查取证、提供有关情况和资料的

206. 根据《矿山安全法》之规定，作为矿山企业安全工作人员，必须具备（　　）。

A. 必要的安全专业知识　　B. 市场经济知识

C. 矿山安全工作经验　　D. 社会工作经验

207. 现阶段人们常说的“三项岗位人员”是指企业（　　）。

A. 主要负责人　　B. 安全生产管理人员

C. 特种作业人员　　D. 从业人员

208. 负责煤矿有关证照颁发的部门应当责令煤矿立即停止生产并提请县级以上地方人民政府予以关闭煤矿的情形有（　　）。

A. 煤矿经整顿仍然达不到安全生产标准、不能取得安全生产许可证的

B. 责令停产整顿后擅自进行生产的；无视政府安全监管，拒不进行整顿或者停而不整、明停暗采的

C. 煤矿 3 个月内 2 次或者 2 次以上发现有重大安全生产隐患，仍然进行生产的

D. 煤矿停产整顿验收不合格的

209. 煤矿企业必须严格执行有关煤矿安全的（　　）。

A. 国际标准　　B. 企业标准　　C. 国家标准　　D. 行业标准

210. 生产经营单位主要负责人在本单位发生重大生产安全事故时，不立即组织抢救或者在事故调查处理期间擅离职守或者逃匿的，给予降职、撤职的处分，对逃匿的处十五

日以下拘留；构成犯罪的，依照刑法有关规定追究刑事责任。生产经营单位主要负责人对生产安全事故（　　）的，依照前款规定处罚。

A. 隐瞒不报　　B. 多报　　C. 谎报　　D. 拖延不报

211.《国务院关于预防煤矿生产安全事故的特别规定》规定：县级以上地方人民政府负责煤矿安全生产监督管理的部门、煤矿安全监察机构在监督检查中，（　　），应当提请有关地方人民政府对该煤矿予以关闭。

A. 1 年内 3 次或者 3 次以上发现煤矿企业未依照国家有关规定对井下作业人员进行安全生产教育和培训的

B. 1 个月内 3 次或者 3 次以上发现煤矿企业未依照国家有关规定对井下作业人员进行安全生产教育和培训的

C. 1 个月内 3 次或者 3 次以上发现煤矿企业特种作业人员无证上岗的

D. 1 年内 3 次或者 3 次以上发现煤矿企业特种作业人员无证上岗的

212. 建立健全（　　）是党和国家在安全生产方面对各类生产经营单位的基本政策要求，同时也是生产经营企业的自身需求。

A. 安全生产责任制　　B. 业务保安责任制

C. 工种岗位安全责任制　　D. 经营目标责任制

213. 生产经营单位应当具备的安全生产条件所必需的资金投入，由生产经营单位的（　　）予以保证，并对由于安全生产所必需的资金投入不足导致的后果承担责任。

A. 决策机构　　B. 中介机构

C. 主要负责人　　D. 个人经营的投资人

214. 煤矿安全监察机构发现煤矿作业场所有下列（　　）情形之一的，应当责令立即停止作业，限期改正；有关煤矿或其作业场所经复查合格的，方可恢复作业。

A. 未使用专用防爆电气设备　　B. 未使用专用起爆器

C. 未使用人员专用升降容器　　D. 使用明火明电照明

215. 工会依法组织职工参加本单位安全生产工作的（　　），维护职工在安全生产方面的合法权益。

A. 民主管理　　B. 安全管理　　C. 民主监督　　D. 生产管理

216.《国务院关于预防煤矿生产安全事故的特别规定》规定：煤矿企业职工安全手册应当载明（　　）。

A. 职工的权利、义务

B. 煤矿重大安全生产隐患的情形

C. 煤矿重大安全生产隐患的应急保护措施、方法

D. 安全生产隐患和违法行为的举报电话、受理部门

217. 国家依法保护煤炭资源，禁止任何（　　）煤炭资源的行为。

A. 乱采　　B. 滥挖　　C. 破坏　　D. 浪费

218. 保证安全投入是实现安全生产的重要条件和基础，煤矿企业必须做到（　　）。

A. 量力而行　　B. 依法保证投入资金渠道

C. 保证资金投入额度　　D. 专款专用

219. 煤矿安全生产管理工作中，人们常说反“三违”。“三违”行为是指（　　）。

A. 违章指挥　　B. 违反道德　　C. 违章作业　　D. 违反劳动纪律

220. 事故调查处理中坚持的原则是（　　）。

A. 事故原因没有查清不放过　　B. 责任人员没有处理不放过

C. 有关人员没有受到教育不放过　　D. 整改措施没有落实不放过

221. 根据《安全生产法》的规定和要求，从业人员有义务（　　）。

A. 接受安全生产教育和培训　　B. 掌握本职工作所需的安全生产知识

C. 提高安全生产技能　　D. 增强事故预防和应急处理能力

222. 设立矿山企业，必须符合国家规定的资质条件，并依照法律和国家有关规定，由审批机关对其矿区范围、矿山设计或者（　　）和环境保护措施等进行审查；审查合格的，方予批准。

A. 开采方案　　B. 生产技术条件　　C. 地质报告　　D. 安全措施

223. 危险物品，是指（　　）等能够危及人身安全和财产安全的物品。

A. 易燃易爆物品　　B. 危险化学品　　C. 放射性物品　　D. 易碎品

224. 企业安全生产民主监督的主要形式有（　　）。

A. 职工代表大会　　B. 企业工会组织

C. 群众安全监督检查网（岗）　　D. 协会、学会

225. 国务院制定《国务院关于预防煤矿生产安全事故的特别规定》的根本目的是（　　）。

A. 及时发现并排除煤矿安全生产隐患

B. 落实煤矿安全生产责任制

C. 预防煤矿生产安全事故发生

D. 保障职工的生命安全和煤矿安全生产

226. 煤矿企业安全生产管理人员是指（　　）。

A. 分管安全生产工作的副董事长、副总经理、副局长、副矿长、总工程师、副总工程师

B. 安全生产管理机构负责人及管理人员

C. 生产、技术、通风、机电、运输、地测、调度等职能部门（含煤矿井、区、科、队）的负责人

D. 分管安全生产工作的技术负责人

227. 应急救援的基本任务是（　　）。

A. 及时营救遇难人员　　B. 及时控制危险源

C. 清除事故现场危害后果　　D. 查清事故原因，评估危害程度

228. 一氧化碳是有害气体，应该加以重点监控。井下一氧化碳的来源有（　　）。

A. 煤的氧化、自燃及火灾　　B. 爆破

C. 瓦斯、煤尘爆炸　　D. 朽烂的木质材料

229. 在煤矿井下的应急救援预案中，安全撤退人员的具体措施是（　　）。

A. 通知和引导人员撤退　　B. 控制风流

C. 为灾区创造自救条件　　D. 建立井下保健站

230. 矿井火灾时期风流控制包括（　　）。

A. 风量控制　　B. 风向控制　　C. 风阻　　D. 通风设施

231. 瓦斯、煤尘爆炸事故的抢险救灾决策前，必须分析判断的内容有（　　）。

A. 是否切断灾区电源　　B. 是否会诱发火灾和连续爆炸

C. 通风系统的破坏程度　　D. 可能的影响范围

232. 被视为重大危险源的矿井有（　　）。

A. 高瓦斯矿　　B. 煤与瓦斯突出的矿

C. 煤层自然发火期小于等于 8 个月的矿　　D. 水文地质条件极复杂的矿

233. 开采容易自然发火煤层时，必须对采空区采取预防性灌浆或（　　）等防火措施。

A. 注阻化泥浆　　B. 喷洒阻化剂　　C. 加快回采速度　　D. 注惰性气体

234. 避免火风压造成风流逆转的主要措施有（　　）。

A. 积极灭火，控制火势　　B. 正确调度风流，避免事故扩大

C. 减小排烟风路阻力　　D. 现场建立可视监测系统

235. 处理上山巷道水灾时，应注意下列事项（　　）。

A. 检查并加固巷道支护，防止二次透水、积水和淤泥的冲击

B. 透水点下方要有能存水及存沉积物的有效空间，否则人员要撤到安全地点

C. 保证人员在作业中的通信联系和退路安全畅通

D. 指定专人检测风量和风流变化情况

236. 井下不同地点的硐室发生火灾，采取的方法和措施正确的是（　　）。

A. 爆炸材料库着火时，应首先将雷管运出，然后将其他爆炸材料运出；因高温运不出时，应关闭防火门，退至安全地点

B. 绞车房着火时，应将火源下方的矿车固定，防止烧断钢丝绳造成跑车伤人

C. 蓄电池电机车库着火时，必须切断电源，采取措施，防止氢气爆炸

D. 水泵房电气设备发生火灾时，当即用水浇火点

237. 重大危险源控制系统由以下（　　）部分组成。

A. 重大危险源的辨识　　B. 重大危险源的评价

C. 重大危险源的管理　　D. 事故应急救援预案

238. 应急救援预案能否在应急救援中成功发挥作用，不仅取决于应急预案自身的完善程度，还取决于应急准备得充分与否。应急准备应包括（　　）。

A. 各应急组织及其职责权限的明确

B. 准备应急救援法律法规

C. 公众教育、应急人员的培训和预案演练

D. 应急资源的准备

239. 矿山救护队处理事故时，井下基地应设在靠近灾区的安全地点，并应有（　　）。

A. 直通指挥部和灾区的通信设备　　B. 安全员

C. 电钳工　　D. 值班医生

240. 瓦斯突出引起火灾时，要采用（　　）灭火。

A. 综合　　B. 惰性气体　　C. 水　　D. 灭火器

241. 处理井下火灾应遵循的原则是（　　）。

A. 控制烟雾的蔓延，防止火灾扩大　　B. 防止引起瓦斯或煤尘爆炸

C. 尽量采用综合灭火　　D. 保障救护人员安全

242. 处理瓦斯、煤尘爆炸事故时，救护队的主要任务是（　　）。

A. 注意瓦斯变化，采取风流短路措施　　B. 积极抢救遇险人员

C. 清理灾区堵塞物　　D. 扑灭因爆炸产生的火灾

243. 在（　　）情况下采用隔绝方法或综合方法灭火。

A. 缺乏灭火器材或人员时

B. 水源、人力、物力充足时

C. 用积极方法无效或直接灭火对人员有危险时

D. 采用直接灭火不经济时

244. 抢救被埋、被堵人员时，首先用（　　）等方法判断遇险人员位置。

A. 掘小巷　　B. 呼喊、敲击　　C. 临时支护　　D. 生命探测仪器

245. 遇有（　　）等危险的灾区，在需救人的情况下，经请示救援指挥部同意后，指挥员才有权决定小队进入，但必须采取有效措施，保证小队安全。

A. 高温　　B. 片帮　　C. 水淹　　D. 塌冒

246. 煤尘爆炸后的主要特征是（　　）。

A. 产生大量一氧化碳　　B. 产生皮渣与黏块

C. 产生大量氨气　　D. 产生大量硫化氢气体

247. 烧伤的急救原则是（　　）。

A. 消除致病原因　　B. 使创面不受污染

C. 防止进一步损伤　　D. 大量使用抗生素

248. 口对口人工呼吸时，吹气的正确方法是（　　）。

A. 病人口唇包裹术者口唇　　B. 闭合鼻孔

C. 吹气量至胸廓扩张时止　　D. 每次吹气量 500 mL

249. 现场止血的方法有（　　）。

A. 直接压迫止血法　　B. 动脉行径按压法

C. 止血带止血法　　D. 填塞法

250. 人工呼吸包括（　　）方式。

A. 口对口人工呼吸　　B. 口对鼻人工呼吸

C. 侧卧对压法　　D. 仰卧压胸法

251. 以下关于胸外心脏按压术说法正确的是（　　）。

A. 伤员仰卧于地上或硬板床上

B. 按胸骨正中下 1/3 处

C. 按压深度 4 ~ 5 cm（有胸骨下陷的感觉即可）

D. 按压应平稳而有规律地进行，不能间断

252. 现场人员停止心肺复苏的条件（　　）。

A. 威胁人员安全的现场危险迫在眼前　　B. 出现微弱自主呼吸

C. 呼吸和循环已有效恢复　　D. 由医师或其他人员接手并开始急救

253. 关于对烧伤人员的急救正确的是（　　）。

A. 迅速扑灭伤员身上的火，尽快脱离火源，缩短烧伤时间

B. 立即检查伤员伤情，检查呼吸、心跳

C. 防止休克、窒息、疮面污染

D. 用较干净的衣服把伤面包裹起来，防止感染，并把严重伤员尽快送往医院；搬运时，动作要轻、稳

254. 对触电者的急救以下说法正确的是（　　）。

A. 立即切断电源，或使触电者脱离电源

B. 迅速测量触电者体温

C. 用干净衣物包裹创面

D. 迅速判断伤情，对心搏骤停或心音微弱者，立即进行心肺复苏

255. 关于搬运的原则，以下说法正确的是（　　）。

A. 必须在原地检伤

B. 呼吸、心搏骤停者，应先行复苏术，然后再搬运

C. 对昏迷或有窒息症状的伤员，肩要垫高，头后仰，面部偏向一侧或侧卧位，保持呼吸道畅通

D. 一般伤员可用担架、木板等搬运

256. 使用止血带应注意（　　）。

A. 扎止血带时间越短越好　　B. 必须做出显著标志，注明使用时间

C. 避免勒伤皮肤　　D. 缚扎部位尽量靠近伤口以减少缺血范围

257. 保持呼吸道畅通的方法有（　　）。

A. 头后仰　　B. 稳定侧卧法　　C. 托颌牵舌法　　D. 击背法

258. 瓦斯抽放泵站的抽放泵吸入管路中应设置（　　）。

A. 甲烷传感器　　B. 流量传感器　　C. CO 传感器　　D. 温度传感器

E. 压力传感器

259. KJ306－F(16)H 矿用本安型分站主通讯支持下列哪些方式（　　）。

A. RS485　　B. 以太网光口　　C. 以太网电口　　D. 以太网高频载波

E. WiFi 无线信号

260. KGD3/660 矿用馈电断电器的馈电方式有（　　）。

A. 电压馈电　　B. 电流馈电　　C. 触点馈电　　D. 电磁检测

E. 红外检测

261. 关于 GJC4 矿用低浓度甲烷传感器的说法正确的是（　　）。

A. 量程范围为 0～4%　　B. 量程范围为 0～40%

C. 检测原理采用热导原理　　D. 检测原理采用催化原理

E. 检测原理采用红外测量原理

262. KJ73X 系统软件具有下列哪些报警提示方式（　　）。

A. 语音报警　　B. 图文弹窗　　C. 声光报警　　D. 人工智能报警

E. 振动提示

263. KJ73X 系统软件支持下列哪些功能（　　）。

A. 传感器未标校提醒　　B. 智能电源箱
C. 分站中断控制　　D. 交换机自动定义
E. 传感器自动识别

264. KJJ177 矿用本安型交换机按照组环方式可组成哪几种环网（　　）。
A. 单环　　B. 相切环　　C. 相交环　　D. 复合环
E. 链路环

265. KJ306－F(16)H 矿用本安型分站可以有多种通信方式，其中可能存在的通信机制有（　　）。
A. 主从轮询　　B. 多主并发　　C. 主动上传
D. 基于 TCP/IP 以太网　　E. 多主仲裁

266. GKT5 矿用设备开停传感器支持的输出信号制式有（　　）。
A. 200～1000 Hz　　B. 4～20 mA　　C. 1 mA/5 mA　　D. CAN
E. RS485

267. KJJ177 矿用本安型交换机是一款数据交换及信号转换设备，支持的信号转换方式有（　　）。
A. CAN 总线转以太网电口　　B. 以太网电口转以太网光口
C. RS485 总线转以太网电口　　D. VDSL 高频载波(双绞线)转以太网电口
E. PLC 高频载波（双绞线）转以太网电口

268. 监控系统中表示模拟量的信号可以是（　　）。
A. 模拟信号　　B. 数字信号　　C. 无线信号　　D. 光电信号

269. 矿用传感器供电方式有（　　）。
A. 内部供电　　B. 外部供电　　C. 无线供电　　D. 永久供电

270. 在矿井监控系统中，被测物理量可分为（　　）。
A. 开关量　　B. 模拟量　　C. 数字量

271. 在矿井监控系统中，开关量就是只取（　　）状态的物理量。
A. 开　　B. 停　　C. 控制　　D. 显示

272. 一氧化碳传感器按其工作原理可分为（　　）等。
A. 电化学式　　B. 红外吸收式　　C. 半导体　　D. 超声波

273. 矿井安全监控系统必须具有断电状态和（　　）功能。
A. 馈电状态监测　　B. 报警　　C. 显示　　D. 存储
E. 打印报表

274. 以下场所哪些应增设甲烷传感器（　　）。
A. 施工防突钻孔时，须在钻机下风侧 5～10 m 处
B. 长距离掘进的煤巷，每达 500 m 时增设一个甲烷传感器
C. 采动卸压带、地质构造带
D. 采掘面过老巷、采空区、钻场

275. 下列（　　）情况下，必须立即更换甲烷传感器。
A. 受外力撞击显示数值不稳定　　B. 低浓传感器经 4% 以上的高浓甲烷冲击
C. 示值误差超过规定允许误差　　D. 受洒水等影响误报警

276. 突出矿井在下列（　　）地点设置的传感器必须是全量程或者高低浓度甲烷传感器。

A. 采煤工作面进、回风巷

B. 煤巷、半煤岩巷和有瓦斯涌出的岩巷掘进工作面回风流中

C. 掘进岩巷回风巷

D. 总回风巷

277. 掘进和采煤工作面的进风和回风，都不得经过（　　）。

A. 专用回风巷　　B. 采空区　　C. 冒落区

278. 同步通信以帧为单位的传输数据，每帧由（　　）组成。

A. 开始标志　　B. 数据块　　C. 帧校验序列　　D. 结束标志

279. 数字基带传输系统的优点为（　　）。

A. 发送和接收设备简单

B. 发送和接收设备昂贵

C. 便于采用光电耦合器进行本质安全防爆隔离

D. 传输速度慢

280. 安全监控系统分站至主干网传输采用工业以太网，也可采用（　　）。

A. RS485　　B. CAN　　C. LONWORKS　　D. PROFIBUS

281. 模拟量传感器至分站的有线传输采用工业以太网、RS485、CAN；无线传输采用（　　）。

A. WaveMesh　　B. Zigbee　　C. Wi－Fi　　D. RFID

282. 安全监控系统必须具备（　　）功能，能够预先发现系统在安装使用中存在的问题。

A. 自诊断　　B. 自评估　　C. 风电闭锁　　D. 故障闭锁

三、判断题

1. 所有矿井必须装备矿井安全监控系统。（　）

2. 矿井安全监控系统必须具有防雷电保护。（　）

3. 瓦斯检查人员发现瓦斯超限，有权立即停止工作，撤出人员，并向有关人员报告。（　）

4. 当某掘进工作面瓦斯超限时，监控值班人员应通过遥控断电切断该地点局部通风机电源。（　）

5. 一个掘进工作面使用2台局部通风机通风，这2台局部通风机都必须同时实现风电闭锁。（　）

6. 矿井安全监控设备之间必须使用专用阻燃电缆或光缆连接，严禁与调度电话电缆或动力电缆等共用。（　）

7. 掘进工作面被串联通风时，必须在被串掘进工作面的局部通风机前安装甲烷传感器，当甲烷浓度大于0.5% CH_4，必须同时切断局部通风机电源。（　）

8. 通风瓦斯日报必须每天送矿长、矿技术负责人审阅。（　）

9. 安全监控设备必须具有故障闭锁功能。（　）

10. 在井下瓦斯检查员检测的结果与甲烷传感器发生误差时，以瓦斯检查检测结果为准。(　)

11. 为方便因甲烷浓度超限使被控设备电源停电后的送电工作，可以设置成自动送电。(　)

12. 监测系统一般由地面中心站、井下工作站和传输系统三部分组成。(　)

13. 矿井安全监控系统应具备甲烷浓度超限声光报警和甲烷断电仪功能，可以不具备甲烷风电闭锁功能。(　)

14. 在矿井安全监控系统中不宜采用中继器。(　)

15. 矿井安全监控系统必须具有甲烷断电仪和甲烷风电闭锁装置的全部功能。(　)

16. 安全监控设备的供电电源必须接在电源侧，不许接在被控开关的负荷侧。(　)

17. 为监测被控设备瓦斯超限是否断电，被控开关的负荷侧必须设置开停传感器。(　)

18. 采煤工作面甲烷传感器超限断电范围为工作面及回风巷中全部非本质安全型电气设备。(　)

19. 为保证矿井安全监控设备的供电可靠性，矿井安全监控设备的电源应取自于局部通风机的变压器。(　)

20. 当甲烷超限断电时，应切断被控区域的全部电源。(　)

21. 采煤工作面回风巷必须设置甲烷传感器。(　)

22. 掘进巷道的回风流中必须设置甲烷传感器。(　)

23. 掘进工作面必须设置甲烷传感器。(　)

24. 采煤工作面必须设置甲烷传感器。(　)

25. 炮采工作面设置的甲烷传感器，爆破前应移动到安全位置，爆破后应及时恢复设置到正确位置。(　)

26. 低瓦斯、高瓦斯和煤与瓦斯突出矿井都必须在工作面设置甲烷传感器。(　)

27. 矿井安全监控设备必须具有故障闭锁功能。当与闭锁控制有关的设备未投入正常运行或故障时，必须切断该监控设备所监控区域的全部非本质安全型电气设备的电源并闭锁。(　)

28. 矿井安全监控设备的供电电源必须取自被控制开关的负荷侧。(　)

29. 拆除或改变与矿井安全监控设备关联的电气设备的电源线及控制线，检修与矿井安全监控设备关联的电气设备，需要矿井安全监控设备停止运行时，须报告矿调度室，并制定安全措施后方可进行。(　)

30. 矿井安全监控设备必须定期进行调试、校正，每月至少 1 次。甲烷传感器、便携式甲烷检测报警仪等采用载体催化元件的甲烷检测设备，每 15 天必须使用校准气样和空气样调校 1 次。(　)

31. 矿井安全监控系统每 15 天必须对甲烷超限断电功能进行测试。(　)

32. 必须每天检查矿井安全监控设备及电缆是否正常，使用便携式甲烷检测报警仪或便携式光学甲烷检测仪与甲烷传感器进行对照，并将记录和检查结果报监测值班员；当两者读数误差大于允许误差时，先以读数较大者为依据采取安全措施并必须在 24 h 内对 2 种设备调校完毕。(　)

33. 煤矿必须设专职人员负责便携式甲烷检测报警仪的充电、收发及维护。(　)

34. 矿井安全监控系统配制甲烷校准气样的相对误差必须小于1% CH_4。制备所用的原料气应选用浓度不低于99. 9%的高纯度甲烷气体。(　)

35. 高瓦斯矿井采煤工作面甲烷超限断电范围是，工作面及其回风巷内全部非本质安全型电气设备。(　)

36. 煤与瓦斯突出矿井采煤工作面甲烷超限断电范围是，工作面及其回风巷内全部非本质安全型电气设备。(　)

37. 采煤工作面回风巷甲烷超限断电范围是，工作面及其回风巷内全部非本质安全型电气设备。(　)

38. 煤与瓦斯突出矿井采煤工作面进风巷，甲烷传感器报警浓度、断电浓度、复电浓度分别是≥05% CH_4、≥0. 59% CH_4、<0. 5% CH_4。(　)

39. 煤与瓦斯突出矿井采煤工作面进风巷，甲烷超限断电范围是，进风巷内全部非本质安全型电气设备。(　)

40. 采用串联通风的被串采煤工作面进风巷，甲烷超限断电范围是，被串采煤工作面及其进回风巷内全部非本质安全型电气设备。(　)

41. KJ73X系统软件初次安装后不需要注册就可以使用。(　)

42. 煤巷、半煤岩巷和有瓦斯涌出的岩巷掘进工作面，甲烷超限断电范围是，掘进巷道内全部非本质安全型电气设备。(　)

43. 煤巷、半煤岩巷和有瓦斯涌出的岩巷掘进工作面回风流中，甲烷超限断电范围是，掘进巷道内全部非本质安全型电气设备。(　)

44. 掘进机甲烷超限断电范围是掘进机电源。(　)

45. 回风流中，机电设备硐室的进风侧甲烷超限断电范围是，机电设备硐室内全部非本质安全型电气设备。(　)

46. 矿用防爆特殊型蓄电池电机车内，甲烷超限断电范围是机车电源。(　)

47. 兼做回风井的装有带式输送机的井筒，甲烷超限断电范围是，井筒内全部非本质安全型电气设备。(　)

48. 采煤工作面，必须在工作面及其回风巷设置甲烷传感器，在工作面上隅角设置甲烷传感器或便携式甲烷检测报警仪。(　)

49. 若煤与瓦斯突出矿井采煤工作面的甲烷传感器不能控制其进风巷内全部非本质安全型电气设备，则必须在进风巷设置甲烷传感器。(　)

50. 采煤工作面采用串联通风时，被串工作面的进风巷必须设置甲烷传感器。(　)

51. 采煤机必须设置机载式甲烷断电仪或便携式甲烷检测报警仪。(　)

52. 煤巷、半煤岩巷和有瓦斯涌出的岩巷掘进工作面，必须在工作面及其回风流中设置甲烷传感器。(　)

53. 掘进工作面采用串联通风时，必须在被串掘进工作面的局部通风机前设甲烷传感器。(　)

54. 掘进机必须设置机载式甲烷断电仪或便携式甲烷检测报警仪。(　)

55. 在回风流中的机电设备硐室的进风侧，必须设置甲烷传感器。(　)

56. 采煤工作面上隅角甲烷超限断电范围是，工作面内全部非本质安全型电气设

备。( )

57. 采煤工作面上隅角设置的便携式甲烷检测报警仪，报警浓度是0.5% CH_4。( )

58. 有专用排瓦斯巷的采煤工作面混合回风流处，甲烷传感器报警浓度、断电浓度、复电浓度分别是≥1.0% CH_4、≥1.0% CH_4、<1.0% CH_4。( )

59. 有专用排瓦斯巷的采煤工作面混合回风流处，甲烷超限断电范围是，工作面内全部非本质安全型电气设备。( )

60. 高瓦斯、煤与瓦斯突出矿井采煤工作面回风巷中部，甲烷超限断电范围是，工作面内全部非本质安全型电气设备。( )

61. 高瓦斯矿井双巷掘进工作面混合回风流处，甲烷超限断电范围是，包括局部通风机在内的双巷掘进巷道内全部非本质安全电源。( )

62. 高瓦斯和煤与瓦斯突出矿井掘进巷道中部，甲烷传感器报警浓度、断电浓度、复电浓度分别是≥1.0% CH_4、≥1.0% CH_4、<1.0% CH_4。( )

63. 高瓦斯和煤与瓦斯突出矿井掘进巷道中部，甲烷超限断电范围是，掘进巷道中部全部非本质安全型电气设备。( )

64. 采区回风巷，甲烷传感器报警浓度、断电浓度、复电浓度分别是≥1.0% CH_4、≥1.5% CH_4、<1.0% CH_4。( )

65. 采区回风巷，甲烷超限断电范围是采区回风巷内全部非本质安全型电气设备。( )

66. 掘进机设置的便携式甲烷检测报警仪，报警浓度是0.5% CH_4。( )

67. RS485总线通信网络，是一主多从模式，允许同时出现多台从机，且多个从机地址号可相同。( )

68. 采区回风巷、一翼回风巷及总回风巷道内，临时施工的电气设备上风侧，甲烷超限断电范围是临时施工的全部非本质安全型电气设备。( )

69. 使用架线电机车的主要运输巷道内装煤点处，甲烷传感器报警浓度、断电浓度、复电浓度分别是≥1.0% CH_4、≥1.0% CH_4、<1.0% CH_4。( )

70. 使用架线电机车的主要运输巷道内装煤点处，甲烷超限断电范围是，装煤点处全部非本质安全型电气设备。( )

71. GKT5矿用设备开停传感器通过磁电感应检测设备运行状态。( )

72. 为了实现远程带载，在使用过程中，要注意最大组合负载的搭配使用：当两台以上的传感器接到同一路电源时，尽量做好搭配，将传感器工作电流大的与工作电流小的配合使用；尽量避免将多个工作电流大的传感器并接在同一路电源上。( )

73. 高瓦斯矿井进风的主要运输巷道内使用架线电机车时，瓦斯涌出巷道的下风流处，甲烷超限断电范围是，下风流处全部非本质安全型电气设备。( )

74. 网络设备模块和服务器建立连接是通信的基本前提。( )

75. 矿用防爆特殊型柴油机车内，设置的便携式甲烷检测报警仪，报警浓度是0.5% CH_4。( )

76. 矿井安全监控系统新的低浓度载体催化式甲烷传感器使用前的调校程序中的基本误差测定主要包括：按校准时的流量依次向气室通入0.5% CH_4、1.5% CH_4、3.5% CH_4 校准气，持续时间分别大于90 s，使测量值稳定显示，记录传感器的显示值或输出信号值

(换算为甲烷浓度值)，重复测定 4 次，取其后 3 次的算术平均值与标准气样的差值，即为基本误差。(　)

77. 井下主站或分站，应设置在便于人员观察、调试，检验及支护良好，无滴水、无杂物的进风巷道或硐室中，安设时应垫支架，使其距巷道底板距离不小于 300 mm，或吊挂在着道中。(　)

78. 矿井安全监控系统甲烷传感器应垂直悬挂，距顶板（顶梁、屋顶）不得大于 500 m。(　)

79. 矿井安全监控系统甲烷传感器应垂直悬挂，距巷道侧壁（墙壁）不得小于 200 mm。(　)

80. 矿井安全监控系统应具有联网功能，在用的煤矿安全监控系统应联网。(　)

81. 国有重点煤矿的矿井安全监控系统，应上联至集团公司（矿务局），国有地方煤矿和乡镇煤矿的矿井安全监控系统，应上联至县（市、区）煤炭主管部门。(　)

82. 矿用本质安全输出直流电源应具有的主要功能包括输入、输出电源指示功能及限流、限压和短路保护功能。(　)

83. 矿井安全监控系统软件馈电异常显示，是指当断电命令与馈电状态不一致时，自动显示地点、名称、断电或复电时刻、断电区城、馈电异常时刻等。(　)

84. 矿井安全监控系统软件断电查询，是指根据输入的查询时间，矿井安全监控系统软件将查询期间内断电的全部模拟量和开关量列表显示或打印。(　)

85. 当矿井安全监控系统监测的模拟量大于或等于报警门限时，监控系统软件自动将超限时刻及当前数值在屏幕上列表显示，显示内容包括地点、名称、监测值等。(　)

86. 采区回风巷、一翼回风巷及总回风巷的测风站，应设置风速传感器，主要通风机的风硐应设置压力传感器；瓦斯抽放泵站的抽放泵吸入管路中，应设置流量传感器、温度传感器和压力传感器。利用瓦斯时，还应在输出管路中设置流量传感器、温度传感器和压力传感器。(　)

87. 瓦斯抽放泵站必须设置甲烷传感器，抽放泵输入管路中必须设置甲烷传感器。利用瓦斯时，还应在输出管路中设置甲烷传感器。(　)

88. 矿用车载式甲烷断电仪闭锁后，断电仪必须使用专用工具方能进行人工解锁操作。(　)

89. 矿用车载式甲烷断电仪的测量范围应为 0 ~ 4.00% CH_4。(　)

90. KJJ177 矿用本安型交换机环网启用后，局端和远端是自动协商的，根据网络拓扑，连接到服务器的交换机都可能成为局端（同一时间只有一个局端）。(　)

91. 装备矿井安全监控系统的矿井，主要通风机、局部通风机应设置设备开停传感器，主要风门应设置风门开关传感器，被控设备开关的负荷侧应设置馈电状态传感器。(　)

92. 便携式载体催化甲烷检测报警仪的测量范围应是 0 ~ 4.00% CH_4。(　)

93. 便携式载体催化甲烷检测报警仪的电池，应采用无“记忆效应”电池或具有防“记忆效应”措施。(　)

94. 便携式载体催化甲烷检测报警仪，应有电源电压显示、欠压提示、欠压自动关机功能。(　)

95. 便携式载体催化甲烷检测报警仪进行充电时，应有充电提示、充电完成关断及提示功能。( )

96. 甲烷报警矿灯出厂标定的报警点为 1.0% CH_4，其报警点误差为 0.1% CH_4。( )

97. KJ306 - F(16)H 矿用本安型分站具备后备电源管理功能。( )

98. 有显示功能的煤矿用设备开停传感器，采用光信号指示时，设备停态为红灯，设备开态为绿灯。对有电压显示功能的开停传感器，有电压状态为黄灯。( )

99. 煤矿用设备开停传感器的防爆型式是本质安全型。( )

100. 煤矿用设备开停传感器的输出信号负载阻抗一般应不大于 10 kΩ。( )

101. 煤矿用设备开停传感器相邻电缆流过不大于 2 倍相应动作值电流时，开停传感器不应误动作。( )

102. 矿井和采区主要进回风巷道中的主要风门，必须设置风门传感器，当风门打开时，发出声光报警信号。( )

103. GJC4 矿用低浓度甲烷传感器可以用在突出矿井的工作面。( )

104. KDW660/24B(B)矿用隔爆兼本安型直流稳压电源有 1 路 12 V ib 本安电源输出，8 路 24 V ib 本安电源输出。( )

105. 煤矿用高低浓度甲烷传感器中，由低浓度转换为高浓度和由高浓度转换为低浓度，可设置不同的转换点。( )

106. 煤矿用高低浓度甲烷传感器，应具有保护载体催化元件和遥控调校功能。( )

107. 在光纤网络通信中，满足接收端的光接收灵敏度要求是最基本要求，如果光衰减过大，信号光源到达接收端时光功率小于接收灵敏度最小值，那么理论上通信将无法成功。( )

108. 甲烷浓度超过矿用低浓度载体催化式甲烷传感器测量范围上限时，传感器应具有保护载体催化元件的功能，并应使传感器的显示值和输出信号值均维持在超限状态。( )

109. 矿用低浓度载体催化式甲烷传感器在 0 ~ 4.00% CH_4 范围内，当甲烷浓度保持恒定时，传感器的显示值或输出信号值（换算为甲烷浓度值）的变化量应不超过 0.03% CH_4。( )

110. 高瓦斯矿井工作面长度大于 1 千米的，回风巷中部需增设甲烷传感。( )

111. 安全栅在更换过程中必须采用同种型号，不能采用其他型号安全栅替代。( )

112. KJ73X 型煤矿安全监控系统，当传感器挂接后，软件未定义时，软件有自动提示功能。( )

113. 热导检测原理是通过检测空气混合物热导率变化，来检测气体浓度的。( )

114. 瓦斯抽放用热导式高浓度甲烷传感器，测量量程一般分为：4% ~ 40% CH_4、4% ~ 100% CH_4。( )

115. ExdI、ExibI、ExeI 分别表示矿用隔爆型防爆电气设备、矿用本质安全型防爆电气设备和矿用增安型防爆电气设备。( )

116. 瓦斯抽放用热导式高浓度甲烷传感器，量程为 4% ~ 40% CH_4 时，基本误差为真值的 ±5% CH_4。( )

117. 瓦斯抽放用热导式高浓度甲烷传感器，量程大于 40% CH_4 时，基本误差为真值

的 ±10% CH_4。( )

118. 只要是防爆电气设备就可用于煤矿井下爆炸性环境。( )

119. 增安型防爆电气设备是各种防爆类型防爆电气设备中防爆安全性能最好的一种。( )

120. 低瓦斯矿井的煤巷，半煤岩巷和有瓦斯涌出的岩巷掘进工作面，必须在工作面设置甲烷传感器。( )

121. 煤矿用电化学式一氧化碳传感器，应具有避免因断电而影响电化学原理敏感元件工作稳定的措施。( )

122. 被控设备的容量可以大于断电器输出控制接点容量。( )

123. 煤矿安全规程要求的风速传感器测量下限是 0.3 m/s。( )

124. 隔爆型防爆电气设备是通过隔爆外壳达到防爆目的的。( )

125. 本质安全型防爆电气设备是通过电路达到防爆目的。( )

126. 电气设备的防护等级是绝缘等级。( )

127. 本质安全型防爆适用于井下电气设备。( )

128. 煤矿用粉尘浓度传感器采用数字显示，其单位为 mg/m^3。( )

129. 当甲烷浓度不大于 5.0% 时，载体催化元件的输出与甲烷浓度基本呈线性关系。( )

130. 当便携式光学甲烷检测仪的读数与传感器读数误差大于允许误差时，应以便携式光学甲烷检测仪的读数为准。( )

131. 便携式甲烷检测报警仪每 15 d 必须使用校准气样和空气样调校 1 次。( )

132. 监控系统传感器可分为模拟量传感器和开关量传感器两种类型。( )

133. 频率型传感器模拟信号输出频率为 200 ~ 1000 Hz。( )

134. 量程是指传感器能正常工作时的最小测量值与最大测量值之间的范围。( )

135. 催化燃烧式甲烷传感器一般只用于检测高低浓度甲烷。( )

136. 热导式甲烷传感器用于测量 1% 以下甲烷的检测。( )

137. 把要传输的数据转换为数字信号，使用固定的频率在信道上传输的方式叫频带传输。( )

138. 可以同时收发信息的传输方式叫全双工传输。( )

139. 低浓度甲烷传感器经过 4% 以上高浓度甲烷冲击后，应及时进行校验和更换。( )

140. 传输本质安全型信号的电缆，可以直接连接，不必使用接线盒。( )

141. 监测装置在井下连续运行 12 ~ 24 个月，必须将井下部分全部运到井上进行全面检修。( )

142. 传感器是将被测物理量转换为电信号输出的装置。( )

143. 矿井监控系统宜采用中间继电器来延长传输距离。( )

144. 当甲烷超限断电时，应切断被控区域内的全部电源。( )

145. 煤矿安全监控系统软件死机率应不小于 1 次 720 h。( )

146. 矿用电源的输出电压的变化范围不得超过 ±5% 。( )

147. 任何干扰信号都不会干扰故障信号的传输。( )

148. 安全监测系统传感器的稳定性应不小于 10 d。(　)
149. 分站一般设置在进风巷道或回风巷道等较为安全的地方。(　)
150. 带式输送机滚筒上风侧 10 ~ 15 m 处设置烟雾传感器。(　)
151. 当工作主机发生故障时，备份主机应在 15 min 内投入工作。(　)
152. 使用便携式甲烷检测报警仪与甲烷传感器进行对照，当两者读数误差大于允许误差时，先以读数较大者为依据，采取安全措施，并必须在 8 h 内将两种仪器调准。(　)
153. 矿井一氧化碳的浓度不得超过 0.0024%。(　)
154. 采掘工作面的进风流中氧气浓度不得低于 18%。(　)
155. 采煤工作面采用串联通风时，被串联的工作面为岩巷掘进工作面时可以不安装甲烷断电仪。(　)
156. 测试技术是一门利用仪器对任何量进行某种意义测量的系统的技术科学。(　)
157. 所有的矿井必须装备人员位置监测系统和有限调度通信系统。(　)
158. 每半年对安全监控、人员位置监测等数据进行备份，备份的数据介质保存时间应当不少于 2 年。(　)
159. 矿用有线调度通信电缆必须专用。严禁安全监控系统与图像监视系统共用一芯光纤。(　)
160. 矿井安全监控系统主干线缆应当分设两条，从不同的井筒或者一个井筒保持一定间距的不同位置进入井下。(　)
161. 矿井安全监控系统必须具有防雷电保护，入井线缆的入井口处可以不设置防雷措施。(　)
162. 矿井安全监控系统必须连续运行。电网停电后，备用电源应当能保持系统连续工作时间不小于 2 h。(　)
163. 监控网络应当通过网络安全设备与其他网络互通互联。(　)
164. 安全监控和人员位置监测系统主机及联网主机应双机热备份，连续运行。当工作主机发生故障时，备份主机应在 10 min 内自动投入工作。(　)
165. 当系统显示井下某一区域瓦斯超限并有可能波及其他区域时，矿井有关人员应当按瓦斯事故应急救援预案切断瓦斯可能波及区域的电源。(　)
166. 矿调度室必须 24 h 有监控人员值班。(　)
167. 中心站允许网络终端连接数是无限限制的。(　)
168. 中心站设备的接地电阻，每两年应测试一次，保证其阻值小于 2 Ω。(　)
169. 存放未用的安全监测监控电池组（箱）应每月检验一次放电时间。(　)
170. 所谓本质安全电路，是指在规定的试验条件下，正常工作或规定的故障状态下产生的电气火花和热效应均不能点燃规定的爆炸混合物的电路。(　)
171. 阻燃电缆即遇火点燃时，燃烧速度很慢，离开火源后即自行熄灭的电缆。(　)
172. 若煤（岩）与瓦斯突出矿井采煤工作面的甲烷传感器不能控制其进风巷内全部非本质安全型电气设备，则必须在进风巷设置甲烷传感器。(　)
173. 发放便携式甲烷检测报警仪前，必须检查便携式甲烷检测报警仪的零点和电压或电源欠压值，不符合要求的严禁发放使用。(　)
174. 中心站主机和客户端计算机可以向其写入各种数据。(　)

175. 安全监控系统必须具有甲烷电闭锁和风电闭锁功能。(　)

176. 安全监控系统必须具有断电、馈电状态监测和报警功能。(　)

177. 安全监控设备的供电电源必须取自被控开关的电源侧或者专用电源，严禁接在被控开关的负荷侧。(　)

178. 安装断电控制系统时，必须根据断电范围提供断电条件，严禁接通井下电源及控制线。(　)

179. 改接或者拆除与安全监控设备关联的电气设备、电源线和控制线时必须与机电设备管理部门共同处理。(　)

180. 检修与安全监控设备关联的电气设备，需要监控设备停止运行时必须制定安全措施，并报矿总工程师审批。(　)

181. 安全监控设备发生故障时，必须及时处理，在故障处理期间必须采用人工监测等安全措施，并填写故障记录。(　)

182. 必须每天检查监控设备及线缆是否正常运行。(　)

183. 矿调度室值班人员应当监视监控信息，填写运行日志，打印安全监控日报表，并报矿总工程师和矿长审阅。(　)

184. 安全监控系统必须具有实时上传监控数据的功能。(　)

185. 便携式甲烷检测仪的调校、维护及收发必须由监测工负责，不符合要求的严禁发放使用。(　)

186. 配置甲烷校准气样的装备和方法必须符合国家有关标准，选用纯度不低于99.9%的甲烷标准气体作原料气。(　)

187. 配置好的甲烷标准气体不确定度应当小于10%。(　)

188. 高瓦斯和突出矿井采煤工作面回风巷长度大于1000 m时，回风巷中部必须设置甲烷传感器。(　)

189. 突出矿井采煤工作面进风巷必须设置甲烷传感器。(　)

190. 采用串联通风时，被串采煤工作面的进风巷；被串掘进工作面的局部通风机前必须设置甲烷传感器。(　)

191. 采区回风巷、一翼回风巷、总回风巷可以不设甲烷传感器。(　)

192. 使用架线电机车的主要运输巷道内装煤点处可以不设甲烷传感器。(　)

193. 煤仓上方、封闭的带式输送机地面走廊必须设置甲烷传感器。(　)

194. 地面瓦斯抽采泵房可以不设置瓦斯传感器。(　)

195. 井下临时瓦斯抽采泵站下风侧栅栏外可以不安设甲烷传感器。(　)

196. 瓦斯抽采泵输入、输出管路中必须设置甲烷传感器。(　)

197. 主要通风机、局部通风机应当设置设备开停传感器。(　)

198. 使用防爆柴油动力装置的掘进及开采容易自燃、自燃煤层的矿井，应当设置二氧化碳传感器和温度传感器。(　)

199. 突出煤层采煤工作面回风巷和掘进巷道回风流中必须设置风速传感器。(　)

200. 突出煤层采煤工作面进风巷、掘进工作面进风的风口必须设置风向传感器。(　)

201. 瓦斯抽采泵站的抽采泵吸入管路中应当设置流量传感器、温度传感器和压力传

感器，利用瓦斯时，还应当在输出管路中设置流量传感器、温度传感器和压力传感器。(　)

202. 甲烷电闭锁和风电闭锁的被控开关的负荷侧必须设置馈电状态传感器。(　)

203. 下井人员必须携带标识卡。各个人员出入井口、重点区域出入口、限制区域等地点应当设置读卡分站。(　)

204. 人员位置监测系统应当具备监测标识卡是否正常和唯一性的功能。(　)

205. 矿调度室值班员应当监视人员位置等信息，填写运行记录。(　)

206. 矿井地面变电所可以不设有直通矿调度室的有线调度电话。(　)

207. 地面主要通风机房必须设有直通矿调度室的有线调度电话。(　)

208. 主副井提升机房可以不设有直通矿调度室的有线调度电话。(　)

209. 压风机房必须设有直通矿调度室的有线调度电话。(　)

210. 井下主要水泵房可以不设有直通矿调度室的有线调度电话。(　)

211. 井下中央变电所可以不设有直通矿调度室的有线调度电话。(　)

212. 井底车场必须设有直通矿调度室的有线调度电话。(　)

213. 运输调度室必须设有直通矿调度室的有线调度电话。(　)

214. 采区变电所可以不设有直通矿调度室的有线调度电话。(　)

215. 上下山绞车房可以不设有直通矿调度室的有线调度电话。(　)

216. 水泵房可以不设有直通矿调度室的有线调度电话。(　)

217. 带式输送机集中控制硐室可以不设有直通矿调度室的有线调度电话。(　)

218. 主要机电设备硐室、采煤工作面必须设有直通矿调度室的有线调度电话。(　)

219. 掘进工作面、突出煤层采掘工作面附近必须设有直通矿调度室的有线调度电话。(　)

220. 爆破时撤离人员集中地点、突出矿井井下爆破起爆点必须设有直通矿调度室的有线调度电话。(　)

221. 采区和水平最高点必须设有直通矿调度室的有线调度电话。(　)

222. 避难硐室和瓦斯抽采泵房必须设有直通矿调度室的有线调度电话。(　)

223. 爆炸物品库必须设有直通矿调度室的有线调度电话。(　)

224. 有线调度通信系统应当具有选呼、急呼、全呼、强插、强拆、监听、录音等功能。(　)

225. 有线调度通信系统的调度电话至调度交换机（含安全栅）必须采用矿用通信电缆直接连接，严禁利用大地作回路。(　)

226. 严禁调度电话由井下就地供电，或者经有源中继器调度交换机。(　)

227. 调度电话至调度室交换机的无中继器通信距离应当不大于 10 km。(　)

228. 矿井移动通信系统可以不具有短信收发功能。(　)

229. 矿井移动通信系统应当具有通信记录存储和查询。(　)

230. 矿井移动通信系统应当具有录音和查询。(　)

231. 安装图像监控系统的矿井，应当在矿调度室设置集中显示装置，并具有存储和查询功能。(　)

232. 掘进工作面瓦斯和主风机开停传感器同时断线，故障的原因是接线盒线传感器

AB 通信线接反，处理措施为 AB 通信线接反接过来。(　)

233. 掘进工作面瓦斯和主风机开停传感器同时断线，故障的原因是接线盒电源负线没接，处理措施为接线盒电源负线接到回路当中。(　)

234. 备风机开停传感器断线，故障原因为分站拨码拨到 485 信号采集，处理措施拨码拨到采模拟信号。(　)

235. 掘进工作面瓦斯传感器显示“8.88”或其他不明字符，故障原因为传感器数码管故障。(　)

236. 掘进工作面瓦斯传感器数码管不亮（传感器整机不工作），故障原因为传感器主板（电源电路）故障。(　)

237. 掘进工作面瓦斯传感器数码管不亮，故障原因为传感器红外接收元件故障。(　)

238. 掘进工作面瓦斯传感器接收不到遥控信号，故障原因为传感器数码管故障。(　)

239. 掘进工作面瓦斯传感器报警时无声无光，故障原因为传感器蜂鸣器 LED 接线同时脱落。(　)

240. 掘进工作面瓦斯传感器报警时有光无声，故障原因为传感器蜂鸣器接线脱落，处理措施为重新插线。(　)

241. 掘进工作面瓦斯传感器显示 - LLL，故障原因为传感器敏感元件故障。(　)

242. 电源箱交流供电正常后，分站在中心站仍然显示“直流正常”，故障原因为电源箱充电板故障。(　)

243. 掘进工作面瓦斯传感器显示 - LLL，故障原因为敏感元件线性异常，负漂多；处理措施为重新清零。(　)

244. 分站通信中断，要求恢复分站通信，故障原因为交换机中主通信 AB 线接反，处理措施为反接过来。(　)

245. 10 kV 及以下的矿井架空电源线路可以共杆架设。(　)

246. 采用单回路供电时，必须有备用电源。(　)

247. 备用电源的容量必须满足通风、排水、提升等要求，并保证主要通风机等在 30 min 内可靠启动和运行。(　)

248. 备用电源应当有专人负责管理和维护，每 10 min 至少进行一次启动和运行试验，试验期间不得影响矿井通风等，记录要存档备案。(　)

249. 矿井的两回路电源线路上都不得分接任何负荷。(　)

250. 甲烷浓度超过断电浓度、掘进工作面停风或风量低于规定值时，必须切断被控区域非本质安全型电气设备电源。(　)

251. 断电控制是通过控制矿用低压防爆开关来实现对被控设备的控制的。(　)

252. “风电闭锁”仅仅是风机停止运行后不能再启动，防止“一风吹”事故发生，绝对不允许对风机进行断电控制。(　)

253. 用遥控器直接对监控分站解锁或地面主机对监控分站下发解锁命令后，风机闭锁接点释放，不可以进行排瓦斯操作。(　)

254. 煤矿用高低浓度甲烷传感器在 8 m/s 风速条件下试验时，在显示载体催化元件指示值时，其指示值的漂移量应不超过 ±0.01% CH_4；在显示热导元件指示值时，其指示值的漂移量应不超过 ±0.1% CH_4。(　)

255. 采区回风巷、一翼回风巷、总回风巷的测风站应设置风速传感器。(　)

256. 带式输送机滚筒下风侧 10 ~ 15 m 处应设置烟雾传感器。(　)

257. 回采工作面甲烷传感器的断电范围是回采工作面全部电气设备。(　)

258. 矿井和采区主要进回风巷道中的主要风门必须设置风门传感器，当两道风门同时打开时，发出声光报警信号。(　)

259. 掘进工作面局部通风机的风筒末端宜设置风筒传感器。(　)

260. 为了监测被控设备瓦斯超限是否断电，被控开关的负荷侧必须设置馈电传感器。(　)

261. 误差按其性质和产生原因，可以分为系统误差、随机误差和过失误差。(　)

262. 数字化监控技术是信息产业和工业领域的一种先导性技术，是计算机网络和软件技术，也是数字通信技术、微电子技术的集成和发展。(　)

263. 矿井工业以太网技术是基于以太网协议的工业网络技术。(　)

264. 整个工业以太网平台分为井上监控部分和井下监控部分。(　)

265. 矿井安全监测监控系统的结构分为集中式和分散式。(　)

266. 集中式是中心计算机直接控制被控对象。(　)

267. 集中式控制系统大多为星形结构，结构比较复杂，将多个节点连接到一个中心节点，即增加、扩展节点十分方便。(　)

268. 分布式多级计算机控制系统，简称 DCCS 系统，是实时控制系统中广为采用的一种控制系统。(　)

269. 矿井监测监控系统分布式系统多采用网状结构来实现。(　)

270. 传感器将被测物理量转换为电信号，通过电缆与分站相连，具有显示和声光报警功能。(　)

271. 执行机构将控制信号转换为施控物理量，用电缆与分站相连。(　)

272. 监控分站接收传感器传来的电信号，按预先约定的复用方式远距离传输给分站并接收来自主站的多路复用信号。(　)

273. 电源箱将井下交流网电源转换为系统所需的本质安全型直流电源并具有维持电网停电后正常供电不小于 1h 的蓄电池。(　)

274. 主站主要完成地面非本质安全型电气设备与井下本质安全型电气设备的隔离、控制监控分站的信号发送与接收、多路复用信号的调制与解调、系统自检等功能。(　)

275. 一般选用工控微型计算机或普通台式微型计算机，双机或多机备份。(　)

276. 数据服务器是主机与管理工作站及网络或其他用户交换信息的集散地。(　)

277. 矿井安全监测监控系统可根据使用环境、网络结构和监测目的等多种方式分类。(　)

278. 环境安全监测监控系统主要是用来监测甲烷浓度、一氧化碳浓度、二氧化碳浓度、氧气浓度、硫化氢浓度、风速、风压、湿度、风门状态、风筒状态、局部通风机开停和主要通风机开停等。(　)

279. 提升运输送机监测监控系统主要用来监测输送带速度、轴温、烟雾和煤仓煤位

等。( )

280. 带式输送机监测监控系统主要用来监测罐笼位置、速度、安全门状态、摇台状态和阻车器状态等。( )

281. 供电监测监控系统主要用来检测电网电压、电流、功率、功率因数、馈电开关状态和电网绝缘状态等，并实现漏电保护、馈电开关闭锁控制、地面远程控制等。( )

282. 排水监测监控系统主要用来监测水仓水位和水泵工作电压、电流、功率等功能。( )

283. 火灾监测监控系统主要监测压力、流量和抽放泵状态。( )

284. 瓦斯监测监控系统主要用来监测一氧化碳浓度、二氧化碳浓度、氧气浓度等。( )

285. 人员位置监测监控系统主要用来监测井下人员位置、滞留时间和个人信息等。( )

286. 矿山压力监测监控系统主要用来监测地音、顶板位移、位移加速度。( )

287. 煤与瓦斯突出监测监控系统主要用来监测煤岩体声发射。( )

288. 大型机电设备工况监测监控系统主要用来监测机械振动、温升、油质等。( )

289. 煤矿企业应建立安全仪表计量检验制度。( )

290. 根据矿井自身发展需要，可以不健全矿井安全监控系统。( )

291. 安全与生产的关系是，生产是目的，安全是前提，安全为了生产，生产必须安全。( )

292. 煤矿企业应当建立完善安全培训管理制度，配备专职或兼职安全管理人员，按照国家规定的比例提取教育培训经费。( )

293. 矿山建设项目竣工投入生产或者使用前，必须依照有关法律、行政法规的规定对安全设施进行验收，施工单位对验收结果负责。( )

294. 在煤矿安全生产方面，安全生产许可证制度是一项基本制度，由国家强制力来保证它的实施。( )

295. 依法参加工伤保险，为从业人员缴纳保险费，是企业取得安全生产许可证必须具备的安全生产条件之一。( )

296. 制定《安全生产法》最重要的目的是制裁各种安全生产违法犯罪行为。( )

297. 煤矿企业不得安排未经安全培训合格的人员从事生产作业活动。( )

298. 煤矿领导带班下井实行井口交接班制度。上一班的带班领导应当在井口向接班的领导详细说明井下安全状况、存在的问题及原因、需要注意的事项等，并认真填写交接班记录簿。( )

299. 行政处罚中的“责令停止生产”是有时间限制的。( )

300. 安全投入符合安全生产要求，是企业取得安全生产许可证必须具备的安全生产条件之一。( )

301. 违法的主体必须具有责任能力。( )

302. 煤矿企业应为从业人员建立职业健康监护档案，并按照规定的期限妥善保存。从业人员离开煤矿时，有权索取本人职业健康监护档案的复印件，煤矿企业应如实、无偿提供，并在所提供的复印件上签章。( )

303. 劳动者本人可以自行购买劳动防护用品。( )

304. 举报煤矿重大安全生产隐患的，经核查属实的，给予举报人奖励。( )

305. 煤矿企业必须依法建立安全生产责任制。( )

306. 安全生产许可证有效期满需要延期的，企业应当于期满前2个月向原安全生产许可证颁发管理机关办理延期手续。( )

307. 安全生产立法最根本的目的就是为了保护劳动者在生产过程中的生命安全与健康。( )

308. 一般隐患由煤矿主要负责人指定隐患整改责任人，责成立即整改或限期整改。( )

309. 对未依法取得批准或者验收合格的单位擅自从事有关活动的，负责行政审批的部门发现或者接到举报后应当立即予以取缔，并依法予以处理。( )

310. 企业的从业人员没有经过安全教育培训，不了解规章制度，因而发生重大伤亡事故的，行为人不应负法律责任，应由发生事故的企业负有直接责任的负责人负法律责任。( )

311. 矿山建设项目的施工单位必须按照批准的安全设施设计施工，并对安全设施的工程质量负责。( )

312. 从业人员经安全生产教育和培训合格，是企业取得安全生产许可证必须具备的安全生产条件之一。( )

313. 煤矿领导未按规定带班下井，或者带班下井档案虚假的，责令改正，并对该煤矿处15万元的罚款，对煤矿主要负责人按照擅离职守处理，对违反规定的煤矿领导处1万元的罚款。( )

314. 所谓“预防为主”，就是要在事故发生后进行事故调查，查找原因、制定防范措施。( )

315. 煤矿矿长或者其他主管人员拒不执行煤矿安全监察机构及其煤矿安全监察人员的安全监察指令的，由煤矿安全监察机构给予批评教育；造成严重后果的，给予罚款。( )

316. 煤矿企业有权拒绝任何人违章指挥，有权制止任何人违章作业。( )

317. 煤矿必须按规定组织实施对全体从业人员的安全教育和培训，及时选送主要负责人、安全生产管理人和特种作业人员到具备相应资质的煤矿安全培训机构参加培训。( )

318. 煤矿应当建立健全领导带班下井制度，并严格考核。带班下井制度应当明确带班下井人员、每月带班下井的次数、在井下工作时间、带班下井的任务、职责权限、群众监督和考核奖惩等内容。( )

319. 《生产安全事故报告和调查处理条例》规定：事故发生单位及其相关人员谎报或者瞒报事故的，对主要负责人、直接负责的主管人员和其他责任人员处上一年年收入60% ~100% 的罚款；属于国家工作人员的并依法给予处分；构成违反治安管理行为的，由公安机关依法给予治安管理处罚；构成犯罪的，依法追究刑事责任。( )

320. 煤矿企业应当建立健全职业病危害防治领导机构，负责制定职业危害防治规划、年度计划和机构设置、职责分工、经费落实等工作，加强对职业危害防治工作的领

导。( )

321. 法律责任是指违法者对其违法所造成的对社会和受害者的危害应承担的法律后果。( )

322. 负责煤矿有关证照颁发的部门对煤矿无证或者证照不全非法开采的，应当责令该煤矿立即停止生产，提请县级以上地方人民政府予以关闭。( )

323.《安全生产法》规定：矿山、建筑施工单位、危险物品的生产、经营、储存单位应当设置安全生产管理机构或者配备专职安全生产管理人员。( )

324. 安全设备的设计、制造、安装、使用、检测、维修、改造和报废，应当执行当地地方标准。( )

325. 煤矿安全监察机构是《煤矿安全监察条例》的执法主体。( )

326. 厂房、作业场所和安全设施、设备、工艺符合有关安全生产法律、法规、标准和规程的要求，是企业取得安全生产许可证必须具备的安全生产条件之一。( )

327. 煤矿企业可以有偿为每位职工发放煤矿职工安全手册。( )

328. 煤矿企业应当以矿（井）为单位进行安全生产隐患排查、治理，矿（井）安全管理人员对安全生产隐患的排查和治理负直接责任。( )

329. 煤矿领导带班下井制度应当按照煤矿的隶属关系报所在地煤炭行业管理部门备案，同时抄送煤矿安全监管部门和驻地煤矿安全监察机构。( )

330. 开采煤碳资源必须符合煤矿开采规程，遵守合理的开采顺序，达到规定的煤炭资源回采率。( )

331. 设置生产管理机构，配备生产管理人员，是企业取得安全生产许可证必须具备的安全生产条件之一。( )

332. 矿产资源的开采，不论开采规模的大小，在安全和物质保证上都必须立足于保护矿山职工的人身安全。( )

333. 根据《煤矿安全培训规定》，煤矿企业主要负责人、安全生产管理人员安全资格证、矿长资格证在全国范围内有效。( )

334. 举报隐瞒煤矿伤亡事故的，经核查属实的，给予举报人奖励。( )

335. 煤矿企业必须按有关规定设置安全生产机构或者配备安全生产人员。( )

336. 凡属违法行为，都应追究违法者的刑事责任，给予刑事制裁。( )

337. 煤矿企业主要负责人是指煤矿股份有限公司、有限责任公司及所属子公司、分公司的董事长、总经理，矿务局局长，煤矿矿长等人员。( )

338. 从业人员有获得符合国家标准的劳动防护用品的权利。( )

339. 重大隐患由煤矿主要负责人组织制定隐患整改方案、安全保障措施，落实整改的内容、资金、期限、下井人数、整改作业范围，并组织实施。( )

340. 对涉及安全生产的事项已经依法取得批准的单位，负责行政审批的部门发现其不再具备安全生产条件的，无权撤销原批准。( )

341. 企业在安全生产许可证有效期内，严格遵守有关安全生产的法律法规，未发生死亡事故的，安全生产许可证有效期届满时，经原安全生产许可证颁发管理机关同意，不再审查，安全生产许可证有效期延期 5 年。( )

342. 煤矿企业主要负责人必须参加具备相应资质的煤矿安全培训机构组织的安全资

格证培训，并经考核合格取得安全资格证后，方可任职。(　)

343. 任何单位和个人对煤矿领导未按照规定带班下井或者弄虚作假的，均有权向煤炭行业管理部门、煤矿安全监管部门、煤矿安全监察机构举报和报告。(　)

344. 煤矿企业及其人员因煤矿安全监察机构违法给予行政处罚受到损害的，有权依法提出赔偿要求。(　)

345. 行政处罚由国家特别授权的机关依法追究、强制执行，其他机关和组织无权进行处罚。(　)

346. 煤矿关闭之后又擅自恢复生产的，负责煤矿有关证照颁发的部门应当责令该煤矿立即停止生产，提请县级以上地方人民政府将予以关闭。(　)

347. 有职业危害防治措施，并为从业人员配备符合国家标准或者行业标准的劳动防护用品，是企业取得安全生产许可证必须具备的安全生产条件之一。(　)

348. 安全生产违法行为轻微并及时纠正，没有造成危害后果的，可不予行政处罚。(　)

349. 煤矿企业要建立安全生产隐患排查、治理制度，组织职工发现和排除隐患。煤矿主要负责人应当每月组织一次由相关煤矿安全管理人员、工程技术人员和职工参加的安全生产隐患排查。(　)

350. 煤矿对作业场所和工作岗位存在的危险因素、防范措施以及事故应急措施实施保密制度。(　)

351. 安全生产责任制是“安全第一，预防为主，综合治理”方针的具体体现，是煤矿企业最基本的安全管理制度。(　)

352. 主要负责人和安全生产管理人员经考核合格，取得安全生产知识与管理能力考核合格证，是企业取得安全生产许可证必须具备的安全生产条件之一。(　)

353. 煤炭生产是一项比较危险的生产活动，企业在与从业人员订立“生死合同”时，必须如实告知从业人员，并经双方签字后方可生效，否则将视为无效合同。(　)

354. 根据《煤矿安全培训规定》，煤矿不需要建立井下作业人员实习制度。(　)

355. 煤矿领导升井后，应当及时将下井的时间、地点、经过路线、发现的问题及处理情况、意见等有关情况进行登记，并由专人负责整理和存档备查。(　)

356. 煤矿企业的管理人员违章指挥、强令职工冒险作业，发生重大伤亡事故的，依照刑法相关规定追究刑事责任。(　)

357. 煤矿长或者其他主管人员对重大事故预兆或者已发现的事故隐患不及时采取措施的，由煤矿安全监察机构给予批评教育，造成严重后果的，给予罚款。(　)

358. 我国煤矿生产安全状况较差的原因较多，但煤矿职工整体素质较差，法律意识淡薄是不可忽视的主观因素。(　)

359. 煤矿企业特种作业人员是指从事井下电器、井下爆破、安全监测监控、瓦斯检查、安全检查、提升机操作、采煤机（掘进机）操作、瓦斯抽采、防突和探放水作业的人员。(　)

360. 煤矿发生生产安全事故，造成人员伤亡和他人财产损失的，应由矿长本人承担赔偿责任。(　)

361. 从业人员有权拒绝违章指挥和强令冒险作业。(　)

362. 构成重大责任事故罪的主观要件是故意而不是过失。( )

363. 建立、健全安全生产责任制，制定完备的安全生产规章制度和操作规程，是企业取得安全生产许可证必须具备的安全生产条件之一。( )

364. 安全生产教育、培训，应坚持“统一规划，归口管理，分级实施，分类指导，教考分离”的原则。( )

365. 煤矿从事采煤、掘进、运输、通风、地测等工作的班组长应当接受专门的安全培训，经培训合格后，方可任职。( )

366. 煤矿领导带班下井遇到险情时，立即下达停产撤人命令，组织涉险区域人员及时、有序撤离到安全地点。( )

367. 《生产安全事故报告和调查处理条例》规定：事故发生单位主要负责人未依法履行安全生产安全生产管理职责，导致较大事故发生的，处上一年年收入 30% 的罚款。( )

368. 立法机关经立法程序制定、认可的法律，才有实施保证；而群众组织、社会团体的文件，不具有国家强制力的保证。( )

369. 职业危害申报以矿为单位，每年申报一次。( )

370. 举报煤矿非法生产的，即煤矿已被责令关闭、停产整顿、停止作业，而擅自进行生产的，经核查属实的，给予举报人奖励。( )

371. 煤矿不得因从业人员在紧急情况下停止作业或者采取紧急撤离措施而降低其工资、福利等待遇或者解除与其订立的劳动合同。( )

372. 特种劳动防护用品实行“三证”制度，即生产许可证、安全鉴定证和产品合格证。( )

373. 煤矿企业要加强现场监督检查，及时发现和查处违章指挥、违章作业和违反操作规程的行为。( )

374. 煤矿领导带班下井的相关记录和煤矿井下人员定位系统存储信息保存期不少于半年。( )

375. 建设项目安全设施的设计人、设计单位应当对安全设施设计负责。( )

376. 特种作业人员经有关业务主管部门考核合格，取得特种作业操作资格证书，是企业取得安全生产许可证必须具备的安全生产条件之一。( )

377. 安全警示标志，能及时提醒从业人员注意危险，防止从业人员发生事故，因此对其设置应越多越好。( )

378. 根据《煤矿安全培训规定》，煤矿首次采取新工艺、新技术、新材料或者使用新设备的岗位从业人员可以直接上岗作业。( )

379. 煤矿企业是落实领导带班下井制度的责任主体，每班必须有矿领导带班下井，并与工人同时下井、同时升井。( )

380. 煤矿矿长或者其他主管人员拒不执行煤矿安全监察机构及其煤矿安全监察人员的安全监察指令的，给予警告；造成严重后果，构成犯罪的，依法追究刑事责任。( )

381. 煤矿生产中，事故的预防和处理都是较为重要的工作，都必须重点去抓，不能有主次之分。( )

382. 根据《煤矿安全培训规定》，安全培训机构应当对参加培训人员进行安全培训，

不需要审查基本条件。(　)

383. 事故发生后，事故现场有关人员应当立即向本单位负责人报告，单位负责人接到报告后，应当在2 h内向事故发生地县级以上人民政府安全生产监督管理部门和负有安全生产监督管理职责的有关部门报告。(　)

384. 过于自信和疏忽大意的过失而造成重大事故发生的，由于主观上不希望发生，不是有意识行为，不应对责任人定为重大责任事故罪。(　)

385. 煤矿在取得安全生产许可证后，不得降低安全生产条件，并应当加强日常安全生产管理。(　)

386. 应急救援预案是针对重大危险源制定的。专项预案应该是包括各种自然灾害及大面积传染病的预案。(　)

387. 应急救援预案是指政府和企业为减少事故后果而预先制定的抢险救灾方案，是进行事故救援活动的行动指南。(　)

388. 应急救援预案只传达贯彻到班组长以上的管理人员。(　)

389. 应急救援预案中应考虑在各主要工作岗位安排有实践经验、掌握急救知识和救护技术的人担任急救员。(　)

390. 井下储存4 t工业炸药的库房是重大危险源。(　)

391. 某矿坑木场发生火灾，应执行当地政府的救援预案。(　)

392. 有含水陷落柱的矿井应该制定水害防治预案。(　)

393. 有冲击地压的矿井应该制定具有针对性的专项预案。(　)

394. 规模较小的煤矿企业，可以不设立常设的应急救援组织，但必须和大矿签订一份救援合同。(　)

395. 矿井发生重大事故后，必须立即成立抢险指挥部并设立地面基地。矿山救护队队长为抢险指挥部成员。(　)

396. 煤矿企业的应急救援预案就是《矿井灾害预防和处理计划》。(　)

397. 《矿井灾害预防和处理计划》中必须有井上下对照图。(　)

398. 重大危险源和重大隐患是相同的。(　)

399. 发生低浓度瓦斯爆炸后，应尽快恢复灾区通风。(　)

400. 煤矿企业每年必须组织一次综合应急救援演练。(　)

401. 《矿井灾害预防和处理计划》是在认真辨识并评估本矿危险源的基础上，在总结本矿或矿区防灾抗灾经验的前提下编写的。(　)

402. 《矿井灾害预防和处理计划》中应该含有通风系统图、反风试验报告以及反风时保证反风设施完好的检查报告。(　)

403. 采区进风巷发生火灾时，可采取积极方法直接灭火，并使风流短路，把烟气引入专用回风巷。(　)

404. 当有人坠入采区煤仓时，必须用放煤的办法把遇险人员从放煤口放出来。(　)

405. 当采面发生煤壁片帮埋住人员事故时，不要停止工作面输送机，直到把遇险人员拉到安全地点为止。(　)

406. 发生火灾或爆炸事故后，遇险人员在撤退有困难时应在现场指挥的带领下，可以迅速转入独头巷道，关闭局部通风机，或者切断风筒堵住入口。(　)

407. 受困的遇险人员，应定时敲打铁管或钢轨，发出求救信号。(　)

408. 井底车场发生严重火灾，必须尽快组织反风。(　)

409. 在使用减少风量的方法控制火势时，瓦斯浓度上升接近2%，就应立即停止使用此方法，恢复正常通风，甚至增加灾区风量。(　)

410. 灭火时，如果瓦斯浓度达到2%并且仍继续增加，救护队指挥员必须立即将人员撤到安全地点。(　)

411. 扑灭上、下山巷道火灾时，必须采取防止火风压造成风流逆转的措施。(　)

412. 突出事故发生后，应切断灾区和受影响区的电源，但必须在近距离断电，防止产生电火花引起爆炸。(　)

413. 处理冒顶事故时，首先应该加强后路支架的安全可靠性。(　)

414. 在矿井突水的抢险救灾中，应加强通风，防止瓦斯和其他有害气体积聚和防止发生熏人事故。(　)

415. 熟悉并掌握应急救援预案，是避免抢险救灾决策失误的重要方法。(　)

416. 发火期为8个月的煤层是重大危险源。(　)

417. 重大危险源分为生产场所重大危险源和贮存区重大危险源两种。(　)

418. 扑救爆炸物品火灾时，切忌用沙土盖压，以免增强爆炸力。(　)

419. 火灾发生在下山独头煤巷掘进头时，只要瓦斯浓度不超过2%，就可进行灭火。(　)

420. 上山独头煤巷火灾不管发生在什么地点，如果局部通风机已经停止运转，在无须救人时，严禁进入灭火或侦察。(　)

421. 心肺复苏术是对心跳、呼吸骤停所采用的最初紧急措施。(　)

422. 当病人牙关紧闭不能张口或口腔有严重损伤者，可改用口对鼻人工呼吸。(　)

423. 心肺复苏有效时，可见瞳孔由大变小，并有对光反射。(　)

424. 昏迷伤员的舌后坠堵塞声门，应用手从下颌骨后方托向前侧，将舌牵出使声门通畅。(　)

425. 骨折固定的范围应包括骨折远近端的两个关节。(　)

426. 压迫包扎法常用于一般的伤口出血。(　)

427. 缚扎止血带松紧度要适宜，以出血停止、远端摸不到动脉搏动为准。(　)

428. “8”字形包扎法多用于关节处的包扎及锁骨骨折的包扎。(　)

429. 三角巾包扎法适用于身体各部位。(　)

430. 腹部外伤有内脏脱出时，要及时还纳。(　)

431. 人员受伤后必须在原地检伤，实施包扎、止血、固定等救治后再搬运。(　)

432. 呼吸、心搏骤停者，应先行心肺复苏术，然后再搬运。(　)

433. 井下发生火灾时，在抢救人员和灭火过程中，必须指定专人检查瓦斯、一氧化碳、煤尘、其他有害气体和风向、风量的变化，还必须采取防止瓦斯、煤尘爆炸和人员中毒的安全措施。(　)

434. 安全生产责任制是一项最基本的安全生产制度，是其他各项安全规章制度得以切实实施的基本保证。(　)

435. 井下使用的润滑油、棉纱、布头和纸等，用过后可作为垃圾任意处理。(　)

436. 应对尘毒防治设施的运行情况和尘毒浓度进行定期检测，并向职工公布检测结果。(　)

437. 举报已被责令关闭、停产整顿、停止作业，而擅自进行生产的煤矿，经核查属实，给予举报人奖励。(　)

438. 矿山企业职工无权获得作业场所安全和职业危害方面的信息。(　)

439. 煤矿工人不仅有安全生产监督权、不安全状况停止作业权、接受安全教育培训权，而且还享有安全生产知情权。(　)

440. 煤矿企业必须按规定组织实施对全体从业人员的安全教育和培训，及时选送主要负责人、安全生产管理人员和特种作业人员到具备相应资质的煤矿安全培训机构参加培训。(　)

441. 严格执行“敲帮问顶”制度，开工前班组长必须对工作面安全情况进行全面检查，确认无安全隐患后，方准人员进入工作面。(　)

442. 在发生安全事故后，从业人员有获得及时抢救和医疗救治并获得工伤保险赔偿的权利。(　)

443. 煤矿特种作业人员具有丰富的现场工作经验，就可以不参加培训。(　)

444. 二氧化碳是比空气密度大的气体，常积存于巷道的底板、下山等低矮的地方。(　)

445. 煤矿企业要保证“安全第一，预防为主，综合治理”方针的具体落实。必须严格执行《煤矿安全规程》等相关规定。(　)

446. 煤矿安全监察机构依法行使职权，不受任何组织和个人的非法干涉。(　)

447. 煤矿没有领导带班下井的，煤矿从业人员有权拒绝下井作业。(　)

448. 生产经营单位的从业人员不服从管理，违反安全生产规章制度或者操作规程的，由生产经营单位给予批评教育，依照有关规章制度给予处分。(　)

449. 生产经营单位可以不把作业场所和工作岗位存在的危险因素如实告知从业人员，以免产生负面影响，不利于生产。(　)

450. 煤矿从业人员在作业过程中，应当严格遵守本单位的安全生产规章制度和操作规程，服从管理，正确佩戴和使用劳动防护用品。(　)

451. 建设项目的安全设施必须与主体工程同时设计、同时施工、同时投入生产和使用。(　)

452. 矿山职工有享受劳动保护的权利，不定有享受工伤社会保险的权利。(　)

453. 劳动合同是劳动者与用人单位确立劳动关系、明确双方权利和义务的协议。(　)

454. 煤矿领导带班下井履行作业场所区队长、班组长的现场指挥职责。(　)

455. 煤矿企业应建设完善井下人员定位系统，所有入井人员必须携带识别卡或具备定位功能的无线通信设备。(　)

456. 煤矿企业应向从业人员发放保障安全生产所需的劳动防护用品。(　)

457. 煤矿企业应为接触职业危害的从业人员提供符合要求的个体防护用品，并指导和督促其正确使用。(　)

458. 煤矿企业应对从业员进行上岗前、在岗期间和离岗时的职业健康检查和医学随

访，并将检查结果如实告知从业人员。（　）

459. 煤矿使用的涉及安全生产的产品，必须取得煤矿矿用产品安全标志。未取得煤矿矿用产品安全标志的，制定安全措施后方可使用。（　）

460. 煤矿使用的涉及安全生产的劳动保护用品，必须符合国家标准或者行业标准，必须取得煤矿矿用产品安全标志。（　）

461. 煤矿作业场所呼吸性粉尘浓度，超过接触浓度管理限值10倍以上20倍以下且未采取有效治理措施的，比照一般事故进行调查处理。（　）

462. 任何单位和个人对煤矿安全监察机构及其煤矿安全监察人员的违法违纪行为，有权向上级煤矿安全监察机构或者有关机关检举和控告。（　）

463. 生产经营单位不能为从业人员提供劳动保护用品时，可采用货币或其他物品替代。（　）

464. 特种作业人员应当经社区或者县级以上医疗机构体检健康合格，并无妨碍从事相应特种作业的器质性疾病和生理缺陷。（　）

465. 在冬季，经领导批准，井下个别硐室可采用灯泡取暖，但不准用电炉取暖。（　）

466. 在生产作业中违反有关安全管理规定，因而发生重大伤亡事故或者造成其他严重后果的，处3年以下有期徒刑或者拘役；情节特别恶劣的，处3年以上7年以下有期徒刑。（　）

467. 生产经营单位应当在有较大危险因素的生产经营场所和有关设施、设备上，设置安全警示标志，提醒从业人员注意危险，防止发生事故。（　）

468. 矿山企业因工作需要，经企业负责人批准可以录用未成年人从事矿山井下劳动。（　）

469. 县级以上人民政府及其有关部门、专业机构应当通过多种途径收集突发事件信息。（　）

470. 事后管理指生产经营单位必须建章立制，加强管理，保证安全。（　）

471. 正在使用中的民用建筑物发生垮塌造成的安全问题属于安全生产法的调整范围。（　）

472. 如实报告生产安全事故是指发生生产安全事故后，事故报告的内容和情况必须真实、准确。（　）

473. 生产经营单位可以以特殊形式与从业人员订立协议，免除或者减轻其对从业人员因生产安全事故伤亡依法应当承担的责任。（　）

474. 拘留是限制人身自由的行政处罚，由国家安全机关实施。（　）

475. 关闭的行政处罚的执法主体是省级以上人民政府，其他部门无权决定。（　）

476. 操作规程是生产经营单位保障安全生产的最基本、最重要的管理制度。（　）

477. 生产经营单位主要负责人受刑事处罚或者撤职处分的，自刑罚执行完毕或者受处分之日起3年内不得担任任何生产经营单位主要负责人。（　）

478. 消防车前往执行应急救援任务，在确保安全的前提下，不受行驶速度、行驶路线、行驶方向和指挥信号的限制。（　）

479. 工资应当以货币形式按季度支付给劳动者。（　）

480. 国家实行劳动者平均每周工作时间不超过 44 h 的工时制度。(　)

481. 法定休假日安排劳动者工作的，支付不低于工资的 200% 的工资报酬。(　)

482. 绝大多数法律规范都不是确定性规范。(　)

483. 自然灾害、事故灾难和公共卫生事件的预警级别中，一级用橙色标示。(　)

484. 公安消防队、专职消防队扑救火灾、应急救援，可以向火灾发生单位收取少量费用。(　)

485. 劳动者连续工作 3 年以上的，享受带薪年休假。(　)

486. 以暴力、威胁或者非法限制人身自由的手段强迫劳动的，由公安机关对责任人员处以 10 日以下拘留、罚款或者警告。(　)

487. 劳动者职业健康检查包括岗前、在岗期间和离岗时的职业健康检查。(　)

488. 2002 年 6 月 29 日，第九届全国人大常委会第二十八次会议审议通过了《安全生产法》。(　)

489. 违反《安全生产许可证条例》，未取得安全生产许可证擅自进行生产的，责令停止生产，没收违法所得，并处 10 万元以下的的罚款。(　)

490. 职业病防治工作坚持“预防为主、防治结合”的方针。(　)

491. 任何法律关系都是由主体、客体和内容三要素构成。(　)

492. 宪法由全国人民代表大会制定，是具有最高法律效力的国家根本大法，是一切法律的立法依据。(　)

493. 按粉尘存在状态可以分成浮尘和落尘，浮尘的危害最大。(　)

494. 当混合气体中瓦斯浓度大于 16% 时，仍然会燃烧和爆炸。(　)

495. 采取一定的安全措施后，可用刮板输送机运送爆破器材。(　)

496. 接近水淹或可能积水的井巷、采空区或相邻煤矿时，必须先进行探水。(　)

497. 井下工作人员必须熟悉灭火器材的使用方法和存放地点。(　)

498. 煤矿井下发生水灾时，被堵在巷道的人员应妥善选择避灾地点静卧，等待救援。(　)

499. 掘进巷道必须采用矿井全风压通风或局部通风机通风。(　)

500. 巷道贯通后，必须停止采区内的一切工作，立即调整通风系统，风流稳定后，方可恢复工作。(　)

501. 有煤（岩）与瓦斯（二氧化碳）突出危险的采煤工作面不得采用下行通风。(　)

502. 开采有瓦斯喷出或煤与瓦斯突出危险的煤层时，严禁任何 2 个工作面之间串联通风。(　)

503. 在开采突出煤层时，两采掘工作面之间可以串联通风。(　)

504. 电压在 36 V 以上和由于绝缘损坏可能带有危险电压的电气设备的金属外壳、构架、铠装电缆的钢带（或钢丝）、铅皮或屏蔽护套等必须有保护接地。(　)

505. 本质安全型电气设备，在正常工作状态下产生的火花或热效应不能点燃爆炸性混合物；在故障状态下产生的火花或热效应会点燃爆炸性混合物。(　)

506. 从防爆安全性评价来看，本质安全型防爆电气设备是各种防爆电气设备中防爆安全性能最好的一种。(　)

507. 不管哪种采煤方法，工作面绝对瓦斯涌出量随产量增大而增加。(　)

508. 采区变电所必须有独立的通风系统。(　)

509. 冲淡并排除井下各种有毒有害气体和粉尘是井下通风的目的之一。(　)

510. 抽出式通风也称负压通风，当主要通风机运转时，造成风硐中空气压力高于大气压力，迫使空气从进风井口进入井下，再由出风井排出。(　)

511. 井下发生火灾时，灭火人员一般是在回风流侧进行灭火。(　)

512. 单纯的煤尘与空气混合气体不会发生爆炸，一定要有瓦斯掺入混合气体才会爆炸。(　)

513. 发生煤与瓦斯突出事故后，不得停风和反风，防止风流紊乱，扩大灾情。(　)

514. 进入盲巷中不会发生危险。(　)

515. 井下电话线路可以利用大地做回路。(　)

516. 井下发生自燃火灾时，其回风流中一氧化碳浓度升高。(　)

517. 井下防爆型的通信、信号和控制等装置，应优先采用本质安全型。(　)

518. 井下电气设备检修必须严格执行相关规程规定和工作程序，并悬挂标志牌。(　)

519. 井下用风地点的回风再次进入其他用风地点的通风方式称为串联通风。(　)

520. 井下主要水泵房、井下中央变电所、矿井地面变电所和地面通风机房的电话，应能与矿调度室直接联系。(　)

521. 掘进工作面断面小、落煤量小，瓦斯涌出量也相对较小，发生瓦斯事故的可能性也较小。(　)

522. 矿井通风可以采用局部通风机或风机群作为主要通风机使用。(　)

523. 掘进巷道可以使用3台以上（含3台）的局部通风机同时向1个掘进工作面供风。(　)

524. 矿井瓦斯是煤岩涌出的各种气体的总称，其主要成分是甲烷，有时也专指甲烷一种气体。(　)

525. 矿井主要通风机反风，当风流方向改变后，主要通风机的供给风量不应小于正常风量的40%。(　)

526. 矿用隔爆本质安全型电气设备的防爆标志是Exibd1。(　)

527. 漏电是由于带电导体的绝缘性能下降或损坏、导体间电气间隙和爬电距离变小、带电导体接壳或接地造成的。(　)

528. 煤矿井下永久性避难硐室是供矿工在劳动时休息的设施。(　)

529. 燃烧是炸药在热源或火源作用下引起的化学反应过程。所以贮存炸药要特别注意改善通风条件，防止炸药在贮存条件下燃烧。(　)

530. 人的不安全行为和物的不安全状态是造成生产安全事故发生的基本因素。(　)

531. 若盲巷是无瓦斯涌出岩巷，不封闭也不会导致事故。(　)

532. 生产经营单位为从业人员提供劳动保护用品时，可根据情况采用货币或者其他用途物品替代。(　)

533. 使用局部通风机通风的掘进工作面，不得停风。(　)

534. 造成带式输送机输送带跑偏的主要原因之一是输送带受力不均匀。(　)

535. 停工区内瓦斯浓度达到 3% 不能立即处理时，必须在 24 h 内封闭。(　)

536. 空气瓦斯混合气体爆炸浓度的上、下界限与爆炸环境的因素无关。(　)

537. 瓦斯爆炸造成人员大量伤亡的主要原因是一氧化碳中毒。(　)

538. 瓦斯的存在将使煤尘空气混合气体的爆炸下限降低。(　)

539. 瓦斯空气混合气体中瓦斯浓度越高，爆炸威力越大。(　)

540. 工作面瓦斯涌出量的变化与采煤工艺无关。(　)

541. 严禁井下配电变压器中性点直接接地。(　)

542. 一台局部通风机可以向两个同时作业的掘进工作面供风。(　)

543. 引燃瓦斯爆炸的温度是固定不变的。(　)

544. 利用局部通风机排放路道中积聚的瓦斯，应采取“限量排放”措施，严禁“一风吹”。(　)

545. 用于煤矿井下的电气设备一定是防爆型电气设备。(　)

546. 空气瓦斯混合气体中有其他可燃气体的混入，往往会使瓦斯的爆炸浓度下限降低。(　)

547. 专用排瓦斯巷内不得进行生产作业，但可以设置电气设备。(　)

548. 采煤工作面上隅角、顶板冒落空洞等处容易积聚瓦斯。(　)

549. 带式输送机要先发出开机信号，再点动试机，没有异常情况时，方可正式开机。(　)

550. 当作业现场即将发生冒顶时，应迅速离开危险区，撤退到安全地点。(　)

551. 电气设备着火时，应首先切断电源。在切断电源前，只准使用不导电的灭火器材进行灭火。(　)

552. 防爆性能遭受破坏的电气设备，必须立即处理或更换，严禁继续使用。(　)

553. 井下发生火灾，作业人员撤退时，位于火源进风侧的人员应顺着新鲜风流撤退。(　)

554. 井巷交叉点，必须设置路标，标明所在地点，指明通往安全出口的方向。井下作业人员必须熟悉通往安全出口的路线。(　)

555. 矿井发生透水事故时，现场作业人员在水流急、来不及躲避的情况下，应抓住棚子或其他固定物件，以防被水流冲倒，待水头过后，按规定的躲避水灾路线撤离。(　)

556. 矿井通风是防止瓦斯积聚的基本措施，只有做到有效地控制供风的风流方向、风量和风速，漏风少、风流稳定性高，才能保证随时冲淡和排除瓦斯。(　)

557. 劳动防护用品是用来保护从业人员作业安全和健康的预防性辅助装备。(　)

558. 煤矿从业人员要熟知安全行走路线，熟知安全站立点位置，熟知各种安全禁止、警告、指令、指示标志。严格按照规定在运输巷道和工作面、作业区行走、站立。(　)

559. 煤矿从业人员必须按照有关规定配齐各个人安全防护用品，并掌握操作技能和方法。(　)

560. 煤矿从业人员要认识煤矿各种灾害的危险性，掌握煤矿瓦斯、煤尘、水、火等灾害知识，学会各种灾害的防灾、避灾、救灾技能和方法，熟悉从业场所的避灾路线。(　)

561. 煤矿发生事故要积极进行抢救，抢救工作中要制定安全措施，确保人身安全。（ ）

562. 煤矿企业、矿井的各职能部门负责人对本职范围内的防突工作负责；区（队）、班组长对管理范围内防突工作负直接责任：防突人员对所在岗位的防突工作负责。（ ）

563. 每一次操作，都要事先进行安全确认，不安全，不操作。但在紧急情况下可以不经安全确认。（ ）

564. 井下发生火灾，灭火人员灭火时，要站在上风侧，保持正常通风，及时排除火烟和水蒸气。（ ）

565. 入井人员乘罐时，要服从井口把钩人员指挥，自觉遵守入井检身制度和出入井人员清点制度。（ ）

566. 使用局部通风机供风的地点必须实行风电闭锁，保证当正常工作的局部通风机停止运转或停风后能切断停风区内全部非本质安全型电气设备的电源。（ ）

567. 所有地下煤矿应为入井人员配备额定防护时间不低于 30 min 的自救器，入井人员应随身携带。（ ）

568. 所有煤与瓦斯突出矿井都应建设井下紧急避险设施。其他矿井不应建设井下紧急避险设施。（ ）

569. 停送电的操作必须严格执行“谁停电、谁送电”的停送电原则。严禁约时停送电或借他人停电时机检修同一电源线路上的电气设备。（ ）

570. 硅肺病是由于长期吸入过量岩尘造成的。（ ）

571. 用水灭火时，水源应从火源的外围逐渐逼近火区中心。（ ）

572. 有关人员可以乘坐刮板输送机，但不能在其上方行走。（ ）

573. 运送人员的列车未停稳时不准上下人员，严禁在列车行进途中扒车、蹬车、跳车和翻越车厢。（ ）

574. 在井下安设降尘设施，能减少生产过程中的煤尘悬浮飞扬，是防止煤尘爆炸的有效措施。（ ）

575. 在井下拆卸矿灯会产生电火花，可引起瓦斯和煤尘爆炸事故。（ ）

576. 在井下和井口房，可采用可燃性材料搭设临时操作间、休息间，但必须制定安全措施。（ ）

577. 在平巷或斜巷中，没有乘坐专门运送人员的人车或由矿车组成的单独乘人列车时，可以乘坐其他车辆。（ ）

578. 生产矿井主要通风机必须装有反风设施，必要时进行反风。（ ）

579. 恢复已封闭的停工区，必须事先排除其中积聚的瓦斯。（ ）

580. 制定专项措施后，可在停风或瓦斯超展的区城作业。（ ）

581. 当掘进工作面出现透水预兆时，必须停止作业，报告调度室，立即发出警报并撤出人员。（ ）

582. 当煤矿井下发生大面积的垮落、冒顶事故，现场人员被堵在独头巷道或工作面时，被堵人员应赶快往外扒通出口。（ ）

583. 硅肺是一种职业危害所致的疾病，患病后即使调离硅尘作业环境，病情仍会继续发展。（ ）

584. 硅肺是一种致残性职业病，主要是作业人员吸入大量的含有游离二氧化硅的岩尘所致。(　)

585. 确诊为尘肺病的职工，只要本人愿意，可以继续从事接触粉尘的工作。(　)

586. 尘肺病可预防而不可治愈，尘肺病患者随着年龄的增加，病情会逐步加重。(　)

587. 劳动者有权查阅、复印其本人职业健康监护档案。(　)

588. 发现有人触电，应赶紧用手拉其脱离电源。(　)

589. 当井下作业人员的矿灯熄灭时，可以到附近进风巷道中打开检修。(　)

590. 常用的人工呼吸方法有口对口人工呼吸法、仰卧压胸法和俯卧压背法。(　)

591. 对一般外伤人员，应先进行止血、固定、包扎等初步救护后，再进行转运。(　)

592. 井下急救互救中必须遵循“先复苏、后搬运，先止血、后搬运，先固定、后搬运”的原则。(　)

593. 对于烧伤人员的急救要点可概括为：灭、查、防、包、送5个字。(　)

594. 煤矿井下发生重伤事故时，在场人员应立即将伤员送到地面。(　)

595. 发生煤与瓦斯突出事故时，所有灾区人员要以最快速度佩戴隔离式自救器，然后沿新鲜风流方向向井口撤退。(　)

596. 井下发生险情，避险人员进入避难硐室前，应在外面留有矿灯、衣服、工具等明显标志。(　)

597. 井下发生透水事故，破坏了巷道中的照明和路标时，现场人员应沿着有风流通过的巷道上山方向撤退。(　)

598. 煤矿井下永久性避难硐室可供矿工作业休息时使用。(　)

599. 隔离式自救器不受外界气体氧浓度的限制，可以在含有各种有毒气体及缺氧的环境中使用。(　)

600. 对事故中被埋压的人员，挖出后应首先清理呼吸道。(　)

601. 在救护中，对怀疑有胸、腰、椎部骨折的伤员，搬运时可以采用一人抬头，一人抬腿的方法。(　)

602. 在救护中，对四肢骨折的伤员，固定时一定要将指（趾）末端露出。(　)

603. 对于脊柱损伤人员，可用担架、风筒、组网等运送。(　)

604. 对于脊柱损伤人员，严禁让其坐起、站立和行走。(　)

605. 发生外伤出血用止血带止血时，止血带的压力要尽可能大，以实现可靠阻断血流。(　)

606. 在抢险救援中，为争取抢救时间，对获救的遇险人员，要迅速搬运，快速行进。(　)

607. 自救器用于防止使用人员气体中毒或缺氧窒息。(　)

608. 未经安全培训合格的从业人员，经领导同意可以上岗作业。(　)

609. 携带爆破材料人员不得在交接班、人员下井的时间内，沿井筒上下。(　)

610. 人车运行过程中可以随意上下车。(　)

611. 井下可以带电检修、搬迁电气设备。(　)

612. 入井人员严禁携带烟草和点火物品，但可以穿化纤衣服。(　)

613. 掘进工作面必须设置甲烷传感器。(　)

614. 当甲烷传感器超限断电时，应切断被控区域的全部电源。(　)

615. 用于调校甲烷传感器的校准气体不是标准气样。(　)

616. 煤矿监控仪表及系统所采用的大多是直流稳压电源。(　)

617. 电容器就是存放电荷的容器。(　)

618. 传感器的误差指的是被测量示值与真值之间的差。(　)

619. 防爆型煤矿安全监控设备之间的输入、输出信号可以为非本质安全型信号。(　)

620. 当安全监测监控系统主机或系统电缆发生故障时，系统必须保证甲烷断电仪和甲烷风电闭锁装置的全部功能。(　)

621. 安全监测监控系统在电网停电后，系统必须保证正常工作时间不小于2 h。(　)

622. 矿井安全监控系统中心站必须实时监控全部采掘工作面瓦斯浓度变化及被控设备的通、断电状态。(　)

623. 矿井安全监控系统的监测日报表必须报矿长和技术负责人审阅。(　)

624. 兼职人员可以负责便携式甲烷检测报警仪的充电、收发及维护。(　)

625. 安全监测系统支持故障闭锁，需要设置断线控制口。(　)

626. 监测监控系统可以没有馈电状态监测功能。(　)

627. 监测监控系统“专网”应与互联网进行物理隔离。(　)

628. 监测监控系统可以不安装避雷器。(　)

629. 突出煤层掘进工作面回风巷必须设置风速传感器。(　)

630. 传感器入井前应进行维护检测，并在监控调试平台上在线预热运行不少于24 h。(　)

631. 矿井停产检修期间，安全监控系统也应停止检修维护。(　)

632. 安全监控中心站应双回路供电并备用不小于2 h的在线式不间断电源。(　)

633. 馈电状态传感器可设置在风电闭锁的被控开关的下级开关上。(　)

634. 主要通风机的风硐室内应设置风压传感器。(　)

635. 安全监控分站安设要使用专用托架或安置箱，位置必须选择变电所、单独壁槽或环境条件适宜的地点，可以吊挂。(　)

636. 被控开关的电源侧应设置馈电传感器。(　)

637. 安全监控系统每2个月数据进行备份，备份的数据介质保存时间应当不少于2年。(　)

638. 安全监控系统必须具备实时上传视频数据的功能。(　)

639. 突出矿井采区回风巷设置的传感器必须是全量程或者高低浓度甲烷传感器。(　)

640. 掘进工作面分风口风速传感器监测到风流逆转，发出煤与瓦斯突出报警和断电闭锁信号，切断相关区域全部非本质安全型电气设备电源。(　)

641. 硫化氢无色、微甜、有浓烈的臭鸡蛋味，当空气中浓度达到0.0001%即可嗅到。(　)

642. 数字频带传输就是一种用数字调制信号（即用数字基带信号去调制载波后所形成的信号）。(　)

643. 树形网络结构结构具有发送和接收设备简单、传输阻抗易于匹配、各分站之间干扰小、抗故障能力强、可靠性高等优点。(　)

644. 传感器的主要功能是将各种被测量物理量通过不同的传感元件变换成所需要的电信号并把它传送给传输系统。(　)

645. 各矿必须制定瓦斯事故应急预案、安全监控人员岗位责任制、操作规程、值班制度等规章制度。(　)

646. 稳定性是指传感器输出量的变化值与相应输入量的变化值之比。(　)

647. 模拟量传感器指的是被测物理量的变化是连续变化的，如气体的浓度、环境的温度等。(　)

648. 安全监控仪器、设备的防爆型式一般采用隔爆型、本质安全型和隔爆兼本质安全型。(　)

649. 霍尔原理已被广泛应用，依据载流导体周围产生感应磁场的电磁感应原理，通过测定供电设备电缆周围磁场的有无，间接测定设备开停状态。(　)

650. 按电阻－温度特性的不同（由材料的温度系数决定），热敏电阻可分为负温度系数（NTC）和正温度系数（PTC）两大类。(　)

651. 当两种不同的金属材料的两个接点（冷端和热端）之间存在温差时，就在两者之间产生电动势，进而在回路中形成电流，这种现象称为热电效应。(　)

652. 电化学传感器电解质必须有助于促进电解反应，并有效地将离子电荷传送到电极。它还必须与参考电极形成稳定的参考电势并与传感器内使用的材料兼容。(　)

653. 二氧化碳浓度的增加会使热导率增大，湿度的增加也会使热导率增大。(　)

654. 便携式载体催化甲烷检测报警仪电池正常充电后，其工作时间应不小于12 h。(　)

655. 抽出的瓦斯排入回风巷时，在排瓦斯管路出口必须设置栅栏、悬挂警戒牌等。栅栏设置的位置是上风侧距管路出口 5 m、下风侧距管路出口 20 m，两栅栏间禁止任何作业。(　)

656. 抽采的瓦斯浓度低于 40% 时，不得作为燃气直接燃烧。进行管道输送、瓦斯利用或者排空时，必须按有关标准的规定执行，并制定安全技术措施。(　)

参考答案

一、单选题

1. B　2. A　3. A　4. B　5. B　6. A　7. C　8. A　9. C　10. A
11. C　12. B　13. B　14. B　15. C　16. D　17. A　18. B　19. A　20. D
21. B　22. B　23. B　24. A　25. D　26. C　27. C　28. C　29. A　30. D
31. A　32. C　33. A　34. B　35. C　36. B　37. C　38. D　39. B　40. C
41. C　42. A　43. B　44. A　45. B　46. A　47. A　48. B　49. A　50. C
51. C　52. A　53. C　54. A　55. A　56. B　57. C　58. A　59. A　60. A
61. B　62. B　63. C　64. A　65. C　66. B　67. D　68. B　69. C　70. C
71. C　72. A　73. D　74. A　75. A　76. B　77. A　78. B　79. B　80. C
81. A　82. A　83. D　84. A　85. A　86. D　87. B　88. D　89. D　90. D
91. C　92. B　93. D　94. C　95. C　96. C　97. B　98. B　99. B　100. B
101. B　102. B　103. B　104. C　105. B　106. A　107. A　108. A　109. A　110. C
111. A　112. A　113. B　114. A　115. B　116. C　117. C　118. D　119. B　120. C
121. A　122. C　123. B　124. B　125. B　126. B　127. C　128. A　129. A　130. A
131. D　132. C　133. A　134. B　135. C　136. D　137. A　138. A　139. A　140. B
141. A　142. A　143. B　144. A　145. B　146. A　147. A　148. C　149. B　150. C
151. C　152. B　153. C　154. C　155. D　156. C　157. A　158. D　159. B　160. B
161. A　162. A　163. B　164. A　165. A　166. A　167. B　168. B　169. B　170. A
171. C　172. C　173. C　174. B　175. C　176. D　177. A　178. A　179. B　180. C
181. A　182. D　183. A　184. D　185. C　186. A　187. A　188. B　189. C　190. D
191. A　192. B　193. C　194. D　195. A　196. B　197. A　198. B　199. C　200. A
201. D　202. A　203. B　204. C　205. B　206. A　207. B　208. C　209. D　210. A
211. D　212. B　213. B　214. C　215. B　216. D　217. C　218. B　219. A　220. A
221. B　222. B　223. B　224. B　225. B　226. B　227. B　228. C　229. D　230. B
231. B　232. A　233. B　234. B　235. A　236. C　237. C　238. B　239. A　240. C
241. D　242. A　243. B　244. A　245. B　246. B　247. B　248. C　249. B　250. D
251. C　252. A　253. D　254. C　255. D　256. A　257. C　258. D　259. A　260. B
261. B　262. A　263. B　264. C　265. C　266. D　267. B　268. A　269. C　270. C
271. B　272. D　273. D　274. B　275. A　276. D　277. A　278. B　279. D　280. D
281. A　282. B　283. A　284. B　285. C　286. D　287. B　288. C　289. A　290. D
291. C　292. D　293. B　294. B　295. A　296. A　297. C　298. C　299. C　300. D
301. A　302. D　303. A　304. B　305. D　306. A　307. A　308. C　309. C　310. C

311. A 312. C 313. A 314. B 315. B 316. C 317. B 318. A 319. B 320. C
321. B 322. A 323. C 324. B 325. C 326. A 327. B 328. A 329. C 330. B
331. B 332. D 333. A 334. A 335. C 336. B 337. A 338. B 339. C 340. A
341. C 342. B 343. D 344. B 345. B 346. C 347. B 348. C 349. B 350. A
351. C 352. B 353. B 354. B 355. C 356. A 357. B 358. A 359. A 360. C
361. C 362. A 363. B 364. C 365. A 366. A 367. C 368. B 369. B 370. A
371. A 372. A 373. B 374. C 375. A 376. C 377. A 378. A 379. B 380. B
381. A 382. B 383. B 384. B 385. B 386. D 387. B 388. A 389. A 390. B
391. A 392. A 393. B 394. C 395. C 396. A 397. B 398. A 399. C 400. A
401. A 402. B 403. A 404. B 405. A 406. C 407. D 408. B 409. C 410. A
411. C 412. A 413. A 414. A 415. A 416. C 417. C 418. B 419. A 420. C
421. A 422. C 423. B 424. C 425. B 426. C 427. A 428. A 429. C 430. A
431. A 432. B 433. C 434. A 435. C 436. B 437. B 438. C 439. C 440. A
441. B 442. A 443. C 444. A 445. B 446. C 447. A 448. A 449. C 450. A
451. B 452. C 453. C 454. A 455. B 456. A 457. C 458. A 459. B 460. A
461. C 462. B 463. B 464. C 465. C 466. C 467. C 468. B 469. B 470. A
471. D 472. D 473. D 474. B 475. C 476. B 477. B 478. D 479. D 480. D
481. B 482. A 483. C 484. C 485. A 486. A 487. A 488. C 489. B 490. A
491. C 492. A 493. C 494. C 495. A 496. A 497. C 498. D 499. A 500. A
501. B 502. C 503. B 504. A 505. A 506. B 507. A 508. C 509. B 510. B
511. C 512. A 513. A 514. D 515. A 516. C 517. C 518. D 519. C 520. B
521. A 522. D 523. D 524. C 525. C 526. C 527. C 528. D 529. A 530. C
531. B 532. D 533. C 534. B

二、多选题

1. ABC 2. ABD 3. ABC 4. ABCD 5. ABC
6. ABCD 7. ABD 8. ABCD 9. ABCD 10. ABCD
11. ABCD 12. ACD 13. ABCD 14. BD 15. BD
16. ACD 17. ABC 18. ABC 19. ABCD 20. ABCD
21. ABC 22. ABCD 23. ABCD 24. ABCD 25. BCD
26. ABCD 27. ABC 28. ABCDE 29. ABCDE 30. ABCD
31. ABCD 32. ABCD 33. ABCD 34. ABC 35. ABCDE
36. ABCD 37. ABC 38. ABC 39. ABCDE 40. ABCDE
41. ABCDE 42. ABCD 43. ABCDE 44. ABCDE 45. ABCD
46. ABCDE 47. ABCDE 48. BCE 49. ABCD 50. ABCD
51. ABCDE 52. ABCD 53. ABC 54. ABC 55. ABCD
56. ABCD 57. ABCD 58. ABCD 59. ABCD 60. ABC
61. ABD 62. ABC 63. ABC 64. ABCD 65. ABCD
66. BC 67. BCDE 68. ABCD 69. ABD 70. ABC

71. AB	72. CD	73. ABCD	74. ACD	75. AC
76. ABC	77. ABC	78. ABCDEF	79. ABCD	80. ABC
81. ABCDEF	82. ABCDE	83. ACD	84. ABD	85. ABCD
86. ABCD	87. ABD	88. ABD	89. BD	90. CD
91. BDF	92. AD	93. ABC	94. ABC	95. ABD
96. ABCD	97. ABCD	98. ABC	99. ABCD	100. ABCD
101. BCDE	102. ABCDE	103. ABCD	104. ABCD	105. ABCE
106. ABDE	107. ABCD	108. ABC	109. ABD	110. ABD
111. ABDE	112. BCD	113. AB	114. ABCD	115. ABC
116. ABD	117. ABD	118. ABCD	119. ABCD	120. ABCD
121. BCD	122. BCD	123. AB	124. BCD	125. AD
126. BC	127. ABD	128. CD	129. ABDE	130. ABCDE
131. ABC	132. ABC	133. ABCD	134. ABD	135. ABCD
136. ABCD	137. ACD	138. ABCD	139. ABCD	140. ABC
141. ABCD	142. ABD	143. ABC	144. ABC	145. ABCD
146. ABC	147. AB	148. AC	149. ABCD	150. ABCD
151. ABC	152. ACD	153. BCD	154. ABCD	155. ACD
156. ABCD	157. ABCD	158. ABD	159. ABC	160. ABD
161. BC	162. BC	163. BCD	164. BCD	165. AB
166. ABCD	167. BCD	168. ACD	169. BCD	170. ABCD
171. ABC	172. ABCD	173. AB	174. ABCD	175. BBD
176. BCD	177. ABC	178. ABCD	179. ABCD	180. ACD
181. ABCD	182. CD	183. AB	184. AC	185. AD
186. AB	187. ABCD	188. ABC	189. ABCD	190. BD
191. ACD	192. ABCD	193. ABD	194. ABCD	195. ABCD
196. AC	197. ABCD	198. ABC	199. ABCD	200. ABC
201. ABCD	202. ABD	203. ABD	204. CD	205. ABCD
206. AC	207. ABC	208. ABCD	209. CD	210. ACD
211. BC	212. ABC	213. ACD	214. ABCD	215. AC
216. ABCD	217. ABC	218. BCD	219. ACD	220. ABCD
221. ABCD	222. ABD	223. ABC	224. ABC	225. ABCD
226. ABCD	227. ABCD	228. ABC	229. ABC	230. AB
231. BCD	232. ABD	233. ABD	234. ABC	235. ABC
236. ABC	237. ABCD	238. ACD	239. AD	240. AB
241. ABD	242. BCD	243. ACD	244. BD	245. ACD
246. AB	247. ABC	248. BC	249. ABCD	250. ABD
251. ABCD	252. ACD	253. ABCD	254. ACD	255. ABCD
256. ABCD	257. ABCD	258. BDE	259. ABCD	260. AC
261. AD	262. ABC	263. ABCE	264. AB	265. AD

266. CE　267. BCDE　268. AB　269. AB　270. AB
271. AB　272. ABC　273. ABCDE　274. ABCD　275. ABCD
276. ABD　277. BC　278. ABCD　279. AC　280. ABCD
281. ABCD　282. AB

三、判断题

1. √ 2. √ 3. √ 4. × 5. √ 6. √ 7. × 8. √ 9. √ 10. ×
11. × 12. × 13. × 14. √ 15. √ 16. √ 17. × 18. × 19. × 20. ×
21. √ 22. √ 23. √ 24. √ 25. √ 26. √ 27. √ 28. × 29. √ 30. ×
31. × 32. × 33. √ 34. × 35. √ 36. × 37. √ 38. √ 39. √ 40. √
41. × 42. √ 43. √ 44. √ 45. √ 46. √ 47. √ 48. √ 49. √ 50. √
51. √ 52. √ 53. √ 54. √ 55. √ 56. × 57. × 58. √ 59. × 60. ×
61. √ 62. √ 63. × 64. × 65. √ 66. × 67. × 68. × 69. × 70. ×
71. √ 72. √ 73. × 74. √ 75. √ 76. √ 77. √ 78. × 79. √ 80. √
81. √ 82. √ 83. √ 84. √ 85. √ 86. √ 87. √ 88. √ 89. √ 90. √
91. √ 92. √ 93. √ 94. √ 95. √ 96. × 97. √ 98. √ 99. √ 100. ×
101. × 102. × 103. × 104. √ 105. √ 106. √ 107. √ 108. × 109. × 110. √
111. √ 112. √ 113. √ 114. √ 115. √ 116. × 117. × 118. × 119. × 120. √
121. √ 122. × 123. × 124. √ 125. √ 126. × 127. × 128. √ 129. × 130. ×
131. × 132. √ 133. √ 134. √ 135. × 136. × 137. × 138. √ 139. √ 140. ×
141. × 142. √ 143. × 144. × 145. × 146. √ 147. × 148. × 149. × 150. ×
151. × 152. √ 153. × 154. × 155. × 156. √ 157. √ 158. × 159. √ 160. √
161. × 162. √ 163. √ 164. × 165. √ 166. √ 167. × 168. × 169. √ 170. √
171. √ 172. √ 173. √ 174. × 175. √ 176. √ 177. √ 178. × 179. × 180. √
181. √ 182. √ 183. √ 184. √ 185. × 186. √ 187. × 188. √ 189. √ 190. √
191. × 192. × 193. √ 194. × 195. × 196. √ 197. √ 198. × 199. √ 200. √
201. √ 202. √ 203. √ 204. √ 205. × 206. × 207. √ 208. × 209. √ 210. ×
211. × 212. √ 213. √ 214. × 215. × 216. × 217. × 218. √ 219. √ 220. √
221. √ 222. √ 223. √ 224. √ 225. √ 226. √ 227. × 228. × 229. √ 230. √
231. √ 232. √ 233. × 234. √ 235. √ 236. √ 237. × 238. × 239. √ 240. √
241. √ 242. √ 243. √ 244. √ 245. × 246. √ 247. × 248. √ 249. √ 250. √
251. √ 252. √ 253. × 254. √ 255. √ 256. √ 257. × 258. √ 259. √ 260. √
261. √ 262. √ 263. √ 264. √ 265. √ 266. √ 267. × 268. √ 269. × 270. √
271. × 272. √ 273. × 274. √ 275. √ 276. √ 277. √ 278. √ 279. × 280. ×
281. √ 282. √ 283. × 284. × 285. × 286. √ 287. √ 288. √ 289. √ 290. ×
291. √ 292. × 293. × 294. √ 295. √ 296. × 297. √ 298. × 299. √ 300. √
301. √ 302. √ 303. × 304. √ 305. √ 306. × 307. √ 308. √ 309. √ 310. √
311. √ 312. √ 313. × 314. × 315. × 316. √ 317. √ 318. √ 319. × 320. √
321. √ 322. √ 323. √ 324. × 325. √ 326. √ 327. × 328. × 329. √ 330. √

331. × 332. √ 333. √ 334. √ 335. √ 336. × 337. √ 338. √ 339. √ 340. ×
341. × 342. √ 343. √ 344. √ 345. √ 346. √ 347. √ 348. √ 349. √ 350. ×
351. √ 352. √ 353. × 354. × 355. √ 356. √ 357. × 358. √ 359. √ 360. ×
361. √ 362. √ 363. √ 364. √ 365. √ 366. √ 367. × 368. √ 369. √ 370. √
371. √ 372. √ 373. √ 374. × 375. √ 376. √ 377. × 378. × 379. √ 380. √
381. × 382. × 383. √ 384. × 385. √ 386. √ 387. √ 388. × 389. √ 390. ×
391. × 392. √ 393. √ 394. √ 395. √ 396. × 397. √ 398. × 399. √ 400. √
401. √ 402. √ 403. √ 404. × 405. × 406. × 407. √ 408. √ 409. √ 410. √
411. √ 412. × 413. √ 414. × 415. × 416. × 417. √ 418. √ 419. × 420. √
421. √ 422. √ 423. √ 424. √ 425. √ 426. √ 427. √ 428. √ 429. √ 430. ×
431. √ 432. √ 433. √ 434. √ 435. × 436. √ 437. √ 438. × 439. √ 440. √
441. √ 442. √ 443. × 444. √ 445. √ 446. √ 447. √ 448. √ 449. × 450. √
451. √ 452. × 453. √ 454. × 455. √ 456. × 457. √ 458. √ 459. × 460. √
461. √ 462. √ 463. × 464. √ 465. × 466. √ 467. √ 468. × 469. √ 470. ×
471. × 472. √ 473. × 474. × 475. × 476. × 477. × 478. √ 479. × 480. ×
481. × 482. × 483. × 484. × 485. × 486. × 487. √ 488. √ 489. × 490. √
491. √ 492. √ 493. √ 494. × 495. × 496. √ 497. √ 498. √ 499. √ 500. √
501. √ 502. √ 503. × 504. √ 505. × 506. √ 507. √ 508. √ 509. √ 510. ×
511. × 512. × 513. √ 514. × 515. × 516. √ 517. √ 518. √ 519. √ 520. √
521. × 522. × 523. × 524. √ 525. √ 526. × 527. √ 528. × 529. √ 530. √
531. × 532. × 533. √ 534. √ 535. √ 536. × 537. √ 538. √ 539. × 540. ×
541. √ 542. × 543. × 544. √ 545. × 546. √ 547. × 548. √ 549. √ 550. √
551. √ 552. √ 553. × 554. √ 555. √ 556. √ 557. √ 558. √ 559. √ 560. √
561. √ 562. √ 563. × 564. √ 565. √ 566. √ 567. √ 568. × 569. √ 570. √
571. √ 572. × 573. √ 574. √ 575. √ 576. × 577. × 578. √ 579. √ 580. ×
581. √ 582. × 583. √ 584. √ 585. × 586. √ 587. √ 588. × 589. × 590. √
591. √ 592. √ 593. √ 594. × 595. √ 596. √ 597. √ 598. × 599. √ 600. √
601. × 602. √ 603. × 604. √ 605. × 606. × 607. √ 608. × 609. √ 610. ×
611. × 612. × 613. √ 614. × 615. √ 616. √ 617. √ 618. √ 619. × 620. √
621. × 622. √ 623. √ 624. × 625. √ 626. × 627. √ 628. × 629. × 630. √
631. × 632. × 633. × 634. √ 635. × 636. × 637. × 638. × 639. √ 640. √
641. √ 642. √ 643. √ 644. √ 645. √ 646. √ 647. √ 648. √ 649. √ 650. √
651. √ 652. √ 653. √ 654. √ 655. √ 656. √

井 下 作 业 工
（瓦斯检查工方向）

赛项专家组成员（按姓氏笔画排序）

文　宗　李　强　杨冬冬　杨海平　周智仁
孟庆涛　曹士滢

赛 项 规 程

一、赛项名称

井下作业工（瓦斯检查工方向）

二、竞赛目的

弘扬劳模精神、劳动精神、工匠精神，激励煤矿职工特别是青年一代煤矿职工走技能成才、技能报国之路，培养更多高技能人才和大国工匠，为助力煤炭工业高质量发展提供技能人才保障。

三、竞赛内容

竞赛时间为 95 min，理论考试时间 60 min，实操时间 35 min。具体见表 1。

表1 竞赛内容、时间与权重表

序号	竞 赛 内 容	竞赛时间/min	所占权重/%
1	理论知识	60	20
2	光学瓦斯检定器的选定、故障判断	10	80
3	实测甲烷、二氧化碳、一氧化碳浓度及数据校正	7	
4	模拟矿井井下现场叙述演示	15	
5	应急处理现场叙述演示	3	

（一）理论考试内容

理论考试采用机考方式进行，试题类型分为单选题、多选题和判断题三类。试卷满分 100 分。

（二）模拟现场实际操作内容

1. 光学瓦斯检定器的选定、故障判断（完成时间 10 min，共 15 分）

由裁判长随机抽取的一组（每组 5 台）光学瓦斯检定器进行检查、判断，从中选出 1 台完好仪器，查出并记录其余 4 台仪器存在的 10 个故障（4 台故障仪器中每台仪器有 1 ~ 3 个故障，故障不重复）。

2. 实测甲烷、二氧化碳、一氧化碳浓度及数据校正（完成时间 7 min，共 30 分）

通过参赛选手真实操作模拟光学瓦斯检定器及模拟气体采样器，观察显示器提供的相关参数。系统显示屏界面里虚拟呈现出标准气样（软件后台随机选出设定气样，包括甲烷浓度值、混合甲烷浓度值、空盒气压值、温度值、一氧化碳浓度值)、虚拟光学瓦斯检定器、虚拟空盒气压计（含修订值表)、虚拟温度计、虚拟一氧化碳检测管（三种型号)、虚拟采样器。

（1）操作模拟光学瓦斯检定器，测出给定虚拟混合气样中的甲烷及二氧化碳浓度，并记录。

（2）观测显示屏虚拟现场环境条件（虚拟提供空盒气压计、温度计)，并记录。

（3）操作模拟光学瓦斯检定器测定的读数进行真实值校正计算（要有计算过程，保留两位小数)，并填写检测报告表。

（4）根据给出的一氧化碳浓度值，选定对应型号的一氧化碳检测管，操作模拟气体采样器，测试一氧化碳浓度值，读数并填写检测报告表。

3. 模拟矿井井下现场叙述演示（完成时间共 15 min，共 50 分)

（1）领取光学瓦斯检定器，手指口述下井测定瓦斯前的准备工作。

（2）模拟矿井井下掘进工作面应纳入瓦斯检查要求的测点，在 5 个测点中考 2 个固定测点（局部通风机处瓦斯检查和掘进工作面的瓦斯检查）1 个随机测点（从掘进巷道回风流的瓦斯检查、掘进工作面局部测点的瓦斯检查、掘进巷道内机电设备处的瓦斯检查中抽取任意 1 个测点）现场进行瓦斯检查操作演示。按照矿井井下瓦斯及二氧化碳检查相关要求，进行一边操作一边口述的方式检查井下现场中的瓦斯气体检测程序（各测点只进行一遍操作演示，并口述出该测点需测定三遍)。

4. 应急处理现场叙述演示（完成时间共 3 min，共 5 分)

通过应急预案考试装置，系统随机出一个应急画面场景，参赛选手根据应急场景口述出如何应急处理。

四、竞赛方式

本赛项为个人项目，竞赛内容由个人完成。

理论知识考试采取上机考试，通过计算机自动评分；模拟现场实际操作由裁判员现场评分。

五、竞赛赛卷

（一）理论知识考试内容

从竞赛题库中随机抽取 100 道赛题；试题类型分单选题、多选题、判断题；理论考试成绩占总成绩比重 20% 。

（二）模拟现场实际操作项目

模拟现场考试成绩占总成绩比重 80% 。

（1）光学瓦斯检定器的选定、故障判断。

（2）实测甲烷、二氧化碳、一氧化碳浓度及数据校正。

（3）模拟矿井井下现场叙述演示。

（4）应急处理现场叙述演示。

（三）竞赛具体内容

竞赛具体内容见评分标准。

六、竞赛规则

（一）报名资格及参赛选手要求

（1）选手需为按时报名参赛的煤炭企业生产一线的在岗职工，从事本职业（工种）8年以上时间，且年龄不超过45周岁。

（2）选手须取得行业统一组织的赛项集训班培训证书，并通过本单位组织的相应赛项选拔的前2名，且具备国家职业资格高级工及以上等级。

（3）已获得“中华技能大奖”“全国技术能手”的人员，不得以选手身份参赛。

（二）熟悉场地

（1）组委会安排开赛式结束后各参赛选手统一有序地熟悉场地，熟悉场地时限定在观摩区域活动，不允许进入比赛区域。

（2）熟悉场地时不允许发表没有根据以及有损大赛整体形象的言论。

（3）熟悉场地时要严格遵守大赛各种制度，严禁拥挤，喧哗，以免发生意外事故。

（三）参赛要求

（1）竞赛所需要平台、设备、仪器和工具按照大赛组委会的要求统一由协办单位提供。

（2）所有人员在赛场内不得有影响其他选手完成工作任务的行为，参赛选手不允许串岗串位，要使用文明用语，不得以言语及人身攻击裁判和赛场工作人员。

（3）参赛选手在比赛开始前15 min到达指定地点报到，接受工作人员对选手身份、资格和有关证件的核验，参赛号、赛位号由抽签确定，不得擅自变更、调整。选手若休息、饮水或去洗手间，耗用的时间一律计算在竞赛时间内，计时工具以赛场配置的时钟为准。

（4）选手须在竞赛试题规定位置填写参赛号、赛位号。其他地方不得有任何暗示选手身份的记号或符号。选手不得将手机等通信工具带入赛场，选手之间不得以任何方式传递信息，如传递纸条、用手势表达信息等，否则取消成绩。

（5）选手须严格遵守安全操作规程，并接受裁判员的监督和警示，以确保参赛人身及设备安全。选手因个人误操作造成人身安全事故和设备故障时，裁判长有权终止比赛；如非选手个人因素出现设备故障而无法比赛，由裁判长视具体情况做出裁决（调换到备用赛位或调整至最后一场次参加比赛）；若裁判长确定设备故障可由技术支持人员排除故障后继续比赛，同时将给参赛选手补足所耽误的比赛时间。

（6）选手进入赛场后，不得擅自离开赛场，因病或其他原因离开赛场或终止比赛，应向裁判示意，须经赛场裁判长同意，并在赛场记录表上签字确认后，方可离开赛场并在赛场工作人员指引下到达指定地点。

（7）选手须按照程序提交比赛结果，并在比赛赛位的计算机规定文件夹内存储比赛文件，配合裁判做好赛场情况记录并确认，裁判提出确认要求时，不得无故拒绝。

（8）裁判长发布比赛结束指令后所有未完成任务参赛选手立即停止操作，按要求清理赛位，不得以任何理由拖延竞赛时间。

（9）服从组委会和赛场工作人员的管理，遵守赛场纪律，尊重裁判和赛场工作人员，尊重其他代表队参赛选手。

（四）安全文明操作规程

（1）选手在比赛过程中不得违反《煤矿安全规程》规定要求。

（2）注意安全操作，防止出现意外伤害；完成工作任务时要防止工具伤人等事故。

（3）组委会要求选手统一着装，服装上不得有姓名、队名以及其他任何识别标记。不穿组委会提供的上衣，将拒绝进入赛场。

（4）刀具、工具不能混放、堆放，废弃物按照环保要求处理，保持赛位清洁、整洁。

七、竞赛环境

（1）每个分项竞赛场地需相互独立分开，以免影响参赛选手现场发挥。

（2）除比赛用设备外，设有备用设备。

八、技术参考规范

（1）《煤矿安全规程》(2022 年版)。

（2）《煤矿瓦斯检查工操作资格培训考核教材》。

（3）《矿井通风》。

九、技术平台

比赛设备采用徐州江煤科技有限公司生产的设备和模拟仿真技术平台。比赛使用设备清单见表 2。

表2　比赛使用设备清单表

项目	序号	名　称	型　号	单位	数量
竞赛用设备	1	光学瓦斯检定器	CJG10(B)	台	6
	2	光学瓦斯检定器	CJG100(B)	台	1
	3	模拟光学瓦斯检定器	CJG10(B) – II	台	2
	4	模拟气体采样器	CZY50 – II	台	2
	5	便携式瓦斯报警仪	JCB4	台	1
	6	瓦斯工考试装置	JMWSK – B	套	1
	7	打印机	HP	台	1
	8	模拟巷道	JMHD – M	套	1
	9	矿用仪器无线智能发放管理系统	JMWX – B	套	1
	10	矿用瓦斯巡检管理系统	JMXJ – C	套	1
	11	电子标签	JMWX – B 专用	个	1
	12	矿用本安型巡检仪	YHX3.7	个	1

表2（续）

项目	序号	名　　称	型　　号	单位	数量
竞赛用设备	13	地址卡	YHX3.7 专用	个	5
	14	人员卡	YHX3.7 专用	个	1
	15	空盒气压计	DYM3 型	台	1
	16	温度计	量程 0～60 ℃	支	1
	17	矿用本安型计算器	KJD1.5	个	1
	18	秒表	卡西欧	个	3
	19	应急预案考试装置	JMYJ－II	套	1
	20	瓦斯检查记录牌板	磁吸	个	5
	21	白板笔		盒	1
	22	瓦斯检查工手册		本	1
	23	一氧化碳检测管	Ⅰ型	盒	1
	24	一氧化碳检测管	Ⅱ型	盒	1
	25	一氧化碳检测管	Ⅲ型	盒	1
	26	采样器	CZY50	个	1
	27	瓦斯检查杖	JDWH－20	个	1
	28	工具包		个	1
竞赛公共设备及耗材	1	视频监控系统	海康威视	套	1
	2	矿灯	KL5LM(B)	台	1
	3	隔绝式化学氧自救器	ZH30(A)	台	1
	4	硅胶	1 斤	瓶	1
	5	钠石灰	1 斤	瓶	1
	6	干电池	1 号	节	12
	7	光瓦配件		套	1
	8	工作服、腰带、安全帽		套	1
	9	灯带		条	1
	10	矿靴		双	1
	11	电脑	联想启天 M415	台	1
	12	笔	QB/T2625	支	10
	13	草稿纸	A4	张	100
	14	考试评分系统	JMPF－II	套	1
	15	无线通信终端	JMPF－V	台	1
	16	考试评分终端	JMPF－F	台	1
	17	广播系统	KT183(C)	套	1
	18	矿用本安型音视频记录仪	YHJ3.7	台	1
	19	打印机	HP	台	1

十、成绩评定

（一）评分标准制订原则

竞赛评分本着“公平、公正、公开、科学、规范”的原则，注重考核选手的职业综合能力、团队的协作与组织能力和技术应用能力。

（二）评分标准

煤矿瓦斯检查实际操作考试要点与评分细则：

1. 光学瓦斯检定器选定及故障判断

（1）每组有一台合格仪器，参赛选手应选出完好仪器。

（2）错判、漏判仪器故障点。查出并记录（见附表1）其余4台仪器存在的10个故障，4台故障仪器中每台仪器有1～3个故障，故障不重复。光学瓦斯检定器故障类别见附表2。

具体评分标准见附表3。

2. 实测瓦斯浓度、二氧化碳、一氧化碳浓度及数据校正

（1）光学瓦斯检定器清洗气室并调零。

（2）系统随机抽出混合气体气样，读取测定的浓度值，并记录。

（3）读取空盒气压计和温度计的示值，并记录。

（4）根据测量的环境条件对光学瓦斯检定器测定的读数进行真实值校正计算（要有计算过程，保留两位小数），并填写检测报告表（附表4）。

（5）根据系统随机给出的一氧化碳浓度值，选定对应型号的一氧化碳检测管，操作模拟气体采样器，测试一氧化碳浓度值，读数并填写检测报告表（附表4）。

具体评分标准见附表5。

3. 模拟矿井井下掘进巷道瓦斯检查操作演示

参赛选手进入模拟矿井井下掘进巷道瓦斯检查操作演示项目待考区，由裁判员叫到参赛选手，参赛选手到矿用仪器无线智能发放管理操作台前扫描人员卡，领取便携仪，然后进入模拟巷道进行考试。

1）测定瓦斯前的准备工作（表3）

表3 测定瓦斯前的准备工作

仪器外观检查	1. 目镜组件：护盖、链条完好，两固定点牢固，固定螺丝齐全；提、按、旋转过程中，平稳、灵活可靠、无松动、无卡滞现象 2. 开关：护套贴紧开关，松紧适度、无缺损；两光源开关按时有弹性、完好 3. 主调螺旋：护盖、链条完好，两固定点牢固；旋钮完好，旋时灵活可靠，无杂音、无松动、无卡滞现象 4. 皮套、背带：皮套完整、无缺损、纽扣能扣上；背带完好、长度适宜 5. 微调螺旋：旋钮完好，旋时灵活可靠，无杂音、无松动、无卡滞现象
药品检查	1. 水分吸收管检查：硅胶光滑呈深蓝色颗粒状，变粉红色为失效；吸收管内装的隔圈相隔要均匀、平整，两端要垫匀脱脂棉，内装的药量要适当 2. 二氧化碳吸收管检查：药品（钠石灰）呈鲜艳粉红色，药量适当、颗粒粒度均匀（一般约2～5 mm）。变浅、变粉白色为失效，呈粉末状为不合格，必更换，更换后需做简单的气密性和畅通性试验

表3（续）

检查气路系统	1. 检查胶管、吸气球：胶管无缺损，长度适宜；吸气球完好、无龟裂、瘪起自如 2. 检查仪器密封性：用手捏扁吸气球，另一手堵住检测胶管进气孔，然后放松吸气球，吸气球1 min不胀起，表明气路系统不漏气 3. 检查气路是否畅通：放开进气孔，捏放吸气球，吸气球瘪起自如时表明气路畅通
检查电路系统和光路系统	1. 光干涉条纹检查：按下光源电门，调节目镜筒，观察分划板刻度和光干涉条纹清晰，光源灯泡亮度充分 2. 微读数检查：按下微读数电门，观察微读数窗口，光亮充分、刻度清晰
仪器精密度	1. 主读数精度检查：按下光源电门，将光谱的第一条黑色条纹（左侧黑纹）调整到“0”位，第5条条纹与分划板上“7%”数值重合，表明条纹宽窄适当，精度符合要求 2. 微读数精度检查：按下微读数电门，把微读数刻度盘调到零位；按下光源电门，调主调螺旋，由目镜观察，使既定的黑色条纹调整到分划板上“1%”位置；调整微调螺旋，使微读数刻度盘从“0”转到“1.0”，分划板上原对“1%”的黑色条纹恰好回到分划板上的零位时表明小数精度合格（小数精度允许误差为±0.02%）
仪器整理	将检查完好的仪器放入工具包或背在肩上（要求整理好），然后根据井下工作要求，领取瓦斯检查记录手册、笔、白板笔、温度计、瓦斯检查仪、巡检记录仪、瓦斯检查记录牌板等工具和用品

2）掘进工作面瓦斯检查（表4）

表4 掘进工作面瓦斯检查

清洗气室并调零	1. 清洗瓦斯气室：在待测瓦斯地点的进风流中，将二氧化碳吸收管、水分吸收管都接入测量气路，捏放吸气球5～10次，吸入新鲜空气清洗瓦斯气室 2. 仪器调零：按下微读电源电门，观看微读数观测窗，旋转微调螺旋，使微读数刻度盘的零位与指示板零位线重合；按下光源电门，观看目镜，旋下主调螺旋盖，调主调螺旋，在干涉条纹中选定一条黑基线与分划板上零位重合，并记住这条黑基线；再捏放吸气球5～10次，看黑基线是否漂移，如果出现漂移，需重新调零。调零完毕要盖好主调螺旋盖，防止基线因碰撞而移动
模拟井下掘进巷道现场进行瓦斯和二氧化碳浓度检查操作演示	1. 局部通风机处的瓦斯检查（必考测点） （1）检查局部通风机及其开关附近10 m范围内风流中瓦斯浓度、二氧化碳浓度以及温度情况。 （2）检查瓦斯时，将二氧化碳吸收管的进气端胶管置于待测位置，在巷道风流上部，将仪器进气口伸到距顶板200～300 mm处，捏吸气球5～10次，将待测气体吸入瓦斯室，读数，按下光源电门，由目镜观察黑基线位置，若黑基线刚好在某整数上，直接读出该数即为测定的瓦斯浓度，若黑基线在两整数之间，应顺时针转动微调手轮，使黑基线退到较小的整数上，读出整数，再读出微读窗口上的小数，整数加上小数即为测定的瓦斯浓度，连测三次取最大值。 （3）检查二氧化碳浓度时，将二氧化碳吸收管的进气端胶管置于待测位置。测定二氧化碳在巷道风流下部，距底板200～300 mm处。先测下部瓦斯，捏吸气球5～10次，将待测气体吸入瓦斯室，读取下部瓦斯浓度。去掉二氧化碳吸收管，接入进气管，将仪器进气口置于待测位置，捏吸气球5～10次，将待测气体吸入瓦斯室，读取下部混合气体浓度。测定的下部混合气体浓度减去下部瓦斯浓度再乘校正系数0.955，约为所测定的二氧化碳浓度，连测三次取最大值。 （4）测定温度时，在与人体及制冷制热设备间隔超过0.5 m位置处测定，测定时间不低于5 min且在温度计示值稳定后读数。

表4（续）

<table>
<tr><td>模拟井下掘进巷道现场进行瓦斯和二氧化碳浓度检查操作演示</td><td>（5）及时将检查结果填入瓦斯检查工手册、巡检记录仪和现场的瓦斯检查记录牌板上。（瓦斯检查记录牌板由参赛选手根据需要检查地点正确悬挂）
2. 掘进巷道回风流的瓦斯检查（随机测点）
（1）在掘进巷道回风口向工作面方向 10 ~ 15 m 位置，检查瓦斯、二氧化碳浓度以及温度情况。
（2）检查瓦斯时，将二氧化碳吸收管的进气端胶管置于待测位置，在巷道风流上部，将仪器进气口伸到距顶板 200 ~ 300 mm 处，捏吸气球 5 ~ 10 次，将待测气体吸入瓦斯室，读数，按下光源电门，由目镜观察黑基线位置，若黑基线刚好在某整数上，直接读出该数即为测定的瓦斯浓度，若黑基线在两整数之间，应顺时针转动微调手轮，使黑基线退到较小的整数上，读出整数，再读出微读窗口上的小数，整数加上小数即为测定的瓦斯浓度，连续测三次，取其最大值。
（3）检查二氧化碳浓度时，将二氧化碳吸收管的进气端胶管置于待测位置。测定二氧化碳在巷道风流下部，距底板 200 ~ 300 mm 处。先测下部瓦斯，捏吸气球 5 ~ 10 次，将待测气体吸入瓦斯室，读取下部瓦斯浓度。去掉二氧化碳吸收管，接入进气管，将仪器进气口置于待测位置，捏吸气球 5 ~ 10 次，将待测气体吸入瓦斯室，读取下部混合气体浓度。测定的下部混合气体浓度减去下部瓦斯浓度再乘校正系数 0.955，约为所测定的二氧化碳浓度，连续测三次，取其最大值。
（4）测定温度时，在与人体及制冷制热设备间隔超过 0.5 m 位置处测定，测定时间不低于 5 min，且在温度计示值稳定后读数。
（5）及时将检查结果填入瓦斯检查工手册、巡检记录仪和现场的检查记录牌板上。（瓦斯检查记录牌板由参赛选手根据需要检查的地点正确悬挂）
3. 掘进工作面的瓦斯检查（必考测点）
（1）检查掘进工作面瓦斯、二氧化碳浓度时，应在掘进工作面至风筒出风口距巷道顶、帮、底各为 200 mm 的巷道空间内的风流中进行，测量时要避开风筒出风口。温度测点为掘进工作面距迎头 2 m 处工作面风流中。
（2）检查瓦斯时，将二氧化碳吸收管的进气端胶管置于待测位置，在巷道风流上部，将仪器进气口伸到距巷道顶、帮、工作面煤壁各为 200 mm 的巷道空间内风流中，捏吸气球 5 ~ 10 次，将待测气体吸入瓦斯室，读数，按下光源电门，由目镜观察黑基线位置，若黑基线刚好在某整数上，直接读出该数即为测定的瓦斯浓度，若黑基线在两整数之间，应顺时针转动微调手轮，使黑基线退到较小的整数上，读出整数，再读出微读窗口上的小数，整数加上小数即为测定的瓦斯浓度，连续测三次，取其最大值。
（3）检查二氧化碳浓度时，将二氧化碳吸收管的进气端胶管置于待测位置。测定二氧化碳在巷道风流下部，距底板 200 ~ 300 mm 处。先测下部瓦斯，捏吸气球 5 ~ 10 次，将待测气体吸入瓦斯室，读取下部瓦斯浓度。去掉二氧化碳吸收管，接入进气管，将仪器进气口置于待测位置，捏吸气球 5 ~ 10 次，将待测气体吸入瓦斯室，读取下部混合气体浓度。测定的下部混合气体浓度减去下部瓦斯浓度再乘校正系数 0.955，约为所测定的二氧化碳浓度，连续测三次，取其最大值。
（4）测定温度时，在与人体及制冷制热设备间隔超过 0.5 m 位置处测定，测定时间不低于 5 min，且在温度计示值稳定后读数。
（5）观察现场甲烷传感器显示值，与光学瓦斯检定器进行比对，当相差较大时，以最大值为依据，记录并汇报调度。（汇报内容：报告调度室，甲烷传感器经对比符合规定）
（6）及时将检查结果填入瓦斯检查工手册、巡检记录仪和现场的检查记录牌板上。（瓦斯检查记录牌板由参赛选手根据需要检查的地点正确悬挂）
4. 掘进巷道内机电设备处的瓦斯检查（随机测点）
（1）检查掘进巷道内机电设备附近 20 m 范围内风流中瓦斯浓度、二氧化碳浓度及温度情况。
（2）检查瓦斯时，将二氧化碳吸收管的进气端胶管置于待测位置，在巷道风流上部，将仪器进气口伸到距顶板 200 ~ 300 mm 处，捏吸气球 5 ~ 10 次，将待测气体吸入瓦斯室，读数，按下光源电门，由目镜观察黑基线位置，若黑基线刚好在某整数上，直接读出该数即为测定的瓦斯浓度，若黑基线在两整数之间，应顺时针转动微调手轮，使黑基线退到较小的整数上，读出整数，再读出微读窗口上的小数，整数加上小数即为测定的瓦斯浓度，连续测三次，取其最大值。
（3）检查二氧化碳浓度时，将二氧化碳吸收管的进气端胶管置于待测位置。测定二氧化碳在巷道风流下部，距底板 200 ~ 300 mm 处。先测下部瓦斯，捏吸气球 5 ~ 10 次，将待测气体吸入瓦斯室，读取下部瓦斯浓度。去掉二氧化碳吸收管，接入进气管，将仪器进气口置于</td></tr>
</table>

表4（续）

模拟井下掘进巷道现场进行瓦斯和二氧化碳浓度检查操作演示	待测位置，捏吸气球5～10次，将待测气体吸入瓦斯室，读取下部混合气体浓度。测定的下部混合气体浓度减去下部瓦斯浓度再乘校正系数0.955，约为所测定的二氧化碳浓度，连续测三次，取其最大值。 （4）测定温度时，在与人体及制冷制热设备间隔超过0.5 m位置处测定，测定时间不低于5 min，且在温度计示值稳定后读数。 （5）及时将检查结果填入瓦斯检查工手册、巡检记录仪和现场的检查记录牌板上。（瓦斯检查记录牌板由参赛选手根据需要检查的地点正确悬挂） 5. 掘进工作面局部测点的瓦斯检查（随机测点） （1）检查掘进工作面局部测点内风流中瓦斯浓度、二氧化碳浓度及温度情况。 （2）检查瓦斯时，将二氧化碳吸收管的进气端胶管置于待测位置，在巷道风流上部，将仪器进气口伸到距顶板200～300 mm处，捏吸气球5～10次，将待测气体吸入瓦斯室，读数，按下光源电门，由目镜观察黑基线位置，若黑基线刚好在某整数上，直接读出该数即为测定的瓦斯浓度，若黑基线在两整数之间，应顺时针转动微调手轮，使黑基线退到较小的整数上，读出整数，再读出微读窗口上的小数，整数加上小数即为测定的瓦斯浓度，连续测三次，取其最大值。 （3）检查二氧化碳浓度时，将二氧化碳吸收管的进气端胶管置于待测位置。测定二氧化碳在巷道风流下部，距底板200～300 mm处。先测下部瓦斯，捏吸气球5～10次，将待测气体吸入瓦斯室，读取下部瓦斯浓度。去掉二氧化碳吸收管，接入进气管，将仪器进气口置于待测位置，捏吸气球5～10次，将待测气体吸入瓦斯室，读取下部混合气体浓度。测定的下部混合气体浓度减去下部瓦斯浓度再乘校正系数0.955，约为所测定的二氧化碳浓度，连续测三次，取其最大值。 （4）测定温度时，在与人体及制冷制热设备间隔超过0.5 m位置处测定，测定时间不低于5 min，且在温度计示值稳定后读数。 （5）及时将检查结果填入瓦斯检查工手册、巡检记录仪和现场的检查记录牌板上。（瓦斯检查记录牌板由参赛选手根据需要检查的地点正确悬挂）

3）数据整理

所有检查项目结束后，参赛选手应将巡检记录仪数据上传至系统，并将巡检记录仪及瓦斯检查手册交给工作人员，归还便携仪。具体评分标准见附表6。

4）应急处理

参赛选手现场通过应急预案考试装置随机抽取需要应急处理的情况。如掘进工作面回风流瓦斯超限、局部通风机停止运转、局部瓦斯积聚、煤与瓦斯突出预兆等，应及时做出相应处理。具体处理方案见附件2。具体评分标准见附表7。

参赛人员的所有的操作音视频录像实时存储到电脑硬盘，方便回放和查询。

（三）评分方法

本赛项评分包括机评分、结果评分和主观结果性评分三种。

（1）机评分。理论知识从竞赛题库中随机抽取，电脑自动评分。

（2）结果性评分。由评分裁判依照给定的参考评分标准，对光学瓦斯检定器故障判断；实测甲烷、二氧化碳、一氧化碳浓度及数据校正竞赛项目内容进行结果性评分，评分结果由3名裁判员共同签字确认，通过考试评分终端上传至评分系统，作为本赛项的最后得分。

（3）主观结果性评分。对于模拟矿井井下现场叙述演示、应急处理现场叙述演示，由3名评分裁判和现场技术人员依照给定的参考评分标准，对操作的过程进行打分，通过考试评分终端上传至评分系统取裁判的平均分作为参赛选手本项得分。

（4）成绩的计算。

$$D = G_1 + G_2 + G_3 + G_4 + G_5$$

式中　D——参赛选手的总成绩；

G_1——理论知识成绩；

G_2——光学瓦斯检定器故障判断成绩；

G_3——实测甲烷、二氧化碳、一氧化碳浓度及数据校正成绩；

G_4——模拟矿井井下现场叙述演示成绩；

G_5——应急处理现场叙述演示成绩。

（5）裁判组实行“裁判长负责制”，设裁判长 1 名，全面负责赛项的裁判与管理工作。

（6）裁判员根据比赛工作需要分为检录裁判、加密裁判、现场裁判和评分裁判，检录裁判、加密裁判不得参与评分工作。

① 检录裁判负责对参赛队伍（选手）进行点名登记、身份核对等工作。

② 加密裁判负责组织参赛队伍（选手）抽签并对参赛队伍（选手）的信息进行加密、解密。

③ 现场裁判按规定做好赛场记录，维护赛场纪律。

④ 评分裁判负责对参赛队伍（选手）的技能展示和操作规范按赛项评分标准进行评定。

（7）参赛选手根据赛项任务书的要求进行操作，根据注意操作要求，需要记录的内容要记录在比赛试题中，需要裁判确认的内容必须经过裁判员的签字确认，否则不得分。

（8）违规扣分情况。选手有下列情形，需从参赛成绩中扣分：

①在完成竞赛任务的过程中，因操作不当导致事故，扣 10 ~ 20 分，情况严重者取消比赛资格。②因违规操作损坏赛场提供的设备，污染赛场环境等不符合职业规范的行为，视情节扣 5 ~ 10 分。③扰乱赛场秩序，干扰裁判员工作，视情节扣 5 ~ 10 分，情况严重者终止比赛。

（9）赛项裁判组本着“公平、公正、公开、科学、规范、透明、无异议”的原则，根据裁判的现场记录、参赛选手赛项任务书及评分标准，通过多方面进行综合评价，最终按总评分得分高低，确定参赛对奖项归属。

（10）按比赛成绩从高分到低分排列参赛选手的名次。竞赛成绩相同时，成绩相同时完成实操所用时间少的名次在前，成绩及用时相同者实操成绩较高者名次在前。

（11）评分方式结合世界技能大赛的方式，以小组为单位，裁判相互监督，对检测、评分结果进行一查、二审、三复核。确保评分环节准确、公正。成绩经工作人员统计，组委会、裁判组、仲裁组分别核准后，闭赛式上公布。

（12）成绩复核。为保障成绩评判的准确性，监督组将对赛项总成绩排名前 30% 的所有参赛选手的成绩进行复核；对其余成绩进行抽检复核，抽检覆盖率不得低于 15% 。如发现成绩错误以书面方式及时告知裁判长，由裁判长更正成绩并签字确认。复核、抽检错误率超过 5% 的，裁判组将对所有成绩进行复核。

（13）成绩公布。

录入。由承办单位信息员将裁判长提交的赛项总成绩的最终结果录入赛务管理系统。

审核。承办单位信息员对成绩数据审核后，将赛务系统中录入的成绩导出打印，经赛项裁判长、仲裁组、监督组和赛项组委会审核无误后签字。

报送。由承办单位信息员将确认的电子版赛项成绩信息上传赛务管理系统。同时将裁判长、仲裁组及监督组签字的纸质打印成绩单报送赛项组委会办公室。

公布。审核无误的最终成绩单，经裁判长、监督组签字后进行公示。公示时间为2 h。成绩公示无异议后，由仲裁组长和监督组长在成绩单上签字，并在闭赛式上公布竞赛成绩。

十一、赛项安全

赛事安全是技能竞赛一切工作顺利开展的先决条件，是赛事筹备和运行工作必须考虑的核心问题。赛项组委会采取切实有效措施保证大赛期间参赛选手、指导教师、裁判员、工作人员及观众的人身安全。

（一）比赛环境

（1）组委会须在赛前组织专人对比赛现场、住宿场所和交通保障进行考察，并对安全工作提出明确要求。赛场的布置，赛场内的器材、设备，应符合国家有关安全规定。如有必要，也可进行赛场仿真模拟测试，以发现可能出现的问题。承办单位赛前须按照组委会要求排除安全隐患。

（2）赛场周围要设立警戒线，要求所有参赛人员必须凭组委会印发的有效证件进入场地，防止无关人员进入发生意外事件。比赛现场内应参照相关职业岗位的要求为选手提供必要的劳动保护。在具有危险性的操作环节，裁判员要严防选手出现错误操作。

（3）承办单位应提供保证应急预案实施的条件。对于比赛内容涉及大用电量、易发生火灾等情况的赛项，必须明确制度和预案，并配备急救人员与设施。

（4）严格控制与参赛无关的易燃易爆以及各类危险品进入比赛场地，不许随便携带其他物品进入赛场。

（5）配备先进的仪器，防止有人利用电磁波干扰比赛秩序。大赛现场需对赛场进行网络安全控制，以免场内外信息交互，充分体现大赛的严肃、公平和公正性。

（6）组委会须会同承办单位制定开放赛场的人员疏导方案。赛场环境中存在人员密集、车流人流交错的区域，除了设置齐全的指示标志外，须增加引导人员，并开辟备用通道。

（7）大赛期间，承办单位须在赛场管理的关键岗位，增加力量，建立安全管理日志。

（二）生活条件

（1）比赛期间，原则上由组委会统一安排参赛选手和指导教师食宿。承办单位须尊重少数民族的信仰及文化，根据国家相关的民族政策，安排好少数民族选手和教师的饮食起居。

（2）比赛期间安排的住宿地应具有宾馆/住宿经营许可资质。大赛期间的住宿、卫生、饮食安全等由组委会和承办单位共同负责。

（3）大赛期间有组织的参观和观摩活动的交通安全由组委会负责。组委会和承办单位须保证比赛期间选手、指导教师和裁判员、工作人员的交通安全。

（4）各赛项的安全管理，除了可以采取必要的安全隔离措施外，应严格遵守国家相关法律法规，保护个人隐私和人身自由。

（三）组队责任

（1）各单位组织代表队时，须为参赛选手购买大赛期间的人身意外伤害保险。

（2）各单位代表队组成后，须制定相关管理制度，并对所有选手、指导教师进行安全教育。

（3）各参赛队伍须加强对参与比赛人员的安全管理，实现与赛场安全管理的对接。

（四）应急处理

比赛期间发生意外事故，发现者应第一时间报告组委会，同时采取措施避免事态扩大。组委会应立即启动预案予以解决。赛项出现重大安全问题可以停赛，是否停赛由组委会决定。事后，承办单位应向组委会报告详细情况。

（五）处罚措施

（1）因参赛选手原因造成重大安全事故的，取消其获奖资格。

（2）参赛选手有发生重大安全事故隐患，经赛场工作人员提示、警告无效的，可取消其继续比赛的资格。

（3）赛事工作人员违规的，按照相应的制度追究责任。情节恶劣并造成重大安全事故的，由司法机关追究相应法律责任。

十二、竞赛须知

（一）参赛队须知

（1）统一使用单位的团队名称。

（2）竞赛采用个人比赛形式，不接受跨单位组队报名。

（3）参赛选手为单位在职员工，性别男性。

（4）参赛选手在报名获得确认后，原则上不再更换。允许选手缺席比赛。

（5）参赛选手在各竞赛专项工作区域的赛位场次和工位采用抽签的方式确定。

（6）参赛队伍所有人员在竞赛期间未经组委会批准，不得接受任何与竞赛内容相关的采访，不得将竞赛的相关情况及资料私自公开。

（二）领队和指导教师须知

（1）领队和指导教师务必带好有效身份证件，在活动过程中佩戴领队和指导教师证参加竞赛及相关活动；竞赛过程中，领队和指导教师非经允许不得进入竞赛场地。

（2）妥善管理本队人员的日常生活及安全，遵守并执行大赛组委会的各项规定和安排。

（3）严格遵守赛场的规章制度，服从裁判，文明竞赛，持证进入赛场允许进入的区域。

（4）熟悉场地时，领队和指导教师仅限于口头讲解，不得操作任何仪器设备，不得现场书写任何资料。

（5）在比赛期间要严格遵守比赛规则，不得私自接触裁判人员。

（6）团结、友爱、互助协作，树立良好的赛风，确保大赛顺利进行。

（三）参赛选手须知

（1）选手必须遵守竞赛规则，文明竞赛，服从裁判，否则取消参赛资格。

（2）参赛选手按大赛组委会规定时间到达指定地点，凭参赛证和身份证（两证必须齐全）进入赛场，并随机进行抽签，确定比赛顺序。选手迟到 15 min 取消竞赛资格。

（3）裁判组在赛前 30 min，对参赛选手的证件进行检查及进行大赛相关事项教育。

（4）比赛过程中，选手必须遵守操作规程，按照规定操作顺序进行比赛，正确使用仪器仪表。不得野蛮操作，不得损坏仪器、仪表、设备，一经发现立即责令其退出比赛。

（5）参赛选手不得携带通信工具和相关资料、物品进入大赛场地，不得中途退场。如出现较严重的违规、违纪、舞弊等现象，经裁判组裁定取消大赛成绩。

（6）现场实操过程中出现设备故障等问题，应提请裁判确认原因。若因非选手个人因素造成的设备故障，经请示裁判长同意后，可将该选手比赛时间酌情后延；若因选手个人因素造成设备故障或严重违章操作，裁判长有权决定终止比赛，直至取消比赛资格。

（7）参赛选手若提前结束比赛，应向裁判举手示意，比赛终止时间由裁判记录；比赛时间终止时，参赛选手不得再进行任何操作。

（8）参赛选手完成比赛项目后，提请裁判检查确认并登记相关内容，选手签字确认。

（9）比赛结束，参赛选手需清理现场，并将现场仪器设备恢复到初始状态，经裁判确认后方可离开赛场。

（四）工作人员须知

（1）工作人员必须遵守赛场规则，统一着装，服从组委会统一安排，否则取消工作人员资格。

（2）工作人员按大赛组委会规定时间到达指定地点，凭工作证进入赛场。

（3）工作人员认真履行职责，不得私自离开工作岗位。做好引导、解释、接待、维持赛场秩序等服务工作。

十三、申诉与仲裁

本赛项在比赛过程中若出现有失公正或有关人员违规等现象，代表队领队可在比赛结束后 2 h 之内向仲裁组提出申诉。

书面申诉应对申诉事件的现象、发生时间、涉及人员、申诉依据等进行充分、实事求是的叙述，并由领队亲笔签名。非书面申诉不予受理。

赛项仲裁工作组在接到申诉后的 2 h 内组织复议，并及时反馈复议结果。申诉方对复议结果仍有异议，可由单位的领队向赛区仲裁委员会提出申诉。赛区仲裁委员会的仲裁结果为最终结果。

十四、竞赛观摩

本赛项对外公开，需要观摩的单位和个人可以向组委会申请，同意后进入指定的观摩区进行观摩，但不得影响选手比赛，在赛场中不得随意走动，应遵守赛场纪律，听从工作人员指挥和安排等。

十五、竞赛直播

本次大赛实行全程直播，同时，安排专业摄制组进行拍摄和录制，及时进行报道，包括赛项的比赛过程、开闭幕式等。通过摄录像，记录竞赛全过程。同时制作优秀选手采访、优秀指导教师采访、裁判专家点评和企业人士采访视频资料。

附件 1

附表 1　光学瓦斯检定器的选定、故障判断评分标准记录表

参赛场次：________　　　　工位编号：________　　　　选手编号：________

仪器编号	故障类型	扣分
1 号 仪器		
2 号 仪器		
3 号 仪器		
4 号 仪器		
5 号 仪器		
用时：	得分：	合计扣分：

裁判员（签字）：

裁判长（签字）：

附表 2　光学瓦斯检定器故障类别

序号	故　障　名　称	备注	序号	故　障　名　称	备注
1	干涉条纹前视场不足		9	缺目镜盖链条	
2	干涉条纹后视场不足		10	缺吸气球防护链条	
3	干涉条纹上视场不足		11	缺主调螺旋盖链条	
4	干涉条纹下视场不足		12	吸气球链条未连接	
5	干涉条纹宽		13	吸气球链条连接位置不正确	
6	干涉条纹窄		14	主调螺旋盖链条未连接	
7	干涉条纹有气泡		15	目镜护盖链条未连接	
8	无干涉条纹		16	缺主调螺旋盖	

附表2（续）

序号	故 障 名 称	备注	序号	故 障 名 称	备注
17	缺目镜护盖		35	水分吸收管漏气	
18	缺开关保护套		36	药品连接管漏气	
19	微调螺旋卡死		37	进气孔连接胶管漏气	
20	微调螺旋失灵		38	出气孔连接胶管漏气	
21	微调不能归零		39	辅助长胶管漏气	
22	微读数位灯泡不亮		40	气球吸不进气	
23	目镜灯泡不亮		41	水分吸收管堵塞	
24	缺目镜保护玻璃		42	二氧化碳吸收管堵塞	
25	缺主调螺旋固定螺丝		43	钠石灰颗粒不均匀	
26	缺微读数观测保护玻璃		44	隔片位置不正确	
27	目镜组固定不牢，松动转圈		45	测微盘不定位	
28	钠石灰硅胶装反		46	仪器气室内堵塞	
29	钠石灰装药不足		47	仪器内漏	
30	钠石灰失效		48	测微组无指标线	
31	硅胶装填不足		49	小数精度不正确	
32	硅胶失效		50	气球压片不紧	
33	吸气球漏气		51	辅助胶管短	
34	二氧化碳吸收管漏气				

附表3　光学瓦斯检定器的选定、故障判断评分标准

项目	操作内容	操 作 标 准	标准分/分	评 分 标 准	实得分
光学瓦斯检定器选定及故障判断	故障判断	对抽取的一组（每组5台）光学瓦斯检定器进行检查、判断，查出并记录其中4台仪器存在的10个故障	10	错判、漏判仪器故障点（问题、故障等），每处扣分1分	
	选出合格仪器	从中选出1台完好仪器，在对应仪器编号后填写完好	4	合格仪器选择错误，扣4分	
	恢复现场	完成操作后，应将现场仪器恢复原状，并整齐摆放	1	未恢复比赛现场，未整齐摆放仪器得每处扣0.5分	
合 计			15		

附表4　甲烷浓度、二氧化碳、一氧化碳浓度实测报告表

参赛场次：____________　　　　　　　　工位编号：____________

选手编号：____________　　　　　　　　气样编号：____________

1. 测定 CH_4 浓度值（保留两位小数）：

   测定的 CH_4 浓度 C_{CH4} = ________

2. 环境测定，求 K 值（保留两位小数）：

3. 求出真实瓦斯浓度值（保留两位小数）：

4. 测出混合气体浓度值（保留两位小数）：

   测出的混合气体浓度 $C_{混}$ = ________

5. 求出真实二氧化碳浓度值（保留两位小数）：

6. 本次测试一氧化碳浓度，检测管选定为____型，测试浓度为____

操作时间：________

得分：________

裁判员（签字）：

裁判长（签字）：

附表5　甲烷浓度、二氧化碳、一氧化碳浓度测定评分标准

项目	操作内容	操作标准	标准分/分	评分标准	实得分
甲烷浓度测定	测定甲烷	1. 光学瓦斯检定器清洗气室并调零 2. 抽取气样 3. 读取整数 4. 读取小数	5	未进行清洗气室并调零扣1分；抽取气样时换气次数少于5次扣1分；不进行整数读取扣2分；不进行小数读取扣2分；扣完小项分为止	
	环境测定	1. 读取空盒气压计气压值，读取温度计温度值 2. 对气压读数进行刻度、温度和补充修正，修正后的示值填写到现场报告表上	5	1. 不读取气压和温度测定扣5分，气压读数精确到100 Pa，每差100 Pa扣1分，最多扣5分，温度读数精确到1 ℃，每差1 ℃扣1分，最多扣5分 2. 气压读数修正：无计算公式扣1分、无计算过程或计算公式错误，扣3分 3. 扣完小项分为止	
	光学瓦斯检定器读数校正，将真实值填写报告表	1. 根据虚拟环境测定数据，列出校正系数公式：[$K=345.8(273+t)/p$] 2. 计算瓦斯真实值：瓦斯测值乘以校正系数K得出瓦斯真实测值，要有计算公式和计算过程 3. 将瓦斯真实值填入报告表	7	1. 真实值与气样标准值绝对误差每差0.02%扣0.5分 2. 未精确到小数点后2位数或超过2位数，扣2分 3. 未列出校正系数公式扣5分，计算每少一步扣1分。计算无结果扣5分 4. 不及时填写报告单扣2分 5. 扣完小项分为止	
	混合气体测定	1. 抽取气样 2. 读取整数 3. 读取小数	5	抽取气样时换气次数少于5次扣1分，不进行整数读取扣2分，不进行小数读取扣2分，扣完小项分为止	
	二氧化碳浓度计算，将计算真实值写在报告表	1. 二氧化碳浓度的计算 2. 计算二氧化碳的真实值；要有计算过程 3. 将真实值填入报告表	5	1. 真实值与气样标准值绝对误差每差0.02%扣1分，最多扣5分 2. 未精确到小数点后2位数或超过2位数，扣2分 3. 未列出校正系数公式扣2分，计算每少一步扣1分。计算无结果扣5分 4. 不及时填写报告单扣2分 5. 扣完小项分为止	
一氧化碳浓度测定	一氧化碳浓度计算，将测试的浓度值写在报告表	1. 一氧化碳检测管选定 2. 抽取气样 3. 读取一氧化碳浓度值	3	1. 选错一氧化碳检测管，扣3分 2. 不按要求操作模拟气体采样抽取气样，扣1分 3. 一氧化碳浓度值读取错误，扣3分 4. 不及时填写报告单扣2分 5. 扣完小项分为止	
合计			30		

附表6　模拟矿井井下掘进巷道瓦斯检查操作演示评分标准

参赛场次：________　　　　工位编号：________　　　　选手编号：________

项目	操作内容	操 作 标 准	标准分/分	评 分 标 准	实得分
测定瓦斯前准备工作（18分）	仪器完好性检查	目镜组件检查	1	未手指口述和对应操作扣1分；手指口述和对应操作不正确扣0.2分；末采用普通话扣0.2分；语句口词不清楚扣0.2分；扣完为止	
		开关检查	1	未手指口述和对应操作扣1分；手指口述和对应操作不正确扣0.2分；未采用普通话扣0.2分；语句口词不清楚扣0.2分；扣完为止	
		主调螺旋检查	1	未手指口述和对应操作扣1分；手指口述和对应操作不正确扣0.2分；未采用普通话扣0.2分；语句口词不清楚扣0.2分；扣完为止	
		皮套检查	1	未手指口述和对应操作扣1分；手指口述和对应操作不正确扣0.2分；未采用普通话扣0.2分；语句口词不清楚扣0.2分；扣完为止	
		微调螺旋检查	1	未手指口述和对应操作扣1分；手指口述和对应操作不正确扣0.2分；未采用普通话扣0.2分；语句口词不清楚扣0.2分；扣完为止	
	药品检查	水分吸收管检查	1	未手指口述和对应操作扣1分；手指口述和对应操作不正确扣0.2分；未采用普通话扣0.2分；语句口词不清楚扣0.2分；扣完为止	
		二氧化碳吸收管检查	1	未手指口述和对应操作扣1分；手指口述和对应操作不正确扣0.2分；未采用普通话扣0.2分；语句口词不清楚扣0.2分；扣完为止	
	检查气路系统	检查胶管、吸气球	1	未手指口述和对应操作扣1分；手指口述和对应操作不正确扣0.2分；未采用普通话扣0.2分；语句口词不清楚扣0.2分；扣完为止	
		检查仪器密封性	1	未手指口述和对应操作扣1分；手指口述和对应操作不正确扣0.2分；未采用普通话扣0.2分；语句口词不清楚扣0.2分；扣完为止	
		检查气路是否畅通	1	未手指口述和对应操作扣1分；手指口述和对应操作不正确扣0.2分；未采用普通话扣0.2分；语句口词不清楚扣0.2分；扣完为止	

附表6（续）

项目	操作内容	操 作 标 准	标准分/分	评 分 标 准	实得分
测定瓦斯前准备工作（18分）	检查电路系统和光路系统	光干涉条纹检查	1	未手指口述和对应操作扣1分；手指口述和对应操作不正确扣0.2分；未采用普通话扣0.2分；语句口词不清楚扣0.2分；扣完为止	
		微读数检查	1	未手指口述和对应操作扣1分；手指口述和对应操作不正确扣0.2分；未采用普通话扣0.2分；语句口词不清楚扣0.2分；扣完为止	
	检查仪器精密度	主读数精度检查	2	未手指口述和对应操作扣1分；手指口述和对应操作不正确扣0.2分；未采用普通话扣0.2分；语句口词不清楚扣0.2分；扣完为止	
		微读数精度检查	2	未手指口述和对应操作扣1分；手指口述和对应操作不正确扣0.2分；未采用普通话扣0.2分；语句口词不清楚扣0.2分；扣完为止	
	仪器整理	将检查完好的仪器放入工具包或背在肩上，然后根据井下工作要求，领取工具、用品	2	未手指口述和对应操作扣1分；手指口述和对应操作少领取1项器具扣0.5分；扣完为止	
掘进巷道瓦斯检查（30分）	局部通风机处瓦斯检查（必考测点）	在局部通风机吸风口进风巷道附近新鲜风流中重新对零	3	未重新对零或选择地点不正确扣2分，调整顺序及方法不符合要求一处扣0.5分；未盖好主调螺旋盖扣1分；扣完为止	
		检查局部通风机及其开关附近10 m范围内风流中甲烷、二氧化碳浓度以及温度	8	局部通风机及其开关检查位置选择不正确不得分，操作不正确一处扣1分，口述不全面1处扣0.5分；未采用普通话扣1分；语句口词不清楚扣1分；扣完为止	
		填写检查结果	1	未及时记录到记录手册上不得分；未录入巡检记录仪扣0.5分；瓦斯记录牌板悬挂不正确扣0.5分；填写到瓦斯记录牌板上扣0.5分；扣完为止	
	掘进巷道回风流瓦斯检查（随机测点）	检查掘进巷道回风口甲烷、二氧化碳浓度以及温度	8	回风口位置选择错误扣不得分，检查操作不正确扣1分，操作不正确一处扣1分，口述不全面1处扣0.5分;未采用普通话扣1分;语句口词不清楚扣1分;扣完为止	
		填写检查结果	1	未及时记录到记录手册上不得分；未录入巡检记录仪扣0.5分；瓦斯记录牌板悬挂不正确扣0.5分；未填写到瓦斯记录牌板上扣0.5分；扣完为止	

附表6（续）

项目	操作内容	操作标准	标准分/分	评分标准	实得分
掘进巷道瓦斯检查（30分）	掘进工作面瓦斯检查（必考测点）	掘进工作面甲烷、二氧化碳浓度及温度测定	8	掘进工作面测点选择错误不得分，检查操作不正确一处扣1分，操作不正确扣1分，口述不全面1处扣0.5分；未采用普通话扣1分；语句口词不清楚扣1分；未进行与甲烷传感器进行对照扣1分；扣完为止	
		填写检查结果	1	未及时记录到记录手册上不得分；未录入巡检记录仪扣0.5分；瓦斯记录牌板悬挂不正确扣0.5分；未填写到瓦斯记录牌板上扣0.5分；扣完为止	
	掘进巷道机电设备瓦斯检查（随机测点）	掘进巷道机电设备处甲烷、二氧化碳及温度检查	8	掘进巷道机电设备测点选择错误不得分，检查操作不正确一处扣1分，口述不全面1处扣0.5分；未采用普通话扣1分；语句口词不清楚扣1分；扣完为止	
		填写检查结果	1	未及时记录到记录手册上不得分；未录入巡检记录仪扣0.5分；瓦斯记录牌板悬挂不正确扣0.5分；未填写到瓦斯记录牌板上扣0.5分；扣完为止	
	掘进巷道局部地点瓦斯检查（随机测点）	掘进巷道局部地点甲烷、二氧化碳及温度检查	8	掘进巷道局部地点检查选择错误不得分，操作不正确1处扣1分，口述不全面1处扣0.5分；未采用普通话扣1分；语句口词不清楚扣1分；扣完为止	
		填写检查结果	1	未及时记录到记录手册上不得分；未录入巡检记录仪扣0.5分；瓦斯记录牌板悬挂不正确扣0.5分；未填写到瓦斯记录牌板上扣0.5分；扣完为止	
数据处理（2分）	所有检查项目结束后，选手应将巡检记录仪数据上传至系统，并将巡检记录仪及瓦斯检查手册交给工作人员		2	巡检记录仪数据与瓦斯记录牌板、瓦斯检查手册不对应一处扣0.5分；扣完为止	
合计			50		

操作时间：________　　　　得分：________

裁判员（签字）：

裁判长（签字）：

注：在5个测点中随机考2个固定测点（局部通风机处瓦斯检查、掘进工作面的瓦斯检查）和1个随机测点（从掘进巷道回风流的瓦斯检查、掘进工作面局部测点的瓦斯检查、掘进巷道内机电设备处的瓦斯检查，3个测点中随机1个测点，3个测点分值相等）。

附表7 应急处理操作演示评分标准

参赛场次：________ 工位编号：________ 选手编号：________

项目	操作内容	操作标准	标准分/分	评分标准	实得分
应急处理	选手根据所抽取应急处理内容进行应急处理。		5	每项应急处理内容至少答出3条以上要求，口述每少一条扣2分；语句口词不清楚扣0.5分；扣完为止	
合计			5		

操作时间：________________

得分：____________

裁判员（签字）：

裁判长（签字）：

附件2

现场出现异常情况应急处理方案

1. 掘进工作面及回风流中瓦斯超限应急处置?

答：(1) 掘进工作面及回风流中出现瓦斯超限应遵循“停电、撤人、设置栅栏、警标、禁止人员进入、汇报”的原则。

(2) 掘进工作面风流中甲烷达到1.0%时必须停止用电钻打眼；爆破地点附近20 m以内风流中甲烷达到1.0%时，严禁爆破。

(3) 掘进工作面及其他作业地点风流中、电动机或者其开关安设地点附近20 m以内风流中甲烷达到1.5%时必须停止作业，切断电源，撤出人员，进行处理。

(4) 掘进工作面回风流中甲烷超过1.0%或者二氧化碳浓度超过1.5%时，必须停止作业，撤出人员，采取措施，进行处理。

(5) 在采取措施，进行处理的同时，并向矿调度室报告。

2. 掘进工作面局部通风机停止运转后应急处置?

答：(1) 当掘进工作面局部通风机因停电或其他原因突然停止运转时，要立即通知该工作面工作人员停止作业，并在跟班队长或现场班组长的指挥带领下，撤出到全风压通风的主要进风巷道中。

(2) 在撤出的同时，应切断掘进工作面内电源，在全风压巷道口设置栅栏、警标、禁止人员进入，并向矿调度室报告。

(3) 在恢复通风前必须首先检查瓦斯，只有在停风区盲巷口中最高甲烷浓度不超过1.0%和最高二氧化碳浓度不超过1.5%，且局部通风机及其开关附件10 m以内风流中甲烷浓度都不超过0.5%时，方可人工开启局部通风机，恢复正常通风。

3. 掘进工作面高冒处出现瓦斯积聚如何处理?

答:(1) 导风板引风法:在高顶空间下的支架顶梁上钉挡板,把一部分风流引到高冒处,吹散积聚瓦斯。

(2) 充填置换法:在棚梁上铺设一定厚度的木板或荆笆,再在上面填满土或砂子,从而将积聚的瓦斯置换排除。

(3) 风筒分支排放法:巷道内若有风筒,可在冒顶处附近的风筒上加“三通”或安设一段小直径的分支风筒,向冒顶空洞内送风,以排除积聚的瓦斯。

(4) 压风排除法:在有压风管通过的巷道,可在管路上接出分支,并在支管上设若干个喷嘴,利用压风将积聚的瓦斯排除。

(5) 封闭抽放法,如果高冒处瓦斯抽放量很大,若采用风流吹散法排出的瓦斯使巷道风流中瓦斯超限,即可采用此法。将冒落空间与巷道顶底板之间,用木板并涂抹黄泥等材料封闭隔离,然后插入抽放管并接至矿井瓦斯抽放管路系统进行抽放。

4. 打钻时出现煤与瓦斯突出预兆应如何处置。

答:(1) 在打钻时出现喷孔、顶钻、夹钻等煤与瓦斯突出预兆时,应立即停止打钻,停止作业,严禁将钻杆拔出或拆下钻杆,仍然保持钻杆在打钻时状态。

(2) 现场人员要立即按避灾路线撤出。撤出时每个人都必须佩戴好隔离式自救器,同时要将发生突出预兆的地点、预兆情况以及人员撤离情况向矿调度室汇报。

(3) 在撤出的同时,应立即切断作业地点及回风流中的一切“非本质安全型”电气设备的电源,撤离现场要关闭途经的反向风门,并在影响区域或瓦斯流经区域全风压混合处设置栅栏、警标、禁止人员进入。

(4) 当确定不能撤出危险区域时,要进入就近的避难硐室,关好隔离门,打开供气阀,做好自救等工作。

5. 采空区出现自燃火灾,应如何处置。

答:(1) 采空区发生自燃火灾时,应当视火灾程度、灾区通风和瓦斯情况,立即采取有效措施进行直接灭火。当直接灭火无效或者采空区有爆炸危险时,必须撤出人员,封闭工作面。

(2) 采煤工作面采空区发生自燃火灾封闭后(或发生自燃火灾的其他密闭区)应当采取措施减少漏风,并向密闭区域内连续注入惰性气体,保持密闭区域氧气浓度不大于5.0% 。

(3) 为加速封闭火区熄火,在火源位置分析或探测的基础上,可在地面或者井下施工钻孔,或者利用预埋管路向火源位置注入灭火材料。

(4) 灭火过程中应当连续观测火区内气体、温度等参数,考察灭火效果,完善灭火措施,直至火区达到熄灭标准。

6. 当工作面出现火灾或水灾时,应如何逃生(以赛前提供巷道布置图为准)。

赛 项 题 库

一、单选题

1. 在标准大气状态下，瓦斯发生爆炸的浓度范围为（　　）。

A. 3% ~5%　　B. 5% ~10%　　C. 5% ~16%　　D. 10% ~16%

2. 煤体内吸附状态的瓦斯在温度升高时转化为游离状态，这种现象称为（　　）。

A. 吸着　　B. 吸收　　C. 解吸

3. 含有瓦斯的混合气体中混入其他可燃性气体，会使瓦斯爆炸的界限（　　）。

A. 缩小　　B. 扩大　　C. 不变

4. 引火源的温度越高，瓦斯爆炸的感应期（　　）。

A. 越短　　B. 越长　　C. 不变

5. 含有瓦斯的混合气体中混入可燃性煤尘，会使瓦斯爆炸浓度的下限（　　）。

A. 下降　　B. 升高　　C. 不变

6. 空气中的氧气浓度低于（　　）时，瓦斯与空气混合气体将失去爆炸性。

A. 20%　　B. 16%　　C. 12%　　D. 14%

7. 采用远距离爆破时，远距离爆破地点应设在进风侧反向风门以外的新鲜风流中或避难硐室内，距工作面距离不得小于（　　）。

A. 100 m　　B. 150 m　　C. 200 m　　D. 300 m

8. 瓦斯与空气混合气体中，混入（　　）可使瓦斯爆炸上限升高。

A. 氦气　　B. 一氧化碳　　C. 二氧化碳　　D. 氮气

9. 煤与瓦斯突出是地应力、（　　）和煤的结构性能综合作用的结果。

A. 瓦斯压力　　B. 瓦斯含量　　C. 瓦斯浓度

10. 采掘工作面或其他地点发现“挂红”是（　　）的预兆。

A. 矿井透水　　B. 瓦斯突出　　C. 冒顶

11. 空气与瓦斯混合气体中，瓦斯浓度不同，所需要的引火温度也不同。一般来说，瓦斯浓度在（　　）时，其引火温度最低。

A. 5% ~6%　　B. 7% ~8%　　C. 9% ~10%

12. 瓦斯爆炸所需的引火温度与含有瓦斯的混合气体压力（　　）。

A. 成正比　　B. 成反比　　C. 无关

13. 瓦斯抽采泵房及周围（　　）范围内禁止有明火和易燃易爆物品。

A. 10 m　　B. 20 m　　C. 30 m　　D. 40 m

14. 瓦斯抽采泵房内必须有通往矿调度室的（　　）。

A. 网线　　B. 电话　　C. 通道　　D. 照明线

15. 瓦斯抽采泵房内电气设备、照明和其他电器、检测仪器，均应采用（　　）。

A. 普通型　　　　B. 矿用防爆型　　　　C. 矿用一般型

16. 一般情况下，钻孔直径大，钻孔暴露煤的面积亦大，则钻孔瓦斯涌出量也（　　）。

A. 较小　　　　B. 较大　　　　C. 不变

17. 抽采的瓦斯直接在井下排放的，抽采管路排气出口必须设在（　　）巷道内。

A. 进风　　　　B. 回风　　　　C. 并联

18. 抽出的瓦斯排入回风巷时，必须在排瓦斯管路出口设置栅栏，悬挂警戒牌。栅栏设置位置是上风侧距管路出口 5 m，下风侧距管路出口（　　），两栅栏间禁止任何作业。

A. 10 m　　　　B. 20 m　　　　C. 30 m

19. 矿井绝对瓦斯涌出量（　　）时，必须建立地面永久抽采瓦斯系统或井下临时抽采瓦斯系统。

A. 大于或等于 40 m^3/min　　　　B. 大于或等于 30 m^3/min

C. 大于或等于 10 m^3/min

20. 某矿井发生致伤事故，有伤员骨折，作为救护抢险人员到现场抢救时，应该（　　）。

A. 先进行骨折固定再送医院救治　　　　B. 立即送井上医院救治

C. 先报告矿领导，按领导指示办理

21. 现场急救的五项技术是：心肺复苏、止血、包扎、固定和（　　）。

A. 呼救　　　　B. 搬运　　　　C. 手术

22. 因触电导致停止呼吸的人员，应立即采用（　　）进行抢救。

A. 人工呼吸法　　　　B. 全身按摩法　　　　C. 心脏复苏法

23. 隔离式自救器能防护的有毒有害气体（　　）。

A. 一氧化碳　　　　B. 二氧化碳

C. 硫化氢　　　　D. 所有有毒有害气体

24. 化学氧自救器（　　）。

A. 可重复使用多次　　　　B. 只能使用 1 次

C. 能重复使用 3 次

25. 在有煤与瓦斯突出矿井，不应选用（　　）自救器。

A. 化学氧隔离式　　　　B. 压缩氧隔离式　　　　C. 过滤式

26. 矿工井下遇险佩戴自救器后，若吸入空气温度升高，感到干热，则应（　　）。

A. 取掉口具或鼻夹吸气　　　　B. 坚持佩戴，脱离险区

C. 改用湿毛巾

27. 抽采采空区瓦斯时，采取控制抽采负压措施的主要目的是（　　）。

A. 防止瓦斯大量涌出　　　　B. 防止采空区自然发火

C. 防止采空区漏风

28. 影响煤与瓦斯突出的因素中，（　　）是突出的诱发因素。

A. 地应力　　　　B. 采掘活动　　　　C. 高压瓦斯　　　　D. 地质构造

29. 钻探接近老空水时，应当安排专职瓦斯检查员或者矿山救护队员在现场值班，随时检查（　　）。

A. 老空水量　　B. 空气成分　　C. 钻探进度

30. 任何人不得携带（　　）进入井下爆炸材料库房内。

A. 矿灯　　B. 自救器　　C. 瓦斯检测仪

31. 对突出矿井，在开采煤层群时首先开采的煤层应能使相邻的突出煤层消除突出危险，首先开采的煤层称为（　　）。

A. 保护层　　B. 被保护层　　C. 首采煤层

32. 煤层瓦斯抽采可以减少开采时煤层的（　　）。

A. 瓦斯含量　　B. 瓦斯涌出量　　C. 煤的突出量

33. 本煤层随采随抽是抽采开采煤层工作面前方和两侧（　　）中的瓦斯。

A. 原始压力带　　B. 卸压带　　C. 增压带　　D. 稳压带

34. 采空区抽采时，一旦发现一氧化碳浓度升高时，说明煤层有（　　）倾向，应立即停止抽采。

A. 透水　　B. 自然发火　　C. 煤与瓦斯突出

35. 采空区瓦斯抽采时，发现有自然发火征兆，应采取（　　）措施。

A. 停止抽采　　B. 加强抽采　　C. 减弱抽采

36. 低瓦斯矿井的采煤工作面，（　　）设置甲烷传感器。

A. 应当　　B. 必须　　C. 可以

37. 瓦斯喷出区域和煤与瓦斯突出煤层的掘进通风方式必须采用（　　）。

A. 抽出式　　B. 压入式　　C. 混合式

38. 区域防突措施包括开采保护层（　　）和煤层注水。

A. 预抽煤层瓦斯　　B. 松动爆破　　C. 水力冲孔

39. 有突出煤层的采区（　　）设置采区避难所。

A. 必须　　B. 不需要　　C. 不得

40. 采区避难所室内净高不得低于 2 m，至少能满足（　　）避难，且每人使用面积不得少于 0.5 m^2。

A. 5 人　　B. 10 人　　C. 15 人　　D. 20 人

41. 采区避难所内应根据设计的最多避难人数配备足够数量的（　　）自救器。

A. 过滤式　　B. 隔离式　　C. 过滤式或隔离式

42. 突出煤层炮掘、炮采工作面必须采取远距离爆破安全防护措施。爆破后进入工作面检查的时间由矿技术负责人根据情况确定，但不得少于（　　）。

A. 20 min　　B. 30 min　　C. 40 min

43. 煤与瓦斯突出矿井应在距采掘工作面 25 ~ 40 m 的巷道内、爆破地点、撤离人员与警戒人员所在的位置以及回风巷有人作业处等地点至少设置（　　）组压风自救装置。

A. 1　　B. 2　　C. 3

44. 突出煤层采掘工作面每班必须设（　　）瓦斯检查工并随时检查瓦斯，发现有突出预兆时，瓦斯检查工有权停止作业，协助班组长立即组织人员按避灾路线撤出，并报告矿调度室。

A. 临时　　B. 兼职　　C. 专职

45. 开采容易自燃、自燃煤层的矿井，采区回风巷、一翼回风巷、总回风巷应设置一氧化碳传感器，报警浓度为（　　）。

A. 0.024%　　B. 0.00024%　　C. 0.0024%

46. 开采容易自燃、自燃煤层及地温高的矿井，采煤工作面应设置温度传感器，温度传感器的报警值为（　　）。

A. 40 ℃　　B. 20 ℃　　C. 30 ℃

47. 突出煤层的掘进工作面，应避开本煤层或邻近煤层采煤工作面的（　　）。

A. 应力集中范围　　B. 工作范围　　C. 开采范围

48. 开采突出煤层时，每个采掘工作面的专职瓦斯检查员必须随时检查瓦斯，掌握（　　）。

A. 瓦斯情况　　B. 煤层厚度　　C. 突出预兆

49. 井下氮气浓度增加的危害为（　　）。

A. 具有爆炸危险　　B. 导致人员窒息　　C. 导致人员中毒

50. 厚煤层分层开采，第一分层采完后的其他各分层开采时的瓦斯涌出量，比第一分层开采时的瓦斯涌出量（　　）。

A. 会显著增加　　B. 会显著减少　　C. 无明显变化

51. 在同一采煤工作面，落煤工序比其他工序瓦斯涌出量（　　）。

A. 会增加　　B. 会减少　　C. 无明显变化

52. 在瓦斯防治工作中，矿井必须在采掘安全生产管理上采取措施，防止（　　）。

A. 瓦斯积聚超限　　B. 瓦斯生成　　C. 瓦斯涌出

53. 井下使用的汽油、煤油和变压器油必须装入（　　）内。

A. 盖严的塑料桶　　B. 盖严的玻璃瓶　　C. 盖严的铁桶

54. 当发现煤与瓦斯突出明显预兆时，瓦斯检查工有权停止作业，并协助班组长立即组织人员（　　），并报告调度室。

A. 继续进行观察　　B. 按避灾路线撤出

C. 撤离到进风巷

55. 在井下进行焊接作业时，焊接作业地点至少应备有（　　）灭火器。

A. 1 个　　B. 2 个　　C. 3 个

56.《煤矿安全规程》规定，煤矿井下（　　）裸露爆破。

A. 严禁　　B. 采取措施后可以　　C. 不得

57. 巷道内瓦斯浓度为 1% ~3% 时，可由（　　）组织排放。

A. 瓦斯检查工　　B. 安全部门　　C. 通风部门

58. 瓦斯监测装置要优先选用（　　）电气设备。

A. 矿用一般型　　B. 矿用防爆型　　C. 本质安全型

59.《煤矿安全规程》规定，回风流中机电设备硐室的（　　）必须安装甲烷传感器，瓦斯浓度不超过 0.5%。

A. 进风侧　　B. 回风侧　　C. 硐室内

60. 震动爆破要求（　　）全断面揭穿或揭开煤层。

A. 1 次　　B. 2 次　　C. 3 次

61. 与无露头煤层相比，有露头煤层内的瓦斯含量（　　）。

A. 较大　　　　B. 较小　　　　C. 不变

62. 按抽采瓦斯来源不同，将瓦斯抽采方法分为本煤层瓦斯抽采、邻近层瓦斯抽采和（　　）瓦斯抽采。

A. 采空区　　　　B. 巷道　　　　C. 钻孔

63. 井下消防管路系统，除带式输送机巷道以外，应每隔（　　）设支管和阀门。

A. 50 m　　　　B. 100 m　　　　C. 150 m

64. 《煤矿安全规程》规定，采掘工作面回风流中的 CO_2 浓度不得超过（　　）。

A. 0.5%　　　　B. 0.75%　　　　C. 1.5%

65. 当煤的瓦斯放散初速度 Δp（　　）时，认为该煤层具有突出危险。

A. ≤10　　　　B. ≤7　　　　C. ≥10

66. 局部通风机和掘进工作面中的电气设备，必须装有（　　）装置。

A. 附属　　　　B. 风电闭锁　　　　C. 开停

67. 为减小邻近煤层涌出的瓦斯对开采层开采工作的影响，常采用（　　）。

A. 采空区瓦斯抽放　　　　B. 本煤层瓦斯抽放

C. 围岩瓦斯抽放　　　　D. 邻近层瓦斯抽放

68. 爆破地点附近（　　）以内风流中瓦斯浓度达到1%时，严禁爆破。

A. 5 m　　　　B. 10 m　　　　C. 15 m　　　　D. 20 m

69. 煤与瓦斯突出是煤矿生产中一种极其复杂的（　　），可能突然间使工作面或井巷充满瓦斯，造成人员窒息，引起瓦斯燃烧或爆炸。

A. 自然现象　　　　B. 动力现象　　　　C. 偶然现象　　　　D. 必然现象

70. 开拓新水平的井巷第一次接近各开采煤层时，必须探明掘进工作面距煤层的准确位置，在距煤层垂距（　　）以外开始打探煤钻孔。

A. 5 m　　　　B. 10 m　　　　C. 15 m　　　　D. 20 m

71. 通电后拒爆时，爆破工必须先取下把手或钥匙，并将爆破母线从电源上摘下，扭结成短路，再等一定时间，使用延期电雷管时，至少等（　　）后，才可沿线路检查，找出拒爆原因。

A. 5 min　　　　B. 10 min　　　　C. 15 min　　　　D. 20 min

72. 矿井（　　）必须编制周密的灾害预防和处理计划，加强救护组织，提高职工的抗灾自救能力。

A. 每月　　　　B. 每季度　　　　C. 每半年　　　　D. 每年

73. 煤巷掘进工作面执行防突措施时，巷道轴线方向应留有不少于（　　）的措施孔超前距。

A. 3 m　　　　B. 5 m　　　　C. 10 m　　　　D. 20 m

74. 按一次冒落的顶板范围和伤亡人数的多少，常见的顶板事故可分为（　　）。

A. 局部冒顶事故和大面积切顶事故　　　　B. 大型冒顶事故和小型冒顶事故

C. 抽冒事故和淌漏事故　　　　D. 采煤冒顶事故和掘进冒顶事故

75. 大面积切顶事故发生的原因是（　　）。

A. 支护不及时　　　　B. 顶板破碎

C. 顶板周期来压　　　　D. 直接顶和基本顶大面积移动造成的

76. 发生冒顶时如果来不及避灾应在（　　）处躲避。

A. 巷道中间　　B. 就地卧倒

C. 贴巷道壁　　D. 冒顶地点的边缘

77. 使用煤矿许用毫秒延期电雷管时，最后一段的延期时间不得超过（　　）。

A. 1 ms　　B. 20 ms　　C. 130 ms　　D. 200 ms

78. 主要通风机必须设置设备（　　）。

A. 甲烷传感器　　B. 风量传感器　　C. 风速传感器　　D. 开停传感器

79. 装药前发现炮眼内瓦斯异常应（　　）。

A. 继续装药　　B. 停止装药

C. 先装药后汇报　　D. 先装药后处理瓦斯

80. 处理拒爆时，可在距拒爆眼（　　）以外另打与拒爆眼平行的新炮眼，重新装药起爆。

A. 1 m　　B. 2 m　　C. 0.5 m　　D. 0.3 m

81. 巷道贯通时，在掘工作面或停掘工作面的瓦斯浓度超过（　　）时，禁止贯通爆破。

A. 1.0%　　B. 0.8%　　C. 1.5%　　D. 0.5%

82. 巷道贯通，除综合机械化掘进巷道以外的其他巷道在相距（　　）时，必须停止一头作业做好调整风流的准备工作。

A. 10 m　　B. 20 m　　C. 50 m　　D. 60 m

83. 测量巷道风流瓦斯浓度时，测点所在位置为巷道风流（　　）。

A. 上部　　B. 中部　　C. 下部　　D. 两侧

84. 掘进巷道采用压入式通风，局部通风机应安设在进风流中距回风口不得小于（　　）。

A. 5 m　　B. 10 m　　C. 15 m　　D. 20 m

85. 在进入临时停风的掘进巷道进行检查时，当瓦斯浓度达到（　　）时，应立即返回。

A. 1.0%　　B. 1.5%　　C. 2.0%　　D. 3.0%

86. 壁式采煤工作面顶板未冒落时，还应测定切顶线以外（采空区侧）不小于（　　）范围内的瓦斯浓度。

A. 0.5 m　　B. 1.0 m　　C. 1.2 m　　D. 3.0 m

87. 检查高冒处瓦斯应（　　）进行检查。

A. 直接进入高冒区内　　B. 站在高冒点下方

C. 站在支护通风良好的地点　　D. 两人一起进入检查

88. 专用排瓦斯巷内不得进行（　　）；进行巷道维修工作时，瓦斯浓度必须低于1.5%。

A. 瓦斯检查　　B. 生产作业和设置电气设备

C. 处理瓦斯工作　　D. 任何工作

89. 采掘工作面及其他巷道内，体积大于（　　）的空间内积聚的瓦斯浓度达到2.0%时，附近20 m内必须停止工作，撤出人员，切断电源，进行处理。

A. 0.5 m^3　　B. 1 m^3　　C. 1.5 m^3　　D. 2.0 m^3

90. 对因瓦斯浓度超过规定被切断电源的电气设备，必须在瓦斯浓度降到（　　）以下时，方可通电开动。

A. 1.0%　　B. 0.8%　　C. 1.5%　　D. 不能确定

91.《煤矿安全规程》规定，采掘工作面风流中二氧化碳浓度达到 1.5% 时，必须（　　），撤出人员，查明原因，制定措施，进行处理。

A. 立即汇报　　B. 继续工作　　C. 切断电源　　D. 停止工作

92. 停工区内瓦斯或二氧化碳浓度达到 3.0% 时，必须在（　　）内封闭完毕。

A. 8 h　　B. 12 h　　C. 24 h　　D. 48 h

93.《煤矿安全规程》规定，掘进巷道贯通前，综合机械化掘进巷道在相距 50 m 前、其他巷道在相距 20 m 前，必须（　　），做好调整通风系统的准备工作。

A. 两个工作面同时作业　　B. 两个工作面缓慢掘进

C. 两个工作面均采用炮掘　　D. 停止一个工作面作业

94.《煤矿安全规程》规定，巷道贯通时，必须由专人在现场统一指挥，停掘的工作面必须（　　），设置栅栏及警标，经常检查风筒的完好状况和工作面及其回风流中的瓦斯浓度，瓦斯浓度超限时，必须立即处理。

A. 及时封闭　　B. 封闭后带抽　　C. 保持正常通风　　D. 控制风量

95.《煤矿安全规程》规定，巷道贯通掘进工作面每次爆破前，必须（　　）到停掘的工作面检查工作面及其回风流中的瓦斯浓度。

A. 测气员一人　　B. 两名班组长

C. 安检员　　D. 派专人和瓦斯检查工共同

96.《煤矿安全规程》规定，巷道贯通只有在 2 个工作面及其回风流中的瓦斯浓度都在（　　）以下时，掘进工作面方可爆破。

A. 1.0%　　B. 1.5%　　C. 0.8%　　D. 2.5%

97. 排完瓦斯恢复通风后，所有电动机及其开关（　　）范围附近都应检查瓦斯。

A. 15 m　　B. 10 m　　C. 20 m　　D. 40 m

98. 恢复已封闭的停工区或采掘工作面接近这些地点时，必须（　　）。

A. 直接恢复通风　　B. 进行瓦斯抽采

C. 直接贯通　　D. 事先排除其中的瓦斯

99. 停风区中瓦斯浓度或二氧化碳浓度超过 3.0% 时，必须制订安全排瓦斯措施，报（　　）批准。

A. 通风区长　　B. 通风科长　　C. 矿技术负责人　　D. 通风副总

100. 在排放瓦斯的过程中，排出的瓦斯与全风压风流混合处的瓦斯和二氧化碳浓度都不得超过（　　）。

A. 1.0%　　B. 2.5%　　C. 0.8%　　D. 1.5%

101. 临时停风地点风筒未撤除时，排放瓦斯大多采用（　　）方法进行排放。

A. 风筒接头排放法　　B. 增阻排放法

C. 密闭巷道逐段推进排放法　　D. 三通调风排放

102. 光学甲烷检测仪按其测量范围，可以分为（　　）。

A. 0 ~ 10% 和 0 ~ 5% 两种　　B. 0 ~ 10% 和 0 ~ 20% 两种

C. 0 ~ 10% 和 0 ~ 100% 两种　　D. 只有 0 ~ 10% 一种

103. 光学瓦斯仪水分吸收管的作用是吸收空气中的（　　）。

A. 二氧化碳　　B. 水分　　C. 粉尘　　D. 一氧化碳

104. 光学瓦斯仪水分吸收管内的硅胶失效后可造成测量数据（　　）。

A. 偏小　　B. 偏大　　C. 不变　　D. 不能确定

105. 当瓦斯仪的毛细管被堵塞后，其测量数据将（　　）。

A. 偏小　　B. 偏大

C. 不变　　D. 有时偏大、有时偏小、有时不变

106. 使用瓦斯仪测量二氧化碳浓度时，应首先拔去（　　）吸收管测量混合气体浓度。

A. 二氧化碳　　B. 水分　　C. 水分和二氧化碳　　D. 都可以

107. 光学瓦斯仪气路系统不畅通会造成测量数据（　　）。

A. 偏大　　B. 偏小　　C. 不变　　D. 不能确定

108. 光学瓦斯仪是在（　　）标准大气压和温度为（　　）的条件下标定刻度的。

A. 1 个，15 ℃　　B. 1 个，20 ℃　　C. 1.1 个，30 ℃　　D. 没有要求

109. 光学瓦斯仪干涉条纹位移的大小与瓦斯浓度成（　　）关系。

A. 正比　　B. 反比　　C. 不成比例

110. 光学瓦斯仪测量瓦斯时，其测量结果为（　　）。

A. 分划板读数　　B. 微读数数值

C. 分划板数值减微读数数值　　D. 分划板数值加微读数数值

111. 用瓦检仪测定瓦斯时，如果空气中含有一氧化碳、硫化氢等气体时，会使测量数据（　　）。

A. 不变　　B. 偏低　　C. 偏高　　D. 都有可能

112. 测量高浓度二氧化碳气体时，由于吸收管能力有限可（　　）。

A. 多增加几个二氧化碳吸收管　　B. 增加一个水分吸收管

C. 用 100% 的瓦斯仪进行测量　　D. 不用增加吸收管也行

113. 低浓度热催化便携式甲烷检测仪能测量的最高瓦斯浓度一般不超过（　　）。

A. 1.0%　　B. 2.0%　　C. 4.0%　　D. 10.0%

114. 在进入盲巷检查过程中，如果闻到有其他特殊的异杂气味时，应立即（　　），并注意自身安全。

A. 处理　　B. 撤退　　C. 就地待命　　D. 继续前进

115. 处理上隅角瓦斯时，不可采用的方法是（　　）。

A. 风障处理　　B. 充填处理　　C. 抽采处理　　D. 注水处理

116. 使用调压法处理采煤工作面瓦斯，通过调节工作面采空区与其他相关区域的压力关系来使采空区内的瓦斯流向其他相邻区域，但必须注意（　　）问题。

A. 防火　　B. 防突　　C. 顶板　　D. 防尘

117. 用抽采的方法对上隅角瓦斯进行处理时，必须重点加强（　　）防火参数的检查。

A. 氧气，二氧化碳　　B. 一氧化碳，温度

C. 甲烷，氮气　　D. 氧气，温度

118. 检查盲巷瓦斯时，当氧气浓度低于（　　），或瓦斯、二氧化碳浓度达到3%，其他有毒有害气体超过《煤矿安全规程》规定时，要停止检查，立即返回。

A. 9%　　B. 12%　　C. 18%　　D. 20%

119. 掘进巷道计划停风进行临时封闭，为防止风筒向停风区漏风，应从（　　）处将风筒用扎线扎死。

A. 停风巷道迎头　　B. 停风巷道中间

C. 停风巷道入口向内15 m　　D. 停风巷道封闭墙以外的新鲜风流中

120. 对于本班没有进行工作的采掘工作面瓦斯或二氧化碳应每班（　　）。

A. 至少检查1次　　B. 至少检查2次　　C. 至少检查3次

121. 倾角较大的下山盲巷进行瓦斯检查时，应重点检查（　　）。

A. 甲烷　　B. 二氧化碳　　C. 氧气　　D. 其他气体

122. U型通风系统（　　）处易积聚瓦斯。

A. 工作面进风上隅角　　B. 回风上隅角

C. 进风巷　　D. 回风巷

123. 采煤工作面计划长期停工时，工作面应采用（　　）风量方法来预防采空区煤炭自燃。

A. 增加　　B. 保持不变　　C. 减少　　D. 都可以

124. 下面可以造成局部通风机循环风的是（　　）。

A. 矿井风机增加风量　　B. 回风巷冒顶

C. 局部通风机由双机运转改为单机运转　　D. 掘进巷道距离变长

125. 石门揭开有突出危险的煤层，在揭煤过程中工作面必须有（　　）通风系统。

A. 独立可靠　　B. 串联　　C. 角联　　D. 都可以

126. 突出煤层掘进工作面装药前，必须对（　　）瓦斯进行仔细检查。

A. 炮眼　　B. 回风流第一汇风点

C. 局部通风机进风　　D. 回风高冒

127. 巷道贯通时，停工的被贯通巷道应（　　）。

A. 加大通风量　　B. 保持正常通风　　C. 保持微风状态即可

128. 设置在掘进巷道硐口以外风筒上的“三通”作用是（　　）。

A. 减小通风阻力　　B. 排瓦斯时调整风量

C. 作为短节风筒起连接作用

129. 掘进巷道顶部长距离、大范围发生顶板层状瓦斯积聚时，较为合理的处理瓦斯的方法是（　　）。

A. 拨风袖　　B. 压风处理

C. 风障处理　　D. 增加巷道风量提高巷道风速

130. 采煤工作面初采期间，容易造成瓦斯超限的原因主要是（　　）。

A. 抽采效果达不到

B. 工作面风速过低

C. 生产不正常

D. 初次放顶后邻近煤层卸压瓦斯涌入工作面

131. 掘进巷道沿采空区布置，巷道大气压力降低时，巷道瓦斯涌出量将（　　）。

A. 减少　　B. 增加　　C. 不变　　D. 都有可能

132. 在突出危险煤层中掘进时，最常用的瓦斯治理措施是（　　）。

A. 加大风量

B. 工作面打钻进行抽采

C. 放慢掘进速度

D. 实施穿层钻孔预抽煤巷条带区域性瓦斯治理措施

133. 高瓦斯矿井、有煤（岩）与瓦斯（二氧化碳）突出危险矿井的每个采区和开采容易自燃煤层的采区，必须设置至少（　　）专用回风巷。

A. 1 条　　B. 2 条　　C. 3 条　　D. 4 条

134. 低瓦斯矿井开采煤层群和分层开采采用联合布置的采区，必须设置（　　）专用回风巷。

A. 1 条　　B. 2 条　　C. 3 条　　D. 4 条

135. 同一采区内，同一煤层上下相连的 2 个同一风路中的采煤工作面、采煤工作面与其相连接的掘进工作面、相邻的 2 个掘进工作面，布置独立通风有困难时，在制定措施后，可采用（　　），但串联通风的次数不得超过 1 次。

A. 引射器通风　　B. 扩散通风　　C. 角联通风　　D. 串联通风

136. 开采有瓦斯喷出或有煤（岩）与瓦斯（二氧化碳）突出危险的煤层时，严禁任何（　　）工作面之间串联通风。

A. 1 个　　B. 2 个　　C. 3 个　　D. 4 个

137. 装有主要通风机的出风井口应安装防爆门，防爆门每（　　）月检修 1 次。

A. 3 个　　B. 4 个　　C. 6 个

138. 矿井总回风巷或一翼回风巷中二氧化碳浓度（　　）时，必须立即查明原因，进行处理。

A. 达到 1.0%　　B. 超过 1.0%　　C. 超过 0.75%　　D. 超过 0.8%

139. 应尽可能减少石门揭穿突出煤层的次数，揭穿突出煤层地点应合理避开（　　）。

A. 采区煤柱　　B. 地质构造带

C. 采掘生产集中的地点　　D. 被保护区

140. 有突出危险的采掘工作面爆破落煤前，所有不装药的眼、孔都应（　　）。

A. 不做任何处理　　B. 用黄泥堵住孔口

C. 用煤粉充填　　D. 用不燃性材料充填

141. 启封火区时，应逐段恢复通风，同时测定回风流中有无（　　）。发现复燃征兆时，必须立即停止向火区送风，并重新封闭火区。

A. 瓦斯　　B. 氧气　　C. 二氧化碳　　D. 一氧化碳

142. 在回风流中的机电设备硐室的进风侧，必须（　　）。

A. 安装一氧化碳传感器　　B. 安装瓦斯传感器

C. 安装温度传感器　　D. 安装风速传感器

143. 煤矿井下职业危害特别是（　　）危害严重。

A. 风湿　　B. 尘肺病　　C. 腰肌劳损　　D. 关节炎

144. 瓦斯检查工应认真填写（　　），做到“三对口”。

A. 瓦斯牌板、瓦斯检查手册和瓦斯报表

B. 瓦斯牌板、交接班记录和瓦斯报表

C. 瓦斯牌板、瓦斯检查手册和交接班记录

D. 交接班记录、瓦斯检查手册和瓦斯报表

145. 据统计，死亡 10 人以上的煤矿事故中（　　）事故的比例最大。

A. 水灾　　B. 火灾　　C. 顶板　　D. 瓦斯

146. 瓦斯检查工对工作沿线的通防设施及有关工作中的安全隐患，有（　　）的责任。

A. 直接　　B. 检查汇报　　C. 领导　　D. 主要

147. 从业人员对用人单位管理人员违章指挥、强令冒险作业，有权（　　）。

A. 提出批评　　B. 责令停止工作　　C. 提出控告　　D. 拒绝执行

148. 若发现局部通风机停风，采掘工作面或其他地点有毒有害气体超限，必须（　　），并按规程规定进行处理和汇报。

A. 停止工作　　B. 撤出人员

C. 采取措施　　D. 立即责令停止工作，撤出人员

149. 瓦斯检查工发现瓦斯涌出异常时，有权责令相应地点（　　）。

A. 采取措施，进行处理　　B. 撤出人员

C. 停止作业　　D. 停止作业和撤出所有人员

150. 《安全生产法》规定，未经安全生产教育和培训合格的从业人员，（　　）上岗作业。

A. 可以　　B. 不得　　C. 经矿长批准后可以

151. （　　）主要指空气动力学直径为 1 ~ 2 μm 的微细尘粒。

A. 全尘　　B. 呼吸性粉尘　　C. 煤尘　　D. 岩尘

152. 硅尘是指含游离 SiO_2 在（　　）以上的粉尘。

A. 5%　　B. 10%　　C. 20%　　D. 50%

153. （　　）是引起矿工硅肺病的主要因素。

A. 煤尘　　B. 全尘　　C. 硅尘　　D. 非硅尘

154. 粉尘的危害主要表现在对（　　）两个方面。

A. 人体健康和安全生产　　B. 人体健康和生产效率

C. 生产效率和经济效益　　D. 经济效益和安全生产

155. 矿井（　　）应制定综合防尘措施、预防和隔绝煤尘爆炸措施及管理制度，并组织实施。

A. 每十天　　B. 每月　　C. 每半年　　D. 每年

156. 矿井应（　　）至少检查 1 次煤尘隔爆设施的安装地点、数量、水量或岩粉量及安装质量是否符合要求。

A. 每天　　B. 每周　　C. 每十天　　D. 每月

157. 煤尘是否具有爆炸性，主要决定于它的（　　）含量。

A. 挥发分　　B. 灰分　　C. 水分　　D. 瓦斯

158. 实验室结果揭示煤尘爆炸的上限浓度值一般是（　　）或更高。

A. 5 g/m^3　　B. 100 g/m^3　　C. 200 g/m^3　　D. 2000 g/m^3

159. 煤尘云的着火温度多数为（　　）。

A. 100 ~200 ℃　　B. 400 ~650 ℃　　C. 500 ~600 ℃　　D. 700 ~900 ℃

160. （　　）是防止煤尘爆炸的关键。

A. 消除煤尘自身的爆炸危险性

B. 降低空气的氧气浓度

C. 减少工作面与巷道中的浮尘和落尘

D. 控制引起煤尘云爆炸的热源

161. 井口房、通风机房周围（　　）内禁止有明火。

A. 10 m　　B. 20 m　　C. 30 m　　D. 50 m

162. 井下爆破工作必须由（　　）担任。

A. 瓦斯检查工　　B. 班组长　　C. 安全检查员　　D. 专职的爆破工

163. 经过煤尘爆炸性鉴定，确定悬浮在空气中的煤尘在一定浓度和有引爆热源的条件下，本身能发生爆炸或传播爆炸的煤尘称为（　　）。

A. 爆炸性煤尘　　B. 非爆炸性煤尘　　C. 惰性粉尘

164. （　　）产生的浮游粉尘约占矿井全部粉尘的 80% 以上。

A. 采掘工作面　　B. 运输系统中的各转载点

C. 煤仓　　D. 带式输送机

165. 具有爆炸危险性的煤尘，只有（　　），并达到一定浓度范围，才有可能发生爆炸。

A. 呈悬浮状态　　B. 呈沉积状态　　C. 混有一定浓度的瓦斯

166. 尘肺是长期吸入（　　）引起的，以纤维组织增生为主要特征的肺部病变。

A. 煤尘　　B. 呼吸性粉尘　　C. 岩尘　　D. 粉尘

167. 粉尘浓度是指单位（　　）空气中粉尘的含量。

A. 空间　　B. 时间　　C. 体积　　D. 质量

168. 下列物质对尘肺病的发生起主要作用的是（　　）。

A. 游离二氧化硅　　B. 硅酸盐　　C. 泥岩

169. 下列哪种粉尘遇火可能产生爆炸（　　）。

A. 沉积岩尘　　B. 沉积煤尘　　C. 悬浮岩尘　　D. 悬浮煤尘

170. 在含爆炸性煤尘的空气中，（　　）低于 18% 时，煤尘不能爆炸。

A. 瓦斯浓度　　B. 煤尘浓度　　C. 氧气浓度

171. 瓦斯和煤尘同时存在时，瓦斯浓度越高，煤尘爆炸下限（　　）。

A. 越高　　B. 越低　　C. 无影响

172. （　　）是区别和判断瓦斯爆炸、煤尘爆炸的主要依据之一。

A. 爆炸温度　　B. 爆炸压力　　C. 有害气体种类　　D. 皮渣和黏块

173. 在有煤尘爆炸危险的煤层中，掘进工作面爆破前后附近（　　）的巷道内必须洒水降尘。

A. 5 m　　B. 10 m　　C. 20 m　　D. 30 m

174. 煤层注水时，封孔深度应超过沿巷道边缘煤体的卸压带宽度，一般不小于（　　）。

A. 6 m　　B. 10 m　　C. 15 m　　D. 18 m

175. 煤层注水时，常把在预定的湿润范围内出现（　　）的现象，作为判断煤体是否全面湿润的辅助方法。

A. 空气湿度增大　　B. 周围空气温度降低

C. 煤壁均匀“出汗”　　D. 空气中瓦斯浓度升高

176. 我国煤矿较成熟的湿式作业经验是采取以（　　）为主，配合喷雾洒水、水封爆破和水炮泥，以及煤层注水等防尘技术措施。

A. 湿式凿岩　　B. 净化水幕　　C. 通风除尘　　D. 撒布岩粉

177. 采煤工作面回风巷应安设至少（　　）风流净化水幕，并宜采用自动控制风流净化水幕。

A. 一道　　B. 两道　　C. 三道

178. 掘进机内喷雾装置的使用水压不得小于（　　），外喷雾装置的使用水压不得小于（　　）。

A. 4.0 MPa，1.5 MPa　　B. 3.0 MPa，2.0 MPa

C. 3.0 MPa，1.5 MPa　　D. 4.0 MPa，2.0 MPa

179. 炮掘作业时，（　　）应对工作面 30 m 范围内的巷道周边进行冲洗。

A. 爆破前　　B. 爆破时　　C. 爆破后

180. 距离工作面 20 m 范围内的巷道，（　　）至少冲洗一次。

A. 每班　　B. 每天　　C. 每周　　D. 每旬

181. 锚喷支护作业时，距锚喷作业地点下风流方向 100 m 内应设置（　　）以上风流净化水幕，且喷射混凝土时工作地点应采用除尘器抽尘净化。

A. 一道　　B. 两道　　C. 三道

182. 煤矿井下每个测尘点的粉尘浓度每月测定（　　）。

A. 一次　　B. 两次　　C. 三次　　D. 四次

183. 采掘工作面（　　）应进行一次全工作班连续粉尘测定。

A. 每周　　B. 每旬　　C. 每个月　　D. 每季度

184. 甲烷传感器应垂直悬挂，距顶板（顶梁）不得大于（　　），距巷道侧壁不得小于（　　）。

A. 300 mm，150 mm　　B. 200 mm，150 mm

C. 200 mm，200 mm　　D. 300 mm，200 mm

185. 采煤工作面甲烷传感器瓦斯报警浓度为：$T_1 \geqslant$（　　），瓦斯断电浓度为：$T_1 \geqslant$（　　）。

A. 1.0%，1.5%　　B. 1.0%，1.0%　　C. 1.5%，1.5%　　D. 0.5%，0.5%

186. 高瓦斯矿井进风的主要运输巷道内使用架线电机车时，装煤点处甲烷传感器瓦斯报警浓度为：$T \geqslant$（　　），瓦斯断电浓度为：$T \geqslant$（　　）。

A. 1.0%，1.5%　　B. 1.0%，1.0%　　C. 1.5%，1.5%　　D. 0.5%，0.5%

187. 一氧化碳传感器用于自然发火预测时，应以每天一氧化碳（　　）的增量变化为依据。

A. 平均浓度　　B. 最高浓度　　C. 最低浓度

188. 装备矿井安全监控系统的矿井，主要风门应设置风门（　　）传感器。

A. 温度　　B. 压力　　C. 开关　　D. 风速

189. 低瓦斯矿井的煤巷、半煤岩巷、有瓦斯涌出的岩巷掘进工作面必须在工作面设置（　　）传感器。

A. 一氧化碳　　B. 甲烷　　C. 风速　　D. 温度

190. 低瓦斯矿井的（　　）中可不设甲烷传感器。

A. 采煤工作面进风流　　B. 采煤工作面

C. 采煤工作面回风流

191. 甲烷传感器、便携式甲烷检测报警仪等采用载体催化元件的甲烷检测设备，（　　）必须使用校准气样和空气样调校 1 次。

A. 每 7 天　　B. 每旬　　C. 每个月　　D. 每季度

192. 掘进机（　　）设置机载式甲烷断电仪或便携式甲烷传感器。

A. 不需　　B. 可以　　C. 必须　　D. 根据实际需要

193. 安全监控设备必须定期进行调试、校正，（　　）至少 1 次。

A. 每 7 天　　B. 每旬　　C. 每月　　D. 每季度

194. 煤矿企业必须按国家规定对总粉尘进行监测，作业场所的粉尘浓度，井下每月测定（　　）。

A. 1 次　　B. 2 次　　C. 3 次　　D. 4 次

195. 当粉尘中游离 SiO_2 含量小于 10% 时，作业场所空气中总粉尘的最高允许浓度为（　　）。

A. 2 mg/m^3　　B. 3.5 mg/m^3　　C. 10 mg/m^3

196. 当粉尘中游离 SiO_2 含量小于 10% 时，作业场所空气中呼吸性粉尘的最高允许浓度为（　　）。

A. 2 mg/m^3　　B. 3.5 mg/m^3　　C. 10 mg/m^3

197. 煤矿企业必须按国家规定对粉尘中游离 SiO_2 含量进行监测，（　　）测定 1 次。

A. 每月　　B. 每 6 个月　　C. 每年

198. 采煤机内喷雾的压力不得小于（　　）。

A. 1 MPa　　B. 2 MPa　　C. 3 MPa

199. 原有自然水分或防灭火灌浆后水分大于（　　）的煤层，可以不采取煤层注水措施。

A. 4%　　B. 8%　　C. 10%

200. 采煤机喷雾装置无水或损坏时，必须（　　）。

A. 经总工程师批准方可正常工作　　B. 停机

C. 经矿长批准方可正常工作

201. 定点呼吸性粉尘监测（　　）测定 1 次。

A. 每周　　B. 每旬　　C. 每月　　D. 每季度

202. 当粉尘中游离 SiO_2 含量大于或等于10%时，作业场所空气中总粉尘的最高允许浓度为（　　）。

A. 2 mg/m^3　　B. 3.5 mg/m^3　　C. 10 mg/m^3

203. 工班个体呼吸性粉尘监测，采掘工作面（　　）测定1次。

A. 每个月　　B. 每3个月　　C. 每6个月　　D. 每年

204. 企业依法参加工伤保险，为从业人员缴纳保险费，是其（　　）。

A. 法定权利　　B. 法定义务　　C. 法定职权　　D. 自主行为

205. 从事特种作业的劳动者必须经过专门培训并取得（　　）。

A. 上岗证　　B. 特种作业操作证

C. 安全工作资格　　D. 学历证书

206. 煤矿企业主要负责人对本单位的安全生产工作（　　）责任。

A. 负全面　　B. 负部分　　C. 不负直接　　D. 负间接

207. 从业人员有依法获得劳动安全生产保障的权利，同时应履行劳动安全生产方面的（　　）。

A. 义务　　B. 权力　　C. 权利

208. 根据《安全生产法》的规定，对生产安全事故实行（　　）制度。

A. 协商　　B. 责任追究　　C. 经济处罚

209. 按照有关法律要求，告知从业人员作业场所和工作岗位的危险因素、防范措施以及事故应急措施，是保障从业人员（　　）的重要内容。

A. 教育权　　B. 知情权　　C. 建议权　　D. 拒绝权

210. 根据我国现行有关法律法规的规定，煤矿企业必须依法参加（　　）。

A. 医疗保险　　B. 工伤社会保险　　C. 财产保险

211. 从业人员发现直接危及人身安全的紧急情况时，（　　）停止作业或者在采取可能的应急措施后撤离作业场所。

A. 无权　　B. 不得　　C. 有权　　D. 严禁

212. 煤矿企业应当（　　）为每位职工发放煤矿职工安全手册。

A. 免费　　B. 有偿　　C. 按成本价

213. 《矿山安全法》的制定目的是：为了保障矿山安全，防止矿山事故，保护（　　）人身安全，促进采矿业的发展。

A. 劳动者　　B. 煤矿工人　　C. 矿山职工　　D. 管理人员

214. 离开特种作业岗位（　　）以上的特种作业人员，应当重新进行实际操作考试，经确认合格后方可上岗作业。

A. 2个月　　B. 3个月　　C. 5个月　　D. 6个月

215. 特种作业操作证有效期为（　　），在全国范围内有效。

A. 3年　　B. 5年　　C. 6年　　D. 20年

216. 煤矿应当委托具有资质的机构，每（　　）进行一次作业场所职业病危害因素检测。

A. 1年　　B. 2年　　C. 3年　　D. 4年

217. 煤矿职业病危害防治知识培训，上岗前培训时间不少于（　　）。

A. 8 学时　　B. 20 学时　　C. 16 学时　　D. 4 学时

218. 煤矿职业病危害防治知识培训，在岗期间的定期培训时间每年不少于（　　）。

A. 1 学时　　B. 2 学时　　C. 3 学时　　D. 4 学时

219. 煤矿企业负责人和生产经营管理人员应当（　　）下井，并建立下井登记档案。

A. 不定期　　B. 轮流带班　　C. 定期

220. 凡长度超过（　　）而又不通风或通风不良的独头巷道，统称为盲巷。

A. 6 m　　B. 10 m　　C. 15 m　　D. 10 m

221. 煤矿井下构筑永久性密闭墙体厚度不小于（　　）。

A. 0.5 m　　B. 0.8 m　　C. 1.0 m　　D. 1.5 m

222. 矿井反风时，主要通风机的供给风量应不小于正常供风量的（　　）。

A. 30%　　B. 40%　　C. 35%　　D. 30%

223. 井下风门每组不得少于（　　）道，必须能自动关闭，严禁同时敞开。

A. 1　　B. 2　　C. 3　　D. 4

224. 硫化氢气体有（　　）。

A. 臭鸡蛋味　　B. 酸味　　C. 苦味　　D. 甜味

225. 《煤矿安全规程》规定，采掘工作面空气温度不得超过（　　）。

A. 26 ℃　　B. 30 ℃　　C. 34 ℃　　D. 40 ℃

226. 每个生产矿井必须至少有（　　）能行人的安全出口通往地面。

A. 1 个　　B. 2 个　　C. 3 个　　D. 4 个

227. 靠近掘进工作面迎头（　　）长度以内的支架，爆破前必须加固。

A. 5 m　　B. 10 m　　C. 15 m　　D. 20 m

228. 在高瓦斯矿井、瓦斯喷出区域及煤与瓦斯突出矿井中，掘进工作面的局部通风机都应实行“三专供电”，即专用线路、专用开关和（　　）。

A. 专用变压器　　B. 专用电源　　C. 专用电动机

229. 排放瓦斯时，（　　）局部通风机发生循环风。

A. 严禁　　B. 允许　　C. 不允许

230. 采煤工作面风流速度最低不得低于（　　）。

A. 0.15 m/s　　B. 0.25 m/s　　C. 4.0 m/s　　D. 5.0 m/s

231. 矿井总风量应确保井下同时工作的最多人数每人每分钟供风量不少于（　　）。

A. 3 m^3　　B. 4 m^3　　C. 5 m^3　　D. 6 m^3

232. 采用压入式供风的掘进工作面，全风压供给该处的风量必须（　　）局部通风机的吸入风量。

A. 大于　　B. 小于　　C. 等于

233. 矿井备用工作面的风量应按采煤工作面计划所需风量的（　　）分配。

A. 1 倍　　B. 0.5 倍　　C. 0.3 倍　　D. 2 倍

234. 串联通风网络与并联通风网络相比，串联通风网络的通风阻力（　　）并联通风网络的通风阻力。

A. 大于　　B. 小于　　C. 等于

235. 通风网络的连接形式有串联网络、并联网络和角联网络，其中（　　）网络的安全性最好。

A. 串联　　B. 并联　　C. 角联

236. 风桥是矿井通风设施的一种，其作用是（　　）。

A. 隔断风流　　B. 调节风量

C. 使进回风路相交处的进风与回风互不混合

237. 井下有车辆通过的风门至少有 2 道，且 2 道风门的间距要（　　）所要通过车辆的长度。

A. 大于　　B. 小于　　C. 等于

238. 长壁采煤工作面应采用（　　）通风。

A. 局部通风机　　B. 扩散　　C. 全风压

239. 测定风量时，在同一断面的测风次数不应少于（　　）。

A. 1 次　　B. 2 次　　C. 3 次　　D. 4 次

240. 掘进工作面按炸药量配备风量时，每千克炸药应至少配备风量（　　）。

A. 10 m^3/min　　B. 15 m^3/min　　C. 20 m^3/min　　D. 25 m^3/min

241. 能有效隔断风流的一组通风设施是（　　）。

A. 风门、风桥　　B. 风门、风障　　C. 风门、风墙　　D. 风桥、风障

242. 采煤工作面回采结束后，必须在（　　）内进行永久性封闭。

A. 25 天　　B. 30 天　　C. 35 天　　D. 45 天

243. 矿井必须建立测风制度，每（　　）进行 1 次全面测风。

A. 7 天　　B. 10 天　　C. 15 天　　D. 30 天

244. 调节通过巷道风量的通风设施是（　　）。

A. 风筒　　B. 风桥　　C. 风窗　　D. 密闭

245. 向采空区注氮应使火区空气氧含量降到（　　）以下方能达到防灭火的目的。

A. 20%　　B. 16%　　C. 14%　　D. 5%

246. 井下最优排尘风速为（　　）。

A. 0.15 ~ 0.25 m/s　　B. 0.25 ~ 1 m/s　　C. 1.5 ~ 2 m/s　　D. 2 ~ 4 m/s

247. 测风站应设在平直的巷道中，其前后（　　）范围内不得有障碍物或巷道拐弯等局部阻力。

A. 3 m　　B. 5 m　　C. 10 m　　D. 20 m

248. 间距小于（　　）m 的平行巷道，其中一个巷道进行爆破时，两个工作面的人员都必须撤至安全地点。

A. 5 m　　B. 10 m　　C. 15 m　　D. 20 m

249. 井下空气中的允许一氧化碳浓度为（　　）。

A. 0.0016%　　B. 0.0024%　　C. 0.015%　　D. 0.002%

250. 生产矿井主要通风机必须安装反风设施，并能在（　　）内改变巷道中的风向。

A. 5 min　　B. 10 min　　C. 15 min　　D. 20 min

251. 混入下列何种气体可使瓦斯爆炸下限提高（　　）。

A. CO　　B. CO_2　　C. H_2S

252. 井巷风流断面的 3 种压力是指（　　）。

A. 静压、动压、全压　　B. 静压、动压、位压

C. 静压、全压、位压

253. 煤矿企业应根据具体条件制定风量计算方法，至少每（　　）修订 1 次。

A. 2 年　　B. 3 年　　C. 4 年　　D. 5 年

254. 除尘风机、抽出式局部通风机和位于掘进工作面附近 100 m 范围内的压入式局部通风机，其噪声不应超过（　　），并应安设配套的消音器。

A. 85 dB(A)　　B. 90 dB(A)　　C. 95 dB(A)　　D. 120 dB(A)

255. 矿井每（　　）至少进行 1 次主要通风机性能测定。

A. 1 年　　B. 3 年　　C. 5 年　　D. 6 年

256. 局部通风机停风时（　　）。

A. 停止作业　　B. 切断工作面部分电源

C. 必须撤出人员并切断电源　　D. 可以继续作业

257. （　　）将逐步取代铁风筒用于负压通风。

A. 玻璃钢风筒　　B. 胶皮风筒

C. 帆布风筒　　D. 带刚性骨架的可伸缩风筒

258. 柔性风筒的缺点是（　　）。

A. 体积大　　B. 搬运不方便

C. 成本高　　D. 不能用作局部通风机抽出式通风

259. 下面各项不能减小风筒风阻的措施是（　　）。

A. 增大风筒直径　　B. 减少拐弯处的曲率半径

C. 减少接头个数　　D. 及时排出风筒内的积水

260. 进、回风井之间和主要进、回风巷之间的每个联络巷中，必须砌筑（　　）。

A. 两道风门　　B. 三道风门　　C. 临时挡风墙　　D. 永久挡风墙

261. 巷道断面上各点风速（　　）。

A. 一样大　　B. 上部大，下部小

C. 巷道轴心部位大，周壁小　　D. 巷道轴心部位小，周壁大

262. 并联风路的总风压等于各条风路的（　　）。

A. 分风压　　B. 总风压的一半　　C. 全风压的一半　　D. 静压

263. 进风井位于井田中央，出风井在两翼或者出风井位于井田中央，进风井在两翼，这种通风方式叫作（　　）。

A. 对角式通风方式　　B. 中央式通风方式

C. 中央边界式通风方式　　D. 区域式通风方式

264. 下列哪一项不是矿井通风的基本任务？（　　）

A. 供给井下适量的新鲜空气　　B. 防止自然发火

C. 冲淡并排出有毒有害气体和矿尘　　D. 创造良好的气候条件

265. 矿井通风方式可分为中央式、（　　）和混合式 3 种。

A. 抽出式　　B. 压入式　　C. 对角式　　D. 并列式

266. 井巷中成分和地面空气成分基本相同或相差不大的，没有经过井下作业地点的

风流叫（　　）。

A. 新鲜风流　　B. 乏风风流　　C. 污浊风流　　D. 串联风流

267. 对人体比较适宜的相对湿度为（　　）。

A. 50% ~60%　　B. 60% ~70%　　C. 70% ~80%　　D. 90%

268. 箕斗提升井兼作回风井时，其漏风率不得超过（　　）。

A. 5%　　B. 10%　　C. 15%　　D. 20%

269. 高速风速表测量范围为（　　）以上的风速。

A. 5 m/s　　B. 8 m/s　　C. 10 m/s　　D. 12 m/s

270. 中速风速表测定（　　）的风速。

A. 0.2 ~0.5 m/s　　B. 0.3 ~0.8 m/s　　C. 0.5 ~5 m/s　　D. 0.5 ~10 m/s

271. 按照测风员的工作姿势，测风方法可以分为侧身法和（　　）。

A. 站立法　　B. 前后法　　C. 上下法　　D. 迎面法

272. 井下充电室风流中以及局部积聚处的氢气浓度，不得超过（　　）。

A. 0.3%　　B. 0.5%　　C. 0.8%　　D. 1.0%

273. 主要进、回风巷中的最高风速为（　　）。

A. 3 m/s　　B. 5 m/s　　C. 8 m/s　　D. 10 m/s

274. 预防和处理瓦斯层状积聚的方法是使风速大于（　　）。

A. 0.5 ~1.0 m/s　　B. 1.0 ~2.0 m/s　　C. 2.0 ~3.0 m/s　　D. 3.0 ~4.0 m/s

275. 在下列（　　）地点发生火灾时，不宜进行矿井反风。

A. 进风井　　B. 进风大巷　　C. 井底车场　　D. 回风井

276. 反风演习持续时间不应小于矿井最远地点撤人到地面所需的时间，且不得少于（　　）。

A. 1 h　　B. 2 h　　C. 3 h　　D. 5 h

277. 矿井相对瓦斯涌出量大于（　　）的为高瓦斯矿井。

A. 3 m^3/t　　B. 5 m^3/t　　C. 10 m^3/t　　D. 40 m^3/t

278. 某一用风地点部分或全部回风再进入同一地点进风流中的现象称为（　　）。

A. 循环风　　B. 串联风　　C. 扩散通风　　D. 回风

279. 风桥的断面不应小于原巷道断面的（　　）。

A. 2/3　　B. 1/3　　C. 4/5　　D. 2/5

280. 等积孔越大，表示其通风越（　　）。

A. 容易　　B. 困难　　C. 无法判断　　D. 不能确定

281. 矿井内部有效风量率是反映矿井总进风量的利用率，一般要求不低于（　　）。

A. 40%　　B. 50%　　C. 60%　　D. 85%

282. 瓦斯积聚是指体积超过 0.5 m^2 的空间瓦斯浓度达到（　　）的现象。

A. 1%　　B. 1.5%　　C. 2%　　D. 3%

283. 综合机械化采煤工作面，在采取煤层注水和采煤机喷雾降尘等措施后，其最大风速不得超过（　　）。

A. 4 m/s　　B. 5 m/s　　C. 6 m/s　　D. 8 m/s

284. 装有带式输送机的井筒兼作回风井时，井筒中的风速不得超过（　　）。

A. 4 m/s　　B. 5 m/s　　C. 6 m/s　　D. 8 m/s

285. 通常所说的井巷中的风速是指某断面的（　　）。

A. 平均风速　　B. 最大风速　　C. 最小风速　　D. 合理风速

286. 新井投产前必须进行1次矿井通风阻力测定，以后每（　　）至少进行1次。

A. 1年　　B. 2年　　C. 3年　　D. 5年

287. 矿井有害气体硫化氢允许浓度为（　　）。

A. 0.00066%　　B. 0.00067%　　C. 0.006%　　D. 0.6%

288. 矿井二氧化氮的允许浓度为（　　）。

A. 0.0024%　　B. 0.0023%　　C. 0.00025%　　D. 0.12%

289. 巷道摩擦阻力系数的大小和（　　）无关。

A. 巷道断面面积　　B. 巷道长度　　C. 支护方式　　D. 巷道周长

290. 下列选项不属于通风网络的基本连接形式的是（　　）。

A. 串联　　B. 并联　　C. 混联　　D. 角联

291. 电缆、输送带、管材、风筒等产品，加施安全标志标识的间隔距离不得大于（　　）。

A. 10 m　　B. 5 m　　C. 15 m　　D. 3 m

292. 瓦斯喷出是指，在20 m巷道范围内涌出瓦斯量大于或等于1.0 m^3/min且持续时间（　　）以上。

A. 8 h　　B. 4 h　　C. 10 h　　D. 3 h

293. 高瓦斯和煤与瓦斯突出矿井的掘进工作面，当巷道掘进长度大于（　　）时，必须在巷道中部增设甲烷传感器。

A. 2000 m　　B. 1000 m　　C. 500 m　　D. 300 m

294. 矿用防爆标志符号“i”为（　　）设备。

A. 本质安全型　　B. 隔爆型　　C. 增安型　　D. 充油型

295. 掘进工作面空气温度的测定点，应设在工作面距迎头（　　）处的风流中。

A. 2 m　　B. 5 m　　C. 10 m　　D. 20 m

296. 长壁式采煤工作面空气温度的测定点，应在工作面内运输巷中间中央距回风巷口（　　）处的风流中。

A. 5 m　　B. 10 m　　C. 15 m　　D. 20 m

297. 对停风的独头巷道，瓦斯检查人员（　　）在栅栏处至少检查1次。

A. 每天　　B. 每周　　C. 每月　　D. 每班

298. 对停风的独头巷道，如果发现栅栏内侧1 m处瓦斯浓度超过3%或其他有害气体超过允许浓度，必须在（　　）内用木板防火墙予以封闭。

A. 8 h　　B. 24 h　　C. 36 h　　D. 72 h

299. 煤与瓦斯突出工作面的煤巷采用远距离爆破时，爆破地点距工作面不得小于（　　）。

A. 100 m　　B. 150 m　　C. 200 m　　D. 300 m

300. 突出煤层的掘进工作面，在掘进距离超过（　　）的巷道内必须设置工作面避难所。

A. 100 m　　B. 200 m　　C. 300 m　　D. 500 m

301. 发现防火墙内外气体成分、温度、压差有异常变化时，（　　）至少应检查一次。

A. 每班　　B. 每天　　C. 每周　　D. 每月

302. 井下使用的便携式光学甲烷检测仪，当使用测量瓦斯浓度范围在 0～100% 的仪器进行测量时，其测量精度为（　　）。

A. 0.01%　　B. 0.1%　　C. 0.2%　　D. 0.5%

303. 井下使用的便携式光学甲烷检测仪，当使用测量范围在 0～10% 的仪器进行测定时，其测量精度为（　　）。

A. 0.01%　　B. 0.2%　　C. 0.1%　　D. 0.5%

304. 在井下检查独头巷道内的瓦斯情况时，若无瓦斯监控仪监测，必须（　　）逐步检查。

A. 由外向里　　B. 由里向外　　C. 由中间向两头　　D. 全面

305. 便携式光学甲烷检测仪转动测微手轮时，当刻度盘转动 50 格，干涉条纹在分划板上的移动量应为（　　）。

A. 1%　　B. 2%　　C. 5%　　D. 10%

306. 生产经营单位必须依法参加工伤保险，为从业人员缴纳保险费。国家鼓励生产经营单位投保（　　）。

A. 安全生产责任保险　　B. 意外伤害保险

C. 企业财产险　　D. 医疗保险

307.（　　）有权对建设项目的安全设施与主体工程同时设计、同时施工、同时投入生产和使用进行监督，提出意见。

A. 工会　　B. 妇联　　C. 办公室　　D. 共青团

308. 火势较大的明火火灾的处理关键是（　　）。

A. 封闭巷道　　B. 高强度灭火　　C. 正确调动风流　　D. 反风

309.（　　）以上人民政府职业卫生监督管理部门依照职业病防治法律、法规、国家职业卫生标准和卫生要求，依据职责划分，对职业病防治工作进行监督检查。

A. 乡镇　　B. 县级　　C. 市级　　D. 省级

310. 职业卫生技术服务机构依法从事职业病危害因素检测、评价工作，接受（　　）的监督检查。

A. 安全生产监督管理部门　　B. 国务院卫生行政部门

C. 三甲医院　　D. 地方政府

311. 用人单位对仲裁裁决不服的，可以在职业病诊断、鉴定程序结束之日起（　　）日内依法向人民法院提起诉讼；诉讼期间，劳动者的治疗费用按照职业病待遇规定的途径支付。

A. 十　　B. 十五　　C. 二十　　D. 三十

312. 下列（　　）应设置辅助隔爆棚。

A. 主要运输大巷　　B. 采区间集中运输大巷

C. 相邻煤层运输石门　　D. 采煤工作面进回风巷

313. 工作场所的职业病防护设施的设置应（　　）。

A. 与职业病危害防护相适应　　B. 根据生产规模设置

C. 按企业规定统一设置　　D. 根据经济条件设施设置

314. 煤与瓦斯突出形成的孔洞呈口大肚小、外宽内窄，通常为楔形、缝形或袋形的突出类型为（　　）。

A. 压出　　B. 突出　　C. 倾出　　D. 喷出

315. 煤与瓦斯突出形成的孔洞较有规则、口大腔小，孔洞轴线沿煤层倾斜或铅锤方向发展的突出类型是（　　）。

A. 压出　　B. 倾出　　C. 突出　　D. 喷出

316. 防止煤尘爆炸传播技术分为被动式隔爆技术和自动式隔爆技术，不属于被动式隔爆技术的是（　　）。

A. 使用喷洒装置　　B. 岩粉棚　　C. 水槽棚　　D. 水袋棚

317. 使用矿井安全监测系统，当瓦斯浓度超过规定而切断电气设备的电源后，严禁（　　）复电。

A. 人工　　B. 遥控　　C. 手控　　D. 自动

318. 煤与瓦斯突出形成的孔洞呈口小腔大，通常为梨形或倒瓶形状的突出类型是（　　）。

A. 倾出　　B. 压出　　C. 突出　　D. 喷出

319. 处理低浓度瓦斯爆炸的要点是（　　）。

A. 尽快恢复灾区通风　　B. 尽快组织局部反风

C. 首先扑灭可能引起的火灾　　D. 灾区风流短路

320. 煤层瓦斯沿垂向一般可分为两个带：瓦斯风化带与（　　）。

A. 甲烷带　　B. 甲烷带－氮气带

C. 二氧化碳－氮气带　　D. 氮气带

321. 下列属于减尘措施的是（　　）。

A. 爆破喷雾　　B. 转载点喷水降尘

C. 巷道净化水幕　　D. 煤层注水

322. 带式输送机火灾属于（　　）。

A. 电气火灾　　B. 外因火灾　　C. 内因火灾　　D. 化学火灾

323. 下列各地点中，（　　）应设主要隔爆棚。

A. 采区内的煤巷掘进　　B. 矿井主要运输巷

C. 采煤工作面回风巷　　D. 采煤工作面进风巷

324. 当中毒者出现眼红肿、流泪、喉痛以及手指、头发呈黄褐色时，说明是以下哪种气体中毒（　　）。

A. SO_2　　B. H_2S　　C. NO_2　　D. CO

325. 以下哪种气体对人眼睛有强烈的刺激性，在煤矿常常被俗称为“瞎眼气体”（　　）。

A. CH_4　　B. CO　　C. SO_2　　D. CO_2

326. 在采煤工作面进风和回风巷距工作面（　　）范围内各应安装一组隔爆水棚。

A. 80 ~ 300 m　　B. 20 ~ 100 m　　C. 60 ~ 200 m　　D. 100 ~ 400 m

327. 采煤工作面甲烷传感器应尽量靠近工作面设置，距工作面煤壁要求不大于（　　）。

A. 20 m　　B. 5 m　　C. 10 m　　D. 15 m

328. 岩粉棚的岩粉用量按巷道断面积计算，主要岩粉棚和辅助岩粉棚分别为（　　）。

A. 400 kg/m^2、200 kg/m^2　　B. 300 kg/m^2、200 kg/m^2

C. 400 kg/m^2、300 kg/m^2　　D. 300 kg/m^2、100 kg/m^2

329. 接入煤矿安全监控系统的各类传感器稳定性应不小于（　　）天。

A. 30　　B. 15　　C. 7　　D. 10

330. 煤矿安全监控系统工作主机发生故障时，备份主机应在（　　）内投入工作。

A. 1 min　　B. 5 min　　C. 2 h　　D. 无延迟

331. 处理掘进巷道火灾时，（　　）的控制是关键。

A. 主要通风机　　B. 局部通风机　　C. 火势　　D. 火风压

332. 井下辅助隔爆水棚的棚区长度不小于（　　）。

A. 10 m　　B. 20 m　　C. 30 m　　D. 40 m

333. 井下主要隔爆水棚的棚区长度不小于（　　）。

A. 20 m　　B. 30 m　　C. 10 m　　D. 40 m

334. 井下辅助隔爆水棚的用水量按巷道断面计算不得小于（　　）。

A. 400 L/m^2　　B. 200 L/m^2　　C. 500 L/m^2　　D. 300 L/m^2

335. 井下主要隔爆水棚的用水量按巷道断面计算不得小于（　　）。

A. 400 L/m^2　　B. 500 L/m^2　　C. 200 L/m^2　　D. 300 L/m^2

336. 抽采的瓦斯进行民用时，要求瓦斯浓度要达到（　　）以上。

A. 20%　　B. 40%　　C. 30%　　D. 50%

337. 架线式电机车巷道的最高允许风速是（　　）。

A. 12 m/s　　B. 8 m/s　　C. 10 m/s　　D. 4 m/s

338. 架线式电机车巷道的最低允许风速是（　　）。

A. 0.15 m/s　　B. 0.25 m/s　　C. 1.5 m/s　　D. 1 m/s

339. 采区进、回风巷的最高允许风速是（　　）。

A. 8 m/s　　B. 12 m/s　　C. 6 m/s　　D. 10 m/s

340. 机械式风表测量井巷风速时，每点应测三次，两两相差不得超过（　　）。

A. 3%　　B. 4%　　C. 5%　　D. 6%

341. 采掘工作面在该区域进行的首次区域验证为无突出危险，采掘前应保留足够的突出（　　）超前距。

A. 预测　　B. 效果检验　　C. 排放　　D. 安全措施

342. 钻孔孔口抽采负压不得小于（　　）。

A. 13 kPa　　B. 13 Pa　　C. 20 kPa　　D. 20 Pa

343. 压风自救系统应设置在距采掘工作面 25 ~ 40 m 的巷道内，爆破地点、撤离人员与警戒人员所在的位置以及（　　）有人作业处。

A. 回风道　　B. 进风道　　C. 工作面　　D. 上隅角

344. 突出煤层与巷道空间关系不清，应（　　）。

A. 边分析边施工巷道　　B. 巷道见煤后，再停头探查

C. 先施工巷道后补充探查　　D. 先施工地质探查钻孔，再施工巷道

345. 煤矿安全监控系统的分站、传感器等装置在井下连续运行（　　），必须升井检修。

A. 6 个月　　B. 6 个月 ~12 个月

C. 3 个月　　D. 12 个月

346. 生产矿井延伸新水平时，必须对揭露的平均厚度为（　　）m 以上煤层的自燃倾向性进行鉴定。

A. 0.2 m　　B. 0.3 m　　C. 0.5 m　　D. 0.8 m

347. 工作场所的职业病防护设施的设置应（　　）。

A. 与职业病危害防护相适应　　B. 根据生产规模设置

C. 按企业规定统一设置　　D. 根据经济条件设施

348. 带式输送机火灾属于（　　）。

A. 电气火灾　　B. 化学火灾　　C. 内因火灾　　D. 外因火灾

349. 瓦斯检查工作在下井进入待定地点前，需在（　　）进行对零。

A. 地面进风井口处　　B. 采区回风巷

C. 待测地点附近的进风巷道中

350. 不能连续自动测定甲烷浓度的瓦斯检定器是（　　）瓦斯检定器。

A. 热效式　　B. 热导式　　C. 半导体气敏元件　　D. 光学

351. 某瓦斯检查工用一氧化碳检定管测定一氧化碳浓度时，连续 5 次送入 50 mL 气样，一氧化碳检定管上的读数为 0.44%，则该测定地点的一氧化碳实际浓度应为（　　）。

A. 0.0088%　　B. 0.200%　　C. 0.094%

352. 低浓光学瓦斯检定器（0 ~10%）的精度为（　　）。

A. 0.01%　　B. 0.02%　　C. 0.5%

353. 矿井安全监控系统中心站主机应不少于（　　）。

A. 1 台　　B. 2 台　　C. 3 台

354. 光学瓦斯检定器在换气对零时，为克服温度造成的影响，换气对零地点与待测地点的温差应不超过（　　）。

A. ±5 ℃　　B. ±10 ℃　　C. ±15 ℃

355. 换气地点的标高应与待测地点的标高（　　）。

A. 高　　B. 大致相同　　C. 低

356. 用于涉条纹宽度校验时，每两条条纹之间的宽度应为（　　）。

A. 1%　　B. 1.75%　　C. 2%

357. 光学瓦斯检定器上电门开关是控制（　　）。

A. 下光源灯泡　　B. 测微读数灯泡　　C. 下光源和测微读数灯泡

358. 光学瓦斯检定器的气室长度与仪器的量程成（　　）。

A. 反比　　B. 正比　　C. 无关系

359. 光学瓦斯检定器测瓦斯浓度时，瓦斯浓度与干涉条纹移动的距离成（　　）。

A. 反比　　B. 正比　　C. 无关系

360. 用光学瓦斯检定器测量二氧化碳时，校正系数是（　　）。

A. 0.955　　B. 0.95　　C. 0.995

361. 光学瓦斯检定器的药管的作用是（　　）。

A. 吸收水蒸气和二氧化碳　　B. 吸收一氧化碳

C. 吸收新鲜空气

362. 光学瓦斯检定器中哇胶的作用是（　　）。

A. 吸收水蒸气　　B. 吸收二氧化碳　　C. 吸收一氧化碳

363. 在井下（　　）的地方，对光学瓦斯检定器进行换气调零。

A. 任意地点　　B. 污染空气　　C. 新鲜空气

364. 光学瓦斯检定器检查瓦斯浓度，如果空气中含有硫化氢，将使瓦斯测量结果（　　）。

A. 偏高　　B. 偏低　　C. 不变

365. 光学瓦斯检定器检查瓦斯浓度，如果空气中含有一氧化碳，将使瓦斯测定结果（　　）。

A. 偏低　　B. 偏高　　C. 不变

366. 光学瓦斯检定当进行药品检查发现药品的颗粒变小成粉或胶结在一起，可能使测定瓦斯读数（　　）。

A. 偏高　　B. 偏低　　C. 不变化

367. 热催化便携式瓦斯检定器测量瓦斯浓度的范围是（　　）。

A. 0～10%　　B. 0～4%　　C. 0～40%

368. 一氧化碳检定管三通阀把的三个位置，代表密闭气体状态的位置应该是（　　）。

A. 三通阀把拨向0°位置　　B. 三通阀把拨向90°位置

C. 三通阀把拨向45°位置

369. 如果被被测气体中一氧化碳浓度较小，用测定管测量，不易直接读出其浓度的大小时，可以采用（　　）送气次数的方法进行测定。

A. 减小　　B. 增加　　C. 任意修正

370. 光学瓦斯检定器简单校正办法是将光谱的第一条黑纹对在“0”上，如果第五条纹正在（　　）的数值上，表明条纹宽窄适当。

A. 5%　　B. 7%　　C. 8%

371. 光学瓦斯检定器测定瓦斯时读数应是（　　）。

A. 主目镜整数＋微调目镜小数　　B. 主目镜整数－微调目镜小数

C. 主目镜整数×微调目镜小数

372. 光学瓦斯检定器主目镜里内分化板的瓦斯刻度是如何标注的（　　）。

A. 0～10%，每小格为0.2%　　B. 0～10%，每小格为0.5%

C. 0～10%，每小格为0.02%

373. 光学瓦斯检定器微刻度盘内的瓦斯浓度刻度是如何划分的（　　）。

A. 0.10%，每小格为0.2%　　B. 0.10%，每小格为0.5%

C. 0.10%，每小格为0.02%

374. 光学瓦斯检定器在火灾，密团区等严重缺氧地点进行瓦斯浓度测定时，测定结果比实际浓度（　　）。

A. 偏低　　B. 偏高　　C. 不变

375. 如果被测定气体中一氧化碳浓度较高，大于检支管的上限可采取（　　）送气量和送气的时间的方法进行测定。

A. 增加　　B. 减少　　C. 不增不减

376. 光学瓦斯检定器的药品颜色要正常、新鲜，药品的颗粒直径在（　　）之间为合格.

A. 2 ~ 5 mm　　B. 3 ~ 6 mm　　C. 4 ~ 7 mm

377. 光学瓦斯检定器辅助吸管装（　　）可消除碳化氧气。

A. 钠石灰　　B. 硅胶　　C. 活性炭

378. 增阻调节使矿井风网总风阻增加，如果主要通风机特性曲线不变，总风量会（　　）。

A. 减少　　B. 增加　　C. 不一定　　D. 不变

379. 处理煤尘爆炸事故时，一般的工作程序（　　）。

A. 向上级汇报→灾区停电撤人→召请救护队→成立抢救指挥部→救护队进入灾区救人→侦察→灭火→恢复通风

B. 灾区停电撤人→向上级汇报→召请救护队→成立抢救指挥部→救护队进入灾区救人→侦察→灭火→恢复通风

C. 向上级汇报→灾区停电撤人→成立抢救指挥部→召请救护队→救护队进入灾区救人→侦察→灭火→恢复通风

D. 灾区停电撤人→向上级汇报→召请救护队→成立抢救指挥部→救护队进入灾区救人→侦察→恢复通风→灭火

380. 衡量矿井漏风程度的指标是（　　）。

A. 矿井有效风量和总漏风量的绝对值

B. 矿井有效风量和矿井漏风率

C. 矿井有效风量率和总漏风量的绝对值

D. 矿井有效风量率和矿井漏风率

381. 衡量矿井气候条件好坏的参数是（　　）。

A. 温度、湿度和风速　　B. 温度、湿度和密度

C. 温度、压力和风量　　D. 比热、压力和风速

382. 矿井按瓦斯分级的目的是（　　）。

A. 确定供风标准

B. 计算矿井所需风量

C. 制定安全生产措施

D. 计算矿井所需风量和制定安全生产措施

383. 安装在进风流中的局部通风机距回风口不得小于（　　）。

A. 5 m　　B. 10 m　　C. 15 m　　D. 20 m

384. 瓦斯在煤层中的赋存状态有（　　）。

A. 游离状态　　B. 自由运动状态

C. 吸附状态　　D. 游离状态和吸附状态

385. 井下每人每分钟供给风量不得少于（　　）。

A. 6 m^3　　B. 10 m^3　　C. 4 m^3　　D. 2.5 m^3

386. 采掘工作面二氧化碳浓度应每班至少检查（　　）次。

A. 1　　B. 3　　C. 2　　D. 5

387. 矿井总回风巷中瓦斯浓度超过（　　）时，必须立即查明原因，进行处理。

A. 1.00%　　B. 2.00%　　C. 0.75%　　D. 0.80%

388. 判断井下发生爆炸事故时是否有煤尘参与的重要标志是（　　）。

A. 水滴　　B. 一氧化碳　　C. 粘焦　　D. 二氧化碳

389. 下面哪一个压力是无方向性的（　　）。

A. 静压　　B. 速压　　C. 位压　　D. 全压

390. 主扇风量为15000 m^3/min，通风阻力应小于（　　）。

A. 3920 Pa　　B. 2500 Pa　　C. 2940 Pa　　D. 4930 Pa

391. 采取通风启封火区时，应以（　　）的顺序打开防火墙。

A. 先打开进风侧，再打开回风侧　　B. 先打开回风侧，再打开进风侧

C. 两侧同时打开　　D. 与顺序无关

392. 工作面出现异常气味，如煤油味、汽油味、松节油或焦油味，表明风流上方存在（　　）。

A. 瓦斯突出　　B. 自然发火　　C. 透水区　　D. 顶板冒落

393. 用光学瓦检仪测定瓦斯时，下列变化中对瓦斯测定结果影响最大的是（　　）。

A. 氧含量降低　　B. 温度、压力变化

C. 混合气体中有一氧化碳　　D. 混合气体中有硫化氢

394. 光干涉甲烷测定器药品颗粒大小粒度（　　）为宜。

A. 1 ~ 2 mm　　B. 2 ~ 3 mm　　C. 2 ~ 4 mm　　D. 3 ~ 5 mm

395. 光干涉甲烷测定器检定环境要求相对湿度（　　）。

A. ＜80%　　B. ＜85%　　C. ＜90%　　D. ＜95%

396. 光学瓦斯检查仪跌落试验是将不带护套的仪器从（　　）高处自由落下。

A. 100 mm　　B. 100 cm　　C. 50 cm　　D. 50 mm

397. 井下柴油最大贮存量不得超过矿井（　　）天柴油需要量。专用贮存硐室应当满足井下机电设备硐室的安全要求。

A. 10　　B. 5　　C. 3

398. 带式输送机驱动滚筒下风侧（　　）处应当设置烟雾传感器，宜设置一氧化碳传感器。

A. 10 ~ 15 m　　B. 1 ~ 5 m　　C. 10 ~ 20 m

399. 电焊、气焊和喷灯焊接等作业完毕后，作业地点应当再次用水喷洒，并有专人

在作业地点检查（　　），发现异常，立即处理。

A. 3 h　　B. 2 h　　C. 1 h

400. 木料场、矸石山等堆放场距离进风井口不得小于（　　）。

A. 50 m　　B. 80 m　　C. 100 m

401. 木料场距离矸石山不得小于（　　）。

A. 100 m　　B. 30 m　　C. 50 m

402. 井下机电设备硐室出口必须装设向外开的防火铁门，防火铁门外（　　）内的巷道，应当砌碹或者采用其他不燃性材料支护。

A. 5 m　　B. 10 m　　C. 15 m

403. 电焊、气焊和喷灯焊接等工作地点的风流中，甲烷浓度不得超过（　　），且在检查证明作业地点附近 20 m 范围内巷道项部和支护背板后无瓦斯积存时，方可进行作业。

A. 1%　　B. 2%　　C. 0. 5%

404. 带式输送机必须装设防打滑、跑偏、堆煤、撕裂等保护装置，同时应当装设温度、烟雾监测装置和自动洒水装置，宜设置具有实时监测功能的（　　）系统。

A. 洒水　　B. 防灭火　　C. 自动灭火

二、多选题

1. “四位一体”综合防突措施是指（　　）。

A. 防治突出措施　　B. 突出危险性预测

C. 防突措施效果检验　　D. 开采保护层

E. 安全防护措施

2. 按照瓦斯涌出地点和分布状况，瓦斯来源可分为（　　）。

A. 煤岩壁瓦斯涌出　　B. 采落煤岩瓦斯涌出

C. 采空区瓦斯涌出　　D. 邻近煤层瓦斯涌出

3. 采掘工作面或其他地点发现有突水征兆时，应当（　　）。

A. 立即停止作业　　B. 报告矿调度室

C. 发出警报　　D. 撤出所有受水威胁地点的人员

E. 在原因未查清、隐患未排除之前，不得进行任何采掘活动

4. 测定煤层瓦斯压力是确定（　　）的重要基础。

A. 瓦斯含量　　B. 预测瓦斯涌出量

C. 评价煤与瓦斯突出危险性　　D. 预测煤层储量

5. 当采煤工作面的采空区或老空积存大量瓦斯时，往往被漏风带入（　　），造成作业场所瓦斯超限而影响生产。

A. 采区生产巷道　　B. 工作面　　C. 井底车场　　D. 主运输巷

6. 对于有突出危险的煤层应采取（　　）等区域性防治突出措施。

A. 开采保护层　　B. 预抽煤层瓦斯　　C. 远距离爆破　　D. 煤层注水

7. 发生局部冒顶的预兆有（　　）。

A. 顶板裂隙张开、裂隙增多

B. 顶板裂隙内有活矸，并有掉碴现象

C. 煤层与顶板接触面上极薄的矸石片不断脱落

D. 敲帮问顶时声音不正常

8. 发生煤与瓦斯突出的预兆有（　　）。

A. 煤体深部发出响声

B. 煤层层理紊乱、煤变软、暗淡无光泽、煤层干燥、煤尘增大

C. 煤层受挤压褶曲、煤变粉碎、厚度变大、倾角变陡

D. 压力增大、支架变形、煤壁外鼓、片帮、掉碴、顶板冒顶断裂、底板鼓起、钻孔作业出现夹钻顶钻

E. 瓦斯涌出异常、涌出量忽大忽小、空气气味异常、煤温或气温降低或升高

9. 防止瓦斯爆炸的措施是（　　）。

A. 防止瓦斯涌出　　B. 防止瓦斯积聚

C. 防止瓦斯引燃　　D. 防止煤尘达到爆炸浓度

10. 防止瓦斯爆炸灾害扩大的安全装置有（　　）。

A. 防爆门　　B. 反风装置　　C. 隔爆设施　　D. 防火门

11. 防止瓦斯积聚和超限的措施主要有（　　）。

A. 加强通风　　B. 严格瓦斯管理

C. 及时处理局部积聚的瓦斯　　D. 瓦斯抽采

12. 防止瓦斯引燃的主要措施有（　　）。

A. 防止明火　　B. 防止电火花

C. 防止爆破引燃瓦斯　　D. 防止摩擦、冲击火花

13. 隔离式自救器分为化学氧自救器和压缩氧自救器两种。它们可以防护（　　）等各种有害气体。

A. 硫化氢　　B. 二氧化硫　　C. 一氧化碳　　D. 二氧化氮

14. 减少掘进工作面的瓦斯涌出量可采取（　　）。

A. 边掘边抽瓦斯　　B. 煤体注水

C. 封堵井巷周壁裂隙　　D. 负压通风

15. 井下发生险情，拨打急救电话时，应说清（　　）。

A. 受伤人数　　B. 患者伤情　　C. 事故地点　　D. 事故性质

16. 井下容易出现低氧环境的主要地点有（　　）。

A. 通风不良的巷道内　　B. 火区附近巷道内

C. 防火墙（密闭）附近　　D. 有大量瓦斯涌出的巷道内

E. 采空区及废弃的巷道内

17. 掘进工作面瓦斯积聚的原因主要有（　　）。

A. 局部通风管理不善

B. 现场管理失控，不按规定检查瓦斯或瓦斯检查工脱岗

C. 遇地质条件变化、工作面瓦斯异常涌出

D. 单巷掘进

18. 掘进工作面中，（　　）等处容易形成瓦斯积聚。

A. 上山掘进迎头　　B. 顶板冒落空洞内

C. 低风速的巷道顶板附近　　D. 下山掘进迎头

19. 掘进工作面中最容易导致瓦斯积聚的因素有（　　）。

A. 局部通风机时开时停　　B. 风筒严重漏风

C. 局部通风机产生循环风　　D. 全风压供风量不足

20. 矿井瓦斯爆炸产生的有害因素是（　　）。

A. 高温　　B. 高压　　C. 冲击波　　D. 有害气体

21. 煤层突出危险预测中单项指标包括（　　）。

A. 煤层瓦斯压力　　B. 瓦斯放散初速度

C. 煤的坚固性系数　　D. 煤的破坏类型

22. 煤矿井下紧急避险设施主要包括（　　）。

A. 永久避难硐室　　B. 临时避难硐室

C. 可移动式救生舱　　D. 候车硐室

23. 煤矿井下巷道用于隔断风流的设施主要有（　　）。

A. 防爆门　　B. 密闭墙　　C. 风门　　D. 风桥

24. 煤矿瓦斯抽采的方法有（　　）等。

A. 本煤层瓦斯抽采　　B. 邻近层瓦斯抽采

C. 采空区瓦斯抽采　　D. 地面瓦斯抽采

25. 煤与瓦斯突出的危害有（　　）。

A. 造成人员窒息死亡　　B. 发生瓦斯燃烧爆炸

C. 破坏通风系统甚至发生风流逆转　　D. 摧毁设备、堵塞和破坏巷道

26. 煤与瓦斯突出危险性随（　　）增加而增大。

A. 煤层透气性　　B. 煤层厚度　　C. 煤层埋藏深度　　D. 煤层倾角

27. 判断骨折的依据主要有（　　）。

A. 疼痛　　B. 肿胀　　C. 畸形　　D. 功能障碍

28. 事故发生时，现场人员的行动原则是（　　）。

A. 积极抢救　　B. 及时汇报　　C. 安全撤离　　D. 妥善避难

29. 事故外伤现场急救技术主要有（　　）。

A. 暂时性止血　　B. 创伤包扎　　C. 骨折临时固定　　D. 伤员搬运

30. 瓦斯与空气混合气体中，混入下列何种气体可使瓦斯爆炸下限升高。（　　）。

A. 氦气　　B. 一氧化碳　　C. 二氧化碳　　D. 氮气

31. 心跳呼吸停止后的症状有（　　）。

A. 瞳孔固定散大　　B. 心音脉搏消失　　C. 脸色发暗　　D. 神志丧失

32. 压缩氧隔离式自救器在携带与使用中应注意（　　）。

A. 携带过程中严禁开启扳把　　B. 携带过程中要防止撞击、挤压

C. 使用过程中不可通过口具讲话　　D. 使用过程中不得摘掉鼻夹、口具

33. 因外伤出血用止血带时应注意（　　）。

A. 松紧合适，以远端不出血为止

B. 留有标记，写明时间

C. 使用止血带以不超过 2 h 为宜，应尽快送医院救治

D. 每隔 30 ~ 60 min，放松 2 ~ 3 min

34. 影响瓦斯爆炸界限的因素有（　　）。

A. 可燃性气体的混入　　B. 惰性气体的混入

C. 可燃性煤尘的混入　　D. 发生爆炸的地点

35. 影响吸附瓦斯含量的因素有（　　）。

A. 煤的变质程度　　B. 瓦斯压力　　C. 煤中水分　　D. 温度

36. 用人工呼吸方法进行抢救，做口对口人工呼吸前，应（　　）。

A. 将伤员放在空气流通的安全地方

B. 将伤员平卧，解松伤员的衣扣、裤带，裸露前胸

C. 将伤员的头侧过，清除伤员口中异物

D. 注意保暖

37. 在（　　）等情况下，应该注意瓦斯涌出量的变化，以确保安全生产。

A. 开采遇地质构造　　B. 地面大气压明显变化

C. 工作面采出率高时　　D. 顶板来压

38. 在（　　）条件下的煤层瓦斯含量较高。

A. 煤变质程度高　　B. 煤层有露头

C. 煤层埋藏深度大　　D. 煤层倾角小

39. 在煤矿井下，瓦斯的危害主要表现为（　　）。

A. 使人中毒　　B. 使人窒息　　C. 爆炸和燃烧　　D. 自然发火

E. 煤与瓦斯突出

40. 在煤矿井下，瓦斯容易局部积聚的地方有（　　）。

A. 掘进下山迎头　　B. 掘进上山迎头　　C. 回风大巷　　D. 工作面上隅角

41. 在煤矿井下搬运伤员的方法有（　　）。

A. 担架搬运　　B. 单人徒手搬运　　C. 双人徒手搬运　　D. 车辆搬运

42. 造成局部通风机循环风的原因可能是（　　）。

A. 风筒破损严重、漏风量过大

B. 局部通风机安设位置距离掘进巷道口太近

C. 全风压的供风量大于局部通风机的吸风量

D. 全风压的供风量小于局部通风机的吸风量

43. 煤矿企业使用的设备、器材、火工产品和安全仪器，必须符合（　　）标准。

A. 国家　　B. 企业　　C. 本省　　D. 行业

44. 有下列行为之一的，由公安机关依照治安管理处罚条例的有关规定处罚；构成犯罪的，由司法机关依法追究刑事责任。（　　）。

A. 阻碍煤矿建设，致使煤矿建设不能正常进行的

B. 故意损坏煤矿矿区的电力、通信、水源、交通及其他生产设施的

C. 扰乱煤矿矿区秩序，致使生产、工作不能正常进行的

D. 拒绝、阻碍监督检查人员依法执行职务的

45. 《煤矿安全规程》中所指的“突出”是（　　）的总称。

A. 煤与瓦斯突出　　B. 煤的突然倾出

C. 煤的突然压出　　D. 岩石与瓦斯突出

46. 《中华人民共和国矿山安全法》第十八条规定矿山企业必须对（　　）危害安全生产的事故隐患采取预防措施。

A. 冒顶、片帮、边坡滑落和地表塌陷

B. 瓦斯、煤尘爆炸

C. 冲击地压、瓦斯突出、井喷

D. 地面和井下的火灾、水灾

E. 其他危害

47. 按照《煤矿安全规程》规定编制的矿井瓦斯检查计划，其检查内容主要包括（　　）。

A. 检查地点　B. 检查次数　C. 巡回检查路线　D. 检查人员安排

48. 便携式光学甲烷检测仪的常见故障主要包括（　　）。

A. 灯泡不亮、零位移动　　B. 微动手轮转动不灵活

C. 读数盘的零位不对标线　　D. 条纹不明显

E. 干涉条纹弯曲

49. 便携式光学甲烷检测仪的主要构造系统由（　　）组成。

A. 气路系统　B. 光路系统　C. 电路系统　D. 读数系统

50. 采煤工作面回采后其上覆岩层产生移动，按岩层破坏程度不同，可分为（　　）。

A. 垮落带　B. 变形带　C. 断裂带　D. 弯曲下沉带

51. 采煤工作面上隅角瓦斯积聚的原因主要有（　　）。

A. 上隅角是采空区漏风的出口

B. 瓦斯密度小，采空区瓦斯沿着倾斜方向向上移动

C. 在上隅角易形成涡流

D. 上隅角支护不到位

52. 采煤工作面瓦斯涌出的来源主要有（　　）。

A. 抽采管路中溢出的瓦斯　　B. 邻近煤层涌出的瓦斯

C. 围岩涌出的瓦斯　　D. 本煤层涌出的瓦斯

53. 采用扩散通风的地点，安全检查的主要内容包括（　　）。

A. 巷道深度　　B. 巷道入口宽度

C. 瓦斯及其他有毒有害气体的浓度　　D. 巷道温度

E. 氧气浓度

54. 对于停风的独头巷道在恢复工作前，必须要做的工作包括（　　）等。

A. 检查氮气浓度

B. 检查瓦斯浓度

C. 检查二氧化碳浓度

D. 检查局部通风机及其开关附近 10 m 范围内风流中瓦斯浓度

55. 发生事故时现场人员的行动原则是（　　）。

A. 及时报告灾情　B. 积极抢救　C. 安全撤离　D. 妥善避灾

56. 封闭火区的主要方法有（　　）。

A. 断风封闭　B. 通风封闭
C. 注入惰性气体封闭　D. 注入凝胶封闭
57. 刮板输送机底槽瓦斯积聚的处理措施主要包括（　）等。
A. 增加巷道风量，提高巷道风速　B. 封闭刮板输送机底槽
C. 清理底槽淤煤　D. 用压风管吹散底槽瓦斯
E. 架空底槽
58. 光学甲烷检测仪零点漂移的原因主要是（　）。
A. 仪器空气室内空气不新鲜
B. 对零地点与测定地点温度和气压不相同
C. 瓦斯气路不畅通
D. 瓦斯浓度太高
59. 井下瓦斯存在的主要危害有（　）。
A. 瓦斯浓度过高可能造成人员窒息　B. 瓦斯燃烧可能引发火灾
C. 可能发生瓦斯爆炸　D. 破坏通风系统
60. 局部通风机停风后采取的措施主要有（　）。
A. 将风筒与局部通风机断开
B. 设置栅栏、警标
C. 每班在栅栏处对瓦斯浓度至少检查 1 次
D. 每天对栅栏处瓦斯浓度检查 1 次。
61. 矿井漏风的危害主要表现在（　）。
A. 有效风量减少，造成瓦斯积聚　B. 矿井通风系统复杂化
C. 可能促使煤炭自燃　D. 引起电能无益消耗
E. 增加了风量调节的困难
62. 临时防火墙（密闭）质量检查中，主要检查的内容有（　）。
A. 防火墙前 5 m 范围内的支护情况　B. 有无漏风
C. 防火墙前的瓦斯浓度及有无栅栏　D. 是否进行挂牌管理
E. 防火墙厚度
63. 煤尘爆炸的条件是（　）。
A. 煤尘本身具有爆炸性且悬浮于空气中
B. 有引燃煤尘爆炸的高温热源
C. 足够的供氧条件
D. 煤尘达到一定的浓度
64. 煤的氧化自燃一般可分为（　）三个阶段。
A. 冷却阶段　B. 潜伏阶段　C. 自热阶段　D. 燃烧阶段
65. 煤的自然发火地点很多，常见地点有（　）等。
A. 终采线附近　B. 遗留的煤柱　C. 封闭墙内　D. 断层附近
66. 煤矿井下一氧化碳的来源主要是（　）。
A. 井下火灾　B. 煤的氧化自燃　C. 瓦斯爆炸　D. 煤尘爆炸
E. 爆破作业

67. 煤矿用防爆电气设备，除了能满足日常生产需要外，还必须具备（　　）特殊功能。

A. 防爆　　B. 断电保护　　C. 风电瓦斯闭锁　　D. 防潮

68. 使用便携式光学甲烷检测仪测量时，测量数值出现负值或误差的原因可能是（　　）。

A. 气室漏气　　B. 药品失效

C. 胶皮管通气不良　　D. 毛细管被压扁

69. 使用便携式光学甲烷检测仪测量时，干涉条纹出现弯曲的原因可能是（　　）。

A. 光圈不良　　B. 材质有缺陷　　C. 平面度不好　　D. 操作不当

E. 井下光线不良

70. 使用气体检定管测定气体浓度时应注意的事项有（　　）。

A. 用待测气体置换抽气筒内存在的气体

B. 检定管打开后应立即测定同时不能将检定管插反

C. 检测不同气体浓度时不能混用

D. 应采取防中毒措施

E. 若被测气体浓度较低，应增加送气次数

71. 突出矿井中，掘进工作面的局部通风机采用“三专”供电，“三专”是指（　　）。

A. 专用设备　　B. 专用开关　　C. 专用线路　　D. 专用变压器

72. 下列工具中，属于瓦斯检查工下井必须携带的工具有（　　）。

A. 便携式光学甲烷检测仪　　B. 扳手

C. 温度计　　D. 长度大于 2 m 的胶管

73. 下列气体具有爆炸性的是（　　）。

A. 甲烷　　B. 一氧化碳　　C. 硫化氢　　D. 氨气

E. 氢气

74. 影响便携式光学甲烷检测仪精度的客观因素包括（　　）。

A. 严重缺氧　　B. 空气密度小、气压低

C. 仪器缺乏相应的吸收剂　　D. 操作不当

75. 影响煤炭自燃的主要因素有（　　）。

A. 煤的自燃倾向性　　B. 煤的赋存条件

C. 采煤方法　　D. 漏风条件

E. 巷道支护

76. 预防光学甲烷检测仪零点漂移的方法主要有（　　）。

A. 地面先调校　　B. 经常检查气路

C. 经常用新鲜空气清洗空气室　　D. 对零时，尽量与待测地点温度相同

77. 直接灭火时的注意事项主要包括（　　）。

A. 必须保持足够的风量，灭火人员要在上风侧

B. 不能用水扑灭带电设备火灾

C. 有足够的水源或灭火器材

D. 统一指挥，设专人检查瓦斯浓度及变化

78. （　　）必须至少设置 1 条专用回风巷。

A. 高瓦斯矿井

B. 有煤（岩）与瓦斯（二氧化碳）突出危险矿井的每个采区

C. 开采容易自燃煤层的采区

D. 矿井开采煤层群和分层开采采用联合布置的采区

79. “三同时”是指建设项目的安全设施，必须与主体工程同时（　　）。

A. 设计　　B. 施工

C. 纳入概算　　D. 投入生产和使用

80.《国务院关于预防煤矿生产安全事故的特别规定》规定：煤矿企业职工安全手册应当载明（　　）。

A. 职工的权利、义务

B. 煤矿重大安全生产隐患的情形

C. 煤矿重大安全生产隐患的应急保护措施、方法

D. 安全生产隐患和违法行为的举报电话、受理部门

81. 采掘工作面的进风和回风不得经过（　　）。

A. 裂隙区　　B. 采空区　　C. 冒顶区　　D. 应力集中区

82. 测定风量时，中速风表测量的风速可以是（　　）。

A. 0.2 m/s　　B. 0.5 m/s　　C. 3 m/s　　D. 7 m/s

E. 11 m/s

83. 串联网络的特点有哪些？（　　）

A. 所串联的井巷越多，通风阻力越大

B. 若进风侧发生灾害将影响到回风侧

C. 各段巷道中的风量等于串联风路风量，总风量不能随意变更

D. 被串风路中空气的卫生条件差

84. 独立通风的优点有（　　）。

A. 风路短　　B. 阻力小　　C. 漏风少　　D. 经济合理

85. 粉尘监测应当符合下列哪些要求？（　　）

A. 总粉尘浓度，煤矿井下每月测定 2 次或者采用实时在线监测，地面及露天煤矿每月测定 1 次或者采用实时在线监测

B. 呼吸性粉尘浓度每月测定 1 次

C. 粉尘分散度每 3 个月监测 1 次

D. 粉尘中游离 SiO_2 含量，每 6 个月测定 1 次，在变更工作面时也应当测定 1 次

86. 风门按服务时间分为（　　）。

A. 永久风门　　B. 临时风门　　C. 普通风门　　D. 自动风门

87. 风门的构筑应符合下列哪些要求？（　　）

A. 每组风门不少于 2 道

B. 进、回风巷之间构筑风门时，要同时设置反向风门，其数量不得少于 2 道

C. 门垛墙要用不燃性材料建筑

D. 风门的开、关状态要在矿井通风安全监测系统中反映

88. 风桥按照其结构不同，可分为（　　）。

A. 交叉式风桥　　B. 绕道式风桥　　C. 混凝土风桥　　D. 铁筒风桥

89. 根据《安全生产法》的规定和要求，从业人员有义务（　　）。

A. 接受安全生产教育和培训

B. 掌握本职工作所需的安全生产知识

C. 提高安全生产技能

D. 增强事故预防和应急处理能力

90. 根据回风井服务范围不同，对角式通风可分为（　　）。

A. 两翼对角式　　B. 中央对角式　　C. 分区对角式　　D. 一翼对角式

91. 根据生产安全事故造成的人员伤亡或者直接经济损失，事故一般分为以下等级（　　）。

A. 特别重大事故　　B. 重大事故　　C. 较大事故　　D. 一般事故

92. 降低通风阻力的措施有（　　）。

A. 扩大巷道断面　　B. 减小阻力因数　　C. 开掘并联巷道　　D. 加长巷道长度

93. 井下各地点的实际需要风量，必须使该地点风流中的（　　）符合《煤矿安全规程》的有关规定。

A. 瓦斯、二氧化碳、氢气和其他有害气体浓度

B. 风速及温度

C. 每人供风量

D. 瓦斯抽放量

94. 井下机电设备硐室应设在进风流中，如果（　　）可采用扩散通风。

A. 无瓦斯涌出　　B. 硐室深度不超过 6 m

C. 入口宽度不小于 1.5 m　　D. 有瓦斯涌出

95. 井下设置测风站的要求有（　　）。

A. 测风站必须设在直线巷道内

B. 测风站长度不小于 4 m

C. 测风站前后 10 ~ 15 m 无拐弯，且断面没有变化

D. 测风站不得设在风流汇合处附近，站内不得有障碍物

96. 局部风量调节方法有（　　）。

A. 改变主要通风机工作特性　　B. 增阻法

C. 降阻法　　D. 增压法

97. 局部通风机通风方式包括（　　）。

A. 并列式　　B. 压入式　　C. 抽出式　　D. 混合式

98. 矿井反风方式有哪几种？（　　）

A. 全矿性反风　　B. 区域性反风　　C. 局部反风　　D. 工作面反风

99. 矿井反风设施应符合下列哪些要求？（　　）

A. 结构简单，坚固可靠

B. 所有操作开关应集中安设，动作灵活可靠，便于值班司机一个人独立操作

C. 从下达反风命令开始，在 10 min 内必须改变巷道中的风流方向

D. 主要通风机反风时的供风量不应小于正常风量的 40%

100. 属于矿井内爆炸性气体的有（　　）。

A. CH_4　　B. H_2　　C. CO_2　　D. H_2S

101. 矿井通风系统图必须标明（　　）。

A. 风流方向　　B. 风量

C. 机电设备的安装地点　　D. 通风设施的安装地点

102. 临时停工的掘进工作面，如果停风，应（　　）并向矿调度室报告。

A. 切断电源　　B. 设置栅栏　　C. 揭示警标　　D. 禁止人员进入

103. 煤矿安全生产管理，要坚持的“三并重”原则，“三并重”包括（　　）。

A. 生产　　B. 管理　　C. 装备　　D. 培训

104. 煤矿安全生产管理工作中，人们常说反“三违”。“三违”行为是指（　　）。

A. 违章指挥　　B. 违反道德　　C. 违章作业　　D. 违反劳动纪律

105. 煤矿安全生产中的“一通三防”是指（　　）。

A. 通风　　B. 防瓦斯　　C. 防尘　　D. 防自然发火

106. 煤矿重大安全生产隐患包括下列情形（　　）。

A. 1 个采煤工作面的瓦斯涌出量大于 5 m^3，或 1 个掘进工作面的瓦斯涌出量大于 3 m^3/min，用通风方法解决瓦斯问题不合理而未建立抽放瓦斯系统

B. 矿井绝对瓦斯涌出量大于或等于 40 m^3/min，而未建立抽放瓦斯系统

C. 未配备专职人员对矿井安全监控系统进行管理、使用和维护

D. 传感器设置数量不足、安设位置不当、调校不及时，瓦斯超限后不能断电并发出声光报警

107. 每个独立通风掘进工作面的需要风量，应按（　　）等分别计算和用风速进行验算，并取其最大值。

A. 瓦斯涌出量　　B. 炸药用量　　C. 作业人数　　D. 经验值

108. 生产经营单位的从业人员有权（　　）。

A. 了解其作业场所和工作岗位存在的危险因素、防范措施及事故应急措施

B. 对本单位的安全生产工作提出建议

C. 对本单位安全生产工作中存在的问题提出批评、检举、控告

D. 拒绝违章指挥和强令冒险作业

109. 生产经营单位的从业人员在作业过程中，应当（　　）。

A. 严格遵守本单位的安全生产规章制度

B. 严格遵守本单位的安全生产操作规程

C. 服从管理

D. 正确佩戴和使用劳动防护用品

110. 使用局部通风机通风的掘进工作面，因检修、停电等原因停风时，必须（　　）。

A. 停止工作

B. 撤出人员

C. 切断电源

D. 独头巷道口设置栅栏，并悬挂“禁止入内”警标

111. 事故调查处理中坚持的原则是（　　）。

A. 事故原因没有查清不放过　　B. 责任人员没有处理不放过

C. 有关人员没有受到教育不放过　　D. 整改措施没有落实不放过

112. 通风设施按其作用可分为（　　）的设施。

A. 隔断风流　　B. 引导风流　　C. 调节控制风量　　D. 产生风量

113. 下列属于有毒气体的是（　　）。

A. CO　　B. H_2S　　C. CH_4　　D. SO_2

114. 影响矿井气候条件的因素有（　　）。

A. 温度　　B. 压力　　C. 湿度　　D. 风速

E. 瓦斯浓度

115. 有下列（　　）情形之一，即属于“通风系统不完善、不可靠”。

A. 矿井总风量不足

B. 主井、回风井同时出煤

C. 没有备用主要通风机或者 2 台主要通风机能力不匹配

D. 违反规定串联通风

116.《煤矿安全规程》规定，采掘工作面及其他作业地点风流中、电动机或其开关安设地点附近 20m 以内风流中的瓦斯浓度达到 1.5% 时，必须（　　）。

A. 查明原因　　B. 切断电源　　C. 撤出人员　　D. 进行处理

E. 停止工作

117. 爆破作业必须执行（　　）爆破制度。

A. 一炮三检　　B. 一炮三泥

C. 敲帮问顶　　D. “人、牌、网”三警戒

E. 三人连锁

118. 采煤工作面容易发生局部冒顶的地点是（　　）。

A. 放顶线　　B. 煤壁线

C. 工作面上下出口　　D. 采煤工作面进风巷道内

119. 采煤工作面上隅角瓦斯可以采用的处理方法是（　　）。

A. 压风处理　　B. 充填处理　　C. 抽采处理　　D. 风障处理

E. 局部通风机处理

120. 采煤工作面瓦斯测定地点主要有（　　）。

A. 上隅角　　B. 煤壁

C. 切顶线　　D. 上下风巷机电设备

E. 采煤机附近

121. 测定矿井瓦斯的主要目的有（　　）。

A. 防止瓦斯积聚　　B. 防止瓦斯超限

C. 进行风量调节和分配　　D. 增强瓦斯意识

122. 常用便携式甲烷检测仪主要可以分为（　　）。

A. 光干涉式　　B. 热催化式
C. 热导式　　D. 半导体气敏元件式

123. 促成瓦斯爆炸的因素有（　　）。
A. 采掘速度影响　　B. 管理不善或某些人员失职
C. 引爆火源　　D. 瓦斯积聚

124. 光学瓦检仪平行平面镜的作用是（　　）。
A. 产生光反射　　B. 产生光折射　　C. 产生光干涉　　D. 产生光衍射

125. 光学瓦检仪是根据（　　）原理制成的甲烷浓度检测仪器。
A. 光干涉　　B. 光反射　　C. 光衍射　　D. 光折射

126. 光学瓦检仪中毛细管的主要作用是（　　）。
A. 散热
B. 防止含有瓦斯的气体进入空气室
C. 使瓦斯室和空气室保持相同的压力
D. 无任何作用

127. 检查掘进迎头瓦斯时，除检查瓦斯外还应重点检查（　　）。
A. 风筒至迎头的距离　　B. 瓦斯传感器完好状态
C. 迎头环境　　D. 迎头粉尘及喷雾安设
E. 顶板支护质量

128. 检查盲巷瓦斯和二氧化碳浓度时，还应重点对（　　）进行检查。
A. 氧气　　B. 抽采管路　　C. 温度　　D. 一氧化碳
E. 顶板状态

129. 检查瓦斯仪吸收管药品性能，主要检查内容有（　　）。
A. 检查装药品管子是否漏气　　B. 检查药品颗粒大小
C. 检查药品颜色　　D. 检查药品数量
E. 检查药品使用时间

130. 进入掘进迎头检查瓦斯时，还应注意检查（　　）。
A. 迎头顶板安全状况　　B. 风筒至迎头的距离
C. 迎头地质情况　　D. 风筒出口风量
E. 迎头氮气浓度

131. 进入盲巷或通风不良的地点检查瓦斯时，除检查有害气体外还应对（　　）进行检查。
A. 顶板支护情况　　B. 环境安全状况　　C. 氧含量　　D. 温度
E. 积水情况

132. 进入盲巷检查瓦斯前，应检查（　　）的完好性能。
A. 自救器　　B. 光学瓦斯仪
C. 一氧化碳便携仪　　D. 氧气便携仪

133. 井下（　　）地点都应安设专职瓦斯检查工进行检查。
A. 有突出危险的采掘工作面
B. 瓦斯涌出较大变化异常的采掘工作面

C. 瓦斯喷出区域

D. 低瓦斯区域采掘工作面

134. 矿井发生透水的预兆主要有（　　）。

A. 挂红　　B. 挂汗　　C. 顶板淋水加大　　D. 顶板掉碴

E. 水色发浑　　F. 顶板来压

135. 煤（岩）与瓦斯突出煤层（　　）应安设高低浓度甲烷传感器。

A. 采区回风巷　　B. 采区进风巷　　C. 总回风巷　　D. 采掘工作面

E. 矿井总进风大巷

136. 每次调整通风系统后，都应对受影响区域各个封闭墙内外的（　　）进行检查。

A. 瓦斯　　B. 一氧化碳　　C. 二氧化碳　　D. 温度

E. 氧气　　F. 氮气

137. 清洗瓦检仪的瓦斯室时，气球捏放次数为（　　）次。

A. 1～3　　B. 3～6

C. 5～10　　D. 特殊情况下捏放 10 次以上

138. 如果发现光学瓦检仪气路系统漏气应分别对光学瓦检仪的（　　）进行气密性检查，找出漏气地点。

A. 光路系统　　B. 外吸收管　　C. 连接胶管　　D. 电路系统

E. 吸气橡皮球　　F. 机身

139. 通风瓦斯日报必须送（　　）审阅。对于重大瓦斯问题应制定措施，进行处理。

A. 队长　　B. 调度所长　　C. 矿长　　D. 班长

E. 矿技术负责人

140. 突出煤层掘进迎头瓦斯突然增大，并出现突出预兆时，瓦斯检查员应（　　）。

A. 停止工作　　B. 继续维持正常生产

C. 撤出人员　　D. 汇报调度所

E. 只要瓦斯不超限可以不采取任何措施

141. 下面能引起局部瓦斯积聚的是（　　）。

A. 采掘工作面风量不足　　B. 巷道空间狭窄

C. 局部通风机停止运转　　D. 掘进速度缓慢

E. 风筒漏风严重

142. 因检修、停电或其他原因停止主要通风机运转时，必须制定（　　）。

A. 排放瓦斯措施　　B. 停风措施　　C. 防突措施　　D. 防水措施

143. 用瓦检仪测定瓦斯时，如果空气中含有一氧化碳、硫化氢等气体时，会使测量数据改变，应再增加一个辅助吸收管，管内装有（　　）和（　　）颗粒。

A. 40% 氧化铜和 60% 二氧化锰混合物　　B. 钠石灰

C. 硅胶　　D. 活性炭

144. 在进入盲巷进行瓦斯检查时，要配备“四参数”便携仪，其能检查气体的种类有（　　）。

A. 一氧化碳　　B. 二氧化碳　　C. 氧气　　D. 氢气

E. 甲烷

145. 属于光学瓦斯仪电路系统的组件有（　　）。

A. 微读数电门　　B. 光栅　　C. 目镜盖　　D. 光源盖

E. 光源电门

146. 属于光学瓦斯仪光路系统的组件有（　　）。

A. 气室　　B. 灯泡　　C. 聚光镜　　D. 折光棱镜

E. 外吸收管

147. 属于光学瓦斯仪气路系统的组件有（　　）。

A. 吸气管　　B. 外吸收管　　C. 气室　　D. 平行平面镜

E. 毛细管

148. 对岩粉棚的岩粉质量，在（　　）等几个方面有要求。

A. 可燃物的含有量　　B. 游离二氧化硅含量

C. 有害或有毒的混合物　　D. 岩粉粒度

E. 岩粉浓度

149. 防止煤尘沉积和飞扬的技术措施主要有（　　）、使用水泡泥、通风除尘等。

A. 防止摩擦火花　　B. 煤层注水　　C. 喷雾洒水　　D. 冲洗煤尘

E. 湿式打眼

150. 风速传感器应设置在巷道前后 10 m 内（　　）的地点。

A. 无分支风流　　B. 无拐弯　　C. 无障碍　　D. 断面无变化

E. 能准确计算测风断面

151. 高突矿井的（　　）掘进工作面必须在工作面、工作面回风流中设置甲烷传感器。

A. 煤巷　　B. 半煤岩巷

C. 有瓦斯涌出的岩巷　　D. 所有岩巷

152. 甲烷自动检测报警断电装置的设置地点有（　　）。

A. 采煤工作面　　B. 煤巷掘进工作面

C. 岩巷掘进工作面　　D. 半煤岩巷掘进工作面

153. 矿井瓦斯监测系统一般由（　　）等部分组成。

A. 光学瓦斯检测器　　B. 地面中心站

C. 井下工作站　　D. 信息传输系统

E. 监测传感器

154. 煤尘爆炸极限受（　　）等多个因素影响，其变化范围较大。

A. 煤种　　B. 采煤方式　　C. 机械设备　　D. 爆炸条件

E. 空气状态

155. 煤尘爆炸危险性与煤尘的（　　）有关。

A. 挥发分　　B. 灰分　　C. 煤种　　D. 含硫量

E. 孔隙率

156. 煤尘云的着火温度因其（　　）等因素的差异而不同。

A. 可燃挥发分含量　　B. 采煤方式

C. 粒度　　D. 机械设备

E. 浓度

157. 煤矿井下能隔绝煤尘爆炸的设施有（　　）。

A. 清扫落尘　　B. 撒布岩粉　　C. 设置水棚　　D. 煤层注水

158. 瓦斯抽放泵站的抽放泵吸入管路中应设置（　　）传感器。

A. 一氧化碳　　B. 流量　　C. 开关　　D. 温度

E. 压力

159. 瓦斯检查工发现采煤工作面瓦斯浓度为1.5%时，有权责令相应地点（　　）。

A. 继续作业　　B. 设置栅栏　　C. 停止工作　　D. 撤出所有人员

160. 瓦斯检查工负责对分工区域内（　　）等项目进行检查。

A. 通风　　B. 防尘　　C. 防火　　D. 防突

E. 设备运行状况

161. 一氧化碳传感器应设置在（　　）的位置。

A. 巷道上方　　B. 不影响行人和行车

C. 安装维护方便　　D. 风流稳定

E. 一氧化碳浓度高

162. 装备矿井安全监控系统的开采自燃煤层、易自燃煤层的矿井应设置（　　）。

A. 压力传感器　　B. 风速传感器

C. 一氧化碳传感器　　D. 温度传感器

163. 迎面法测得的风速值比真实风速值（　　）。

A. 大　　B. 小　　C. 大1.14倍　　D. 小1.14倍

164. 空气中某点的全压值等于（　　）之和。

A. 势压　　B. 静压　　C. 动压　　D. 位压

165. 判断突出现象的基本特征是（　　）。

A. 突出孔洞口小腔大

B. 突出的固体物具有被高压气体粉碎的特征

C. 突出时大量的瓦斯喷出，有瓦斯逆流现象

D. 突出的固体物具有气体搬运的特征

166. 隔爆棚按隔绝煤尘爆炸作用的保护范围，分为（　　）。

A. 矿井隔爆棚　　B. 主要隔爆棚　　C. 采区隔爆棚　　D. 辅助隔爆棚

167. 下列选项中哪些属于降尘措施（　　）。

A. 爆破喷雾　　B. 采煤机内外喷雾

C. 巷道净化水幕　　D. 支架喷雾

168. 煤矿安全监控系统中心必须实时监控（　　）。

A. 断电范围　　B. 设备的通、断电状态

C. 运行记录　　D. 瓦斯浓度变化

169. 井下分站应设置在（　　）。

A. 进风巷或硐室中，或吊挂在巷道中　　B. 便于人员观察、调试、检验的地方

C. 支护良好的地方　　D. 无滴水无杂物的地方

170. 对矿井通风系统的基本要求有（　　）。

A. 主要通风机有合理工况点　　B. 具有较高的防灾和抗灾能力
C. 通风费用低　　D. 通风系统简单，网络结构合理

171. 矿井总风量调节的方法有（　　）。
A. 改变主要通风机工作风阻　　B. 安设风桥
C. 调整主要通风机叶片安装角度　　D. 改变主要通风机转速

172. 煤矿防灭火工作必须坚持（　　）的原则。
A. 预防为主　　B. 早期预警　　C. 因地制宜　　D. 综合治理

173. 开采容易自燃和自燃煤层的矿井，必须开展自然发火监测工作，重点监测（　　）等危险区域。
A. 采空区　　B. 工作面回风隅角
C. 密闭区　　D. 巷道高冒区

174. 开采容易自燃和自燃煤层的矿井，必须建立自然发火监测系统，采用连续自动或者人工采样方式，监测甲烷、一氧化碳、二氧化碳、（　　）等气体成分变化，宜根据实际条件增加温度监测。
A. 氨气　　B. 氧气　　C. 乙烯　　D. 乙炔

175. 光学瓦斯检定器由（　　）组成。
A. 气路系统　　B. 辅助系统　　C. 电路系统　　D. 光路系统

176. 使用光学瓦斯检定器测量瓦斯浓度主要步骤有（　　）。
A. 读数　　B. 测定　　C. 调零　　D. 检查药品

177. 检查光学瓦斯检定器的电路时，如果发现无光可能是（　　）。
A. 灯泡损坏　　B. 开关接触不良　　C. 线路短开　　D. 电池无电

178. 热催化便携式瓦斯检定器是由（　　）组成。
A. 电源及传感器　　B. 放大电路　　C. 报警电路　　D. 显示电路

179. 热催化式便携式瓦斯检定器的日常维护内容（　　）。
A. 爱护仪器，经常保持仪器清洁
B. 及时进行校检，以保持其精度
C. 不使用时应该在通风干燥处保存
D. 若发现电池无电时应及时充电，以防损坏电池

180. 用抽气筒和一氧化碳检定管检定一氧化碳的步骤有（　　）。
A. 再测定点将活塞往复抽送气 2～3 次，使抽气唧筒内充满待测气体，将阀把扭至45°位置
B. 打开一氧化碳检定管的两端封口，把标有“0”刻度线的一端插入插口中，将阀把扭至 90°位置
C. 按检定管规定的送气时间将气样以均匀的速度送入检定管
D. 送气后由检定管内棕色环上端所指示的数字，直接读出检测管中一氧化碳的浓度

181. 光学瓦斯检定器水分吸管内装（　　），可吸取混合气体中的水分。
A. 氧化钙　　B. 硅胶　　C. 钠石灰

182. 瓦斯检查工测定瓦斯时读出的瓦斯浓度值为 0.54%、1.06%、0.69%、1.565%，其中较准确的数据是（　　）。

A. 0.54%　　B. 1.06%　　C. 0.69%　　D. 1.565%

183. 下列仪器需要定期校验的有（　　）。

A. 光学瓦斯检定器　　B. 甲烷传感器

C. 便携式瓦斯检定器　　D. 自救器

184. 造成光学瓦斯检定器吸气球漏气的原因有（　　）。

A. 吸气球进气胶管破损　　B. 进气和出气法门不气密

C. 进气和出气卡环松动

185. 光学瓦斯检定器气路不畅通的原因有（　　）。

A. 进、排气胶管堵塞　　B. 药物装填过紧

C. 毛细管不通

186. 造成光学瓦斯检定器干涉条纹宽度变化的原因有（　　）。

A. 平面镜安装角度误差　　B. 平面镜后倾角度偏大或偏小

C. 物镜位置不当

187. 装有主要通风机的出风口应安装防爆门，作用是当井下一旦发生（　　）时，爆炸冲击波将防爆门掀起，防止毁坏通风机。

A. 矿井涌水　　B. 漏气　　C. 瓦斯爆炸　　D. 煤尘爆炸

188. 影响煤（岩）层中瓦斯含量的主要因素有（　　）。

A. 煤层赋存条件　　B. 围岩性质　　C. 地质构造　　D. 水文地质条件

189. 突出煤层的掘进工作面在掘进上山时不应该采取（　　）等措施。

A. 松动爆破　　B. 深孔爆破　　C. 水力疏松　　D. 水力冲孔

190. 矿井外因火灾的引火热源有（　　）。

A. 存在明火　　B. 违章爆破　　C. 电火花　　D. 机械摩擦

191. 矿井内因火灾防治技术有（　　）等。

A. 合理的开拓开采及通风系统　　B. 防止漏风

C. 预防性灌浆　　D. 阻化剂防火

192. 下列属于通风降温的措施有（　　）。

A. 增加风量　　B. 改进采煤方法

C. 选择合理的矿井通风系统　　D. 改变采煤工作面的通风方式

193. 排放瓦斯过程中，必须采取的措施有（　　）。

A. 局部通风机不循环风

B. 切断回风系统内的电源

C. 撤出回风系统内的人员

D. 排出的瓦斯与全风压风流混合处的瓦斯和二氧化碳浓度不超过1.5%

194. 主要的反风方法有（　　）。

A. 设专用反风道反风

B. 轴流式风机反转反风

C. 利用备用风机的风道反风（无反风道反风）

D. 调整动叶安装角进行反风

195. 光干涉甲烷测定器检修完毕，应通过（　　）检查和试验全部合格以后，才能

使用。

A. 精度检查　　B. 气密试验　　C. 跌落试验　　D. 温度试验

196. 导致干涉条纹弯曲的主要原因有（　　）。

A. 光路不正　　B. 镜面有痕迹　　C. 平面镜装反　　D. 反射棱镜装反

197. 煤矿防灭火工作必须坚持（　　）的原则，制定井上、下防灭火措施。

A. 预防为主　　B. 早期预警　　C. 因地制宜　　D. 综合治理

198. 矿用无轨胶轮车必须配备足够数量的灭火器材，运输时应当遵循分类原则，（　　）物品不得混合运送。

A. 易燃　　B. 易爆　　C. 腐蚀性　　D. 铁器

199. 井下（　　）等主要硐室的支护和风门、风窗必须采用不燃性材料。

A. 机电设备硐室　　B. 检修硐室　　C. 材料库　　D. 采区变电所

200. 开采容易自燃和自燃煤层的矿井，必须开展自然发火监测工作，重点监测（　　）等危险区域。

A. 采空区　　B. 工作面回风隅角

C. 密闭区　　D. 巷道高冒区

三、判断题

1. 当安全监测监控系统主机或系统电缆发生故障时，系统必须保证甲烷断电仪和甲烷风电闭锁装置的全部功能。（　）

2. 目前国家不强制要求生产经营单位投保安全生产责任保险。（　）

3. 任何单位和个人不得扰乱煤矿矿区的生产秩序和工作秩序。（　）

4. 《煤矿安全规程》规定：进风井口以下的空气温度必须在 0 ℃以上。（　）

5. 爆破工、班长下井作业时，可以不携带便携式甲烷检测报警仪。（　）

6. 本班未进行生产的采掘工作面，瓦斯和二氧化碳应每班至少检查 1 次。（　）

7. 便携式光学甲烷检测仪附加的长管内装钠石灰的作用是用来吸收水蒸气。（　）

8. 便携式光学甲烷检测仪水分吸收管（短管）内装硅胶时呈现深蓝色颗粒，若失效后则变为粉红色。（　）

9. 便携式光学甲烷检测仪条纹不明显是因为灯泡调节不好，通过的光线少，这时可以通过放松压紧圈调整灯泡进行解决。（　）

10. 便携式光学甲烷检测仪只能对空气中的瓦斯进行检测。（　）

11. 标准规格安全标志标识为红色底版。（　）

12. 采空区瓦斯抽采时，发现有自然发火征兆，应高负压抽采。（　）

13. 采煤工作面采用串联通风时，必须在被串工作面的进风巷口 10 ~ 15 m 设置甲烷传感器。（　）

14. 采区变电所必须有独立的通风系统。（　）

15. 采区上下山属于开拓巷道。（　）

16. 抽采采空区瓦斯时，采取控制抽采负压措施的主要目的是防止采空区自然发火。（　）

17. 有突出煤层的采区必须设置采区避难所。（　）

18. 当巷道中出现异常气味，如煤油味、松香味和煤焦油味时，表明风流上方有煤炭自燃隐患。(　)

19. 发现防火墙内外气体成分、温度、压差有异常变化时，每天至少应检查一次。(　)

20. 刚发出的矿灯最低限度应能正常持续使用 11 h。(　)

21. 高瓦斯和煤与瓦斯突出矿井的掘进工作面，当巷道掘进长度大于 500 m 时，必须在巷道中部增设甲烷传感器。(　)

22. 根据电气设备的国家标准（GB 3836.1—2000），矿用防爆标志符号“i”为本质安全型设备。(　)

23. 光学瓦斯检定器的二氧化碳吸收管中钠石灰失效时其颜色会由粉红色变为蓝色。(　)

24. 火灾可依据物质燃烧特性分为 A、B、C、D、E 类。根据分类，地面木料场堆积的木料失火应属于 A 类火灾。(　)

25. 机电硐室空气温度的测定点，应选在硐室回风巷口的回风流中。(　)

26. 井口房和通风机房附近 15 m 内，不得有烟火或用火炉取暖。(　)

27. 井下工作人员必须熟悉灭火器材的使用方法，并熟悉本职工作区域内灭火器材的存放地点。(　)

28. 井下焊接作业地点的风流中，瓦斯浓度不得超过 0.8%。(　)

29. 井下机电硐室必须装设向外开的防火铁门。(　)

30. 井下检查独头巷道内的瓦斯情况时，若无瓦斯监控仪监测，必须由外向里逐步检查。(　)

31. 井下煤仓、地面选煤厂煤仓上方应设置甲烷传感器。(　)

32. 井下排放瓦斯结束后必须经过瓦斯检查人员检查证实后方可通知矿调度室和生产单位恢复工作。(　)

33. 井下使用的便携式光学甲烷检测仪，当使用测量瓦斯浓度范围在 0~10% 的仪器进行测量时，其测量精度为 0.1%。(　)

34. 井下使用的便携式光学甲烷检测仪，当使用测量瓦斯浓度范围在 0~100% 的仪器进行测量时，其测量精度为 0.1%。(　)

35. 井下使用的橡套电缆必须采用阻燃电缆。(　)

36. 井下永久防火墙（密闭）的厚度不小于 0.8 m。(　)

37. 作为一名煤矿职工，一定要按章作业，努力抵制“三违”，做到安全生产。(　)

38. 井下在有煤与瓦斯突出危险的工作面进行爆破作业，必须使用安全等级不低于三级的煤矿许用炸药。(　)

39. 掘进工作面空气温度的测定点，应设在工作面距迎头 5 m 处的风流中。(　)

40. 掘进机必须设置机载式甲烷断电仪或便携式甲烷检测报警仪。(　)

41. 开采容易自燃和自燃的煤层（薄煤层除外）时，采煤工作面必须采用后退式开采。(　)

42. 开采突出煤层时，工作面回风侧不应设置风窗。(　)

43. 开拓巷道是为准备采区而掘进，为整个采区服务的主要巷道。(　)

44. 矿山压力是指煤层上覆岩层在运动过程中，对支架、围岩所产生的作用力。(　)

45. 矿用防爆标志符号“d”为隔爆型设备。(　)

46. 联合灭火法是指以封闭火区为基础，再加上其他阻燃、阻爆、降温、均压灭火等措施的灭火方法。(　)

47. 煤层顶板可分为伪顶、直接顶和基本顶三种类型。在采煤过程中，基本顶是顶板控制的重要部位。(　)

48. 煤层和围岩的瓦斯含量越高，开采时矿井瓦斯涌出量越大，反之则小。(　)

49. 煤层中未采用砌碹或喷浆的主要进风大巷可以进行电焊、气焊等工作。(　)

50. 煤的自燃倾向性是煤自燃的固有特性，是煤炭自燃的内在因素，属于煤的自然属性。(　)

51. 煤与瓦斯突出工作面爆破后，进入工作面检查时间距爆破后不得小于 30 min。(　)

52. 煤与瓦斯突出工作面的煤巷采用远距离爆破时，爆破地点距工作面不得小于 150 m。(　)

53. 灭火器应每年至少进行一次维护，每季度检查验收一次。(　)

54. 排放瓦斯结束后应立即恢复供电。(　)

55. 排放瓦斯结束后应先稳定 30 min，观察瓦斯浓度有无变化，若瓦斯浓度无变化，方可指定专人恢复设备供电。(　)

56. 清洗光学瓦斯检定器的气室，使用新鲜空气进行清洗。在井下一般是将仪器拿到新鲜风流中，捏吸气球 1 ~ 2 次。(　)

57. 热催化（热效）式瓦斯监测报警仪不适宜在含有 H_2S 的环境及瓦斯浓度超过仪器允许值的场所中使用。(　)

58. 任何人检查瓦斯时，都不得进入瓦斯及二氧化碳超过 3% 的区域，以及其他有害气体浓度超过《煤矿安全规程》规定的区域。(　)

59. 使用氮气灭火，其主要作用是使空气中的氧浓度迅速下降，同时能使爆炸性气体更快速地在更短时间内达到失爆界限。(　)

60. 突出煤层的掘进工作面，在掘进距离超过 300 m 的巷道内必须设置工作面避难所。(　)

61. 突出煤层中的突出危险区应该采用放顶煤采煤法回采。(　)

62. 巷道风流中瓦斯浓度的检查是在距巷道顶板或顶梁 200 ~ 300 mm 的风流中采取气样进行检查的，连续检查 3 次，取平均值。(　)

63. 巷道贯通调整风流期间，回风系统必须停电，停止一切与贯通无关的工作。(　)

64. 严禁在 1 个采煤工作面使用 2 台发爆器同时进行爆破。(　)

65. 严禁在井下存放变压器油。(　)

66. 岩巷掘进到煤线或遇地质构造带时，必须有专职瓦斯检查工经常检查瓦斯，发现瓦斯大量增加或有异状时必须停止掘进，撤出人员，进行处理。(　)

67. 一般来说，煤的吸附特性越强，瓦斯含量越高。(　)

68. 一路风筒的直径要一致，如果直径不一致，要有过渡节。(　)

69. 一氧化碳中毒后最显著的特征是中毒者黏膜和皮肤呈樱桃红色。(　)

70. 用风障法处理采煤工作面上隅角瓦斯积聚时，风障的长度应比工作面控顶距大 2～3 m，宽度至少比工作面采高大 0.5 m。( )

71. 用水灭火时，不能用水扑灭带电的电气设备火灾及油料火灾。( )

72. 用水灭火时，水射流应该从火源中心开始逐渐向边缘推进。( )

73. 油料火灾不宜用砂子灭火。( )

74. 在采用经验定度法检查便携式光学甲烷检测仪的精度时，将第 1 条黑线中心的分度板零位对准，若看到第 5 条彩线与 7% 不对应，则说明仪器精度不合格。( )

75. 在产品本体上不能加施安全标志标识的，其安全标志标识必须加施在产品最小包装上。( )

76. 在对电动机及其控制开关所在位置进行瓦斯检查时，只需对其所在位置的进风流中的瓦斯浓度进行检查。( )

77. 在井下进行焊接作业时，焊接作业地点至少应备有 1 个灭火器。( )

78. 在井下没有瓦斯时可以裸露爆破。( )

79. 在使用干粉灭火器进行灭火时，在距火焰 2 m 的地方，右手用力压下压把，左手拿着喷管左右摆动，使喷射的干粉覆盖整个燃烧区。( )

80. 正向装药是指起爆药卷位于外端，靠近炮眼口，雷管底部朝向眼底的装药方法。( )

81. “安全为了生产，生产必须安全”，与“安全第一”的精神是一致的。( )

82. 安设局部通风机的巷道中的风量，必须大于局部通风机吸风量的 1.34 倍。( )

83. 备用工作面风量最少不得低于采煤工作面实际需要风量的 50% 。( )

84. 背斜构造的轴部和穹隆构造的顶部往往瓦斯含量很高。( )

85. 并联网路的总风压等于任一分支的风压，总风量等于并联分支风量之和。( )

86. 采掘工作面、机电硐室的空气温度分别不得超过 26 ℃、30 ℃。( )

87. 采掘工作面的进风流中，氧气浓度不低于 20% ，二氧化碳浓度不超过 1.0% 。( )

88. 采掘工作面的空气温度超过 30 ℃、机电设备硐室的空气温度超过 34 ℃时，必须停止作业。( )

89. 采掘工作面进风巷道内的空气成分比例与进风井口地表大气成分比例相同。( )

90. 采掘工作面和机电硐室空气温度的测定测点，不得靠近人体、发热或制冷设备，至少距离 0.5 m 以上。( )

91. 采掘工作面和机电硐室空气温度的测定时间，一般应在上午 8 点至下午 4 点进行。( )

92. 采区进、回风巷必须贯穿整个采区，严禁一段为进风巷、一段为回风巷。( )

93. 采区开采结束后 60 天内，必须在所有与已采区相连通的巷道中设置防火墙，全部封闭采区。( )

94. 测定巷道风流中二氧化碳浓度时，应连续测定 3 次，取其平均值。( )

95. 长壁式采煤工作面空气温度的测点，应选择在工作面空间中央距回风巷 15 m 处的风流中。( )

96. 抽出式通风的矿井，负压越高，瓦斯涌出量越小。( )

97. 处理巷道积存瓦斯时，应加大风量以利于尽快将积存的瓦斯排除。( )

98.《安全生产法》立法最根本的目的就是为了保护劳动者在生产过程中的生命安全与健康。(　)

99. 从与生产无关的通路中漏失的风流叫作矿井漏风。(　)

100. 氮气无毒，不能助燃，空气中氮气含量过高时，会使人缺氧窒息。(　)

101. 调节风门的作用是限制通过巷道的风量。(　)

102. 安全生产责任制是一项最基本的安全生产制度，是其他各项安全规章制度得以切实实施的基本保证。(　)

103. 从业人员在安全生产工作中有权拒绝违章指挥和强令冒险作业。(　)

104. 反风时，当风流方向改变后，主要通风机的供给风量不应小于正常供风风量的20%。(　)

105. 防爆门是指装有通风机的井筒为防止瓦斯爆炸时毁坏通风机的安全设施。(　)

106. 风量调节可分为局部风量调节和全矿井风量调节。(　)

107. 风流在井巷中流动时所消耗的能量称为矿井通风阻力。(　)

108. 风门过墙洞、链板机洞必须安设逆流装置。链板机洞逆流装置必须用木螺钉钉牢固，严禁用其他材料固定。(　)

109. 风门两侧的风压差越大，需要开启的力越大。(　)

110. 风桥按其结构不同，可分为绕道式风桥、混凝土风桥和铁筒风桥三种。(　)

111. 风桥的漏风率应不大于10%。(　)

112. 风桥是将两股平面交叉的新、污风流隔成立体交叉的一种通风设施，污风从桥下通过，新风从桥上通过。(　)

113. 风障是能隔断风流，调节通风系统的一种通风设施。(　)

114. 封闭墙前所有的管路必须延伸至栅栏外口，同时在观察孔上要安装“U”水柱计，以便观察封闭墙内外的压力变化情况。(　)

115. 改变全矿井通风系统时，必须编制通风设计及安全措施，由区队技术负责人审批。(　)

116. 各采掘工作面物料，不得卸放在压风自救系统下面，运送物料时不得损坏压风自救系统。(　)

117. 从业人员在作业过程中，必须按照安全生产规章制度和劳动防护用品使用规则，正确佩戴和使用劳动防护用品。(　)

118. 对接触职业病危害的劳动者，煤矿应当按规定组织上岗前、在岗期间和离岗时的职业健康检查，并将检查结果书面告知劳动者。(　)

119. 根据用途不同，井下风门可分为普通风门、自动风门和反向风门。(　)

120. 工作面“U”形通风是煤矿常用的通风方式之一。(　)

121. 工作面临时停工，风机可以暂时停止运转，待开工后再开启风机。(　)

122. 对未进行离岗前职业健康检查的劳动者，煤矿不得解除或者终止与其订立的劳动合同。(　)

123. 机械通风矿井不存在自然风压。(　)

124. 在瓦斯积聚区测量瓦斯浓度时，用瓦斯检定器取样后，应就地马上读出瓦斯浓度大小。(　)

125. 间距小于 20 m 的两条平行巷道，其中一条巷道内进行爆破各作业时，该巷道内的工作人员必须撤到安全地点；另一条巷道内的工作人员可照常工作。(　)

126. 光学瓦斯检定器是根据光干涉原理制成的。(　)

127. 国家对煤矿企业实行安全生产许可制度。煤矿企业未取得安全生产许可证的，不得从事生产活动。(　)

128. 井下爆破作业必须执行“一炮三检制”。(　)

129. 井下爆炸材料库必须有独立的通风系统，回风风流必须直接引入矿井的总回风巷或主要回风巷中。(　)

130. 井下充电室必须有独立的通风系统，回风风流应引入回风巷。(　)

131. 井下掘进巷道不得采用扩散通风。(　)

132. 国家对严重危及生产安全的工艺、设备实行淘汰制度。(　)

133. 局部风量调节可分为增加风阻调节法、降低风阻调节法和增加风压调节法。(　)

134. 局部通风机采用压入式通风时为负压通风。(　)

135. 局部通风机机壳变形面积最大处不得超过 200 cm^2。(　)

136. 掘进工作面出现停风时，只要瓦斯不超限，无风区内的人员可不撤至新鲜风流中。(　)

137. 掘进工作面空气温度的测定点，应选择在工作面距迎头 2 m 处的回风流中。(　)

138. 掘进巷道必须采用全风压通风或局部通风机通风。(　)

139. 抗静电的风筒是完全满足安全要求的风筒。(　)

140. 空气湿度是指单位体积或单位重量空气中所含水蒸气的数量。(　)

141. 矿井必须建立测风制度，每 7 天进行 1 次全面测风。(　)

142. 矿井反风能够防止灾害扩大，所以，矿井要经常进行反风操作。(　)

143. 矿井反风是矿井发生灾变事故时，控制事故范围，防止事故范围扩大的有效措施。(　)

144. 矿井每年安排采掘作业计划时必须核定矿井生产和通风能力，必须按实际供风量核定矿井产量，严禁超通风能力生产。(　)

145. 矿井使用的通风检测仪表有温度计、湿度计、风表（风速计）、气压计、瓦斯检测仪、一氧化碳检测仪、氧气检测仪等。(　)

146. 矿井通风的主要任务之一是把有毒有害气体和矿尘稀释到安全浓度以下，并排出矿井之外。(　)

147. 矿井通风系统发生较大改变、更换主要通风机时，都应进行 1 次反风演习。(　)

148. 矿井总回风和采区回风系统的风门要装有闭锁装置，风门不能同时打开。(　)

149. 坚持“管理、装备、培训”三并重是我国煤矿安全生产的基本原则。(　)

150. 建设项目职业病防护设施应与主体工程同时设计、同时施工、同时投入生产和使用。(　)

151. 矿山企业安全工作人员必须具备必要的安全专业知识和矿山安全工作经

验。( )

152. 矿山职工有享受劳动保护的权利，没有享受工伤社会保险的权利。( )

153. 煤矿不得因从业人员在紧急情况下停止作业或者采取紧急撤离措施而降低其工资、福利等待遇或者解除与其订立的劳动合同。( )

154. 煤矿对作业场所和工作岗位存在的危险因素、防范措施以及事故应急措施实施保密制度。( )

155. 煤矿工人不仅有安全生产监督权、不安全状况停止作业权、接受安全教育培训权，而且还享有安全生产知情权。( )

156. 煤矿主要负责人是瓦斯治理的第一责任人。( )

157. 煤矿总工程师对瓦斯治理负技术责任，负责组织制定治理瓦斯方案和安全技术措施，负责资金的安排使用。( )

158. 密闭按照结构及服务年限不同，可分为临时密闭和永久密闭。( )

159. 其他情况相同的条件下，巷道断面大，通风阻力大。( )

160. 煤矿没有领导带班下井的，煤矿从业人员有权拒绝下井作业。( )

161. 全风压通风地点出现瓦斯超限需要排放瓦斯，由通风区编制措施，并组织排放。( )

162. 深度不超 6 m、入口宽度不小于 1.5 m、无瓦斯涌出的硐室，可采用扩散通风。( )

163. 煤矿企业有权拒绝任何人违章指挥，有权制止任何人违章作业。( )

164. 煤矿是落实领导带班下井制度的责任主体，每班必须有矿领导带班下井，并与工人同时下井、同时升井。( )

165. 生产经营单位必须为从业人员提供符合国家标准或者行业标准的劳动防护用品。( )

166. 生产经营单位不得以货币或者其他物品替代应当按规定配备的劳动防护用品。( )

167. 生产经营单位不得以任何形式与从业人员订立协议，免除或者减轻其对从业人员因生产安全事故伤亡依法应承担的责任。( )

168. 瓦斯爆炸浓度的上、下界限与爆炸环境因素无关。( )

169. 瓦斯检查工负责对分工区域内通风、防尘、防火、防突等项目进行检查，是瓦斯检查工的权力。( )

170. 瓦斯涌出分为普通涌出和特殊涌出。( )

171. 压风自救系统内严禁存水，影响系统的正常使用。( )

172. 严禁使用 1 台局部通风机同时向两个作业的掘进工作面供风。( )

173. 严禁使用 3 台以上（含 3 台）局部通风机同时向一个掘进工作面供风。( )

174. 生产经营单位新上岗的从业人员，岗前安全培训时间不得少于 24 学时。( )

175. 因检修、停电或其他原因停止主要通风机运转时，必须制定停风措施。( )

176. 永久密闭墙的服务年限一般在 2 年以上。( )

177. 永久密闭墙周边要掏槽，见实帮、实底后与煤岩接实，并接有不少于 0.1 m 的裙边。( )

178. 永久性挡风墙必须用不燃性材料构筑。(　)

179. 生产经营单位应当督促、教育从业人员正确佩戴和使用劳动防护用品。(　)

180. 在安排矿井生产工作时，要坚持“以风定产”的原则。(　)

181. 在生产过程中，煤矿井下作业场所空气中二氧化碳的来源主要有煤岩层涌出、煤自燃、爆破、人员呼吸。(　)

182. 在停风时间较长或瓦斯涌出量较大的盲巷检测瓦斯或其他有害气体的浓度时，除检查瓦斯浓度外，还必须检测氧气和其他有害气体的浓度。(　)

183. 在停风时间较长或瓦斯涌出量较大的盲巷检测瓦斯或其他有害气体的浓度时，最少应有两人一起检查，两人一前一后，边检查边前进。(　)

184. 在巷道贯通前，停止掘进的工作面，每班的瓦斯检查次数可酌情减少。(　)

185. 在巷道内测定二氧化碳浓度时，如果测定地点风速较慢，应将检测仪器的进气管口置于巷道断面的中心位置。(　)

186. 栅栏或密闭应设在离巷道口小于 5 m 的支护完好的地方。(　)

187. 生产经营单位应当建立健全从业人员安全生产教育和培训档案。(　)

188. 生产经营单位应当进行安全培训的从业人员包括主要负责人、安全生产管理人员、特种作业人员和其他从业人员。(　)

189. 轴流式通风机可采取反转反风。(　)

190. 专职看管局部通风机的工种人员，必须坚守岗位，不得离开局部通风机 2 m 以外。(　)

191. 自然风压的变化规律是夏季大，冬季小。(　)

192. 自然风压主要特点是大小、方向都不稳定，受气候变化影响大。(　)

193. 生产劳动防护用品的企业生产的特种劳动防护用品，必须取得特种劳动防护用品安全标志。(　)

194. 特种作业操作证有效期为 3 年，在全省范围内有效。(　)

195. 特种作业人员必须经专门的安全技术培训并考核合格，取得“中华人民共和国特种作业操作证”后，方可上岗作业。(　)

196. 特种作业人员在劳动合同期满后变动工作单位的，原工作单位不得以任何理由扣押其特种作业操作证。(　)

197. “一炮三检”是指，装药前、爆破前和爆破后必须检查瓦斯。(　)

198. 《煤矿安全规程》规定，巷道贯通，瓦斯浓度超限时，必须先停止在掘进工作面的工作，然后处理瓦斯。(　)

199. 把巷道布置在岩性较好、地压较低的区域内可有效预防冒顶。(　)

200. 爆破地点附近 20 m 内风流中瓦斯浓度达到 1.5% 时，严禁爆破。(　)

201. 便携式甲烷检测仪电量不足时，可以继续使用进行瓦斯测量。(　)

202. 便携式甲烷检测仪最大的优点是实现瓦斯连续检测。(　)

203. 采掘工作面出现突出预兆，但只要瓦斯不超限，在日常浓度范围，可以继续投入生产。(　)

204. 采掘工作面二氧化碳检查次数应每班检查 2 次。(　)

205. 采掘工作面风量不足，但只要瓦斯符合规定可以装药爆破。(　)

206. 采掘工作面及其他地点风流中瓦斯浓度达到 0.8% 时，必须停止用电钻打眼。( )

207. 采煤工作面采高小于 1.0 m 时，其风流范围是距离工作面顶板、底板各 100 mm，煤壁 200 mm，和以采空区切顶线为界的采煤工作面空间内的风流。( )

208. 采煤工作面采用下行通风，机电设备布置在回风巷时，回风流瓦斯浓度不超过 1.5% 。( )

209. 采煤工作面产量越高绝对瓦斯涌出量越大。( )

210. 采煤工作面风量突然增加，可造成瓦斯涌出量增加。( )

211. 采煤工作面风流范围，应不包括其回风上隅角。( )

212. 采煤工作面风流瓦斯浓度的测定，应在工作面链板机道中央选择一点进行测定即可。( )

213. 采煤工作面回风上隅角，由于处在风流拐弯处，因此不容易发生瓦斯积聚。( )

214. 采煤工作面进风流瓦斯浓度测定，应在采煤工作面进风巷距离工作面煤壁线 3 ~ 5 m 处进行测定。( )

215. 采煤工作面容易发生局部冒顶的地点大多是在有地质构造变化的区域。( )

216. 采区总回风的瓦斯浓度测定，应在采区回风巷风流混合稳定的巷道内进行。( )

217. 测定采煤工作面上隅角瓦斯时，应站在支护通风良好的地点由外向内逐步测定。( )

218. 测定采煤工作面时，应重点测定回风上隅角处的瓦斯浓度。( )

219. 测定掘进工作面风流中的瓦斯时，只对工作面风流上部瓦斯检查即可。( )

220. 测定巷道风流的二氧化碳浓度时，应在巷道风流的下部进行。( )

221. 测量采区总回风或矿井总回风瓦斯浓度的方法，应采用巷道风流瓦斯的测定方法。( )

222. 测量环境中的 CO 浓度较高，会使瓦检仪的测量数值偏高。( )

223. 除救护队员外，井下任何人都不得进入瓦斯或二氧化碳浓度超过 3% 的区域。( )

224. 大气压力对瓦检仪的测量数值没有影响。( )

225. 当测量的气样中只含有二氧化碳气体时，可以拔去瓦检仪的二氧化碳吸收管直接测出二氧化碳，不需要对瓦斯进行检测。( )

226. 当风流中的瓦斯及二氧化碳浓度值不稳定时，在测量二氧化碳时，应先将测点气样采集到气样袋内然后再对其进行测定。( )

227. 当空气中的湿度过大时，为了确保测量数据准确应增加一个辅助水分吸收管。( )

228. 当盲巷内瓦斯达到 3.0% 时，应停止检查立即返回。( )

229. 当瓦检仪分划板不清晰时，应首先调整目镜筒。( )

230. 低瓦斯矿井采掘工作面瓦斯及二氧化碳每班应至少检查 3 次。( )

231. 对零地点与待测地点温度及压力相差过大会造成瓦斯仪的零点漂移。( )

232. 对盲巷瓦斯进行检查时，应站在支护良好的地点。(　)

233. 对于本班没有进行工作的采掘工作面，应每班检查一次瓦斯与二氧化碳。(　)

234. 对于冒顶后遇险人员应及时发出呼救信号。(　)

235. 二氧化碳吸收管的作用是吸收气样中的二氧化碳气体。(　)

236. 二氧化碳吸收管中的药品失效后对测量数据无影响。(　)

237. 发生冒顶事故被堵的遇险人员为保存体力最好是静卧休息，而不是配合营救。(　)

238. 凡井下有瓦斯涌出的地点都应进行瓦斯检查。(　)

239. 爆破地点出现瓦斯涌出异常征兆时，应严禁装药。(　)

240. 爆破前对爆破地点的棚子进行加固可有效预防冒顶。(　)

241. 高瓦斯矿井采掘工作面瓦斯及二氧化碳每班应至少检查3次。(　)

242. 更换瓦斯仪药品后，吸收管两端密封盖未拧紧会造成气路系统漏气。(　)

243. 光学甲烷检测仪只能用来检查瓦斯和二氧化碳，不能用来测量其他气体。(　)

244. 光学瓦检仪的水分吸收管中的硅胶颗粒失效后，检测数据会随着空气湿度的增大而逐渐偏小。(　)

245. 光学瓦检仪对零时，应在与待测地点温度及压力相近的新鲜风流中进行对零。(　)

246. 光学瓦检仪光谱不清晰时，应立即打开瓦斯调整光学系统。(　)

247. 光学瓦检仪气路系统不畅通，能造成检测数据偏小。(　)

248. 光学瓦检仪气路系统漏气时，只会造成测量数据偏小。(　)

249. 光学瓦检仪水分吸收管内应装有促进水分吸收的隔片。(　)

250. 光学瓦检仪瓦斯室与空气室相互串气，不会造成零点漂移现象。(　)

251. 光学瓦检仪的特点是携带方便，操作简单，安全可靠，且有足够的精度。(　)

252. 光学瓦检仪气路系统由水分吸收管和二氧化碳吸收管组成。(　)

253. 火区内的瓦斯及二氧化碳浓度，只能取样地面化验获取准确浓度值。(　)

254. 检查盲巷瓦斯时需两人同时进行，且前后保持2～5 m间距，后者主要负责对前者的人身安全进行监护。(　)

255. 检查停风区域瓦斯时，停风区的一氧化碳检查不能遗漏。(　)

256. 将光学瓦检仪用胶管连接到抽采管路后，就可以直接对瓦斯进行测定。(　)

257. 进入盲巷检查瓦斯时，佩戴好自救器后可一人独自进入检查。(　)

258. 进入盲巷下山检测瓦斯时，应重点检查巷道上部瓦斯浓度。(　)

259. 进入停风区检查瓦斯时，只要检查瓦斯与二氧化碳，没有必要对氧气进行检查。(　)

260. 局部冒顶绝大部分发生在邻近断层、褶曲轴部等地质构造部位。(　)

261. 局部冒顶事故发生的主要原因是支护强度不够。(　)

262. 局部通风机安设位置不正确，可以造成局部通风机循环风。(　)

263. 局部通风机因故停止运转，在恢复通风前，必须首先检查瓦斯。(　)

264. 掘进工作面恢复通风之前，应检查局部通风机及其开关附近10 m以内风流中的瓦斯，瓦斯浓度不超过0.75%时，方可人工开启局部通风机。(　)

265. 矿井除瓦斯检查员外，其他人员入井时可以不携带便携式甲烷检测仪。(　)

266. 矿井转入新水平生产或改变一翼通风系统后，如果已有通风阻力资料，就不必重新进行矿井通风阻力测定。(　)

267. 矿井总回风瓦斯浓度的测定，应在其矿井总回风的测风站内进行。(　)

268. 排放瓦斯后，必须对恢复通风的巷道顶板瓦斯仔细排查瓦斯积聚情况。(　)

269. 排放瓦斯时，如果局部通风机发生循环风高浓度瓦斯就会被吸入局部通风机，极易发生瓦斯爆炸事故。(　)

270. 排放瓦斯时只要排放瓦斯地点撤人即可，其采区回风巷可以不设警戒。(　)

271. 排放瓦斯之前必须计算排放瓦斯量，预计排放所需时间。(　)

272. 炮眼内出现喷孔现象时，除喷孔的炮眼外，可在其他未喷孔的炮眼内装药起爆。(　)

273. 清洗光学瓦斯仪瓦斯室时，必须要在新鲜风流中。(　)

274. 热导式便携甲烷检测仪，能测量的最高瓦斯浓度为100%。(　)

275. 使用光学瓦检仪时必须轻拿轻放，避免和其他硬物撞击。(　)

276. 使用光学瓦斯检测仪也可以测量氢气浓度，氢气浓度为：光谱位移的刻度乘0.986的校正系数。(　)

277. 使用矿井瓦斯检查仪器，为保证使用安全，在使用过程中绝对不准随意打开仪器。(　)

278. 使用瓦斯检测仪，高浓度点到低浓度点测定时，往往由于吸气量不足而造成测量数据偏大。(　)

279. 使用瓦检仪检查完瓦斯后，应将瓦检仪留在井下交接班，可连班使用。(　)

280. 停风时间较短，停风区域内瓦斯浓度不超过1.0%时，可以启动局部通风机直接排放瓦斯。(　)

281. 瓦斯爆炸时所产生的冲击波是造成巷道垮塌的主要原因。(　)

282. 瓦检仪对零时，应首先将光谱对准零刻度，然后再使微读数指针回零。(　)

283. 瓦斯检查工班中检查数据只要向矿有关部门汇报即可，没有必要告知现场工作人员。(　)

284. 瓦斯检查工除交接班时间外，一律不得空岗。(　)

285. 瓦斯检查工交接班，必须交清分工区域内的通风、瓦斯、煤尘及生产情况。(　)

286. 瓦斯检查工交接班地点，除重点头面以外，其他头面可以不进行交接班。(　)

287. 瓦斯检查工只要具备一定的生产经验，不需要进行专门培训就可上岗。(　)

288. 瓦斯浓度超过规定时，瓦斯检查工有权停止作业，但没有权利撤人。(　)

289. 瓦斯突然增大不是顶板冒落的预兆之一。(　)

290. 瓦斯涌出较大和风速较低的煤巷巷道顶板附近，容易积聚瓦斯。(　)

291. 吸气橡皮球捏不到位，可造成光学瓦检仪测量数据偏小。(　)

292. 一氧化碳是一种无色、无味、无毒的气体，相对密度为0.97。(　)

293. 应定期对便携式瓦检仪进行调校和维修。(　)

294. 应经常用新鲜空气清洗瓦检仪的空气室，是防止零点漂移的方法之一。(　)

295. 用光学瓦检仪测量瓦斯时，容易受到环境空气成分的影响。(　)

296. 有煤（岩）与瓦斯（二氧化碳）突出危险的采掘工作面，每班应检查 3 次二氧化碳。(　)

297. 有自然发火危险的矿井，采取安全措施后可以不检查一氧化碳浓度、气体温度等防火参数。(　)

298. 在测定完采煤工作面瓦斯后，将测量数据填写在测定地点的牌板上，不需要告知现场工作人员。(　)

299. 在测量矿井一氧化碳气体时，如果发现一氧化碳浓度超过规定，应立即撤到安全区域。(　)

300. 在进入上山钻场进行瓦斯检查时，除检查瓦斯外还应重点对钻场内的通风质量进行检查。(　)

301. 在进行矿井瓦斯检查时，只需对瓦斯进行检查，其他安全隐患和灾害预兆可以不管不问。(　)

302. 在排放瓦斯过程中，为节约时间可采用放风的方法加快瓦斯排放速度。(　)

303. 主调螺旋固定螺丝松动，可以造成光学瓦斯仪的“零点”漂移。(　)

304. 专用排瓦斯巷必须贯穿整个工作面推进长度且不得留有盲巷。(　)

305. 专用排瓦斯巷内必须用不燃性材料支护。(　)

306. 自然通风、不合理的扩散通风以及采掘工作面风量不足，有可能造成瓦斯积聚。(　)

307. “三人连锁爆破”制是指爆破工、安监员、瓦斯检查员三人必须同时自始至终参加爆破作业工作的全过程，并执行换牌制度。(　)

308. 处理拒爆、残爆时，必须在班组长的直接指导下进行，并应在当班处理完毕。(　)

309. 一个矿井中只要有一个煤（岩）层发现瓦斯，该矿井即为瓦斯矿井。(　)

310. 按照突出现象的力学特征，煤与瓦斯突出分为突出、压出和倾出。(　)

311. 搬运伤员时要轻抬轻放、缓慢行走，并注意伤情变化。(　)

312. 采掘工作面应力集中区域，容易发生突出。(　)

313. 采空区实施抽采前应加固密闭墙，保证严密不漏风。(　)

314. 采空区瓦斯抽采方式分为钻孔抽采法和巷道抽采法。(　)

315. 采煤工作面防突措施孔实施结束并经 1 h 的排放，才能进行防突措施的效果检验。(　)

316. 采用干式抽采瓦斯泵时，其吸气侧管路系统中必须装设有防回火、防回气和防爆炸作用的安全装置。(　)

317. 常用的人工呼吸方法有口对口人工呼吸法、仰卧压胸法和俯卧压背法。(　)

318. 抽采容易自燃和自燃煤层的采空区瓦斯时，必须经常检查一氧化碳浓度和气体温度参数的变化，发现有自然发火征兆时，应予上报，不必急于处理。(　)

319. 抽放泵输入管路中必须设置甲烷传感器。(　)

320. 处理采煤工作面冒顶时，首先应采取措施恢复生产，然后再抢救遇险人员。(　)

321. 从岩体或煤体裂隙和孔洞中释放出瓦斯的现象称为瓦斯喷出。( )

322. 大多数突出发生在爆破和风镐落煤过程中。( )

323. 当发现突出预兆时，瓦斯检查工应立即通知现场停止作业，并协助班组长立即组织职工迅速戴好自救器，按避灾路线撤出并报告调度室。( )

324. 当掘进工作面瓦斯超限时，监控值班人员应立即通过遥控切断该地点局部通风机电源。( )

325. 当矿井空气含有瓦斯与二氧化碳浓度过高时，都会使人缺氧窒息。( )

326. 当煤吸附瓦斯的能力相同时，煤层瓦斯压力越高，煤中所含的瓦斯量也就越大。( )

327. 地应力、高压瓦斯是完成突出过程的主要因素，是抛出煤体并进一步破碎煤体的主要动力。( )

328. 对石门和其他揭煤工作面进行防突措施效果检验时，检验孔数不得少于 5 个，分别位于工作面的上部、中部、下部和两侧。( )

329. 对事故中被埋压的人员，挖出后应首先清理呼吸道。( )

330. 二氧化碳是比空气密度高的气体，常积存于巷道的底板、下山等低矮的地方。( )

331. 发生煤与瓦斯突出的主要因素是地应力和瓦斯压力的联合作用，通常以瓦斯压力为主，地应力为辅。( )

332. 发生煤与瓦斯突出事故后，不应随意停风和反风，以防止风流紊乱，扩大灾情。( )

333. 发生煤与瓦斯突出事故时，所有灾区人员要以最快速度佩戴隔离式自救器，然后沿避灾路线撤退。( )

334. 发生瓦斯爆炸时，上风侧的遇险人员应顺风撤退。( )

335. 发生瓦斯或二氧化碳突出事故时，应及时佩戴过滤式自救器。( )

336. 高瓦斯和煤与瓦斯突出矿井，掘进工作面长度大于 1000 m 时，必须在掘进巷道中部增设甲烷传感器。( )

337. 工作面瓦斯涌出量的变化与采煤工艺无关。( )

338. 过滤式自救器适用于氧浓度不低于 12%，CO 浓度不高于 1.5% 的环境。( )

339. 加强井下摩擦火花及静电的管理和控制是防止引燃瓦斯的措施之一。( )

340. 建设项目的安全设施必须与主体工程同时设计、同时施工、同时投入生产和使用。( )

341. 井上下敷设的瓦斯管路，不得与带电物体接触并应当有防止砸坏管路的措施。( )

342. 井下发生火灾时，灭火人员一般在回风流侧进行灭火。( )

343. 井下发生险情，避险人员进入避难硐室前，应在外面留有矿灯、衣服、工具等明显标志。( )

344. 井下防爆型的通信、信号和控制等装置，应优先采用本质安全型。( )

345. 井下急救互救中必须遵循“先复苏、后搬运，先止血、后搬运，先固定、后搬运”的原则。( )

346. 井下巷道敷设抽采管路在铺设时必须吊挂平直，管道离地高度不小于 300 mm。( )

347. 井巷交叉点，必须设置路标，标明所在地点，指明通往安全出口的方向。井下作业人员必须熟悉通往安全出口的路线。( )

348. 局部瓦斯积聚是指体积大于 0.5 m^3 的空间中瓦斯浓度达到 1.5% 。( )

349. 据统计，现场创伤急救搞得好，可减少 20% 伤员的死亡。( )

350. 掘进工作面使用 2 台局部通风机供风的，2 台局部通风机都必须同时实现风电闭锁。( )

351. 开采保护层时，应同时抽采被保护层瓦斯。( )

352. 开采有煤与瓦斯突出危险煤层的矿井必须建立地面永久瓦斯抽采系统或井下临时瓦斯抽采系统。( )

353. 含有瓦斯的混合气体中瓦斯浓度为 9.5% 时，化学反应最完全，瓦斯爆炸威力最强。( )

354. 矿井安全监控系统应具备甲烷浓度超限声光报警和甲烷断电仪功能，可以不具备甲烷风电闭锁功能。( )

355. 矿井瓦斯等级是矿井瓦斯涌出量大小的基本标志。( )

356. 临时抽采瓦斯泵站应安设在抽采瓦斯地点附近的回风流中。( )

357. 煤层的厚度大、倾角大或厚度、倾角及煤层走向急剧变化的区域，突出的可能性就大。( )

358. 煤层顶板暴露的面积越大，煤层顶板压力越小。( )

359. 煤层埋藏深度越深，保存瓦斯的条件就越好，煤层吸附瓦斯的能力就越大，瓦斯扩散就越困难。( )

360. 煤层瓦斯含量的大小取决于成煤和变质过程中瓦斯生成量的多少和瓦斯能被保存下来的条件。( )

361. 煤层瓦斯含量高、瓦斯压力大，突出危险性就大。( )

362. 煤层瓦斯含量是矿井瓦斯涌出量大小的主要因素。( )

363. 煤层围岩致密，厚度大，透气性差，有利于煤层瓦斯储存，其突出危险性大。( )

364. 煤层注水可以增大煤与瓦斯突出的危险性。( )

365. 煤矿安全监控设备之间必须使用专用阻燃电缆或光缆连接，必要时也可以与调度电话电缆或动力电缆等共用。( )

366. 煤矿井下发生水灾时，被堵在巷道的人员应妥善选择避灾地点静卧，等待救援。( )

367. 煤矿井下发生重伤事故时，在场人员应立即将伤员送到地面。( )

368. 煤矿井下防突的目的是有效预防突出事故发生、保障煤矿职工生命安全和防止国家财产损失，实现安全生产。( )

369. 煤矿井下永久性避难硐室是供职工在劳动时临时休息的设施。( )

370. 煤矿特种作业人员具有丰富的现场工作经验，就可以不参加培训。( )

371. 煤体破坏程度越严重，煤的强度越小，煤层透气性越差，越有利于突出的发

生。( )

372. 煤与瓦斯突出矿井应设置井下紧急避险设施，其他矿井可以不设置紧急避险设施。( )

373. 煤与瓦斯突出预兆中，支架发出声响、煤壁片帮、煤层外鼓脱落、钻孔变形、打钻时出现顶钻及卡钻等现场时，属于地压显现方面的预兆。( )

374. 煤与瓦斯突出之前，大都出现明显的突出预兆。( )

375. 炮采工作面设置的甲烷传感器，爆破前应移动到安全位置，爆破后应及时恢复设置到正确位置。( )

376. 佩戴化学氧自救器时，戴好自救器后，首先要在原地呼吸几次，使呼出的CO_2和水汽与生氧剂反应生成氧。( )

377. 区域防突工作应当做到多措并举、可保必保、应抽尽抽、效果达标。( )

378. 热导式瓦斯测定器是用电测方法测定瓦斯浓度的便携式仪器。( )

379. 人的不安全行为和物的不安全状态是造成事故发生的直接原因。( )

380. 若盲巷是无瓦斯涌出的岩巷，不封闭也不会导致事故。( )

381. 若突出煤层煤巷掘进工作面前方遇到落差超过煤层厚度的断层，应按石门揭煤的措施执行。( )

382. 设置井下临时抽采瓦斯泵站时，抽出的瓦斯可引排到地面、总回风巷、一翼回风巷或分区回风巷，但必须保证稀释后风流中的瓦斯浓度不超限。( )

383. 石门揭穿煤层是突出矿井最危险的工序，发生突出的概率多、强度大、危险性高。( )

384. 突出的煤层一般都发生在厚度较大的主采煤层。突出的气体主要是瓦斯，个别矿井突出的气体是二氧化碳。( )

385. 突出矿井的井下工作人员必须接受防治突出知识培训，熟悉突出的预兆和防治突出的基本知识，经考试合格后，方准上岗。( )

386. 突出矿井入井人员必须携带隔离式自救器。( )

387. 突出煤层经区域预测可划分为突出危险区、无突出危险区两种。( )

388. 突出煤层危险区的采掘工作面严禁使用风镐作业。( )

389. 突出危险煤层抽采瓦斯的目的之一就是降低煤层瓦斯压力，防止煤与瓦斯突出。( )

390. 瓦斯爆炸浓度的上、下限与混合气体的初始压力无关。( )

391. 瓦斯爆炸时产生的冲击有正向（直接）冲击和反向冲击。( )

392. 瓦斯比空气轻，在风速低的情况下会积聚在巷道顶部、冒落空洞和上山迎头等处。( )

393. 瓦斯抽采排放钻孔直径大，钻孔暴露煤的面积亦大，则抽出瓦斯量减小。( )

394. 瓦斯抽采是解决目前我国煤矿瓦斯事故的根本措施。( )

395. 瓦斯从岩体或煤体裂隙和孔洞中，长时间缓慢涌出的现象，称为瓦斯普通涌出。( )

396. 瓦斯防治必须坚持“以风定产、监测监控、先抽后采”的方针。( )

397. 瓦斯检查工所在的分工区域一旦发生灾害事故，应负责组织遇险人员自救、互

救、安全脱离险区。( )

398. 瓦斯检查工要保证自己不“三违”，发现别人有“三违”现象可以不管。( )

399. 瓦斯浓度越高，瓦斯爆炸威力就越大。( )

400. 为增加爆破效果，一个炮眼内可以装两个起爆药卷。( )

401. 未按要求采取区域防突措施的，可以进行少量的采掘活动。( )

402. 现场创伤急救的目的在于尽可能地减轻伤员的痛苦，防止病情恶化，防止和减少并发症的发生，并可挽救伤员的生命。( )

403. 心搏呼吸停止后的症状有：瞳孔固定散大，心音消失，脉搏消失，脸色发暗，神志丧失。( )

404. 心脏复苏操作主要有心前区叩击术和胸外心脏按压术两种方法。( )

405. 严禁采用局部通风机或风机群作为主要通风机使用。( )

406. 一般来说，地下水活跃的矿区，煤层瓦斯含量较小。( )

407. 引燃瓦斯爆炸的温度是固定不变的。( )

408. 有突出危险的煤巷掘进工作面应优先选用超前钻孔（包括超前预抽瓦斯钻孔、超前排放钻孔）防突措施。( )

409. 远距离爆破或震动爆破工作面，必须具有独立、可靠、畅通的通风系统。( )

410. 在处理拒爆完毕之前，严禁在该地点进行与拒爆无关的工作。( )

411. 在井下瓦斯检查员检测结果与甲烷传感器发生误差时，应以瓦斯检查员检测结果为准。( )

412. 在救援中，对怀疑有胸、腰、椎部骨折的伤员搬运时，可以采用一人抬头，一人抬腿的方法。( )

413. 在救援中，对四肢骨折的伤员固定时，一定要将指（趾）末端露出。( )

414. 在抢救事故过程中，严禁冒险蛮干，并注意灾区条件变化，特别是气体和顶板情况。( )

415. 在抢险救援中，为争取抢救时间，对获救的遇险人员，要迅速搬运，快速进行。( )

416. 在突出煤层的采掘工作面附近的进风巷中，必须设置有供给压缩空气的避难硐室或急救袋。( )

417. 在突出煤层中，未进行区域预测的区域视为突出危险区。( )

418. 在有突出危险的煤层中进行采掘作业时，可以两个工作面同时相向掘进。( )

419. 炸药爆炸产生的火焰持续的时间只要在瓦斯感应期以内，就不会引起瓦斯爆炸。( )

420. 震动爆破的作用是人为地诱导突出，使突出发生在采取了预防措施的情况下。( )

421. 做口对口人工呼吸前，应将伤员放在空气流通的地方，解松伤员的衣扣、裤带、裸露前胸，将伤员的头侧过，清除伤员呼吸道内的异物。( )

422. 爆破过程中的瓦斯检查只需瓦斯检查工进行。( )

423. 必须及时清除巷道中的浮煤，清扫或冲洗沉积煤尘，定时撒布岩粉。( )

424. 必须设专职人员负责便携式甲烷检测报警仪的充电、收发及维护。( )

425. 采掘工作面爆破时采用水炮泥，既可以起到降尘、降温的作用，还能净化空气、减少炮烟。(　)

426. 采掘工作面回风应安设粉尘浓度传感器进行粉尘浓度连续监测。(　)

427. 尘肺病的发生与工人接触矿尘时间的长短没有关系。(　)

428. 冲洗煤尘方法适应性强、操作简单，可广泛应用于各类煤矿。(　)

429. 单一的煤尘爆炸事故，是指在没有瓦斯参与的情况下，由于煤尘浓度处于爆炸极限浓度区间内，在外界火源激发的情况下，发生的爆炸事故。(　)

430. 对于产尘量较大的掘进工作面，可以结合长抽短压或长压短抽的通风方式，使用捕尘器来净化流出工作面的风流，对采掘工作面防尘非常有效。(　)

431. 防尘用水系统中，必须安装水质过滤装置，保证水的清洁。(　)

432. 爆破工不在时，井下爆破工作可以由瓦斯检查工担任。(　)

433. 隔爆水棚应设置在巷道的直线段内，水袋吊挂平直，水量充足。(　)

434. 供水管路必须保证接口严密不漏水，以滴水不成线为准。(　)

435. 含有瓦斯的混合气体中混入煤尘，会使瓦斯爆炸浓度的下限升高。(　)

436. 甲烷传感器、便携式甲烷检测报警仪等采用载体催化元件的甲烷检测设备，每7天必须对甲烷超限断电功能进行测试。(　)

437. 井下防爆电器在入井前须由专门的防爆设备检查员进行安全检查，合格后方可入井。(　)

438. 井下供电应做到无“鸡爪子”“羊尾巴”和明接头，有过电流和漏电保护，有接地装置。(　)

439. 井下临时瓦斯抽采系统中需设甲烷传感器的地点有泵站内、抽采泵输入管路、管路出口下风侧栅栏处。(　)

440. 井下能引起煤尘云产生爆炸的高温热源很多，如爆破作业时产生的炸药火焰、电气设备产生的电火花等。(　)

441. 具有爆炸危险性的煤尘，不论呈悬浮状态还是呈沉积状态，都能直接发生爆炸。(　)

442. 矿灯发放前应保证完好，在井下使用时严禁敲打、撞击，发生故障应就地拆开维修。(　)

443. 连续爆炸是煤尘爆炸的特征，与有无积尘没有关系。(　)

444. 煤层注水就是利用钻孔将压力水注入即将回采的煤层中，增加煤体内部的水分，减少开采时产生的浮尘。(　)

445. 煤层注水时，封孔深度应保证注水过程中煤壁及钻孔不渗水、漏水或跑水。(　)

446. 煤层注水时，水分增加量越大，减尘效果越好。(　)

447. 煤层注水遇地质条件变化较大、煤层渗透性较差的情况时，可采用短孔注水，钻孔垂直于采煤工作面。(　)

448. 煤尘的爆炸性由国家授权单位进行鉴定，鉴定结果必须报煤矿安全监察机构备案。(　)

449. 煤矿企业必须按国家规定对粉尘分散度进行监测，每年测定1次。(　)

450. 煤矿企业必须加强职业危害的防治与管理，做好作业场所的职业卫生和劳动保护工作。(　)

451. 煤矿生产不安全因素和事故隐患多，稍有疏忽或违章，就可能导致事故的发生，轻者影响生产，重则造成矿毁人亡。(　)

452. 煤矿瓦斯事故不仅数量多，而且危害大，容易造成群死群伤。(　)

453. 煤矿中的煤尘一般为硅尘，岩尘一般多为非硅尘。(　)

454. 每个采区至少配备一名经培训合格的测尘人员。(　)

455. 企业职工由于不服管理违反规章制度，或者强令工人违章冒险作业，因而发生重大伤亡事故，造成严重后果的行为是渎职罪。(　)

456. 全尘和呼吸性粉尘的数量比例是随机的，没有规律可循。(　)

457. 生产矿井每延深一个新水平，应进行1次煤尘爆炸性试验工作。(　)

458. 随着井下机械化程度的日益提高，机械摩擦、冲击引燃瓦斯的危险性也相应增加。(　)

459. 瓦斯、煤尘爆炸事故的遇难者绝大多数是因CO中毒而死亡的。(　)

460. 瓦斯和煤尘同时存在时，瓦斯浓度和煤尘爆炸界限并没有直接联系。(　)

461. 瓦斯检查工对工作沿线的通防设施及有关工作中的安全隐患，没有任何责任。(　)

462. 瓦斯检查工对上级单位或领导忽视职工安全健康的错误决定及行为，有权提出批评和控告。(　)

463. 瓦斯检查工发现煤与瓦斯突出预兆时，有权责令相应地点停止工作和撤出所有人员。(　)

464. 瓦斯检查工应按矿井瓦斯巡回检查路线进行各地点的瓦斯、温度检查，严禁空班漏检，严禁弄虚作假。(　)

465. 瓦斯检查工应牢固树立“安全第一”的意识，保证安全生产条件，并在确保工程质量的前提下，尽量为煤矿企业节约资金。(　)

466. 瓦斯检查工应做到持证上岗，严防违章违纪现象。(　)

467. 瓦斯煤尘爆炸事故一旦发生，如果矿井未设立阻爆隔爆系统或系统不完善，则可能会导致矿毁人亡的灾难性后果发生。(　)

468. 为及时监测采煤工作面的瓦斯变化情况，采煤工作面甲烷传感器应尽量靠近工作面设置。(　)

469. 未经安全生产教育和培训合格的从业人员，经矿长批准可以上岗作业。(　)

470. 我国煤矿用人过多，整体文化水平低，缺乏自我保护意识和能力，违章作业现象严重。(　)

471. 我国煤矿主要采取以风、水为主的综合防尘措施。(　)

472. 巷道内设置了隔爆棚，巷道的所有表面，包括顶、帮、底以及背板后暴露处不用再撒布岩粉。(　)

473. 新工人入井前，必须进行防火防爆的安全教育，提高他们的安全意识。(　)

474. 新矿井的地质精查报告中，必须有所有煤层的煤尘爆炸性鉴定资料。(　)

475. 严禁携带烟草、点火物品和穿化纤衣服入井。(　)

476. 用于监测有煤与瓦斯突出矿井的采煤工作面的进风巷甲烷传感器，其断电浓度为：$T \geqslant 0.5\% \ CH_4$。(　)

477. 预防煤尘爆炸必须防止点燃火源的出现，严禁一切非生产火源，严格管理和限制生产中可能出现的火源、热源。(　)

478. 在导致事故发生的各种因素中，物的因素占主要地位。(　)

479. 在煤及半煤岩掘进巷道中，可采用自动隔爆装置，根据选用的自动隔爆装置性能进行布置与安装。(　)

480. 在摩擦发热的装置上安设过热保护装置和温度检测报警断电装置，目的是为了防止静电火源。(　)

481. 井下巷道中检查二氧化碳浓度时，应在靠近巷道底板 300 mm 处检查。(　)

482. 在有瓦斯、煤尘爆炸危险的煤层中，采掘工作面爆破都必须使用取得产品许可证的雷管和炸药。(　)

483. 在有瓦斯、煤尘爆炸危险的煤层中，采掘工作面禁止使用闸刀开关等明电爆破。(　)

484. 只有呈悬浮状态的煤尘才有可能发生爆炸，因此沉积状态的煤尘没有危害。(　)

485. 作为一名合格的煤矿职工，应该遵守煤矿的各项规章制度，遵守煤矿劳动纪律。(　)

486. 检查高冒地点的瓦斯时要用木棍将胶管送到检查地点，自下向上检查，检查人员的头部切忌超越检查的高度。(　)

487. 在煤层赋存的瓦斯量中，通常吸附瓦斯量占 10% ~20% 。(　)

488. 灭火时，如果瓦斯达到 2% 并且仍继续增加，救护队指挥员必须立即将人员撤到安全地点。(　)

489. 煤矿井下隔爆水棚距巷道轨道的距离不应小于 1. 8 m。(　)

490. 煤矿井下集中式主要隔爆水棚的棚区长度不得小于 30 m。(　)

491. 煤矿井下主要隔爆棚的水量不得小于 400 L/m^2。(　)

492. 煤矿井下辅助隔爆棚的水量不得小于 300 L/m^2。(　)

493. 集中式隔爆棚组的用水量按巷道通过风量来计算。(　)

494. 对钻场及支管等处的排渣器每周至少清理一次，对主干管路每半年至少进行一次除渣工作。(　)

495. 个体防护是一项主动的防护措施。(　)

496. 抽采瓦斯备用泵能力不得小于运行泵平均抽采能力。(　)

497. 甲烷是一种有毒、无色的气体。(　)

498. 井下主要连接巷道中设置的岩粉棚，水幕等设施是防尘设施。(　)

499. 井巷断面积越大，摩擦阻力越小。(　)

500. 井下总回风巷的瓦斯浓度必须小于 1% 。(　)

501. 当发生危及职工生命安全的重大隐患和严重问题时，带班人员必须立即组织采取停产、撤人、排除隐患等紧急处置措施。并及时向矿调度室和矿长、区（队）长报告。(　)

502. 工作面压风自救系统的总阀门及每组自救袋的总阀门在灾害时迅速打开，平时要关闭严实，防止漏气。(　)

503. 矿井每2年应进行1次反风演习。(　)

504. 矿井发生水灾后，首先应抢救溺水人员。(　)

505. 光学瓦斯检定器发生“零点漂移”不会对测量结果带来大的影响。(　)

506. 瓦斯检查工在进入工作点前，必须有和测量现场温度、压力相接近的新鲜空气中按瓦斯检仪吸气球5～10次，清洗气室。(　)

507. 测量一氧化碳浓度时，要避开爆破时间，以防止炮烟中的一氧化碳的干扰。(　)

508. 用光学瓦斯检定器只能测定瓦斯浓度，不能测量其他气体。(　)

509. 在使用光学瓦斯检定器下井检查瓦斯之前，应在井下进行仪器调零。(　)

510. 光学瓦斯检定仪携带方便，但操作烦琐，且测定结果不准确。(　)

511. 在巷道底部测定混合气体浓度时，应拔掉硅胶管。(　)

512. 当光学瓦斯检定器出现故障时，瓦斯检查工可修理后继续使用。(　)

513. 光学瓦斯检定器只能检查浓度为0～10%的瓦斯。(　)

514. 光学瓦斯检定器分划板刻度模糊不清，其主要原因是放大镜焦距不准。(　)

515. 光学瓦斯检定器零点漂移的处理方法有：在测定地点附近或近地点重新换气对零或采用调整补偿法。(　)

516. 光学瓦斯检定器在井下出现故障时，可就地请人检修。(　)

517. 光学瓦斯检定器只有在故障时才进行检查、维修，其他时间不需要。(　)

518. 瓦斯检查工应对光学瓦斯检定器进行日常维护保养，出现故障时必须由专职人员修理。(　)

519. 由于光对瓦斯、二氧化碳、空气的折射率不同，所以测出的二氧化碳浓度应乘以一个修正系数后，才是二氧化碳的真实浓度。(　)

520. 光学瓦斯检定器的干涉条纹宽度变窄，会使测定读数比实际要小。(　)

521. 一氧化碳浓度的测定，应使用一氧化碳专用测定仪器进行测定。(　)

522. 某矿采煤工作面矮小，瓦斯检查工携带的光学瓦斯检定器外胶管不一定非要达到1.5 m。(　)

523. 光学瓦斯检定器目镜盖丢失，不会影响正常使用。(　)

524. 光学瓦斯检定器的微读数盘上最小刻度值为0.02%。(　)

525. 某瓦斯检查工测定瓦斯浓度时，从光学瓦斯检定器的分划板上估读的瓦斯浓度为0.48%。(　)

526. 如果检查光路时，发现无光，则一定是灯泡坏了。(　)

527. 光学瓦斯检定器操作对零的顺序是：先调主调螺旋，再调微调螺旋。(　)

528. 便携式瓦斯检定器能精确地测定不同地点的瓦斯浓度。(　)

529. 瓦斯检查工在井下换气对零后，在工作面进行测定时误动了主螺旋手轮，此次测定数据仍有效。(　)

530. 一氧化碳检定管分比长式和比色式四种，现场多用比长式。(　)

531. 便携式瓦斯检定器具有检测和声、光报警功能。(　)

532. 用比长式检知管测定矿井空气中氧、一氧化碳或硫化氢时，采用的送气量，送气时间均相同。（ ）

533. 水分吸收管内装有钠石灰用于吸收混合气体中的水分，使之不进入瓦斯室。（ ）

534. 使用光学瓦斯检定器之前，只要认真检查药品性能即可，不需检查其他部件。（ ）

535. 热催化便携式瓦斯检定器在使用中，如果环境中的瓦斯和硫化氢含量超过规定值后，仪器应停止使用，以免损坏元件。（ ）

536. 光学瓦斯检定器使用前的药品检查主要是避免药品失效，造成所测瓦斯浓度不精确。（ ）

537. 用光学甲烷检测定瓦斯时，发生零点漂移（跑正或跑负）会使检测结果不准确。（ ）

538. 光学瓦检仪在井下严重缺氧地点测量瓦斯浓度时，氧气浓度每降低 1%，测得的瓦斯浓度比实际浓度大 0.2%。（ ）

539. 水分吸收管内所装的硅胶，如果硅胶光滑，深蓝色颗粒，颗粒大小为 2～5 mm 则为严重失效。（ ）

540. 二氧化碳吸收管内所装的钠石灰，如果钠石灰为粉红色颗粒，颗粒大小为粉状则为正常完好状态。（ ）

541. 光学瓦斯检定器主要由气路系统和光路系统组成。（ ）

542. 瓦斯检查工的检查仪器坏了，应立即出井更换仪器，更换后下井照常工作。（ ）

543. 使用光学瓦检仪与甲烷传感器进行对照时，当两者读数误差大于允许误差时，先以读数较大者为依据。（ ）

544. 当瓦斯和空气的混合气体中混入其他可燃气体时，瓦斯爆炸下限降低。（ ）

545. 井下温度每升高 1 ℃，吸附瓦斯的能力约降低 8%。（ ）

546. 在相向综掘的巷道贯通前，当两个工作面相距 50 m 时，必须停止其中一个掘进头。（ ）

547. 瓦斯涌出不均衡系数是最大绝对瓦斯涌出量与相对瓦斯涌出量的比值。（ ）

548. 通风系统中主要通风机出口侧和进口的总风压差叫全风压。（ ）

549. 低瓦斯矿井是指矿井相对瓦斯涌出量 ≤10 m^3/t 或矿井绝对瓦斯涌出量 ≤ 40 m^3/min。（ ）

550. 用光学瓦斯检定器测定二氧化碳浓度时，应首先测出瓦斯浓度，然后取下二氧化碳吸收管，再测出瓦斯和二氧化碳混合气体浓度，前者减去后者，再乘以 0.955 的校正系数，即为所要测定的二氧化碳浓度。（ ）

551. 突出煤层的石门揭煤、煤巷和半煤岩巷掘进工作面进风侧必须设置至少 2 道反向风门。（ ）

552. 设有梯子间的井筒或者修理中的井筒，风速不得超过 6 m/s。（ ）

553. 发生低浓度瓦斯爆炸后，应尽快恢复灾区通风。（ ）

554. 采煤工作面的温度不得超过 28 ℃。（ ）

555. 采煤工作面的风速最低不得小于 4 m/s。(　)

556. 在有瓦斯、煤尘爆炸危险的井下场所，电气短路不会引起瓦斯、煤尘爆炸。(　)

557. 井下停风地点栅栏外风流中的甲烷浓度每班至少检查 1 次。(　)

558. 用光学瓦斯检定器测定 CH_4 时，如空气中含有 CO，将会使测定结果偏低。(　)

559. 光干涉甲烷测定器对零时，可先进行微读数盘的零位调整，也可先进行主分划板的零位调整。(　)

560. 光干涉甲烷测定器转动主调螺旋时，干涉条纹的移动量与微读数盘的移动量一致。(　)

561. 光干涉甲烷测定器光干涉条纹不清晰是因为盘形管堵塞。(　)

562. 对光干涉甲烷测定器进行气密测验时，5 min 内压力降不得超过 20 Pa。(　)

563. 光学瓦斯检定器除用来测定瓦斯浓度外，还可以测定一氧化碳浓度。(　)

564. 利用光学瓦斯检定器测定瓦斯时，对零地点与测定地点测度和气压差特别大时会造成零点漂移。(　)

565. 光学瓦斯检定器中的钠石灰失效或颗粒过大测定瓦斯时会造成测定结果偏低。(　)

566. 转动主调螺旋时，干涉条纹的移动量与微读数盘的移动量一致。(　)

567. 干涉条纹不清晰，往往是由于空气湿度过大造成的。(　)

568. 在主要进风巷动火作业时，必须撤出矿井井下所有作业人员。(　)

569. 井下使用柴油机车，如确需在井下贮存柴油的，必须设有独立通风的专用贮存硐室，并制定安全措施。(　)

570. 对于采用卸载滚筒作驱动滚筒的带式输送机，烟雾传感器应当安装在滚筒上方。(　)

571. 开采容易自燃和自燃煤层的矿井，必须建立注浆系统或者注惰性气体防火系统，并建立煤矿自然发火监测系统。(　)

572. 煤矿年度灾害预防和处理计划中的火灾防治内容必须根据具体情况及时修改。(　)

573. 矿用电缆、风筒、采用非金属聚合物制造的输送带、托辊和滚筒包胶材料等，其性能必须满足阻燃、抗静电的要求。(　)

574. 井下清洗风动工具时，必须在专用硐室内进行，并使用不燃性和无毒性洗涤剂。(　)

575. 井下使用的润滑油、棉纱、布头和纸等，必须存放在盖严的铁桶内。(　)

576. 浅埋深煤层回采后与地面有漏风时，应当优化通风系统，降低矿井通风阻力，充填封堵与采空区相连通的地面裂隙，尽量减少地面裂隙漏风。(　)

577. 采用全部充填采煤法时，严禁采用可燃物作充填材料。(　)

578. 爆炸物品库出口两侧的巷道，必须采用砌碹或者用不燃性材料支护，支护长度不得小于 5 m。(　)

579. 严禁在采掘工作面进行电焊、气割等动火作业。(　)

580. 井口和井下电气设备必须装设防雷击和防短路的保护装置。(　)

581. 井下使用的汽油、柴油、煤油必须装入盖严的铁桶内，由专人押运送至使用地点，剩余的汽油、煤油定期运回地面。(　)

582. 开采容易自燃和自燃煤层的矿井，应当设置一氧化碳传感器和温度传感器。(　)

583. 机电设备硐室应当设置温度传感器，硐室内必须设置足够数量的扑灭电气火灾的灭火器材。(　)

584. 惰性气体防火系统可分为地面固定式和井下移动式。(　)

585. 采用惰性气体防火时，必须对工作面回风隅角氧气浓度进行监测。(　)

586. 开采地表严重漏风的煤层时，应当先堵漏，再采用调压措施均压。(　)

587. 有相互影响的多煤层同时开采时，应当一并采取相应的均压措施。(　)

588. 在煤层冒顶处的下方和破碎带内，不得设置调压设施。(　)

589. 调压风机必须安装同等能力的备用局部通风机，均采用“三专”供电，实现人工切换。(　)

590. 必须加强对封闭区的管理，定期检查其邻近区域生产活动对密闭的采动影响，及时对密闭进行维修，保证封闭区良好的密闭状态。(　)

参 考 答 案

一、单选题

1. C	2. C	3. B	4. A	5. A	6. C	7. D	8. B	9. A	10. A
11. B	12. B	13. B	14. B	15. B	16. B	17. B	18. C	19. A	20. A
21. B	22. A	23. D	24. B	25. C	26. B	27. B	28. B	29. B	30. A
31. A	32. B	33. B	34. B	35. A	36. B	37. B	38. A	39. A	40. C
41. B	42. B	43. A	44. C	45. C	46. C	47. A	48. C	49. B	50. B
51. A	52. A	53. C	54. B	55. B	56. A	57. C	58. C	59. A	60. A
61. B	62. A	63. B	64. C	65. C	66. B	67. D	68. D	69. B	70. B
71. C	72. D	73. B	74. A	75. D	76. C	77. C	78. D	79. B	80. D
81. A	82. B	83. A	84. B	85. D	86. C	87. C	88. B	89. A	90. A
91. D	92. C	93. D	94. C	95. D	96. A	97. C	98. D	99. C	100. D
101. D	102. C	103. B	104. A	105. D	106. A	107. B	108. B	109. A	110. D
111. C	112. A	113. C	114. B	115. D	116. A	117. B	118. C	119. D	120. A
121. B	122. B	123. C	124. B	125. A	126. A	127. B	128. B	129. D	130. D
131. B	132. D	133. A	134. A	135. D	136. B	137. C	138. C	139. B	140. D
141. D	142. B	143. B	144. A	145. D	146. B	147. D	148. D	149. D	150. B
151. B	152. B	153. C	154. A	155. D	156. B	157. A	158. D	159. D	160. C
161. B	162. D	163. A	164. A	165. A	166. B	167. C	168. A	169. D	170. C
171. B	172. D	173. C	174. A	175. C	176. A	177. B	178. C	179. A	180. A
181. B	182. B	183. C	184. D	185. A	186. D	187. A	188. C	189. B	190. A
191. A	192. C	193. C	194. B	195. C	196. B	197. B	198. B	199. A	200. B
201. C	202. A	203. B	204. B	205. B	206. A	207. A	208. B	209. B	210. B
211. C	212. A	213. C	214. D	215. C	216. A	217. D	218. B	219. B	220. A
221. A	222. B	223. B	224. A	225. A	226. B	227. B	228. A	229. A	230. B
231. B	232. A	233. B	234. A	235. B	236. C	237. A	238. C	239. C	240. D
241. C	242. D	243. B	244. C	245. D	246. C	247. C	248. D	249. B	250. B
251. B	252. B	253. D	254. A	255. C	256. C	257. D	258. D	259. B	260. D
261. C	262. A	263. A	264. B	265. C	266. A	267. A	268. C	269. C	270. D
271. D	272. B	273. C	274. A	275. D	276. B	277. C	278. A	279. C	280. A
281. D	282. C	283. B	284. C	285. A	286. C	287. A	288. C	289. B	290. C
291. B	292. A	293. B	294. A	295. A	296. C	297. D	298. B	299. D	300. D
301. A	302. B	303. A	304. A	305. A	306. A	307. A	308. C	309. B	310. A

311. B 312. D 313. A 314. A 315. B 316. A 317. D 318. C 319. A 320. A
321. D 322. B 323. B 324. C 325. C 326. C 327. C 328. A 329. B 330. B
331. B 332. B 333. B 334. B 335. A 336. C 337. B 338. D 339. C 340. C
341. A 342. A 343. A 344. D 345. B 346. B 347. A 348. D 349. C 350. D
351. A 352. A 353. B 354. B 355. B 356. B 357. B 358. A 359. B 360. A
361. A 362. A 363. C 364. A 365. B 366. A 367. B 368. C 369. B 370. B
371. A 372. B 373. C 374. B 375. B 376. A 377. C 378. B 379. B 380. D
381. A 382. D 383. B 384. D 385. C 386. C 387. C 388. C 389. A 390. C
391. B 392. B 393. A 934. D 395. A 396. A 397. C 398. A 399. C 400. B
401. C 402. A 403. C 404. C

二、多选题

1. ABCE	2. ABCD	3. ABCDE	4. ABC	5. AB
6. ABD	7. ABCD	8. ABCDE	9. BC	10. ABCD
11. ABCD	12. ABCD	13. ABCD	14. ABC	15. ABCD
16. ABCDE	17. ABC	18. ABC	19. ABCD	20. ABCD
21. ABCD	22. ABC	23. ABC	24. ABCD	25. ABCD
26. BCD	27. ABCD	28. ABCD	29. ABCD	30. ACD
31. ABCD	32. ABCD	33. ABCD	34. ABC	35. ABCD
36. ABCD	37. ABCD	38. ACD	39. BCE	40. BD
41. ABC	42. BD	43. AD	44. ABCD	45. ABCD
46. ABCDE	47. ABCD	48. ABCDE	49. ABC	50. ACD
51. ABC	52. BCD	53. ABCDE	54. BCD	55. ABCD
56. ABC	57. ABCDE	58. ABC	59. ABC	60. ABC
61. ABCDE	62. ABCD	63. ABCD	64. BCD	65. ABCD
66. ABCDE	67. ABC	68. ABCD	69. ABC	70. ABCDE
71. BCD	72. ACD	73. ABCDE	74. ABC	75. ABCD
76. BCD	77. ABCD	78. ABCD	79. ABD	80. ABCD
81. BC	82. BCD	83. ABCD	84. ABCD	85. ABD
86. AB	87. ABCD	88. BCD	89. ABCD	90. AC
91. ABCD	92. ABC	93. ABC	94. ABC	95. ABCD
96. BCD	97. BCD	98. ABC	99. ABCD	100. ABD
101. ABD	102. ABCD	103. BCD	104. ACD	105. ABCD
106. ABCD	107. ABC	108. ABCD	109. ABCD	110. ABCD
111. ABCD	112. ABC	113. ABD	114. ACD	115. ABCD
116. BCDE	117. ABDE	118. ABC	119. BCD	120. ABCE
121. ABC	122. BCD	123. BCD	124. BC	125. AD
126. BC	127. ABD	128. ACDE	129. BCD	130. ABCD
131. ABCDE	132. ABCD	133. ABC	134. ABCE	135. AC

136. ABCDE	137. CD	138. BCEF	139. CE	140. ACD
141. ACE	142. AB	143. AD	144. ABCE	145. ADE
146. BCD	147. ABCE	148. ABCD	149. BCDE	150. ABCDE
151. ABC	152. ABCD	153. BCDE	154. ADE	155. ABCD
156. ACE	157. BC	158. BDE	159. CD	160. ABCD
161. ABCD	162. CD	163. BD	164. BCD	165. ABCD
166. BD	167. ABCD	168. BD	169. ABCD	170. ABCD
171. ACD	172. ABCD	173. ABCD	174. BCD	175. ACD
176. ABC	177. ABCD	178. ABCD	179. ABCD	180. ABCD
181. AB	182. ABC	183. ABC	184. ABC	185. AB
186. ABC	187. CD	188. ABCD	189. ACD	190. ABCD
191. ABCD	192. ACD	193. ABCD	194. ABCD	195. ABCD
196. ABCD	197. ABCD	198. ABC	199. ABCD	200. ABCD

三、判断题

1. √	2. √	3. √	4. ×	5. ×	6. √	7. ×	8. √	9. √	10. ×
11. ×	12. ×	13. √	14. √	15. ×	16. √	17. √	18. √	19. ×	20. √
21. ×	22. √	23. ×	24. √	25. √	26. ×	27. √	28. ×	29. √	30. √
31. √	32. √	33. ×	34. √	35. √	36. ×	37. √	38. √	39. ×	40. √
41. √	42. √	43. ×	44. √	45. √	46. √	47. ×	48. √	49. ×	50. √
51. √	52. ×	53. √	54. ×	55. √	56. ×	57. √	58. √	59. √	60. ×
61. ×	62. √	63. √	64. √	65. √	66. √	67. √	68. √	69. √	70. √
71. √	72. ×	73. ×	74. √	75. √	76. ×	77. ×	78. ×	79. √	80. √
81. √	82. √	83. √	84. √	85. √	86. √	87. ×	88. √	89. ×	90. √
91. √	92. √	93. ×	94. √	95. √	96. ×	97. ×	98. √	99. √	100. √
101. √	102. √	103. √	104. ×	105. √	106. √	107. √	108. √	109. √	110. √
111. ×	112. ×	113. ×	114. √	115. ×	116. √	117. √	118. √	119. √	120. √
121. ×	122. √	123. ×	124. ×	125. ×	126. √	127. √	128. √	129. √	130. √
131. √	132. √	133. √	134. ×	135. √	136. ×	137. √	138. √	139. ×	140. √
141. ×	142. ×	143. √	144. √	145. √	146. √	147. √	148. √	149. √	150. √
151. √	152. ×	153. √	154. ×	155. √	156. √	157. √	158. √	159. ×	160. √
161. ×	162. √	163. √	164. √	165. √	166. √	167. √	168. ×	169. √	170. √
171. √	172. √	173. √	174. √	175. √	176. √	177. √	178. √	179. √	180. √
181. √	182. √	183. √	184. ×	185. ×	186. ×	187. √	188. √	189. √	190. √
191. ×	192. √	193. √	194. ×	195. √	196. √	197. √	198. √	199. √	200. ×
201. ×	202. √	203. ×	204. ×	205. ×	206. ×	207. √	208. ×	209. √	210. √
211. ×	212. ×	213. ×	214. ×	215. √	216. √	217. √	218. √	219. ×	220. √
221. √	222. √	223. √	224. ×	225. √	226. √	227. √	228. √	229. √	230. ×
231. √	232. √	233. ×	234. √	235. √	236. ×	237. ×	238. √	239. √	240. √

241. √ 242. √ 243. × 244. √ 245. √ 246. × 247. √ 248. × 249. √ 250. ×
251. √ 252. × 253. √ 254. √ 255. √ 256. × 257. × 258. × 259. × 260. √
261. × 262. √ 263. √ 264. × 265. × 266. × 267. √ 268. √ 269. √ 270. ×
271. √ 272. × 273. √ 274. √ 275. √ 276. √ 277. √ 278. √ 279. × 280. ×
281. √ 282. × 283. × 284. × 285. √ 286. × 287. × 288. × 289. × 290. √
291. √ 292. × 293. √ 294. √ 295. √ 296. × 297. × 298. × 299. √ 300. √
301. × 302. × 303. √ 304. √ 305. √ 306. √ 307. × 308. √ 309. √ 310. √
311. √ 312. √ 313. √ 314. √ 315. × 316. √ 317. √ 318. × 319. √ 320. ×
321. × 322. √ 323. √ 324. × 325. √ 326. √ 327. √ 328. √ 329. √ 330. √
331. × 332. √ 333. √ 334. × 335. × 336. √ 337. × 338. × 339. √ 340. √
341. √ 342. × 343. √ 344. √ 345. √ 346. √ 347. √ 348. × 349. √ 350. √
351. √ 352. √ 353. √ 354. × 355. √ 356. × 357. √ 358. × 359. √ 360. √
361. √ 362. √ 363. √ 364. × 365. × 366. √ 367. × 368. √ 369. × 370. ×
371. √ 372. × 373. √ 374. √ 375. √ 376. √ 377. √ 378. √ 379. √ 380. ×
381. √ 382. √ 383. √ 384. √ 385. √ 386. √ 387. √ 388. √ 389. √ 390. ×
391. √ 392. √ 393. × 394. √ 395. √ 396. √ 397. √ 398. × 399. × 400. ×
401. × 402. √ 403. √ 404. √ 405. √ 406. √ 407. × 408. √ 409. √ 410. √
411. × 412. × 413. √ 414. √ 415. × 416. √ 417. √ 418. × 419. √ 420. √
421. √ 422. × 423. √ 424. √ 425. √ 426. √ 427. × 428. √ 429. √ 430. √
431. √ 432. × 433. √ 434. √ 435. × 436. √ 437. √ 438. √ 439. √ 440. √
441. × 442. × 443. × 444. √ 445. √ 446. √ 447. √ 448. √ 449. × 450. √
451. √ 452. √ 453. × 454. √ 455. × 456. × 457. √ 458. √ 459. √ 460. ×
461. × 462. √ 463. √ 464. √ 465. √ 466. √ 467. √ 468. √ 469. × 470. √
471. √ 472. × 473. √ 474. √ 475. √ 476. √ 477. √ 478. × 479. √ 480. ×
481. × 482. √ 483. √ 484. × 485. √ 486. √ 487. × 488. √ 489. √ 490. √
491. √ 492. × 493. × 494. √ 495. × 496. × 497. × 498. × 499. √ 500. ×
501. √ 502. × 503. × 504. √ 505. × 506. √ 507. √ 508. × 509. × 510. ×
511. × 512. × 513. × 514. √ 515. √ 516. × 517. × 518. √ 519. √ 520. ×
521. √ 522. × 523. × 524. √ 525. × 526. × 527. × 528. × 529. × 530. √
531. √ 532. × 533. × 534. × 535. √ 536. √ 537. √ 538. √ 539. × 540. ×
541. × 542. × 543. √ 544. √ 545. × 546. √ 547. × 548. √ 549. × 550. ×
551. √ 552. × 553. √ 554. × 555. × 556. × 557. × 558. × 559. × 560. ×
561. × 562. × 563. × 564. √ 565. × 566. × 567. √ 568. × 569. √ 570. ×
571. √ 572. √ 573. √ 574. √ 575. √ 576. √ 577. √ 578. √ 579. √ 580. √
581. × 582. √ 583. √ 584. √ 585. √ 586. √ 587. √ 588. √ 589. × 590. √

电工（综采维修电工方向）

赛项专家组成员（按姓氏笔画排序）

王文胜　史　峰　安郁熙　杜　宇　夏伯党
靳丰田　廉自生

赛 项 规 程

一、赛项名称

电工（综采维修电工方向）

二、竞赛目的

持续推进煤矿高技能人才培养工作，造就一支高素质的煤矿综采维修电工队伍，提高职工实际操作技能。

三、竞赛内容

此次技能大赛充分考虑煤炭行业对综采维修电工的要求，结合电气控制技术、一体机应用技术、电工电子技术和电力电子技术等相关内容，以综采设备（永磁同步变频调速一体机）的检修与维护、电气接线与调试为重点，考核产业工人对综采电气维修基础知识、系统接线、故障排查的掌握程度。竞赛分理论考试和实操考核，安全文明操作在实操过程中进行考核，不单独命题。

四、竞赛方式

本赛项的理论考试采取上机考试，实操比赛由裁判员现场评分。本赛项为个人项目，竞赛内容由每名选手各自独立完成。

五、竞赛流程

（一）赛项流程（表1）

表1 赛项流程表

阶段	序号	流程
准备参赛阶段	1	承办方根据国家或地区相关防疫政策，制定新冠疫情防疫措施
	2	参赛队领队（赛项联络员）负责本参赛队的参赛组织及与大赛组委会办公室的联络工作
	3	参赛选手凭借大赛组委会颁发的参赛证和有效身份证明参加比赛前相关活动
	4	参赛选手需要遵守国家或地区相关防疫政策的前提下，在规定时间及指定地点，向检录工作人员提供参赛证、身份证证件或公安机关提供的户籍证明，通过检录进入赛场
比赛阶段	1	参赛队领队抽取场次号，参赛选手抽取赛位号，替换选手参赛证等个人身份信息
	2	参赛选手赛前10 min在赛场工作人员引导下进入赛位区域，进行赛前准备，现场统一发出“开始准备”及“准备停止”的指令，准备时间3 min，用于摆放好地线、工具、线号，杂物清理确认

表1（续）

阶段	序号	流程
比赛阶段	3	现场壁挂式计时器由中控台统一开启，裁判长宣布比赛开始，并启动计时器，同时各裁判员启动手持式计时器，开始计时后，参赛选手方可开始操作，各参赛选手限定在自己的工作区域内完成比赛任务
	4	裁判长宣布比赛结束，选手立即停止竞赛
结束阶段	1	参赛选手完成任务并决定结束比赛时，应向裁判员报告工作完毕，计时结束，并提请现场裁判到赛位处确认
	2	参赛选手完成比赛提交结果后，大赛技术支持人员将到达赛场清点工具、设备等，由参赛选手确认；损坏的物件必须有实物在，丢失的要照价赔偿，确认没有问题后，选手到指定区域休息
	3	比赛时间到，未完成比赛的参赛选手应立即停止操作，选手到指定区域休息，裁判员确认，赛场技术人员检查，对裁判员执裁提供技术支持
	4	参赛选手在比赛期间未经组委会的批准，不得接受任何与比赛内容相关的采访
	5	参赛选手在比赛过程中必须主动配合现场裁判工作，服从裁判安排，如果对比赛的裁决有异议，由领队以书面形式向仲裁工作组提出申诉

（二）竞赛时间安排

竞赛日程由大赛组委会统一规定，具体时间另行通知。

六、竞赛内容

（一）综采维修电工技术理论知识

从竞赛题库中随机抽取100道赛题；理论考试成绩占总成绩比重的20%。

（二）综采维修电工实操知识

（1）参赛选手按图纸要求（届时将提供原理图纸、接线图纸）将控制电缆接在远方集控箱与可编程控制箱内部的端子排上，远方集控箱中每一组按钮可通过可编程控制箱控制一体机相应的功能。

（2）在一体机给定程序情况下，在可编程控制箱和一体机内设置故障，故障题目从已备的竞赛故障库（表2）中按难易程度随机抽取，选手查找并排除故障，恢复一体机正常功能，实现通过远方集控箱控制可编程控制箱操作一体机的启停。

（3）该竞赛内容考核选手所有操作部位的完好和防爆性能。

七、竞赛规则

（一）报名资格及参赛选手要求

（1）选手需为按时报名参赛的煤炭企业生产一线的在岗职工，从事本职业（工种）8年以上时间，且年龄不超过45周岁。

（2）选手须取得行业统一组织的赛项集训班培训证书，并通过本单位组织的相应赛项选拔的前2名，且具备国家职业资格高级工及以上等级。

（3）已获得“中华技能大奖”“全国技术能手”的人员，不得以选手身份参赛。

（二）熟悉场地

（1）开赛式结束后，在组委会统一安排下，各参赛选手统一有序地熟悉场地，熟悉

表2　全国技术比武一体机类故障题库

类型	序号	故障现象	故障位置	排除方法
I类	1	可编程控制箱—黑屏	可编程控制箱—显示屏 24 V + 虚接	可编程控制箱—恢复接线
	2	可编程控制箱—黑屏	可编程控制箱—显示屏 24 VG 虚接	可编程控制箱—恢复接线
	3	可编程控制箱—黑屏	可编程控制箱—SA1 - 5/XP2 - 33 虚接	可编程控制箱—恢复接线
	4	可编程控制箱—黑屏	可编程控制箱—SA1 - 6/QF1 - 1 虚接	可编程控制箱—恢复接线
	5	可编程控制箱—黑屏	可编程控制箱—SA1 - 7/XP2 - 32 虚接	可编程控制箱—恢复接线
	6	可编程控制箱—黑屏	可编程控制箱—SA1 - 8/QF1 - 3 虚接	可编程控制箱—恢复接线
	7	可编程控制箱—卡在初始界面	可编程控制箱—内 PLC 网线虚接	可编程控制箱—恢复接线
	8	可编程控制箱—卡在初始界面	可编程控制箱—显示屏网线虚接	可编程控制箱—恢复接线
	9	可编程控制箱—卡在初始界面	可编程控制箱—WH1 - 1 网线虚接	可编程控制箱—恢复接线
	10	可编程控制箱—卡在初始界面	可编程控制箱—WH1 - 2 网线虚接	可编程控制箱—恢复接线
	11	可编程控制箱—卡在初始界面	可编程控制箱—TF 卡虚接	可编程控制箱—恢复接线
	12	一体机—黑屏	一体机—XT1 - 6 虚接	一体机—恢复接线
	13	一体机—黑屏	一体机—XT1 - 4/XS2 - 1 虚接	一体机—恢复接线
	14	一体机—电压显示模块 24 V 异常	一体机—B04 - 1 虚接	一体机—恢复接线
	15	一体机—电压显示模块 24 V 异常	一体机—B04 - 2 虚接	一体机—恢复接线
	16	一体机—电压显示模块 220 V 异常	一体机—B04 - 5 虚接	一体机—恢复接线
	17	一体机—电压显示模块 220 V 异常	一体机—B04 - 6 虚接	一体机—恢复接线
	18	可编程控制箱—矩阵键盘部分按键操作失效	可编程控制箱—X1 - 14 虚接	可编程控制箱—恢复接线
	19	可编程控制箱—矩阵键盘部分按键操作失效	可编程控制箱—X1 - 26 虚接	可编程控制箱—恢复接线
	20	可编程控制箱—矩阵键盘部分按键操作失效	可编程控制箱—XP1 - 11 虚接	可编程控制箱—恢复接线
	21	可编程控制箱—矩阵键盘部分按键操作失效	可编程控制箱—XP1 - 23 虚接	可编程控制箱—恢复接线
	22	可编程控制箱—矩阵键盘部分按键操作失效	可编程控制箱—A3 - INPUT - 4 虚接	可编程控制箱—恢复接线
	23	可编程控制箱—矩阵键盘部分按键操作失效	可编程控制箱—A4 - INPUT - 4 虚接	可编程控制箱—恢复接线

表 2（续）

类型	序号	故障现象	故障位置	排除方法
I 类	24	可编程控制箱—矩阵键盘部分按键操作失效	可编程控制箱—X1 –19 虚接	可编程控制箱—恢复接线
	25	可编程控制箱—矩阵键盘部分按键操作失效	可编程控制箱—X1 –20 虚接	可编程控制箱—恢复接线
	26	可编程控制箱—矩阵键盘部分按键操作失效	可编程控制箱—X1 –21 虚接	可编程控制箱—恢复接线
	27	可编程控制箱—矩阵键盘部分按键操作失效	可编程控制箱—X1 –17 虚接	可编程控制箱—恢复接线
	28	可编程控制箱—矩阵键盘部分按键操作失效	可编程控制箱—X1 –13 虚接	可编程控制箱—恢复接线
	29	可编程控制箱—矩阵键盘部分按键操作失效	可编程控制箱—X1 –19 和 X1 –20 互换	可编程控制箱—恢复接线
	30	可编程控制箱—矩阵键盘部分按键操作失效	可编程控制箱—X1 –15 和 X1 –16 互换	可编程控制箱—恢复接线
	31	可编程控制箱—矩阵键盘部分按键操作失效	可编程控制箱—X1 –11 和 X1 –12 互换	可编程控制箱—恢复接线
	32	可编程控制箱—矩阵键盘部分按键操作失效	可编程控制箱—A3 – OUTPUT –4 虚接	可编程控制箱—恢复接线
	33	可编程控制箱—矩阵键盘部分按键操作失效	可编程控制箱—A4 – OUTPUT –4 虚接	可编程控制箱—恢复接线
	34	可编程控制箱—矩阵键盘部分按键操作失效	可编程控制箱—EL1809 –2 –4 虚接	可编程控制箱—恢复接线
	35	可编程控制箱—矩阵键盘部分按键操作失效	可编程控制箱—EL1809 –2 –16 虚接	可编程控制箱—恢复接线
	36	可编程控制箱—外部急停动作，键盘按键无反应	可编程控制箱—X1 –1 虚接	可编程控制箱—恢复接线
	37	可编程控制箱—外部急停动作，键盘按键无反应	可编程控制箱—X1 –1 接到 X1 –9 上	可编程控制箱—恢复接线到 X1 –1 上
	38	可编程控制箱—外部急停动作，键盘按键无反应	可编程控制箱—X1 –1 接到 X1 –10 上	可编程控制箱—恢复接线到 X1 –1 上
	39	可编程控制箱—外部急停动作，键盘按键无反应	可编程控制箱—XP1 –1 虚接	可编程控制箱—恢复接线
	40	可编程控制箱—外部急停动作，键盘按键无反应	可编程控制箱—A3 – JP2 –1 虚接	可编程控制箱—恢复接线
	41	可编程控制箱—外部急停动作，键盘按键无反应	可编程控制箱—A3 – JP3 –1 虚接	可编程控制箱—恢复接线
	42	可编程控制箱—不显示一体机数据	可编程控制箱—CAN 网桥 CAN1_H 虚接	可编程控制箱—恢复接线
	43	可编程控制箱—不显示一体机数据	可编程控制箱—CAN 网桥 CAN1_L 虚接	可编程控制箱—恢复接线
	44	可编程控制箱—不显示一体机数据	可编程控制箱—CAN 网桥 24 V + 虚接	可编程控制箱—恢复接线
	45	可编程控制箱—不显示一体机数据	可编程控制箱—CAN 网桥 24 V – 虚接	可编程控制箱—恢复接线

表2（续）

类型	序号	故障现象	故障位置	排除方法
Ⅰ类	46	可编程控制箱—不显示一体机数据	可编程控制箱—端子排 X2－1 虚接	可编程控制箱—恢复接线
	47	一体机—显示屏显示通信故障	一体机—主控器 XP2－15 虚接	一体机—恢复接线至 XP2－15
	48	一体机—显示屏显示通信故障	一体机—显示屏通讯端口 COM1 虚接	一体机—检查 COM1
	49	一体机—上电不显示模块温度、充电不显示母线电压	一体机—DSP 模块 B2－V1T 光纤头虚接	一体机—恢复接线
	50	一体机—上电不显示模块温度、充电不显示母线电压	一体机—DSP 模块 B2－V2R 光纤头虚接	一体机—恢复接线
	51	一体机—上电不显示模块温度、充电不显示母线电压	一体机—主控器 B1－T 光纤头虚接	一体机—恢复接线
	52	一体机—上电不显示模块温度、充电不显示母线电压	一体机—主控器 B1－R 光纤头虚接	一体机—恢复接线
Ⅱ类	1	可编程控制箱—显示温度继电器故障（复位无效）	一体机—主控器上（XP2－18）虚接	一体机—恢复接线
	2	可编程控制箱—显示温度继电器故障（复位无效）	一体机—主控器上（XP2－22）虚接	一体机—恢复接线
	3	可编程控制箱—显示温度继电器故障（复位无效）	一体机—主控器内部 X22－6 端子虚接	一体机—恢复接线
	4	可编程控制箱—显示电机温度异常	一体机—XP7－4 虚接	一体机—恢复接线
	5	可编程控制箱—显示电机温度异常	一体机—XP7－11 虚接	一体机—恢复接线
	6	可编程控制箱—显示电机温度异常	一体机—XP6－2 虚接	一体机—恢复接线
	7	可编程控制箱—显示电机温度异常	一体机—XP7－12 虚接	一体机—恢复接线
	8	可编程控制箱—显示电机温度异常	一体机—XP6－3 虚接	一体机—恢复接线
	9	可编程控制箱—显示电机温度异常	一体机—XP6－4 虚接	一体机—恢复接线
	10	可编程控制箱—显示电机温度异常	一体机—XP7－10 虚接	一体机—恢复接线
	11	可编程控制箱—显示电机温度异常	一体机—XP7－9 虚接	一体机—恢复接线
	12	可编程控制箱—显示电机温度异常	一体机—XP6－1 虚接	一体机—恢复接线
	13	可编程控制箱—显示电机温度异常	一体机—主板 X21－6 虚接	一体机—恢复接线
	14	可编程控制箱—显示电机温度异常	一体机—主板 X21－5 虚接	一体机—恢复接线

表2（续）

类型	序号	故　障　现　象	故　障　位　置	排　除　方　法
Ⅱ类	15	可编程控制箱—外部急停动作（复位无效）	可编程控制箱—X1－31 接到 X1－34	可编程控制箱—恢复接线到 X1－31
	16	可编程控制箱—外部急停动作（复位无效）	可编程控制箱—X1－31 接到 X1－35	可编程控制箱—恢复接线到 X1－31
	17	可编程控制箱—外部急停动作（复位无效）	可编程控制箱—X1－31 接到 X1－36	可编程控制箱—恢复接线到 X1－31
	18	可编程控制箱—外部急停动作（复位无效）	可编程控制箱—A4－INPUT－9 接到 A4－INPUT－10	可编程控制箱—恢复接线到 A4－INPUT－9
	19	可编程控制箱—外部急停动作（复位无效）	可编程控制箱—A4－INPUT－9 接到 A4－INPUT－11	可编程控制箱—恢复接线到 A4－INPUT－9
	20	可编程控制箱—外部急停动作（复位无效）	可编程控制箱—A4－INPUT－9 接到 A4－INPUT－12	可编程控制箱—恢复接线到 A4－INPUT－9
	21	可编程控制箱—外部急停动作（复位无效）	可编程控制箱—A4－OUTPUT－9 接到 A4－OUTPUT－10	可编程控制箱—恢复接线到 A4－OUTPUT－9
	22	可编程控制箱—外部急停动作（复位无效）	可编程控制箱—A4－OUTPUT－9 接到 A4－OUTPUT－11	可编程控制箱—恢复接线到 A4－OUTPUT－9
	23	可编程控制箱—外部急停动作（复位无效）	可编程控制箱—A4－OUTPUT－9 接到 A4－OUTPUT－12	可编程控制箱—恢复接线到 A4－OUTPUT－9
	24	可编程控制箱—外部急停无效	可编程控制箱—X1－31 虚接	可编程控制箱—恢复接线到 X1－31
	25	可编程控制箱—外部急停无效	可编程控制箱—XP1－28 虚接	可编程控制箱—恢复接线到 XP1－28
	26	可编程控制箱—验带速度无法给定	可编程控制箱—端子 X1－27 虚接	可编程控制箱—恢复接线
	27	可编程控制箱—验带速度无法给定	可编程控制箱—EL1809－1－1 虚接	可编程控制箱—恢复接线
	28	可编程控制箱—验带速度无法给定	可编程控制箱—A4－INPUT－5 虚接	可编程控制箱—恢复接线
	29	可编程控制箱—验带速度无法给定	可编程控制箱—A4－OUTPUT－5 虚接	可编程控制箱—恢复接线
	30	可编程控制箱—无法实现正反转	可编程控制箱—X1－28 虚接	可编程控制箱—恢复接线
	31	可编程控制箱—无法实现正反转	可编程控制箱—A4－INPUT－6 虚接	可编程控制箱—恢复接线
	32	可编程控制箱—无法实现正反转	可编程控制箱—A4－OUTPUT－6 虚接	可编程控制箱—恢复接线
	33	可编程控制箱—无法实现正反转	可编程控制箱—EL1809－1－2 虚接	可编程控制箱—恢复接线
	34	可编程控制箱—先导无输入、远程不启动	可编程控制箱—先导模块 B2－P2－A 虚接	可编程控制箱—恢复接线
	35	可编程控制箱—先导无输入、远程不启动	可编程控制箱—先导模块 B2－P2－B 虚接	可编程控制箱—恢复接线
	36	可编程控制箱—先导无输入、远程不启动	可编程控制箱—先导模块 B2－P2－A 和 B2－P2－B 互换	可编程控制箱—恢复接线
	37	可编程控制箱—先导无输入、远程不启动	可编程控制箱—先导模块 B2－P1－1 虚接	可编程控制箱—恢复接线

表2（续）

类型	序号	故 障 现 象	故 障 位 置	排 除 方 法
Ⅱ类	38	可编程控制箱—先导无输入、远程不启动	可编程控制箱—先导模块 B2－P1－2 虚接	可编程控制箱—恢复接线
	39	可编程控制箱—先导无输入、远程不启动	可编程控制箱—EL1809－1－6 虚接	可编程控制箱—恢复接线
	40	可编程控制箱—先导无输入、远程不启动	可编程控制箱—A4－JP3－1 虚接	可编程控制箱—恢复接线
	41	可编程控制箱—先导无输入、远程不启动	可编程控制箱—A5－JP3－1 虚接	可编程控制箱—恢复接线
	42	可编程控制箱—先导无输入、远程不启动	可编程控制箱—先导模块 B2－P1－3 虚接	可编程控制箱—恢复接线
	43	可编程控制箱—先导无输入、远程不启动	可编程控制箱—X1－5 虚接	可编程控制箱—恢复接线
	44	可编程控制箱—先导无输入、远程不启动	可编程控制箱—X1－6 虚接	可编程控制箱—恢复接线
	45	可编程控制箱—先导无输入、远程不启动	可编程控制箱—X1－5 接到 X1－7	可编程控制箱—恢复 X1－5 接线
	46	可编程控制箱—先导无输入、远程不启动	可编程控制箱—X1－6 接到 X1－8	可编程控制箱—恢复 X1－6 接线
	47	可编程控制箱—先导无输入、远程不启动	可编程控制箱—X1－5 接到 X1－8	可编程控制箱—恢复 X1－5 接线
	48	可编程控制箱—先导无输入、远程不启动	可编程控制箱—X1－6 接到 X1－7	可编程控制箱—恢复 X1－6 接线
Ⅲ类	1	远方集控箱—显示组合开关控制点异常	可编程控制箱—X2－7 虚接	可编程控制箱—恢复接线
	2	远方集控箱—显示组合开关控制点异常	可编程控制箱—X2－8 虚接	可编程控制箱—恢复接线
	3	远方集控箱—显示水箱控制点异常	可编程控制箱—X2－5 虚接	可编程控制箱—恢复接线
	4	远方集控箱—显示水箱控制点异常	可编程控制箱—X2－6 虚接	可编程控制箱—恢复接线
	5	远方集控箱—显示水箱控制点异常	可编程控制箱—EL2088－1－2 虚接	可编程控制箱—恢复接线
	6	远方集控箱—显示水箱控制点异常	可编程控制箱—A6－L1－5 虚接	可编程控制箱—恢复接线
	7	远方集控箱—显示水箱控制点异常	可编程控制箱—A6－L1－7 虚接	可编程控制箱—恢复接线
	8	远方集控箱—显示水箱控制点异常	可编程控制箱—EL2088－1－1 虚接	可编程控制箱—恢复接线
	9	远方集控箱—显示水箱控制点异常	可编程控制箱—A6－INPUT－2 虚接	可编程控制箱—恢复接线
	10	远方集控箱—显示组合开关控制点异常	可编程控制箱—A6－L7－1 虚接	可编程控制箱—恢复接线
	11	远方集控箱—显示组合开关控制点异常	可编程控制箱—A6－L1－8 虚接	可编程控制箱—恢复接线
	12	远方集控箱—显示组合开关控制点异常	可编程控制箱—A6－L1－10 虚接	可编程控制箱—恢复接线
	13	远方集控箱—显示组合开关控制点异常	可编程控制箱—A6－INPUT－3 虚接	可编程控制箱—恢复接线

表 2（续）

类型	序号	故　障　现　象	故　障　位　置	排　除　方　法
Ⅲ类	14	可编程控制箱—显示组合开关反馈点异常	可编程控制箱—X1 - 33 虚接	可编程控制箱—恢复接线
	15	可编程控制箱—显示组合开关反馈点异常	可编程控制箱—EL1809 - 1 - 13 虚接	可编程控制箱—恢复接线
	16	可编程控制箱—显示组合开关反馈点异常	可编程控制箱—A5 - INPUT - 5 虚接	可编程控制箱—恢复接线
	17	可编程控制箱—显示组合开关反馈点异常	可编程控制箱—A5 - OUTPUT - 5 虚接	可编程控制箱—恢复接线
	18	可编程控制箱—显示水箱反馈点异常	可编程控制箱—X1 - 32 虚接	可编程控制箱—恢复接线
	19	可编程控制箱—显示水箱反馈点异常	可编程控制箱—EL1809 - 1 - 12 虚接	可编程控制箱—恢复接线
	20	可编程控制箱—显示水箱反馈点异常	可编程控制箱—A5 - INPUT - 4 虚接	可编程控制箱—恢复接线
	21	可编程控制箱—显示水箱反馈点异常	可编程控制箱—A5 - OUTPUT - 4 虚接	可编程控制箱—恢复接线
	22	一体机—充电失败故障	一体机—DSP 光纤板 X5 虚接	一体机—恢复接线
	23	一体机—充电失败故障	一体机—主控器 X22 - 4 虚接	一体机—恢复接线
	24	一体机—充电失败故障	一体机—主控器 X27 - 3 虚接	一体机—恢复接线
	25	一体机—充电失败故障	一体机—主控器 X27 - 2 虚接	一体机—恢复接线
	26	一体机—充电失败故障	一体机—主控器 X27 与 X26 对调	一体机—主控器 X27 与 X26 恢复
	27	一体机—充电失败故障	一体机—主控器 X27 - 2 接到了 X27 - 1 上	一体机—恢复接线至 X27 - 2
	28	一体机—充电失败故障	一体机—XT1 - 7 虚接	一体机—恢复接线
	29	一体机—充电失败故障	一体机—XT1 - 8 虚接	一体机—恢复接线
	30	一体机—充电失败故障	一体机—XT1 - 2/XS4 - 18 虚接	一体机—恢复接线
	31	一体机—充电失败故障	一体机—XT1 - 3/XS2 - 3 虚接	一体机—恢复接线
	32	一体机—充电失败故障	一体机主控器—A01 - L9 - 1/U1 - X25 - 3 虚接	一体机—恢复接线
	33	一体机—充电失败故障	一体机主控器—A01 - L9 - 3/U1 - X27 - 3 虚接	一体机—恢复接线
	34	一体机—充电失败故障	一体机主控器—A01 - L9 - 7/SG1 - 24VG	一体机—恢复接线
	35	一体机—充电失败故障	一体机主控器—A01 - L8 - 4/XP2 - 4	一体机—恢复接线
	36	一体机—充电失败故障	一体机主控器—A01 - L8 - 10/XP2 - 6	一体机—恢复接线

表2（续）

类型	序号	故 障 现 象	故 障 位 置	排 除 方 法
Ⅲ类	37	一体机—充电失败故障	一体机主控器—A01 - L8 - 12/XP2 - 3	一体机—恢复接线
	38	一体机—充电失败故障	一体机 DSP 模块—A103 - X2 - 2	一体机—恢复接线
	39	一体机—充电失败故障	一体机 DSP 模块—A103 - X2 - 1	一体机—恢复接线
	40	一体机—充电失败故障	一体机 DSP 模块—A103 - X1 - 1	一体机—恢复接线
	41	一体机—充电失败故障	一体机 DSP 模块—A103 - X1 - 4	一体机—恢复接线
	42	一体机—运行时报 FF8D	一体机—主控器内部 X22 - 8 端子虚接	一体机—恢复接线
	43	一体机—运行时报 FF8D	一体机—主控器内部 X22 - 8 接到 X22 - 9	一体机—短接线到 X22 - 8
	44	一体机—运行时报 FF8D	一体机—主控器内部 X22 - 8 端子接到 X22 - 10	一体机—短接线到 X22 - 8
	45	一体机—运行时报 FF8D	一体机—主控器内部 X22 - 11 端子虚接	一体机—恢复接线
	46	一体机—运行报 2340	一体机—DSPAMP 插头 XP5 - 1 虚接	一体机—恢复接线
	47	一体机—运行报 2340	一体机—DSPAMP 插头 XP5 - 2 虚接	一体机—恢复接线
	48	一体机—运行报 2340	一体机—DSPAMP 插头 XP5 - 3 虚接	一体机—恢复接线
	49	一体机—运行报 2330	一体机—DSP 光纤板 UR1 虚接	一体机—恢复接线
	50	一体机—运行报 2330	一体机—DSP 光纤板 VR1 虚接	一体机—恢复接线
	51	一体机—运行报 2330	一体机—DSP 光纤板 WR1 虚接	一体机—恢复接线
	52	一体机—运行报 2330	一体机—DSP 模块 XP4 - 3 虚接	一体机—恢复接线
	53	一体机—运行报 2330	一体机—DSP 模块 XP4 - 6 虚接	一体机—恢复接线
	54	一体机—运行报 2330	一体机—DSP 模块 XP4 - 2 虚接	一体机—恢复接线
	55	一体机—运行报 2330	一体机—DSP 模块 XP4 - 5 虚接	一体机—恢复接线
	56	一体机—运行报 2330	一体机—DSP 模块 XP4 - 8 虚接	一体机—恢复接线
	57	一体机—运行报 2330	一体机—DSP 模块 XP4 - 9 虚接	一体机—恢复接线

注：全国综采维修电工实操故障共分Ⅰ类、Ⅱ类、Ⅲ类，每场实操考试共出3个故障，3类故障中每类分别占一题。可编程控制箱显示各项正常、一体机指示灯正常、一体机能在远方集控箱启动且功能正常，为完成标准。不允许在参数设置中屏蔽故障。

场地时限定在观摩区域活动，不允许进入比赛区域。

（2）熟悉场地时不允许发表没有根据以及有损大赛整体形象的言论。

（3）熟悉场地时要严格遵守大赛各种制度，严禁拥挤，喧哗，以免发生意外事故。

（三）参赛要求

（1）竞赛所需平台、设备、仪器和工具按照大赛组委会的要求统一由协办单位提供。

（2）所有人员在赛场内不得有影响其他选手完成工作任务的行为，参赛选手不允许串岗串位，要使用文明用语，不得以言语及人身攻击裁判和赛场工作人员。

（3）参赛选手在比赛开始前 15 min 到达指定地点报到，接受工作人员对选手身份、资格和有关证件的核验，参赛号、赛位号由抽签确定，不得擅自变更、调整。

（4）选手须在竞赛试题规定位置填写参赛号、赛位号。其他地方不得有任何暗示选手身份的记号或符号。选手不得将手机等通信工具带入赛场，选手之间不得以任何方式传递信息，如传递纸条，用手势表达信息等，否则取消成绩。

（5）选手须严格遵守安全操作规程，并接受裁判员的监督和警示，以确保参赛人身及设备安全。选手因个人误操作造成人身安全事故和设备故障时，裁判长有权终止该队比赛；如非选手个人因素出现设备故障而无法比赛，由裁判长视具体情况做出裁决（调换到备用赛位或调整至最后一场次参加比赛）；若裁判长确定设备故障可由技术支持人员排除故障后继续比赛，同时将给参赛队伍（选手）补足所耽误的比赛时间。

（6）选手进入赛场后，不得擅自离开赛场，因病或其他原因离开赛场或终止比赛，应向裁判示意，须经赛场裁判长同意，并在赛场记录表上签字确认后，方可离开赛场并在赛场工作人员指引下到达指定地点。

（7）裁判长发布比赛结束指令后所有未完成任务参赛选手立即停止操作，按要求清理赛位，不得以任何理由拖延竞赛时间。

（8）服从组委会和赛场工作人员的管理，遵守赛场纪律，尊重裁判和赛场工作人员，尊重其他代表队参赛选手。

（四）安全文明操作规程

（1）选手在比赛过程中不得违反《煤矿安全规程》规定要求。

（2）注意安全操作，防止出现意外伤害。完成工作任务时要防止工具伤人等事故。

（3）组委会要求选手统一着装，服装上不得有姓名、队名以及其他任何识别标记。不穿组委会提供的上衣，将拒绝进入赛场。

（4）刀具、工具不能混放、堆放，废弃物按照环保要求处理，保持赛位清洁、整洁。

八、竞赛环境

（1）竞赛场地划分为裁判区检录区、竞赛操作区、现场服务与技术支持区、休息区、观摩通道、体验区等区域，区域之间有明显标志或警示带；消防器材、安全通道等位置标志明确。

（2）竞赛场地净高不低于 5 m，单个赛位面积参考：长不小于 7 m，宽不小于 4 m，光线充足，照明达标；供电、供气设施正常且安全有保障；地面平整、洁净。

（3）选手使用赛场规定区域内的洗手间，赛场区域设医疗点。

（4）赛场设置安全通道和警戒线，确保进入赛场的大赛观摩、采访、视察人员限定在安全区域内活动，以保证大赛安全有序进行。

（5）赛场设置隔离带，非赛事相关人员不得进入场地内。

（6）赛场还应设生活补给站等公共服务设施，为选手和赛场人员提供服务。

（7）完成考试的选手根据安排统一乘车返回。

九、技术参考规范

（1）《煤矿安全规程》（2022 年版）。

（2）煤炭行业特有工种职业技能鉴定培训教材《综采维修电工》（初级、中级、高级）和《综采维修电工》（技师、高级技师）（煤炭工业出版社）。

十、技术平台

（一）竞赛用设备材料

（1）TYJVFT－400M1－6(400/1140）矿用隔爆兼本质安全型永磁同步变频调速一体机（华夏天信智能物联股份有限公司）。

（2）KXJ－0.5/127 矿用隔爆兼本质安全型可编程控制箱和远方集控箱。

（3）多芯控制电缆一根，快插电缆一根。

（4）TYJVFT－400M1－6(400/1140）矿用隔爆兼本质安全型永磁同步变频调速一体机说明书一份。

（5）悬挂式停电牌（华夏天信智能物联股份有限公司）。

注：承办单位提供电工常用工具一套、井下服装、安全帽、矿灯、自救器、便携瓦检仪、毛巾、放电线、凡士林、电脑、碳素笔、纸张等。

（二）选手自备工具材料

万用表（型号自定）、剥线钳、压接钳、电工刀、手钳和电压等级相符的试电笔、内六方一套、各种“一”字电工改锥、“十”字电工改锥等常用电工工具。选手自备胶靴（胶靴不得有单位和身份标识）。

本次竞赛鼓励参赛选手使用个人创新工具，但必须符合《煤矿安全规程》要求。

十一、成绩评定

（一）评分标准制订原则

竞赛评分本着“公平、公正、公开、科学、规范”的原则，注重考核选手的职业综合能力和技术应用能力。

（二）评分标准

选手排查故障记录见表 3，实际操作配分标准见表 4，可编程控制箱接线、排查故障评分标准见表 5，远方集控箱接线评分标准见表 6。

（三）评分方法

本赛项评分包括理论知识评分和实际操作评分两种。

（1）理论知识评分。选手从计算机的试题库中随机抽取 100 道赛题，选手在规定时间内进行机上答题，提交答题结果后由计算机评分软件自动评分。

表3　选手排查故障记录表

场次：________	工位编号：________
选手编号：________	2022 年____月____日

故障内容填写：

1. 现象：________

故障位置：________

处理方法：________

2. 现象：________

故障位置：________

处理方法：________

3. 现象：________

故障位置：________

处理方法：________

裁判员：________

表4　实际操作配分标准

评分项目	考核内容及范围	配分/分
安全文明操作	1. 按规定穿戴工作服、安全帽、毛巾、胶靴，佩戴矿灯（亮灯）、自救器 2. 手指口述 3. 作业过程中是否符合作业标准 4. 作业后现场清扫整理	10
远控接线及参数设置	按照竞赛要求连接控制线，以及参数设置，可实现一体机远方控制，并按竞赛评分标准进行打分	45
故障排查	1. 设置 3 处故障，选手按规则进行排除 2. 故障处理正常的标准为远方集控箱能启停一体机 3. 故障需及时记录在选手排查故障记录表上 注：不得在参数中屏蔽故障或将故障点模块甩掉；每个盖板或门都有斜对角 4 个固定螺丝；接线腔有一个 AC 220 V 电源线，选手不得改动；一体机有一个 AC 380 V 电源线，选手不得改动	45

表5　可编程控制箱接线、排查故障评分标准

项目	操作标准	分值/分	评分标准	扣分/分	扣分原因
安全文明操作（10 分）	按规定穿戴工作服、安全帽、毛巾、胶靴，佩戴矿灯（亮灯）、自救器	2	操作过程中不符合操作标准项一处扣 1 分，小项分扣完为止		
	操作完毕，清理操作区域内杂物和工具	2	竞赛结束后操作区域线内有工具或杂物每项扣 1 分，小项分扣完为止。设备内遗留工具的按失爆论处		

表5（续）

项目	操 作 标 准	分值/分	评 分 标 准	扣分/分	扣分原因
安全文明操作（10分）	遵章作业，服从指挥，不干扰赛场秩序；停送电挂牌操作，挂牌在上级电源，送电前必须摘牌。开盖操作前停本一体机及上级电源；对关键安全环节进行手指口述（检查瓦斯、验电、放电、挂接地线、停送电、校万用表，6个关键安全环节，报裁判员合格为准，每个环节仅考核第一次）；开盖后验电、放电，验放电位置为一体机变频腔的电抗器下端子，一体机用变频器外部接地处。电缆进圈不使用润滑剂；不用工具代替放电线等；不敲打一体机；不向他人借用工具；正确使用万用表排查故障，使用万用表前要校表（仅考核第一次）；操作时不出现工伤、不引起破皮流血	6	操作时导致自身或他人受伤每次扣6分；其余一处不符合操作标准扣1分，未进行手指口述的扣1分，直至小项分扣完为止；操作过程中将各种工具置于一体机箱体上面的（除瓦检仪外），每次扣1分，小项分扣完为止；有严重干扰赛场行为的取消比赛资格		
控制线连接及参数设置（45分）	控制线连接详见表6，一体机控制箱参数设置页面有20个参数，需要设置5个	45	控制线连接评分标准详见表6，一体机控制箱内的参数设置，一处设置错误扣3分		
故障排查（45分）	每台设备上一次共设3个故障，选手排查完故障，在竞赛时间内和评分表规定处及时填写相应故障现象及处理方法	45	少排查一个故障扣15分；故障已经排查但是少写、错写、多写一个故障现象、故障位置或处理方法，扣3分；选手在故障处理中造成的新故障，并影响设备主要功能的，每个扣15分		
其他评分项（在实际操作总成绩中考核）	带电开盖调试一体机按失爆论处，仅考核操作涉及部分（防爆面、腔等）		发现一处失爆从实操总分中扣10分，发现两处及以上失爆总分中扣40分		
	不得违章处理故障		在参数中屏蔽故障或将故障点模块甩掉等没有按照布线标准处理故障，按故障没有排查完成处理，在总分中扣10分		
	不得人为损坏元器件或随意乱拆、接线		损坏设备一处从实操总分中扣10分；回路短路或损坏设备严重者取消比赛资格		
	比赛时间45 min，无扣分情况下，可按评分标准加分		选手每提前30 s完成奖励0.25分，最多加5分；最小计分单位30 s，不足15 s的舍去		

选手竞赛用时：____ min ____ s；节时加分：____分；选手最后得分：______分；裁判员：________

2022年______月______日

表6　远方集控箱接线评分标准

操作标准	总分值	评分标准	分值	数量	扣分
按照图纸要求接线，接线正确	15分（扣完为止）	接线错误	1分/处		
		少或错安一个号码管	0.5分		
电缆伸入器壁不倾斜、电缆护套截面整齐；芯线压线前端导线裸露长度不大于1 mm；压线处紧固无毛刺现象；接线腔内芯线长度适宜，布线均匀分布，无交叉，芯线绝缘外皮无划伤、划痕；每一压线叉形预绝缘端头紧固，用手轻拉不脱落、不松动；密封圈装配完好，内分层不破损、分层不随电缆挤出；不失爆。其余部分按完好标准执行	30分（扣完为止）	接线腔距接线端子100 mm以内芯线布线不均匀，有交叉	0.5分/处		
		芯线绝缘外皮划伤、划痕	2分/处		
		芯线压线前端导线裸露长度超1 mm	0.5分/处		
		压线处不紧固或有毛刺现象	0.5分/处		
		针形绝缘端头固定不紧	1分/处		
		电缆剥线超0.2 m	2分		
		电缆外皮划伤	0.5分		
		电缆外套伸入器壁不符合5~15 mm；少于5 mm的为失爆，按照失爆专门项扣分	3分		
		多用一密封圈	2分		
		密封圈装配完好，内分层不破损、分层不随电缆挤出。本次竞赛密封圈分层侧朝内为标准，多余挡板/密封圈置于指定位置	1分/项		
		失爆按专门项扣分，判定标准参见《失爆10条》			

注：失爆10条主要内容：

1. 带电开门调试设备；
2. 变频器及其他设备内遗留工具；
3. 变频器一体机外壳结合面螺栓缺弹簧垫圈或未压平；
4. 甩掉或屏蔽一体机各类保护设置的；
5. 压线喇叭嘴未拧紧，用三个手指向里能拧进半圈；
6. 电缆护套伸入器壁腔小于5 mm；
7. 电缆进线无密封圈或密封圈与喇叭嘴之间缺少金属垫圈；
8. 套在电缆上的密封圈、垫圈顺序错误；
9. 密封圈内径与电缆外径差超过1 mm；
10. 没有拆除三相短路接地线，就送上级电源。

（2）实际操作评分。对TYJVFT－400M1－6（400/1140）一体机的设置竞赛内容进行结果性评分，由3名评分裁判员依照给定的评分标准进行评分，评分结果由3名裁判员共同签字确认，平均分作为本赛项的最后得分。

（3）裁判组实行“裁判长负责制”，设裁判长1名，全面负责赛项的裁判与管理工作。

（4）裁判员根据比赛工作需要分为检录裁判、加密裁判、现场裁判和评分裁判，检录裁判、加密裁判不得参与评分工作。

①检录裁判负责对参赛队伍（选手）进行点名登记、身份核对等工作。②加密裁判

负责组织参赛队伍（选手）抽签并对参赛队伍（选手）的信息进行加密、解密。③现场裁判按规定做好赛场记录，维护赛场纪律。④评分裁判负责对参赛队伍（选手）的技能展示和操作规范按赛项评分标准进行评定。

（5）参赛选手根据赛项的要求进行操作，根据注意操作要求，需要记录的内容要记录在比赛试题中，需要裁判确认的内容必须经过裁判员的签字确认，否则不得分。

（6）违规扣分情况。选手有下列情形，需从参赛成绩中扣分：

① 在完成竞赛任务的过程中，因操作不当导致事故，扣 10 ~ 20 分，情况严重者取消比赛资格。

② 因违规操作损坏赛场提供的设备，污染赛场环境等不符合职业规范的行为，视情节扣 5 ~ 10 分。

③ 扰乱赛场秩序，干扰裁判员工作，视情节扣 5 ~ 10 分，情况严重者取消比赛资格。

（7）赛项裁判组本着“公平、公正、公开、科学、规范、透明、无异议”的原则，根据裁判的现场记录、参赛选手赛项要求及评分标准，通过多方面进行综合评价，最终按总评分得分高低，确定参赛选手奖项归属。

（8）按比赛成绩从高分到低分排列参赛选手的名次。竞赛成绩相同时，完成实操所用时间少的名次在前，成绩及用时相同者实操成绩较高者名次在前。

（9）评分方式结合世界技能大赛的方式，以小组为单位，裁判相互监督，对检测、评分结果进行一查、二审、三复核。确保评分环节准确、公正。成绩经工作人员统计，组委会、裁判组、仲裁组分别核准后，闭赛式上公布。

（10）成绩复核。为保障成绩评判的准确性，监督组将对赛项总成绩排名前 30% 的所有参赛选手的成绩进行复核；对其余成绩进行抽检复核，抽检覆盖率不得低于 15% 。如发现成绩错误以书面方式及时告知裁判长，由裁判长更正成绩并签字确认。复核、抽检错误率超过 5% 的，裁判组将对所有成绩进行复核。

（11）成绩公布。

录入。由承办单位信息员将裁判长提交的赛项总成绩的最终结果录入赛务管理系统。

审核。承办单位信息员对成绩数据审核后，将赛务系统中录入的成绩导出打印，经赛项裁判长、仲裁组、监督组和赛项组委会审核无误后签字。

报送。由承办单位信息员将确认的电子版赛项成绩信息上传赛务管理系统。同时将裁判长、仲裁组及监督组签字的纸质打印成绩单报送赛项组委会办公室。

公布。审核无误的最终成绩单，经裁判长、监督组签字后进行公示。公示时间为 2 h。成绩公示无异议后，由仲裁组长和监督组长在成绩单上签字，并在闭赛式上公布竞赛成绩。

十二、赛项安全

赛事安全是技能竞赛一切工作顺利开展的先决条件，是赛事筹备和运行工作必须考虑的核心问题。赛项组委会采取切实有效措施保证大赛期间参赛选手、指导教师、裁判员、工作人员及观众的人身安全。

（一）比赛环境

（1）组委会须在赛前组织专人对比赛现场、住宿场所和交通保障进行考察，并对安全工作提出明确要求。赛场的布置，赛场内的器材、设备，应符合国家有关安全规定。如有必要，也可进行赛场仿真模拟测试，以发现可能出现的问题。承办单位赛前须按照组委会要求排除安全隐患。

（2）赛场周围要设立警戒线，要求所有参赛人员必须凭组委会印发的有效证件进入场地，防止无关人员进入发生意外事件。比赛现场内应参照相关职业岗位的要求为选手提供必要的劳动保护。在具有危险性的操作环节，裁判员要严防选手出现错误操作。

（3）承办单位应提供保证应急预案实施的条件。对于比赛内容涉及大用电量、易发生火灾等情况的赛项，必须明确制度和预案，并配备急救人员与设施。

（4）严格控制与参赛无关的易燃易爆以及各类危险品进入比赛场地，不许随便携带其他物品进入赛场。

（5）配备先进的仪器，防止有人利用电磁波干扰比赛秩序。大赛现场需对赛场进行网络安全控制，以免场内外信息交互，充分体现大赛的严肃、公平和公正性。

（6）组委会须会同承办单位制定开放赛场的人员疏导方案。赛场环境中存在人员密集、车流人流交错的区域，除了设置齐全的指示标志外，须增加引导人员，并开辟备用通道。

（7）大赛期间，承办单位须在赛场管理的关键岗位，增加力量，建立安全管理日志。

（二）生活条件

（1）比赛期间，原则上由组委会统一安排参赛选手和指导教师食宿。承办单位须尊重少数民族的信仰及文化，根据国家相关的民族政策，安排好少数民族选手和教师的饮食起居。

（2）比赛期间安排的住宿地应具有宾馆/住宿经营许可资质。大赛期间的住宿、卫生、饮食安全等由组委会和承办单位共同负责。

（3）大赛期间有组织的参观和观摩活动的交通安全由组委会负责。组委会和承办单位须保证比赛期间选手、指导教师和裁判员、工作人员的交通安全。

（4）各赛项的安全管理，除了可以采取必要的安全隔离措施外，应严格遵守国家相关法律法规，保护个人隐私和人身自由。

（三）组队责任

（1）各单位组织代表队时，须为参赛选手购买大赛期间的人身意外伤害保险。

（2）各单位代表队组成后，须制定相关管理制度，并对所有选手、指导教师进行安全教育。

（3）各参赛队伍须加强对参与比赛人员的安全管理，实现与赛场安全管理的对接。

（四）应急处理

比赛期间发生意外事故，发现者应第一时间报告组委会，同时采取措施避免事态扩大。组委会应立即启动预案予以解决。赛项出现重大安全问题可以停赛，是否停赛由组委会决定。事后，承办单位应向组委会报告详细情况。

（五）处罚措施

（1）因参赛选手原因造成重大安全事故的，取消其获奖资格。

（2）参赛选手有发生重大安全事故隐患，经赛场工作人员提示、警告无效的，可取消其继续比赛的资格。

（3）赛事工作人员违规的，按照相应的制度追究责任。情节恶劣并造成重大安全事故的，由司法机关追究相应法律责任。

十三、竞赛须知

（一）参赛队须知

（1）统一使用单位的团队名称。

（2）竞赛采用个人比赛形式，不接受跨单位组队报名。

（3）参赛选手为单位在职员工，性别不限。

（4）参赛队选手在报名获得确认后，原则上不再更换。允许选手缺席比赛。

（5）参赛队伍在各竞赛专项工作区域的赛位场次和工位采用抽签的方式确定。

（6）参赛队伍所有人员在竞赛期间未经组委会批准，不得接受任何与竞赛内容相关的采访，不得将竞赛的相关情况及资料私自公开。

（二）领队和指导老师须知

（1）领队和指导老师务必带好有效身份证件，在活动过程中佩戴领队和指导教师证参加竞赛及相关活动；竞赛过程中，领队和指导教师非经允许不得进入竞赛场地。

（2）妥善管理本队人员的日常生活及安全，遵守并执行大赛组委会的各项规定和安排。

（3）严格遵守赛场的规章制度，服从裁判，文明竞赛，持证进入赛场允许进入的区域。

（4）熟悉场地时，领队和指导老师仅限于口头讲解，不得操作任何仪器设备，不得现场书写任何资料。

（5）在比赛期间要严格遵守比赛规则，不得私自接触裁判人员。

（6）团结、友爱、互助协作，树立良好的赛风，确保大赛顺利进行。

（三）参赛选手须知

（1）选手必须遵守竞赛规则，文明竞赛，服从裁判，否则取消参赛资格。

（2）参赛选手按大赛组委会规定时间到达指定地点，凭参赛证和身份证（两证必须齐全）进入赛场，并随机进行抽签，确定比赛顺序。选手迟到15 min取消竞赛资格。

（3）裁判组在赛前30 min，对参赛选手的证件进行检查及进行大赛相关事项教育。

（4）比赛过程中，选手必须遵守操作规程，按照规定操作顺序进行比赛，正确使用仪器仪表。不得野蛮操作，不得损坏仪器、仪表、设备，一经发现立即责令其退出比赛。

（5）参赛选手不得携带通信工具和相关资料、物品进入大赛场地，不得中途退场。如出现较严重的违规、违纪、舞弊等现象，经裁判组裁定取消大赛成绩。

（6）现场实操过程中出现设备故障等问题，应提请裁判确认原因。若因非选手个人因素造成的设备故障，经请示裁判长同意后，可将该选手比赛时间酌情后延；若因选手个人因素造成设备故障或严重违章操作，裁判长有权决定终止比赛，直至取消比赛资格。

（7）参赛选手若提前结束比赛，应向裁判举手示意，比赛终止时间由裁判记录；比赛时间终止时，参赛选手不得再进行任何操作。

（8）参赛选手完成比赛项目后，提请裁判检查确认并登记相关内容，选手签字确认。

（9）比赛结束，参赛选手需清理现场，并将现场仪器设备恢复到初始状态，经裁判确认后方可离开赛场。

（四）工作人员须知

（1）工作人员必须遵守赛场规则，统一着装，服从组委会统一安排，否则取消工作人员资格。

（2）工作人员按大赛组委会规定时间到达指定地点，凭工作证、进入赛场。

（3）工作人员认真履行职责，不得私自离开工作岗位。做好引导、解释、接待、维持赛场秩序等服务工作。

十四、申诉与仲裁

本赛项在比赛过程中若出现有失公正或有关人员违规等现象，代表队领队可在比赛结束后2 h之内向仲裁组提出申诉。

书面申诉应对申诉事件的现象、发生时间、涉及人员、申诉依据等进行充分、实事求是的叙述，并由领队亲笔签名。非书面申诉不予受理。

赛项仲裁工作组在接到申诉后的2 h内组织复议，并及时反馈复议结果。申诉方对复议结果仍有异议，可由单位的领队向赛区仲裁委员会提出申诉。赛区仲裁委员会的仲裁结果为最终结果。

十五、竞赛观摩

本赛项对外公开，需要观摩的单位和个人可以向组委会申请，同意后进入指定的观摩区进行观摩，但不得影响选手比赛，在赛场中不得随意走动，应遵守赛场纪律，听从工作人员指挥和安排等。

十六、竞赛直播

本次大赛实行全程网络直播，同时，安排专业摄制组进行拍摄和录制，及时进行报道，包括赛项的比赛过程、开闭幕式等。通过摄录像，记录竞赛全过程。同时制作优秀选手采访、优秀指导教师采访、裁判专家点评和企业人士采访视频资料。

赛　项　题　库

一、单选题

1. 在 110 kV 的设备上工作，工作人员在工作中正常活动范围与带电设备的安全距离至少为（　　）。

A. 0.70 m　　B. 1.00 m　　C. 1.50 m　　D. 2.00 m

2. 在停电的低压配电装置和低压导线上工作，应（　　）。

A. 填用第一种工作票　　B. 电话命令
C. 填用第二种工作票　　D. 可用口头联系

3. 低压设备检修时，其刀闸操作把手上挂（　　）标示牌。

A. “止步，高压危险！”　　B. “在此工作！”
C. “禁止合闸，有人工作！”　　D. “从此上下！”

4. 为保障人身安全，在正常情况下，电气设备的安全电压规定为（　　）以下。

A. 24 V　　B. 36 V　　C. 48 V　　D. 12 V

5. 电流经人体任何途径都可以致人死亡，但是电流通过人体最危险的途径（　　）。

A. 胸到左手　　B. 两脚之间　　C. 右手　　D. 两手之间

6. 我国的安全电压额定值等级依次为（　　）。

A. 42 V、38 V、26 V、12 V、6 V　　B. 42 V、36 V、28 V、12 V、6 V
C. 42 V、36 V、24 V、12 V、6 V　　D. 42 V、38 V、26 V、6 V、3 V

7. 在一般情况下，人体能忍受的安全电流可按（　　）考虑。

A. 100 mA　　B. 50 mA　　C. 30 mA　　D. 10 mA

8. 通过人体的工频电流致人死亡值为致命电流，其数值大小为（　　）。

A. 1 mA　　B. 10 mA　　C. 50 mA　　D. 60 mA

9. 属于直接接触触电的是（　　）。

A. 接触电压触电　　B. 跨步电压触电
C. 高压电场伤害　　D. 两相触电

10. 在三相四线制（380 V/220 V）线路上，当发生两相触电时，人体承受的电压是（　　）。

A. 380 V　　B. 220 V　　C. 160 V　　D. 600 V

11. 人体同时触及带电设备或线路中两相导体而发生的触电方式称为（　　）。

A. 两相触电　　B. 单相触电
C. 跨步电压触电　　D. 间接触电

12. 发现有人触电而附近没有开关时，可用（　　）切断电路。

A. 电工钳或电工刀　　B. 电工钳或铁锨

C. 电工刀或铁锨　　D. 电工刀或斧头

13. 在触电者脱离带电导线后迅速将其带到（　　）以外场地，立即开始触电急救。

A. 6~10 m　　B. 5~10 m　　C. 8~10 m　　D. 10~15 m

14. 在抢救中，只有（　　）才有权认定触电者已经死亡。

A. 抢救者　　B. 医生　　C. 触电者家属　　D. 触电者领导

15. 如果发现触电者呼吸困难或心跳失常，应立即施行（　　）。

A. 人工呼吸或胸外心脏按压　　B. 静卧观察

C. 心肺复苏术　　D. 立即送医院

16. 胸外心脏按压要以均匀速度进行，操作频率以（　　）左右为宜，每次包括按压和放开。

A. 40 次/min　　B. 50 次/min　　C. 80 次/min　　D. 120 次/min

17. 确定物体大小的尺寸叫（　　）。

A. 总体尺寸　　B. 定型尺寸　　C. 定位尺寸　　D. 尺寸基准

18. 图样的比例为 2：1，则图上的直线是实物长的（　　）倍。

A. 1/2　　B. 2　　C. 1.5　　D. 3

19. 变压器铁芯叠片间相互绝缘是为了降低变压器的（　　）损耗。

A. 无功　　B. 短路　　C. 涡流　　D. 空载

20. 錾削时后角一般控制在（　　）为宜。

A. 1°~4°　　B. 5°~9°　　C. 9°~12°　　D. 13°~15°

21. 工具制造厂出厂的标准麻花钻头，顶角为（　　）。

A. 110°±2°　　B. 118°±2°　　C. 125°±2°　　D. 132°±2°

22. 钢板下料应用（　　）。

A. 剪板机　　B. 带锯　　C. 弓锯　　D. 特制剪刀

23. 用千斤顶支撑较重的工件时，应使三个支承点组成的三角形面积尽量（　　）。

A. 大些　　B. 小些　　C. 大小都一样　　D. 稳

24. 电路中两点间的电压高，则（　　）。

A. 这两点的电位都高　　B. 这两点的电位差大

C. 这两点的电位都大于零

D. 这两点的电位一个大于零，另一个小于零

25. 远距离输电，若输送的电功率一定，那么输电线上损失的电功率（　　）。

A. 与输电电压成正比　　B. 与输电电压成反比

C. 与输电电压的二次方成正比　　D. 与输电电压的二次方成反比

26. 过电流保护用做变压器外部短路及内部故障时的（　　）保护。

A. 主　　B. 辅助　　C. 后备　　D. 相间

27. 在全电路中，负载电阻增大，端电压将（　　）。

A. 增高　　B. 减少　　C. 不变　　D. 成倍增加

28. 全电路欧姆定律的数学表达式为（　　）。

A. $I=U/R$　　B. $I=U/(R+R_0)$

C. $I=E/R$　　D. $I=E/(R+R_0)$

29. 有一电源的电动势为3 V，内阻 R_0 为0.4 Ω，外接负载电阻为9.6 Ω，则电源端电压为（　　）。

A. 2.88 V　　B. 0.12 V　　C. 0.3 V　　D. 3.25 V

30. 巡视检查变压器的呼吸器中的硅胶，发现它（　　）后，应安排更换。

A. 全变色　　B. 有2/3 变色

C. 有1/3 变色　　D. 有1/2 变色

31. 灯泡上标有“220 V、40 W”或电阻上标有“100 Ω、2 W”等都是指（　　）。

A. 额定值　　B. 有效值　　C. 最大值　　D. 平均值

32. 综合自动化变电所数据采集量包括：状态量、模拟量、（　　）和数字量。

A. 控制量　　B. 脉冲量　　C. 启动量　　D. 信号量

33. 在停电的设备上装设接地线前，应先进行（　　）。

A. 验电　　B. 放电　　C. 接地　　D. 短路

34. 游丝的主要作用是（　　）。

A. 产生仪表的转动力矩　　B. 产生反作用力矩

C. 让电流通过　　D. 产生反作用力

35. 一般电器所标或仪表所指出的交流电压、电流的数值是（　　）。

A. 最大值　　B. 有效值　　C. 平均值　　D. 瞬时值

36. 已知两个正弦量 $i_1 = 10\sin(314t + 90°)A$，$i_2 = 10\sin(628t + 30°)A$ 则（　　）。

A. i_1 比 i_2 超前60°　　B. i_1 比 i_2 滞后60°

C. i_1 与 i_2 相同　　D. 不能判断 i_1 与 i_2 的相位差

37. 已知一正弦电动势的最大值为220 V，频率为50 Hz，初相位为30°，此电动势的瞬时值表达式是（　　）。

A. $e = 220\sin(314t + 30°)$　　B. $e = 220\sqrt{2}\sin(314t + 30°)$

C. $e = 220\sin(314t - 30°)$　　D. $e = 220\sqrt{2}\sin(314t - 30°)$

38. 某交流电压为 $380\sin\left(314t + \frac{\pi}{2}\right)$ V，此交流电压的有效值为（　　）。

A. $\frac{380}{\sqrt{2}}$ V　　B. $\frac{380}{\sqrt{3}}$ V　　C. 380 V　　D. 220 V

39. 我国变压器的温升标准以环境温度（　　）为准。

A. 40 ℃　　B. 45 ℃　　C. 50 ℃　　D. 55 ℃

40. 已知正弦电压的有效值为380 V，初相角为 -120°，角频率为314 rad/s，其瞬时值表达为（　　）。

A. $u = 380\sqrt{2}\sin(314t - 120°)$ V　　B. $u = 380\sqrt{3}\sin(314t - 120°)$ V

C. $u = 380\sqrt{2}\sin(314t + 120°)$ V　　D. $u = 380\sqrt{3}\sin(314t + 120°)$ V

41. 下列选项中（　　）不是隔离开关的作用。

A. 隔离电源　　B. 倒母线操作

C. 接通和切断小电流的电路　　D. 接通和切断负载、短路电流

42. 交流电流回路端子中，对于同一保护方式的电流回路一般排在一起，按数字

(　　)。

A. 大小从上到下，并按相序排列　　B. 大小从上到下，不按相序排列

C. 大小从下到上，并按相序排列　　D. 大小从下到上，不按相序排列

43. 在交流电的符号法中，不能称为向量的参数是（　　）。

A. U　　B. E　　C. i　　D. Z

44. 一个三相四线制供电电路中，相电压为 220 V，则火线与火线间的电压为（　　）。

A. 220 V　　B. 311 V　　C. 380 V　　D. 440 V

45. 有一台三相发电机，绕组接成星形，每相绕组电压为 220 V，在试验时用电压表测得各相电压均为 220 V，但线电压 $U_{VW}=380$ V，$U_{UV}=220$ V，$U_{UW}=220$ V，其原因是（　　）。

A. U 相绕组接反　　B. V 相绕组接反

C. W 相绕组接反　　D. 绕组断路

46. 晶闸管触发导通后，其控制极对主电路（　　）。

A. 仍有控制作用　　B. 失去控制作用

C. 有时仍有控制作用　　D. 控制作用与自身参数有关

47. 晶闸管控制极电压一般要求正向电压、反向电压分别不超过（　　）。

A. 10 V，5 V　　B. 5 V，10 V

C. 10 V，10 V　　D. 5 V，5 V

48. 通态平均电压值是衡量晶闸管质量好坏的指标之一，其值（　　）。

A. 越大越好　　B. 越小越好　　C. 适中为好　　D. 大小均好

49. 交流电路的功率因数等于（　　）。

A. 瞬时功率与视在功率之比　　B. 有功功率与无功功率之比

C. 有功功率与视在功率之比　　D. 无功功率与无功功率之比

50. 当电源电压和负载有功功率一定时，功率因数越低，电源提供的电流越大，线路的压降（　　）。

A. 不变　　B. 忽小忽大　　C. 越小　　D. 越大

51. 一个三相对称负载，当电源线电压为 380 V 时作星形连接，为 220 V 时作三角形连接。则三角形连接时功率是星形连接时的（　　）。

A. 1 倍　　B. $\sqrt{2}$倍　　C. $\sqrt{3}$倍　　D. 3 倍

52. 在电阻、电感串联交流电路中，电阻上电压为 16 V，电感上电源电压为 12 V，则总电压 U 为（　　）。

A. 28 V　　B. 20 V　　C. 4 V　　D. 15 V

53. 变电站采用不分段的单母线接线方式，当连接母线上的隔离开关中的任何一台需要检修时，（　　）停电。

A. 要部分　　B. 要全部　　C. 不需要　　D. 要 50%

54. 在电阻、电感串联交流电路中，下列各式中正确的是（　　）。

A. $U=uR+XL$　　B. $u=UR+UL$

C. $U=UR+UL$　　D. $I=u/Z$

55. 在电阻、电感串联交流电路中，下列各式中正确的是（　　）。

A. $Z = R + xL$

B. $Z = \sqrt{R^2 + (wL)^2}$

C. $Z = R^2 + (wL)^2$

D. $Z = \sqrt{R + wL}$

56. 在电阻、电容串联的正弦交流电路中，增大电源频率时，其他条件不变，电路中电流将（　　）。

A. 增大　B. 减小　C. 不变　D. 为零

57. 已知交流电路中，某元件的阻抗与频率成反比，则该元件是（　　）。

A. 电阻　B. 电感　C. 电容　D. 线圈

58. 有关 R、L、C 电路发生串联谐振的叙述错误的是（　　）。

A. 谐振时电路呈电阻性 $\cos\varphi = 1$

B. 电路的端电压 U 等于电阻上的压降 U_R，即 $U = U_R$

C. 谐振时，电源与电阻间仍然发生能量的交换

D. 谐振时，电路阻抗最小电流最大。

59. R、L、C 串联交流电路的功率因数等于（　　）。

A. $U_{\mathrm{R}}/U_{\mathrm{L}}$

B. U_{R}/U

C. $R/(X_{\mathrm{L}} + X_{\mathrm{C}})$

D. $R/(R + X_{\mathrm{L}} + X_{\mathrm{R}})$

60. 在 R、L、C 串联正弦交流电路中，总电压与各元件上的电压有（　　）的关系。

A. $U^2 = U_{\mathrm{R}}^2 + U_{\mathrm{C}}^2 + U_{\mathrm{L}}^2$

B. $U^2 = u_{\mathrm{R}}^2 + u_{\mathrm{C}}^2 - U_{\mathrm{L}}^2$

C. $U^2 = u_{\mathrm{R}}^2 + (u_{\mathrm{C}}^2 + U_{\mathrm{L}}^2)$

D. $U^2 = u_{\mathrm{R}}^2 + (u_{\mathrm{C}}^2 - U_{\mathrm{L}}^2)$

61. 有关二极管的叙述错误的是（　　）。

A. 二极管是由一个 PN 结构成的

B. 面接触型二极管极间电容大宜用于高频电路中

C. 稳压管是一种用特殊工艺制造的面接触型硅半导体二极管

D. 二极管按 PN 结的材料可分为硅二极管和锗二极管

62. 用于整流的二极管是（　　）。

A. 2AP9　B. 2CW14C　C. 2CZ52B　D. 2CK9

63. 用于高频检波的二极管是（　　）。

A. 2AP3　B. 2CP10　C. 2CK9　D. 2CZ11

64. 单相全波整流二极管承受反向电压最大值为变压器二次电压有效值的（　　）。

A. 0.45 倍　B. 0.9 倍　C. $\sqrt{2}$倍　D. $2\sqrt{2}$倍

65. 变压器中匝数多、线径细的绕组一定是（　　）。

A. 绕组

B. 副绕组

C. 高压（侧）绕组

D. 低压（侧）绕组

66. 多谐振荡器主要用来产生（　　）信号。

A. 正弦波　B. 脉冲波　C. 方波　D. 锯齿波

67. 在需要较低频率的振荡信号时，一般都采用（　　）振荡电路。

A. LC　B. RC　C. 石英晶体　D. 变压器

68. 特别适合作机床和自动化装置中的位置伺服系统和速度伺服系统中的执行元件的是（　　）。

A. 电磁调速电动机
B. 交磁电机放大机
C. 步进电机
D. 直流力矩电动机

69. 可控硅的三个极中，控制极用字母（　　）表示。

A. K　B. C　C. G　D. A

70. 逻辑表达式 A + AB 等于（　　）。

A. BA　B. A　C. 1 + B　D. B

71. 17 化成二进制数为（　　）。

A. 10001　B. 10101　C. 10111　D. 10010

72. 电弧表面温度一般为（　　）。

A. 2000 ~ 3000 ℃
B. 3000 ~ 4000 ℃
C. 4000 ~ 5000 ℃
D. 6000 ℃

73. 集成运算放大器实际上是一个加有（　　）。

A. 深度负反馈的高放大倍数（$10^3 \sim 10^6$）直流放大器
B. 高放大倍数（$10^3 \sim 10^6$）直流放大器
C. 深度负反馈的直流放大器
D. A、B、C 都不对

74. 集成运算放大器的输入级都是由差动放大电路组成的，其目的是（　　）。

A. 提高电压放大倍数
B. 提高电流放大倍数
C. 抑制零点漂移
D. 稳定静态工作点

75. 条形磁体中，磁性最强的部位是（　　）。

A. 中间　B. 两端　C. N 极上　D. S 极上

76. 判断通电直导体或通电线圈产生磁场的方向是用（　　）。

A. 左手定则
B. 右手螺旋定则
C. 右手定则
D. 楞次定律

77. 描述磁场中各点磁场强弱和方向的物理量是（　　）。

A. 磁通 Φ
B. 磁感应强度 B
C. 磁场强度 H
D. 磁通密度

78. 在磁化过程中铁磁材料的磁导率 μ（　　）。

A. 是常数
B. 不是常数
C. 与 B 成正比
D. 与 B 成反比

79. 形象描述磁体磁场的磁力线是（　　）。

A. 闭合曲线
B. 起于 N 极止于 S 极的曲线
C. 起于 S 极止于 N 极的曲线
D. 互不交叉的闭合曲线

80. 为了减少剩磁，电铃的铁心应采用（　　）。

A. 硬磁材料　B. 软磁材料　C. 矩磁材料　D. 反磁材料

81. 由线圈中磁通变化而产生的感应电动势的大小正比于（　　）。

A. 磁通的变化量
B. 磁场强度
C. 磁通变化率
D. 电磁感应强度

82. 当铁心线圈断电的瞬间，线圈中产生感应电动势的方向（　　）。

A. 与原来电流方向相反　　B. 与原来电流方向相同

C. 不可能产生感应电动势　　D. 条件不够无法判断

83. 当通电导体与磁力线之间的夹角为（　　）时，导体受到的电磁力最大。

A. 90°　　B. 60°　　C. 45°　　D. 0°

84. 判断通电导体在磁场中的受力方向应用（　　）。

A. 左手定则　　B. 右手定则　　C. 安培定则　　D. 楞次定律

85. 指针式万用表欧姆挡的标尺（　　）。

A. 反向且均匀　　B. 正向且均匀

C. 反向且不均匀　　D. 正向且不均匀

86. 万用表的灵敏度越高，测量电压时内阻（　　）。

A. 越小　　B. 越大　　C. 不变　　D. 为零

87. 模拟式万用表的测量机构属于（　　）机构。

A. 电磁系　　B. 电动系　　C. 磁电系　　D. 感应系

88. 不能用万用表进行检测的是（　　）。

A. 二极管　　B. 三极管　　C. 绝缘电阻　　D. 绕组的极性

89. 用万用表测量电阻时，应选择使指针指向标度尺的（　　）时的倍率挡较为准确。

A. 前三分之一段　　B. 后三分之一段

C. 中段　　D. 标尺的二分之一以上

90. 用万用表测量完毕后，应将转换开关转到空挡或（　　）的最高挡。

A. 交流电压　　B. 电阻　　C. 电流　　D. 直流电压

91. 用万用表的欧姆挡时，当将两表笔短路时，指针不能调至欧姆零位，说明电池（　　），应更换新电池。

A. 电压太高　　B. 电压不足　　C. 电压为零　　D. 损坏

92. 发电机式兆欧表由（　　）手摇直流发电机和测量线路组成。

A. 磁电系比率表　　B. 电动系比率表

C. 电磁系比率表　　D. 变换式比率表

93. 兆欧表又称摇表，是一种专门用来测量（　　）的便携式仪表。

A. 直流电阻　　B. 绝缘电阻　　C. 中值电阻　　D. 小电阻

94. 用兆欧表测量具有大电容设备的绝缘电阻，测试后一边（　　）手柄转速，一边拆线。

A. 加速　　B. 均匀　　C. 降低　　D. 停止

95. 兆欧表在使用前，指针指在标度尺的（　　）。

A. “0”处　　B. “∞”处　　C. 中央处　　D. 任意处

96. 用直流单臂电桥测电阻，属于（　　）测量。

A. 直接　　B. 间接　　C. 比较　　D. 一般性

97. 电桥线路接通后，如果检流计指针向“+”方向偏转，则需（　　）。

A. 增加比较臂电阻　　B. 增加比率臂电阻

C. 减小比较臂电阻　　D. 减小比率臂电阻

98. 用双臂电桥测量电阻时，操作要（　　），以免电池消耗过大。

A. 慢　　B. 适当　　C. 稳　　D. 迅速

99. 单臂电桥使用完毕后应将可动部分锁上，以防止（　　）在搬动过程中震坏。

A. 检流计　　B. 电桥　　C. 比例臂　　D. 比较臂

100. 使用单臂电桥前先将检流计（　　）打开，调节调零器直到指针调到零位。

A. 角扣　　B. 锁扣　　C. 纽扣　　D. 手扣

101. 三相三线有功电度表的接线方法与（　　）测量功率的接线方法相同。

A. 一表法　　B. 两表法　　C. 三表法　　D. 两表跨相法

102. 两表法测量三相负载的有功功率时，其三相负载的总功率为（　　）。

A. 两表读数之和　　B. 两表读数之差

C. 两表读数之积　　D. 两表读数之商

103. 两表法适用于（　　）电路有功功率的测量。

A. 三相三线制　　B. 三相四线制

C. 对称三相三线制　　D. 单相

104. 用一表法测量三相对称负载的有功功率时，当星形连接负载的中点不能引出或三角形负载的一相不能拆开接线时，可采用（　　）将功率表接入电路。

A. 人工中点法　　B. 两点法　　C. 三点法　　D. 外接附加电阻

105. 对于三相对称负载，无论是在三相三线制还是三相四线制电路中都可以用（　　）。

A. 一表法　　B. 两表法　　C. 三表法　　D. 三相功率表

106. 三相三线有功电度表的接线方法与（　　）测量功率的接线方法相同。

A. 一表法　　B. 两表法　　C. 三表法　　D. 一表跨相法

107. 电度表工作时，铝盘转数与被测电能的关系是（　　）。

A. 成正比　　B. 成反比

C. 二次方成正比　　D. 二次方成反比

108. 绝缘子的绝缘电阻一般在 104 MΩ 以上，至少需用（　　）的兆欧表进行测量。

A. 1000 V 以上　　B. 1000 ~ 2500 V

C. 2500 V 以上　　D. 1000 V 以下

109. 电机和变压器绕组的电阻值一般都在 0.00001 ~ 1 Ω 之间，测量它们的绕组电阻时，必须采用（　　）。

A. 直流单臂电桥　　B. 直流双臂电桥

C. 万用表　　D. A、B、C 均可以

110. 在检修电机时，若测得绕组对地绝缘电阻接近于 0.38 MΩ 则说明该电机绕组（　　）。

A. 接地　　B. 受潮　　C. 绝缘良好　　D. 断路

111. 测量 1 Ω 以下的电阻应选用（　　）。

A. 直流单臂电桥　　B. 直流双臂电桥

C. 万用表　　D. 兆欧表

112. 有一磁电系测量机构，它的满偏电流为 500 μA，内阻为 200 Ω，若将它改制成量程为 10 A 的电流表，应并联一个（　　）的分流电阻。

A. 0.02 Ω B. 0.01 Ω C. 0.1 Ω D. 0.2 Ω

113. 磁电系测量机构与分流器（ ）构成磁电系电流表。

A. 并联 B. 串联 C. 混联 D. 过渡连接

114. 要使电流表的量程扩大 n 倍，所并联的分流电阻应是测量机构内阻的（ ）倍。

A. $1/(n-1)$ B. $n-1$ C. $1/(n+1)$ D. $n+1$

115. 同步示波器适于测试（ ）脉冲信号。

A. 高频 B. 中频 C. 低频 D. 交流

116. 利用双线示波器观测两个信号，一定要注意两个被测信号应有（ ）。

A. 隔离点 B. 分割点 C. 公共点 D. 相同的频率

117. 变压器穿心螺杆或铁轭夹件碰接铁心及压铁松动均系（ ）方面的故障。

A. 结构 B. 磁路 C. 电路 D. 机械机构

118. 变压器温度的测量主要是通过对其油温进行测量来实现的。如果发现油温较平时相同负载和相同冷却条件下高出（ ）时，应考虑变压器内发生了故障。

A. 5 ℃ B. 10 ℃ C. 15 ℃ D. 20 ℃

119. 为降低变压器铁心中（ ），叠片间要相互绝缘。

A. 无功损耗 B. 空载损耗 C. 短路损耗 D. 涡流损耗

120. 当变压器原边电源电压增大时，则（ ）。

A. 铁损耗都增大 B. 铁损耗为零

C. 铁损耗都不变 D. 铁损耗都减小

121. 变压器修理以后，若铁心叠片减小一些，而新绕组与原来相同，那么变压器的空载损耗一定（ ）。

A. 上升 B. 下降 C. 不变 D. 倍减

122. 在变压器绕组匝数、电源电压及频率一定的情况下，将变压器的铁心截面积减小，则铁心中的主磁通（ ）。

A. 增大 B. 减小 C. 不变 D. 倍增

123. 变压器短路试验时，如果在高压边加额定电压，副边短路，则变压器（ ）。

A. 原绕组中的电流很大

B. 副绕组中的电流很大

C. 原副绕组中的电流都很大

D. 原绕组中的电流很大，副绕组中的电流过小

124. 当变压器带电容性负载运行时，其电压调整率 $\Delta U\%$（ ）。

A. 大于零 B. 等于零 C. 小于零 D. 大于 1

125. 如果将额定电压为 220/36 V 的变压器接 220 V 的直流电源，则将发生（ ）现象。

A. 输出 36 V 的直流电压 B. 输出电压低于 36 V

C. 输出 36 V 电压，原绕组过热

D. 没有电压输出，原绕组严重过热而烧坏

126. 变压器的工作电压不应超过其额定电压的（ ）。

A. 5% ~10% B. ±2% C. ±5% D. ±10%

127. 用一台电力变压器向某车间的异步电动机供电，当启动的电动机台数增多时，变压器的端电压将（　　）。

A. 升高　　B. 降低

C. 不变　　D. 可能升高也可能降低

128. 变压器副绕组作三角形接法时，为了防止发生一相接反的事故，须先进行（　　）测试。

A. 把副绕组接成开口三角形，测量开口处有无电压

B. 把副绕组接成闭合三角形，测量其中有无电流

C. 把副绕组接成闭合三角形，测量原边空载电流的大小

D. 把副绕组接成开口三角形，测量开口处有无电流

129. 三相变压器原绕组采用星形接法时，如果一相绕组接反则三个铁心柱中的磁通将会（　　）。

A. 发生严重畸变　　B. 大大增加

C. 大大减小　　D. 不变

130. 两台容量相同的变压器并联运行时，出现负载分配不均的原因是（　　）。

A. 阻抗电压不相等　　B. 连接组标号不同

C. 电压比不相等　　D. 变压比不相等

131. 变压器并联运行的目的是（　　）。

A. 提高电网功率因数　　B. 提高电网电压

C. 电压比不相等　　D. 改善供电质量

132. 两台变压器并联运行，空载时副绕组中有电流，其原因是（　　）。

A. 短路电压不相等　　B. 变压比不相等

C. 连接组别不同　　D. 并联运行的条件全部不满足

133. 变压器大修后，验收项目中要求顶盖沿瓦斯继电器方向有1% ~1.5%的升高坡度，顶盖的最高处通向油枕的油管，以及从套管升高座等引入瓦斯继电器的管道，均应有（　　）的升高坡度。

A. 2% ~4%　　B. 1% ~1.5%

C. 0~1%　　D. 4% ~5%

134. 在测定变压器线圈绝缘电阻时，如发现其电阻值比上次测定（换算至同一温度时）的数值下降（　　）时，应做绝缘油试验。

A. 10% ~20%　　B. 20% ~30%

C. 30% ~40%　　D. 30% ~50%

135. 变压器容量在630 kV·A及以上，而且无人值班的变电所应（　　）检查一次。

A. 1周　　B. 1个月　　C. 1个季度　　D. 1年

136. 运行中变压器若发出沉闷的“嗡嗡”声，应进行（　　）处理。

A. 退出运行　　B. 减轻负荷

C. 检查瓦斯继电器　　D. 继续运行

137. 变压器吊芯检修时，当空气相对湿度不超过65%，芯子暴露在空气中的时间不许超过（　　）。

A. 16 h　　B. 24 h　　C. 48 h　　D. 18 h

138. 打开铁心接地片或接地套管引线，用500～1000 V兆欧表测铁心对夹件的绝缘电阻，阻值不得低于（　　）。

A. 5 MΩ　　B. 6 MΩ　　C. 8 MΩ　　D. 10 MΩ

139. 直流电机的主极铁心一般都采用（　　）厚薄钢板冲剪叠装而成。

A. 0.5～1 mm　　B. 1～1.5 mm

C. 2 mm　　D. 0.35～0.5 mm

140. 一般直流电机换向极气隙为主极气隙的（　　）。

A. 1.5～2倍　　B. 2～2.5倍

C. 3倍　　D. 0.5～1倍

141. 串励电机具有软机械特性，因此适用于（　　）。

A. 转速要求基本不变的场合　　B. 用皮带或链条传动

C. 输出功率基本不变的场合

D. 允许空载启动且转速可以在很大范围内变化

142. 并励电动机改变电源电压调整是指（　　）。

A. 改变励磁电压，电枢电压仍为额定值

B. 改变电枢电压，励磁电压为额定值

C. 同时改变励磁、电枢端电压

D. 改变电枢电压

143. 换向片间的电压突然（　　）可能是由于绕组断路或脱焊所造成的。

A. 升高　　B. 降低　　C. 为零　　D. 忽高忽低

144. 修理直流电机时，常用毫伏表校验片间电压，将换向器两端接到低压直流电源上，将毫伏表两端接到相邻两换向片上，如果读数突然变小则表示（　　）。

A. 换向器片间短路　　B. 被测两片间的绕组元件短路

C. 绕组元件断路　　D. 换向器片间断路

145. 由于直流电机受到换向条件的限制，一般直流电机中允许通过的最大电流不应超过额定电流的（　　）。

A. 1.5～2倍　　B. 2～2.5倍　　C. 3～4倍　　D. 4～6倍

146. 谐波对电容器的危害是（　　）。

A. 增加铜损　　B. 增加铁损

C. 产生过载故障　　D. 降低工作电压

147. 六极三相异步电动机定子圆周对应的电角度为（　　）。

A. 360°　　B. 3×360°　　C. 5×360°　　D. 6×360°

148. 绕组节距y是指一个绕组元件的两有效边之间的距离，在选择绕组节距时应该（　　）。

A. 越大越好　　B. 越小越好　　C. 接近极距τ　　D. 等于极距

149. 三相异步电动机定子绕组若为单层绕组，则一般采用（　　）。

A. 整距绕组　　B. 短距绕组

C. 长距绕组　　D. 接近极距绕组

150. 三相异步电动机启动转矩不大的主要原因是（　　）。

A. 启动时电压低　　　　B. 启动时电流不大

C. 启动时磁通少　　　　D. 启动时功率因数低

151. 三相异步电动机启动瞬间，转差率为（　　）。

A. $S=0$　　　　B. $S=0.01\sim0.07$

C. $S=1$　　　　D. $S>I$

152. 三相异步电动机额定运行时，其转差率一般为（　　）。

A. $S=0.004\sim0.007$　　　　B. $S=0.01\sim0.07$

C. $S=0.1\sim0.7$　　　　D. $S=I$

153. 一台两极三相异步电动机，定子绕组采用星形接法，若有一相断线则（　　）。

A. 有旋转磁场产生　　　　B. 有脉动磁场产生

C. 有恒定磁场产生　　　　D. 无磁场产生

154. 三相异步电动机形成旋转磁场的条件是在（　　）。

A. 三相绕组中通入三相对称电流

B. 三相绕组中通入三相电流

C. 三相对称定子绕组中通入三相对称电流

D. 三相对称定子绕组中通入三相电流

155. 绕组在烘干过程中，每隔（　　）要用兆欧表测量一次绝缘电阻。

A. 0.5 h　　B. 1 h　　C. 2 h　　D. 3 h

156. 当电机绕组预烘温度下降到（　　）时，即可浸漆。

A. 50 ℃　　B. 60 ~ 70 ℃　　C. 80 ~ 85 ℃　　D. 90 ℃

157. 在电机绕组干燥过程中，低温阶段大约为（　　）。

A. 0.5 ~ 1 h　　B. 2 ~ 4 h　　C. 6 ~ 8 h　　D. 8 ~ 16 h

158. 额定电压为 380 V，额定功率为 3 kW 的异步电动机其耐压试验电压的有效值为 1760 V 时，历时（　　）。

A. 0.5 min　　B. 1 min　　C. 3 min　　D. 5 min

159. 异步电动机的匝间绝缘试验是把电源电压提高到额定电压的（　　），使电动机空转 3 min 应不发生短路现象。

A. 130%　　B. 150%　　C. 200%　　D. 250%

160. Y 接法的三相异步电动机，空载运行时，若定子一相绕组突然断路，那么电动机将（　　）。

A. 不能继续转动　　　　B. 有可能继续转动

C. 速度增高　　　　D. 能继续转动但转速变慢

161. 三相鼠笼型异步电动机在运行过程中，振动噪声较大，用钳形电流表测电流指针来回摆动是因为（　　）。

A. 鼠笼转子断条　　　　B. 定子绕组断线

C. 电源缺相　　　　D. 定子绕组短路

162. 电动机在运行过程中，若闻到特殊的绝缘漆气味，这是由于（　　）引起的。

A. 电动机过载发热　　　　B. 轴承缺油

C. 散热不良　　D. 转子扫膛

163. 定子绕组出现匝间短路故障后，给电动机带来的最主要危害是（　　）。

A. 使外壳带电　　B. 电动机将很快停转

C. 电动机绕组过热冒烟，甚至烧坏　　D. 电动机转速变慢

164. 三相异步电动机外壳带电的原因是（　　）。

A. 绕组断路　　B. 一相绕组接反

C. 绕组接地　　D. 绕组匝间短路

165. 电压相位不同的两台同步发电机投入并联运行后，能自动调整相位而进入正常运行，这一过程称为（　　）。

A. 相差自整步过程　　B. 相差整步过程

C. 整步过程　　D. 自整步过程

166. 要使同步发电机的输出功率提高，则必须（　　）。

A. 增大励磁电流　　B. 提高发电机的端电压

C. 增大发电机的负载　　D. 增大原动机的输入功率

167. 同步电机若要有效地削弱齿谐波的影响，则需采用（　　）绕组。

A. 短距　　B. 分布　　C. 分数槽　　D. 整数槽

168. 造成同步电机失磁故障的原因是（　　）。

A. 负载转矩太大　　B. 发电机励磁回路断线

C. 转子励磁绕组有匝间短路　　D. 负载转矩太小

169. 杯形转子异步测速发电机磁极极数通常选取（　　）。

A. 2　　B. 4　　C. 6　　D. 8

170. 两相交流伺服电动机在运行上与一般异步电动机的根本区别是（　　）。

A. 具有下垂的机械特性

B. 靠不同程度的不对称运行来达到控制目的

C. 具有两相空间和相位各差 90°电角度的不对称运行来达到控制目的

D. 具有上升的机械特性

171. 单绕组三速电动机的 2Y/2Y/2Y 和 2△/2△/2Y 两种接线有（　　）出线端。

A. 9 个　　B. 6 个　　C. 3 个　　D. 12 个

172. 有关改变异步电动机的磁极对数调速的叙述中错误的是（　　）。

A. 变极调速是通过改变定子绕组的连接方式来实现的

B. 可改变磁极对数的电动机称为多速电动机

C. 变极调速只适用于鼠笼型异步电动机

D. 变极调速是无级调速

173. 在多粉尘环境中使用电磁调速异步电动机时，应采取防尘措施，以免电枢表面积尘而导致电枢和磁极间的间隙堵塞影响（　　）。

A. 调速　　B. 转速　　C. 电压　　D. 电流

174. 有关电磁调速异步电动机的叙述中错误的是（　　）。

A. 电磁异步电动机又称滑差电动机

B. 电磁调速异步电动机是无级调速而且调速范围大

C. 电磁调速异步电动机可以长期低速运行

D. 电磁调速异步电动机是利用转差离合器来改变负载转速的

175. 动圈式电焊变压器改变漏磁的方式是通过改变（　　）来实现的。

A. 变压器的漏阻抗值　　B. 串电抗器

C. 原副边的相对位置　　D. 铁心的位置

176. 关于电焊变压器性能的几种说法正确的是（　　）。

A. 副边输出电压较稳定，焊接电流也较稳定

B. 空载时副边电压很低，短路电流不大，焊接时副边电压为零

C. 副边电压空载时较大，焊接时较低，短路电流不大

D. 副边电压较高，短路电流不大

177. BX3 系列交流焊机，焊接电流的粗调是通过选择开关改变（　　）的接法来实现的。

A. 一次绕组　　B. 二次绕组

C. 一次与二次绕组　　D. 绕组

178. 带电抗器的电焊变压器，粗调焊接电流的方法是（　　）。

A. 改变原绕组的分接头　　B. 改变电抗器铁心气隙大小

C. 改变原、副绕组的相对位置　　D. 改变铁心的位置

179. 有一台弧焊变压器使用正常，就是外壳手柄带电麻手，其主要原因是（　　）。

A. 一次绕组绝缘破坏，导线与铁心相碰或某处与机壳相碰

B. 二次绕组电压过高所致

C. 二次绕组漏电所致

D. 一次绕组电压过高

180. 国标中规定，交流弧焊机的最小焊接电流最大也不应超过其额定焊接电流的（　　）。

A. 30%　　B. 15%　　C. 10%　　D. 25%

181. AX1－500 型直流弧焊机属于差复励式，空载电压为 60～90 V，工作电压为 40 V，电流调节范围为（　　）。

A. 100～400 A　　B. 120～600 A

C. 200～800 A　　D. 180～520 A

182. AX－320 型直流弧焊机陡降的特性是（　　）获得的。

A. 由于电枢反应的去磁作用　　B. 借助串联去磁绕组的去磁作用

C. 借助并联去磁绕组的去磁作用　　D. 由于主极铁心结构变形

183. 直流弧焊机启动后，电机反转的原因是（　　）。

A. 三相电动机功率小　　B. 三相电动机功率大

C. 三相电动机与电源相序接线错误　　D. 电网电压过高

184. 直流弧焊机中，电刷盒的弹簧压力太小，可导致（　　）。

A. 电刷有火花　　B. 焊机过热

C. 焊接过程中电流忽大忽小　　D. 不起弧

185. 要使晶闸管导通所必须具备的条件是晶闸管阳极与阴极间加上正向电压，

(　　)。

A. 门极对阴极同时加上适当的正向电压

B. 门极对阴极同时加上适当的反向电压

C. 阳极对阴极同时加上适当的正向电压

D. 阳极对阴极同时加上适当的反向电压

186. 有关晶闸管作用的叙述中错误的是（　　）。

A. 晶闸管是一种大功率半导体器件，它可以实现以微小的电信号对大功率电能进行控制或交换

B. 晶闸管具有电流放大作用

C. 可以应用于交、直流的调压、交流开关等

D. 可以应用于整流和逆变等

187. 通态平均电压值是衡量晶闸管质量好坏的指标之一，其值（　　）。

A. 越大越好　　B. 越小越好　　C. 适中为好　　D. 为零最好

188. 通常所说 745 V 晶闸管就是指（　　）。

A. 正向阻断峰值电压　　B. 反向阻断峰值电压

C. 正向转折电压　　D. 门极触发电压

189. 单相半控桥式电感负载加续流二极管的整流电路，当控制角 α 等于（　　）时，通过续流二极管的电流平均值等于通过晶闸管的电流平均值。

A. 120°　　B. 90°　　C. 60°　　D. 180°

190. 在电阻性负载的单相全波晶闸管整流电路中每个管子承受的电压为（　　）。

A. 最大正向电压为$\sqrt{2}U_2$，最大反向电压为 $2\sqrt{2}U_2$

B. 最大正向电压为$\sqrt{2}U_2$，最大反向电压为$\sqrt{2}U_2$

C. 最大正向电压为 $2\sqrt{2}U_2$，最大反向电压为$\sqrt{2}U_2$

D. 最大正向电压为 $2\sqrt{2}U_2$，最大反向电压为 $2\sqrt{2}U_2$

191. 晶闸管整流电路中“同步”的概念是指（　　）。

A. 触发脉冲与主回路电源电压同时到来同时消失

B. 触发脉冲与电源电压频率相同

C. 触发脉冲与主回路电源电压频率和相位上有相互协调配合的关系

D. 触发脉冲与主回路电源电压的幅值相互配合

192. 晶闸管常用张弛振荡器作为触发电路，其张弛振荡器是指（　　）。

A. 阻容移相触发电路　　B. 单结晶体管触发电路

C. 正弦波触发电路　　D. 锯齿波的触发器

193. 电力工业生产的五个环节是（　　）。

A. 发电、输电、变电、配电、用电

B. 机电、线路、用户、测量、保护

C. 火电厂、变电所、输电线路、配电线路、用户

D. 水电厂、变电所、输电线路、配电线路、用户

194. 电力系统是由发电厂、输电网、配电网和电力用户在电气设备上组成的统一整

体，其运行特点是（　　）。

A. 发电、输变电、配电和用电不同时完成

B. 发电、输变电同时完成后，再进行配电直到电力用户

C. 发电、输变电、配电和用电同时完成

D. 发电、输变电、配电同时完成且与电力用户不同时完成

195. 供电可靠性较高，任一段线路的故障和检修都不致造成供电中断，并且可减少电能损耗和电压损失的接线方式为（　　）。

A. 环形接线　　B. 树干式　　C. 放射式　　D. 桥式

196. 系统灵活性好，使用的开关设备少，消耗的有色金属少，但干线发生故障时影响范围大，供电可靠性较低的接线方式为（　　）。

A. 环形接线　　B. 树干式　　C. 放射式　　D. 桥式

197. 机械开关电器在需要修理或更换机械零件前所能承受的无载操作循环次数称（　　）。

A. 机械寿命　　B. 电器寿命　　C. 操作频率　　D. 通电持续率

198. 栅片一般由（　　）制成，它能将电弧吸入栅片之间，并迫使电弧聚向栅片中心，被栅片冷却使电弧熄灭。

A. 铁磁性物质　　B. 非磁性物质　　C. 金属物质　　D. 非金属物质

199. 交流接触器短路环的作用是（　　）。

A. 消除铁心振动　　B. 增大铁心磁通

C. 减缓铁心冲击　　D. 减小漏磁通

200. 交流接触器线圈电压过高将导致（　　）。

A. 线圈电流显著增大　　B. 铁心涡流显著增大

C. 铁心磁通显著增大　　D. 铁心涡流显著减小

201. 安装交流接触器时，应垂直安装在板面上，倾斜角不能超过（　　）。

A. 5°　　B. 10°　　C. 15°　　D. 20°

202. 交流接触器除了具有接通和断开主电路和控制电路的功能外，还可以实现（　　）保护。

A. 短路　　B. 过载　　C. 过流　　D. 欠压及失压

203. 接触器断电后，衔铁不能释放，其原因是（　　）。

A. 电源电压偏低　　B. 铁心接触面有油腻

C. 弹簧压力过大　　D. 短路环断裂

204. 电压互感器副边短路运行的后果是（　　）。

A. 主磁通剧增，铁损增加，铁心过热

B. 副边电压为零，原边电压为零

C. 原副绕组因电流过大而烧毁

D. 副边所接仪表或继电器因电流过大而烧毁

205. 电压互感器副边回路中仪表或继电器必须（　　）。

A. 串联　　B. 并联　　C. 混联　　D. 串、并联都可以

206. 如果不断电拆装电流互感器副边的仪表，则必须（　　）。

A. 先将副绕组断开　　B. 先将副绕组短接

C. 直接拆装　　D. 无特殊要求

207. 对于1 kV的电缆采用（　　）摇表，绝缘电阻不能低于10 MΩ。

A. 500 V　　B. 1000 V　　C. 2500 V　　D. 1500 V

208. 敷设电力电缆时，应在地面（　　）设置电缆标志。

A. 中间接头处　　B. 电缆转弯处

C. 长度超过500 m的直线段中间点附近

D. 中间接头处、电缆转弯处、长度超过500 m的直线段中间点附近

209. 一台型号为Y－112M－4型、4 kW、额定电压为380 V的三相异步电动机带负载直接启动时，应配（　　）的铁壳开关。

A. 15 A　　B. 30 A　　C. 60 A　　D. 100 A

210. 对于短路电流相当大或有易燃气体的地方应采用（　　）系列熔断器。

A. 有填料封闭管式RT　　B. 无填料封闭管式RM

C. 螺旋式RL　　D. 瓷插式RC

211. 热继电器不能作为电动机的（　　）保护。

A. 过载　　B. 断相　　C. 短路　　D. 三相电流不平衡

212. 三相异步电动机额定电流为10 A，三角形连接用热继电器作为过载及断相保护可选（　　）型热继电器。

A. JR16－20/3D　　B. JR0－20/3

C. JR10－10/3　　D. JR16－40/3D

213. 热继电器控制触头的长期工作电流为（　　）。

A. 1 A　　B. 3 A　　C. 5 A　　D. 10 A

214. 电磁启动器是由（　　）组成的直接启动电动机的电器。

A. 交流接触器、热继电器　　B. 交流接触器、熔断器

C. 交流接触器、继电器　　D. 自动空气开关、热继电器

215. 下面有关自动星－三角启动器的叙述中错误的是（　　）。

A. 供三相鼠笼型感应电动机作星－三角启动及停止用

B. 具有过载保护作用

C. 具有断相保护作用

D. 启动过程中，交流接触器能自动将电动机定子绕组由星形转换为三角形连接

216. 维修触头系统时，往往要对某些参数进行调整，调整开距是为了保证触头（　　）。

A. 断开之后必要的安全绝缘间隔　　B. 磨损后仍能可靠地接触

C. 不发生熔焊及减轻触头灼伤程度　　D. 接触电阻值低而稳定

217. 交流接触器线圈通电后，衔铁被卡住，此时（　　）增大引起电流增大。

A. 线圈电流　　B. 线圈电阻　　C. 磁阻　　D. 电压

218. 交流耐压试验的频率为（　　）。

A. 50 Hz　　B. 55 Hz　　C. 60 Hz　　D. 100 Hz

219. 几个试品并联在一起进行工频交流耐压试验时，试验电压应按各试品试验电压

的（　　）选取。

A. 平均值　　B. 最高值　　C. 最低值　　D. 额定电压

220. 试验变压器的额定输出电流 I_N 应（　　）被试品所需的电流 I_s。

A. 小于　　B. 等于　　C. 大于　　D. 近似等于

221. 对电机进行直流耐压试验时，试验电压通常取（　　）倍 U_N。

A. 1 ~ 2　　B. 2 ~ 2.5　　C. 2.5 ~ 3　　D. 3 ~ 4

222. 电气设备采用保护接地，还是保护接零主要取决于（　　）。

A. 低压电网的性质　　B. 电气设备的额定电压

C. 系统的运行方式

D. 系统的中性点是否接地、低压电网的性质及电气设备的额定电压

223. 采用安全电压或低于安全电压的电气设备，（　　）保护接地或接零。

A. 实行　　B. 不实行　　C. 必须实行　　D. 绝对不允许

224. 变压器的铁心和外壳经一点同时接地，避免形成（　　）。

A. 间隙放大　　B. 铁心产生涡流

C. 外壳被磁化　　D. 环流

225. 接触电压和跨步电压的大小与接地电流的大小、土壤电阻率、设备接地电阻及（　　）等因素有关。

A. 人体位置　　B. 大地流散电阻

C. 设备接触情况　　D. 人的跨距

226. 电气设备发生接地故障时，接地部分与大地零电位之间的电位差称（　　）。

A. 接触电压　　B. 跨步电压　　C. 对地电压　　D. 分布电压

227. 画电器原理图时，耗能元件要画在电路的（　　）。

A. 下方　　B. 上方　　C. 最右面　　D. 最左面

228. 根据原理图分析原理时应从触头的（　　）位置出发。

A. 常态　　B. 受力作用后　　C. 动作后　　D. 工作

229. 电源容量在 180 kV · A 以上，电动机容量在（　　）以下的三相异步电动机可采用直接启动。

A. 6 kW　　B. 15 kW　　C. 30 kW　　D. 45 kW

230. 绕线式三相异步电动机，转子串入电阻调速属于（　　）。

A. 变极调速　　B. 变频调速

C. 改变转差率调速　　D. 无级调速

231. Y - △启动只适用于在正常运行时定子绕组作（　　）连接的电动机。

A. 任意　　B. 星形　　C. 三角形　　D. 星形 - 三角形

232. 异步电动机作 Y - △降压启动时，每相定子绕组上的启动电压是正常工作电压的（　　）。

A. 1/3 倍　　B. 1/2 倍　　C. $1/\sqrt{2}$倍　　D. $1/\sqrt{3}$倍

233. 用倒顺开关控制电动机正反转时，当电动机处于正转状态时，要使它反转，应先把手柄扳到（　　）位置。

A. 倒　　B. 顺　　C. 停　　D. 开

234. 倒顺开关正反转控制线路一般用于控制额定电流为 10 A，功率在（　　）以下的小容量电动机。

A. 3 kW　　B. 7.5 kW　　C. 30 kW　　D. 1.5 kW

235. 最常用的接近开关为（　　）开关。

A. 光电型　　B. 高频振荡型　　C. 电磁感应型　　D. 超声波型

236. 刨床控制电路中，作限位用的开关是（　　）。

A. 行程开关　　B. 刀开关

C. 自动空气开关　　D. 转换开关

237. 电容制动一般用于（　　）以下的小容量电动机。

A. 5 kW　　B. 15 kW　　C. 10 kW　　D. 30 kW

238. 反接制动时，制动电流约为电动机额定电流的（　　）。

A. 3 倍　　B. 5 倍　　C. 8 倍　　D. 10 倍

239. 三相异步电动机反接制动时，其转差率为（　　）。

A. $S<0$　　B. $S=0$　　C. $S=1$　　D. $S>1$

240. 三相异步电动机的变极调速是通过改变（　　）来实现的。

A. 转矩　　B. 定子绕组的连接方式

C. 电源线接线方式　　D. 电源电压

241. 有关三相异步电动机调速的叙述错误的是（　　）。

A. 一是改变电源频率，二是改变磁极对数，三是改变转差率

B. 变极调速属于有级调速，只适用于鼠笼型异步电动机

C. 改变转差率调速，只能用于绕线型电动机

D. 正常工作时，在不改变电源电压的情况下，通过改变电源频率、改变电动机转速也能保证电动机正常工作

242. 三相异步电动机试车时 Y 接启动正常，按下按钮电动机全压工作，但松开按钮电动机退回 Y 接状态是由于（　　）引起的。

A. 接触器触头无自锁　　B. 接触器触头无连锁

C. 接触器衔铁不闭合　　D. 按钮损坏

243. Y－△降压启动空载试验线路正常带负荷试车时，按下按钮接触器均得电动作，但电动机发出异响，转子向正反两个方向颤动，怀疑是由于（　　）引起的。

A. 封星时接触不良　　B. 接线错误

C. 负载过重　　D. 三相电压不平衡

244. 部分停电工作时，监护人应始终不间断地监护工作人员的（　　），使其在规定的安全距离内工作。

A. 活动范围　　B. 最小活动范围

C. 最大活动范围　　D. 各种活动

245. 监护人应具有一定的安全技术经验，能掌握工作现场的安全技术、工艺质量进度等，要求有处理问题的应急能力，一般监护人的安全技术等级（　　）。

A. 高于操作人　　B. 低于操作人

C. 与操作人员相同　　D. 为高级

246. 电气工作间断时，工作人员应从工作现场撤出，所有安全措施（　　）。

A. 保持不动，工作票仍由工作负责人执存

B. 保持不动，工作票交回运行值班员

C. 全部拆除，工作票交回运行值班员

D. 全部拆除，工作票仍由工作负责人执存

247. 电气工作开始前，必须完成（　　）。

A. 工作许可手续　　B. 安全措施

C. 工作监护制度　　D. 停电工作

248. 如果线路上有人工作，应在线路断路器和隔离开关的操作把手上悬挂（　　）的标志牌。

A. “禁止合闸，有人工作”　　B. “禁止合闸，线路有人工作”

C. “止步，高压危险”　　D. “在此工作”

249. 在电气设备工作时，保证安全的技术措施是（　　）。

A. 停电、验电、装设临时地线、悬挂标示牌和装设遮挡

B. 停电、验电、悬挂标示牌和装设遮挡

C. 填写工作票、操作票

D. 工作票制度、工作许可制度、工作监护制度

250. 10 kV 及以下设备不停电时的安全距离最少为（　　）。

A. 0.05 m　　B. 0.70 m　　C. 1.00 m　　D. 1.50 m

251. 高压设备发生接地时，在室内及室外不得接近故障点分别为（　　）以内。

A. 4 m 和 8 m　　B. 3 m 和 6 m　　C. 5 m 和 10 m　　D. 2 m 和 4 m

252. 工作人员工作中正常活动范围与 10 kV 及以下的带电导体的安全距离最少为（　　）。

A. 0.50 m　　B. 0.35 m　　C. 0.60 m　　D. 0.90 m

253. 工作人员工作中正常活动范围与 35 kV 带电设备的安全距离最少为（　　）。

A. 0.35 m　　B. 0.60 m　　C. 0.90 m　　D. 1.50 m

254. 在低压带电导线未采取（　　）时，工作人员不得穿越。

A. 安全措施　　B. 绝缘措施　　C. 专人监护　　D. 负责人许可

255. 在带电的低压配电装置上工作时，应采取防止（　　）的绝缘隔离措施。

A. 相间短路　　B. 单相接地

C. 相间短路和单相接地　　D. 电话命令

256. 在低压回路检修设备时，先将检修设备的各方面电源断开，取下熔断器，刀闸把手上挂（　　）标示牌。

A. “禁止合闸，有人工作”　　B. “止步，高压危险”

C. “在此工作”　　D. “禁止合闸，线路有人工作”

257. 低压回路工作前必须（　　）。

A. 填用工作票　　B. 悬挂标示牌

C. 采取装设遮挡的安全措施　　D. 验电

258. 常见的触电方式中触电最危险的是（　　）。

A. 直接触电　B. 接触电压、跨步电压触电
C. 剩余电荷触电　D. 感应电压触电

259. 对人体危害最大的频率是（　　）。
A. 2 Hz　B. 20 Hz　C. 30 ~ 100 Hz　D. 220 Hz

260. 发现有人触电时，应（　　）。
A. 首先脱离电源，后现场救护　B. 首先脱离电源，后通知调度等待处理
C. 首先脱离电源，后等待救护人员　D. 向调度汇报，再采取触电急救

261. 高压触电救护时，救护人员应（　　）。
A. 穿绝缘靴，使用绝缘棒　B. 穿绝缘靴，戴绝缘手套
C. 使用绝缘工具　D. 穿绝缘靴，戴绝缘手套，使用绝缘棒

262. 焊接时的局部照明应使用（　　）安全灯。
A. 6 V　B. 12 V　C. 36 V　D. 12 ~ 36 V

263. 对于电弧焊的描述，（　　）是错误的。
A. 电弧焊作业场所周围应有灭火器
B. 电弧焊作业场所周围不得有易燃易爆物品
C. 电弧焊作业场所与带电体要有 1 m 的距离
D. 禁止在带有气体、液体压力的容器上焊接

264. 气焊采用的接头形式主要是（　　）。
A. 对接　B. T 字接　C. 角接　D. 搭头接

265. 气焊高碳钢、铸铁、硬质合金及高速钢应选用（　　）。
A. 中性焰　B. 碳化焰　C. 氧化焰　D. 氢化焰

266. CPU 包括（　　）。
A. 存储、算术逻辑（运算器）　B. 算术逻辑（运算器）、控制器
C. 存储器、控制器　D. 控制器、输出设备

267. 计算机存储容量中的 4 kB 是指（　　）。
A. 4096 B　B. 1024 B　C. 8192 B　D. 1 MB

268. 变压器的呼吸器位置在变压器（　　）。
A. 油箱的上端　B. 油枕的下端　C. 油枕的上端　D. 油箱的下端

269. 我国电力变压器的额定频率为（　　）。
A. 45 Hz　B. 50 Hz　C. 55 Hz　D. 60 Hz

270. 理想变压器的同名端为首端时，原、副绕组电压的相位差（　　）。
A. 大于 180°　B. 小于 180°　C. 等于 180°　D. 为 0°

271. 变压器瓦斯继电器内有气体，（　　）。
A. 说明内部肯定有故障　B. 说明外部故障
C. 不一定有故障　D. 没有故障

272. 变压器最基本的结构是由铁芯、线圈及（　　）组成。
A. 油箱　B. 冷却装置　C. 电线套管　D. 绝缘部分

273. 基尔霍夫电流定律的内容是：任一瞬间，流入节点上的电流（　　）为零。
A. 代数和　B. 和　C. 代数差　D. 差

274. 三条或三条以上支路的连接点，称为（　　）。

A. 接点　　B. 结点　　C. 节点　　D. 拐点

275. 应用基尔霍夫电压定律时，必须首先标出电路各元件两端电压或流过元件的电流方向以及确定（　　）。

A. 回路数目　　B. 支路方向

C. 回路绕行方向　　D. 支路数目

276. 基尔霍夫电压定律所确定的是回路中各部分（　　）之间的关系。

A. 电流　　B. 电压　　C. 电位　　D. 电势

277. 叠加原理为：由多个电源组成的（　　）电路中，任何一个支路的电流（或电压），等于各个电源单独作用在此支路中所产生的电流（或电压）的代数和。

A. 交流　　B. 直流　　C. 线性　　D. 非线性

278. 叠加原理不适用于（　　）的计算。

A. 电压　　B. 电流　　C. 交流电路　　D. 功率

279. 任何一个（　　）网络电路，可以用一个等效电压源来代替。

A. 有源　　B. 线性

C. 有源二端线性　　D. 无源二端线性

280. 将有源二端线性网络中所有电源均除去之后两端之间的等效电阻称等效电压源的（　　）。

A. 电阻　　B. 内电阻　　C. 外电阻　　D. 阻值

281. R、C 串联电路中，输入宽度为 t_p 的矩形脉冲电压，若想使 R 两端输出信号为尖脉冲波形，则 t_p 与时间常数 τ 的关系为（　　）。

A. $t_p \geqslant \tau$　　B. $t_p \leqslant \tau$　　C. $t_p = \tau$　　D. $t_p < \tau$

282. 把星形网络变换为等值的三角形网络时，（　　）。

A. 节点数增加了一个，独立回路数减少了一个

B. 节点数减少了一个，独立回路数增加了一个

C. 节点数与独立回路数都没有改变

D. 节点数与独立回路数都增加

283. R、L、C 串联电路发生串联谐振时，电路性质呈（　　）性。

A. 电感　　B. 电容　　C. 电阻　　D. 电阻和电感

284. 对电力系统的稳定性破坏最严重的是（　　）。

A. 投、切大型空载变压器　　B. 发生三相短路

C. 系统内发生两相接地短路　　D. 单相接地短路

285. 关于 R、L、C 串联交流电路，叙述错误的是（　　）。

A. 电路呈电阻性　　B. 称为电压谐振

C. 电阻上的电压达到最大值　　D. 电源仍向回路输送无功功率

286. 在 R、L、C 并联交流电路中，当电源电压大小不变而频率从其谐振频率逐渐减小到零时，电路中电流将（　　）。

A. 从某一最大值渐变到零　　B. 由某一最小值渐变到无穷大

C. 保持某一定值不变　　D. 无规律变化

287. 某 R、L、C 并联电路中的总阻抗呈感性，在保持感性负载不变的前提下调整电源频率使之增加，则该电路的功率因数将（　　）。

A. 增大　　B. 减小　　C. 保持不变　　D. 降为零

288. 三相交流电源线电压与相电压的有效值的关系是（　　）。

A. $U_L=\sqrt{3}U_\phi$　　B. $U_L=\sqrt{2}U_\phi$　　C. $U_L=U_\phi$　　D. $U_L \geqslant U_\phi$

289. 负载取星形连接还是三角形连接的依据（　　）。

A. 电源的接法　　B. 电源的额定电压

C. 负载所需电流　　D. 电源电压大小及负载电压

290. 在由二极管组成的单相桥式电路中，若一只二极管断路，则（　　）。

A. 与之相邻的一只二极管将被烧坏　　B. 电路仍能输出单相半波信号

C. 其他三只管子相继损坏　　D. 电路不断输出信号

291. 需要直流电压较低、电流较大的设备，宜采用（　　）整流电路。

A. 单相桥式可控　　B. 三相桥式半控

C. 三相桥式全控　　D. 带平衡电抗器三相双星可控

292. 稳压管的反向电压超过击穿点进入击穿区后，电流虽然在很大范围内变化，其端电压变化（　　）。

A. 也很大　　B. 很小　　C. 不变　　D. 变为 0

293. 在由稳压管和串联电阻组成的稳压电路中，稳压管和电阻分别起（　　）作用。

A. 电流调节　　B. 电压调节

C. 电流调节和电压调节　　D. 电压调节和电流调节

294. 直流稳压电路中，效率最高的是（　　）稳压电路。

A. 硅稳压管型　　B. 串联型　　C. 并联型　　D. 开关型

295. 晶体管串联反馈式稳压电源中的调整管起（　　）的作用。

A. 放大信号　　B. 降压

C. 提供较大的输出电流　　D. 保证输出电压稳定

296. 将输出信号从晶体管（　　）引出的放大电路称为射极输出器。

A. 基极　　B. 发射极　　C. 集电极　　D. 栅极

297. 射极输出器交流电压放大倍数（　　）。

A. 近似为 1　　B. 近似为 0

C. 需通过计算才知　　D. 近似为 2

298. 由晶体管组成的共发射极、共基极、共集电极三种放大电路中，电压放大倍数最小的是（　　）。

A. 共发射极电路　　B. 共集电极电路

C. 共基极电路　　D. 三者差不多

299. 乙类功率放大器存在的一个主要问题是（　　）。

A. 截止失真　　B. 饱和失真　　C. 交越失真　　D. 零点漂移

300. 集成运算放大器的放大倍数一般为（　　）。

A. 1 ~ 10　　B. 10 ~ 1000　　C. $10^4 \sim 10^6$　　D. 10^6

301. 创伤急救，必须遵守“三先三后”的原则，对骨折的伤员，必须（　　）。

A. 先固定，后搬运　　B. 先送医院，后处置
C. 先搬运，后固定　　D. 先搬运，后止血

302. 井下使用的汽油、煤油和变压器油必须装入（　　）内。
A. 盖严的铁桶　　B. 盖严的木桶　　C. 盖严的塑料桶　　D. 以上都对

303. 在煤矿采、掘、运机械中用得最多的密封是（　　）。
A. 接触密封　　B. 非接触密封　　C. 动密封　　D. 静密封

304. 上盘相对下降，下盘相对上升是（　　）断层。
A. 正　　B. 逆　　C. 平推　　D. 反

305. 可弯曲电缆进线口应有一个至少为（　　）的圆弧。
A. 65°　　B. 75°　　C. 80°　　D. 30°

306. 操纵杆表面粗糙度不大于（　　）。
A. 6.3　　B. 1.6　　C. 3.2　　D. 12.5

307. 电动机定子绕组的引出线，必须使用与电压等级相适应的软导线，当线电流为 90～120 A 时，其引线截面为（　　）。
A. 16 mm^2　　B. 35 mm^2　　C. 25 mm^2　　D. 20 mm^2

308. 新装大修后和运行中电动机的绝缘电阻，当温度在 10～30°C 时，其吸收比一般不应低于（　　）。
A. 1.2　　B. 1.4　　C. 1.3　　D. 1

309. 发生（　　）故障时，零序电流互感器和零序电压互感器均有信号输出。
A. 三相断线　　B. 三相短路
C. 三相短路并接地　　D. 单相接地

310. 在综采电气设备中，单结晶体管用在（　　）。
A. 可控硅触发电路　　B. 稳压电路
C. 放大电路　　D. 积分电路

311. 规定为星形接线的电动机，错接成三角形，投入运行后，（　　）急剧增大。
A. 空载电流　　B. 负荷电流
C. 三相不平衡电流　　D. 零序电流

312. 触电极限电流为（　　）。
A. 0.015 A　　B. 0.05 A　　C. 0.03 A　　D. 0.02 A

313. 电缆中的屏蔽层起（　　）切断电流作用。
A. 超前　　B. 滞后　　C. 快速　　D. 同时

314. 熔断器一般用作（　　）保护。
A. 过载　　B. 短路　　C. 接地　　D. 断相

315. 为把电流输送到远方，减少线路上的电源损耗，远距离输电主要采用（　　）。
A. 变压器升压　　B. 增加线路导线截面
C. 提高功率因数　　D. 减少损耗

316. 电缆与压风管、供水管在巷道同一侧敷设时，必须敷设在管子上方，并保持（　　）以上的距离。
A. 0.5 m　　B. 0.3 m　　C. 0.2 m　　D. 0.1 m

317. 电磁阀驱动器是电液控支架控制器的扩展附件，用一根（　　）与控制器相连，分别连接电源和数据。

A. 2 芯电缆　　B. 3 芯电缆　　C. 4 芯电缆　　D. 5 芯电缆

318. 智能化综采工作面中每个支架控制器都（　　）网络地址，易于实现工作面通信。

A. 有固定　　B. 有不固定　　C. 自动分配　　D. 没有

319. 智能化综采工作面中的电液控制液压支架的控制系统是（　　）。

A. 开环的　　B. 闭环的

C. 可以是开环的也可以是闭环的　　D. 以上都不对

320. 液压支架电液控制系统中的电源箱受隔爆兼本安型电源箱供电能力的限制，电源箱对支架单元的供电方式采用（　　）形式。

A. 独立　　B. 非独立　　C. 分组　　D. 以上都可以

321. 智能化综采工作系统中液压支架隔离耦合器的功能是（　　）控制器组与控制器组间的电气连接，而通过光电耦合沟通数据信号。

A. 隔断　　B. 连通　　C. 低阻连接　　D. 高阻连接

322. 发生电气火灾后必须进行带电灭火时，应该使用（　　）。

A. 消防水喷射　　B. 二氧化碳灭火器

C. 泡沫灭火器

323. 真空断路器的触头常常采用（　　）触头。

A. 桥式　　B. 指形　　C. 对接式　　D. 针形

324. 在变压器中性点装入消弧线圈的目的是（　　）。

A. 提高电网电压水平　　B. 限制变压器故障电流

C. 补偿接地及故障时的电流　　D. 以上都对

325. 要想使正向导通着的普通晶闸管关断，只要（　　）即可。

A. 断开门极　　B. 给门极加反压

C. 将门极与阳极短接　　D. 使通过晶闸管的电流小于维持电流

326. 对普通电机进行变频调速时，由于自冷电机在低速运行时冷却能力下降易造成电机（　　）。

A. 过流　　B. 过热　　C. 超载　　D. 过压

327. 多级放大器中，前一级的输出，通过一定的方式加到后一级的输入叫（　　）。

A. 偏置　　B. 反馈　　C. 放大　　D. 耦合

328. 熔断器的熔管内充填石英砂是为了（　　）。

A. 绝缘　　B. 防护　　C. 灭弧　　D. 防止气体进入

329. 变压器铁心采用硅钢片的目的是（　　）。

A. 减小磁阻和铜损　　B. 减小磁阻和铁损

C. 减小涡流及剩磁　　D. 减小磁滞和矫顽力

330. 矿用橡套电缆线芯的长期允许工作温度为（　　）。

A. 55 ℃　　B. 65 ℃　　C. 75 ℃　　D. 85 ℃

331. 井下在吊挂电缆时高低压电缆若在巷道的同一侧时，高低压电缆之间的距离应不小于（　　）。

A. 0.3 m　　B. 0.2 m　　C. 0.1 m　　D. 0.5 m

332. 交流异步电动机在变频调速过程中，应尽可能使气隙磁通（　　）。

A. 大些　　B. 小些　　C. 恒定　　D. 为零

333. 井下电缆长度应符合实际需要，若需要接长，则接头必须符合电缆连接要求，杜绝（　　）。

A. “羊尾巴”、明接头、“鸡爪子”　　B. 接线盒连接

C. 修补连接　　D. 热补连接

334. 当橡套电缆与各种插销连接时，必须使插座连接在（　　）边。

A. 负荷　　B. 电源　　C. 任意　　D. 电动机

335. 选择模拟电流表量限时，应尽量使仪表的指针指示在标尺满刻度的（　　）。

A. 前1/3段　　B. 中间1/3段　　C. 后1/3段　　D. 任意位置

336. 共发射极放大电路，输入和输出电压相位（　　）。

A. 相反　　B. 相同　　C. 不确定　　D. 相差90°

337. 如需要输出信号同输入信号同相，可使用（　　）电路。

A. 放大器　　B. 跟随器　　C. 反相器　　D. 限幅器

338. 截面为10 mm^2 的矿用像套电缆最大允许长时负荷电流为（　　）。

A. 35 A　　B. 46 A　　C. 64 A　　D. 85 A

339. 《煤矿安全规程》规定，采煤机上的控制按钮，必须设在靠（　　）一侧，并加防护罩。

A. 采空区　　B. 煤壁　　C. 左滚筒　　D. 右滚筒

340. 在计算井下低压供电系统三相短路电流时，电压数值上取低压系统的（　　）。

A. 空载电压　　B. 峰值电压　　C. 平均电压　　D. 带载电压

341. 为了扩大电流表量程，可采用（　　）方法来实现。

A. 并联电阻分流　　B. 串联电阻分压　　C. 并联电容　　D. 串联电容

342. 晶体三极管组成的振荡器中，三极管工作在（　　）状态。

A. 放大　　B. 截止　　C. 饱和　　D. 开关

343. 钳形电流表是根据（　　）原理工作的。

A. 电磁感应　　B. 电流互感器　　C. 电压互感器　　D. 电磁屏蔽

344. 部分欧姆定律的定义是（　　）。

A. 电路中电流与加在电路两端的电压成正比

B. 电路中的电流与加在电路中的电阻成反比

C. 电路中的电流与电路的电压成反比，与电阻成正比

D. 电路中的电流与加在电路两端的电压成正比，与电路中的电阻成反比

345. 在感性负载两端并联容性设备是为了（　　）。

A. 增加电源无功功率　　B. 减少负载有功功率

C. 提高负载功率因数　　D. 提高整个电路的功率因数

346. 变压器的最高运行温度受（　　）耐热能力限制。

A. 绝缘材料　　B. 金属材料　　C. 铁芯　　D. 环境

347. 全电路欧姆定律应用于（　　）。

A. 任一回路　　B. 任一独立回路

C. 任何回路　　D. 简单电路

348. 对称三相电路角接时，线电流比对应的相电流（　　）。

A. 同相位　　B. 超前 30°　　C. 滞后 30°　　D. 滞后 120°

349. 直流控制、信号回路熔断器一般选用（　　）。

A. 0～5 A　　B. 5～10 A　　C. 10～20 A　　D. 20～30 A

350. 电荷的基本特性是（　　）。

A. 异性电荷相吸引，同性电荷相排斥　　B. 同性电荷相吸引，异性电荷相排斥

C. 异性电荷和同性电荷都相吸引　　D. 异性电荷和同性电荷都相排斥

351. 电路串联的特点是（　　）。

A. 每个电阻相等，电流不变

B. 各电阻两端电压相等，阻值是各电阻之和

C. 电路中电流处处相等，总电压等于各电阻两端电压之和，总电阻值等于分电阻值之和

D. 电流是流过各电阻之和，阻值是各电阻之和

352. 380 V 供电线路其末端电动机端电压偏移允许值为（　　）。

A. ±19 V　　B. ±33 V　　C. ±39 V　　D. ±60 V

353. 液体黏性随温度升高而（　　）。

A. 降低　　B. 升高　　C. 不变　　D. 视情况而定

354. 滚动轴承的加油量黄油脂应加至空腔的（　　）。

A. 1/2　　B. 1/3　　C. 1/4　　D. 加满

355. 采用温差装配轴承，加热温度不得高于（　　）。

A. 150 ℃　　B. 100 ℃　　C. 200 ℃　　D. 250 ℃

356. 一台风机的机械效率为 0.9，容积效率为 0.8，流动效率为 0.7，其总效率为（　　）。

A. 50.40%　　B. 60.40%　　C. 70.40%　　D. 80.40%

357. 直流配电屏上分流器的温度升高时，直流配电屏上的电流表指示与实际输出电流值相比（　　）。

A. 大于实际电流　　B. 小于实际电流

C. 与实际数相等

358. 通信电源直流系统输出端的杂音，（　　）指标是衡量其对通信设备造成的影响。

A. 衡重杂音　　B. 宽频杂音　　C. 峰－峰杂音　　D. 离散杂音

359. 通信电源系统的蓄电池在市电正常时处于（　　）。

A. 恒流均充状态　　B. 恒压均充状态

C. 浮充状态　　D. 自然放电状态

360. 电源模块的输入功率因数应大于（　　）。

A. 92.00%　　B. 90.00%　　C. 99.00%　　D. 85.00%

361. 软开关技术的主要作用（　　）。

A. 降低开关损耗　　B. 减小模块体积

C. 提高模块容量　　D. 方便模块维护

362. 以下哪种仪表是测量峰—峰值杂音电压所使用的仪表（　　）。

A. 杂音计　　B. 示波器　　C. 万用表　　D. 高精度电压表

363. 目前高频开关整流器采用的高频功率开关器件通常有功率 MOSFET、IGBT 管以及两者混合管和（　　）等。

A. 晶闸管　　B. 可控硅　　C. 功率集成器件　　D. 晶体管

364. 设定低压脱离参数时，复位电压应（　　）脱离动作电压数值。

A. 小于　　B. 等于　　C. 高于

365. 单相全波整流电路的每支管子所承受的最大反向电压（　　）单相桥整流电路的每支管子所承受的最大反向电压。

A. 大于　　B. 小于　　C. 等于

366. W7815 三端稳压器直流输出电压为（　　）。

A. 9 V　　B. 12 V　　C. 15 V　　D. 18 V

367. 异步电动机的铭牌中接法含义是电动机额定运行的（　　）连接方式。

A. 额定电压　　B. 定子绕组　　C. 电源　　D. 负荷

368. 皮带电机标注可使用 660 V 和 1140 V，请问在 660 V 时接法是（　　）。

A. △连接　　B. Y 连接　　C. Y 连接或者△连接都行

369. 某一交流电周期为 0. 001 s，其频率为（　　）。

A. 0. 001 Hz　　B. 100 Hz　　C. 1000 Hz　　D. 50 Hz

370. 纯电感电路中，电感的感抗大小（　　）。

A. 与通过线圈的电流成正比

B. 与线圈两端电压成正比

C. 与交流电的频率和线圈本身的电感成正比

D. 与交流电频率和线圈本身电感成反比

371. 下列不属于纯电阻器件的是（　　）。

A. 白炽灯　　B. 日光灯　　C. 电炉　　D. 变阻器

372. 电动机能否全压直接启动，与（　　）无关。

A. 电网容量　　B. 电动机的型式　　C. 环境温度　　D. 启动次数

373. 选择交流接触器可以不考虑（　　）的因素。

A. 电流的种类　　B. 导线的材料　　C. 主电路的参数　　D. 工作制

374. 电磁式和电子式两种漏电保护器相比，电磁式（　　）。

A. 需要辅助电源　　B. 不需要辅助电源

C. 受电源电压波动影响大　　D. 抗干扰能力差

375. DZL18 -20 型漏电开关仅适用于交流 220 V，额定电流为（　　）及以下的单相电路中。

A. 10 A　　B. 18 A　　C. 20 A　　D. 30 A

376. W11 -4 平台电力系统的供电选用三相三线中性点（　　）系统。

A. 不接地　　B. 接地

C. 以上两种方式都可以　　D. 其他方式

二、多选题

1. 井下采掘设备常用电压等级有（　　）。

A. 1140 V　　B. 660 V　　C. 3300 V　　D. 380 V

2. 电磁启动器按灭弧介质分（　　）。

A. 空气式　　B. 真空式　　C. 混合式

3. 电动机电子综合保护装置保护范围（　　）。

A. 过载保护　　B. 断相保护　　C. 短路保护　　D. 漏电保护

4. 进行馈电开关过流整定计算时，经两相短路电流不能满足要求应采取（　　）措施。

A. 加大干线或支线电缆截面　　B. 减少电缆线路长度

C. 在线路上增设分级保护开关　　D. 增加电流整定值

E. 增大变压器容量

5. 漏电保护的类型（　　）。

A. 漏电闭锁　　B. 漏电保护　　C. 选择性漏电保护

6. 熔断器的作用是（　　）。

A. 三相异步电动机的过载保护　　B. 三相异步电动机的断相保护

C. 电路的短路保护　　D. 电路的过载保护

7. 井下的四有是（　　）。

A. 有过流和漏电保护　　B. 有螺钉

C. 弹簧垫　　D. 有接地装置

E. 有密封圈　　F. 挡板

8. 综采维修电工坚持的“三全”是（　　）。

A. 防护装置全　　B. 操作工具全

C. 绝缘用具全　　D. 图纸资料全

9. 造成电机过负荷的主要原因（　　）。

A. 电源电压过高　　B. 频繁启动

C. 启动时间长　　D. 机械卡堵

10. 漏电保护的方式（　　）。

A. 附加直流电流的保护方式　　B. 零序电压保护方式

C. 零序电流保护方式

11. 电缆常见的故障有（　　）。

A. 接地漏电　　B. 过载　　C. 短路

D. 断相　　E. 欠压

12. 异步电动机的启动转矩与（　　）因素有关。

A. 与电压的平方成正比　　B. 与电机的漏电抗有关

C. 与负荷的大小有关　　D. 随转子电阻的增大而增大

13. 操作井下电气设备应遵守哪些规定（　　）。

A. 非专职人员或非值班电气人员不得擅自操作电气设备

B. 操作低压电气设备主回路时，操作人员必须戴绝缘手套或穿电工绝缘靴

C. 操作高压电气设备主回路时，操作人员必须戴绝缘手套，并穿电工绝缘靴或站在绝缘台上

D. 手持式电气设备的操作手柄和工作中必须接触的部分必须有良好绝缘

14. 井下常用电缆分为（　　）三大类。

A. 铠装电缆　　B. 塑料电缆　　C. 屏蔽电缆　　D. 橡套软电缆

15. 电子电路最基本的逻辑电路是（　　）。

A. 与门　　B. 或门　　C. 非门　　D. 异或

E. 与非

16. BKD1 - 630/1140 型馈电开关门子上的四个按钮，按从左到右排列顺序为（　　）。

A. 合闸　　B. 分闸　　C. 试验　　D. 复位

E. 自检　　F. 补偿

17. 煤电钻必须使用设有（　　）远距离启动和停止煤电钻功能的综合保护装置。

A. 检漏　　B. 短路　　C. 漏电闭锁　　D. 过负荷

E. 断相

18. 瓦斯爆炸的条件是（　　）。

A. 瓦斯积聚 5% ~16%　　B. 足够的 CO

C. 引爆的火源 650 ~780 ℃　　D. 有足够的 O_2

19. 井下供电的三大保护是（　　）。

A. 过负荷保护　　B. 漏电保护　　C. 过流保护　　D. 接地保护

20. 综采工作面采用移动变电站的好处有（　　）。

A. 缩短低压供电距离　　B. 减少电压损失

C. 提高供电质量

21. 自救器的用途是（　　）。

A. 当井下遇到瓦斯或煤尘爆炸，火灾或瓦斯突出自燃灾害时，戴上自救器，可以防止有害气体引起的中毒和窒息，进而平安脱险

B. 如遇冒顶，矿工被堵在独头巷道内时，只要没被埋住，戴上自救器，静坐待救，可以防止瓦斯不断渗出，氧气储量低而窒息

C. 发生事故后，在救护队没有赶到前，戴上自救器，可以在灾区内进行互救或进入灾区进行短时间的救护工作，以减少伤亡

22. 电动机运行时，轴承应（　　）。

A. 平稳轻快　　B. 无停滞现象

C. 声音均匀和谐而无有害的杂音

23. 识别二极管好坏的方法是（　　）。

A. 正向电阻值与反向电阻值相关越大越好

B. 如果相差不大，说明二极管性能不好或已损坏

C. 如果测量时表针不动，说明二极管内部已短路

D. 如果测出电阻为零，说明电极间短路

24. 异步电动机调速可以通过（　　）途径进行。

A. 改变电源频率　　B. 改变极对数

C. 改变转差率

25. 变频调速的特点（　　）。

A. 调速范围宽　　B. 平滑性好

C. 效率最好　　D. 具有优良的静态及动态特性

26. 电磁启动器按用途分（　　）。

A. 不可逆启动器　　B. 可逆启动器

C. 双速启动器　　D. 多回路启动器

27. 电磁启动器按灭弧介质分（　　）。

A. 空气式　　B. 真空式　　C. 混合式

28. 电动机电子综合保护装置保护范围（　　）。

A. 过载保护　　B. 断相保护　　C. 短路保护　　D. 漏电保护

29. 正弦交流电三要素指（　　）。

A. 最大值　　B. 角频率　　C. 初相位　　D. 平均值

30. KZB_1－2、5/660（1140）型煤电钻综合保护装置单相漏电动作整定值正确的是（　　）。

A. 1 kΩ　　B. 1.5 kΩ　　C. 2 kΩ　　D. 3 kΩ

31. 电动机的冷却方式分为（　　）。

A. 扇冷　　B. 外壳水冷　　C. 空气自冷

32. 电动机的电磁性能指标是（　　）。

A. 堵转转矩　　B. 堵转电流

C. 运行曲线　　D. 最大转矩

E. 功率因数　　F. 效率

33. 电动机的漏抗与（　　）成反比。

A. 堵转转矩　　B. 最大转矩　　C. 堵转电流倍数

34. CK－2 型通信、信号、控制装置、控制系统包括（　　）。

A. 控制台　　B. 电源

C. 扩音电话　　D. 远方启动预报警信号发生器

E. 电压监视器　　F. 连接电缆

35. 综采工作面照明的规定（　　）。

A. 必须有足够的照明

B. 照明设备的额定电压不应超过 127 V

C. 固定敷设的照明电缆应采用不延燃橡套电缆或铠装电缆，非固定敷设的采用不延燃橡套电缆

36. 校验电缆截面热稳定，有要求不能满足时，必须采取的措施是（　　）。

A. 增大电缆截面，但有一定的限度

B. 调整移动变电站的位置，使之更靠近用电设备

C. 采取分散负荷，增加电缆条数

D. 增加变压器台数与容量

E. 提高额定电压等级

37. 综采工作面供电设计要保证（　　）。

A. 先进　　B. 经济　　C. 合理　　D. 安全

E. 可靠

38. 综采工作面供电设计内容（　　）。

A. 选择移动变电站与配电点的位置

B. 综采工作面机电设备布置图

C. 综采工作面供电平面图、系统图及电缆截面长度

D. 作业制度

39. 低压断路器有哪些脱扣器（　　）。

A. 电流脱扣器　　B. 失压脱扣器　　C. 热脱扣器　　D. 分励脱扣器

40. 电弧的危害有以下（　　）方面。

A. 使触头灼烧　　B. 延长分断电路时间

C. 降低电器寿命和可靠性　　D. 使触头熔焊不能断开

41. 过电流保护装置有（　　）两大类。

A. 熔断器　　B. 过电流脱扣器

C. 机械脱口器

42. 电流保护装置从保护范围又分（　　）。

A. 短路保护　　B. 过负载保护　　C. 断路保护

43. 电动机电子综合保护装置的电子电路主要包括（　　）执行电路及逻辑控制电路和电源电路。

A. 取样电路　　B. 鉴幅电路　　C. 放大电路

44. 馈电开关的电气线路主要由（　　）三大部分组成。

A. 主回路　　B. 控制回路　　C. 保护回路　　D. 反馈回路

45. QJZ－500/1140SZ 型双速电动机智能真空开关闭合隔离开关，按下启动按钮，主令启动器启动正常，受令启动器不动作，可能发生此类的故障原因是（　　）。

A. 联机线接错

B. 受令启动器单机故障

C. 主令启动器输出端子 25 和 27 未闭合

46. 对矿井电气设备保护装置的基本要求是（　　）。

A. 选择性　　B. 快速性　　C. 灵敏性　　D. 可靠性

47. 电牵引调速系统基本上分为（　　）。

A. 直流调速系统　　B. 交流变频调速系统

C. 电磁滑差调速系统　　D. 开关磁阻电机调速系统（SRD 系统）

48. PLC 控制系统的组成部分包括（　　）。

A. 输入部分　　B. 输出部分　　C. 控制部分

49. PLC 控制器的特点（　　）。

A. 系统连线少、体积小、功耗小　　B. 系统连线多、体积大、功耗大

C. 灵活性和可扩展性好　　D. 改变或增加功能较为困难

50. PLC 的性能指标包括（　　）、特殊功能单元和可扩展能力。

A. 存储容量　　B. I/O 点数

C. 扫描速度　　D. 指令的功能与数量

E. 内部元件的种类与数量

51. 使用电烙铁必须注意以下几点（　　）。

A. 电烙铁金属外壳必须接地　　B. 焊件表面氧化层必须清除干净

C. 焊接点必须焊牢焊透　　D. 不准甩动使用中的电烙铁

E. 焊接完毕后必须清除残留的焊剂

52. 滚筒驱动带式输送机必须装设（　　）。

A. 制动装置和下运防逆转装置　　B. 防滑、堆煤保护和防跑偏装置

C. 温度、烟雾保护和自动洒水装置　　D. 张紧力下降保护

E. 防撕裂保护

53. 井下配电系统的主要保护有（　　）保护。

A. 欠压　　B. 漏电　　C. 过电流　　D. 接地

E. 欠压释放

54. 井下可能引燃瓦斯的火源主要有（　　）。

A. 电火花　　B. 爆破火焰　　C. 摩擦火花　　D. 明火

E. 电弧

55. JDB 系列电动机综合保护器的保护功能有（　　）保护。

A. 短路　　B. 过载　　C. 断相　　D. 漏电闭锁

E. 漏电保护

56. 隔爆型电气设备的标志符号由（　　）组成。

A. Ex　　B. KB　　C. d　　D. I

E. s

57. 电缆常见的故障有（　　）。

A. 接地　　B. 漏电　　C. 短路　　D. 断相

E. 绝缘受潮

58. 某矿发生瓦斯爆炸，其火源判定为电源引入装置的失爆。一般电源引入装置失爆的现象有（　　）。

A. 密封圈割开套在电缆上　　B. 密封圈内径与电缆外径差大于 1 mm

C. 密封圈老化、变形　　D. 电缆未压紧

E. 密封圈硬度不够

59. 井下供电网路中，（　　）应装设局部接地极。

A. 高压电力电缆接线盒　　B. 低压配电点

C. 采区变电所　　D. 移动变电站

E. 启动器

60. 某矿一运行中的输送机电动机烧毁，导致电动机烧毁的原因有（　　）。

A. 内部短路　　B. 断相　　C. 电压过高　　D. 散热不足

E. 机械卡死

61. 煤矿井下低压供电系统通常用的电压可为（　　）。

A. 36 V　　B. 1140 V　　C. 660 V　　D. 127 V

E. 220 V

62. 隔爆型防爆电气设备外壳防爆接合面的主要参数有（　　）。

A. 隔爆接合面间隙　　B. 隔爆接合面宽度

C. 电气间隙　　D. 隔爆面粗糙度

E. 结合面的光滑度

63. 煤电钻综合保护装置由（　　）等几部分组成。

A. 先导控制回路　　B. 主回路　　C. 保护回路　　D. 试验电路

E. 过电压保护回路

64. 隔爆型电气设备的防爆特征有（　　）。

A. 不传爆性　　B. 气密性　　C. 本质安全性　　D. 耐爆性

E. 绝缘性

65. 下面属于低压控制电器的有（　　）。

A. 刀开关　　B. 控制继电器　　C. 主令电器　　D. 电磁铁

E. 断路器

66. 对防爆电气设备的通用要求有（　　）等内容。

A. 紧固件　　B. 引入装置　　C. 接地　　D. 连锁装置

E. 保护装置

67.（　　）等必须有保护接地。

A. 电压在 36 V 以上和由于绝缘损坏可能带有危险电压的电气设备的金属外壳与构架

B. 铠装电缆的钢带（或钢丝）　　C. 铠装电缆的铅皮

D. 电缆的屏蔽护套　　E. 高压橡套电缆的接线盒

68.（　　）应设置甲烷传感器。

A. 采区回风巷　　B. 一翼回风巷　　C. 总回风巷测风站

D. 掘进工作面　　E. 采煤工作面上隅角

69. 电流通过人体时，会引起神经或肌肉功能的紊乱和电烧伤，主要影响（　　）。

A. 大脑　　B. 呼吸　　C. 心脏　　D. 神经系统

E. 皮肤

70. 电网中电缆连接存在（　　）等，这些都是造成单相接地故障的主要原因。

A. “鸡爪子”　　B. 毛刺　　C. “羊尾巴”　　D. 明接头

E. 硫化冷补

71. 橡套电缆的修补必须（　　）。

A. 硫化热补　　B. 与热补等效的冷补

C. 绝缘胶布封堵　　D. 加保护层

E. 套连接装置

72. 关于对井下电缆的选用，下列哪些是正确的（　　）。
A. 电缆敷设地点的水平差应与规定的电缆允许敷设水平差适应
B. 电缆应带有供保护接地用的足够截面的导体
C. 应采用铝包电缆
D. 必须选用取得煤矿矿用产品安全标志的阻燃电缆
E. 应采用铝芯电缆
73. 立井井筒及倾角在45°及其以上的井巷内，固定敷设的高压电缆应采用（　　）。
A. 聚氯乙烯绝缘粗钢丝铠装聚氯乙烯护套电力电缆
B. 交联聚乙烯绝缘粗钢丝铠装聚氯乙烯护套电力电缆
C. 聚氯乙烯绝缘钢带或细钢丝铠装聚氯乙烯护套电力电缆
D. 交联聚乙烯钢带电力电缆
E. 细钢丝铠装聚氯乙烯护套电力电缆
74. 在水平巷道及倾角在45°以下的井巷内，固定敷设的高压电缆应采用（　　）。
A. 聚氯乙烯绝缘粗钢丝铠装聚氯乙烯护套电力电缆
B. 交联聚乙烯绝缘粗钢丝铠装聚氯乙烯护套电力电缆
C. 聚氯乙烯绝缘钢带或细钢丝铠装聚氯乙烯护套电力电缆
D. 交联聚乙烯钢带电力电缆
E. 细钢丝铠装聚氯乙烯护套电力电缆
75. 矿用移动变电站日常检查项目有（　　）。
A. 外壳部位螺栓　B. 操作把手、按钮
C. 保护接地装置　D. 电缆出线装置
E. 机械电气连锁装置
76.（　　）必须设置设备开停传感器。
A. 主要通风机　B. 带式输送机　C. 局部通风机　D. 刮板运输机
E. 破碎机
77. 供电网路中，（　　）均可能会引起漏电故障。
A. 电缆的绝缘老化　B. 电缆与电气设备的接头松动脱落
C. 电气设备进水　D. 橡套电缆护套破损
E. 金属物件遗留在设备内部
78. 漏电保护装置的作用有（　　）。
A. 漏电时迅速切断电源
B. 当人体接触带电物体时迅速切断电源
C. 可不间断地监视被保护电网的绝缘状态
D. 防止电气设备漏电
E. 可作为接地保护的后备保护装置
79. 供电网络中，（　　）可造成短路故障。
A. 电缆的绝缘老化
B. 不同相序的两回路电源线并联
C. 检修完毕的线路在送电时没有拆除三相短路接地的地线

D. 电气设备防护措施不当

E. 设备绝缘强度不够

80. 矿井电力系统中，用户和用电设备按其重要性的不同进行分级，可分为（　　）。

A. 一级负荷　　B. 三级负荷　　C. 掘进负荷　　D. 二级负荷

E. 综采负荷

81. 年产 60000 t 以下的矿井采用单回路供电时，必须有备用电源；备用电源的容量必须满足（　　）的要求。

A. 通风　　B. 排水　　C. 提升　　D. 轨道运输

E. 皮带运输

82.（　　）等主要设备房，应各有两回路直接由变（配）电所馈出的供电线路，并应来自各自的变压器和母线段，线路上不应分接任何负荷。

A. 主要通风机　　B. 提升人员的主井绞车

C. 机修厂　　D. 抽放瓦斯泵

E. 采区变电所

83. 矿井供电系统对电气保护装置的基本要求有（　　）。

A. 快速性　　B. 选择性　　C. 灵敏性　　D. 可靠性

E. 稳定性

84. 在煤矿井下，硫化氢的危害主要表现为（　　）。

A. 有毒性　　B. 窒息性

C. 爆炸性　　D. 使常用的瓦斯探头中毒而失效

E. 无毒性

85. 井下低压电动机的控制设备，应具备（　　）保护装置及远程控制装置。

A. 漏电闭锁　　B. 短路　　C. 过负荷　　D. 漏电保护

E. 单相断线

86. 井下保护接地网包括（　　）等。

A. 主接地极　　B. 局部接地极　　C. 辅助接地母线　　D. 连接导线

E. 接地母线

87. 煤矿井下常用的隔爆电气设备有（　　）。

A. 电磁启动器　　B. 低压馈电开关　　C. 高压开关　　D. 风钻

E. 电话

88. 矿井瓦斯等级，是根据矿井（　　）划分的。

A. 相对瓦斯涌出量　　B. 绝对瓦斯涌出量

C. 瓦斯涌出形式　　D. 扩散通风

E. 通风系统

89. 井下照明电气应采用具有（　　）和漏电保护的照明信号综合保护装置配电。

A. 短路　　B. 远方操作　　C. 欠电压　　D. 过载

E. 过电压

90. 电气设备长期过载会扩展成（　　）故障。

A. 短路　　B. 欠压　　C. 漏电　　D. 断相

E. 接地

91. 井下供电必须做到的三坚持是指（　　）。

A. 坚持使用电动机综合保护

B. 坚持使用检漏继电器

C. 坚持使用煤电钻、照明、信号综合保护

D. 坚持使用风电闭锁

E. 坚持使用甲烷电闭锁

92. 短路电流的大小与（　　）有关。

A. 电缆的长度　　B. 电缆的截面

C. 电网电压　　D. 变压器的容量

E. 所带负荷的大小

93. BRW125/31.5 型乳化液泵型号描述正确的是（　　）。

A. W 表示卧式

B. 125 表示公称流量 125 L/min

C. 31.5 表示公称压力为 31.5 MPa

D. R 表示乳化液

E. B 表示泵

94. 正弦交流电的三要素是（　　）。

A. 最大值　　B. 角频率　　C. 初相位　　D. 平均值

E. 瞬时值

95. 照明信号综合保护具有（　　）保护功能。

A. 照明短路　　B. 绝缘监视　　C. 漏电　　D. 信号短路

E. 照明过载

96. 矿井三大保护的内容是（　　）。

A. 断相保护　　B. 过流保护　　C. 漏电保护　　D. 保护接地

E. 短路保护

97. 漏电保护对安全生产的作用主要有（　　）方面。

A. 防止人身触电　　B. 防止漏电电流烧损电气设备

C. 通过欧姆表监视电网的绝缘电阻　　D. 防止漏电火花引爆瓦斯

E. 防止漏电火花引爆煤尘

98. 压力控制装置由（　　）组成。

A. 手动卸载阀　　B. 自动卸载阀　　C. 压力表开关　　D. 压力表

E. 温度表

99. 井下供电系统所采取的保护装置有（　　）。

A. 井下电网进行保护接地　　B. 井下电网设漏电保护装置

C. 井下电网设过电流保护装置　　D. 无压释放保护

E. 微机保护

100. 煤矿井下常见的过电流故障有（　　）。

A. 短路　　B. 过负荷　　C. 过电压　　D. 断相

E. 欠压

101. 严禁由地面中性点直接接地的（　　）直接向井下供电。

A. 移动变压器　　B. 变压器　　C. 变电站　　D. 发电机

E. 高压开关

102. 采煤机因故暂停时，必须打开（　　）。

A. 隔离开关　　B. 离合器　　C. 闭锁装置　　D. 面板

E. 移动变电站高压头开关

103. 液压系统泄漏的原因有（　　）。

A. 液压元件内磨损使得阀芯和阀体孔配合间隙增大

B. 密封件密封性能不良　　C. 管路连接处螺母松动

D. 零件损坏　　E. 密封结构设计不合理

104. 采区变电点及其他机电硐室的辅助接地母线应采用断面不小于（　　）。

A. 50 mm^2 的镀锌扁钢　　B. 50 mm^2 的镀锌铁线

C. 50 mm^2 的裸铜线　　D. 50 mm^2 的镀锌扁钢

E. 50 mm^2 的裸铜线

105. 煤电钻综合保护装置是保护功能比较完善的保护装置，它有（　　）保护功能及远距离启动和停止煤电钻的综合保护装置。

A. 短路、短路自锁　　B. 过负荷

C. 漏电跳闸、漏电闭锁　　D. 单项断线

E. 不打钻时电缆不带电

106. 具有储能功能的电子元件有（　　）。

A. 电阻　　B. 电感　　C. 三极管　　D. 电容

107. 下列对熔断器熔体描述正确的是（　　）。

A. 熔断器熔体常用低熔点的合金制成

B. 熔体必须并联在被保护的电气设备电路中

C. 当设备发生短路时，熔体温度急剧升高并熔断

D. 当设备发生过流时，熔体温度急剧升高并熔断

E. 熔体必须串联在被保护的电气设备电路中

108. 硬磁材料在（　　）等方面都有应用。

A. 磁电式测量仪表　　B. 示波器

C. 速度计　　D. 磁控管

E. 电声器材

109. 最常见的漏电保护方式有（　　）。

A. 附加直流电源式　　B. 零序电流式

C. 零序电压式　　D. 附加交流电源式

110. 导体的电阻与（　　）有关。

A. 电源　　B. 导体长度

C. 导体截面积　　D. 导体材料性质

E. 通过电流大小

111. 人体触电一般有（　　）三种情况。

A. 单相触电　　B. 两相触电

C. 高压触电　　D. 跨步电压触电

E. 三相触电

112. 井下灭火方法有（　　）。

A. 直接灭火法　　B. 间接灭火法

C. 综合灭火法　　D. 隔绝窒息灭火法

E. 冷却法

113. 防爆电气设备入井前，应有指定的经过培训考试合格的电气设备防爆检查工检查其（　　），检查合格并签发合格证后，方准入井。

A. 产品合格证　　B. 安全性能

C. MA 使用证　　D. 使用保修证

E. 出厂合格证

114.《煤矿安全规程》规定，采煤机停止工作或检修时，必须（　　）。

A. 切断电源　　B. 先巡视采煤机四周有无人员

C. 打开磁力起动器的隔离开关　　D. 合上离合器

E. 检查刮板输送机的溜槽连接

115. 在工作面遇有坚硬夹矸或黄铁矿结核时，下列说法正确的是（　　）。

A. 可以强行截割　　B. 采取松动爆破处理

C. 严禁用采煤机强行截割　　D. 绕行割煤

E. 人工挖矸

116. 采煤机更换截齿和滚筒上下 3 m 内有人工作时，必须做到（　　）。

A. 护帮护顶　　B. 切断电源

C. 打开隔离开关　　D. 打开离合器

E. 对工作面输送机施行闭锁

117. 下面关于采煤机喷雾装置说法正确的是（　　）。

A. 喷雾装置损坏时，必须停机

B. 必须安装内、外喷雾装置

C. 喷雾装置的喷雾压力可以随意选取

D. 如果内喷雾装置不能正常喷雾，外喷雾压力不得小于 3 MPa

E. 如果内喷雾装置不能正常喷雾，外喷雾压力不得小于 4 MPa

118. 使用装煤（岩）机进行装煤（岩）前，必须（　　）。

A. 断电　　B. 在矸石或煤堆上洒水

C. 冲洗顶帮　　D. 对煤层注水

E. 检查顶板及两帮

119. 使用耙装机作业时，必须遵守的规定有（　　）。

A. 必须有照明　　B. 将机身和尾轮固定牢靠

C. 必须悬挂甲烷断电仪的传感器　　D. 刹车装置必须完整、可靠

E. 司机必须取得操作证件

120. 电工常用的钢丝钳有（　　）三种。

A. 150 mm　　B. 160 mm　　C. 175 mm　　D. 190 mm

E. 200 mm

121. 塞尺使用时应注意（　　）。

A. 使用前应清除塞尺和工件的灰尘和油污

B. 根据零件尺寸的需要，可用一片或数片重叠插入间隙内

C. 测量时不可强行插入，以免折断塞尺

D. 不宜测量圆面工件

E. 不宜测量球面及温度很高的工件

122. 在倾斜井巷使用耙装机时，必须满足的要求有（　　）。

A. 必须有防止机身下滑的措施

B. 倾角大于20°时，司机前方必须打护身柱或设挡板

C. 严禁使用钢丝绳牵引的耙装机

D. 在倾斜井巷移动耙装机时，下方不得有人

E. 可以使用钢丝绳牵引的耙装机

123. 采煤机用刮板输送机作轨道时，必须经常检查（　　），防止采煤机牵引链因过载而断链。

A. 刮板输送机的溜槽连接　　B. 挡煤板导向管的连接

C. 电缆槽的连接　　D. 顶板情况

E. 刮板输送机与支架的连接

124. 掘进机作业时，如果内喷雾装置的使用水压小于 3 MPa 或无内喷雾装置，则必须使用（　　）。

A. 人力喷雾　　B. 外喷雾装置

C. 除尘器　　D. 水管喷水

E. 打开供水施救装置

125. 耙斗装岩机在操作使用时，下列说法正确的是（　　）。

A. 开车前一定要发出信号

B. 操作时两个制动闸要同时闸紧

C. 在拐弯巷道工作时，要设专人指挥

D. 操作时，钢丝绳的速度要保持均匀

E. 不得让钢丝绳损坏风筒

126. 运送、安装和拆除液压支架时，必须有安全措施，并明确规定（　　）。

A. 运送方式　　B. 安装质量

C. 拆装工艺　　D. 控制顶板的措施

E. 人员配置

127. 倾斜井巷中使用的带式输送机，向上运输时，需要装设（　　）。

A. 防逆转装置　　B. 制动装置

C. 断带保护装置　　D. 防跑偏装置

E. 急停装置

128. 能用于整流的半导体器件有（　　）。

A. 二极管　　B. 三极管

C. 晶闸管　　D. 场效应管

E. 单极型晶体管

129. 造成带式输送机发生火灾事故的原因，叙述正确的是（　　）。

A. 使用阻燃输送带　　B. 输送带打滑

C. 输送带严重跑偏被卡住　　D. 液力偶合器采用可燃性工作介质

E. 液力偶合器采用不燃性工作介质

130. R、L、C 串联电路谐振时，其特点有（　　）。

A. 电路的阻抗为一纯电阻，功率因数等于 1

B. 当电压一定时，谐振的电流为最大值

C. 谐振时的电感电压和电容电压的有效值相等，相位相反

D. 谐振时的电感电压和电容电压的有效值相等，相位相同

E. 串联谐振又称电流谐振

131. 带式输送机运转中，整条输送带跑偏的原因可能是（　　）。

A. 滚筒不平行　　B. 输送带接头不正

C. 输送带松弛　　D. 未安装防跑偏装置

E. 输送带受力不均匀

132. 对双滚筒分别驱动的带式输送机，如果清扫装置不能清扫干净输送带表面的黏附物料，可能带来的后果有（　　）。

A. 增大输送带的磨损

B. 造成输送带的跑偏

C. 两滚筒牵引力和功率分配不均，造成一台电机超载

D. 造成输送带张力下降

E. 降低清扫装置的使用寿命

133. 侧护板的作用是（　　）。

A. 消除架间缝隙　　B. 移架导向

C. 防止降架倾倒　　D. 调整支架间距

E. 防止采面片帮

134. 液压支架立柱的承载过程由（　　）三个阶段组成。

A. 初撑阶段　　B. 恒阻阶段

C. 增阻阶段　　D. 减压阶段

E. 起伏阶段

135. 绝缘手套按其绝缘等级可分为（　　）两种。

A. 5 kV　　B. 6 kV　　C. 8 kV　　D. 10 kV

E. 12 kV

136. 液力偶合器的易熔合金塞熔化，工作介质喷出后，下列做法不正确的是（　　）。

A. 换用更高熔点的易熔合金塞　　B. 随意更换工作介质

C. 注入规定量的原工作介质　　　　　　D. 增加工作液体的注入量

E. 尽量减少工作液体的注入量

137. 使用刮板输送机时，下列说法正确的是（　　）。

A. 刮板输送机启动前必须发信号，向工作人员示警，然后断续启动

B. 启动顺序一般是由里向外，顺煤流启动

C. 刮板输送机应尽可能在空载下停机

D. 刮板输送机的运输煤量与区段平巷转载机的输送煤量无关

E. 按机头卸载方式可分为端卸式和侧卸式

138. 刮板输送机采取的安全保护装置和措施有（　　）。

A. 断链保护措施　　　　　　B. 安装过载保护装置

C. 安装故障停运转保护装置　　　　　　D. 防止机头翻翘的锚固措施

E. 防止机尾翻翘的锚固措施

139. 绝缘靴一般有（　　）种。

A. 5 kV 电工绝缘靴　　　　　　B. 6 kV 矿用长筒绝缘靴

C. 7 kV 电工绝缘靴　　　　　　D. 8 kV 矿用长筒绝缘靴

E. 20 kV 绝缘短靴

140. 下面关于转载机的说法，正确的有（　　）。

A. 转载机可以运送材料

B. 转载机一般不应反向运转

C. 转载机的链条必须有适当的预紧力

D. 转载机机尾应与刮板输送机保持正确的搭接位置

E. 转载机一般应与合适的破碎机配套

141. 可用于滤波的元器件有（　　）。

A. 二极管　　B. 电阻　　C. 电感　　D. 电容

E. 三极管

142. 在 R、L、C 串联电路中，下列情况正确的是（　　）。

A. $\omega L > \omega C$，电路呈感性　　　　　　B. $\omega L = \omega C$，电路呈阻性

C. $\omega L > \omega C$，电路呈容性　　　　　　D. $\omega C > \omega L$，电路呈容性

E. $\omega C > \omega L$，电路呈感性

143. 功率因数与（　　）有关。

A. 有功功率　　B. 视在功率　　C. 电源频率　　D. 无功功率

E. 工业频率

144. 基尔霍夫定律的公式表现形式为（　　）。

A. $\sum I = 0$　　　　　　B. $\sum U = IR$

C. $\sum E = IR$　　　　　　D. $\sum E = 0$

E. $\sum U = \sum E$

145. 电阻元件的参数可用（　　）来表达。

A. 电阻 R　　B. 电感 L　　C. 电容 C　　D. 电导 G

E. 电流 I

146. 应用基尔霍夫定律的公式 KCL 时，要注意以下几点（　　）。

A. KCL 是按照电流的参考方向来列写的

B. KCL 与各支路中元件的性质有关

C. KCL 也适用于包围部分电路的假想封闭面

D. KCL 适用于所有电路

E. 基尔霍夫定律的应用可以扩展到交流电路中

147. 继电器与接触器的区别有哪些（　　）。

A. 接触器触头有主、辅触头之分，而继电器没有

B. 继电器触头一般多于交流接触器

C. 接触器有短路环而继电器没有

D. 没有区别

E. 与线圈尺寸大小无关

148. 通电绕组在磁场中的受力不能用（　　）判断。

A. 安培定则　　B. 右手螺旋定则

C. 右手定则　　D. 左手定则

E. 基尔霍夫定律

149. 互感系数与（　　）无关。

A. 电流大小　　B. 电压大小

C. 电流变化率　　D. 两互感绕组相对位置

E. 两互感绕组结构尺寸

150. 时间继电器按延时方式不同可分为（　　）。

A. 空气阻尼型继电器　　B. 通电延时型继电器

C. 瞬时型继电器　　D. 断电延时型继电器

151. 《煤矿安全规程》规定，以下选项中的（　　）的电话，应能与矿调度室直接联系。

A. 井下主要水泵房　　B. 井下中央变电所

C. 矿井地面变电所　　D. 地面通风机房

E. 井下无极绳绞车硐室

152. 操纵阀内有声响主要原因是（　　）。

A. 窜液　　B. 阀座、阀垫或阀杆损伤，阀关闭不严

C. O 型密封圈损坏　　D. 弹簧疲劳

E. 弹簧损坏

153. 采掘工作面配电点的位置和空间必须能满足（　　）的要求，并用不燃件材料支护。

A. 设备检修　　B. 巷道运输　　C. 矿车通过　　D. 其他设备安装

E. 管路布置

154. 液力偶合器具有（　　）三重安全保护作用。

A. 过流　　B. 过热　　C. 过压　　D. 过载

E. 冷却

155.《煤矿安全规程》规定，矿井应当具备完整的独立通风系统，（　　）的风量必须满足安全生产要求。

A. 风门　　B. 矿井　　C. 综采工作面　　D. 掘进工作面

E. 采区

156. 电流互感器二次侧开路危害（　　）。

A. 当二次侧开路时，电流等于零，一次侧电流完全变成了励磁电流在二次侧将产生高电压，损坏绝缘

B. 对设备和人员造成危害

C. 铁芯磁通密度过大，铁芯损耗增加，发热高可能烧坏设备

D. 铁芯产生磁饱和，使互感器误差增大

E. 对高压侧产生电压损耗

157. 某开关短路保护装置不能满足灵敏度要求，应采取（　　）。

A. 增大电缆截面以减小线路阻抗，增大短路电流

B. 增大短路电流，缩小供电电缆长度

C. 将变压器移近用电设备，加大变压器容量或并联使用变压器

D. 调整负载大小

E. 增设开关数量

158. 异步电动机超载运行的危害（　　）。

A. 转速下降、温升增高

B. 超载的电动机将从电网吸收大量的有功功率，使电流迅速增加

C. 电动机过热绝缘老化

D. 对机械部造成损害

E. 可能烧毁电动机

159. 液力偶合器打滑的原因（　　）。

A. 液力偶合器内的油量不足　　B. 油槽内堆煤太多

C. 刮板链被卡住　　D. 机械损耗

E. 紧链器不在工作位置

160. 液力偶合器打滑的处理方法（　　）。

A. 补充油量　　B. 将油槽内煤去掉一部分

C. 检查刮板链　　D. 检查轴承

E. 更换液力偶合器

161. 刮板输送机电动机启动不起来原因是（　　）。

A. 负荷过大　　B. 电气线路损坏

C. 电压下降　　D. 接触器有故障

E. 电压升高

162. 作为一个合格的采煤机司机，应懂得所用设备的结构、原理、性能，并会（　　）。

A. 正确操作　　B. 检查

C. 维护保养　　D. 排除故障

E. 进行大修

163. 塑料电缆具有（　　）等优点。

A. 重量轻　　B. 护套耐腐蚀

C. 绝缘性能好　　D. 敷设水平不受限制

E. 耐温能力较橡套电缆强

164. 滤波电路通常由（　　）元件组成。

A. 电感　　B. 电容　　C. 电阻　　D. 电抗

E. 三极管

165. 开关中装有的 RC 阻容吸收装置是由（　　）元件组成。

A. 电感　　B. 电容　　C. 电阻　　D. 电抗

E. 二极管

166. BGP6 －6 矿用隔爆型高压真空开关合上隔离开关后，电压表无指示现象的原因有（　　）。

A. 电源未接通　　B. RD 熔断器熔芯熔断

C. 仪表连线松动　　D. 仪表连线脱落

E. 电流过大

167. 下列哪些设备属于综采工作面设备（　　）。

A. 带式输送机　　B. 破碎机

C. 喷雾泵　　D. 局部通风机

E. 乳化液泵站

168. 晶体三极管具有哪些主要参数（　　）。

A. 电流放大倍数　　B. 伏安特性

C. 反相饱和电流　　D. 穿透电流

E. 电压放大倍数

169. 采煤机牵引方式有（　　）。

A. 机械牵引　　B. 风动牵引

C. 电牵引　　D. 液压牵引

E. 回柱绞车牵引

170. 电牵引采煤机操作方式有（　　）。

A. 电控箱操作　　B. 端头站操作

C. 遥控器操作　　D. 红外线操作站

E. 远方操作

171. 电牵引采煤机按照变频器放置位置不同可分为（　　）。

A. 机载式　　B. 非机载式

C. 一体式　　D. 两体式

E. 分体式

172. 井下使用电动机（　　）均为失爆。

A. 无风叶　　B. 风叶损坏

C. 外壳变形严重　　D. 通风孔被杂物堵塞 1/2 及其以上者

E. 电机油漆脱落

173. 综采工作面（　　）配套是整套综采设备的核心。

A. 采煤机　　B. 刮板输送机

C. 液压支架　　D. 乳化液泵站

E. 移动变电站

174. 液压支架移架速度要与采煤机（　　）的工作速度要求相匹配。

A. 割煤　　B. 落煤　　C. 装煤　　D. 运煤

E. 移动

175. 采煤机卧底深度要求与刮板输送机（　　）高度相匹配。

A. 机头　　B. 机尾　　C. 中部槽　　D. 电缆槽

E. 过渡槽

176. 井下供电设计要保证（　　）。

A. 先进　　B. 经济　　C. 合理　　D. 可靠

E. 实用

177. 低压电器的作用有（　　）。

A. 通断与切换　　B. 保护与控制　　C. 检测与调节　　D. 变压变频

178. （　　）等主要设备采用专用电缆供电。

A. 带式输送机　　B. 采煤机　　C. 掘进机　　D. 小绞车

E. 调度绞车

179. 井下用控制按钮、接线盒等小型电器一般按（　　）进行选取。

A. 用途　　B. 额定电压　　C. 额定电流　　D. 巷道高度

E. 体积大小

180. 高压电缆按长时允许电流选择电缆截面，按（　　）校验电缆截面。

A. 经济电流密度　　B. 允许电压损失

C. 热稳定　　D. 电缆长度

E. 机械强度

181. 比例调节器（P 调节器）一般采用反相输入，具有（　　）特性。

A. 延缓性　　B. 输出电压和输入电压是反相关系

C. 积累性　　D. 快速性

E. 记忆性

182. 如果电网容量小，电动机功率大，则电动机宜（　　）启动。

A. 直接全压　　B. 采用软启动器

C. 星三角启动　　D. 自耦变压器

E. 变频启动

183. 设备日常维护保养的主要内容有（　　）。

A. 日保养　　B. 周保养　　C. 月保养　　D. 小修

E. 年度检修

184. 一般机械设备的润滑方式有（　　）。

A. 浇油　　B. 油绳　　C. 溅油　　D. 自润滑
E. 油雾润滑

185. 在设备故障诊断中，定期巡检周期一般安排较短的设备有（　　）。
A. 高速设备　　B. 大型、关键设备
C. 新安装的设备　　D. 振动状态变化明显的设备
E. 维修后的设备

186. 设备安装地脚螺栓的拧紧，应按照（　　）的方法，才能使地脚螺栓和设备受力均匀。
A. 从中间开始　　B. 从中间向两端
C. 对称轮换逐次拧紧　　D. 交叉轮换逐次拧紧
E. 螺栓两侧焊加固钢板

187. 机械传动磨损的形式有（　　）。
A. 气蚀磨损　　B. 黏附磨损　　C. 腐蚀磨损　　D. 磨粒磨损
E. 不平衡磨损

188. 零件的失效形式有（　　）。
A. 磨损　　B. 蚀损　　C. 变形　　D. 断裂
E. 老化

189. 摩擦离合器（片式）产生发热现象的主要原因有（　　）。
A. 间隙过大　　B. 间隙过小
C. 接触精度较差　　D. 传动力矩过大
E. 润滑冷却不够

190. 上止血带时应注意（　　）。
A. 松紧合适，以远端不出血为止　　B. 应先加垫
C. 位置适当　　D. 每隔 40 min 左右，放松 2 ~ 3 min
E. 每隔 1 h 左右，放松 2 ~ 3 min

191. 多个电阻串联时，以下特性正确的是（　　）。
A. 总电阻为各分电阻之和　　B. 总电压为各分电压之和
C. 总电流为各分电流之和　　D. 总消耗功率为各分电阻的消耗功率之和
E. 各电阻上的电压相等

192. 理想运放工作在线性区时的特点是（　　）。
A. $U_{+} - U_{-} = 0$　　B. $U_{+} - U_{-} = \infty$
C. $U_{+} - U_{-} = UI$　　D. $U_{+} = U_{-}$
E. 输入电流等于零

193. 用集成运算放大器组成模拟信号运算电路时，通常工作在（　　）。
A. 线性区　　B. 非线性区　　C. 饱和区　　D. 放大状态
E. 截至区

194. 基本逻辑运算电路有三种，即为（　　）电路。
A. 与非门　　B. 与门　　C. 非门　　D. 或门
E. 或非门

195. 多级放大器极间耦合形式是（　　）。

A. 电阻　　B. 阻容　　C. 变压器　　D. 直接

E. 电感

196. 集成电路封装种类有很多种，下列属于集成电路封装形式的有（　　）。

A. 陶瓷双列直插　　B. 塑料双列直插

C. 陶瓷扁平　　D. 塑料扁平

E. 陶瓷单列直插

197. 集成运算放大器若输入电压过高，会对输入级（　　）。

A. 造成损坏　　B. 造成输入管的不平稳

C. 使运放的各项性能变差　　D. 影响很小

E. 有助于使用寿命的增加

198. 判断理想运放是否工作在线性区的方法是（　　）。

A. 看是否引入负反馈　　B. 看是否引入正反馈

C. 看是否开环　　D. 看是否闭环

E. 与是否引入反馈无关

199. 直流电动机的调速方法有（　　）。

A. 降低电枢回路电阻　　B. 电枢串电阻调速

C. 减弱磁调速　　D. 启动变阻器调速

E. 加大电枢回路电阻

200. 三相异步电动机的调速方法有（　　）。

A. 改变供电电源的频率　　B. 改变定子极对数

C. 改变电动机的转差率　　D. 降低电源电压

E. 与供电电源的频率无关

201. 电动机的制动方法有（　　）。

A. 机械制动　　B. 反接制动　　C. 能耗制动　　D. 再生制动

E. 人为制动

202. 磁力线具有（　　）性质。

A. 在磁体外部磁力线的方向总是由 N 极到 S 极

B. 在磁体内部总是由 S 极到 N 极

C. 磁力线不相交

D. 磁力线具有缩短的趋势

E. 每条磁力线都构成闭合曲线

203. 可编程控制器一般采用的编程语言有（　　）。

A. 梯形图　　B. 语句表　　C. 功能图编程　　D. 高级编程语言

E. 汇编语言

204. 可编程控制器中存储器有（　　）。

A. 系统程序存储器　　B. 用户程序存储器

C. 备用存储器　　D. 读写存储器

E. 随机存储器

205. PLC 在循环扫描工作中每一扫描周期的工作阶段是（　　）。

A. 输入采样阶段　　B. 程序监控阶段

C. 程序执行阶段　　D. 输出刷新阶段

E. 内部处理

206. 状态转移的组成部分是（　　）。

A. 初始步　　B. 中间工作步

C. 终止工作步　　D. 有相连线

E. 转换和转换条件

207. 状态转移图的基本结构有（　　）。

A. 语句表　　B. 单流程

C. 选择性和并行性流程　　D. 跳转与循环流程

E. 动作命令

208. 在 PLC 的顺序控制中采用步进指令方式编程有何优点（　　）。

A. 方法简单、规律性强　　B. 提高编程工作效率、修改程序方便

C. 程序不能修改　　D. 功能性强

E. 专用指令多

209. 半导体数码显示器的特点是（　　）。

A. 数字清晰悦目　　B. 工作电压低，体积小

C. 寿命长　　D. 响应速度快

E. 运行可靠

210. 当接触器线圈得电时，接触器的动作是（　　）。

A. 衔铁吸合　　B. 常开触点闭合

C. 常闭触点断开　　D. 主触头闭合

211. 低压电器的发展趋势是（　　）。

A. 智能化　　B. 电子化

C. 产品模块化、组合化　　D. 产品质量和可靠性提高

212. 与非门逻辑功能的特点是（　　）。

A. 当输入全为 1，输出为 0　　B. 只要输入有 0，输出为 1

C. 只有输入全为 0，输出为 1　　D. 只要输入有 1，输出为 0

E. 只要输入有 0，输出为 0

213. 或非门逻辑功能的特点是（　　）。

A. 当输入全为 0，输出为 0　　B. 只要输入有 0，输出为 1

C. 只有输入全为 0，输出为 1　　D. 只要输入有 1，输出为 0

E. 只要输入有 0，输出为 0

214. KC04 集成移相触发器由（　　）等环节组成。

A. 同步信号　　B. 锯齿波形成

C. 移相控制　　D. 脉冲形成

E. 功率放大

215. 目前较大功率晶闸管的触发电路有以下（　　）形式。

A. 程控单结晶闸管触发器　　B. 同步信号为正弦波触发器
C. 同步信号为锯齿波触发器　　D. 同步信号为方波触发器
E. KC 系列集成触发器

216. 造成晶闸管误触发的主要原因有（　　）。
A. 触发器信号不同步　　B. 控制极与阴极间存在磁场干扰
C. 触发器含有干扰信号　　D. 阳极电压上升率过大
E. 阴极电压上升率过大

217. 常见大功率可控整流电路接线形式有（　　）。
A. 带平衡电抗器的双反星形　　B. 不带平衡电抗器的双反星形
C. 大功率三相半控整流　　D. 十二相整流电路
E. 大功率三相星形整流

218. 钢按含碳量分类为（　　）。
A. 低碳钢　　B. 中碳钢　　C. 高碳钢　　D. 特高碳钢
E. 一般含碳钢

219. 乳化液泵站液压系统中控制压力的元件有（　　）。
A. 安全阀　　B. 卸载阀　　C. 蓄能器　　D. 截流阀
E. 交替阀

220. 机械制图中三视图指的是（　　）。
A. 主视图　　B. 俯视图　　C. 左视图　　D. 右视图
E. 上视图

221. 支架常用的控制阀组有（　　）。
A. 单向阀　　B. 安全阀　　C. 截流阀　　D. 操纵阀
E. 阀座

222. 刮板运输机按刮板数目及布置方式分为（　　）。
A. 单链　　B. 边双链　　C. 中双链　　D. 三链
E. 准边双链

223. 刮板运输机按溜槽结构形式分为（　　）。
A. 半封底式　　B. 敞底式　　C. 封底式　　D. 全封闭式
E. 半封底式

224. 按照励磁绕组与电枢绕组的连接关系，直流电动机可分为（　　）等类型。
A. 他励　　B. 并励　　C. 串励　　D. 复励
E. 自励

225. 液压单向阀按照动作方式不同可分为（　　）。
A. 单液控　　B. 双液控　　C. 三液控　　D. 串联液控
E. 并联液控

226. 综合机械化采煤中的三机指的是（　　）。
A. 破碎机　　B. 刮板输送机　　C. 采煤机　　D. 液压支架
E. 转载机

227. 齿轮泵的径向不平衡力产生的原因（　　）。

A. 液体压力产生
B. 齿轮啮合产生
C. 困油现象产生
D. 导向不平衡产生
E. 与压油口的大小无关

228. 齿轮泵容易泄漏的部位是（　　）。
A. 齿轮齿面啮合处间隙
B. 齿轮顶部与泵体内圆柱面的径向间隙
C. 齿轮两端面和端盖间隙
D. 齿轮和泵体间隙
E. 齿轮端面与泵体内圆柱面的径向间隙

229. 机器基本上由（　　）部分组成。
A. 动力元件
B. 工作部分
C. 传动装置
D. 控制装置
E. 保护装置

230. 直流电磁阀电压一般为（　　）。
A. 24 V
B. 36 V
C. 110 V
D. 220 V
E. 660 V

231. 液压支架乳化液泵常用的柱塞密封为（　　）。
A. “V” 形密封
B. “O” 形密封
C. 矩形密封
D. “Y” 形密封
E. “X” 形密封

232. 检修设备前，要切断电源，并挂上（　　）的牌子。
A. 有人作业
B. 有人工作
C. 有电危险
D. 禁止合闸
E. 严禁送电

233. 液压系统中的压力控制阀按功用可分为（　　）。
A. 溢流阀
B. 减压阀
C. 顺序阀
D. 平衡阀
E. 操纵阀

234. 蓄能器有（　　）作用。
A. 作为辅助动力源以节省液压系统动力消耗
B. 作为紧急动力源以紧急避险
C. 可补偿系统泄漏或保压
D. 可吸收液压冲击、脉动
E. 降低噪声

235. 常见的液压基本回路有（　　）。
A. 方向控制回路
B. 压力控制回路
C. 速度控制回路
D. 电液控制回路
E. 流量控制回路

236. 常见的变量泵有（　　）。
A. 单作用叶片泵
B. 径向柱塞泵
C. 轴向柱塞泵
D. 差动定量泵
E. 隔膜式定量泵

237. 常用的主令电气有（　　）。

A. 控制按钮　B. 行程开关　C. 接近开关　D. 万能转换开关

238. 处理卸载阀不卸载的方法有（　　）。

A. 清除节流堵杂物　B. 拆装检查先导阀

C. 排除管路系统漏液　D. 更换阀座

E. 更换阀芯

239. 国产卧式三柱塞乳化液泵由（　　）组成。

A. 电动机　B. 乳化液泵　C. 乳化液箱　D. 蓄能器

E. 控制保护元件

240. 乳化液泵安全阀一般由（　　）组成。

A. 阀壳　B. 阀座　C. 阀芯　D. 顶杆

E. 操作阀

241. 带式输送机主要有（　　）组成。

A. 机头　B. 贮带装置　C. 机身　D. 机尾

E. 移机尾装置及输送带

242. 手动葫芦广泛用于小型设备和重物的（　　）。

A. 短距离起吊　B. 水平方向牵引

C. 长距离起吊　D. 倾斜方向牵引

E. 横向平移

243. 三相电源连接方法可分为（　　）。

A. 星形连接　B. 串联连接

C. 三角形连接　D. 并联连接

E. 混联

244. 矿井通风的作用（　　）。

A. 不断地向井下各个作业地点供给足够数量的新鲜空气

B. 稀释并排出各种有害、有毒及放射性气体

C. 稀释并排出粉尘

D. 给井下工作人员创造一个良好的工作环境，以便不断提高劳动生产率

E. 调节井下空气的温度和湿度，保持井下空气有适合的气候条件

245. 常用的扳手有（　　）。

A. 固定扳手　B. 活扳手　C. 内六角扳手　D. 钩型扳手

E. 力矩扳手

246. 在煤矿井下判断伤员是否有呼吸的方法有（　　）。

A. 耳听　B. 眼视　C. 晃动伤员　D. 皮肤感觉

E. 吹气

247. 液压传动最基本的技术参数是工作液的（　　）。

A. 压力　B. 流量　C. 密度　D. 重度

E. 黏度

248. 润滑剂有（　　）作用。

A. 润滑　B. 冷却　C. 防锈　D. 密封

E. 绝缘

249. 立柱防尘圈有（　　）。

A. GF 骨架防尘圈　　B. JF 橡胶防尘圈

C. JF 骨架防尘圈　　D. GF 橡胶防尘圈

E. 蕾形防尘圈

250. 电动机的极数越多，在（　　）不变的情况下，额定转速越小。

A. 频率　　B. 滑差率　　C. 电压　　D. 电流

E. 功率

251. 井下（　　）的高压控制设备，应具有短路、过负荷、接地和欠压释放保护。

A. 采煤机　　B. 高压电动机　　C. 掘进机　　D. 动力变压器

E. 破碎机

252. 使用高压验电器应注意（　　）。

A. 使用前应在确有电源处测试，证明验电器完好

B. 使用时要戴上符合耐压要求的绝缘手套

C. 人体与高压带电体之间应保持足够的安全距离

D. 每半年应做一次预防性试验

253. 生产矿井要有机电主管部门、电气（　　）专业化小组。

A. 防爆检查　　B. 设备及配件

C. 胶带及检修　　D. 油脂

E. 电缆、小型电器

254. 下列哪些属于井下五小电器（　　）。

A. 按钮　　B. 电铃　　C. 三通　　D. 四通

E. 打点器

255.《煤矿安全规程》规定，矿井必须有井上下供电系统、主提升（　　）系统图纸。

A. 人员行走　　B. 排水　　C. 压风　　D. 通信

E. 通风

256. 采煤机必须安装内、外喷雾装置。还需满足（　　）。

A. 内喷雾压力不得小于 2 MPa

B. 外喷雾压力不得小于 1.5 MPa

C. 外喷雾压力不得小于 3 MPa

D. 喷雾流量必须与机型相匹配

E. 无水或喷雾装置损坏时必须停机

257. 使用液力偶合器时必须（　　）。

A. 使用水或难燃液　　B. 使用油介质

C. 使用合格的易熔塞　　D. 使用合格的防爆片

E. 经常检查工作液液位高低

258. 使用掘进机掘进必须遵守（　　）。

A. 前后照明灯齐全　　B. 紧急停止按钮动作可靠

C. 必须使用内、外喷雾装置　　D. 结束工作切割头落地
E. 机身上必须带三个灭火器
259. 采煤机是具有（　　）等全部功能的机械的总称。
A. 落煤　　B. 碎煤　　C. 运煤　　D. 破煤
E. 装煤
260. 滚筒式采煤机主要由（　　）等组成。
A. 电动部　　B. 牵引部　　C. 截割部　　D. 运输部
E. 辅助装置
261. 《工伤保险条例》规定，不得认定为工伤或者视同工伤的情形有（　　）。
A. 因犯罪或者违反治安管理伤亡的　　B. 醉酒导致伤亡的
C. 自残的　　D. 自杀的
E. 患职业病的
262. 对触电者的急救以下说法正确的是（　　）。
A. 立即切断电源，或使触电者脱离电源
B. 迅速测量触电者体温，使触电者俯卧
C. 迅速判断伤情，对心搏骤停或心音微弱者，立即心肺复苏
D. 用干净衣物包裹创面
E. 立即进行人工呼吸
263. 以下属于煤矿一类用户，需要采用来自不同电源母线的两回路进行供电的有（　　）。
A. 主要通风机　　B. 井下主排水泵
C. 副井提升机　　D. 采区变电所
E. 主皮带
264. 井下检修或搬迁电气设备前，通常作业程序包括（　　）。
A. 停电　　B. 瓦斯检查　　C. 验电　　D. 放电、悬挂警示牌
E. 有人监护
265. 《煤矿安全规程》规定，矿井必须备有井上、下配电系统图，图中应注明（　　）。
A. 电动机、变压器、配电装置等装设地点
B. 设备的型号、容量
C. 设备的电压、电流种类及其他技术性能
D. 风流的方向
E. 保护接地装置的安设地点
266. 电流互感器使用时，（　　）应可靠接地。
A. 外壳　　B. 护套　　C. 次级绕组　　D. 铁芯
E. 初级绕组
267. 熔断器主要由（　　）组成。
A. 熔体　　B. 绝缘底座（熔管）
C. 导电元件　　D. 复位弹簧

268. 井下供电应坚持做到“三无”“四有”“两齐”“三全”“三坚持”，其中“两齐”是指（　　）。

A. 供电手续齐全　　B. 设备硐室清洁整齐

C. 绝缘用具齐全　　D. 电缆悬挂整齐

E. 人员配备齐全

269. 下列属于供电安全作业制度的有（　　）。

A. 工作票制度　　B. 工作许可制度

C. 工作监护制度　　D. 停、送电制度

E. 干部上岗制度

270. 直接顶按其稳定性分为（　　）。

A. 不稳定　　B. 中等稳定　　C. 稳定　　D. 坚硬

E. 一般稳定

271. 下列选项中，可以作为接地母线连接主接地极的有（　　）。

A. 厚度不小于 4 mm、截面积不小于 100 mm^2 的扁钢

B. 厚度不小于 4 mm、截面积不小于 50 mm^2 的扁钢

C. 截面积不小于 50 mm^2 的铜线

D. 截面积不小于 100 mm^2 的镀锌铁线

E. 截面积不小于 50 mm^2 的镀锌铁线

272. 下列因素中，能够影响触电危险程度的有（　　）。

A. 触电时间　　B. 电流流经人体的途径

C. 触电电流的频率　　D. 人的健康状态

E. 与人的健康状态无关

273. 以下选项中，属于防触电措施的是（　　）。

A. 设置漏电保护　　B. 装设保护接地

C. 采用较低的电压等级供电　　D. 电气设备采用闭锁机构

E. 在淋水的电缆上方加装防护装置

274. 电压互感器初状态有（　　）。

A. 运行　　B. 热备　　C. 检修　　D. 冷备

E. 空载

275. 低压检漏装置运行期间，每天需要检查和试验的项目包括（　　）。

A. 局部接地极的安设情况　　B. 辅助接地极的安设情况

C. 欧姆表的指示数值　　D. 跳闸试验

E. 调节补偿效果

276. 工作面破碎机必须安装（　　）。

A. 防尘罩　　B. 喷雾装置　　C. 除尘器　　D. 信号装置

E. 通信电话

277. 三相笼型异步电动机的电气制动方法有（　　）。

A. 反接制动　　B. 能耗制动　　C. 机械制动　　D. 电磁电容制动

278. 液压支架架体的完好标准（　　）。

A. 零部件齐全，安装正确

B. 柱靴及柱帽的销轴、管接头的U形销、螺栓、穿销等不缺少

C. 各结构件、平衡千斤顶座无开焊或裂纹

D. 侧护板变形不超10 mm

E. 推拉杆弯曲每米不超20 mm

279. 井下移动变电站一般由（　　）组成。

A. 磁力启动器　　B. 高压开关

C. 干式变压器　　D. 低压馈电开关

E. 油浸式变压器

280. 晶体管直流稳压电源一般由（　　）电路等组成。

A. 整流　　B. 滤波　　C. 晶体管稳压　　D. 比较

E. 放大

281. 矿灯主要由（　　）组成。

A. 蓄电池　　B. 灯线　　C. 灯头　　D. 充电架

E. 上部构件

282. 在矿用产品安全标志有效期内，出现下列情形中的（　　）时，应暂停使用安全标志。

A. 未能保持矿用产品质量稳定合格的

B. 矿用产品性能及生产现状不符合要求的

C. 在煤炭生产与建设中发现矿用产品存在隐患的

D. 安全标志使用不符合规定要求的

E. 在取得产品安全标志过程中存在欺瞒行为的

283. 下列措施中，能够预防井下电气火灾的有（　　）。

A. 按电气保护整定细则整定保护装置

B. 采用矿用阻燃橡套电缆

C. 校验高低压开关设备及电缆的热稳定性和动稳定性

D. 电缆悬挂要符合《煤矿安全规程》规定

E. 备品备件码放整齐

284. 出现下列情形中的（　　）时，可能引发电气火灾。

A. 设备内部元器件接触不良，接触电阻大

B. 变压器油绝缘性能恶化

C. 电缆线路漏电

D. 电缆线路过负荷，保护失效

E. 设备散热不良

285. 新投产的采区，在采区供电设计时，应对保护装置的整定值进行计算、校验，机电安装工按设计要求进行（　　）。

A. 安装　　B. 整定　　C. 调整　　D. 计算

E. 校验

286. 为了便于检查，设备应挂标志牌，牌上注明设备的（　　）、短路电流值、整定

日期及维护人。

A. 编号　B. 整定值　C. 使用单位　D. 型号

E. 用途

287. 矿井电气设备的漏电保护从保护方式上分为（　　）。

A. 选择性漏电保护　B. 漏电闭锁

C. 漏电跳闸　D. 远方漏电试验

E. 零序电流

288. 下列属于失爆的情况有（　　）。

A. 隔爆壳内有锈皮脱落　B. 隔爆结合面严重锈蚀

C. 密封挡板不合格　D. 外壳连接螺丝不齐全

E. 备用喇叭嘴无挡板

289. 《煤矿安全规程》规定，井下防爆电气设备的（　　），必须符合防爆性能的各项技术要求。

A. 运行　B. 维护　C. 整定　D. 修理

E. 搬迁

290. 防爆电气设备按使用环境的不同分为（　　）类。

A. Ⅰ　B. Ⅱ　C. Ⅲ　D. Ⅳ

E. Ⅴ

291. 防护等级就是（　　）的能力。

A. 防外物　B. 防水　C. 防火　D. 防撞击

E. 防瓦斯

292. 隔爆型电气设备隔爆面的防锈一般采用（　　）等方法。

A. 热磷处理　B. 涂磷化底漆

C. 涂防锈油剂　D. 涂油漆

E. 冷磷处理

293. 使用矿灯的人员，严禁（　　）。

A. 拆开矿灯　B. 敲打矿灯　C. 撞击矿灯　D. 借用矿灯

E. 提灯线乱甩

294. 不同型号电缆之间严禁直接连接，必须经过符合要求的（　　）进行连接。

A. 接线盒　B. 连接器　C. 母线盒　D. 插座

E. 冷补工艺

295. 在（　　）中不应敷设电缆。

A. 总回风巷　B. 专用回风巷　C. 总进风巷　D. 运输大巷

E. 井底车场

296. 按照变压器的用途分类，主要有（　　）。

A. 电力变压器　B. 特殊用途变压器

C. 仪用互感器　D. 试验变压器

E. 控制变压器

297. 井下巷道内的电缆，沿线每隔一定距离，在拐弯或分支点以及连接不同直径电缆的接线盒两端，穿墙电缆的墙的两边都应设置注有（　　）的标志牌，以便识别。

A. 编号　　B. 用途　　C. 电压　　D. 截面积

E. 电流值

298. 井下常用电缆主要有（　　）。

A. 普通电缆　　B. 铠装电缆

C. 矿用橡套电缆　　D. 塑料电缆

E. 铝包电缆

299. 在立井井筒或倾角30°及其以上的井巷中，电缆应用（　　）或其他夹持装置进行敷设。

A. 夹子　　B. 卡箍　　C. 钢丝　　D. 吊钩

E. 铁丝

300. 直流电动机铭牌数值包括（　　）。

A. 型号　　B. 额定功率　　C. 额定电流　　D. 额定转速

E. 额定电压

301. 劳动者享有了解工作场所产生或者可能产生的（　　）和应当采区的职业病防护措施，要求用人单位提供符合防治职业病要求的职业病防护措施和个人使用的职业病防护用品，改善工作条件。

A. 职业病危害因素　　B. 先天性遗传疾病危害后果

C. 先天性遗传疾病危害因素　　D. 职业病危害后果

302. 煤层瓦斯含量的大小取决于（　　）。

A. 成煤和变质过程中瓦斯生成量的多少

B. 瓦斯能被保存下来的条件

C. 瓦斯涌出量的多少

D. 开采强度

303. 煤矿安全生产管理，要坚持的“三并重”原则，“三并重”包括（　　）。

A. 生产　　B. 管理　　C. 装备　　D. 培训

304. 事故调查处理中坚持的原则是（　　）。

A. 事故原因没有查清不放过　　B. 责任人员没有处理不放过

C. 有关人员没有受到教育不放过　　D. 整改措施没有落实不放过

305. 形成矿井外因火灾的引火热源有（　　）。

A. 存在明火　　B. 违章爆破　　C. 电火花　　D. 机械摩擦

306. （　　）是智能化采煤的控制模式。

A. 采煤机记忆截割　　B. 液压支架跟随采煤机跟机作业

C. 运输设备自动化联动控制　　D. 人工可视化远程干预

307. 造成变压器空载损耗增加的原因有（　　）。

A. 硅钢片间绝缘不良　　B. 硅钢片间短路

C. 线圈匝间短路　　D. 硅钢片生锈

E. 变压器长时间运行　　F. 输入电源电压不稳定

308. 集成运算放大器通常外部引出端子有（　　）等。

A. 电源端子　　B. 调零端子　　C. 复位端子　　D. 接地端子
E. 相位补偿端子　　F. 输入输出端子

309. 实现可控硅从导通到关断的手段和方法有（　　）。
A. 断开电路，使之通过电流为零　　B. 断开控制极电路
C. 加反向电压，使阳极电压高于阴极　　D. 减少控制电流
E. 将阳极电流降到维持电流以下　　F. 控制极加反向控制电压

310. 使可控硅导通条件是（　　）。
A. 可控硅阳极与阴极间必须加反向电压
B. 可控硅阳极与阴极间必须加正向电压
C. 控制极加反向电压
D. 控制极与阴极加正向电压
E. 控制极加转折电压
F. 可控硅阳极加反向电压、阴极间必须加正向电压

311. 异步电动机定子与转子间隙过大，将会引起（　　）。
A. 空载电流小　　B. 转矩变小　　C. 空载电流大　　D. 功率因数下降
E. 阻抗变小　　F. 转矩变大

312. 矿山供电系统在处理和预防过电压方面，采取了哪些方法或保护手段？（　　）
A. 稳压或调压　　B. 避雷器　　C. 压敏电阻　　D. 熔断器
E. 阻容吸收　　F. 过电压限幅器

313. 多级放大器级间常用的耦合形式有（　　）。
A. 二极管耦合　　B. 光电耦合　　C. 阻容耦合　　D. 变压器耦合
E. 直接耦合　　F. 电感耦合

314. 变压器自身的损耗有哪些？（　　）
A. 涡流损耗　　B. 热损耗　　C. 磁滞损耗　　D. 空载损耗
E. 机械损耗　　F. 摩擦损耗

315. 游标卡尺按其测量精度，常用的有（　　）三种。
A. 0.1　　B. 0.02　　C. 0.05　　D. 0.01

316. 变电所桥接线分两种形式，包括（　　）接线。
A. 内桥　　B. 外桥　　C. 上桥　　D. 下桥

317. 大型电力系统主要是技术经济上具有的优点包括（　　）。
A. 提高了供电可靠性　　B. 减少系统的备用容量
C. 调整峰谷曲线　　D. 提高了供电质量

318. 变压器的冷轧硅钢片厚度有多种，一般包括（　　）。
A. 0.35 mm　　B. 0.30 mm　　C. 0.27 mm　　D. 0.25 mm

319. 通常电力系统用的电压互感器准确度包括（　　）。
A. 0.2　　B. 0.5　　C. 1　　D. 3

320. 互感器可以与测量仪表配合，对线路的（　　）进行测量。
A. 电压　　B. 电流　　C. 电能　　D. 电势

321. 电流互感器型号包括的内容有（　　）。

A. 额定电流　　B. 准确级次　　C. 保护级　　D. 额定电压

322. 永磁操作结构具有（　　）等优点。

A. 结构简单　　B. 结构复杂

C. 可靠性高　　D. 耐磨损、机械寿命长

323. 从导线截面积来分从 2.5 ~ 25 mm^2 之间还有（　　）mm^2 等几种导线。

A. 4　　B. 6　　C. 10　　D. 15

324. 真空断路器虽然价格较高，但具有（　　）等突出优点。

A. 体积小、质量轻　　B. 噪声小

C. 无可燃物　　D. 维护工作量小

325. 通信用智能高频开关电源一般包含（　　）。

A. 交流配电　　B. 直流配电　　C. 整流模块　　D. 监控单元

326. 高频开关电源的滤波电路一般由（　　）基本电路组成。

A. 输入滤波　　B. 工频滤波　　C. 输出滤波　　D. 防辐射干扰

327. 高频开关电源具有（　　）以及动态性能好等特点。

A. 可靠　　B. 稳定　　C. 智能化　　D. 效率高

328. 闭环控制系统有（　　）两个通道。

A. 给定通道　　B. 前向通道　　C. 执行通道　　D. 反馈通道

329. PLC 的特殊继电器有（　　）等。

A. M200　　B. M8000　　C. M8013　　D. M8002

330. 综采电气设备的发展特点有（　　）。

A. 电压等级多种，装机容量大　　B. 综采设备配套标准化、系列化

C. 自动化控制水平逐步提高　　D. 保护逐渐升级为 PLC 程序式

331. 单片机内部总线是系统内部传输信息的公共通道，包括（　　）。

A. 逻辑总线　　B. 控制总线　　C. 地址总线　　D. 数据总线

332. 同步信号与同步电压（　　）。

A. 二者的频率是相同的　　B. 有密不可分的关系

C. 二者不是同一个概念　　D. 二者没有任何关系

333. 设备润滑油液的净化方法（　　）。

A. 沉淀　　B. 过虑　　C. 吸附　　D. 磁选

三、判断题

1. 电源是一种将非电能量转换为电能的装置。（　）
2. 电动势的方向是由电源的正极指向负极。（　）
3. 当温度升高时金属导体电阻增加。（　）
4. 电压的方向是从低电位指向高电位，即电位升的方向。（　）
5. 导体的电阻与电路中的电压成正比，与电路中的电流成反比。（　）
6. 基尔霍夫第一定律是节点电流定律。（　）
7. 两个不相等的电阻在相同电压作用下，电阻大的电流大。（　）
8. 在串联电路中，等效电阻等于各电阻的和。（　）

9. 在并联电路中，并联的电阻越多，等效电阻越大。（ ）

10. 电容元件具有隔直作用，因此在直流电路中电容元件相当于短路。（ ）

11. 在串联电路中，串联的电容器越多，总电容量越小。（ ）

12. 通常把大小和方向随时间变化的电流、电压、电动势，统称为直流电。（ ）

13. 三相四线制的对称电路，若中线断开，三相负载仍可正常工作。（ ）

14. 电阻、电感和电容都是贮能元件。（ ）

15. 中线上允许装熔断器和开关。（ ）

16. 端线与中线之间的电压称为相电压。（ ）

17. 端线与端线之间的电压称为线电压。（ ）

18. 节点电压法仅适用于有两个节点的电路。（ ）

19. 感应电流产生的磁通总是阻碍原磁通的变化。（ ）

20. 自感电动势的方向总是与产生它的电流方向相反。（ ）

21. 三极管放大作用的实质是以小电流控制大电流。（ ）

22. 晶闸管一旦反向击穿后仍然能够继续使用。（ ）

23. 矿井供电系统主要作用是获得、变换、分配、输送电能。（ ）

24. 良好的电能质量是指电压偏移不超过额定值的 ±10% 。（ ）

25. 井下中央变电所是全矿供电的总枢纽。（ ）

26. 地面压缩空气设备属于一级负荷。（ ）

27. 综采工作面变电所的开关操作控制回路必须选用本质安全型电路。（ ）

28. 井下带电设备的绝缘套管可以有联通两个防爆腔的裂纹。（ ）

29. 不能随意在井下拆卸矿灯。（ ）

30. 接地电阻测量仪的电流探针与被测接地极探针相距 20 m。（ ）

31. 一般切断四次短路电流后熔断器管壳就应更换。（ ）

32. 采区变电所的高压电源电缆通常由地面变电所引入。（ ）

33. 隔爆外壳的接合面越宽，间隙越小，隔爆性能越好。（ ）

34. 采用正反馈控制更适用于自动控制系统。（ ）

35. 本质安全电路适用于电动机、变压器、照明等装置。（ ）

36. 可以用语言警示方式代替连锁机械。（ ）

37. 接地零件必须做防锈处理或用不锈钢材料制成。（ ）

38. 已经失爆的电气设备还可以作为替换使用。（ ）

39. 严禁对故障电缆强行送电。（ ）

40. 设在水仓中的主接地极，应保证在其工作时总是没于水中。（ ）

41. 油泵是液压传动系统中的辅助元件。（ ）

42. 运输系统中的所有输送机应按逆煤流方向顺序启动。（ ）

43. 井下保护接地系统中禁止采用铝导体做接地导线。（ ）

44. 橡套电缆的接地芯线还可作为监测或其他用途。（ ）

45. 可以对接地装置未修复的电气设备送电。（ ）

46. 使用 ZC－18 型接地电阻测量仪测量单个接地极电阻时，应先将其接地导线与接地网断开。（ ）

47. 熔体的额定电流不能大于熔断器的额定电流。( )

48. 检漏继电器在做补偿调整时，速度越慢越好。( )

49. 隔爆型馈电开关是带有自动跳闸装置的供电开关。( )

50. 隔爆型馈电开关对线路具有过载、短路、欠压、漏电等保护作用，主要用在煤矿井下低压配电线路中。( )

51. 矿用隔爆型高压配电装置具有绝缘监视、接地、漏电、过载、短路、欠电压及过电压等保护性能。( )

52. 隔爆型馈电开关用于支线电路中配送电能。( )

53. BGP9L－6G 矿用隔爆型高压真空配电装置的漏电保护为选择性保护。( )

54. BGP9L－6G 矿用隔爆型高压真空配电装置只有一组高压隔离插销，安装在电源侧。( )

55. BGP9L－6G 矿用隔爆型高压真空配电装置在正常运行中，每两年应对压敏电阻器进行一次预防性试验。( )

56. KBZ－630/1140 型矿用隔爆真空智能型馈电开关的液晶显示屏正常工作时会定时刷新，若出现显示乱码、显示半屏属故障现象。( )

57. KBZ－630/1140 型矿用隔爆真空智能型馈电开关应定期检查，在维护修理时不得用硬器敲打隔爆面及内部元器件，不得随意拆卸更换元器件、控制电器。( )

58. KBZ－630/1140 型矿用隔爆真空智能型馈电开关应水平安装。( )

59. 电缆的型号选择执行《煤矿安全规程》的规定，移动变电站必须采用监视型屏蔽橡套电缆。( )

60. 由于电缆都有一定的柔性，在敷设悬挂时必然有一定的悬垂度。( )

61. 选择电缆截面主要是选择电缆主芯线的截面。( )

62. 电缆长时允许通过的电流值应小于实际流过电缆的工作电流。( )

63. 当线路发生短路时，所选电缆必须经得起短路电流的冲击，也就是电缆要满足保护灵敏性的要求。( )

64. 电缆的实际电压损失必须小于电路允许的电压损失。( )

65. 在立井井筒或倾角 30°及以上的井巷中，电缆应用夹子、卡箍或其他夹持装置进行敷设。( )

66. 综采工作面上采用的主要是铠装电缆。( )

67. 安装好的连接器，应悬挂在巷道侧壁上没有淋水的地方。( )

68. 不同规格的电缆可以采用冷补方法连接。( )

69. 变压器有载运行时，可近似的认为一次侧、二次侧电流与其线圈匝数成正比。( )

70. 为了加大散热面积，容量在 630 kV·A 以下的变压器铁芯中间设有一个 20 mm 宽的冷却气道。( )

71. 在有瓦斯和煤尘爆炸危险的矿井中，橡套电缆的接地芯线可兼作控制线。( )

72. KSGZY 型矿用隔爆型移动变电站是一种可移动的成套供、变电装置。( )

73. DQZBH300/1140 型真空磁力启动器的漏电检测回路，是通过三个高压堆组成的人为中性点与主电路相连。( )

74. 真空磁力启动器的负荷电缆可不必使用分相屏蔽阻燃橡套电缆。(　)

75. 真空磁力启动器在使用过程中，随意更改控制系统的电路，不会降低真空接触器的分断速度。(　)

76. 启动器发生故障时，必须将故障排除后，才允许按动复位按钮再次启动。(　)

77. 启动器拆装不得损伤隔爆结合面。(　)

78. 真空磁力启动器时控电路由三个时间继电器组成。(　)

79. 需要电动机反转时，只将开关手柄扳到相反位置即可实现反转。(　)

80. 启动器主电源或控制电源无电的解决方法是更换熔丝。(　)

81. 启动按钮触头歪斜需重新修复启动按钮。(　)

82. 启动器触头烧伤严重可能是由于触头弹簧压力过大。(　)

83. 启动器拆装时压紧装置应放松。(　)

84. 当一相电流为零，其余两相电流不为零时视为断相。(　)

85. 交流软启动器的上接线腔有六个接线柱。(　)

86. 交流软启动器的两次启动时间间隔应尽量小于 5 min。(　)

87. 启动器通电使用前必须检查电压等级与电源等级是否相同。(　)

88. 电气控制系统可实现对采煤机和输送机的连锁控制。(　)

89. 电牵引是指采煤机通过调节液压系统的参数来改变电动机转速的牵引方式。(　)

90. 双滚筒电牵引采煤机采用 660 V 双电缆供电。(　)

91. 采煤机电气系统的变频装置用于牵引电动机的调速。(　)

92. 长时间停机或换班时，必须打开隔离开关，并把离合器手把闭合。(　)

93. 采煤机注油时允许混用各牌号油脂。(　)

94. 运输系统中的所有输送机应按逆煤流方向停止。(　)

95. 各台输送机启动时，相互之间要有一定延时。(　)

96. 输送机的电动机散热状况不好时，应减轻负荷，缩短超负荷运转时间。(　)

97. 输送机的电动机由于负荷太大不能启动时，可采取提高供电电压的方法解决。(　)

98. 电话机通话正常而扬声器无声，可能是因电源无电造成的。(　)

99. 煤矿井下可使用手电筒照明。(　)

100. 井下主要进风巷的交叉点不安装照明装置。(　)

101. 在电缆敷设时，电缆的长度应大于敷设路径的长度。(　)

102. 综合机械化采煤工作面照明灯间距不得大于 20 m。(　)

103. 压风机房必须有应急照明设施。(　)

104. 井下常用的照明装置有矿用隔爆型白炽灯和荧光灯两种。(　)

105. 普通白炽灯与矿用隔爆型白炽灯的主要区别是它有钢化玻璃外罩。(　)

106. 矿用隔爆型白炽灯，安装时开关与灯具并联在线路中。(　)

107. 井下照明装置的线路维护一般分为日常维护和定期维护。(　)

108. 胶圈外径 D 与腔室内径间隙不大于 2 mm。(　)

109. 能将矩形波变成锯齿波的 RC 电路称为积分电路。(　)

110. 触发器只需具备两个稳态状态，不必具有记忆功能。(　)

111. 密封圈的厚度不小于电缆外径的 0.3 倍，且不小于 4 mm。(　)

112. 耐爆性主要指防爆外壳的机械强度。(　)

113. 逆变电路是将交流电变换为直流电的电路。(　)

114. 能把脉动直流电中的交流成分滤掉的电路称为滤波电路。(　)

115. 井下火灾的灭火方法包括直接灭火法和隔绝灭火法。(　)

116. 隔绝灭火法常用于扑灭大面积火灾和防止火灾蔓延。(　)

117. 《煤矿安全规程》规定，采煤工作面、掘进中的煤巷和半煤岩巷的风速为 0.25 m/s。(　)

118. 矿井需要风量，按井下同时工作的最多人数计算，每人每分钟供风量不得少于 2 m^3。(　)

119. 在我国一般将厚度在 1.3 ~3.5 m 的煤层称为中厚煤层。(　)

120. 煤炭在地下是呈柱状埋藏的。(　)

121. 电压互感器不能短路。(　)

122. 半导体 PN 结具有单向导电性。(　)

123. 能将矩形波变成尖脉冲的 RC 电路称为积分电路。(　)

124. 绝缘体是绝对不导电的。(　)

125. 隔爆面的间隙、长度及粗糙度称为防爆的三要素。(　)

126. 开关中的 RC 阻容吸收装置是过电压保护装置。(　)

127. 严禁井下配电变压器中性点直接接地。(　)

128. 变压器一次侧匝数增加，二次侧电压将增加。(　)

129. 基尔霍夫第二定律也称节点电流定律。(　)

130. 井下开关所接的地线是变压器的中性线。(　)

131. 采煤机上必须安装有能停止和启动运输机的控制装置。(　)

132. 晶体管毫伏表的标尺刻度是正弦电压的有效值，也能测试非正弦量。(　)

133. 电压的单位是瓦特。(　)

134. 一个进线嘴内允许有多个密封圈。(　)

135. 电感在电路中，是不消耗能量的。(　)

136. 带电的多余电缆可以盘放起来。(　)

137. 检修电气设备时，决不允许约时停送电。(　)

138. 井下矿用变压器都是防爆型的。(　)

139. “全 1 出 1，有 0 出 0”表述的是“或”门电路。(　)

140. 配电点的电气设备少于 3 台时，可不设局部接地极。(　)

141. 在通风良好的井下环境中可带电检修电气设备。(　)

142. 当发生电火灾时，应用水、黄沙、干粉灭火机等迅速灭火。(　)

143. 矿用 660 V 隔爆开关的绝缘电阻不应低于 4 MΩ。(　)

144. 隔爆外壳变形长度超过 50 mm，凸凹深度超过 5 mm 为失爆，整形后低于此规定仍为合格。(　)

145. 为了保护安全，井下移动电站的主接地极与辅助接地极应可靠地连接在一起。(　)

146. 不同类型的电缆可以直接连接。( )

147. MGTY - 300/700 - 1.1D 型采煤机，其型号中的 700 表示截割电动机功率。( )

148. 双金属片热继电器是过负荷保护装置。( )

149. 空气磁力开关可以在高突煤矿中使用。( )

150. 保护 1140 V 电网时，单相接地漏电电阻整定值为 30 kΩ。( )

151. 电动机的漏抗与最大转矩、堵钻电流倍数成反比。( )

152. 变压器线圈绝缘 H 级的为 155°。( )

153. 电动机绝缘 F 级为 125°。( )

154. 晶闸管型号 KP20 - 8 表示普通晶闸管。( )

155. 煤矿井下使用的变压器中性点必须接地。( )

156. P 型半导体的多数载流体是电子。( )

157. 半导体中掺入微量的硼、镓、铝等元素后，形成 N 型半导体。( )

158. 放大电路的静态值变化的主要原因是温度变化。( )

159. P 型半导体中没有自由电子。( )

160. 稳压二极管在稳压电路中，正极应接在电源的正极。( )

161. 使用万用表测量二极管的好坏时，正反方向的阻值相差越大越好。( )

162. 变压器的原边电流是由副边电流决定的。( )

163. 变压器的变压比是变压器的副边电压与原边电压之比。( )

164. 电动机的型号为 YMB - 100S，其中 M 表示采煤机。( )

165. 4 极异步电动机（$f=50$ Hz）的同步转速是 1500 r/min。( )

166. 电动机应每月加润滑剂一次，检查轴承是否损坏、超限，并做一次绝缘试验。( )

167. 不延燃的橡胶电缆就是橡胶不能点燃。( )

168. 无功功率是指交流电路中电源与储能元件之间交换能量的能力，而不是消耗的能量。( )

169. 在切断空载变压器时，不会产生操作过电压。( )

170. 在运行中的 PT 二次回路上进行工作时，要防止 PT 二次回路开路。( )

171. 导体中的电流由电子流形成，故规定电子的运动方向就是电流的正方向。( )

172. 导体两端有电压，导体中才会产生电流。( )

173. 在电阻分压电路中，电阻值越大，其两端分得的电压就越高。( )

174. 让 8 A 的直流电流和最大值为 10 A 的正弦交流电流分别通过阻值相同的电阻，在相同的时间内电阻的发热量相同。( )

175. 某交流电压为 $u=380\sin\left(314t+\dfrac{\pi}{2}\right)$ V，则初相角为 90°。( )

176. 已知正弦交流电 $u=220\sqrt{2}\sin(314t+60)$ V，则其电压最大值为 $220\sqrt{2}$ V，有效值为 220 V。( )

177. 三相负载接在三相电源上，若各相负载的额定电压等于电源的线电压，则负载可作星形连接，也可作三角形连接。( )

178. 供电设备输出的总功率中，既有有功功率，又有无功功率，当总功率 S 一定时，

功率因数 $\cos\varphi$ 越低，有功功率就越小，无功功率就越大。(　)

179. 感抗和容抗的大小都与电源的频率成正比。(　)

180. 在 R、L、C 串联的交流电路中，其阻抗 $Z = U/I = R + jX$。(　)

181. 三极管有三个 PN 结和三个区，即发射区、集电区、基区。(　)

182. 万用表使用完毕后，一般应将开关旋至交流电压最高挡，主要是防止烧坏万用表。(　)

183. 在使用万用表前，若发现表头指针不在零位，可用螺丝刀旋动机械零点调整，使指针调整在零位。(　)

184. 测量 0.1 MΩ 以上的电阻宜采用兆欧表。(　)

185. 用兆欧表测量电缆绝缘电阻时，应将 E 端接电缆外壳，G 端接在电缆线芯与外壳之间的绝缘层上，L 端接电缆芯。(　)

186. 测量设备的绝缘电阻时，必须先切断设备的电源。对含有较大电容的设备必须先进行充分的放电。(　)

187. 测量 1 Ω 以下的电阻宜采用单臂电桥。(　)

188. 做变压器空载试验时，为了便于选择仪表和设备，以及保证试验安全，一般使低压侧开路，高压侧接仪表和电源。(　)

189. 一台变压器原边接在 50 Hz、380 V 的电源上时，副边输出的电压是 36 V，若把它的原边接在 60 Hz、380 V 的电源上，则副边输出电压 36 V，输出电压的频率是 50 Hz。(　)

190. 在变压器瓦斯继电器上部放气时，应将瓦斯重保护投信号。(　)

191. 变压器油色呈红棕色，一定是油表脏污所致。(　)

192. 为确保安全运行，变压器铁心宜一点可靠接地。(　)

193. 直流电动机电枢绕组中部分线圈的引出头接反，会使电动机转动不正常。(　)

194. 绕线式异步电动机的转子绕组常用波形绕组。(　)

195. 三角形接法的三相异步电动机在运行中，绕组断开一相，其余两相绕组的电流较原来将会增大。(　)

196. 三相异步电动机转子的转速总与同步转速有一转速差，且转速差较大。(　)

197. 降低电源电压后，三相异步电动机的启动转矩将降低。(　)

198. 电机冲片要涂以硅钢片漆，这是为了减少磁滞，从而降低铁心损耗。(　)

199. 电机绕组常用的浸漆方法有：滴浸、沉浸、滚浸、真空压力浸、浇漆浸五种。(　)

200. 电机绕组第二次浸漆主要是为了在绕组表面形成一层较好的漆膜，此漆的黏度应小些。(　)

201. 测定异步电动机直流电阻时，所测各相电阻之间的误差与三相电阻平均值之比不得大于 10%。(　)

202. 当出现绕组匝间短路故障时，短路相的直流电阻变小，因此可以用万用表测量各相的电阻值来确定故障相。(　)

203. 电动机空载试车的时间一般为 15 min 左右。(　)

204. 要求加在异步电动机上的三相电源电压中任何一相电压与三相电压平均值之差

不超过三相电压平均值的5%。(　)

205. 频率为60 Hz的电动机可以接在频率为50 Hz的电源上使用。(　)

206. 三相异步电动机的调速方法有三种：一是改变电源频率调速；二是改变转差率调速；三是改变磁极对数调速。(　)

207. 电磁调速异步电动机又称滑差电动机，是一种控制简单的交流无级调速电动机。(　)

208. 电磁调速电动机是由普通的异步电动机和一个电磁转差离合器组成的。(　)

209. 电磁调速异步电动机可在规定的负载和转速范围内均匀地、连续地无级调速，适用于恒转矩负载的调速。(　)

210. 新焊机在使用前，应检查接线是否正确，牢固可靠，初级线圈的绝缘电阻不小于1 MΩ，次级线圈的绝缘电阻不小于0.5 MΩ。(　)

211. 弧焊变压器分为串联电抗器式弧焊变压器、增强漏磁式弧焊变压器。(　)

212. 焊机或动铁心发出强烈的“嗡嗡”声，应检查线圈是否断路，动铁心的制动螺丝或弹簧是否太松。(　)

213. 电刷有火花，使换向器发热，可能是换向器短路。(　)

214. 晶闸管导通后，门极G对它仍具有一定的控制作用。(　)

215. 单相半波可控整流电路中，控制角α越大，输出直流电压的平均值越大。(　)

216. 工业企业供电系统必须做到：保证安全，操作方便，运行经济。(　)

217. 事故照明必须由可靠的独立电源进行供电。(　)

218. 工厂供电系统通常由工厂降压变电所、高压配电线路、车间变配电所、低压配电及用电设备组成。(　)

219. 电气寿命是指在规定的正常工作条件下，机械开关电器不需要修理或更换零件前的无载操作循环次数。(　)

220. 低压电器是指工作在380 V及以下交、直流电压的电器。(　)

221. 交流接触器除具有通断电路的功能外，还具有短路和过载保护功能。(　)

222. 如果功率表的电流、电压端子接错，表的指针将向负方向偏转。(　)

223. 数字电压表使用中应进行零位校正和标准校正，分别校正一次即可。(　)

224. 非电量测量中使用的传感器衡量其主要品质的是：输入－输出特性的线性度、稳定性和可靠性。(　)

225. 所谓非电量的电测量，就是对被测的非电量先转换为与之呈线性关系的电量，再通过对电量的测量，间接地反映出非电量值。(　)

226. 热电阻是将两种不同成分的金属导体连在一起的感温元件，当两种导体的两个接点间存在温差，回路中就会产生热电动势，接入仪表，接入仪表即可测量被测介质的温度变化值。(　)

227. 数字式电压表测量的精确度高，是因为仪表的输入阻抗高。(　)

228. 对于一台已制造好的变压器，其同名端是客观存在的，不可任意标定，而其连接组标号却是人为标定的。(　)

229. 双绕组变压器的分接开关装在低压侧。(　)

230. 空载运行的变压器，二次侧没有电流，不会产生去磁作用，故空载电流很

小。(　)

231. 两台变压器并列运行时，其过流保护装置要加装低压闭锁装置。(　)

232. 取油样时若发现油内含有炭粒和水分，酸价增高，闪点降低，若不能及时处理，也不会引起变压器的绕组与外壳击穿。(　)

233. 直流电机换向极接反会引起电枢发热。(　)

234. 串励电动机不允许空载或轻载启动。(　)

235. 调速系统中采用比例积分调节器，兼顾了实现无静差和快速性的要求，解决了静态和动态对放大倍数要求的矛盾。(　)

236. 正常工作的直流电机的电刷火花呈淡蓝色，微弱而细密，一般不超过 2 级。(　)

237. 三相异步电动机的额定电流就是在额定运行时通过定子绕组的额定电流。(　)

238. 普通的笼型三相异步电动机，普通的笼型三相异步电动机，其启动转矩较大，启动电流较小，功率因数较高，所以常用于轻载频繁启动的场合。(　)

239. 绕线式三相异步电动机，转子串电阻启动，虽然启动电流减小了，但是启动转矩不一定减小。(　)

240. 绕线式异步电动机串级调速效率很高。(　)

241. 三相鼠笼型异步电动机降压启动时，要求电动机在空载或轻载时启动，是因为电压下降后，电机启动力矩大为降低。(　)

242. 对三相鼠笼型异步电动机采用 Y - △启动，启动转矩为直接启动的 1/6。(　)

243. 晶闸管 - 直流电动机调速系统属于调压调速系统。(　)

244. 目前在电风扇、冰箱、洗衣机等家用电器上，广泛使用的单相异步电动机，启动电容不从电路上切除而长期接在启动绕组上，同工作绕组一起工作。(　)

245. 对于运行时间很长、容量不大，绕线绝缘老化比较严重的异步电动机，如果其故障程度不严重，可作应急处理。(　)

246. 同步电动机在欠励磁情况下运行，其功率因数角超前，能改善电网的功率因数。(　)

247. 因在实际工作中，同步发电机要满足并网运行的条件是困难的，故只要求发电机与电网的频率相差不超过 0.2% ~0.5%；电压有效值不超过 5% ~10%；相序相同且相角差不超过 10°，即可投入电网。(　)

248. 旋转变压器的输出电压不是其转子转角的函数。(　)

249. 步进电动机是一种把电脉冲控制信号转换成角位移或直线位移的执行元件。(　)

250. 晶闸管具有可控的单向导电性，能以小功率电信号对大功率电源进行控制。(　)

251. 晶闸管可以广泛用于整流、调压、交流开关等方面，但不能用于逆变和调整方面。(　)

252. 晶闸管整流电路中，可以采用大电容滤波。(　)

253. 三相桥式可控整流电路中，每只晶闸管流过的平均电流值是负载电流的 1/6。(　)

254. 在单相半波大电感负载可控整流电路中，如控制角很小，则控制角与导通角之和接近于180°，此时输出电压平均值近似为零。(　)

255. 带电感性负载的晶闸管整流电路，加装续流二极管时极性不能接错，否则会造成短路事故。(　)

256. 晶闸管整流电路中过电流的保护装置是快速熔断器，它是专供保护半导体元件用的。(　)

257. 晶闸管整流电路防止过电压的保护元件，长期放置产生“贮存老化”的是压敏电阻。(　)

258. 触发器没有“记忆功能”。(　)

259. D 触发器具有锁存数据的功能。(　)

260. 多谐振荡器又称为无稳态电路。(　)

261. 在开环控制系统中，由于对系统的输出量没有任何闭合回路，因此系统的输出量对系统的控制作用有直接影响。(　)

262. 闭环系统采用负反馈控制，是为了降低系统的机械特性硬度，减小调速范围。(　)

263. 变配电所应尽量靠近负荷中心，且远离电源侧。(　)

264. 日负荷率是指日平均负荷与日最大负荷的比值。(　)

265. 在三相系统中，三相短路时导体所受的电动力最大，在三相四线系统中，单相短路时导体所受电动力最大。(　)

266. 假如在一定的时间内，短路稳态电流通过导体所产生的热量，恰好等于实际短路电流在短路时间内产生的热量，那么，这个时间就叫短路时间。(　)

267. 对保护装置选择性的要求，指的是保护装置在该动作时就应该动作，不应该动作时不能误动作。(　)

268. 保护装置应具有速动性，即为防止故障扩大，减轻其危害程度，系统发生故障时，保护装置应尽快动作，切除故障。(　)

269. 在 6 ~ 10 kV 系统中，当单相接地电流不大于 30 A 时，可采用中性点直接接地的运行方式。(　)

270. 在中性点不接地系统中，发生一相接地时，网络线电压的大小和相位仍维持不变。(　)

271. 电力系统中的接地方式包括工作性接地和保护性接地两种。(　)

272. 在中性点接地电网中，不要任何保护是危险的，而采用接地保护可以保证安全，故接地电网中的设备必须采用接地保护。(　)

273. 在三相四线制低压系统中，装设零序电流漏电保护器后，零线则不应重复接地。(　)

274. 三相四线制线路的零线若采用重复接地，则可在零线上安装熔断器和开关。(　)

275. 在 1 kV 以下中性点直接接地系统中，电力变压器中性点的接地电阻值不应大于 4 Ω。(　)

276. 在 1 kV 以下中性点直接接地系统中，重复接地的电阻值不应大于 5 Ω。(　)

277. 电气控制线路图分为原理图、电气布置图、电气安装接线图。(　)

278. 绘制电气控制原理图时，主电路用粗实线，辅助电路用虚线，以便区分。(　)

279. 绘制电气安装接线图时，若多根导线走向一致时，可合并画成单根粗实线，导线根数可不用标出。(　)

280. 绘制电气控制线路安装图时，不在同一个控制箱内或同一块配电板上的各电气元件之间导线的连接，必须通过接线端子。在同一个控制箱内或同一块配电板上的各电气元件之间的导线连接，可直接相连。(　)

281. 三相笼型异步电动机定子绕组串电阻减压启动，其启动转矩按端电压一次方的比例下降。(　)

282. 三相笼型异步电动机采用串电阻减压启动，在获得同样启动转矩的前提下，启动电流较 Y－△启动和自耦变压器减压启动都小。(　)

283. 绕线式异步电动机在转子电路中串接电阻或频敏变阻器，用以限制启动电流，同时也限制了启动转矩。(　)

284. 反接制动时串入的制动电阻值要比能耗制动时串入的电阻值大一倍。(　)

285. 在电气控制系统中，有些电气设备或电器元件不允许同时运行或同时通电流，这种情况下，在电气线路中要采取连锁保护措施。(　)

286. 若电动机的额定电流不超过 10 A，可用中间继电器代替接触器使用。(　)

287. 铁壳刀开关在接线时，负载线应接在铁壳刀开关的动触片上。(　)

288. 对一台三相异步电动机进行过载保护，其热元件的整定电流应为额定电流的 1.5 倍。(　)

289. 三相异步电动机，采用调压调速，当电源电压变化时，转差率也变化。(　)

290. 电动机调速方法中，变更定子绕组极对数的调速方法属于有级调速。可以与小容量的线圈并联。(　)

291. 闭环自控系统能够有效地抑制一切被包围在反馈环内的扰动作用，对于给定电压的波动同样可以抑制。(　)

292. 可编程控制器（PLC）由输入部分、逻辑部分和输出部分组成。(　)

293. PLC 是现代能替代传统的 JC 控制的最佳工业控制器。(　)

294. 串联一个常开触点时采用 OR 指令，并联一个常开触点时采用 AND 指令。(　)

295. 能直接编程的梯形图必须符合顺序执行，即从上到下，从左到右地执行。(　)

296. 在梯形图中，软继电器的线圈应直接与右母线相连，而不直接与左母线相连。(　)

297. OUT 指令不能同时驱动多个继电器线圈。(　)

298. 在梯形图中，线圈必须放在最左边。(　)

299. 在梯形图中串联触点和并联触点使用的次数不受限制。(　)

300. 在控制线路中，不能将两个电器线圈串联。(　)

301. 大容量的线圈可以与小容量的线圈并联。(　)

302. 正确合理地选择电动机，主要是保证电能转换为机械能时合理化节约电能，且技术经济指标合理，满足生产机械的需要。(　)

303. 交流接触器噪音大的主要原因是短路环断裂。(　)

304. 选择接触器主要考虑的是主触头的额定电流、辅助触头的数量与类型，以及吸引线圈的电压等级和操作频率等。(　)

305. 机加工车间，机床照明线路常用电压为 220 V。(　)

306. 断路器之所以有灭弧能力，主要是因为它具有灭弧室。(　)

307. 断路器的跳闸、合闸操作电源只有直流一种。(　)

308. 隔离开关不仅用来倒闸操作，还可以切断负荷电流。(　)

309. 隔离开关可以拉合主变压器中性点。(　)

310. 更换熔断器时，可更换型号、容量不相同的熔断器。(　)

311. 熔断器熔丝的熔断时间与通过熔丝的电流间的关系曲线称为安秒特性。(　)

312. 避雷器与被保护的设备距离越近越好。(　)

313. 雷雨天气巡视室外高压设备时，应穿绝缘靴，并不得靠近避雷器和避雷针。(　)

314. 把电容器串联在线路上以补偿电路电抗，可以改善电压质量，提高系统稳定性和增加电力输出能力。(　)

315. 当全站无电时，必须将电容器的隔离开关拉开。(　)

316. 变频器的基本构成有整流器、中间直流环节、逆变器和控制回路。(　)

317. 由于逆变器的负载为异步电动机，属于电感性负载，无论电动机处于电动或发电制动状态，其功率因数一定为 1。(　)

318. 变频器操作前必须切断电源，还要注意主回路电容器充电部分，确认电容放电完后再进行操作。(　)

319. 变频器的选择原则：应根据电动机的电流和功率来决定变频器的容量。(　)

320. 电脑软件主要由系统软件和应用软件组成。(　)

321. 显卡是连接主板与显示器的适配卡。(　)

322. 计算机病毒是指使计算机硬件受到破坏的一种病毒。(　)

323. 磁路的欧姆定律：通过磁路的磁通与磁动势成正比，而与磁阻成反比。(　)

324. 把由于一个线圈中的电流的改变而在另一个线圈中产生感应电动势的现象叫作互感现象，简称互感。(　)

325. 无论是电力变压器、互感器还是电子线路中的电源变压器等，它们都是因其结构中的线圈之间存在自感而得以工作的。(　)

326. 两个线圈之间的电磁感应叫作自感现象，由此产生的感应电动势叫自感电动势。(　)

327. 自感电动势和互感电动势的方向都是由楞次定律确定的。(　)

328. 涡流是由自感电动势产生的。(　)

329. 涡流对一般的电气设备是有害的，因为它使铁心发热，产生涡流损耗，造成能量的无谓消耗。(　)

330. 涡流产生在与磁通垂直的铁心平面内，为了减少涡流，铁心采用涂有绝缘层的薄硅钢片叠制而成。(　)

331. 我们把这种由于涡流而造成的不必要损耗称为涡流损耗。涡流损耗和铁损耗合称铁损。(　)

332. 电子示波器既能显示被测信号波形，也能用来测量被测信号的大小。( )

333. 常用的低频正弦信号发生器是 LC 振荡器。( )

334. 常见的 RC 振荡器是文氏电桥振荡器。( )

335. 脉冲发生器所产生的各种不同重复频率、不同宽度和幅值的脉冲信号，可以对各种无线电设备进行调整和测试。( )

336. 视频脉冲发生器是先由高频（或超高频）主振器产生连续的高频振荡，再受脉冲的调制而得。( )

337. 集成运算放大器的内部电路一般采用直接耦合方式，因此它只能放大直流信号，而不能放大交流信号。( )

338. 与门电路的逻辑功能表达式为 $Q = A + B + C$。( )

339. CMOS 集成门电路的输入阻抗比 TTL 集成门电路高。( )

340. 施密特触发器不能把缓慢变化的模拟电压转换成阶段变化的数字信号。( )

341. 电力半导体器件一般工作在较为理想的开关状态，其显著特点是导通时压降很低，关断时泄漏电流很小，消耗能量很少或几乎不消耗能量，具有高效率和节能的特点。( )

342. 电力半导体器件额定电流的选择依据是必须大于器件在电路中实际承受的平均电压，并有 2 ~ 3 倍的裕量。( )

343. 斩波器的定频调宽工作方式，是指保持斩波器通断频率不变，通过改变电压脉冲的宽度来使输出电压平均值不变。( )

344. 晶闸管中频电源装置是一种利用晶闸管把 50 Hz 工频交流电变换成中频交流电的设备，是一种较先进的静止变频设备。其工作过程为交流—交流变频系统—直流（供负载）。( )

345. 晶闸管变流装置调试的一般原则：先单元电路调试，后整机调试；先静态调试，后动态调试；先轻载调试，后满载调试。( )

346. 三相异步电动机，无论怎样使用，其转差率都在 0 ~ 1 之间。( )

347. 异步电动机有“嗡嗡”的响声经检查属缺相运行。处理方法为检查熔丝及开关触头，并测量绕组的三相电流电阻，针对检查出来的情况排除故障。( )

348. 他励直流发电机的外特性，是指发电机接上负载后，在保持励磁电流不变的情况下，负载端电压随负载电流变化的规律。( )

349. 如果并励直流发电机负载电阻和励磁电流均保持不变，则当转速升高后，其输出电压将随之升高。( )

350. 在负载转矩逐渐增加而其他条件不变的情况下，积复励直流电动机的转速呈上升趋势，但差复励直流电动机的转速呈下降趋势。( )

351. 单相串励换向器电动机不可以交、直流两用。( )

352. 直流电动机常采用限流启动，其方法有电枢并接电阻启动和减压启动两种。( )

353. 绕组式异步电动机常采用转子回路中串接电阻或串接频敏变阻器的启动方法。( )

354. 交流测速发电机，在励磁电压为恒频恒压的交流电且输入绕组负载阻抗很大时，

其输出电压的大小与转速成正比，其频率等于励磁电压的频率而与转速无关。(　)

355. 旋转变压器有负载时会出现交轴磁动势，破坏了输出电压和转角间已定的函数关系，因此不必补偿，以消除交轴磁动势的效应。(　)

356. 交流伺服电动机是靠改变对控制绕组所施加电压的大小、相位，或同时改变两者来控制其转速的。在多数情况下，它都是工作在两相不对称状态，因而气隙中的合成磁场不是圆形旋转磁场，而是脉动磁场。(　)

357. 直流伺服电动机在自动控制系统中用作测量元件。(　)

358. 步进电动机的静态步距误差越小，电动机的精度就越高。(　)

359. 力矩电动机的特点是转速低、转矩大。(　)

360. 生产机械要求电动机在空载情况下，提供的最高转速和最低转速之比叫作调速范围。(　)

361. 变频调速的基本控制方式是在额定频率以上的恒磁通变频调速和额定频率以下的弱磁调速。(　)

362. 数字显示电路通常由译码器和数字显示器组成，其功能是将数字电路输出的二进制代码信息用十进制数字显示出来。(　)

363. 光栅是一种光电检测装置，它利用光学原理将位移变换成光学信号，并应用光电效应将其转换为光信号输出。(　)

364. 数字控制是用数字化的信息对被控对象进行控制的一项控制技术。(　)

365. 数控机床一般由输入/输出设备、数控装置和机床本体组成。(　)

366. 在数控机床中，机床直线运动的坐标轴 X、Y、Z 规定为左手笛卡儿坐标系。(　)

367. 在任何情况下应严防 CT 二次开路，PT 二次短路。(　)

368. 尽量缩短电弧炉短网是为了使三相功率平衡。(　)

369. 高压负荷开关虽然有简单的灭弧装置，但它不能断开短路电流，因此它必须与高压熔断器串联使用，以借助熔断器来切断短路电流。(　)

370. 短路是指电力系统中相与相或相与地之间的一种非正常的连接。(　)

371. 最大短路冲击电流出现在短路前满载及该相电压过零点的瞬间发生短路的这一相，其他两相的短路冲击电流都小于最大短路冲击电流。(　)

372. 短路电流在达到稳定值之前，需经过一个暂态过程，这是因为有短路周期分量电流存在。(　)

373. 无限大容量电力系统，是指电力系统的容量相对于用户的设备容量来说大得多，以致馈电给用户的线路上无论负荷如何变动，甚至发生短路时，系统变电站馈电母线上的电压始终维持基本不变。(　)

374. 采用标幺值进行短路计算时，为了计算方便，一般采用 100 MV · A 为基准容量。(　)

375. 同容量的变压器，若频率越高则其体积越小。(　)

376. 变压器带负荷工作时，一次电流增加，二次电流也增加，即一次电流决定二次电流，这就是变压器利用电磁感应把电网电能以相同频率、不同等级传递的基本原理。(　)

377. 变压器的电源电压一般不得超过额定电压的 ±7%，不论分接头在任何位置，如果电源电压不超过 ±7%，则变压器二次绕组可带额定负荷。( )

378. 在三相变压器中，如果没有特殊说明，其额定电压、额定电流都是指线电压和线电流。( )

379. 变压器并列运行的条件是：变压器连接组别标号相同，所有并列变压器的电压比相等，变压器的阻抗电压必须相等。( )

380. 并列运行的变压器应尽量相同或相近，其最大容量与最小容量之比，一般不能超过 4：1。( )

381. 运行中的变压器若发出很高且沉重的“嗡嗡”声，则表明变压器过载。( )

382. 交流电弧的熄灭条件是触头间的介电强度高于触头间外加恢复电压。( )

383. 交流电弧每一个周期要暂时自行熄灭一次，这就叫交流电弧的自熄性。( )

384. 三相异步电动机转子的转速越低，电机的转差率越大，转子电动势频率越高。( )

385. 新投运的 SF6 断路器应选择在运行 1 个月后进行一次全面的检漏工作。( )

386. SF6 断路器运行中发生爆炸或严重漏气导致气体外漏时，值班人员接近设备时需要谨慎，尽量选择从上风向接近设备，并立即投入全部通风设备。( )

387. 送电时，先合隔离开关，后合断路器；停电时顺序相反。( )

388. 扳动控制开关操作断路器时，用力不要过猛，松手不要太快。一经操作后，可不必检查断路器的实际位置。( )

389. 熔断器的额定电压必须大于或等于线路的工作电压。( )

390. 为保证安全，熔断器的额定电流应小于或等于熔体的额定电流。( )

391. 电流互感器二次侧的一端接地是为了防止其一、二次侧绕组间绝缘击穿时，一次侧高压窜入二次侧，危及人身和设备安全。( )

392. 电流互感器运行中二次侧严禁短路。( )

393. 电压互感器工作状态相当于普通变压器的“空载”状态。( )

394. 电压互感器及二次线圈更换后不必测定极性。( )

395. 热继电器整定值一般为被保护电动机额定电流的 0.9 倍。( )

396. 热元件的额定电流应大于电动机额定电流，一般为 1.1 ~ 1.25 倍。( )

397. 选用接触器主触头的额定电流应大于或等于电动机的额定电流。( )

398. 接触器电磁线圈的工作电压一般为 90% ~ 110% 的额定电压。( )

399. 热继电器是一种应用广泛的保护电器，主要用于对三相异步电动机进行短路保护。( )

400. 带有断相保护装置的热继电器能对星形连接的电动机作断相保护。( )

401. 直流高压试验包括直流耐压试验与直流泄漏电流的测量。二者的试验目的不同，测试方法也不一致。( )

402. 直流耐压试验是在被试物上加上数倍于工作电压的直流电压，并历时一定时间的一种抗电强度试验。( )

403. 交流耐压试验是用超过额定电压一定倍数的高电压来进行试验，是一种破坏性试验。( )

404. 如果三相电路中单相设备的总容量小于三相设备总容量的 15% 时，不论单相设备如何分配，均可直接按三相平衡负载计算。(　)

405. 计算负载是根据已知的工厂用电设备实际容量确定的，是预期不变的最大假想负载。(　)

406. 可编程序控制器程序的表达方式只有梯形图。(　)

407. CAD 是由人和计算机合作，完成各种设计的一种技术。(　)

408. 机电一体化与传统自动化最主要的区别之一是系统控制智能化。(　)

409. 选择低压动力线路的导线截面时，应先按经济电流密度进行计算，然后再对其他条件进行校验。(　)

410. 选择照明线路的导线截面时，应先按允许的电压损失进行计算，然后再对其他条件进行校验。(　)

411. 照明器具采用图形符号和数字符号标注相结合的方法表示。(　)

412. 电气图中的元器件都是按“正常状态”绘制的，即电气元件和设备的可动部分表示为非激励或不工作的状态或位置。(　)

413. 避雷针的保护范围与它的高度有关。(　)

414. 发生电气火灾时，应尽可能先切断电源，而后再采取相应的灭火器材进行灭火。(　)

415. 用四氯化碳灭火时，灭火人员应站在下风向，以防中毒，室内灭火后要注意通风。(　)

416. 对于操作工人只需会操作自己的设备就行。(　)

417. 一个电源可用电压源表示，也可用电流源表示，它们之间可以进行等效变换。(　)

418. 三相对称电路分析计算可以归结为一相电路计算，其他两相可依次滞后 120° 直接写出。(　)

419. 形成磁路的最好方法是利用铁磁材料，按照电器的结构要求做成各种形状的铁心，从而使磁通形成各自所需的闭合路径。(　)

420. 两根靠近的平行导体通以同方向的电流时，二者相互排斥；通以反方向电流时，二者相互吸引。(　)

421. 磁路基尔霍夫第一定律的表达式为 $\sum \Phi = 0$。(　)

422. 在示波器不使用时，最好将“辉度”和“聚焦”旋钮顺时针旋尽。(　)

423. JT－1 型晶体管特性图示仪是一种专用仪器，它可以在荧光屏上直接显示出晶体管的各种特性曲线。(　)

424. 低频信号发生器的频率范围通常为 20 ~ 200 kHz，它能输出正弦波电压或功率。(　)

425. 普通高频振荡器的频率范围一般为 10 ~ 350 MHz，专门应用可至几千兆赫兹。(　)

426. 正弦波振荡器可分为 LC 正弦波振荡器、RC 正弦波振荡器和石英晶体振荡器。(　)

427. 比例运算电路的输出电压和输入电压之比不是一个定值。(　)

428. 带有放大环节的稳压电源，其放大环节的放大倍数越大，其输出电压越稳定。（ ）

429. 为了防止触电可采用绝缘、防护、隔离等技术措施以保障安全。（ ）

430. MOS 集成电路按其形式有 NMOS 和 PMOS 两种。（ ）

431. 时序逻辑电路属于组合逻辑电路。（ ）

432. 双向移位寄存器既可以将数码向左移，也可向右移。（ ）

433. 多谐振荡器主要用于产生各种方波或时钟信号。（ ）

434. 三相桥式全控整流大电感负载电路工作于整流状态下，a 最大移相范围为 0°～120°。（ ）

435. 三相桥式全控整流电路一般用于有源逆变负载或要求可逆调速的中大容量直流电动机负载。（ ）

436. 电流型逆变器抑制过电流能力比电压型逆变器强，适用于经常要求启动、制动与反转的拖动装置。（ ）

437. 斩波器的定频调宽工作方式是指保持斩波器通断频率不变，通过改变电压脉冲的宽度来使输出电压平均值改变。（ ）

438. 直流伺服电动机一般采用电枢控制方式，即通过改变电枢电压对电动机进行控制。（ ）

439. 交流伺服电动机在控制绕组电流作用下转动起来，如果控制绕组突然断路，则转子不会自行立即停转。（ ）

440. 通常采用调节控制脉冲的强弱，来改变步进电动机的转速。（ ）

441. 步进电动机是一种把电脉冲控制信号转换成角位移或直线位移的执行元件。（ ）

442. 测速发电机是一种用于将输入的机械转速转变为电压信号输出的执行元件。（ ）

443. 中频发电机是一种用以发出中频电能的特种异步发电机。（ ）

444. 三相交流换向器电动机启动电流较小，启动转矩也较小。（ ）

445. 三相异步电动机的电磁转矩与相电压成正比，因此电源电压的波动对电动机的转矩影响很大。（ ）

446. 串级调速可以将串入附加电动势而增加的转差功率，回馈到电网或者电动机轴上，因此它属于差动功率回馈型调速方法。（ ）

447. 考虑变压器本身存在的损耗，一次侧的容量等于二次侧的容量。（ ）

448. 变压器的交流耐压实验是对变压器绕组连同套管一起，施加高于额定电压两倍的正弦工频电压，持续时间 1 min 的耐压试验。（ ）

449. 被试变压器在注油或搬运后，应使油充分静止后方可运行耐压试验。一般应静止 24 h，以防止不必要的击穿。（ ）

450. 积分调节能够消除静差而且调节速度快。（ ）

451. 凡是依靠实际转速（被调量）与给定转速（给定量）两者之间的偏差，才能来调节转速的调速系统都是有静差的自动调速系统。（ ）

452. 数控装置是数控机床的控制核心，它根据输入的程序和数据完成数值计算、逻

辑判断、输入/输出控制、轨迹插补等功能。(   )

453. 加工中心机床是一种在普通数控机床上加装一个刀具库和检测装置而构成的数控机床。(   )

454. 梯形图必须符合从左到右、从上到下顺序执行的原则。(   )

455. 在梯形图中，软继电器的线圈应直接与左母线相连，而不能直接与右母线相连。(   )

456. FX 系列 PC 机有五种基本单元和四种扩展单元，此外 FX 系列 PC 机还有多种外围设备可供用户选用。(   )

457. FX 系列 PC 机用户编写程序时，每一个软件电器用元件字母代号和元件编号来表示，其软动合触点和软动断触点均可无限次使用。(   )

458. FX 系列 PC 机共有 20 条基本逻辑指令，这些指令主要用于输入/输出操作、逻辑运算、定时及计数操作等。(   )

459. 在充满可燃气体的环境中，可以使用手动电动工具。(   )

460. 35 kW 变压器有载调压操作可能引起轻瓦斯保护动作。(   )

461. 三相四线制低压导线一般采用水平排列，并且中性线一般架设在远离电杆的位置。(   )

462. 高压电路中发生短路时,短路冲击电流可达到稳态短路电流有效值的 2. 55 倍。(   )

463. 接地线应使用多股软裸铜线，其截面应符合负荷电流的要求。(   )

464. 机电一体化是融机械技术、微电子技术、信息技术等多种技术为一体的一门新兴的交叉学科。(   )

465. 漏电保护器是一种保护人身及设备安全的重要电器，其全称为低压漏电电流动作保护器，简称漏电保护器或保护器。(   )

466. 在低压配电系统中装设漏电保护器，主要是用来防止电击事故。(   )

467. 可以用缠绕的方法对已确认停电的设备进行接地或短路。(   )

468. 低压线路带电断开导线时应先断开火线后再断开地线，搭接时次序相反。(   )

469. 携带式电器的电源线可以使用普通胶质线。(   )

470. 不准将 220 V 普通电灯作为手提照明灯使用，并禁止采用灯头开关。(   )

471. 电压的方向规定为低电位指向高电位。(   )

472. 短路造成电源烧坏或酿成火灾，必须严加避免。(   )

473. 所有的电阻都是线性电阻。(   )

474. 用电设备的输入功率总是大于输出功率。(   )

475. 电容器能隔交流通直流。(   )

476. 将几个电容器头尾依次连接，叫电容器的并联。(   )

477. 串联电容器的总电容的倒数等于各个电容量倒数之和。(   )

478. 把电容器的两端联结于共同的两点上，并施以同一电压的连接形式，叫作电容器串联。(   )

479. 穿过磁场中某一个面的磁感应强度矢量的通量叫作磁通密度。(   )

480. 通电导体在磁场中受到的电磁力方向可用右手定则来判断。(   )

481. 通电导体产生的磁场方向可用右手螺旋定则来判断。(   )

482. 交流电变化一个循环所需的时间叫作交流电的频率。(　)

483. 交流电周期与频率的关系为正比关系。(　)

484. 纯电容交流电路中，电流超前电压 90°。(　)

485. 电感为耗能元件。(　)

486. 电容为储能元件。(　)

487. 交流电的电容一定时，交流电的频率越高容抗越小。(　)

488. 视在功率的单位是瓦特。(　)

489. 在电阻与感抗串联的交流电路中总电压等于电阻电压降与电感电压降的有效值之和。(　)

490. 在电阻、电感、电容串联的交流电路中，电抗等于感抗与容抗之和。(　)

491. 三角形连接中，线电压等于相电压。(　)

492. 星形连接中，线电流等于相电流。(　)

493. 三相电路中不论是星形连接还是三角形连接三相有功功率均相等。(　)

494. 靠电子导电的半导体叫作 P 型半导体。(　)

495. 稳压二极管工作在一定的反向电压下不会被击穿损坏。(　)

496. 稳压二极管可以并联使用。(　)

497. 光电二极管在电路中是反向工作的。(　)

498. 光电二极管有光照时，反向电阻很大。(　)

499. 测量发射结与集电结反向电阻都很小，说明三极管是好的。(　)

500. 放大器的放大能力通常用晶体管的电流放大倍数来表示。(　)

501. 井下各级配电电压和各种电气设备的额定电压等级应符合要求，即高压不超过 6000 V，低压不超过 1140 V。(　)

502. 采区电工在特殊情况下可对采区变电所内高压电气设备进行停送电操作，但不得擅自打开电气设备进行修理。(　)

503. 铠装电缆芯线连接必须采用冷压连接方式也可采取绑扎焊接方式。(　)

504. 异步电动机的转子转速小于磁场的同步转速。(　)

505. 限幅电路就是把输入信号超过范围部分削去。(　)

506. 在同样的绝缘水平下，变压器采用星形接线比三角形接线可获取较高的电压。(　)

507. 在三相星形连接的负载电路里，相电压小于线电压。(　)

508. 电动机各相绕组的直流电阻之差与三相平均值之比不得大于 2%。(　)

509. 隔爆结合面须有防锈措施，如电镀、磷化、涂防锈油等也可涂防锈漆。(　)

510. 电气间隙是两导电部件在空气中的最短距离。(　)

511. 正常运行时产生火花或电弧的设备，其盖子应设有联锁装置或没有通电时不准打开的标牌。(　)

512. 每天必须对低压检漏装置的运行情况进行 1 次跳闸试验。(　)

513. 暂不使用的电流互感器的二次线圈应断路后接地。(　)

514. 低压隔爆开关空闲的接线嘴，应用密封圈及厚度不小于 2 mm 的钢垫板封堵压紧。(　)

515. 电气设备外连接件应能至少与截面积为4 mm^2 的接地线有效连接。(　)

516. 采煤机在地质空间的三维定位是实现智能综采工作面的关键技术之一。(　)

517. 为了与工作面煤层数据库匹配，采煤机定位坐标系与工作面煤层数据库坐标系使用同一坐标系。(　)

518. 接触式煤岩界面自动识别技术可减小采煤作业环境对识别精度的影响，但在煤岩普氏系数相近时，识别精度低，且需截割岩石，易造成刀具损伤。(　)

519. 智能化采煤系统中，采煤机远程控制功能包括：采煤机状态远程监测、行走电机与截割电机起停控制、采煤机参数化控制、截割路径规划、采煤机传感信息融合和本地远程控制器同步互锁等。(　)

520. 智能化采煤系统中，采煤机远程监测功能实现对各控制单元的运行参数、保护、报警事件的监测。(　)

521. 智能化采煤系统中，采煤机机载控制层负责传感信息的采集、本地操作信号的响应、逻辑控制单元的操控、数据通信和同步互锁等工作。(　)

522. 液压支架电液控制技术使得液压支架具有自主动作、实时监测等功能，避免了因操作人员的误动作而带来的不必要的人员和财产损失。(　)

523. 单个液压支架电液控制系统主要由本安型直流稳压电源、支架控制器、电磁阀驱动器、电液控制阀、位移传感器、压力传感器、红外线接收传感器、倾角传感器，以及连接电缆等组成。(　)

524. 液压支架电液控制系统驱动器接受控制器的控制命令，实现对每个电磁线圈通/断的控制，使相对应的液控主阀通/断，实现支架的各个动作。(　)

525. 智能化综采工作面中支架上的倾角传感器不能安装在顶梁、掩护梁和四连杆上。(　)

526. 智能化综采工作系统是通过检测装置定位采煤机，使工作面的液压支架动态跟进，形成高效、安全的自动化生产控制系统。(　)

527. 智能化综采工作系统中液压支架隔离耦合器的电路以单片机为核心器件，选择高速光电耦合器，其功能是隔断控制器组与控制器组间的电气连接，而通过光电耦合沟通数据信号。(　)

528. 智能化综采工作系统中液压支架上的压力传感器用来检测支架相关腔体的压力，为支架控制器提供控制动作的依据，实现支架电液控制系统的闭环控制。(　)

529. 智能化综采工作系统中液压支架上的行程传感器用来检测推移千斤顶的行程，为支架控制器提供推移动作控制的依据，实现支架电液控制系统的闭环控制。(　)

530. 半导体二极管的伏安特性曲线是一条直线。(　)

531. 电压互感器与变压器不同，互感比不等于匝数比。(　)

532. 当系统频率降低时，应增加系统中的有功功率。(　)

533. 当系统运行电压降低时，应增加系统中的无功功率。(　)

534. 变压器铭牌上的阻抗电压就是短路电压。(　)

535. 在整流电路的输出回路中串联一个大电容，就可以进行滤波。(　)

536. 变压器空载时，一次绕组中仅流过励磁电流。(　)

537. 分闸速度过慢会使燃弧时间加长、断路器爆炸。(　)

538. 高压断路器在大修后应调试有关行程。(　)

539. 进行熔断器更换时，应更换熔断电流相同的熔断器。(　)

540. 吸收比是用兆欧表测电动机或变压器绕组 60 s 和 15 s 时的对地绝缘阻值的比值。(　)

541. 在进风的斜井筒中装有绞车或无极绳绞车时，禁止敷设电缆。(　)

542. 有载调压变压器在无载时改变分接头。(　)

543. 变压器空载时无电流流过。(　)

544. 变压器中性点接地属于工作接地。(　)

545. 零序分量 A_0、B_0、C_0 它们的方向是相同的。(　)

546. 串联谐振也叫电压谐振，并联谐振也叫电流谐振。(　)

547. 利用并联谐振可获得高压。(　)

548. 利用串联谐振可获得大电流。(　)

549. 电动机一相线圈接地漏电，电动机的温度就会超限。(　)

550. 有两个频率和初相位不同的正弦交流电压 u_1 和 u_2，若它们的有效值相同，则最大值也相同。(　)

551. 人们常用“负载大小”来指负载电功率大小，在电压一定的情况想，负载大小是指通过负载的电流的大小。(　)

552. 通过电阻上的电流增大到原来的 2 倍时，它所消耗的电功率也增大到原来的 2 倍。(　)

553. 加在电阻上的电压增大到原来的 2 倍时，它所消耗的电功率也增大到原来的 2 倍。(　)

554. 螺杆压缩机的流体输出不需要通过油气分离器，可以直接输出。(　)

555. 煤矿安全监控系统的关联设备，可对不同系统间的设备进行置换。(　)

556. 安全监控设备的供电电源可以接在被控开关的负荷侧。(　)

557. 对于摩擦式提升系统，过大的加速度或减速度可能造成滑绳，加快钢丝绳及主导轮衬垫的磨损。(　)

558. 钢丝绳罐道应优先采用普通圆形股钢丝绳。(　)

559. KE3002 型开关不仅防爆，而且防水。(　)

560. KE3002 型开关不能实现两台电机的同时启动。(　)

561. KE3002 型开关的防爆腔内可安装 4 个接触器模块。(　)

562. 使用变频开关时，电机不需要整定电流。(　)

563. 变频器与所控电机的最远距离不得超过 50 m。(　)

564. 如果一台变频器只控制一台电机时可不接主接地线。(　)

565. 在电气设备进行检修时，如无停电牌，可在开关上写字来代替停电牌。(　)

566. 模数是齿轮的一个重要参数，齿数相同，模数越大，齿轮的尺寸越大。(　)

567. 平键和半圆键联接不能实现轴上零件的轴向固定，所以也不能传递轴向力。(　)

568. 千分尺是一种精度较高的精准量具。(　)

569. 直流双臂电桥有电桥电位接头和电流接头。(　)

570. 直流双臂电桥的测量范围为0.01～11欧。(　)

571. 示波器大致可分为模拟、数字、组合三类。(　)

572. 示波管的偏转系统由一个水平及垂直偏转板组成。(　)

573. 晶体管毫伏表是一种测量音频正弦电压的电子仪表。(　)

参 考 答 案

一、单选题

1. C 2. C 3. C 4. B 5. A 6. C 7. C 8. C 9. D 10. A
11. A 12. B 13. C 14. B 15. A 16. C 17. B 18. B 19. C 20. B
21. B 22. A 23. A 24. B 25. D 26. C 27. A 28. D 29. A 30. B
31. A 32. B 33. A 34. B 35. B 36. D 37. A 38. A 39. A 40. A
41. D 42. A 43. D 44. C 45. A 46. B 47. A 48. B 49. C 50. D
51. A 52. B 53. B 54. C 55. B 56. A 57. C 58. C 59. B 60. D
61. B 62. C 63. A 64. D 65. C 66. C 67. B 68. D 69. C 70. B
71. A 72. B 73. A 74. C 75. B 76. B 77. B 78. B 79. D 80. B
81. C 82. B 83. A 84. A 85. C 86. A 87. C 88. C 89. C 90. A
91. B 92. A 93. B 94. C 95. D 96. C 97. A 98. D 99. A 100. B
101. B 102. A 103. A 104. A 105. A 106. B 107. A 108. C 109. B 110. B
111. B 112. B 113. A 114. A 115. A 116. C 117. B 118. B 119. D 120. A
121. A 122. C 123. C 124. C 125. D 126. C 127. B 128. A 129. A 130. A
131. D 132. B 133. A 134. D 135. A 136. B 137. A 138. D 139. B 140. B
141. C 142. C 143. A 144. B 145. B 146. C 147. B 148. C 149. A 150. D
151. C 152. B 153. B 154. C 155. B 156. B 157. B 158. B 159. A 160. D
161. A 162. A 163. C 164. C 165. A 166. D 167. C 168. B 169. B 170. B
171. A 172. D 173. A 174. C 175. C 176. C 177. B 178. A 179. C 180. D
181. B 182. A 183. C 184. A 185. A 186. B 187. B 188. A 189. C 190. A
191. C 192. B 193. A 194. C 195. A 196. B 197. A 198. A 199. A 200. C
201. A 202. D 203. B 204. C 205. B 206. B 207. B 208. D 209. B 210. A
211. C 212. A 213. B 214. A 215. D 216. A 217. C 218. A 219. C 220. C
221. B 222. D 223. B 224. D 225. A 226. C 227. A 228. A 229. A 230. C
231. C 232. D 233. C 234. A 235. B 236. A 237. C 238. D 239. D 240. B
241. D 242. A 243. A 244. C 245. A 246. A 247. A 248. B 249. A 250. B
251. A 252. B 253. B 254. B 255. C 256. A 257. D 258. A 259. C 260. A
261. D 262. B 263. C 264. A 265. B 266. B 267. A 268. B 269. B 270. C
271. C 272. D 273. A 274. C 275. C 276. B 277. C 278. D 279. C 280. B
281. A 282. B 283. C 284. B 285. D 286. B 287. A 288. A 289. D 290. B
291. D 292. B 293. D 294. D 295. D 296. B 297. A 298. B 299. C 300. C
301. A 302. A 303. C 304. A 305. B 306. C 307. C 308. C 309. D 310. A

311. B 312. C 313. A 314. B 315. A 316. B 317. C 318. A 319. B 320. C
321. A 322. B 323. C 324. C 325. D 326. B 327. D 328. C 329. B 330. B
331. C 332. C 333. A 334. B 335. C 336. A 337. B 338. C 339. A 340. A
341. A 342. D 343. B 344. D 345. D 346. A 347. D 348. D 349. B 350. A
351. C 352. A 353. A 354. A 355. B 356. A 357. A 358. A 359. C 360. B
361. A 362. B 363. C 364. C 365. A 366. C 367. B 368. A 369. C 370. C
371. B 372. C 373. B 374. B 375. C 376. A

二、多选题

1. ABC	2. AB	3. ABCD	4. ABCE	5. ABC
6. CD	7. ABCDEF	8. ACD	9. BCD	10. ABC
11. ABCD	12. ABD	13. ACD	14. ABD	15. ABC
16. ACDE	17. ABCDE	18. ACD	19. BCD	20. ABC
21. ABC	22. ABC	23. ABD	24. ABC	25. ABCD
26. ABCD	27. AB	28. ABCD	29. ABC	30. BCD
31. ABC	32. ABDEF	33. BC	34. ACDEF	35. ABC
36. ABCDE	37. ABCDE	38. ABC	39. ABCD	40. ABCD
41. AB	42. AB	43. ABC	44. ABC	45. ABC
46. ABCD	47. ABCD	48. ABC	49. AC	50. ABCDE
51. ABCDE	52. BC	53. BCD	54. ABCD	55. ABCD
56. ACD	57. ABCDE	58. ABCDE	59. ABCD	60. ABCDE
61. BC	62. ABD	63. ABCD	64. AD	65. BCD
66. ABCD	67. ABCDE	68. ABCDE	69. BCDE	70. ABCD
71. AB	72. ABD	73. AB	74. CDE	75. ABCDE
76. AC	77. ABCDE	78. ABC	79. ABCDE	80. ABD
81. ABC	82. ABD	83. ABCD	84. ACD	85. ABCE
86. ABCDE	87. ABC	88. ABC	89. AD	90. AC
91. BCDE	92. ABCD	93. ABCDE	94. ABC	95. ABCDE
96. BCD	97. ABCDE	98. ABCD	99. ABCD	100. ABD
101. BD	102. AB	103. ABCDE	104. ABC	105. ABCDE
106. ABCD	107. ACDE	108. ABCDE	109. ABC	110. BCD
111. ABD	112. ACD	113. ABC	114. AC	115. BC
116. ABCDE	117. ABE	118. BCE	119. ABCDE	120. ACE
121. ABCDE	122. ABDE	123. AB	124. BC	125. ACDE
126. ABCD	127. ABCDE	128. AC	129. BCD	130. ACE
131. ABCE	132. ABC	133. ABCD	134. ABC	135. AE
136. ABDE	137. ACE	138. ABCDE	139. ABE	140. BCDE
141. CD	142. ABD	143. ABD	144. AC	145. AD
146. ACE	147. AB	148. ABCE	149. ABC	150. BD

151. ABCD 152. ABCD 153. ABCDE 154. BCD 155. BCDE
156. ABCD 157. ABCE 158. ABCE 159. ABCE 160. ABC
161. ABCD 162. ABCD 163. ABCD 164. AB 165. BC
166. ABCD 167. ABCE 168. ACD 169. ACD 170. ABCD
171. AB 172. ABCD 173. ABC 174. ABC 175. AB
176. ABCD 177. ABC 178. BC 179. ABC 180. ABC
181. BD 182. BCDE 183. AB 184. ABCDE 185. ABCDE
186. ABC 187. ABCD 188. ABCDE 189. ABCE 190. ABCD
191. ABD 192. ADE 193. AD 194. BCD 195. BCD
196. ABCD 197. ABC 198. AD 199. ABCE 200. ABC
201. ABCD 202. ABCDE 203. ABCD 204. AB 205. ACD
206. ABCDE 207. BCD 208. AB 209. ABCDE 210. ABCD
211. ABCD 212. AB 213. CD 214. ABCD 215. ABCE
216. ABCD 217. AD 218. ABC 219. ABC 220. ABC
221. ABD 222. ABCE 223. BC 224. ABCD 225. AB
226. BCD 227. ABC 228. ABC 229. ABCDE 230. AC
231. AC 232. BE 233. ABCD 234. ABCDE 235. ABC
236. ABC 237. ABCD 238. ABC 239. ABCDE 240. ABCD
241. ABCDE 242. AB 243. AC 244. ABCDE 245. ABCDE
246. ABD 247. AB 248. ABCD 249. AB 250. AB
251. BD 252. ABCD 253. ABCDE 254. ABCDE 255. BCDE
256. ABDE 257. ACDE 258. ABCD 259. ABCDE 260. ABCE
261. ABCD 262. ACD 263. ABC 264. ABCD 265. ABCE
266. CD 267. ABC 268. BD 269. ABCD 270. ABCD
271. ACD 272. ABCD 273. ABCDE 274. ABC 275. ABCD
276. ABC 277. ABD 278. ABCDE 279. BCD 280. ABC
281. ABC 282. ABCDE 283. ABCD 284. ABCDE 285. ABC
286. ABCDE 287. ABC 288. ABCDE 289. ABD 290. AB
291. AB 292. ABC 293. ABCE 294. ABC 295. AB
296. ABCDE 297. ABCD 298. BCD 299. AB 300. ABCDE
301. AD 302. AB 303. BCD 304. ABCD 305. ABCD
306. ABCD 307. ABCD 308. ABDF 309. ACE 310. BD
311. BCD 312. BCEF 313. CDE 314. ACD 315. ABC
316. AB 317. ABCD 318. ABC 319. ABCD 320. ABC
321. ABCD 322. ACD 323. CD 324. ABCD 325. ABCD
326. ABCD 327. ABCD 328. BD 329. BCD 330. ABCD
331. BCD 332. CD 333. ABCD

三、判断题

1. √ 2. × 3. √ 4. × 5. × 6. √ 7. × 8. √ 9. × 10. ×
11. √ 12. × 13. √ 14. × 15. × 16. √ 17. √ 18. √ 19. √ 20. ×
21. √ 22. × 23. √ 24. × 25. × 26. × 27. √ 28. × 29. √ 30. ×
31. × 32. × 33. √ 34. × 35. × 36. × 37. √ 38. × 39. √ 40. √
41. × 42. √ 43. √ 44. × 45. × 46. √ 47. √ 48. × 49. √ 50. √
51. √ 52. × 53. √ 54. × 55. × 56. × 57. √ 58. × 59. √ 60. √
61. √ 62. × 63. √ 64. √ 65. √ 66. × 67. √ 68. × 69. × 70. ×
71. × 72. √ 73. √ 74. × 75. × 76. √ 77. √ 78. √ 79. √ 80. √
81. √ 82. × 83. × 84. √ 85. √ 86. × 87. √ 88. √ 89. × 90. ×
91. √ 92. × 93. × 94. × 95. √ 96. √ 97. × 98. × 99. × 100. ×
101. √ 102. × 103. √ 104. √ 105. × 106. × 107. √ 108. √ 109. √ 110. ×
111. √ 112. √ 113. × 114. √ 115. √ 116. √ 117. √ 118. × 119. √ 120. ×
121. √ 122. √ 123. × 124. × 125. √ 126. √ 127. √ 128. × 129. × 130. ×
131. × 132. × 133. × 134. × 135. √ 136. × 137. √ 138. √ 139. × 140. ×
141. × 142. × 143. × 144. √ 145. √ 146. × 147. × 148. √ 149. × 150. √
151. √ 152. √ 153. √ 154. × 155. × 156. × 157. × 158. √ 159. × 160. ×
161. √ 162. √ 163. × 164. √ 165. √ 166. √ 167. × 168. √ 169. × 170. ×
171. × 172. × 173. √ 174. × 175. √ 176. √ 177. × 178. √ 179. × 180. √
181. × 182. √ 183. √ 184. √ 185. √ 186. √ 187. × 188. × 189. × 190. ×
191. × 192. √ 193. × 194. √ 195. √ 196. × 197. √ 198. √ 199. √ 200. ×
201. × 202. × 203. × 204. √ 205. × 206. √ 207. √ 208. √ 209. √ 210. √
211. √ 212. × 213. × 214. × 215. × 216. √ 217. √ 218. √ 219. × 220. ×
221. × 222. × 223. × 224. √ 225. √ 226. × 227. √ 228. √ 229. × 230. √
231. √ 232. × 233. × 234. × 235. √ 236. × 237. × 238. × 239. √ 240. √
241. √ 242. × 243. √ 244. √ 245. × 246. × 247. √ 248. × 249. √ 250. √
251. × 252. × 253. × 254. × 255. √ 256. √ 257. × 258. × 259. √ 260. √
261. × 262. × 263. × 264. √ 265. √ 266. × 267. × 268. √ 269. × 270. √
271. √ 272. × 273. √ 274. × 275. √ 276. × 277. √ 278. × 279. × 280. √
281. × 282. × 283. × 284. √ 285. √ 286. × 287. √ 288. × 289. × 290. √
291. × 292. √ 293. √ 294. × 295. √ 296. √ 297. × 298. × 299. √ 300. √
301. × 302. √ 303. √ 304. √ 305. × 306. √ 307. × 308. × 309. √ 310. ×
311. √ 312. × 313. √ 314. √ 315. × 316. √ 317. × 318. √ 319. × 320. √
321. √ 322. × 323. √ 324. √ 325. × 326. × 327. √ 328. × 329. √ 330. √
331. × 332. √ 333. × 334. √ 335. √ 336. × 337. × 338. × 339. √ 340. ×
341. √ 342. × 343. × 344. × 345. √ 346. × 347. √ 348. √ 349. × 350. ×
351. × 352. × 353. √ 354. √ 355. × 356. × 357. × 358. √ 359. √ 360. √
361. × 362. √ 363. √ 364. √ 365. × 366. × 367. √ 368. × 369. √ 370. √

371. × 372. × 373. √ 374. √ 375. √ 376. × 377. × 378. √ 379. √ 380. ×
381. √ 382. √ 383. × 384. √ 385. × 386. √ 387. √ 388. × 389. √ 390. ×
391. √ 392. × 393. √ 394. × 395. × 396. √ 397. √ 398. √ 399. × 400. √
401. × 402. √ 403. √ 404. √ 405. × 406. × 407. √ 408. √ 409. × 410. √
411. × 412. √ 413. √ 414. √ 415. × 416. × 417. √ 418. √ 419. √ 420. ×
421. √ 422. × 423. √ 424. × 425. × 426. √ 427. × 428. √ 429. √ 430. ×
431. × 432. √ 433. √ 434. × 435. √ 436. √ 437. √ 438. √ 439. × 440. ×
441. √ 442. × 443. × 444. × 445. × 446. √ 447. × 448. × 449. √ 450. ×
451. √ 452. √ 453. × 454. √ 455. × 456. √ 457. √ 458. √ 459. × 460. √
461. × 462. √ 463. × 464. √ 465. √ 466. × 467. × 468. √ 469. × 470. √
471. × 472. √ 473. × 474. √ 475. × 476. × 477. √ 478. × 479. × 480. ×
481. √ 482. × 483. × 484. √ 485. × 486. √ 487. √ 488. × 489. × 490. ×
491. √ 492. √ 493. √ 494. × 495. √ 496. × 497. √ 498. × 499. × 500. √
501. × 502. √ 503. × 504. √ 505. √ 506. √ 507. √ 508. √ 509. × 510. √
511. √ 512. √ 513. × 514. √ 515. √ 516. √ 517. √ 518. √ 519. √ 520. √
521. √ 522. √ 523. √ 524. √ 525. × 526. √ 527. √ 528. √ 529. √ 530. ×
531. × 532. √ 533. √ 534. √ 535. √ 536. √ 537. √ 538. √ 539. √ 540. √
541. × 542. × 543. × 544. √ 545. √ 546. √ 547. × 548. × 549. × 550. ×
551. √ 552. × 553. × 554. × 555. × 556. × 557. √ 558. × 559. × 560. ×
561. × 562. × 563. √ 564. × 565. × 566. √ 567. √ 568. × 569. × 570. √
571. √ 572. × 573. √

矿 山 测 量 工

赛项专家组成员（按姓氏笔画排序）

史君成　白志辉　吕俊沛　李　江　李胜余
徐跃奎　郭　航

赛项规程

一、赛项名称

矿山测量工。

二、竞赛目的

持续推进煤矿高技能人才培养工作，造就一支高素质的煤矿测量工队伍，提高职工实际操作技能。

三、竞赛内容

充分考虑煤炭行业对矿山测量工的要求，结合《煤矿测量规程》相关规定，考核参赛选手对专业基础知识、操作技能的掌握程度，内容包括：矿山测量理论考试，和7″级导线测量。

外业观测：在地面模拟井下环境，完成7″级导线测量，包括导线水平角、垂直角、距离的观测和记录。

内业计算：完成7″级导线简易平差计算和精度评定，提交合格成果。

具体竞赛内容、时间与权重见表1。

表1　竞赛内容、时间与权重见

序号	竞赛内容	竞赛时间/min	所占权重/%
1	理论知识	60	20
2	实操考核	90	80

四、竞赛方式

本赛项为团体项目，竞赛内容由2人协作完成。

矿山测量工理论考试采取上机考试，通过计算机自动评分，实际操作由裁判员现场评分。

五、竞赛流程

（一）竞赛流程（表2）

表2 竞 赛 流 程 表

阶 段	序号	流 程
准备阶段	1	参赛队领队（赛项联络员）负责本参赛队的参赛组织及与大会组委会办公室的联络工作
	2	参赛选手凭借大赛组委会颁发的参赛证和有效身份证明参加比赛前活动
	3	参赛选手在规定的时间及指定地点，向检录工作人员提供参赛证、身份证证件或公安机关提供的户籍证明，通过检录进入赛场
比赛阶段	1	参赛选手进行抽签，产生场次号和赛位号，替换选手参赛证等个人身份信息
	2	参赛选手在赛场工作人员引导下，比赛前 15 min 进入赛位区域，进行赛前准备，按清单检查设备、工具等状况，并签字（参赛号）确认
	3	裁判宣布比赛开始，参赛选手方可开始操作，比赛开始计时，各参赛选手限定在自己的工作区域内完成比赛任务
	4	裁判宣布比赛结束，选手立即停止操作
结束阶段	1	参赛选手完成任务并决定结束比赛时，应提请现场裁判到赛位处确认
	2	参赛选手完成比赛提交结果后，大赛技术人员将到达赛场清点工具、设备等，由参赛选手签字（参赛号）确认；损坏的物件必须有实物在，丢失照价赔偿
	3	比赛时间到，未完成比赛的参赛选手应立即停止操作，赛场技术支持人员检查、裁判员确认后，对赛位进行清理，但不得进行其他活动，然后参赛选手方能离开赛场
	4	参赛选手在比赛期间未经组委会的批准，不得接受任何与比赛内容相关的采访
	5	参赛选手在比赛过程中必须主动配合现场裁判工作，服从裁判安排，如果对比赛的裁决有异议，由领队以书面形式向仲裁组提出申诉

（二）竞赛时间安排

竞赛日程由大赛组委会统一规定，具体时间另行通知。

六、竞赛赛卷

（一）矿山测量工理论试题

理论考试采取机考方式进行，从竞赛试题库中随机抽取组卷，理论考试成绩占总成绩的 20% 。

（二）矿山测量工实际操作试题

1. 技能操作试题

操作竞赛试题采取公开赛题形式。示例如下：

如图 1 所示导线，其中 1、2 为已知点，3、4 为待定点，测算待定点坐标，测算要求按《煤矿测量规程》及本竞赛规程相关技术规定。

上交成果：7″级导线外业记录表、导线内业计算表。

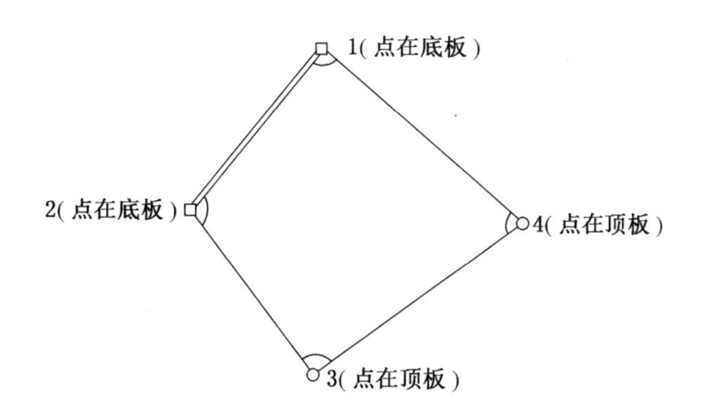

图1　7″级导线测量竞赛路线示意图

竞赛为每队提供导线的两个已知点成果，数据示例见表3。

表3　导线已知点成果示例

点名	X/m	y/m	H/m	备　注
1	56833.920	23619.004	708.332	导线终点
2	56859.091	23600.928	708.365	导线起算点

2. 竞赛场地布置

根据全国煤炭行业矿山测量工技能大赛组委会要求，模拟井下测量现场，在山西焦煤西山煤电集团公司职工教育培训中心选择通视条件好、适宜导线测量的区域布置竞赛场地。

3. 导线点的设置

赛项事先设计多条竞赛路线，各队现场抽签确定自己的竞赛路线。

每个独立竞赛场地布设4个导线点，导线点设置在模拟井下测量现场的可移动吊线绳铁架顶部，顶部有穿细线小圆孔，铁架高约3 m（图2）。每条线路的1、2为模拟底板点，3和4为模拟顶板点。

有一条导线边长长度介于15～30 m，其余各边大于30 m。

4. 外业观测操作要求

（1）外业观测。

① 外业观测按照井下7″级闭合导线测回法进行观测，参赛选手观测时统一采用1″级全站仪，从2号点开始观测，在2、3、4、1号点分别设站，测成闭合导线，在1号点结束，收好所有的仪器设备后在规定的区域进行内业计算。每一测站观测水平角（图1所示各内角）、前视垂直角、前视斜距，分别观测两测回。

② 比赛开始前，仪器箱盖好，脚架收拢，记录计算表上无提前填写内容；计时结束时，须提交全部观测记录和计算成果，并将仪器脚架收好。

③ 竞赛时所有测站的前后视都必须使用脚架，不得采用其他对中装置。为统一操作

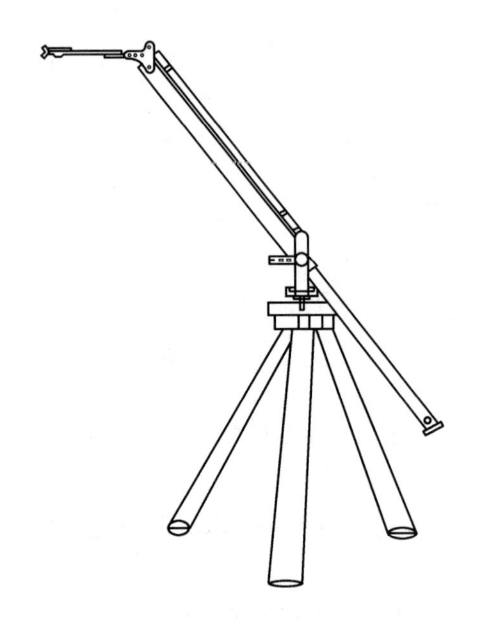

图2　导线点支架设置图

方式，本次竞赛不允许三联脚架法施测。

④ 搬站过程中仪器、棱镜无须装箱，每一测站完成后后视架腿必须收好，全部观测完成后仪器设备装箱归位。

⑤ 每参赛队两名队员轮流完成导线的全部观测，每人依次观测 2 测站、记录 2 测站。

⑥ 观测者读数，记录者先复读后记录，声音要清晰，读数与复数数据要一致。

⑦ 外业观测过程中，观测、读数和记录数据要一致，要先按测量键，再进行读数和记录。

⑧ 外业观测过程中，记录人员不得参与观测人员仪器整平、观测任何操作。

⑨ 角度及距离测量成果使用铅笔记录计算，应记录完整，记录的数字与文字清晰、整洁，不得潦草；按测量顺序记录，不空栏；不空页、不撕页；不得转抄；不得涂改、就字改字；不得连环涂改；不得用橡皮擦、刀片刮。

⑩ 错误成果与文字应单横线正规划去，在其上方写上正确的数字与文字，并在备考栏注明原因："测错"或"记错"，计算错误不必注明原因。

⑪ 角度记录手簿中秒值读记错误应重新观测，度、分读记错误可在现场更正，但不得连环涂改。

⑫ 距离测量的厘米和毫米读记错误应重新观测，分米以上（含）数值的读记错误可在现场更正。

⑬ 测站超限应重测，重测必须变换起始度盘 10′以上，可以重测第一测回，也可以重测第二测回，错误成果应当正规划去，并应在备考栏注明"超限"。

⑭ 外业观测用时超过 60 min，则停止外业操作，不再进行内业计算。

（2）7″级导线及角度测量技术要求，见表4、表5、表6。

表4　7″级导线最大闭合差要求

导线类别	最大闭合差		
	闭合导线	复测支导线	附合导线
7″导线	$\pm 14''\sqrt{n}$	$\pm 14''\sqrt{n_1+n_2}$	$\pm 2\sqrt{m_{\alpha1}^2+m_{\alpha2}^2+nm_\beta^2}$

注：n 为闭（附）合导线的总站数；n_1、n_2 分别为复测支导线第一次和第二次测量的总站数；$m_{\alpha1}$、$m_{\alpha2}$ 分别为附合导线起始边和附合边的坐标方位角中误差；m_β 为导线测角中误差。

表5　7″级导线主要技术指标及水平角测量要求

导线类别	使用仪器	观测方法	对中次数	测回数	同一测回中半测回互差	两测回间互差	两次对中测回（复测）间互差	导线全长相对闭合差
7″	2″级以上全站仪	测回法	边长大于 30 m 对中 1 次；边长 15～30 m 对中 2 次	2	20″	12″	30″	1/8000

注：由一个测回转到下一个测回观测前，应将度盘位置变换 180°/n（n 为测回数）。

表6　7″级导线垂直角观测精度要求

导线类别	观测方法	测回数	垂直角互差	指标差互差
7″	单向观测（中丝法）	2	15″	15″

（3）导线边长测量技术要求。

① 测量前，应对仪器的气温、气压及棱镜常数进行设置。气象改正由仪器自动完成，观测者可不记录气象数据。

② 导线边长（斜距）采用单向观测，每条边测量 2 测回（本竞赛规程规定的测回的含义，指盘左盘右各照准目标 1 次，读数 1 次）。其限差为：一测回各次读数互差不大于 10 mm，单程测回间互差不大于 15 mm。

5. 内业计算

（1）外业观测和内业计算连续计时，中间不停表。如在内业计算时发现成果超限，不再进行外业重测。

（2）只在《导线测量记录计算成果》封面规定的位置填写参赛队伍的有关信息（只写加密编号），记录计算资料的内部任何位置不得填写与竞赛测量数据无关的信息。

（3）现场完成导线成果计算，不允许使用非赛会提供的计算器。

（4）内业计算可以两人协作完成。

（5）内业计算必须按照规定的程序依次计算各项内容，《导线测量记录计算成果》填写内容要齐全。

（6）角度及角度改正数取位至整秒，边长、坐标增量及其改正数、坐标计算结果均取位至 0.001 m。

（7）导线近似平差计算表中必须写出方位角闭合差、相对闭合差。相对闭合差必须化为分子为 1 的分数。

（8）计算使用竞赛委员会统一提供的成果表，用铅笔书写。计算表可以用橡皮擦，但必须保持整洁，字迹清晰。

（9）内业计算用时超过 30 min，则停止内业计算。

6. 记录计算样表

（1）7″级导线外业观测记录样表见表 7。

（2）7″级导线平差计算样表见表 8。

表 7　7″级导线外业观测记录样表

参赛队号：　　　　　　　　　　　　　　　　　　　　　　　　日期：

测点号		水平度盘读数		前视竖盘读数		指标差/(″)	仪器高	前视斜距（盘左）	前视斜距（盘右）	备注
仪器站	照准点	正镜	倒镜							
		(° ′ ″)	(° ′ ″)	镜位	(° ′ ″)		前视高	平均/m		
				盘左						
				盘右						
	水平角			Σ						
	平均			垂直角						
				盘左						
				盘右						
	水平角			Σ						
	平均			垂直角						
				盘左						
				盘右						
	水平角			Σ						
	平均			垂直角						
				盘左						
				盘右						
	水平角			Σ						
	平均			垂直角						
				盘左						
				盘右						
	水平角			Σ						
	平均			垂直角						
				盘左						
				盘右						
	水平角			Σ						
	平均			垂直角						

表8 7″级导线平差计算样表

仪器站	后视点/前视点	水平角/(° ′ ″)	角度改正数/(″)	改正后水平角/(° ′ ″)	方位角/(° ′ ″)	前视斜距/m	前视垂直角/(° ′ ″)	垂高/m	仪器高/m	前视高/m	高差/(ΔH)/m	前视平距/m	坐标增量 ΔX			坐标增量 ΔY			纵坐标 X/m	横坐标 Y/m	高程/m	点号
													计算值/m	改正值/mm	改正后值/m	计算值/m	改正值/mm	改正后值/m				
Σ																						
辅助计算						$n=4$ $f_\beta=\sum\beta_{测}-360=$ $f_{\beta允}=\pm14''\sqrt{n}=$				$f_x=\sum\Delta X+X_{起}-X_{终}=$ $f_y=\sum\Delta Y+Y_{起}-Y_{终}=$ $f=\sqrt{f_x^2+f_y^2}=$				$K=\frac{f}{\sum D}=$ $f_h\leqslant\pm100$ (mm) $\sqrt{L}$ (km)				$\leqslant\frac{1}{8000}(K_{允})$				

七、竞赛规则

（一）报名资格及参赛选手要求

（1）选手需为按时报名参赛的煤炭企业生产一线的在岗职工，从事本职业（工种）8年以上时间，且年龄不超过45周岁。

（2）选手须取得行业统一组织的赛项集训班培训证书，并通过本单位组织的相应赛项选拔的前2名，且具备国家职业资格高级工及以上等级。

（3）已获得“中华技能大奖”“全国技术能手”的人员，不得以选手身份参赛。

（二）熟悉场地

（1）组委会安排开赛式结束后各参赛选手统一有序地熟悉场地。

（2）熟悉场地时不允许发表没有根据以及有损大赛整体形象的言论。

（3）熟悉场地时要严格遵守大赛各种制度，严禁拥挤，喧哗，以免发生意外事故。

（4）参赛选手在赛场工作人员的引导下，在比赛前15 min进入比赛区域，进行适应场地及准备竞赛器材，包括确认综合体能4 h正压氧气呼吸器的核重、摆放（2 min），熟悉模拟巷道内比赛项目（5 min）。

（三）参赛要求

（1）竞赛所需平台、设备、仪器和工具按照大赛组委会的要求统一由协办单位提供。

（2）所有人员在赛场内不得有影响其他选手完成工作任务的行为，参赛选手不允许串岗串位，要使用文明用语，不得以言语及人身攻击裁判和赛场工作人员。

（3）参赛选手在比赛开始前15 min到达指定地点报到，接受工作人员对选手身份、资格和有关证件的核验，参赛号、赛位号由抽签确定，不得擅自变更、调整。

（4）选手须在竞赛试题规定位置填写参赛号、赛位号。其他地方不得有任何暗示选手身份的记号或符号。选手不得将手机等通信工具带入赛场，选手之间不得以任何方式传递信息，如传递纸条，用手势表达信息等，否则取消成绩。

（5）选手须严格遵守安全操作规程，并接受裁判员的监督和警示，以确保参赛人身及设备安全。选手因个人误操作造成人身安全事故和设备故障时，裁判长有权终止该队比赛；如非选手个人因素出现设备故障而无法比赛，由裁判长视具体情况做出裁决（调换到备用赛位或调整至最后一场次参加比赛）；若裁判长确定设备故障可由技术支持人员排除故障后继续比赛，同时将给参赛队伍（选手）补足所耽误的比赛时间。

（6）选手进入赛场后，不得擅自离开赛场，因病或其他原因离开赛场或终止比赛，应向裁判示意，须经赛场裁判长同意，并在赛场记录表上签字确认后，方可离开赛场并在赛场工作人员指引下到达指定地点。

（7）选手须按照程序提交比赛结果，并在比赛赛位的计算机规定文件夹内存储比赛文件，配合裁判做好赛场情况记录并确认，裁判提出确认要求时，不得无故拒绝。

（8）裁判长发布比赛结束指令后所有未完成任务参赛队伍（选手）立即停止操作，按要求清理赛位，不得以任何理由拖延竞赛时间。

（9）服从组委会和赛场工作人员的管理，遵守赛场纪律，尊重裁判和赛场工作人员，尊重其他代表队参赛选手。

（四）安全文明操作规程

（1）选手在比赛过程中不得违反《煤矿安全规程》规定要求。

（2）注意安全操作，防止出现意外伤害。完成工作任务时要防止工具伤人等事故。

（3）组委会要求选手统一着装，服装上不得有姓名、队名以及其他任何识别标记。不穿组委会提供的上衣，将拒绝进入赛场。

（4）刀具、工具不能混放、堆放，废弃物按照环保要求处理，保持赛位清洁、整洁。

八、竞赛环境

（1）理论考试在电脑机房完成。

（2）导线测量在地面模拟井下环境，场地为硬化地面。

（3）导线边长：其中一条边为 15 ~ 30 m，其余各边大于 30 m。

（4）导线为闭合图形，由 2 个已知点和 2 个待定点组成；2 个已知点为底板点（地面上设点），2 个待定点为顶板点（吊线绳铁架设点）。

九、技术规范

（1）《煤矿测量规程》。

（2）本赛项竞赛规程。

十、技术平台

竞赛使用的所有仪器、附件及计算工具均由组委会及承办方提供，仪器厂家现场提供技术保障。

（1）仪器及配套测量工具。每个参赛队伍配备：竞赛用国产 2″及上以全站仪 1 台、棱镜（含基座）2 个、脚架 4 个（每个测量点各放置 1 个，选手不用携带脚架）、250 g 活尖活线垂球 3 个，3 m 钢卷尺 2 个。

（2）计算用具。每个参赛队伍配备：计算器（型号：Casio fx－82es plus）2 个、记录板 1 块、2H 以上铅笔 3 支、削笔刀 1 个、橡皮 1 块（橡皮供内业计算用）。

（3）裁判评分用具。笔记本电脑 5 台、打印机 1 台、复印机 1 台、秒表 50 个、计算器 10（型号：Casio fx－82es plus）个。

（4）场地设施。可移动吊线绳铁架 20 架、测伞 50 把。

十一、成绩评定

（一）评分标准

（1）理论考试成绩以上机考试得分为准。

（2）技能操作评分从观测质量和计算成果等方面考虑。

不合格成果的扣分。有下列现象之一的为不合格成果：

① 原始观测成果用橡皮擦、2C 较差和 2 测回方向值较差超限、原始记录连环涂改、角度观测记录改动秒值、距离测量记录改动厘米或者毫米、方位角闭合差超限、相对闭合差超限等，只要其中违反 1 项即为不合格成果。

② 为了保证公平竞赛，凡是手簿内部出现与测量数据无关的字体、符号等内容，也将被视为不合格成果。

不合格成果的具体扣分标准详见表9。

表9 测量过程评分标准

项目	评测内容	评分标准	扣分
测量过程观测与记录60分	观测、记录按规定轮换	违规1次扣2分	
	测站重测不变换度盘或变换不合要求	违规1次扣2分	
	记录者引导观测者读数	违规1次扣1分	
	用橡皮擦观测记录表	违规扣5分	
	记录手簿内部出现与测量数据无关的字体、符号等内容	违规扣5分	
	测站记录计算未完成就迁站	每出现1次扣2分	
	记录成果转抄	违规1次扣2分	
	影响其他队测量	造成必须重测后果的扣10分	
	仪器设备	全站仪及棱镜摔倒落地	取消资格
	短边点需要进行两次对中	出现一次未两次对中扣2分	
	每一站观测完成后收好后视架腿	出现一次未收后视架腿扣1分	
	外业观测完成后，仪器和棱镜装箱放回原处	未把仪器和棱镜装箱放回原处扣1分	
	仪器和棱镜装箱放回原处未完成就进行计算	扣1分	
	外业观测各项数据必须按测量键记录	遗漏一处扣0.2分	
	观测过程中，观测、读取和记录数据必须一致	出现一处扣0.2分	
	观测过程中，必须先按测量键然后再进行读取和记录	发现一次未按测量键就读数记录扣0.2分	
	观测过程中按需要测站上输入仪器高和前视高	不输入或输入错一处扣0.2分	
	观测过程中，先读数、后记录	未读数就记录，发现一次扣1分	
	观测过程中，记录人员不得帮助观测人员整平仪器	发现一次扣1分	
	测站限差	同一方向各测回较差或者2C超限扣3分	
	角度观测记录	角度改动秒值或连环涂改扣5分	
	距离观测记录改动厘米、毫米	违规扣5分	
	记录规范性（4分）	就字改字或字迹模糊1处扣2分	
	记录表缺项或计算错误（10分）	每出现一次扣1分，小项分扣完为止	
	手簿划改（4分）	非单线划线，1处扣1分，小项分扣完为止	
	同一位置划改超过1次（4分）	违规1处扣1分，小项分扣完为止	
	划改后不注原因或不规范（2分）	违规1处扣1分，小项分扣完为止	
	外业观测用时60 min	未在规定时间内完成扣5分	
	外业观测合计扣分（总分60分，扣完为止）		
	外业观测合计得分		

表9（续）

项目	评 测 内 容	评 分 标 准	扣分
内业计算40分	内业计算开始后，原始记录严禁涂改（2分）	涂改一处扣0.5分，小项分扣完为止	
	方位角闭合差或相对闭合差限差（10分）	超限共计扣15分	
	高程闭合差超限（5分）		
	平差计算（15分）	一处计算错误扣0.2分	
		全部未计算扣15分	
		只计算方位角闭合差扣10分	
		未按规定程序进行计算扣1分	
		其他计算缺项或未完成酌情扣分	
	坐标检查（6分）	与标准值比较超过5 cm为超限每超限1点扣3分	
	计算表整洁（2分）	每1处非正常污迹扣0.5分，小项分扣完为止	
	内业计算合计扣分		
	内业计算合计得分		
外业和内业合计扣分			
总得分			

备注：外业观测超时的不再进行内业计算，只得外业观测分值。

（二）团队总成绩

（1）参赛队伍总成绩＝理论考试成绩×20%＋技能操作成绩×80%。

（注：总成绩、理论成绩和操作成绩分别按100分计）

（2）参赛队伍理论考试成绩＝(选手1理论成绩＋选手2理论成绩)/2。

（3）参赛队伍技能操作成绩＝时间得分（占15%）＋质量得分（占85%）。

（三）操作竞赛用时成绩评分标准

有不合格成果者时间不得分，其余各队得分按照下列公式计算。

技能操作时间得分 S_i 计算公式为

$$S_i = \left(1 - T_i - \frac{T_1}{T_n} - T_1 \times 0.9\right) \times 15$$

式中 T_1——所有合格成果参赛队伍中用时最少的竞赛时间。

T_n——所有合格成果参赛队伍中不超过规定最大时长的队伍中用时最多的竞赛时间。

T_i——合格成果各队的实际用时。

（四）操作竞赛成果质量评分标准

操作竞赛成果质量得分满分为85分。

成果质量从外业观测质量和计算成果等方面考虑，按前述评分表标准进行评定。

对于竞赛过程中伪造数据者，取消该队全部竞赛资格。

（五）竞赛排名

在规定时间内完成竞赛，且成果符合要求者按竞赛评分成绩确定名次。

在两队成绩完全相同时，分别按以下顺序排名：测量精度高；测站重测次数少；划改次数少；记录、计算成果表整洁。

十二、赛项安全

赛事安全是技能竞赛一切工作顺利开展的先决条件，是赛事筹备和运行工作必须考虑的核心问题。赛项组委会采取切实有效措施保证大赛期间参赛选手、指导教师、裁判员、工作人员及观众的人身安全。

（一）比赛环境

（1）组委会须在赛前组织专人对比赛现场、住宿场所和交通保障进行考察，并对安全工作提出明确要求。赛场的布置，赛场内的器材、设备，应符合国家有关安全规定。如有必要，也可进行赛场仿真模拟测试，以发现可能出现的问题。承办单位赛前须按照组委会要求排除安全隐患。

（2）赛场周围要设立警戒线，要求所有参赛人员必须凭组委会印发的有效证件进入场地，防止无关人员进入发生意外事件。比赛现场内应参照相关职业岗位的要求为选手提供必要的劳动保护。在具有危险性的操作环节，裁判员要严防选手出现错误操作。

（3）承办单位应提供保证应急预案实施的条件。比赛内容涉及大用电量、易发生火灾等情况的赛项，必须明确制度和预案，并配备急救人员与设施。

（4）严格控制与参赛无关的易燃易爆以及各类危险品进入比赛场地，不许随便携带其他物品进入赛场。

（5）配备先进的仪器，防止有人利用电磁波干扰比赛秩序。大赛现场进行网络安全控制，以免场内外信息交互，充分体现大赛的严肃、公平和公正。

（6）组委会须会同承办单位制定开放赛场的人员疏导方案。赛场环境中存在人员密集、车流人流交错的区域，除了设置齐全的指示标志外，须增加引导人员，并开辟备用通道。

（7）大赛期间，承办单位须在赛场管理的关键岗位，增加力量，建立安全管理日志。

（二）生活条件

（1）比赛期间，原则上由组委会统一安排参赛选手和指导教师食宿。承办单位须尊重少数民族的信仰及文化，根据国家相关的民族政策，安排好少数民族选手和指导教师的饮食起居。

（2）比赛期间安排的住宿地应具有宾馆/住宿经营许可资质。大赛期间的住宿、卫生、饮食安全等由组委会和承办单位共同负责。

（3）大赛期间有组织的参观和观摩活动的交通安全由组委会负责。组委会和承办单位须保证比赛期间选手、指导教师和裁判员、工作人员的交通安全。

（4）各赛项的安全管理，除了可以采取必要的安全隔离措施外，应严格遵守国家相关法律法规，保护个人隐私和人身自由。

（三）组队责任

（1）各单位组织代表队时，须安排为参赛选手购买大赛期间的人身意外伤害保险。

（2）各单位代表队组成后，须制定相关管理制度，并对所有选手、指导教师进行安全教育。

（3）各参赛队伍须加强对参与比赛人员的安全管理，实现与赛场安全管理的对接。

（四）应急处理

比赛期间发生意外事故，发现者应第一时间报告组委会，同时采取措施避免事态扩大。组委会应立即启动预案予以解决。赛项出现重大安全问题可以停赛，是否停赛由组委会决定。事后，承办单位应向组委会报告详细情况。

（五）处罚措施

（1）因参赛队伍原因造成重大安全事故的，取消其获奖资格。

（2）参赛队伍发生重大安全事故隐患，经赛场工作人员提示、警告无效的，可取消其继续比赛的资格。

（3）赛事工作人员违规的，按照相应的制度追究责任。情节恶劣并造成重大安全事故的，由司法机关追究相应法律责任。

十三、竞赛须知

（一）参赛队须知

（1）统一使用单位的团队名称。

（2）竞赛采用个人比赛形式，不接受跨单位组队报名。

（3）参赛选手为单位在职员工，性别不限。

（4）参赛队选手在报名获得确认后，原则上不再更换。允许选手缺席比赛。

（5）参赛队伍在各竞赛专项工作区域的赛位场次和工位采用抽签的方式确定。

（6）参赛队伍所有人员在竞赛期间未经组委会批准，不得接受任何与竞赛内容相关的采访，不得将竞赛的相关情况及资料私自公开。

（二）领队和指导老师须知

（1）领队和指导老师务必带好有效身份证件，在活动过程中佩戴领队和指导教师证参加竞赛及相关活动；竞赛过程中，领队和指导教师非经允许不得进入竞赛场地。

（2）妥善管理本队人员的日常生活及安全，遵守并执行大赛组委会的各项规定和安排。

（3）严格遵守赛场的规章制度，服从裁判，文明竞赛，持证进入赛场允许进入的区域。

（4）熟悉场地时，领队和指导老师仅限于口头讲解，不得操作任何仪器设备，不得现场书写任何资料。

（5）在比赛期间要严格遵守比赛规则，不得私自接触裁判人员。

（6）团结、友爱、互助协作，树立良好的赛风，确保大赛顺利进行。

（三）参赛选手须知

（1）选手必须遵守竞赛规则，文明竞赛，服从裁判，否则取消参赛资格。

（2）参赛选手按大赛组委会规定时间到达指定地点，凭参赛证和身份证（二证必须齐全）进入赛场，并随机进行抽签，确定比赛顺序。选手迟到 15 min 取消竞赛资格。

（3）裁判组在赛前 30 min，对参赛选手的证件进行检查及进行大赛相关事项教育。

（4）比赛过程中，选手必须遵守操作规程，按照规定操作顺序进行比赛，正确使用仪器仪表。不得野蛮操作，不得损坏仪器、仪表、设备，一经发现立即责令其退出比赛。

（5）参赛选手不得携带通信工具和相关资料、物品进入大赛场地，不得中途退场。如出现较严重的违规、违纪、舞弊等现象，经裁判组裁定取消大赛成绩。

（6）现场实操过程中出现设备故障等问题，应提请裁判确认原因。若因非选手个人因素造成的设备故障，经请示裁判长同意后，可将该选手比赛时间酌情后延；若因选手个人因素造成设备故障或严重违章操作，裁判长有权决定终止比赛，直至取消比赛资格。

（7）参赛选手若提前结束比赛，应向裁判举手示意，比赛终止时间由裁判记录；比赛时间终止时，参赛选手不得再进行任何操作。

（8）参赛选手完成比赛项目后，提请裁判检查确认并登记相关内容，选手签字确认。

（9）比赛结束，参赛选手需清理现场，并将现场仪器设备恢复到初始状态，经裁判确认后方可离开赛场。

（四）工作人员须知

（1）工作人员必须遵守赛场规则，统一着装，服从组委会统一安排，否则取消工作人员资格。

（2）工作人员按大赛组委会规定时间到达指定地点，凭工作证进入赛场。

（3）工作人员认真履行职责，不得私自离开工作岗位。做好引导、解释、接待、维持赛场秩序等服务工作。

十四、申诉与仲裁

本赛项在比赛过程中若出现有失公正或有关人员违规等现象，代表队领队可在比赛结束后 2 h 之内向仲裁组提出申诉。

书面申诉应对申诉事件的现象、发生时间、涉及人员、申诉依据等进行充分、实事求是的叙述，并由领队亲笔签名。非书面申诉不予受理。

赛项仲裁工作组在接到申诉后的 2 h 内组织复议，并及时反馈复议结果。申诉方对复议结果仍有异议，可由单位的领队向赛区仲裁委员会提出申诉。赛区仲裁委员会的仲裁结果为最终结果。

十五、竞赛观摩

本赛项对外公开，需要观摩的单位和个人可以向组委会申请，同意后进入指定的观摩区进行观摩，但不得影响选手比赛，在赛场中不得随意走动，应遵守赛场纪律，听从工作人员指挥和安排等。

十六、竞赛直播

本次大赛实行全程直播。同时，安排专业摄制组进行拍摄和录制，及时进行报道，包括赛项的比赛过程、开闭幕式等。通过摄录像，记录竞赛全过程。同时制作优秀选手采访、优秀指导教师采访、裁判专家点评和企业人士采访视频资料。

赛　项　题　库

一、单选题

1. A 点的高斯坐标为 $x_A = 112240$ m，$y_A = 19343800$ m，则 A 点所在 6°带的带号及中央子午线的经度分别为（　　）。

A. 11 带，66°　　B. 11 带，63°　　C. 19 带，117°　　D. 19 带，111°

2. 高斯投影属于（　　）。

A. 等面积投影　　B. 等距离投影　　C. 等角投影　　D. 等长度投影

3. 目镜调焦的目的是（　　）。

A. 看清十字丝　　B. 看清物像　　C. 消除视差

4. 水准测量时，尺垫应放置在（　　）。

A. 水准点　　B. 转点

C. 土质松软的水准点上　　D. 需要立尺的所有点

5. 坐标方位角的取值范围为（　　）。

A. 0° ~270°　　B. -90° ~90°　　C. 0° ~360°　　D. -180° ~180°

6. 某直线的坐标方位角为 163°50′36″，则其反坐标方位角为（　　）。

A. 253°50′36″　　B. 196°09′24″　　C. -16°09′24″　　D. 343°50′36″

7. 导线测量角度闭合差的调整方法是（　　）。

A. 反号按角度个数平均分配　　B. 反号按角度大小比例分配

C. 反号按边数平均分配　　D. 反号按边长比例分配

8. 同一幅地形图内，等高线平距越大，表示（　　）。

A. 等高距越大　　B. 地面坡度越陡　　C. 等高距越小　　D. 地面坡度越缓

9. 展绘控制点时，应在图上标明控制点的（　　）。

A. 点号与坐标　　B. 点号与高程　　C. 坐标与高程　　D. 高程与方向

10. 沉降观测宜采用（　　）方法。

A. 三角高程测量　　B. 水准测量或三角高程测量

C. 水准测量　　D. 等外水准测量

11. 经纬仪测量水平角时，正倒镜瞄准同一方向所读的水平方向值理论上应相（　　）。

A. 180°　　B. 0°　　C. 90°　　D. 270°

12. 1∶5000 地形图的比例尺精度是（　　）。

A. 5 m　　B. 0. 1 mm　　C. 5 cm　　D. 50 cm

13. 以下不属于基本测量工作范畴的一项是（　　）。

A. 高差测量　　B. 距离测量　　C. 导线测量　　D. 角度测量

14. 根据两点坐标计算边长和坐标方位角的计算称为（　　）。

A. 坐标正算　　B. 导线计算　　C. 前方交会　　D. 坐标反算

15. 如图所示支导线，AB 边的坐标方位角为 $\alpha_{AB}=125°30'30''$，转折角如图，则 CD 边的坐标方位角 α_{CD} 为（　　）。

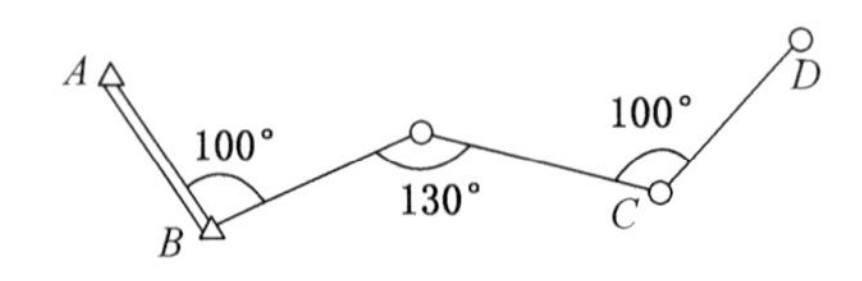

A. 75°30′30″　　B. 15°30′30″　　C. 45°30′30″　　D. 25°29′30″

16. 矿井工业广场井筒附近布设的平面控制点称为（　　）。

A. 导线点　　B. 三角点　　C. 近井点　　D. 井口水准基点

17. 以下不能用作矿井平面联系测量的是（　　）。

A. 一井定向　　B. 导入高程　　C. 两井定向　　D. 陀螺定向

18. 下图为某地形图的一部分，三条等高线所表示的高程如图所示，A 点位于 MN 的连线上，点 A 到点 M 和点 N 的图上水平距离为 $MA=3$ mm，$NA=2$ mm，则 A 点高程为（　　）。

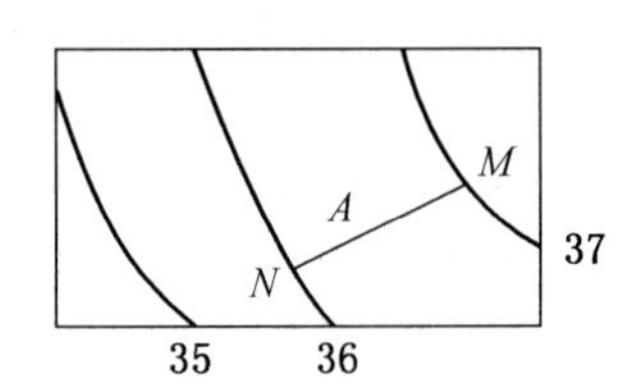

A. 36.4 m　　B. 36.6 m　　C. 37.4 m　　D. 37.6 m

19. 用经纬仪测水平角和竖直角，一般采用正倒镜方法，下面哪个仪器误差不能用正倒镜法消除（　　）。

A. 视准轴不垂直于横轴　　B. 竖盘指标差

C. 横轴不水平　　D. 竖轴不竖直

20. 测量工作的主要任务是确定地面点的（　　）位置。

A. 平面　　B. 高程　　C. 空间　　D. 水平

21. 平静的海水面伸过大陆与岛屿形成一个封闭的曲面，称为（　　）。

A. 大地水准面　　B. 水准面　　C. 基准面　　D. 海水面

22. 中华人民共和国大地坐标原点设在（　　）省。

A. 山西　　B. 陕西　　C. 云南　　D. 山东

23. 我国的高程基准面是以（　　）平均海水面作为大地水准面。

A. 渤海　　B. 黄海　　C. 东海　　D. 北海

24. 通过地面一点，指向地球北极的方向称为该点的（　　）。

A. 坐标纵轴方向　　B. 磁子午线方向　　C. 真子午线方向　　D. 陀螺北方向

25. 从标准方向的北端起，顺时针量至某一直线的夹角，称为该直线的（　　）。

A. 方位角　　B. 真方位角　　C. 坐标方位角　　D. 水平角

26. 经线为111°的子午线是6°带第（　　）带的中央子午线。

A. 17　　B. 18　　C. 19　　D. 20

27. 3°带第37带的中央子午线经度为（　　）。

A. 108°　　B. 111°　　C. 114°　　D. 117°

28. 我国的水准原点设在青岛市，该点高出水平面（　　）。

A. 720260 m　　B. 72.260 m　　C. 72.360 m　　D. 73.360 m

29. 一条直线其方位角为130°，该直线属于第（　　）象限。

A. Ⅰ　　B. Ⅱ　　C. Ⅲ　　D. Ⅳ

30. 在布设地面控制网时，应注意在井口附近至少设立（　　）个控制点，这个称为近井点。

A. 1　　B. 2　　C. 3　　D. 4

31. 当井口一翼长度大于5 km时，井下7″级基本控制导线的边长一般为（　　）。

A. 30~100 m　　B. 50~120 m　　C. 60~200 m　　D. 80~250 m

32. 施测采区15″级控制导线时，闭合导线全长相对闭合差应不大于（　　）。

A. 1/2000　　B. 1/3000　　C. 1/4000　　D. 1/8000

33. 7″级导线在延长前，应对上次导线的最后一个水平角进行检查测量，其不符值应不超过（　　）。

A. 7″　　B. 20″　　C. 40″　　D. 80″

34. 主要影响经纬仪支导线点位误差的是（　　）。

A. 导线形状　　B. 导线点数　　C. 测角误差　　D. 量边误差

35. 全球定位系统的空间卫星星座，由（　　）颗卫星组成，其中3颗备用卫星，分布在6个轨道内。

A. 19　　B. 21　　C. 24　　D. 27

36. 井下采区控制导线随着巷道掘进（　　）延伸一次。

A. 20~80 m　　B. 20~100 m　　C. 30~80 m　　D. 30~100 m

37. 矿区地面首级高程控制网应布设成环形网，只允许在山区或丘陵地带才允许布设成水准支线。各等水准网中最弱的高程中误差（相对于起算点）不得大于（　　）。

A. ±2 mm　　B. ±3 mm　　C. ±5 mm　　D. ±10 mm

38. 矿区长度为10 km时，一般采用（　　）测量方法建立矿区地面高程首级控制网。

A. 二等水准　　B. 三等水准　　C. 四等水准　　D. 等外水准

39. 在充分采动或接近充分采动的条件下，开采水平煤层的最大下沉值与煤层采出厚度之比，叫（　　）。

A. 采动系数　　B. 水平移动系数　　C. 水平变形系数　　D. 下沉系数

40. 井下高程点一般每隔300~500 m设置一组，每组至少由3个高程点组成，高程两点间距离以（　　）为宜。

A. 30~50 m　　B. 30~80 m　　C. 30~100 m　　D. 50~100 m

41. 在井下进行三角高程导线测量时，其高程闭合差应不大于（　　）$\sqrt{L}$（L为导线长度，以 km 为单位)。

A. ±20　　B. ±30　　C. ±50　　D. ±100

42. 井下每组水准点间高差应采用往返测量的方式确定，往返测量高差的较差不应大于（　　）$\sqrt{R}$（R 为水准点间的路线长度，以 km 为单位)。

A. ±20　　B. ±30　　C. ±50　　D. ±100

43. 地表移动稳定后，地表若出现平底的“盘形盆地”的开采规模，叫（　　）。

A. 非充分采动　　B. 充分采动　　C. 超充分采动　　D. 一般采动

44. 矿区地面四等水准测量视线长度应不大于（　　），前、后视距差应小于 5 m。

A. 50 m　　B. 60 m　　C. 80 m　　D. 100 m

45. 在倾角大于（　　）的主要巷道内进行高程控制测量时，一般采用三角高程测量方法。

A. 3°　　B. 5°　　C. 8°　　D. 10°

46. 用拉线法指示巷道掘进（　　）后，应检查和延设中线。

A. 20 ~ 30 m　　B. 30 ~ 40 m　　C. 40 ~ 50 m　　D. 50 ~ 60 m

47. 《煤矿测量规程》规定，四等水准测量，每公里高差中数中误差为（　　）。

A. 6 mm　　B. 10 mm　　C. 15 mm　　D. 20 mm

48. 四等水准测量其视线长度一般不超过（　　）。

A. 30 m　　B. 50 m　　C. 100 m　　D. 150 m

49. 测角方法误差包括瞄准误差和（　　）。

A. 仪器误差　　B. 对中误差　　C. 读数误差　　D. 人差

50. 井下同一条定向边两次独立陀螺经纬仪定向平均值的中误差，对于 25″级的仪器为 ±15″，其互差应不超过（　　）。

A. 20″　　B. 40″　　C. 60″　　D. 80″

51. 矿井一井定向时，连接点至连接点最近的连测导线点的距离应尽量大于（　　）。

A. 10 m　　B. 20 m　　C. 30 m　　D. 50 m

52. 在绘制比例尺小于（　　）的巷道图时，一般不进行碎部测量。

A. 1：1000　　B. 1：2000　　C. 1：5000　　D. 1：10000

53. 一井内的巷道贯通只需要进行（　　）。

A. 平面测量　　B. 高程测量　　C. 平面和高程测量　　D. 陀螺定向测量

54. 立井贯通测量只需要进行（　　）。

A. 平面控制测量　　B. 高程控制测量

C. 平面和高程控制测量　　D. 陀螺定向测量

55. 按照井筒内所挂量垂线方向，掘进的井底车场巷道，掘进到（　　）时，应按《煤矿测量规程》要求进行联系测量。

A. 30 ~ 40 m　　B. 40 ~ 50 m　　C. 50 ~ 80 m　　D. 50 ~ 100 m

56. 煤巷贯通剩余（　　）时，应发放贯通通知单。

A. 20 ~ 30 m　　B. 20 ~ 40 m　　C. 30 ~ 40 m　　D. 30 ~ 50 m

57. 在采掘工程平面图上，每隔（　　），应注记轨面或底版高程。

A. 50 ~ 100 mm　　B. 100 ~ 200 mm　　C. 300 ~ 400 mm　　D. 400 ~ 500 mm

58. 水准仪微倾螺旋是用来调节（　　）。

A. 圆水准器　　B. 管水准器　　C. 望远镜

59. 等高线是用来表示（　　）的符号。

A. 地物　　B. 地貌　　C. 地物和地貌

60. 四等水准的观测顺序是（　　）。

A. 后—后—前—前　　B. 后—前—前—后

C. 后—前　　D. 前—后

61. 若 A 点的高程为 H_A，AB 两点的高差为 h_{AB}，则 B 点的高程为（　　）。

A. $H_A - h_{AB}$　　B. $H_A + h_{AB}$　　C. $h_{AB} - H_A$

62. 施测采区 15″级控制导线时，复测支导线全长相对闭合差应不大于（　　）。

A. 1/2000　　B. 1/3000　　C. 1/4000　　D. 1/8000

63. 在距离丈量中，衡量其丈量精度的标准是（　　）。

A. 相对误差　　B. 中误差　　C. 往返误差

64. 若一个测站高差的中误差为 m，单程为 n 个测站的支水准路线往返测高差平均值的中误差为（　　）。

A. $n \times m$ 站　　B. $(\sqrt{n}/2)$ m 站　　C. $(\sqrt{n})$ ˉm 站

65. 一条附合水准路线共设 n 站，若每站水准测量中误差为 m，则该路线水准测量中误差为（　　）。

A. $\sqrt{n} \times m$　　B. $m/\sqrt{n}$　　C. $m \times n$

66. 一个矿区在一般情况下，根据重复采动观测资料求得的移动角比其初次采动时的角值要（　　）。

A. 大　　B. 小　　C. 一样　　D. 不一定

67. 最大下沉角是在（　　）求得的。

A. 走向主断面　　B. 倾向主断面　　C. 任意主断面　　D. 斜交主断面

68. 用导线全长相对闭合差来衡量导线测量精度的公式是（　　）。

A. $K = M/D$　　B. $K = 1/(D/|\Delta D|)$

C. $K = 1/\left(\sum D/fD\right)$

69. 导线坐标增量闭合差的调整方法是将闭合差反符号后（　　）。

A. 按角度个数平均分配　　B. 按导线边数平均分配

C. 按边长成正比例分配

70. 在比例尺为 1∶2000，等高距为 2 m 的地形图上，如果按照指定坡度（%），从坡脚 A 到坡顶 B 来选择路线，其通过相邻等高线时在图上的长度为（　　）。

A. 10 mm　　B. 20 mm　　C. 25 mm

71. 井下同一条定向边任意两测回测量陀螺方位角的互差，对 25″级仪器要求不超过（　　）。

A. 40″　　B. 50″　　C. 60″　　D. 70″

72. 沿倾斜煤层贯通上、下山时，由于贯通巷道在高程上受导向层的限制，在地质构造稳定时，可（　　）。

A. 只标定腰线　　B. 只标定中线

C. 中、腰线同时标定　　D. 中、腰线都不标定

73. 高差闭合差的分配原则为（　　）成正比例进行分配。

A. 与测站数　　B. 与高差的大小

C. 与距离或测站数　　D. 与距离

74. 标定井筒十字中心坐标和十字中线的坐标方位角应按地面一级导线精度要求测定。两条十字中线垂直度的允许误差为（　　）。

A. ±2″　　B. ±5″　　C. ±10″　　D. ±20″

75. 象限角的范围是（　　）。

A. 0°~90°　　B. 0°~180°　　C. 0°~360°

76. 地球表面上的内容可概括成（　　）。

A. 地物　　B. 地貌　　C. 地物和地貌

77. 井下主要巷道中线，应用（　　）标定。

A. 经纬仪　　B. 罗盘仪　　C. 水准仪

78. 经纬仪视准轴检验和校正的目的是（　　）。

A. 使视准轴垂直横轴　　B. 使横轴垂直于竖轴

C. 使视准轴平行于水准管轴

79.《煤矿测量规程》规定，村庄砖瓦民房、高压输电线路（杆、塔）为Ⅲ级保护建筑物，在留设煤柱时，其围护带宽度为（　　）。

A. 5 m　　B. 10 m　　C. 15 m　　D. 20 m

80. 移动盆地内相邻两线段的倾斜差与其平均长度之比叫（　　）。

A. 曲率变形　　B. 水平变形　　C. 倾斜变形　　D. 垂直变形

81. 岩巷贯通前（　　）下发贯通预透通知单。

A. 20 m　　B. 30 m　　C. 40 m

82. 井下高程控制测量，一般来说，主要巷道的倾角小于（　　）时，采用水准测量方法。

A. 3°　　B. 5°　　C. 8°　　D. 10°

83. 在进行矿井两井定向测量时，应根据一次定向中误差不超过（　　）的要求，用预计方法确定井上、下连接导线的施测方案。

A. ±5″　　B. ±10″　　C. ±15″　　D. ±20″

84. 矿井联系测量中，通过竖井井筒导入高程时，井下高程基点两次导入高程的互差，不得超过井筒深度的（　　）。

A. 1/2000　　B. 1/4000　　C. 1/6000　　D. 1/8000

85. 井口附近的近井点的精度，对于测设它的起始点来说，其点位中误差不得超过（　　），后视边方位角中误差不得超过±10″。

A. ±3 cm　　B. ±5 cm　　C. ±7 cm　　D. ±10 cm

86. 当测站上需要观测三个方向时，通常采用（　　）观测水平角。

A. 测回法　　B. 方向观测法　　C. 复测法　　D. 全园观测法

87. 当采用J2级经纬仪测量两个方向之间的水平角时，一般采用（　　）。

A. 测回法　　B. 方向观测法　　C. 复测法　　D. 全园观测法

88. 整平仪器后，用望远镜瞄准远方目标一点，固定照准部，使望远镜上下移动，如果竖丝始终不离开此点，则说明（　　）。

A. 水平轴垂直于仪器竖轴　　B. 十字丝竖丝垂直于水平轴

C. 视准轴垂直于水平轴　　D. 管水准轴平行于仪器竖轴

89. 确定两点间（　　）的工作，称为距离测量。

A. 距离　　B. 水平距离　　C. 斜距　　D. 垂直距离

90. 采用双面水准尺进行四等水准测量，中丝法读数一测站的操作程序（　　）。

A. 后—后—前—前　　B. 后—前—前—后

C. 后—前—后—前　　D. 前—后—后—前

91. 在水准测量中，采用后—前—前—后—的观测方法，可以消减（　　）引起的误差。

A. 尺垫升沉　　B. 水准尺误差　　C. 大气折光　　D. 仪器升沉

92. 四等水准测量其视线长度一般不超过（　　）。

A. 30 m　　B. 50 m　　C. 100 m　　D. 150 m

93. 同一幅图内等高距相同时，等高线平距越小，表示地面坡度（　　）。

A. 越大　　B. 越小　　C. 相等　　D. 越缓

94. 矿井联系测量的主要任务是（　　）。

A. 实现井上下平面坐标系统的统一　　B. 实现井上下高程系统的统一

C. 作为井下基本平面控制　　D. 提高井下导线测量的精度

95. 一般巷道和采区次要巷道，常用（　　）延设中线。

A. 经纬仪法　　B. 拉线法　　C. 卷尺法　　D. 瞄线法

96. 中华人民共和国大地坐标原点设在（　　）省。

A. 山西　　B. 陕西　　C. 云南　　D. 山东

97. 井下闭合高程路线高差闭合差的理论值（　　）。

A. 总为零　　B. 与路线形状有关

C. 为一不等于零的常数　　D. 由线路中间任两点确定

98. 立井井筒的施工都是以（　　）为基础，根据设计图纸进行的。

A. 控制点　　B. 近井点

C. 井口十字中线基点　　D. 高程基点

99. 采掘工程平面图的比例尺一般选取（　　）。

A. 1：500～1：2000　　B. 1：1000～1：2000

C. 1：2000～1：5000　　D. 1：5000～1：10000

100. 发火区、积水区、煤与瓦斯突出区，是（　　）上必须绘制的内容。

A. 主要巷道平面图　B. 井上、下对照图　C. 采掘工程平面图　D. 井田区域地形图

101. 在保护煤柱设计时，下山方向煤柱边界按（　　）角圈定。

A. β　　B. γ　　C. δ　　D. α

102. 标定巷道中线通常采用的方法是（　　）。

A. 一井定向　　B. 经纬仪法　　C. 伪倾角法　　D. 假定坐标系统法

103. 被采动的地表的下沉速度随采深增加而（　　）。

A. 增大　　B. 相等　　C. 减小　　D. 不一定

104. 井下基本控制导线一般采用（　　）。

A. ±7″和±15″两种　　B. ±30″和±60″两种

C. 一、二级导线　　D. ±15″和±30″两种

105. 经纬仪竖轴倾斜对水平角的影响随视线倾角的增大而（　　）。

A. 增大　　B. 减小　　C. 不变　　D. 不确定

106. 水平移动系数一般是以（　　）内的最大水平移动值和最大下沉值之比求得。

A. 走向主断面　　B. 倾向主断面　　C. 任意主断面　　D. 斜交主断面

107. 主要影响半径是指最大下沉值与（　　）之比。

A. 最大水平移动值　　B. 最大水平变形值

C. 最大曲率变形值　　D. 最大倾斜值

108. 当工作面走向长度大于（　　）时，地表移动观测站倾斜观测线可设置两条，但至少应相距 50 m。

A. $1.2H_0+30$ m　　B. $1.2H_0+50$ m　　C. $1.4H_0+30$ m　　D. $1.4H_0+50$ m

109. 水准测量中，标尺向后倾斜时，标尺读数比实际值（　　）。

A. 增大　　B. 减小　　C. 不变　　D. 不确定

110. 测量学的基本内容包括（　　）两部分。

A. 测角和量边　　B. 测量高差和竖直角

C. 测定和测设　　D. 测量平面位置和高程

111. 下列误差中（　　）为偶然误差。

A. 照准误差　　B. 2C 误差　　C. 指标差　　D. 横轴误差

112. 我国通用坐标是（　　）。

A. X 轴东移 500 km　　B. X 轴西移 500 km

C. Y 轴东移 500 km　　D. Y 轴东移 500 km

113. 高斯平面直角坐标系国际上（　　）。

A. 将地球分为 60 个 6°带　　B. 将地球表面分为 120 个 6°带

C. 将地球表面分为 240 个 3°带　　D. 将地球表面分为 240 个 1.5°带

114. 中央子午线是指（　　）。

A. 地球中心线　　B. 真子午线

C. 赤道线　　D. 投影带中间的子午线

115. 我国水准测量的等级分为（　　）。

A. 2 个　　B. 3 个　　C. 4 个　　D. 5 个

116. 井下水平角测量时观测前仪器操作的顺序是（　　）。

A. 照准—对中—整平—置盘　　B. 对中—照准—整平—置盘

C. 对中—整平—照准——置盘　　D. 对中—整平—置盘—照准

117. 井下水平角测量时一测回观测的顺序（　　）。

A. 盘左—后视—前视—盘右—后视—前视

B. 盘右—后视—前视—盘左—后视—前视

C. 盘左—后视—前视—盘右—前视—后视

D. 盘右—后视—前视—盘左—后视—前视

118. 下列可以不考虑地球曲率对水平角度的影响的是（　　）。

A. 面积在 100 km^2 内时　　B. 面积在 150 km^2 内时

C. 面积在 200km^2 内时　　D. 面积在 500 km^2 内时

119. 高斯平面直角坐标系与数学平面直角坐标系的主要区别是（　　）。

A. 轴系名称不同，象限排列顺序不同　　B. 轴系名称相同，象限排列顺序不同

C. 轴系名称不同，象限排列顺序相同　　D. 轴系名称相同，象限排列顺序相同

120. 角度测量中，读数误差属于（　　）。

A. 系统误差　　B. 偶然误差　　C. 粗差　　D. 人为误差

121. 整平经纬仪的目的是为了使（　　）。

A. 仪器竖轴竖直及水平度盘水平　　B. 竖直度盘竖直

C. 仪器中心安置到测站点的铅垂线上　　D. 竖盘读数指标处于正确的位置

122. 附合导线坐标闭合差调整原则是（　　）。

A. 将闭合差同号平均分配

B. 将闭合差反号平均分配

C. 将闭合差反号按导线长度成比例分配

D. 将闭合差同号按导线长度成比例分配

123. 水准仪作业过程中，应经常对仪器 i 角进行检验。当使用补偿或自动安平水准仪时，作业开始（　　）每天应测定 i 角一次，i 角稳定后每隔 15 天测定一次。

A. 一周内　　B. 二周内　　C. 三周内　　D. 四周内

124. 系统误差具有的特点为（　　）。

A. 偶然性　　B. 统计性　　C. 累积性　　D. 抵偿性

125. 闭合导线在 X 轴上的坐标增量闭合差（　　）。

A. 为一不等于 0 的常数　　B. 与导线形状有关

C. 总为 0　　D. 由路线中两点确定

126. 以下不属于八大矿图的是（　　）。

A. 主要巷道平面图　　B. 井筒断面图

C. 地形地质图　　D. 工业广场平面图

127. 井下测水平角时，（　　）误差是测角误差的最主要的来源。

A. 瞄准误差　　B. 读数误差　　C. 对中误差　　D. 度盘刻划误差

128. A 点的高斯坐标为 $X=112240$ m，$Y=37343800$ m，则 A 点所在 3°带的带号及中央子午线的经度分别为（　　）。

A. 11 带，66°　　B. 11 带，63°　　C. 37 带，117°　　D. 37 带，111°

129.《煤矿安全生产标准化管理体系基本要求及评分办法（试行）》中要求，基本矿图数字化底图至少每（　　）备份一次。

A. 每月　　B. 每季度　　C. 每半年　　D. 每年

130. 在角度测量时，下列误差为偶然误差的是（　　）。

A. 望远镜视准轴不垂直于横轴　　B. 横轴不垂于竖轴

C. 照准误差　　D. 度盘刻度

131. 方向观测法测角时，应在不同的时间段进行观测，其目的是（　　）。

A. 减少仪器的系统误差　　B. 减少观测时的偶然误差

C. 减弱水平折光的影响　　D. 减小对中误差

132. 以下不属于基本测量工作范畴的一项是（　　）。

A. 高差测量　　B. 距离测量　　C. 导线测量　　D. 角度测量

133. 岩移观测工作中，在观测站各点埋设（　　）天后，即可进行观测。

A. 5 ~ 10　　B. 10 ~ 15　　C. 20 ~ 25　　D. 25 ~ 30

134. 视准轴是（　　）的连线。

A. 目镜光心和物镜光心　　B. 十字丝分划中心和物镜光心

C. 调焦透镜和目镜光心　　D. 十字丝分划中心和望远镜中心

135. 消除视差的方法是（　　）使十字丝和目标影像清晰。

A. 转动物镜对光螺旋　　B. 转动目镜对光螺旋

C. 反复交替调节目镜及物镜对光螺旋　　D. 调节仪器高度

136. 在利用变更仪器高法对水准测量进行检核，仪器变更的高度应大于（　　）。

A. 8 cm　　B. 9 cm　　C. 10 cm　　D. 11 cm

137.《煤矿安全生产标准化管理体系基本要求及评分办法（试行）》中要求，过空间距离小于巷高或巷宽（　　）倍的相邻巷道等重点测量工作，执行通知单制度。

A. 3　　B. 4　　C. 5　　D. 6

138. 竖轴倾斜误差对水平角观测的影响是（　　）。

A. 竖角越大误差越大

B. 竖角越小误差越大

C. 采用盘左、盘右观测取平均可消除其影响

D. 视距越小误差越大

139. 经纬仪的竖盘按顺时针方向注记，当视线水平时，盘左竖盘读数为90°。用该仪器观测一目标，盘左读数为75°10′24″，则此目标的竖角为（　　）。

A. 75°10′24″　　B. －14°49′36″　　C. 14°49′36″　　D. －75°10′24″

140. 当地表下沉达到（　　）时，应开始进行采动后的第一次全面观测。

A. 10 ~ 20 mm　　B. 20 ~ 50 mm　　C. 50 ~ 100 mm　　D. 100 ~ 200 mm

141.《煤矿安全生产标准化管理体系基本要求及评分办法（试行）》中要求，采掘工程平面图每（　　）填绘1次。

A. 旬　　B. 半月　　C. 月　　D. 季度

142. 某直线段 AB 的坐标方位角为230°，其两端点间坐标增量的正负号为（　　）。

A. $-\Delta X$，$+\Delta Y$　　B. $+\Delta X$，$-\Delta Y$　　C. $-\Delta X$，$-\Delta Y$　　D. $+\Delta X$，$+\Delta Y$

143. 在竖直角观测中，盘左盘右取平均值（　　）消除竖盘指标差的影响。

A. 不能　　B. 能消除部分影响

C. 可以　　D. 二者没有任何关系

144. 连接三角形的作用是（　　）。

A. 用于两井定向的解算　　B. 用于一井定向的解算

C. 作为井下起始平面控制　　D. 作为井下巷道贯通的基础

145.《煤矿安全生产标准化管理体系基本要求及评分办法（试行）》中要求，井上下对照图每（　　）填绘 1 次。

A. 旬　　B. 半月　　C. 月　　D. 季度

146. 任意两点之间的高差与起算水准面的关系是（　　）。

A. 不随起算面而变化　　B. 随起算面变化

C. 总等于绝对高程　　D. 无法确定

147. 受采动影响的"上三带"中，岩层中会产生裂缝、离层、断裂等破坏的（　　）。

A. 垮落带　　B. 断裂带　　C. 弯曲带　　D. 导水带

148. 1/2000 地形图的比例尺精度是（　　）。

A. 2 mm　　B. 20 cm　　C. 2 m　　D. 2 cm

149. 用水准测量法测定 A、B 两点的高差，从 A 到 B 共设了两个测站，第一测站后尺中丝读数为 1234，前尺中丝读数 1470，第二测站后尺中丝读数 1430，前尺中丝读数 0728，则高差 h_{AB} 为（　　）。

A. −0.93 m　　B. −0.466 m　　C. 0.466 m　　D. 0.938 m

150. 相邻矿井边界必须分别留设煤柱，且每矿应不小于（　　）。

A. 60 m　　B. 30 m　　C. 50 m　　D. 20 m

151. 中误差与允许误差作为评定测量精度的标准，允许误差一般采用中误差的（　　）。

A. 相同　　B. 两倍　　C. 没关系　　D. 三倍

152. 水平角测量通常采用测回法进行，取符合限差要求的上下半测回平均值作为最终角度测量值，这一操作可以消除的误差是（　　）。

A. 对中误差　　B. 整平误差　　C. 视准误差　　D. 读数误差

153. 井下 7″级控制点多以组为单位，每组至少由（　　）个点组成。

A. 2　　B. 3　　C. 4　　D. 5

154. 下列比例尺地形图中，比例尺最小的是（　　）。

A. 1∶1000　　B. 1∶2000　　C. 1∶5000　　D. 1∶200

155. 腰线标定的任务是（　　）。

A. 保证巷道具有正确的坡度　　B. 保证巷道掘进方向的正确

C. 满足采区控制需要　　D. 在两井定向中应用

156. 已知某一导线边的方位角 $\alpha = 202°16'18''$，则该导线边的象限角是（　　）。

A. 西偏南 67°43′42″　　B. 南偏西 22°16′18″

C. 北偏西 67°43′42″　　D. 北偏东 22°16′18″

157.《煤矿防治水细则》中规定采掘工程平面图上，要绘出井田边界外（　　）以内的邻矿采掘工程和地质情况。

A. 20 m　　B. 30 m　　C. 200 m　　D. 100 m

158. 未知高程 H 是由已知高程加（　　）计算出来的。

A. 原点高程　　B. 三角高程　　C. 实地高程　　D. 高差

159. 水准仪的 i 角是由于（　　）产生的。

A. 横轴不垂直于竖轴　　B. 视准轴不垂直于竖轴

C. 水准管轴不平行于视准轴　　D. 横轴不垂直于视准轴

160. 白塞尔公式用来计算（　　）。

A. 容许误差　　B. 相对误差　　C. 中误差　　D. 真误差

161. 已知 $\alpha_{BA}=168°18'28''$，$\angle CBA=98°56'56''$，则 $\alpha_{BC}=$（　　）。

A. 87°15′24″　　B. 69°21′32″　　C. 267°15′24″　　D. 249°21′32″

162. 1∶5000 地形图上量得 A、B 两点间的距离为 15 cm，则 1∶2000 图上 A、B 两点距离为（　　）。

A. 15 cm　　B. 30 cm　　C. 37.5 cm　　D. 7.5 cm

163. 井下测水准时，测点 A、B 均在巷道顶板上，后视点 A 的读数为 1.226 m，前视点 B 的读数为 1.737 m，则 A、B 两点之间的高差 h_{AB} 为（　　）。

A. 2.963 m　　B. 1.737 m　　C. +0.511 m　　D. −0.511 m

164. 在测 7″级导线时，检查角和原水平角的差值不应大于（　　）。

A. 20″　　B. 40″　　C. 15″　　D. 35″

165. 在测 7″级导线的水平角时，当边长在 15～30 m 时，应进行（　　）次对中（　　）个测回。

A. 1，1　　B. 2，1　　C. 1，2　　D. 2，2

166. 矿井定向的方法下列哪个属于物理方法（　　）。

A. 通过平硐或斜井的定向　　B. 一井定向

C. 陀螺经纬仪定向　　D. 两井定向

167. 井下 7″级复测支导线相对闭合差为（　　）。

A. 1/1000　　B. 1/1500　　C. 1/3000　　D. 1/6000

168. 主要保护煤柱图的比例尺一般为（　　）。

A. 1∶1000 或 1∶2000　　B. 1∶1000 或 1∶500

C. 1∶5000 或 1∶2000　　D. 1∶500 或 1∶200

169. 在 GPS 定位测量中，选用（　　）定位模式精度最高。

A. 静态　　B. 快速静态　　C. 动态　　D. RTK

170. 下列可以不考虑地球曲率对水平距离的影响的是（　　）。

A. 半径为 5 km 的范围内　　B. 半径为 10 km 的范围内

C. 半径为 15 km 的范围内　　D. 半径为 50 km 的范围内

171. 保护煤柱的留设方法有（　　）。

A. 垂直断面法　　B. 垂距法　　C. 红外线法　　D. 光电测距法

172. 自动安平水准仪的特点是（　　）使视线水平。

A. 用安平补偿器代替管水准器　　B. 用安平补偿器代替圆水准器

C. 用安平补偿器和管水准器　　D. 用安平补偿器和圆水准器

173. 矿井井巷贯通测量允许偏差值，由矿井技术负责人和测量负责人根据井巷的（　　）等研究确定。

A. 用途、类型　　B. 类型、运输方式

C. 用途、类型、运输方式　　D. 行人

174. 设对某角观测一测回的观测中误差为 ± 3″，现要使该角的观测结果精度达到 ± 1.4″，则需观测（　　）个测回。

A. 2　　B. 3　　C. 4　　D. 5

175. 由于钢尺的尺长误差对距离测量所造成的误差是（　　）。

A. 偶然误差　　B. 系统误差

C. 可能是偶然误差也可能是系统误差　　D. 既不是偶然误差也不是系统误差

176. 在井口附近建立的近井点至井口的连测导线边数应不超过（　　）个。

A. 2　　B. 3　　C. 4　　D. 5

177. 在水准测量中，若后视点 A 的读数大，前视点 B 的读数小，则有（　　）。

A. A 点比 B 点低　　B. A 点比 B 点高

C. A 点与 B 点可能同高　　D. A、B 点的高低取决于仪器高度

178. 设 AB 距离为 200.23 m，方位角为 121°23′36″，则 AB 的 x 坐标增量为（　　）。

A. －170.92 m　　B. 170.92 m　　C. 104.30 m　　D. －104.30 m

179. 基本控制导线边长在分段丈量时，最小尺段不得小于（　　）。

A. 10 m　　B. 15 m　　C. 20 m　　D. 30 m

180. 高程测量不宜于中午或气流不稳定时观测，目的是为了减少（　　）。

A. 沉陷误差　　B. 标尺误差　　C. 地球曲率误差　　D. 读数误差

181. 在地形图上，量得 A 点高程为 80.17 m，B 点高程为 82.84 m，AB 距离为 50.50 m，则直线 AB 的坡度为（　　）。

A. 6.8%　　B. 5.3%　　C. －1.5%　　D. －6.8%

182. 在水准测量中，要消除 i 角误差，可采用（　　）的办法。

A. 消除视差　　B. 水准尺竖直　　C. 严格精平　　D. 前后视距相等

183. 观测竖直角时，采用盘左盘右观测可消除（　　）的影响。

A. i 角误差　　B. 指标差　　C. 视差　　D. 目标倾斜

184. 某直线的坐标方位角为 58°23′24″，则反坐标方位角为（　　）。

A. 238°23′24″　　B. 301°36′36″　　C. 58°23′24″　　D. －58°36′36″

185. 观测水平角时，盘左应（　　）方向转动照准部。

A. 顺时针　　B. 由下而上　　C. 逆时针　　D. 由上而下

186. 估读误差对水准尺读数所造成的误差是（　　）。

A. 偶然误差　　B. 可能是偶然误差也可能是系统误差

C. 系统误差　　D. 既不是偶然误差也不是系统误差

187.《煤矿测量规程》规定，激光指向仪距迎头不得少于（　　）。

A. 50 m　　B. 60 m　　C. 70 m　　D. 100 m

188. 巷道的中线和腰线代表着巷道的（　　）。

A. 断面积、断面高度、断面宽度　　B. 长度、棚距、弯曲度

C. 方向、位置、坡度　　D. 长度、高度、坡度

189. 采用陀螺经纬仪定向时，定向边应大于（　　）。

A. 30 m　　B. 50 m　　C. 60 m　　D. 80 m

190. 成组设置中腰线时，每组不得少于（　　）个点，点间距以 2 m 为宜。

A. 3　　B. 4　　C. 5　　D. 6

191. 提高贯通测量的精度，主要是（　　）。

A. 提高测角精度　　B. 提高量边精度

C. 提高测角和量边精度　　D. 减少对中误差

192. 贯通巷道接合处的重要偏差是指（　　）。

A. 在平面上沿巷道中线的长度偏差　　B. 垂直于中线的左右偏差

C. 在竖面上的偏差　　D. 其他偏差

193. 一矿井在不沿导向层贯通巷道时，应（　　）。

A. 只标定中线　　B. 只标定腰线

C. 中、腰线同时标定　　D. 中、腰线都不需要标定

194. 贯通工程两工作面间的距离在岩巷中剩下（　　）时，应通知安全检查等有关部门。

A. 15 ~ 20 m　　B. 20 ~ 30 m　　C. 30 ~ 40 m　　D. 40 ~ 50 m

195. 在（　　）下采煤，简称为“三下”采煤。

A. 铁路、公路、河流　　B. 公路、建筑物、水体

C. 铁路、建筑物、水体　　D. 铁路、河流、建筑物

196. 一闭合导线，其角度闭合差在容许范围内，在对其角度闭合差进行分配时，若不能平均分配，应对（　　）的邻角多分配一些。

A. 长边　　B. 短边　　C. 长短边一样　　D. 大角

197. 三维地震勘探通过分析有效波在时间剖面上的同相轴的错断扭曲来分析（　　）。

A. 褶曲　　B. 断层　　C. 陷落柱　　D. 冲刷

198. 井下三角高程测量计算公式中，如果角度为仰角时，其函数值为（　　）。

A. 正　　B. 负　　C. 不一定　　D. A 和 B 都可以

199. 1/10000 地形图采用（　　）。

A. 正方形分幅　　B. 梯形分幅　　C. 矩形分幅　　D. 菱形分幅

200. 我国在北半球，所以在高斯平面坐标系统中各点的 X 坐标恒为（　　）。

A. 正值　　B. 负值　　C. 正值或负值　　D. 0

201. 相对误差是（　　）的绝对值与观测值之比。

A. 中误差　　B. 偶然误差　　C. 极限误差　　D. 平均误差

202. 测量误差理论中通常以（　　）为研究对象。

A. 中误差　　B. 相对误差　　C. 偶然误差　　D. 系统误差

203. 测量平差的主要任务是，从带有误差的观测值中，如何求得观测量的（　　）。

A. 最或然值　　B. 平均值　　C. 统计值　　D. 绝对值

204. 在观测水平角时，利用后前前后观测中所观测的是前进方向的（　　）角。

A. 左　　B. 右　　C. 方位　　D. 象限

205. 在延长经纬仪导线之前必须对上次所测量的最后一个水平角按相应的测角精度进行检查。对于 15″级导线两次观测水平角的不符值不得超过（　　）。

A. 20″　　B. 40″　　C. 80″　　D. 30″

206. 施测采区 7″级控制导线时，闭合导线全长相对闭合差应不大于（　　）。

A. 1/2000　　B. 1/3000　　C. 1/4000　　D. 1/8000

207. 沉降观测的特点是（　　）。

A. 一次性　　B. 周期性　　C. 随机性　　D. 三次以上

208. 一个矿区应采用统一的坐标和高程系统，应尽可能采用国家（　　）。

A. 5°带高斯平面　　B. 3°带高斯平面　　C. 6°带高斯平面　　D. 大地

209. 矿区地面三等水准测量观测，前后视距差不得大于（　　）。

A. 1 m　　B. 2 m　　C. 3 m　　D. 4 m

210. 矿区地面三等水准测量观测，前后视距累计差不得大于（　　）。

A. 3 m　　B. 4 m　　C. 5 m　　D. 6 m

211. 矿区地面四等水准测量观测，前后视距差不得大于（　　）。

A. 3 m　　B. 4 m　　C. 5 m　　D. 6 m

212. 井下同一定向边两次独立陀螺经纬仪定向平均值的中误差，对 15″级仪器为（　　）。

A. ±5″　　B. ±10″　　C. ±15″　　D. ±25″

213. 采区内通过竖直巷道导入高程，应用钢尺法进行，两次导入高程之差不得大于（　　）。

A. 3 cm　　B. 4 cm　　C. 5 cm　　D. 6 cm

214. 7″级基本控制导线的陀螺经纬仪定向精度不得低于（　　）。

A. ±5″　　B. ±10″　　C. ±15″　　D. ±25″

215. 在倾角小于 30°的井巷中，用 DJ2 经纬仪观测水平角，两测回间互差（　　）。

A. ±5″　　B. ±7″　　C. ±12″　　D. ±15″

216. 地表移动观测站控制点和观测点的埋设，在非冻土地区，埋设的深度不小于（　　）。

A. 0.3 m　　B. 0.4 m　　C. 0.5 m　　D. 0.6 m

217. 双面水准尺，其红、黑面一般相差（　　）。

A. 4768 mm　　B. 4876 mm　　C. 4687 mm　　D. 4867 mm

218. 下面是三个小组丈量距离的结果，只有（　　）组测量的相对误差不低于 1/5000的要求。

A. 100 m，0.025 m　　B. 200 m，0.040 m

C. 150 m，0.035 m　　D. 50 m，0.030 m

219. 测量规范中，一般采用（　　）倍的中误差作为允许误差。

A. 2　　B. 3　　C. 4　　D. 5

220. 当地表移动进入衰退期时，一般每隔 1 ~ 3 个月测量一次各观测点的高程。衰退期的水准测量直到 6 个月的下沉值不超过（　　）时为止。

A. 10 mm　　B. 20 mm　　C. 30 mm　　D. 40 mm

221. 对（　　）以上的重要贯通测量应有设计、审批、总结，贯通测量精度应符合要求。

A. 2000 m　　B. 3000 m　　C. 4000 m　　D. 5000 m

222. 双仪高法测量，仪器调节的高度应不小于（　　）。

A. 10 cm　　B. 15 cm　　C. 20 cm　　D. 30 cm

223. 在充分采动或接近充分采动的条件下，开采水平煤层的最大下沉值与煤层采出厚度之比，叫（　　）。

A. 采动系数　　B. 水平移动系数　　C. 水平变形系数　　D. 下沉系数

224. 立井井筒的施工都是以（　　）为基础，根据设计图纸进行的。

A. 控制点　　B. 近井点

C. 井口十字中线基点　　D. 高程基点

225. 导线的布置形式有（　　）。

A. 一级导线、二级导线、图根导线　　B. 单向导线、往返导线、多边形导线

C. 闭合导线、附和导线、支导线　　D. 图根导线

226. 导线测量的外业工作是（　　）。

A. 选点、测角、量边　　B. 埋石、造标、绘草图

C. 距离丈量、水准测量、角度测量　　D. 测角、量边

227. 在测量上常用的坐标系中，（　　）以参考椭球面为基准面。

A. 空间直角坐标系　　B. 高斯平面直角坐标系

C. 大地坐标系　　D. 天球坐标系

228. 测量上所选用的平面直角坐标系 X 轴正方向指向（　　），而数学里平面直角坐标系 X 轴正方向指向（　　）。

A. 东方向，东方向　　B. 东方向，北方向

C. 北方向，东方向　　D. 北方向，北方向

229. 点的地理坐标中，平面位置是用（　　）表达的。

A. 直角坐标　　B. 高程　　C. 距离和高程　　D. 经纬度

230. 椭球面上两点之间的最短线是（　　）。

A. 直线　　B. 弧线　　C. 大地线　　D. 经度或纬度

231. 外业测量的基准面和基准线是（　　）。

A. 大地水准面和法线　　B. 椭球面和法线

C. 椭球面和铅垂线　　D. 大地水准面和铅垂线

232. 由高斯平面坐标计算该点的大地坐标，需要进行（　　）。

A. 高斯投影正算　　B. 高斯投影反算　　C. 大地主题正算　　D. 大地主题反算

233. 坐标纵轴方向是指（　　）方向。

A. 中央子午线　　B. 真子午线　　C. 磁子午线　　D. 铅垂线

234. 全站仪照准部水准管轴应（　　）。

A. 平行于视准轴　　B. 垂直于横轴　　C. 垂直于竖轴　　D. 垂直于视准轴

235. 水平角观测时，在一个测站上有 3 个以上方向需要观测时，应采用（　　）。

A. 全圆方向法　　B. 中丝法　　C. 测回法　　D. 复测法

236. 用全站仪测量水平角时，盘左盘右瞄准同一个方向所读的水平方向值理论上应相差（　　）。

A. 0°　　B. 45°　　C. 90°　　D. 180°

237. 全站仪使用前要进行轴系关系正确性检验与校正，检验与校正的内容不包括（　　）。

A. 横轴应垂直于竖轴　　B. 照准部水准管轴应垂直于竖轴

C. 视准轴应平行于照准部水准管轴　　D. 视准轴应垂直于横轴

238. 全站仪在测角过程中，观测了第一个方向，再观测第二个方向时的操作步骤为照准目标、（　　）、读数。

A. 精确对中　　B. 精确整平

C. 精确对中和精确整平　　D. 不对中也不整平

239. 水平角观测过程中，各测回间改变零方向的度盘位置是为了削弱（　　）误差的影响。

A. 视准轴　　B. 横轴　　C. 度盘分划　　D. 指标差

240. 直角坐标方位角的范围是（　　）。

A. 0°~90°　　B. 0°~±90°　　C. 0°~±180°　　D. 0°~360°

241. 用测回法对某一角度观测 6 测回，则第 4 测回零方向的水平度盘应配置（　　）左右。

A. 0°　　B. 30°　　C. 90°　　D. 60°

242. 导线边 AB 的坐标方位角为 225°35′45″，则 BA 边的坐标方位角为（　　）。

A. 45°35′45″　　B. 25°35′45″　　C. 225°35′45″　　D. 134°24′15″

243. 某直线的象限角为南西 35°，则其坐标方位角为（　　）。

A. 35°　　B. 215°　　C. 235°　　D. 125°

244. 导线测量中必须进行的外业测量工作是（　　）。

A. 测竖直角　　B. 测仪器高　　C. 测气压　　D. 测水平角

245. 矿区面积小于（　　）且无发展可能时，可采用独立坐标系统。

A. 20 km^2　　B. 30 km^2　　C. 50 km^2　　D. 100 km^2

246. 井下高程点每组至少由 3 个高程点组成，高程两点间距离以（　　）为宜。

A. 30~50 m　　B. 30~80 m　　C. 30~100 m　　D. 50~100 m

247. 最后一次标定贯通方向时，两个相向工作面的间距不得少于（　　）。

A. 20 m　　B. 30 m　　C. 50 m　　D. 80 m

248. 在进行矿区地面高程测量三角高程测量时，仪器高程觇标高应用钢尺丈量两次，当互差不大于（　　）时，取其平均值作为最终结果。

A. 2 mm　　B. 3 mm　　C. 5 mm　　D. 10 mm

249. 联系测量应至少独立进行（　　）。

A. 1 次　　B. 2 次　　C. 3 次　　D. 4 次

250. 矿山测量要求，在井田一翼长度小于 300m 的小矿井，两次独立定向结果的互差可适当放宽，但不得超过（　　）。

A. 2′　　B. 5′　　C. 10′　　D. 20′

251. 矿区地面高程首级控制网应布设成环形网，加密时宜布设成附合路线或结点网，只有在山区或丘陵地带，才允许布设水准支线。各等水准网中最弱点的高程中误差（相对于起算点）不得大于（　　）。

A. ±2 cm B. ±3 cm C. ±4 cm D. ±5 cm

252. 采用几何定向时，一井定向的两垂线间井上、下量得距离的互差，一般应不超过（ ）。

A. 1 mm B. 2 mm C. 3 mm D. 5 mm

253. 在布设井下基本控制导线时，一般每隔（ ）应加测陀螺定向边。

A. 1.0 ~ 1.5 km B. 2 km C. 1.5 ~ 2.0 km D. 2.0 ~ 3.0 km

254. 永久导线点应设在矿井主要巷道中，一般每隔 300 ~ 500 m 设置一组，每组至少应有（ ）个相邻点。

A. 2 B. 3 C. 4 D. 5

255. 在三角高程测量中，采用对向观测可以消除（ ）。

A. 视差的影响 B. 视准轴误差

C. 地球曲率差和大气折光差 D. 度盘刻划误差

256. 在测量直角坐标系中，纵轴为（ ）。

A. x 轴，向东为正 B. y 轴，向东为正

C. x 轴，向北为正 D. y 轴，向北为正

257. 电磁波测距的基本公式 $D = 1/2ct$ 中，t 表示（ ）。

A. 温度 B. 光从仪器到目标所用的时间

C. 光速 D. 光从仪器到目标往返所用的时间

258. 视差产生的原因是（ ）。

A. 观测时眼睛位置不正 B. 目标成像与十字丝分划板平面不重合

C. 前后视距不相等 D. 影像没有调清楚

259. 在高斯平面直角坐标系中，为了使横坐标不出现负值，将轴子午线的横坐标值加（ ），并加注带号。

A. 100 km B. 500 km C. 50 km D. 500 m

260. 经纬仪对中误差所引起的角度偏差与测站点到目标点的距离（ ）。

A. 成反比 B. 成正比

C. 没有关系 D. 有关系，但影响很小

261. 地面上高低起伏形态称为（ ）。

A. 地物 B. 地貌 C. 永久性建筑物 D. 地形

262. 仪器高是指仪器（ ）距地面的铅垂距离。

A. 竖轴 B. 照准部 C. 基座 D. 横轴

263. 距离改正是将（ ）而进行的改正。

A. 平面上距离改化为球面距离 B. 球面距离改化为平面上距离

C. 立平面上距离改化为球面距离 D. 球面上距离改化为立面上距离

264. 我国古代测绘学家（ ），总结出“制图六体”的制图原则，第一次明确建立了中国古代地图的绘制理论。

A. 张衡 B. 沈括 C. 裴秀 D. 郭守敬

265. 边坡开始滑动的时间应提前进行预测，当观测点的水平移动或下沉大于（ ）时，即认为滑坡期已开始。

A. 10 mm　　B. 20 mm　　C. 30 mm　　D. 40 mm

266. 地表移动观测站各点埋设（　　）天后，即可进行观测。

A. 1～5　　B. 5～10　　C. 10～15　　D. 15～20

267. 用激光指向仪指示巷道掘进方向时，仪器的设置必须安全牢靠，仪器至掘进工作面的距离应不小于（　　）。

A. 50 m　　B. 70 m　　C. 90 m　　D. 110 m

268. 安装提升绞车前，应将提升中线和绞车主轴中线标定于现场。标定工作应独立进行两次，两次标定结果之差不得超过（　　）。

A. 5″　　B. 10″　　C. 15″　　D. 20″

269. 立井普通法施工，当垂线长为 300 m 时，挂在垂线上的垂球重量不小于（　　）。

A. 10 kg　　B. 20 kg　　C. 30 kg　　D. 50 kg

270. 用沉井、冻结法进行立井井筒施工时，离井口边缘最近的十字中线点距井筒应不小于（　　）。

A. 15 m　　B. 20 m　　C. 25 m　　D. 30 m

271. 采用标尺法确定摆动垂线稳定位置时，应按垂线的最大摆幅在标尺上的位置，必须连续读取（　　）次以上（次数为奇数）的读数，并取左、右读数平均值的中位数作为垂线在标尺上的稳定位置。

A. 9　　B. 11　　C. 13　　D. 15

272. 定向投点用的钢丝应尽可能采用小直径的高强度钢丝，钢丝上悬挂重铊的重量应是钢丝极限抗拉强度的（　　）。

A. 60%～70%　　B. 50%～60%　　C. 40%～50%　　D. 30%～40%

273. 水准测量的原理是以视线水平为基础的，因此，水准仪必须满足的主要条件是（　　）。

A. 圆水准轴平行与仪器竖轴　　B. 十字丝横线与竖轴垂直

C. 视准轴与水准管轴平行　　D. 视准轴与十字丝竖丝垂直

二、多选题

1. 大地水准面不是通过（　　）的一种水准面。

A. 平均海水面　　B. 海水面　　C. 椭球面

2. 光电测距仪的视线不用避免（　　）。

A. 横穿马路　　B. 受电磁场干扰　　C. 穿越草坪

3. 边长测量中，进行气象改正计算不需要的气象数据是（　　）。

A. 温度、湿度　　B. 温度、气压　　C. 湿度、气压

4. 在井筒中用垂球线投点的误差的主要来源是（　　）。

A. 气流对垂球线和垂球的作用

B. 滴水对垂球线的影响

C. 钢丝的弹性作用

D. 垂球线的摆动面与标尺面不平行及其附生摆动

5. 开采地下矿产资源引起的地表与岩层移动的形式有（　　）。

A. 弯曲　B. 冒落　C. 片帮　D. 岩石沿层面的滑动

6. 在水准测量时，若水准尺倾斜时，其读数值（　　）。

A. 当水准尺向前或向后倾斜时增大　B. 当水准尺向左或向右倾斜时减少

C. 总是增大　D. 总是减少

E. 不论水准尺怎样倾斜，其读数值都是错误的

7. 用测回法观测水平角，可以消除（　　）误差。

A. 2C 误差　B. 横轴误差　C. 指标差　D. 大气折光误差

E. 对中误差

8. 方向观测法观测水平角的侧站限差有（　　）。

A. 归零差　B. 2C 误差　C. 测回差　D. 竖盘指标差

E. 阳光照射的误差

9. 若直线 AB 的坐标方位角与其真方位角相同时，则 A 点位于（　　）上。

A. 赤道上　B. 中央子午线上

C. 高斯平面直角坐标系的纵轴上　D. 高斯投影带的边缘上

E. 中央子午线左侧

10. 闭合导线的角度闭合差与（　　）。

A. 导线的几何图形无关　B. 导线的几何图形有关

C. 导线各内角和的大小有关　D. 导线各内角和的大小无关

E. 导线的起始边方位角有关

11. 经纬仪对中的基本方法有（　　）。

A. 光学对点器对中　B. 垂球对中　C. 目估对中　D. 对中杆对中

E. 其他方法对中

12. 在搬运仪器时，下列行为是不规范的（　　）。

A. 坐在仪器上　B. 上井后直接把仪器放进仪器柜里

C. 仪器随人放在合理的位置上　D. 仪器要轻拿轻放，防止剧烈震动

13. 经纬仪可以测量（　　）。

A. 磁方位角　B. 水平角　C. 水平方向值　D. 竖直角

E. 象限角

14. 在测量内业计算中，其闭合差按反号分配的有（　　）。

A. 高差闭合差　B. 闭合导线角度闭合差

C. 附合导线角度闭合差　D. 坐标增量闭合差

E. 导线全长闭合差

15. 水准测量中，使前后视距大致相等，可以消除或削弱（　　）。

A. 水准管轴不平行视准轴的误差　B. 地球曲率产生的误差

C. 大气折光产生的误差　D. 阳光照射产生的误差

E. 估读数差

16. 经纬仪应满足下列哪些主要几何条件（　　）。

A. 水准管轴应垂直于垂直轴　B. 视准轴垂直于水平轴

C. 水平轴应垂直于垂直轴　　D. 十字丝竖丝应垂直于水平轴。

17. 测角方法误差包括（　　）。

A. 照准误差　　B. 读数误差　　C. 对中误差　　D. 整平误差

18. 巷道测量采用仪器，除经纬仪和水准仪外，还有精度较低的仪器如（　　）。

A. 罗盘仪　　B. 全站仪　　C. 半圆仪　　D. 测距仪

19. 钢尺量边距离测量主要误差的改正有（　　）。

A. 尺长改正　　B. 温度改正　　C. 风速改正　　D. 倾斜改正

20. 确定地面点的三要素是指（　　）。

A. 水平角　　B. 高程　　C. 水平距离　　D. 点位精度

21. 在控制测量过程中，地球曲率对（　　）均有影响。

A. 水平角　　B. 竖直角　　C. 水平距离　　D. 高程

22. 一个矿井或井田范围的测量工作，主要包括（　　）。

A. 地面测量　　B. 土地复垦测量　　C. 井下测量　　D. 井上下联系测量

23. 平面控制测量可分为（　　）。

A. 导线测量　　B. 三角测量　　C. 三边测量　　D. GPS 测量

24. 巷道测量采用的仪器有（　　）等。

A. 经纬仪　　B. 水准仪　　C. 悬挂罗盘仪　　D. 半圆仪

25. 标定巷道开切点及初始中线的方法有（　　）。

A. 经纬仪法　　B. 罗盘仪法　　C. 半圆仪法　　D. 卷尺法

26. 地表及岩层移动观测站设计书由（　　）两部分组成。

A. 文字说明　　B. 图纸　　C. 工程报价　　D. 采区地质说明书

27. 采空区上覆岩层按其破坏程度不同可分为（　　）。

A. 冒落带　　B. 断裂带　　C. 自由带　　D. 弯曲带

28. 保护煤柱应根据（　　）来圈定。

A. 受护边界　　B. 岩层移动角　　C. 最大下沉角　　D. 超前影响角

29. 评定测量精度的标准，通常用（　　）来表示。

A. 中误差　　B. 极限误差　　C. 相对中误差　　D. 平均误差

30. 井下测量水平角误差主要来源于（　　）。

A. 仪器误差　　B. 测角方法误差　　C. 占标对中误差　　D. 仪器对中误差

31. 展绘控制点时，应在图上标明控制点的（　　）。

A. 点号　　B. 高程　　C. 坐标　　D. 方向

32. 根据由整体到局部，由高级控制低级的原则，一个矿井或井田范围内的测量工作包括（　　）。

A. 地面测量　　B. 井上下测量　　C. 井下测量　　D. 煤柱设计

33. 矿山测量的理论和方法看起来多而复杂，实际上可归集为（　　）等。

A. 平面测量　　B. 高程测量　　C. 坐标测量　　D. 坐标反算

34. 在煤矿测量中，矿区通常采用（　　）的高斯平面坐标系统或矿区投影水准面上的高斯平面坐标系统。

A. 1°带　　B. 3°带　　C. 6°带

D. 矿区任意中央子午线　　　　　　　　E. 9°带

35. 普通测量学是研究地球表面较小区域内测绘工作的基本理论、技术、方法和应用的学科，它是测量学的基础，它研究的内容包括（　　）。

A. 图根控制网的建立　　　　　　　　B. 地形图的测绘

C. 平差理论　　　　　　　　　　　　D. 工程测量

36. 在水准测量中，可能发生的误差包括（　　）。

A. 水准仪视准轴与水准管轴不平行　　B. 气温高低的影响

C. 大气折光的影响　　　　　　　　　D. 地球曲率的影响

37. 经纬仪支导线的点位误差与（　　）有关。

A. 测角误差　　B. 量边误差　　C. 测角方法　　D. 导线点数

38. 一井定向时，应选择最有利的连接三角形。《煤矿测量规程》规定，井上、下连接三角形的图形应满足的要求包括（　　）。

A. 两垂线间的距离应尽可能加大　　　B. 连接角应尽可能大些

C. 三角形锐角应小于2°　　　　　　　D. c 边应尽量大于20 m

39. 矿井定向的方法一般采用（　　）。

A. 一井定向　　　　　　　　　　　　B. 二井定向

C. 陀螺定向　　　　　　　　　　　　D. 通过斜井或平硐直接引测

40. 巷道掘进测量的任务包括（　　）等。

A. 标定巷道中线

B. 标定巷道腰线

C. 定期检查和验收巷道的掘进质量和进度

D. 填图

41. 曲线巷道给线，用定弦线之距法和任意弦法之距法，应根据巷道的（　　）绘制大比例尺图，选择最合适的弦长和标定方法。

A. 用途　　B. 断面　　C. 曲线半径　　D. 坡度

42. （　　）是贯通测量的主要任务。

A. 确定贯通巷道在水平面上的方向

B. 确定贯通巷道在竖直面上的方向

C. 根据求得的数据，标定贯通巷道的中线

D. 根据求得的数据，标定贯通巷道的腰线

43. 一井内巷道贯通只需进行（　　），因而其误差预计就是估算井下导线和高程的误差。

A. 地面控制测量　　　　　　　　　　B. 联系测量

C. 井下平面测量　　　　　　　　　　D. 井下高程测量

44. （　　）是建井测量的主要任务。

A. 检核设计图纸　　B. 施工放样　　C. 检查测量　　D. 煤柱设计

45. 为（　　）提供基础资料是主要巷道平面图的作用。

A. 安全生产　　　　　　　　　　　　B. 进行矿井改扩建

C. 掌握巷道进度　　　　　　　　　　D. 安排生产计划

46. （　　）是井上下对照图的主要用途。

A. 了解地面地形、地物与井下巷道和采空区的关系

B. 了解开采水平内的巷道布置和煤层开发情况

C. 确定井下开采深度、岩层移动引起的地表移动范围

D. 解决矿区防水和排水的问题

47. （　　）是矿区测量控制网图必须绘制的内容。

A. 各级三角点、近井点、水准点的位置、名称和编号

B. 输电线路、主要变电所

C. 控制点附近的地形概貌

D. 主要煤层露头线、主要断层线

48. 地表移动观测站观测点的间距，随开采深度的不同，一般分为（　　）。

A. 30 m　　B. 小于 50 m　　C. 50～100 m　　D. 100～200 m

49. 关于导线点的设置，下列说法正确的是（　　）。

A. 导线点按照其使用时间的长短分为永久点和临时点

B. 永久点应该埋设在主要巷道中

C. 所有导线点应该做明显标志并统一编号

D. 导线点应该选择在通视良好的地方

50. 地表移动观测线剖面图上应表示出（　　），以及观测时的工作面位置。

A. 观测控制点　　B. 观测点

C. 地表裂缝和采空区的位置　　D. 岩层柱状图

51. 在经纬仪角度测量中，可能发生的误差包括（　　）。

A. 仪器对中不准确　　B. 站标对中不准确

C. 水准气泡不精确居中　　D. 读数时的估读误差

E. 视准轴不严格垂直于水平轴

52. 在实地标定（　　），是施工放样的基本测量工作。

A. 长度　　B. 角度　　C. 点的平面位置　　D. 点的高程位置

53. 矿山测量学的内容包括为（　　）提供基础技术资料而进行的一切测量、计算和制图。

A. 矿山勘探　　B. 基建　　C. 生产　　D. 资源保护

E. 资源合理开发

54. 地面测量一般包括（　　）。

A. 测绘采掘工程图　　B. 测绘地形图

C. 地面控制测量　　D. 地面施工测量

E. 回采工作面验收测量

55. 矿山测量的内容包括（　　）等。

A. 地形测量　　B. 生产矿井测量　　C. 建井测量　　D. “三量”计算

E. 地表移动观测和建筑物保护

56. 由于矿山测量工作条件的不同，井下测量在（　　）等困难条件下需采用适宜的仪器和方法。

A. 黑暗　　B. 潮湿　　C. 空间大　　D. 行人多

E. 运输车辆多

57. 为了保证测绘成果的质量，对测绘仪器、工具应进行（　　）。在进行重要测量工作前，对所要使用的仪器、工具亦应进行检校。

A. 加强管理　　B. 精心使用　　C. 定期检验　　D. 定期校正

E. 定期维修

58. 确定一条直线与标准方向线的夹角关系称为直线定向。所谓标准方向通常有（　　）三种，统称三北方向。

A. 真子午线方向　　B. 磁子午线方向　　C. 坐标纵线方向　　D. 坐标横线方向

E. 假子午线方向

59. 测量工作的基本内容包括（　　）。

A. 角度测量　　B. 方位角确定　　C. 距离测量　　D. 高差测量

E. 纵横坐标确定

60. 表示一条直线的方向的方法有（　　）。

A. 方位角　　B. 坐标方位角　　C. 象限角　　D. 水平角

E. 垂直角

61. 矿区选择投影水准面时，应根据矿区所在的（　　），全面研究再选择投影水准面。

A. 地理位置　　B. 地面高程　　C. 井下车场高程　　D. 矿区总体设计

E. 井下工作面设计

62. 影响光电测距比例误差的因素有（　　）。

A. 对中误差　　B. 真空中光速值的测定误差

C. 大气折射率的误差　　D. 频率误差

63. 水准仪的使用步骤包括（　　）。

A. 粗平　　B. 瞄准　　C. 精平　　D. 读数

E. 计算

64. 水准测量中，为了防止错误，一般可进行（　　）。

A. 计算检核　　B. 测站检核　　C. 路线检核　　D. 室内检核

E. 室外检核

65. 在进行水准测量时，其水准测量线路的布设形成一般有（　　）。

A. 附合水准路线　　B. 闭合水准路线　　C. 水准支线　　D. 交叉水准线路

E. 重合水准线路

66. 水准测量的误差包括（　　）。

A. 视准轴与水准管轴不平行的误差　　B. 仪器升沉的误差

C. 尺垫升沉的误差　　D. 水准尺的误差

E. 大气折光的影响

67.（　　）将对观测值的结果产生联合影响。

A. 照准误差　　B. 读数误差　　C. 目标偏心误差　　D. 仪器偏心误差

E. 计算误差

68. （　　）是引起误差的主要来源，我们把这三方面的因素综合称为“观测条件”。

A. 观测方法　　B. 使用仪器　　C. 观测者　　D. 外界条件

E. 观测要求

69. 基本控制导线应沿（　　）等主要巷道布置。

A. 斜井或平硐　　B. 水平阶段运输巷道

C. 矿井总回风巷　　D. 集中上、下山

E. 回采工作面运输巷

70. 采区控制导线一般沿（　　）等次要巷道布置。

A. 石门　　B. 采区上、下山　　C. 中间巷道　　D. 片盘运输巷

E. 回采工作面材料巷

71. 井下基本控制导线的测角中误差一般为（　　）。

A. $\pm 5''$　　B. $\pm 7''$　　C. $\pm 10''$　　D. $\pm 15''$

E. $\pm 30''$

72. 在井下使用经纬仪时，应注意（　　）。

A. 行走时不要碰撞仪器　　B. 上井应及时打开仪器箱，晾干仪器

C. 由于井下黑暗，行人、车辆多，安置仪器后必须有专人看守

D. 点下安置仪器时，特别注意点上所挂的垂球，不要碰坏仪器

E. 若仪器上凝结有水珠，切忌用手或毛巾擦拭物镜

73. 井下测角误差主要来源（　　）。

A. 仪器误差　　B. 测角方法误差　　C. 照准误差　　D. 对中误差

E. 读数误差

74. 井下用钢尺悬空量边，其误差来源主要包括（　　）的影响等。

A. 钢尺的比长误差　　B. 测定钢尺温度的误差

C. 测定倾角的误差　　D. 钢尺读数的误差

E. 风流

75. 在生产实践中，为了保证获得规定精度的观测值的算术平均值，以及为了获得较高的效率，往往采用（　　）相配合的方式来达到目的。

A. 更换观测者　　B. 增加观测次数　　C. 提高观测精度　　D. 选择好的观测条件

E. 改变观测方法

76. 井下高程点可设在（　　）上，便于使用和保存。

A. 巷道的顶板　　B. 巷道的底板　　C. 巷道两帮　　D. 铁轨枕木

E. 固定设备的基座

77. 水准仪应定期检校，其检校的内容包括（　　）等内容。

A. 圆水准器轴的检校　　B. 十字丝的检校

C. 竖直指标差的检校　　D. 交叉误差的检校

E. i 角的检校

78. 两井定向与一井定向相比，具有（　　）等特点。

A. 外业操作简单　　B. 投向误差显著减小

C. 测角误差减小　　D. 占用井筒时间较少

E. 量边误差减小

79. 两井定向井下连接误差各边不同，一般以（　　）的误差较大。

A. 起始边　　B. 中间边　　C. 中间边靠前一条边

D. 中间边靠后一条边　　E. 最末边

80. （　　）将对观测值的结果产生联合影响。

A. 照准误差　　B. 读数误差　　C. 目标偏心误差　　D. 仪器偏心误差

E. 计算误差

81. 采区内的测量是在采区控制导线的基础上进行的。因而，采区测量的精度要求较低，一般使用低精度的测量仪器，如（　　）等，即可满足要求。

A. 全站仪　　B. 精密经纬仪　　C. 简易经纬仪　　D. 连通水准管

E. 挂罗盘

82. 采区测量工作是生产矿井的日常测量工作。因此要求测量人员在作业时特别注意（　　）等。

A. 人身安全　　B. 仪器安全　　C. 加快测量速度

D. 缩短测量与采掘相干扰的时间　　E. 有技巧的操作

83. 采区次要巷道包括（　　）等。

A. 采区上、下山　　B. 工作面开切眼　　C. 回采副巷

D. 急倾斜煤层的上行巷道　　E. 回采工作面中的出口

84. 《煤矿测量规程》规定，在测量回采工作面时，还要测出（　　）等。

A. 充填区的位置　　B. 煤柱的位置　　C. 煤层厚度　　D. 采高

E. 采煤机的位置

85. 回采工作面的回采进度必须按规定日期进行测量填图，一般（　　）。主要依据采区巷道掘进时测设的导线点进行测量。

A. 3～5天　　B. 5～7天　　C. 月底测量一次　　D. 年度测量一次

E. 停采测量一次

86. 保护煤柱主要留设方法有（　　）几种。

A. 垂直断面法　　B. 垂线法　　C. 计算法　　D. 作图法

87. 井下基本控制导线边长用钢尺丈量时，应加（　　）等各项改正数。

A. 比长　　B. 温度　　C. 垂曲　　D. 拉力

88. 高程联系测量，就是把地面测量系统的高程，经过（　　）传递到井下的高程起算点上。

A. 平硐　　B. 斜井　　C. 立井　　D. 大巷

89. 偶然误差的统计特性有哪些（　　）。

A. 有界性　　B. 密集性　　C. 对称性　　D. 抵消性

90. 关于大地水准面，以下哪些说法是正确的（　　）。

A. 大地水准面是绝对高程的起算面

B. 大地水准面处处与铅垂线垂直

C. 大地水准面是一个能用数学公式表示的规则曲面

D. 大地水准面与任一水准面平行

91. 下面关于象限角的名称，说法正确的是（　　）。
A. 北东　　B. 东北　　C. 南东　　D. 东南
92. 下列哪些属于地貌（　　）。
A. 道路　　B. 雨裂冲沟　　C. 河流　　D. 陡坎
93. 导线测量的外业工作包括（　　）。
A. 踏勘选点　　B. 边长测量　　C. 转折角测量　　D. 导线点坐标计算
94. 下面关于高程的说法错误的是（　　）。
A. 高程是地面点到大地水准面的铅垂距离
B. 高程是地面点到水准原点间的高差
C. 高程是地面点到参考椭球面的距离
D. 高程是地面点到平均海水面的距离
95. 两井定向中需要进行的工作是（　　）。
A. 投点　　B. 地面连接
C. 测量井筒中钢丝长度　　D. 井下连接
96. 以下属于基本测量工作范畴的有（　　）。
A. 高差测量　　B. 距离测量　　C. 导线测量　　D. 角度测量
97. 保护煤柱等级及相应围护带宽度对应正确的是（　　）。
A. 特等、50 m　　B. Ⅰ级、30 m　　C. Ⅱ级、20 m　　D. Ⅲ级、10 m
98. 巷道中线标定通常不能采用的方法是（　　）。
A. 一井定向　　B. 经纬仪法　　C. 伪倾角法　　D. 假定坐标系统法
99. 下面关于中央子午线的说法错误的是（　　）。
A. 中央子午线又叫起始子午线　　B. 中央子午线位于高斯投影带的最边缘
C. 中央子午线通过英国格林尼治天文台　　D. 中央子午线经高斯投影无长度变形
100. 下面关于铅垂线的叙述错误的是（　　）。
A. 铅垂线总是垂直于大地水准面　　B. 铅垂线总是指向地球中心
C. 铅垂线总是互相平行　　D. 铅垂线就是椭球的法线
101. 下面放样方法中，属于平面位置放样方法的是（　　）。
A. 直角坐标法　　B. 高程上下传递法
C. 极坐标法　　D. 角度交会法
102. 以下测量中需要进行对中操作是（　　）。
A. 水准测量　　B. 水平角测量　　C. 垂直角测量　　D. 三角高程测量
103. 以下工作属于矿山测量工作范围的是（　　）。
A. 贯通测量　　B. 一井定向　　C. 图根控制测量　　D. 中线标定
104. 井下巷道的腰线标定能用（　　）进行标定。
A. 罗盘　　B. 经纬仪　　C. 水准仪　　D. 半圆仪
105. 属于三北方向的是（　　）。
A. 真子午线　　B. 磁子午线　　C. 直角坐标纵线　　D. 法线
106. 选择井下导线点时，应考虑哪几方面的要求（　　）。
A. 导线点应尽量设在稳固的碹顶、顶棚或顶板岩石中，选择能避开电缆和淋水且不

影响运输之处，以便于保存和观测

B. 选点时应综合考虑各种情况，使测点的分布更为合理；相邻导线点应通视良好，间距尽量大而均匀

C. 凡巷道分岔、拐弯、变坡点和已停止掘进的工作面等处均应设点，应注意调整边长，避免出现较长边与较短边相邻的情况

D. 所有导线点应按一定顺序统一编号，并将编号用专制牌子或油漆标于设点处，以便寻找

107. 图形面积量算的方法有（　　）。

A. 透明方格纸法　B. 平行线法　C. 解析法　D. 求积仪法

108. 单一水准路线包括（　　）。

A. 支水准路线　B. 附合水准路线　C. 闭合水准路线　D. 水准网

109. 严禁破坏（　　）等安全煤柱。

A. 工业场地　B. 矿界　C. 各类防隔水　D. 主要集中大巷

110. 全球定位系统包括（　　）。

A. 空间部分　B. 控制部分　C. 用户部分　D. 卫星星历

111. 联系测量的任务在于确定（　　）。

A. 井下经纬仪导线中的一个边的方位角　B. 井下经纬仪导线中的一个点的平面坐标

C. 井下一个测点的高程　D. 井下第一个导线边的边长

112. 最佳观测时间一般指（　　）。

A. 正午　B. 雨天

C. 日落前 3 ~ 0.5 h（小时）　D. 日出后 0.5 ~ 1.5 h（小时）

113. 盘左、盘右观测水平角取平均值可消除（　　）。

A. 度盘偏心误差　B. 横轴误差　C. 读数误差　D. 视准轴误差

114. 在进行内业计算时，下列行为不规范（　　）。

A. 不必对原始记录进行检查　B. 不必进行对算

C. 不必记录计算日期　D. 计算错了可以进行划改

115. 在测角锁（网）中的起算数据包括（　　）。

A. 一条已知边长　B. 一条边的方位角

C. 一个点的坐标　D. 一个点的高程

116. 采掘工程平面图上，回采工作面及采空区应注记（　　）。

A. 工作面月末位置　B. 平均采厚

C. 煤层倾角水　D. 开采方法

117. 下列属于绝对误差的是（　　）。

A. 相对误差　B. 真误差　C. 中误差　D. 容许误差

118. 矿井的“三量”指的是（　　）。

A. 开拓煤量　B. 准备煤量　C. 回采煤量　D. 采出煤量

119. 在井口附近建立的近井点和高程基点应满足下列要求（　　）。

A. 应埋设在便于保存、保护和不受环境影响的地点

B. 近井点可随意制作

C. 近井点至井口的连测导线边数不应超过 4 个

D. 高程基点可同近井点公用

120. 偶然误差具有哪些特性（　　）。

A. 在一定的观测条件下，偶然误差的绝对值不会超过一定的界限

B. 绝对值小的误差比绝对值大的误差出现的机会较大

C. 绝对值相等的正误差和负误差出现的机会相等

D. 随着观测次数的无限增多，偶然误差的算术平均值趋近于 0

121. 巷道及回采工作面测量的任务有（　　）。

A. 给中线　　B. 给腰线　　C. 验收回采工作面　D. 填图

122. 导线长度在 3000 m 以上，巷道贯通后的测量工作包括（　　）。

A. 导线闭合测量　　B. 调整偏差值

C. 编写贯通测量技术总结　　D. 存档

123. 观测值精度是指误差分布的密集或离散的程度。衡量精度的指标一般采用（　　）。

A. 平均误差　　B. 中误差　　C. 相对误差　　D. 极限误差

E. 绝对误差

124. 水准测量时必须注意（　　）。

A. 测站和转点应选在土质结实的地方，并尽可能使用前后视距离相等

B. 每次读数前要符合气泡严格居中

C. 水准尺必须扶直，不得前后、左右倾斜

D. 记录后应立即计算，检核无误后方可迁站

E. 在水准测量过程中，如遇工作间歇，应尽量在固定点上结束观测

125. 已知一个点的坐标值，其横坐标所反映的内容包括（　　）。

A. 投影带的带号　　B. 加常数　　C. 乘常数　　D. 自然值

E. 顺序号

126. 为保证测绘成果的质量，对所使用的仪器应加强管理，精心使用，并定期进行检验与校正，其检验和校正的项目包括（　　）等。

A. 水准管的检校　　B. 十字丝的检校　　C. 视准轴的检校　　D. 横轴的检校

E. 镜上中心的检校

127. 当井下一般水准路线施测完后，应及时检查外业手簿，检查的内容是（　　）。

A. 表头的内容是否齐全　　B. 两次仪器高测得的高差是否超限

C. 高差的计算是否正确　　D. 草图绘制是否正确

E. 两次仪器高变动差数是否符合要求

128. 《煤矿测量规程》规定，回采工作面测量的内容包括（　　）等。

A. 煤层倾角　　B. 浮煤厚度　　C. 采高　　D. 地质变化

E. 煤层厚度

129. 贯通测量可分为沿导向层贯通和不沿导向层贯通两大类，不沿导向层贯通包括（　　）。

A. 沿导向层贯通平巷　　B. 沿导向层贯通斜巷

C. 同一井内不沿导向层贯通　　D. 两井间的巷道贯通

E. 主井贯通

130. 受开采的影响，地表移动稳定后，按其破坏程度，由下而上可大致分（　　），在地表形成较大的移动盆地。

A. 冒落带　　B. 断裂带　　C. 离层带　　D. 裂缝带

E. 弯曲带

131. 在进行水准高程测量时，水准仪的使用包括（　　）四个步骤。

A. 粗略整平　　B. 精确整平　　C. 照准　　D. 读数

E. 记录

132. 欲减小连接角测量误差对几何定向的影响，应（　　）以提高定向精度。

A. 是连接边尽量长　　B. 提高量边精度

C. 提高对中精度　　D. 减小读数误差

E. 减小照准误差

133. GNSS 地面控制部分由（　　）组成。

A. 主控站　　B. 监测站　　C. 注入站　　D. 通信、辅助系统

134. 用罗盘仪在没有磁性物质影响的地方敷设碎部测量导线，应满足的要求有（　　）。

A. 导线边长应小于 20 m　　B. 导线最弱点距起始点不宜超过 300 m

C. 导线相对闭合差不得大于 1/200　　D. 高程相对闭合差不得超过 1/300

E. 磁方位角应在导线两端各测一次，两次之差不得大于 2°

135. 采掘工程平面图是反映开采煤层内，采掘活动和地质特征的综合性图纸，是煤矿生产最基本的、最重要的图纸，主要用于（　　）等许多方面。

A. 指挥生产　　B. 及时掌握采掘进度

C. 进行采区设计　　D. 修改地质图纸

E. 进行“三量”计算

136. 地表移动和变形的主要参数包括（　　）等。

A. 方位角　　B. 移动角　　C. 边界角　　D. 最大下沉角

E. 充分采动角

137. 在留设地面建筑物煤柱时，必须详细了解（　　）等资料。

A. 保护对象情况　　B. 矿区地质条件　　C. 煤层埋藏条件　　D. 移动角

E. 回采工作面设计

138. 一般来说，地面测量的仪器、方法及其基本理论，均能用于矿井测量。但矿井测量也具有它自己的特点。例如（　　）等。

A. 工作条件不同　　B. 测量对象不同

C. 考虑精度的出发点不同　　D. 测量程序不同

E. 测量方法不同

139. 确定地面点高程的测量工作，其方法有（　　）。

A. 气压高程测量　　B. 三角高程测量　　C. 几何水准测量　　D. 导线测量

E. 光电测距高程代替几何水准测量

140. 观测值精度是指误差分布的密集或离散的程度。衡量精度的指标一般采用（　　）。

A. 平均误差　　B. 中误差　　C. 相对误差　　D. 极限误差

E. 绝对误差

141. （　　）将对观测值的结果产生联合影响。

A. 照准误差　　B. 读数误差　　C. 目标偏心误差　　D. 仪器偏心误差

E. 计算误差

142. 水准仪是高程测量最常用的仪器，其主要由（　　）构成。

A. 望远镜　　B. 水平度盘　　C. 竖盘　　D. 水准仪

E. 基座

143. 井下水准测量的误差来源集中反映在前、后视水准尺的读数上，其主要包括（　　）。

A. 水准仪望远镜的瞄准误差　　B. 水准仪的对中误差

C. 水准气泡的居中误差　　D. 水准尺分划的误差，读数凑整误差

E. 人差及外界条件的影响

144. 巷道腰线的标定一般采用（　　）进行。

A. 罗盘仪法　　B. 水准仪法　　C. 经纬仪法　　D. 连通水准管法

E. 悬挂罗盘仪法

145. 提高导线精度的方法有（　　）。

A. 提高测角精度　　B. 加大导线边长

C. 减少测站数　　D. 布设成闭合导线

146. 在进行野外测量记录时，下列行为不规范（　　）。

A. 记录时不进行回数　　B. 随意记在纸上

C. 随意进行涂改　　D. 不记录观测者、记录者及测量日期

147. 用钢尺进行直线丈量，应（　　）。

A. 尺身放平　　B. 确定好直线的坐标方位角

C. 丈量水平距离　　D. 目估或用经纬仪定线

E. 进行往返丈量

148. 生产矿井通常使用的大比例地形图有以下几种（　　）。

A. 1：10000　　B. 1：5000　　C. 1：2000　　D. 1：1000

149. 下述哪些误差属于真误差（　　）。

A. 三角形闭合差　　B. 多边形闭合差

C. 量距往、返差　　D. 闭合导线的角度闭合差

E. 导线全长相对闭合差

150. 等高线具有哪些特性（　　）。

A. 等高线不能相交　　B. 等高线是闭合曲线

C. 山脊线不与等高线正交　　D. 等高线平距与坡度成正比

E. 等高线密集表示陡坡

151. 在地形图上可以确定（　　）。

A. 点的空间坐标　　B. 直线的坡度

C. 直线的坐标方位角　　D. 确定汇水面积

E. 估算土方量

152. 采区控制导线按测角精度可分为（　　）。

A. ±5″　　B. ±7″　　C. ±15″　　D. ±30″

153. 基本控制导线按测角精度可分为（　　）。

A. ±5″　　B. ±7″　　C. ±15″　　D. ±30″

154. 基本控制导线钢尺量边的实测边长，应加入（　　），简称三项改正数。

A. 钢尺比长　　B. 温度　　C. 垂曲改正数　　D. 系数

155. 陀螺经纬仪精度级别是按实际达到的一测回测量陀螺方位角的中误差确定的，分为（　　）。

A. ±5″　　B. ±10″　　C. ±15″　　D. ±25″

156. 下列属于等高线的特征的有（　　）。

A. 同一条等高线上各点的高程相等

B. 是闭合曲线，若不在本幅图闭合，则必然在相邻的其他图幅内闭合。它不能在图中突然断开

C. 等高线不相交，不重合分岔

D. 等高距相同的情况下，平距大的地方坡度缓，平距小的地方则坡度大，平距相等时坡度相等

157. 移动盆地内移动和变形有几种（　　）。

A. 垂直位移　　B. 水平位移　　C. 倾斜变形　　D. 曲率变形

158. 井下经纬仪导线内业计算目的是（　　）。

A. 计算导线各边的坐标方位角　　B. 计算导线各边的边长

C. 计算各点的平面坐标 XY　　D. 展点绘图

159. 井下高程测量的具体任务包括（　　）等。

A. 确定主要巷道内各高程点与经纬仪导线点的高程，以建立井下高程控制系统

B. 标定掘进巷道或硐室在水平面上的位置

C. 确定各巷道底板的高程，以便绘制巷道的纵断面图

D. 检验主要巷道及其运输线路的坡度

160. 大地测量框架包括（　　）。

A. 坐标参考框架　　B. 时间参考框架　　C. 高程参考框架　　D. 重力测量参考框架

161. 大地测量系统包括（　　）。

A. 坐标系统　　B. 高程系统　　C. 重力参考系统　　D. 深度基准

162. 水平角观测方法有测回法和方向观测法，水平角观测的测回法限差有半测回较差和测回间较差，方向观测法的限差法有（　　）。

A. 半测回归零差　　B. 同方向各测回互差

C. 各测回角值互差　　D. 一测回互差

163. 用全站仪可以测量（　　）。

A. 水平角　　B. 竖直角　　C. 磁方位角　　D. 水平方向角

164. 可以获得两点间距离的测量方法有（　　）。

A. 钢尺量距　　B. 电磁波测距　　C. 角度测量　　D. 视距测量

165. 导线测量内业计算需要分配的闭合差有（　　）。

A. 水平角度闭合差　　B. 距离闭合差

C. 坐标闭合差　　D. 坐标增量闭合差

166. 将大地方位角归算为高斯平面坐标方位角需要进行的计算为（　　）。

A. 计算子午线收敛角　　B. 计算椭球面两点弦长

C. 曲率改化（方向改化）　　D. 将平距归算到椭球面

167. 控制测量的作业流程分别为收集资料、（　　）。

A. 踏勘　　B. 图上选点

C. 实地选点与埋石　　D. 观测与计算

168. 建立矿区地面控制网可采用的布网方法有（　　）。

A. 三角网　　B. 边角网　　C. 测边网　　D. 导线网

169. 当采用特殊法施工立井时，工程处必须向负责矿井续建任务的施工单位移交的测量成果资料包括（　　）。

A. 建井前建立的井筒十字中心线点的成果资料

B. 钻井前建井的井筒十字中线点的位置图

C. 近井点的成果资料

D. 实测井底或停钻点的高程

170. 地表移动观测站设计由文字和图纸两部分组成。文字部分包括观测站设计书；图纸部分包括（　　）等。

A. 井上、下对照图　　B. 工业广场平面图

C. 观测线剖面图　　D. 岩层柱状图

171. 贯通通知单应提前（岩巷 20 ~ 30 m、煤巷 30 ~ 40 m、综掘巷 50 m）发放（　　）等单位。

A. 施工单位　　B. 安全部门　　C. 矿分管领导　　D. 通风部门

172. 井上、下对照图必须绘制的内容有（　　）。

A. 井田区域地形图所绘制的内容

B. 各个井口位置

C. 井下主要开采水平的井底车场、运输大巷

D. 回采工作面编号

173. 井巷贯通的允许偏差值，由矿井技术负责人和测量负责人，根据（　　）等研究确定。

A. 井巷的用途　　B. 井巷类型　　C. 施工方法　　D. 运输方式

174. 矿井报废时，应将主要的测绘资料连同目录和说明完整地上交上级主管部门，上交的资料应包括（　　）。

A. 井田区域地形图

B. 采掘工程平面图

C. 井下采区测量和井巷工程标定记录

D. 矿井主要巷道测量的设计书及贯通测量的总结

175. 矿井提升设备安装测量工作应根据（　　）等进行。

A. 提升绞车中心线位置与井筒十字中线的关系图

B. 井田区域地形图

C. 井架基础位置平面图

D. 天轮平台平面图

176. 涉及水体下开采的矿区，应当开展覆岩（　　）高度和范围的实测工作，逐步积累经验，指导本矿区水体下开采工作。

A. 垮落带　　B. 导水裂缝带　　C. 弯曲带

177. 四等水准测量一测站的作业限差有（　　）。

A. 前、后视距差　　B. 高差闭合差

C. 红、黑面读数差　　D. 红黑面高差之差

178. 观测站通常分为（　　）。

A. 地表观测站　　B. 岩层内部观测站

C. 专门观测站　　D. 临时观测站

179. 陀螺仪具有以下（　　）两个特性。

A. 在不受外力作用时，陀螺始终指向初始恒定方向

B. 在受外力作用时，陀螺轴将产生非常重要的效应——“进动”

C. 陀螺轴运转后始终指向北方向，即所谓定向性

D. 在不受外力作用时，陀螺仪恒定不动，即所谓稳定性

180. 影响地表和岩层移动的主要因素有（　　）。

A. 岩石的物理力学性质和结构　　B. 岩层的倾角、厚度与深度

C. 采空区的形状、大小及采煤方法　　D. 顶板管理方法等

181. 岩层的空间位置及特征通常用产状要素来描述，产状要素有（　　）。

A. 走向　　B. 倾向　　C. 倾角　　D. 斜长

182. 地图制图学是一门研究模拟地图与数字地图的（　　）的技术方法的学科。

A. 基础理论　　B. 设计　　C. 编绘　　D. 复制

183. 大地测量学的主要分支学科有（　　）。

A. 几何大地测量　　B. 地球椭球测量　　C. 物理大地测量　　D. 卫星大地测量

184. 决定地球椭球形状大小的参数为椭球的（　　）。

A. 长半径　　B. 第一偏心率　　C. 短半径　　D. 第二偏心率

三、判断题

1. 矿山测量工作必须先由整体到局部。（　）

2. 控制测量必须先由高级控制到低级控制。（　）

3. 井下高程测量的目的是给定巷道平面内的方向。（　）

4. 偶然误差的特性是绝对值相等的正负误差出现的机会不相等。（　）

5. 控制测量包括平面控制测量和高程控制测量。（　）

6. 使用半圆仪标设腰线时，对坡度较大的巷道，半圆仪应挂在线绳的中间。（　）

7. 在 1/500 图纸上量得 35 cm，则实地距离为 17. 5 m。(　)

8. 在标定中线时，应先检查设计图纸，确定标定数据。(　)

9. 井下贯通形式分为沿导向层贯通和不沿导向层贯通。(　)

10. 井下经纬仪导线分为闭合导线、附和导线和支导线。(　)

11. 直线的方位角与该直线的反方位角相差 180°。(　)

12. 大地地理坐标的基准面是大地水准面。(　)

13. 采用盘左、盘右的水平角观测方法可以消除对中误差。(　)

14. 方位角的取值范围为 0° ~ ±180°。(　)

15. 贯通测量预计误差是实际巷道贯通可能出现的偏差。(　)

16. 正倒镜观测某个方向的竖直角可以消除竖盘指标差的影响。(　)

17. 系统误差影响观测值的准确度，偶然误差影响观测值的精密度。(　)

18. 全站仪整平的目的是使视线水平。(　)

19. 用一般方法测设水平角时，应采用盘左盘右取中的方法消除 2C 误差。(　)

20. 坐标反算时可以计算出该直线的方位角和距离。(　)

21. 1980 年西安坐标系为我国的国家大地坐标系。(　)

22. 水准测量中，前后视距相等只能消除 i 角。(　)

23. 电磁波测距在仪器最佳测程范围内应尽量选长边。(　)

24. 地形点需选在地性线上坡度变化不大的点上。(　)

25. S1 型精密水准仪 S 的下标是指该仪器每千米往返高差中数的偶然中误查为 1 cm。(　)

26. 在高差计算中，前视读数减后视读数即为两点间的高差。(　)

27. 经纬仪测角时，若照准同一竖直面内不同高度的两目标点，其水平度盘读数不相同。(　)

28. 光电测距工作中，严禁测线上有其他反光物体或反光镜存在。(　)

29. 水准仪的水准轴应与望远镜的视准轴垂直。(　)

30. 光电测距误差中，存在反光棱镜的对中误差。(　)

31. 独立坐标系是任意选定原点和坐标轴的直角坐标系。(　)

32. 大气垂直折光差对水准测量的影响是系统的。(　)

33. 工程竣工后的测量工作也称施工测量工作。(　)

34. 三等水准测量中，视线高度要求三丝能读数。(　)

35. 水平角观测中，测回法可只考虑 2C 互差。(　)

36. 经纬仪的水准轴与竖轴应垂直。(　)

37. 水平角观测时，风力大小影响水平角的观测精度。(　)

38. 布设井下基本控制导线时，一般每隔 5 km 应加测陀螺定向。(　)

39. 地面上任一点至假定水准面上的铅垂距离称为该点的假定。(　)

40. 水准面的特性是曲面上任一点与该点的铅垂线正交。(　)

41. 经纬仪测角时，若经纬仪架设高度不同，照准同一目标点，则该点的竖直角不相同。(　)

42. 地形图有地物、地貌、比例尺三大要素。(　)

43. 国家水准原点的高程为零。(　)

44. 水准点和三角点的选点要求相同。(　)

45. 平面控制网和高程控制网采用同一基准面。(　)

46. 比例尺是指地面上某一线段水平距离与地图上相应段的长度之比。(　)

47. 地形是地物和地貌的总称。(　)

48. 坐标是确定位置关系的数据值集合。(　)

49. 标定巷道的中腰线工作就用经纬仪或全站仪标定巷道几何中心线的方向。(　)

50. 《城市测量规范》中规定，中误差的两倍为极限误差。(　)

51. 读取垂直度盘读数前，必须使指标水准管气泡居中。(　)

52. 通过立井的导入高程测量实质是井深测量。(　)

53. 地表倾斜对基础大而重心高的建筑物影响较大。(　)

54. 地表的水平变形是危害建筑物的重要因素。(　)

55. 岩层移动观测站回采前的两次测量应独立进行，间隔时间应超过 4 ~5 天。(　)

56. 量边偶然误差引起导线终点的相对误差，与偶然误差系数成正比。(　)

57. 测量中取任意一水准面作为高程基准面，得出的高程为绝对高程。(　)

58. 对于水准支线，应将高程闭合差按相反的符号平均分配在往测和返测所得的高差值上。(　)

59. 量边系统误差引起导线终点的相对误差，与系统误差系数成正比，且与导线形状有关。(　)

60. 比例尺的分母越大，则图形表现得越大越清楚，称大比例尺。(　)

61. 2 倍照准差（2C 值）是由同一方向盘左读数减去盘右读数求得。(　)

62. 井下每组水准点间高差应采用往返测量的方法确定，往返测量高差较差不应大于 $\pm 100\ \text{mm}\sqrt{R}$（$R$ 为水准点间路线长度）。(　)

63. 坐标正算是根据直线的起点和终点的坐标计算直线的边长和方位角。(　)

64. 方向值观测中，取盘左、盘右观测值中数，可以消除视准轴误差。(　)

65. 通过立井进行的联系测量误差不会影响贯通误差。(　)

66. 高程测量中应用最频繁的是三角高程测量。(　)

67. 水准测量时，即使仪器的视准轴与水准管轴不平行，只要使仪器至两尺的距离相等就可以得到正确的高差。(　)

68. 三轴误差对观测倾角的影响很小，可忽略不计。(　)

69. 支导线终边加测坚强陀螺边后，最大的点位误差在支导线的终点上。(　)

70. 在建立 GPS 控制网时，当测站距离较长、交通条件较差时，采用快速静态定位法，可明显提高工效。(　)

71. 地表移动盆地主断面上具有移动盆地范围最大和地表移动值最大的特征。因而，要研究地下开采引起的地表变形，一般只要研究主断面上的地表变形就可以了。(　)

72. 井下三角高程测量采用中丝法施测。(　)

73. 当望远镜旋转超过了要观测的目标时，必须旋转一周后重新照准，可以反向旋转。(　)

74. 等级点观测时，在垂直角超过 ±1°时，每测回间应重新整置仪器使水准气泡居

中。(　)

75. 钢尺长度的检定在室内比长时，可以采用标准米尺逐米比长，也可以采用检定过的钢尺作为标准尺进行比长。(　)

76. 井下高程控制测量的布网方案与地面相同。(　)

77. 用经纬仪标定巷道中腰线时，必须采用一个镜位进行。(　)

78. 大型及特大型贯通测量工程设计必须报矿总工程师批准。(　)

79. 水平角测量的基本原理是水平角由两个方向的读数相减的方法求得。(　)

80. 纬仪测角误差来源有仪器误差、测角方法误差。(　)

81. 井下经纬仪导线测量的外业工作是选点和埋石、测角和量边、碎部测量。(　)

82. 直线定向采用盘左、盘右两次投点取中是为了消除度盘分划误差。(　)

83. 1∶5000 比例尺地形图上 0.2 mm，在实地为 10 cm。(　)

84. 罗盘仪是测定直线的方位角。(　)

85. 投向误差对一井几何定向的误差影响并不是主要的误差来源。(　)

86. 高斯投影是一种等面积投影方式。(　)

87. 用三角高程测量方法比用水准测量方法的精度高、速度快。(　)

88. 用方向法观测水平角时，取同一方向的盘左、盘右观测值的平均值可以消除视准轴误差的影响。(　)

89. 在现状图上只展绘建、构（筑）物的平面位置和外部轮廓。(　)

90. 符合水准气泡居中，视准轴即水平。(　)

91. 井口高程基点的测量应按三等水准测量的精度要求测设。(　)

92. 经纬仪水平轴垂直于仪器竖轴是经纬仪应满足的三个几何条件之一。(　)

93. 利用盘左和盘右两个位置观测同一方向的水平角，可以清除水平度盘偏心的影响。(　)

94. 观测竖直角时，用经纬仪正、倒镜观测能消除指标差。(　)

95. 用陀螺全站仪在地球上任何地点都可进行定向测量。(　)

96. 仪器误差包括仪器检校不完善引起的误差和仪器加工不完善引起的误差。(　)

97. 系统误差引起的量边误差与边长成正比。(　)

98. 高程测量的实质就是测量两点间的高差。(　)

99. 井下水准基点应按组设置，每组由三个高程点组成。(　)

100. 在井下进行三角高程测量时，倾角误差对高差的影响随倾角的减小而减小。(　)

101. 联系测量的任务就是确定井下经纬仪导线中一条边的方位和一个点的坐标。(　)

102. 在一井定向中，两垂线间的距离应尽可能加大。(　)

103. 在进行联系测量工作时，应编制施测方案和技术措施，报集团公司批准。(　)

104. 陀螺经纬仪定向的一般程序是三、二、三。(　)

105. 同一条边两测回测定的陀螺方位角的互差，对于 15″级仪器来讲不得超过 40″。(　)

106. 陀螺定向采用中天法观测时，应连续观测 5 个中天时间，计算 3 个“两侧摆动”的时间差。(　)

107. 大地水准面所包围的地球形体，称为地球椭圆体。(　)

108. 碎步测量可根据生产需要选用低精度经纬仪、罗盘仪或简易测角仪进行。( )

109. 系统误差引起的量边误差与边长成正比。( )

110. 测量工作的实质就是测量（或测设）点位的工作。( )

111. 用钢尺量距时，尺长误差所引起的距离误差属于偶然误差。( )

112. 地球表面海洋约占 60%，陆地约占 40%。( )

113. 偶然误差对观测结果的影响具有累积作用。( )

114. 地球的半径为 6371000 km。( )

115. 垂直于地轴平面与地球表面的交线为子午线，又称经线。( )

116. 通过两个立井的几何定向实质是解算无定向导线。( )

117. 地面点到大地水准面的铅垂距离称为绝对高程（又称海拔）。( )

118. 地面点到假定大地水准面的铅垂距离称为假定高程（又称相对高程）。( )

119. 确定两点间水平距离的工作，称为距离测量。( )

120. 井口高程基准点的个数一般不应少于 3 个。( )

121. 一井定向时，最为普遍且较方便的连接测量方法是瞄直法。( )

122. 标定巷道的腰线就是给定巷道的坡度和倾角。( )

123. 当巷道开口掘进 5 ~ 10 m 后，应当采用经纬仪或全站仪重新标定中线。( )

124. 采煤工作面测量一般用矿山挂罗盘仪和支距法测量即可满足生产要求。( )

125. 罗盘导线的边长可用检查过的皮尺丈量，读数读至分米。( )

126. 水准测量时每次读数时需要检查圆水准气泡是否居中。( )

127. 矿井可采煤层底板等高线图是矿井必备的测量图纸之一。( )

128. 陀螺全站仪能够指北的原因是仪器具有高速旋转的陀螺仪。( )

129. 我国的水准原点设在青岛市，该点高出水平面 72. 260 m。( )

130. 各生产矿井必须具备《煤矿测量规程》实施细则和技术补充规定。( )

131. 各生产矿井对测量人员应加强内部培训，培训要有计划、记录。( )

132. 同一矿井内的巷道贯通，量边系统误差对贯通相遇点的影响等于零。( )

133. 光电测距时，测线应高出地面和离开障碍物 1. 2 m 以上。( )

134. 同一条直线的正、反坐标方位角相差 180°。( )

135. 根据两点坐标计算边长和坐标方位角的计算称为坐标反算。( )

136. 几何定向和陀螺仪定向的投点精度要求是一样的。( )

137. 在延长导线之前，必须对上次所测量的最后一个水平角按相应的测角精度检查，但边长可以不检查。( )

138. 地球表面海洋约占 60%，陆地约占 40%。( )

139. 中央子午线投影为直线，且投影的长度无变形。( )

140. 在水准测量中，转点的作用是传递高程。( )

141. 皮尺量距的精度可达 1/3000。( )

142. 1 : 2000 图的精度高于 1 : 1000 图的精度。( )

143. 同一条直线的正、反坐标方位角相差 180°。( )

144. 多测回测水平角时，应变换水平度盘读数 $180°/n$，n 为测回数。( )

145. 地形等高线是高程相等的点连成的闭合曲线。( )

146. 水准仪在水准尺上的读数越大，说明地势越高。( )

147. 垂直角的范围为0° ~ ±180°。( )

148. 相邻导线点之间，不必全部互相通视。( )

149. 地形图比例尺越小，其精度就越高。( )

150. 对中目的使仪器竖盘中心位于测点铅垂线上。( )

151. 导线计算中所使用的距离应该是斜距。( )

152. 相同观测条件下，偶然误差的大小和符号具有规律性。( )

153. 对某量进行观测时，观测成果质量的高低，与观测条件的影响不大。( )

154. 一般来说，当边长较短时，偶然误差占主要地位，当边长增大时，系统误差占主要位置。( )

155. 采区控制导线一般每隔300 ~500 m 设置1组。每组至少3个点。( )

156. 减小直伸形支导线终点的纵向误差须同时提高测角和量边的精度。( )

157. 采用S3水准仪进行四等水准测量，其视线长度一般不超过100 m。( )

158. 井下三角高程测量适用于倾角大于8°的主要倾斜巷道中。( )

159. 陀螺仪具有定轴性与进动性两个特性。( )

160. 井下各级导线在超限不大的情况下，也可使用，不必查明原因。( )

161. 在测量计算时，没有必要执行“单进双不进”的进位原则。( )

162. 井下测角的总误差主要来源于测角方法误差、仪器误差和对中误差，而测角方法误差又是最主要的来源。( )

163. 测量人员拿到巷道设计图纸后，直接根据设计图纸中的有关数据标定巷道中腰线。( )

164. 在距掘进工作面30 m处，选择安装激光指向仪的位置一般应选在基岩坚硬的顶板上。( )

165. 贯通巷道按掘进方向的不同，分为相向贯通、同向贯通、单向贯通。( )

166. 地测质量标准化工作要求，当两个工作面间的距离在岩巷中剩下15 ~20 m、煤巷中剩下20 ~30 m时，应发放贯通通知书。( )

167. 巷道贯通后，没有必要测定实际偏差和导线闭合测量。( )

168. 在做贯通测量方案的选择与误差预计时,一般应绘制1∶5000的巷道贯通图。( )

169. 岩层移动中的“三带”指的是冒落带、裂隙带、弯曲带。( )

170. 矿图的图例符号和地物符号一样，也分为比例符号、非比例符号和注记说明符号。( )

171. 采掘工程平面图上，对永久导线点和水准点注明点号和高程，临时点根据需要注记。( )

172. 矿区各等级水准网中最弱点的高程中误差相对于起算点不得大于±2 cm。( )

173. 陀螺经纬仪定向时，井下定向边两次独立定向结果的互差，对于7″级导线边来说不超过±40″。( )

174. 在高斯投影中，子午线（经线）投影后均为曲线，并向两极汇聚。( )

175. 对于偶然误差，绝对值大的误差比绝对值小的误差出现的机会多。( )

176. 对于两组观测数据若其中误差相同，那么这两组观测值的精度相同。( )

177. 用全圆观测法观测水平角可以消除 2C 的影响。(　)

178. 近井点至井口的连测导线边数应不超过两个。(　)

179. 三角高程测量中，两点间水平距离大于 400 m 时，必须考虑地球曲率和大气折光差（球气差）的影响。(　)

180. 1∶2000 地形图上丘陵地区等高距为 0.5 m。(　)

181. 陀螺经纬仪的悬挂带零位不能超过 ±0.5 格，否则应及时进行校正。(　)

182. 在巷道掘进过程中，巷道每掘 40 ~ 50 m，就要延设一组中线点。(　)

183. 采煤工作面测量，应按旬或本局（矿）规定的日期进行填图，每月的测量次数不受其他因素影响。(　)

184. 陀螺定向测量时为了消除外界不良环境条件对精度的影响，在地面测定仪器常数时，可将测站点引入室内进行观测。(　)

185. 地表变形性质和变形值的大小是决定建筑物破坏程度的关键因素。(　)

186. 井下每组水准测点间的高差应采用往返测量的方法测定，往返测量高差的较差不应大于 $\pm 100\ \mathrm{mm}\sqrt{R}$。(　)

187. 增加观测次数可以提高算术平均值的精度，观测次数越多，算术平均值的精度提高越快。(　)

188. 无论任何水准路线，水准尺倾斜的误差可以用往返测的办法加以消除。(　)

189. 对于高程而言，如果距离很大时可以不考虑地球曲率的影响。(　)

190. 测角误差和量边误差是引起支导线终点位置误差的主要来源。(　)

191. 地形图上的 1 mm 相应于地面上的实地距离称为比例尺精度。(　)

192. 在采区次要巷道中，为填绘矿图而测设的碎部导线应以采区控制导线为基础，不必设成闭（附）合导线。(　)

193. 井口水准测量基点的高程测量，应按三等水准测量的精度要求测设。(　)

194. 两井几何定向的内业计算方法与地面无定向导线相似。(　)

195. 表示点在球面上位置的坐标系统称为地理坐标。(　)

196. 采区控制导线精度较低，应能满足日常生产测量及测图的要求。(　)

197. 我国由东经 75°起进行划分，直至东经 135°止，跨 11 个 6°带和 21 个 3°带。(　)

198. 某点的子午线收敛角 γ 为东偏 0°15′，磁偏角为北偏 6°30′，AB 直线的坐标方位角为 120°40′20″，则 AB 的真方位角为 127°55′20″，磁方位角为 121°25′20″。(　)

199. 当采空区面积小而采深较大时，岩层内的充分采动就不会达到地表。(　)

200. 仪器、人、外界条件的因素综合起来称为观测条件。(　)

201. 根据测量误差对观测结果的影响不同，误差可分为系统误差、偶然误差和绝对误差三类。(　)

202. 根据误差理论和大量的实验数据表明，观测值中大于 2 倍中误差的偶然误差出现的机会只有 5%，大于 3 倍中误差者只有 0.3%。(　)

203. 陀螺经纬仪定向的最终结果是陀螺方位角。(　)

204. 空间两条直线的夹角称为水平角。(　)

205. 当一个测站上需要观测两个以上方向时，通常用测回法。(　)

206. 井筒十字中线应根据其设计的坐标和方位，用井口附近的控制点标定。(　)

207. 为提高观测值精度往往采用增加观测次数的方式。(　)

208. 井下定向边的长度应大于 60 m。(　)

209. 一般用后方交会法测量时应设仪器站于已知点。(　)

210. 水准仪主要由望远镜、基座和三脚架三部分构成。(　)

211. 测量工作的三项原则是高级控制低级、每项测量有检查和测量精度应满足工程要求。(　)

212. 望远镜中目标影像与十字丝平面不相重合的现象叫作视差。(　)

213. 测量计算中，对 7.4225 将舍去最后一位，得到 7.423。(　)

214. 在大量的偶然误差中，正负误差具有互相抵消的特性。(　)

215. 对某一量进行多次观测其算术平均值就是真值。(　)

216. 消除系统误差的影响是测量平差所研究的主要内容。(　)

217. 碎部测量一般采用支距法、极坐标法和交会法。(　)

218. 沿倾斜煤层贯通上、下山时，如地质构造稳定，可只给中线，不给腰线。(　)

219. 了解地面地形、地物与井下巷道及采空区的关系是采掘工程平面图的主要用途之一。(　)

220. 中丝法是水准测量读数的基本方法。(　)

221. 岩层移动观测站的两观测线必须设在移动盆地内。(　)

222. 水准管的整平精度取决于水准管的分划值，分划值越大，灵敏度越高。(　)

223. 起始方向的误差，随导线的延伸而增大。(　)

224. 对两井贯通和一井内导线距离 3000 m 以上贯通工程要编制设计说明书。(　)

225. 在井下延伸导线时，《煤矿测量规程》要求必须检测水平角。(　)

226. 新开口的巷道掘进 1 ~2 m 时应检查或重新标定中腰线。(　)

227. 仪器高和觇标高应在观测开始前和结束后各用钢卷尺量一次，两次丈量的互差应不大于 5 mm，取其平均值作为结果。(　)

228. 在偶然误差中，绝对值较小的误差比绝对值较大的误差出现的概率大。(　)

229. 在施工测量前，应熟悉设计图纸、验算与测量有关的数据，并核对图上的平面坐标和高程系统、几何关系及设计与现场是否相符等。(　)

230. 在水准测量中设 A 为后视点，B 为前视点，并测得后视点读数为 1.124 m，前视读数为 1.428 m，则 B 点比 A 点低。(　)

231. 在碎部测量中采用视距测量法，不论视线水平或倾斜，视距是从仪器横轴中点到十字丝中心所照准目标点之间的距离。(　)

232. 在同一矿井内贯通，用同一台仪器或同一把钢尺，对贯通没有影响。(　)

233. 在系统误差中，误差在大小、符号上表现出系统性。(　)

234. 在巷道中，用 DJ2 经纬仪测设水平角，2C 互差应小于 20 s。(　)

235. 在一定观测条件下，偶然误差的绝对值不会超过一定的限值。(　)

236. 在重要贯通测量工作中，只需要考虑导线边长归化到参考椭球的改正。(　)

237. 正确携带测量仪器，防止仪器跌落、震动。(　)

238. 支导线没有多余观测，不会产生闭合差条件。(　)

239. 支水准路线，既不是附合路线，也不是闭合路线，要求进行往返测量，才能求

出高差闭合差。(　)

240. 只有中误差是衡量精度的标准。(　)

241. 重要贯通测量导线设计图，比例尺应不大于1∶2000。(　)

242. 重要贯通完成前，应进行精度分析，并做出总结。(　)

243. 准备煤量是指矿井开采所必需完成的主、副井、风井、井底车场和其他主要运输，通风巷道等开拓工程所构成的煤量。(　)

244. 准备煤量指开拓煤量范围内已完成开采所必需的采区运输巷道、采区回风巷道及采区上山等掘进工程所构成的煤量。(　)

245. 自动安平水准仪的特点是用安平补偿器代替管水准仪使视线水平。(　)

246. 对贯通测量来说，沿贯通巷道中线方向的量边误差对贯通重要方向没有影响。(　)

247. 保护煤柱的留设一般采用垂线法和垂直断面法两种方法进行留设。(　)

248. 矿井联系测量是将地面测量坐标系统传递到井下，使井上下采用同一坐标系统。(　)

249. 井下平面控制网均以导线的形式布设，按规程规定分为基本控制和采区控制两类。(　)

250. 基本控制导线应每隔50~100 m设立一组永久点，每组至少应有3个相邻点。(　)

251. 采区控制导线应沿采区上、下山、中间巷道或片盘运输道以及其他次要巷道敷设。(　)

252. 井下导线的水平角通常采用测回法和方向法观测。(　)

253. 用两个镜位测角时，不能够消除横轴倾斜误差的影响。(　)

254. 采用钢尺丈量采区控制导线边长时，可凭经验拉力，往返丈量，也可以错动钢尺位置1 m以上丈量两次，其互差均不得大于边长的1/2000，量边时可不测温度。(　)

255. 测量作业前，应根据导线的等级选择相应的仪器，并进行必要的检验和校正。(　)

256. 井下导线点应选在顶板岩石稳固处，能避开电缆和淋水，并便于安置仪器。(　)

257. 贯通测量的预计误差一般采用中误差的3倍。(　)

258. 进行重要巷道贯通测量前，须编制贯通测量设计书。(　)

259. 巷道每掘进100 m，应至少对中、腰线进行一次检查测量，并根据检查测量结果调整中、腰线。(　)

260. 主要巷道中线应用罗盘仪标定，次要巷道中线可用经纬仪标定。(　)

261. 激光指向仪的设置位置和光束方向，应根据经纬仪和水准仪标定的中、腰线点确定。(　)

262. 观测工作结束后，应及时整理和检查外业观测手簿，检查手簿中所有计算是否正确，观测成果是否满足给在各项限差要求。(　)

263. 采用多个测回观测时，各测回之间不需要变换度盘位置。(　)

264. 一般说来，巷道掘进中以测设支导线为最多，支导线必须往返测量，以便进行

校核。(　)

265. GPS 点位附近不应有大面积水域，以减弱多路径效应的影响。(　)

266. 对中就是将经纬仪水平度盘中心与测站点的标志中安置在同一铅垂线上。(　)

267. 四等水准支线测量可单程观测也可往返观测。(　)

268. 不论进行何种测量工作，在实地要测量的基本要素都是距离、角度、直线的方向、高程。(　)

269. 仪器在井下出故障时，可以在井下打开仪器。(　)

270. 为了评价测量工作质量，巷道贯通后，应及时导线联测，并进行精度评定。(　)

271. 贯通联系单最后标定位置必须实际测量，如不实际测量，不准下发贯通通知单。(　)

272. 观测前，应根据工程需要，合理选择不同级别的测绘仪器，并按规程规定进行各项检验与校正。(　)

273. 标定车场巷道中腰线前，应对设计图纸上的几何要素进行闭合验算。(　)

274. 在测量工作中，可以把圆球面作为基准面。(　)

275. A、B 两点间的高差为 $H_A - H_B$。(　)

276. 某地面点的假定高程和绝对高程分别为 45.8 m 和 72.6 m，则该点假定水准面与大地水准面的关系是假定水准面比大地水准面高 26.8 m。(　)

277. 全站仪对中是为了使仪器中心与地面点标志中心处于同一条铅垂线上。(　)

278. 在水平角测量中，用全站仪或经纬仪的十字丝的横丝照准目标的底部。(　)

279. 水平角观测的方法有测回法、方向观测法和全圆观测法 3 种形式。(　)

280. 在水平角观测中，左侧的目标读数为 214°32′00″，右侧目标读数为 45°32′00″，则所测水平角的大小为 191°。(　)

281. 当望远镜处于盘左位置时，将望远镜视线抬高，使视线明显处于仰角位置，此时竖盘读数小于 90°，则该仪器竖直读盘为逆时针刻划。(　)

282. 竖盘指标差是视准轴和横轴不平行造成的。(　)

283. 在距离测量中，通常用相对精度表示距离丈量的精度，在水平角测量中也同样可以用相对精度表示角度测量的精度。(　)

284. 某直线为南偏西 45°，则该直线的方位角为 225°。(　)

285. 导线点应均匀布设在测区，导线边长必须大致相等。(　)

286. 导线测量是建立小地区平面控制网常用的一种方法，特别是在地物分布复杂的建筑区、平坦而通视条件差的隐蔽区，多采用导线测量的方法。(　)

287. 无论是闭合导线、附合导线还是支导线都有检核条件。(　)

288. 在坐标计算之前，应先检查外业记录和计算是否正确，观测成果是否符合精度要求，检查无误后，才能进行计算。(　)

289. 在测量中产生误差是不可避免的，误差存在于整个观测过程。(　)

290. 测量水平角时度盘可以置零，观测竖直角时，度盘同样可以置零。(　)

291. 闭合导线计算需考虑已知点的高程。(　)

292. 测量工作开始前，应根据任务要求，收集和分析有关测量资料，进行必要的现

场踏勘，制定经济合理的技术方案，编写技术设计书。(　)

293. 重要测量工作必须独立地进行三次或四次以上的观测和计算，工程结束后要编写技术总结（或说明）并做好资料整理归档工作。(　)

294. 为了保证测绘成果的质量，对测绘仪器、工具应加强管理，定期检验、校正和维修。(　)

295. 一个矿区应采用统一的坐标和高程系统。(　)

296. 矿区高程尽可能采用1985 国家高程基准，当无此条件时，方可采用假定高程系统。(　)

297. 一井几何定向测量中，两次定向所求得井下起始边方位角互差，不应超过2′。(　)

298. 最后一次标定贯通方向时，两个相向工作面间的距离不得小于50 m。(　)

299. 矿区地面各级平面控制网的水平角观测采用多个测回观测时，各测回之间不需要变换度盘位置。(　)

300. 用冻结法施工时，冻结孔每钻进10～50 m，应进行一次偏斜测量。一般情况下采用冻结孔陀螺测斜仪，当孔深小于150 m 时，可采用经纬仪灯光测斜或测斜器测斜。(　)

301. 测距边计算应包括：记录的整理和检查，气象改正，加、乘常数的改正，投影到水准面和高斯平面的改正等。(　)

302. 井下基本控制导线按测角精度分为±15″、±30″两级。(　)

303. 水准（高程）控制测量按控制次序和施测精度分为一、二、三、四等。(　)

304. 纬度是参考椭球体上的某点作一平面与椭球体相切，过此点的起始子午面与赤道平面的夹角。(　)

305. 大地坐标由大地经度 L、大地纬度 B 和大地高 H 组成。(　)

306. 矿区面积小于100 km^2 且无发展可能时，可采用独立坐标系统。(　)

307. 测量计算的基准面是参考椭球面。(　)

308. 测量工作的基准面是大地水准面。(　)

309. 测绘地形图时，对地物应选择角点立尺、对地貌应选择坡度变化点立尺。(　)

310. 偶然误差服从于一定的统计规律。(　)

311. 在延长7″纬仪导线之前，必须对上次所测量的最后一个水平角进行检查，两次观测水平角的不符值不得超过40″。(　)

312. 地面某点的经度为113°58′，该点所在六度带的中央子午线经度是114°。(　)

参考答案

一、单选题

1. D　2. C　3. A　4. B　5. C　6. D　7. A　8. D　9. B　10. C
11. A　12. D　13. C　14. D　15. B　16. C　17. B　18. A　19. D　20. C
21. B　22. B　23. B　24. C　25. A　26. C　27. B　28. B　29. B　30. C
31. C　32. C　33. B　34. C　35. C　36. C　37. A　38. C　39. D　40. B
41. D　42. C　43. B　44. D　45. C　46. B　47. B　48. C　49. C　50. C
51. B　52. B　53. C　54. A　55. B　56. C　57. A　58. B　59. B　60. B
61. B　62. B　63. A　64. B　65. A　66. B　67. B　68. C　69. C　70. B
71. D　72. B　73. C　74. C　75. A　76. C　77. A　78. A　79. B　80. A
81. A　82. B　83. D　84. D　85. C　86. B　87. A　88. B　89. B　90. B
91. D　92. C　93. A　94. A　95. D　96. B　97. A　98. B　99. B　100. C
101. B　102. B　103. C　104. A　105. A　106. A　107. D　108. D　109. A　110. C
111. A　112. B　113. A　114. D　115. C　116. C　117. C　118. A　119. A　120. B
121. A　122. C　123. A　124. B　125. C　126. C　127. C　128. D　129. B　130. C
131. C　132. C　133. B　134. B　135. C　136. C　137. B　138. A　139. C　140. C
141. C　142. C　143. C　144. B　145. D　146. A　147. B　148. B　149. C　150. D
151. B　152. C　153. B　154. C　155. A　156. B　157. C　158. D　159. C　160. C
161. B　162. C　163. C　164. A　165. D　166. C　167. D　168. A　169. A　170. B
171. A　172. A　173. C　174. D　175. B　176. B　177. A　178. D　179. A　180. D
181. B　182. D　183. B　184. A　185. A　186. A　187. C　188. C　189. B　190. A
191. A　192. B　193. C　194. B　195. C　196. B　197. B　198. A　199. B　200. A
201. A　202. C　203. A　204. A　205. B　206. D　207. B　208. B　209. C　210. D
211. C　212. B　213. C　214. B　215. C　216. D　217. C　218. B　219. A　220. C
221. B　222. A　223. D　224. C　225. C　226. A　227. C　228. C　229. D　230. C
231. D　232. B　233. A　234. C　235. A　236. D　237. C　238. D　239. C　240. D
241. C　242. A　243. B　244. D　245. C　246. B　247. C　248. C　249. B　250. C
251. A　252. B　253. C　254. B　255. C　256. C　257. D　258. B　259. B　260. A
261. B　262. D　263. B　264. C　265. C　266. C　267. B　268. B　269. C　270. D
271. C　272. A　273. C

二、多选题

1. BC　2. AC　3. AC　4. ABCD　5. ABCD

6. AE 7. AC 8. ABC 9. BC 10. BC
11. ABD 12. AB 13. BD 14. ABCD 15. ABC
16. ABCD 17. ABC 18. AC 19. ABD 20. ABC
21. ACD 22. ACD 23. ABCD 24. ABCD 25. ABCD
26. AB 27. ABD 28. AB 29. ABC 30. ABD
31. AB 32. ABC 33. ABCD 34. BCD 35. ABC
36. ACD 37. ABD 38. ACD 39. ABCD 40. ABCD
41. ABC 42. ABCD 43. CD 44. ABC 45. ABC
46. ACD 47. AC 48. BCD 49. ABCD 50. ABCD
51. ABCDE 52. ABCD 53. ABCDE 54. BCD 55. BCDE
56. ABDE 57. ABCDE 58. ABC 59. ACD 60. ABC
61. ABD 62. BCD 63. ABCD 64. ABC 65. ABC
66. ABCDE 67. ABCD 68. BCD 69. ABCD 70. BCD
71. BD 72. ABCDE 73. ABD 74. ABCDE 75. BC
76. ABCE 77. ABDE 78. ABD 79. AE 80. ABCD
81. CDE 82. ABCDE 83. BCDE 84. ABCD 85. BCE
86. AB 87. ABCD 88. ABC 89. ABCD 90. AB
91. AC 92. BD 93. ABC 94. BCD 95. ABD
96. ABD 97. AD 98. ACD 99. ABC 100. BCD
101. ACD 102. BCD 103. ABD 104. BCD 105. ABC
106. ABCD 107. ABCD 108. ABC 109. ABCD 110. ABC
111. ABC 112. CD 113. ABD 114. ABC 115. ABC
116. ABCD 117. BCD 118. ABC 119. AD 120. ABCD
121. ABCD 122. ABCD 123. ABCD 124. ABCDE 125. ABD
126. ABCDE 127. ABC 128. ABCDE 129. CDE 130. ABE
131. ABCD 132. ACDE 133. ABCD 134. ACDE 135. ABCDE
136. BCDE 137. ABCD 138. ABCD 139. ABCE 140. ABCD
141. ABCD 142. ADE 143. ACDE 144. BCDE 145. ABCD
146. ABCD 147. ACDE 148. BCD 149. ABD 150. ABE
151. ABCDE 152. CD 153. BC 154. ABC 155. CD
156. ABCD 157. ABCD 158. ABCD 159. ACD 160. ACD
161. ABCD 162. ABCD 163. ABD 164. ABD 165. AD
166. AC 167. ABCD 168. ABCD 169. ABCD 170. ACD
171. ABCD 172. ABCD 173. ABCD 174. ABD 175. ACD
176. AB 177. ACD 178. ABC 179. AB 180. ABCD
181. ABC 182. ABCD 183. ACD 184. AC

三、判断题

1. √ 2. √ 3. × 4. × 5. √ 6. × 7. × 8. √ 9. √ 10. √

11. √ 12. × 13. × 14. × 15. √ 16. √ 17. √ 18. × 19. √ 20. √
21. √ 22. × 23. √ 24. × 25. × 26. × 27. × 28. √ 29. × 30. √
31. √ 32. √ 33. √ 34. √ 35. × 36. √ 37. √ 38. × 39. √ 40. √
41. √ 42. √ 43. × 44. × 45. × 46. × 47. √ 48. √ 49. × 50. √
51. √ 52. √ 53. × 54. √ 55. × 56. √ 57. × 58. √ 59. × 60. ×
61. × 62. × 63. × 64. √ 65. × 66. √ 67. √ 68. √ 69. × 70. ×
71. √ 72. √ 73. × 74. × 75. √ 76. √ 77. × 78. × 79. √ 80. ×
81. × 82. × 83. × 84. × 85. × 86. × 87. × 88. √ 89. × 90. √
91. × 92. √ 93. √ 94. √ 95. × 96. √ 97. √ 98. × 99. × 100. ×
101. × 102. √ 103. √ 104. √ 105. √ 106. √ 107. × 108. √ 109. √ 110. √
111. × 112. × 113. × 114. √ 115. × 116. √ 117. √ 118. √ 119. √ 120. ×
121. × 122. √ 123. √ 124. × 125. × 126. × 127. × 128. √ 129. √ 130. √
131. √ 132. × 133. × 134. √ 135. √ 136. × 137. √ 138. × 139. √ 140. √
141. × 142. × 143. √ 144. √ 145. √ 146. × 147. × 148. × 149. × 150. ×
151. × 152. × 153. × 154. √ 155. × 156. × 157. √ 158. √ 159. × 160. ×
161. × 162. × 163. × 164. × 165. √ 166. × 167. × 168. × 169. √ 170. √
171. √ 172. √ 173. √ 174. × 175. × 176. × 177. √ 178. × 179. √ 180. ×
181. √ 182. × 183. × 184. √ 185. √ 186. × 187. × 188. × 189. × 190. ×
191. × 192. × 193. × 194. √ 195. √ 196. √ 197. √ 198. × 199. √ 200. √
201. × 202. √ 203. × 204. × 205. × 206. √ 207. × 208. × 209. × 210. ×
211. √ 212. √ 213. × 214. √ 215. √ 216. × 217. √ 218. √ 219. × 220. √
221. × 222. × 223. √ 224. √ 225. √ 226. × 227. × 228. √ 229. √ 230. √
231. √ 232. × 233. √ 234. √ 235. √ 236. × 237. √ 238. √ 239. √ 240. ×
241. × 242. × 243. × 244. √ 245. √ 246. √ 247. √ 248. √ 249. √ 250. ×
251. √ 252. × 253. × 254. √ 255. √ 256. √ 257. × 258. √ 259. √ 260. ×
261. √ 262. √ 263. × 264. √ 265. √ 266. √ 267. × 268. √ 269. × 270. √
271. √ 272. √ 273. √ 274. × 275. × 276. √ 277. √ 278. × 279. × 280. √
281. × 282. × 283. × 284. √ 285. × 286. √ 287. × 288. √ 289. √ 290. ×
291. × 292. √ 293. × 294. √ 295. √ 296. √ 297. √ 298. √ 299. × 300. √
301. × 302. × 303. √ 304. × 305. √ 306. × 307. √ 308. √ 309. √ 310. √
311. × 312. ×